Mikrobiologische Untersuchung von Lebensmitteln

Jürgen Baumgart

unter Mitarbeit von

**Heinz Becker · Jochen Bockemühl · Matthias Ehrmann
Ulrich Eigener · Jürgen Firnhaber · Götz Hildebrandt
Ellen S. Hoekstra · Anselm Lehmacher · Erwin Märtlbauer
Wolfgang Röcken · Robert A. Samson · Gottfried Spicher
Fritz Timm · Rudi F. Vogel · David Yarrow · Regina Zschaler**

D1726510

BEHR'S...VERLAG

Die Deutsche Bibliothek – CIP-Einheitsaufnahme

Mikrobiologische Untersuchung von Lebensmitteln / Jürgen Baumgart. Unter Mitarb. von Heinz Becker ... – 4., aktualisierte und erw. Aufl. – Hamburg : Behr, 1999
Auch als Losebl.-Ausg.
ISBN 3-86022-574-X

© **B. Behr's Verlag GmbH & Co., Averhoffstraße 10, D-22085 Hamburg**
4., aktualisierte und erw. Aufl. 1999
ISBN 3-86022-574-X

Satz:
Robert Seemann GmbH & Co., Neumann-Reichardt-Str. 27–33, D-22041 Hamburg
Druck und Verarbeitung:
Strauss Offsetdruck GmbH, Robert-Bosch-Str. 6–8, D-69509 Mörlenbach

Die Autoren

Prof. Dr. Jürgen Baumgart, Laboratorium Lebensmittel-Mikrobiologie im Fachbereich Lebensmitteltechnologie der Fachhochschule Lippe, Liebigstraße 87, 32657 Lemgo

Dr. Heinz Becker, Institut für Hygiene und Technologie der Milch, Tierärztliche Fakultät der Ludwig-Maximilian-Universität, Veterinärstraße 13, 80539 München

Prof. Dr. Jochen Bockemühl, Hygiene-Institut Hamburg, Marckmannstr. 129a, 20539 Hamburg

Dr. Matthias Ehrmann, Lehrstuhl für Technische Mikrobiologie der Technischen Universität München, 85350 Freising-Weihenstephan

Dr. Ulrich Eigener, Beiersdorf AG, Mikrobiologie cosmed/Derma, Unnastraße 48, 20253 Hamburg

Prof. Dr. Jürgen Firnhaber, Laboratorium Getränketechnologie im Fachbereich Lebensmitteltechnologie der Fachhochschule Lippe, Liebigstraße 87, 32657 Lemgo

Univ.-Prof. Dr. Götz Hildebrandt, Institut für Lebensmittelhygiene der Freien Universität Berlin, Königsweg 69, 14163 Berlin

Dr. Ellen S. Hoekstra, Centraalbureau voor Schimmelcultures, P.O. Box 273, NL-3740 AG Baarn

Dr. Anselm Lehmacher, Hygiene-Institut Hamburg, Marckmannstr. 129a, 20539 Hamburg

Univ.-Prof. Dr. Erwin Märtlbauer, Lehrstuhl für Hygiene und Technologie der Milch, Tierärztliche Fakultät der Ludwig-Maximilian-Universität, Veterinärstr. 13, 80539 München

Dr. Wolfgang Röcken, wiss. Mitarbeiter an der Bundesanstalt für Getreide-, Kartoffel- und Fettforschung, Schützenberg 12, 32765 Detmold

Dr. Robert A. Samson, Centraalbureau voor Schimmelcultures, P.O. Box 273, NL-3740 AG Baarn

Dr. Gottfried Spicher, ehemaliger Leiter des Fachgebietes Mikrobiologie an der Bundesanstalt für Getreide-, Kartoffel- und Fettforschung, Schützenberg 12, 32765 Detmold

Dr. Fritz Timm, ehemaliger Leiter der Zentralen Qualitätssicherung der Langnese-Iglo GmbH, Wacholderweg 31, 21244 Buchholz

Prof. Dr. Rudi F. Vogel, Lehrstuhl für Technische Mikrobiologie der Technischen Universität München, 85350 Freising-Weihenstephan

Dr. David Yarrow, Centraalbureau voor Schimmelcultures, Yeast Department, Julianalaan 67A, NL-2628 BC Delft

Dipl.-Biol. Regina Zschaler, Leiterin der Abteilung Mikrobiologie, NATEC – Institut für naturwissenschaftlich-technische Dienste GmbH, Behringstraße 154, 22763 Hamburg

Inhaltsverzeichnis

III   Nachweis von Mikroorganismen   99

J. Baumgart, H. Becker, J. Bockemühl, M. Ehrmann, A. Lehmacher, E. Märtlbauer, R. F. Vogel

III.1   Verderbsorganismen und technologisch erwünschte Mikroorganismen   99
J. Baumgart

IV Identifizierung von Bakterien 301

J. Baumgart

I Die Kultur von Mikroorganismen und Untersuchungen der Morphologie

J. Baumgart

1 Labororganisation, Verfahrensmanual und Sicherheit im Labor

1.1 Labororganisation

In einem Organisationsplan ist der Ablauf der Arbeiten in einem mikrobiologischen Labor festzulegen. Der Plan soll informieren über:

– Methodische Vorschriften (Verfahrensmanual)
– Qualitätssicherungsmaßnahmen im Labor
– Sicherheit im Labor

Folgende Angaben sollten im Organisationsplan enthalten sein:

1.1.1 Einrichtung und Art der Nutzung des Labors

– Bezeichnung und Anschrift des Labors, Nennung des Laborleiters/der Laborleiterin.
– Klassifizierung des Labors:
  L1 Arbeiten mit apathogenen Mikroorganismen (Risikogruppe I),
  L2 Arbeiten mit Material, das unbekannte Mikroorganismen, auch pathogene enthalten kann (Risikogruppe II).
– Eine Trennung zwischen Labor und dem Bereich für Schreibarbeiten muß gegeben sein.
– Verantwortungsbereiche: Dabei sind ein Sicherheitsbeauftragter/eine Sicherheitsbeauftragte, die Personen, an die Verantwortung delegiert wurde, sowie deren Weisungsbefugnisse und Vertretung bei Krankheit, Urlaub o.a. Abwesenheit zu benennen.
– Räumlichkeiten: Beschreibung der Zutrittsvoraussetzungen, Kennzeichnung der Sicherheit und Fluchtwege.

1.1.2 Laborsicherheit

– Schutzkleidung je nach Raum und Tätigkeit (Handschuhe, Mund-Nasenschutz, Schuhwerk).
– Anweisungen für Notfälle: Erste Hilfe, Rufnummern für Feuerwehr und Polizei sowie Verletztentransport.

- Sicherheitsunterweisungen: Art und Umfang bei Neueinstellungen und laufenden Schulungen.
- Reinigungs- und Desinfektionsplan (Art der Mittel, Konzentration, Einsatz), Festlegung der Sterilisation.

1.1.3 Durchführung der Untersuchungen

- Untersuchungsmaterial: Annahme, Dokumentierung, Umgang mit Probenresten.
- Untersuchungsmethoden: Beschreibung der Methoden.
- Entsorgung: Hausmüll, Sondermüll, Überprüfung der Entsorgung.

1.1.4 Laborverzeichnisse

- Ausrüstungsverzeichnis: Inventarisierung der Geräte, Betriebsanleitungen, Wartung der Geräte, Angabe der Wartungsformen, Dokumentation der Wartung und der sicherheitstechnischen Überprüfung.
- Vorschriftenverzeichnisse: Angaben über zu beachtende Gesetze, Verordnungen, EG-Richtlinien, DIN-Normen.

1.1.5 Dokumentation

- Aufbewahrung von Untersuchungsaufträgen, Protokollen, Befunden, Gerätewartung, Unterweisungen, Schulungen (Namen, Datum, Art), Überprüfung und Aktualisierung des Organisationsplanes.

1.1.6 Prüfung

- Einsichtnahme in den Organisationsplan, Kontrolle der qualitätssichernden Maßnahmen, Dokumentation der Prüfung.

1.2 Verfahrensmanual

Das Verfahrensmanual ist Teil des Organisationsplanes. Die Beschreibungen im Manual sind besonders für das technische Personal bestimmt und dienen der Einarbeitung neuen Personals. Das Manual ist als Loseblattsammlung zu führen. Das Original sollte bei dem Laborleiter/der Laborleiterin liegen, Kopien in jedem Laborbereich.

Aufbau der Methodenbeschreibungen:

Auf der ersten Seite sind Monat und Jahr der Ausarbeitung der Beschreibung anzugeben sowie die Gesamtseitenzahl (wichtig bei Verlust von Blättern). Darunter folgt die Bezeichnung der Methode. Anzugeben sind:

- Prinzip der Methode: Kurze Darstellung der Grundlagen der Methode.
- Untersuchungsmaterial: Probenahme, Probemenge, Aufbereitung.
- Zubereitung der Medien: Art der Verdünnungsflüssigkeit und Medien, Angabe der Firma und Art.-Nr., der Herstellungsart, des Herstellungs- und Verfalldatums, der pH-Kontrolle.
- Qualitätskontrolle: Kontrolle der Sterilität und Art der Überprüfung der Medien mit Vergleichskulturen.
- Verfahrensgang: Genaue Beschreibung in Einzelschritten, Angabe der Temperatur, Zeit, Art der Färbung, biochemischen Identifizierung, Verwendung von Kontrollstämmen, Art der Gerätschaften und Sicherheitsvorkehrungen.

1.3   Sicherheit im Labor

In einem mikrobiologischen Labor besteht immer das Risiko einer Infektion. Neben den Risiken durch pathogene und toxinogene Mikroorganismen besteht das Risiko durch physikalisch oder chemisch bedingte Unfälle. Alle Mitarbeiter müssen mit den Vorschriften und Regeln zur Verhütung von Laborunfällen vertraut sein. Die Verantwortung für die Sicherheit im Labor trägt der Laborleiter/die Laborleiterin.

Folgende Hinweise sind besonders zu beachten:
- Tragen von Schutzkleidung. Beim Verlassen des Labortraktes sind die Kittel auszuziehen.
- Essen, Trinken und Rauchen sowie die Aufbewahrung persönlicher Gegenstände (Nahrungsmittel, Taschen) in den Laborräumen sind verboten.
- Die Beschriftung von Behältnissen und Gläsern (keine Behältnisse, in denen üblicherweise Lebensmittel aufbewahrt werden) sollte mit einem wasserfesten Farbstift oder mit selbstklebenden Etiketten erfolgen.
- Infizierte Gegenstände sind zu desinfizieren.
- Verschüttete Kulturen sind mit einer wirksamen Desinfektionslösung zu übergießen (Handelspräparate auf Aldehydbasis oder chlorabspaltende Verbindungen; Alkohole wirken nur gegen vegetative Bakterien und Pilze, nicht gegen Sporen). Erst nach einer Einwirkungszeit von ca. 15 min ist die Flüssigkeit mit einem Papiertuch aufzusaugen (Tragen von Handschuhen!), das anschließend autoklaviert werden muß.
- Beim Umgang mit pathogenen Schimmelpilzen und bei Aerosolbildung müssen die Arbeiten in einer Reinen Werkbank der Sicherheitsstufe II ausgeführt werden.
- Für das Zentrifugieren keimhaltiger Flüssigkeiten sind verschließbare Rotoren und Röhrchen mit Schraubverschluß einzusetzen.
- Impfösen und -nadeln sind vor und nach der Verwendung in voller Länge bis zur Rotglut auszuglühen. Anhaftendes Material oder Flüssigkeit muß erst in der Sparflamme ausgeglüht werden (Verhinderung eines Verspritzens).

- Benutzte Pipetten, Objektträger und Deckgläser sind in ein Gefäß mit Desinfektionslösung zu geben. Bei Objektträgern ist das Deckglas vorher vom Objektträger mit der Öse abzuschieben.
- Das Pipettieren darf nur mit Pipettierhilfen erfolgen.
- Bei Verdacht auf Kontamination und vor dem Verlassen des Labors sind die Hände zu desinfizieren.

Tab. I.1-1:   Allgemeine rechtliche Vorschriften für das Labor
(nach FRIES, 1992)

Vorschriften	Regelungen	Quelle
Allgemeine rechtliche Vorschriften		
Mutterschutzgesetz	Beschäftigungsverbot, Arbeitsplatzgestaltung	Mutterschutzgesetz vom 18.4.1968
Jugendarbeitsschutz-gesetz	Dauer und Tageszeit der Beschäftigung, Ruhepausen	Jugendarbeitsschutz-gesetz vom 12.4.1976
Arbeitssicherheitsgesetz	Gewährleistung der Arbeitssicherheit durch den Sicherheits-beauftragten	Arbeitssicherheitsgesetz vom 12.4.1976
Gerätesicherheitsgesetz	Beschaffenheit technischer Arbeitsmittel	Gerätesicherheitsgesetz vom 18.2.1986
Druckbehälterverordnung	Betrieb und Nutzung von Druckbehältern	Druckbehälter-VO vom 21.4.1989
Bundesseuchengesetz	Arbeit mit Krankheitserregern	Bundesseuchengesetz i. d. F. vom 27.6.1985
Abfallgesetz	Vermeidungspflicht, Art der Entsorgung	Abfallgesetz vom 27.8.1986
Gefahrstoffverordnung	Gefährliche Stoffe im Labor	Gefahrstoff-VO vom 26.8.1986

Tab. I.1-2:   Zu beachtende Vorschriften und Anleitungen für das Labor

Vorschriften/Regelung	Quelle
Unfallverhütungsvorschrift	Richtlinien für Laboratorien des Hauptverbandes der gewerblichen Berufsgenossenschaften, 1983
Klassifizierung von Mikroorganismen nach dem Gefährdungspotential	Bundesgesundheitsblatt 24, Nr. 22, S. 347–358, 1981 und DIN 58956 (Beiblatt 1)
Klassifizierung, Angrenzung der Arbeitsstätten, Räumlichkeiten – Sicherheitstechnische Anforderungen an medizinisch-mikrobiologische Laboratorien	DIN 58956 Teil 1
Anforderung an die Ausstattung medizinisch-mikrobiologischer Laboratorien	DIN 58956 Teil 2
Sicherheitswerkbänke-Anforderungen und Prüfung	DIN 12950 Teil 10
Anforderungen an die Entsorgung in medizinisch-mikrobiologischen Laboratorien	DIN 58956 Teil 4
Anforderungen an den Hygieneplan in medizinisch-mikrobiologischen Laboratorien	DIN 58956 Teil 5
Sicherheitskennzeichnung im Labor	DIN 58956 Teil 10
Anforderungen an den Transport von infektiösem Untersuchungsgut	DIN 58959 Teil 2 und DIN 55515 Teil 1
Anforderungen an lichtmikroskopische Untersuchungen	DIN 58959 Teil 4
Anforderungen an Bakterien- und Pilzstämme, die als Kontrollstämme eingesetzt werden	DIN 58959 Teil 6

5

Literatur

1. BERNABEI, D.: Sicherheit Handbuch für das Labor, GIT Verlag, Darmstadt, 1991

2. BURKHARDT, F.: Mikrobiologische Diagnostik, Georg Thieme Verlag, Stuttgart, 1992

3. EICHER, Th., TIETZE, L.F.: Organisch-chemisches Grundpraktikum unter Berücksichtigung der Gefahrstoffverordnung, Georg Thieme Verlag, Stuttgart, 1993

4. FLEMING, D.O; RICHARDSON, J.H.; TULIS J.J.; VESLEY, D.: Laboratory safety principles and practices, sec. ed., American Society for Microbiology, Herndon, USA, 1994

5. FLOWERS, R.S.; GECAN, J.S.; PUSCH, D.J.: Laboratory quality assurance, in: Compendium of methods for the microbiological examination of foods, American Public Health Association, Wash. D.C, S. 1–23., 1992

6. FRIES, R.: Qualitätssicherung im bakteriologischen Labor durch einen Organisationsplan, Fleischw. 72, 1233–1238, 1992

7. HEILMANN, J.: Gefahrenstoffe am Arbeitsplatz, Basiskommentar Gefahrstoffverordnung, Bund-Verlag, Köln, 1989

8. MILLER, B.M.; GRÖSCHEL, D.H.M.; RICHARDSON, J.H.; VESLEY, D.; SONGER, J.R.; HOUSE-WRIGHT, R.D.; BARKLEY, W.E.: Laboratory safety: Principles and Practices, American Society for Microbiology, Washington, D.C., 1986

9. WEENK, G.H.; v.d.BRINK, J.; MEEUWISSEN, J.; VAN OUDENALLEN, A.; VAN SCHIE, M.; VAN RIJN, R.: A standard protocol for the quality control of microbiological media, Int. J. Food Microbiol. 17, 183–198, 1992

10. Pharmacopoeia of culture media for food microbiology, Int. J. Food Microbiol. 5, 187–299, 1987

11. Pharmacopoeia of culture media for food microbiology, additional monographs, Int. J. Food Microbiol. 9, 85–144, 1989

12. Pharmacopoeia of culture media for food microbiology, additional monographs (II), Int. J. Food Microbiol. 17, 201–266, 1993

13. DIN-Taschenbuch, Medizinische Mikrobiologie und Immunologie, Beuth Verlag, Berlin, Köln, 1992

2 Wichtige Voraussetzungen für das Arbeiten mit Mikroorganismen

2.1 Reinigung und Sterilisation im Laboratorium

2.1.1 Reinigung von Glaswaren

Neue Glaswaren wie Petrischalen, Pipetten und Gefäße werden vor der Sterilisation mit Leitungswasser gespült. Glaswaren, die Medien und Mikroorganismen enthalten, werden bei 121 °C 20 min im Autoklaven sterilisiert, geleert und mit Leitungswasser gespült. Anschließend werden die Glaswaren in warmem, mit einem Detergens versehenen Wasser mit der Bürste gewaschen.
Das Detergens soll Eiweiße und Fette lösen, sich leicht durch Spülen entfernen lassen, nicht zu Verfärbungen des Materials führen und hautfreundlich sein.

Glaswaren, die Vaseline oder Paraffin enthalten, sollten gesondert gewaschen werden.
Das Nachspülen der gewaschenen Glaswaren erfolgt in warmem Wasser und anschließend in destilliertem oder entmineralisiertem Wasser. Das destillierte oder entmineralisierte Wasser ist mindestens zweimal zu wechseln. Die gewaschenen und gespülten Glaswaren werden im Trockenschrank getrocknet.

2.1.2 Sterilisation

Das mikrobiologische Arbeiten erfordert sterile Medien und sterile Instrumente.

Sterilisation durch trockene Hitze

Ösen und Nadeln werden in der Bunsenbrennerflamme bis zur Rotglut behandelt. Spatel, Skalpelle, Löffel usw. werden in Spiritus getaucht und abgeflammt. Sporen werden dadurch jedoch nicht in jedem Fall abgetötet. Sicherer ist aus diesem Grunde eine Sterilisation im Heißluftsterilisator bei 160–180 °C für 1–2 h.

Glaswaren wie Pipetten, Petrischalen, Kolben werden im Heißluftsterilisator bei 160–180 °C für 2 h sterilisiert. Die Sterilisation der Pipetten erfolgt in Metallgefäßen. Kolben sind mit Stopfen oder mit Aluminiumfolie zu verschließen. Bei 160–180 °C dürfen Zellstoffe, Watte und Papier nicht mitsterilisiert werden.

Wasserfreie, hochsiedende Flüssigkeiten, wie z. B. Paraffinöl und Glycerin, werden 2 h bei 180 °C sterilisiert.

Sterilisation durch feuchte Hitze

Dampftopf

Kulturmedien, deren Inhaltsstoffe durch Temperaturen über 100 °C geschädigt werden, sind im Dampftopf bei 100 °C zu erhitzen. Es kann eine einmalige

Erhitzung oder eine wiederholte Erhitzung für 30 min bei 100 °C an 3 aufeinanderfolgenden Tagen sein mit dazwischenliegender Bebrütung bei der Temperatur, bei der das Medium verwendet werden soll (Tyndallisation). Durch die einmalige Erhitzung werden nur die vegetativen Zellen abgetötet. Durch die Bebrütung zwischen den einzelnen Erhitzungen sollen die Sporen der Bakterien auskeimen.

Autoklav

Kulturmedien, soweit sie durch die Temperatur nicht geschädigt werden, Instrumente und vor der Reinigung zu sterilisierende Kulturen werden bei 121 °C für 15 min autoklaviert. Die Sterilisationszeit hängt von der Art und Menge der Kulturflüssigkeit, dem Vorhandensein von Sporen, der Behältergröße und der Konsistenz des Sterilisiergutes ab. Der Autoklav darf erst geöffnet werden, wenn das Sterilisiergut auf ca. 80 °C abgekühlt ist. Die Sterilisationswirkung von Autoklaven kann mit Ampullen oder Papierstreifen, die Endosporen von *Bacillus stearothermophilus* enthalten, überprüft werden (z.B. Sterikon-Bioindikator, Merck).

Sterilisation durch Filtration

Die Sterilfiltration wird bei Lösungen und Flüssigkeiten eingesetzt, die durch Hitze geschädigt werden (z.B. Antibiotika, Vitamine, Zucker).

Membranfilter

Membranfilter sind poröse, etwa 0,1 mm dicke Schichten. Die Porengröße variiert von einigen Mikrometern bis zur Größenordnung von Molekülen. Zur Sterilisation von Flüssigkeiten wird eine Porengröße von 0,22 μm verwendet.

Die Filtration erfolgt in der Regel mit Unterdruck (Wasserstrahlpumpe, Vakuumpumpe) oder durch Überdruckfiltration. Medien, Zuckerlösungen und Seren werden am besten durch Überdruckfiltration sterilisiert. Sind kleine Mengen (1–10 ml) zu sterilisieren, wird eine Injektionsspritze mit Filteransatz oder eine DynaGard-Filterspitze (hydrophile Hohlfasermembran mit einer Porengröße von 0,20–0,45 μm, Fa. Tecnomara) verwendet.

2.2   Desinfektion im Laboratorium

Desinfektionsmittel werden eingesetzt zur Händedesinfektion, zur Desinfektion des Arbeitsplatzes und von Artikeln, die auf andere Weise nicht entkeimt werden können. Pipetten, Objektträger und Deckgläser, die Mikroorganismen enthalten, werden in ein geeignetes Desinfektionsmittel eingelegt oder eingestellt.

2.3   Überprüfung der Sterilität von Medien und Laborgeräten

Eine Überprüfung der Sterilität von Medien und Gerätschaften ist bei aseptischen Untersuchungen oder bei häufiger auftretenden Verunreinigungen unerläßlich.

Medien

Die sterilisierten Medien werden bei 30 °C (bei Untersuchungen auf thermophile Mikroorganismen bei 50 °C) für 48 h bebrütet und danach noch 48 h bei Zimmertemperatur stehengelassen.

Pipetten

Zwei Pipetten werden mit Nährbouillon ausgespült. Die Bouillon wird bei 30 °C für 48 h bebrütet.

Verdünnungsflüssigkeit

2 ml Verdünnungsflüssigkeit werden mit ca. 15 ml auf 48 °C abgekühltem Nähragar in eine sterile Petrischale ausgegossen und bei 30 °C für 48 h bebrütet.

Reagenzgläser und Gefäße

Ausspülen mit steriler Nährbouillon, bebrütet bei 30 °C für 48 h.

Die Überprüfung mit Nährbouillon und Nähragar erfaßt nur Mikroorganismen, die sich auch in bzw. auf diesen Medien vermehren. Gegebenenfalls sind spezielle Medien oder anaerobe Züchtungsverfahren notwendig.

3   Das Mikroskop und seine Anwendung

3.1   Aufbau des Mikroskops

So verschieden die einzelnen Mikroskope auch hinsichtlich ihrer Anwendung sind, ihre wesentlichen Bestandteile sind immer:

Stativ und Objekttisch; Mikroskoptubus; Objektivwechsler; Optik, bestehend aus Objektiven, Okularen und Kondensor; Beleuchtung.

Die Auflagefläche des Objekttisches ist senkrecht zur optischen Achse justiert. Zum Fokussieren des mikroskopischen Bildes kann der Tisch mittels Grob- und Feinverstellung vertikal verstellt werden. Der Tubus bleibt dadurch stets in gleicher Höhenlage. Je nach Ausführung unterscheidet man folgende Objekttische: Einfach viereckige Objekttische, Kreuztische, Gleittische und Drehtische. Der Mikroskoptubus ist ein monokularer oder ein binokularer Schrägtubus.

Bei der Optik des Mikroskops unterscheidet man die beleuchtende und die abbildende Optik: Zur Beleuchtungsoptik zählen der Kondensor und die Beleuchtungsführung, wie Kollektor oder Spiegel. Zur Abbildung rechnen die Objektive, Okulare und Tubuslinsensysteme. Hinzu kommen Filter und Deckgläser. Bezüglich der Korrektion des Farbfehlers unterscheidet man Achromate, Fluoritsysteme und Apochromate, bezüglich der Korrektion der Bildfeldwölbung normale Objektive und Planobjektive. Der Korrekturzustand, soweit es sich nicht um Achromate handelt, ist den Objektiven aufgraviert, desgleichen die Bezeichnung „PL" oder „NPL" für Planobjektive. Sie sind besonders für die Mikrophotographie geeignet. Weiterhin stehen auf den Objektivfassungen folgende Gravierungen: Maßstabszahl, numerische Apertur, Tubuslänge und Deckglasdicke. Immersionssysteme sind zusätzlich durch einen schwarzen Ring gekennzeichnet. Beispiel für eine Gravur: Apo Öl 100/1.25, 170/0,17 PL. Dabei bedeuten Apo = Apochromat, Öl = Ölimmersion, 100 = Abbildungsmaßstab, 1.25 = numerische Apertur, 170 = Tubuslänge, 0,17 = maximale Deckglasdicke in mm und PL = Planobjektiv.

Das Okular wirkt als Lupe. Zur Bezeichnung der Vergrößerung wird das x-Zeichen graviert, z. B. 10 x.

Als Objektträger benutzt man farblose Plangläser, etwa 1,1 mm stark; das gebräuchlichste Format ist 76 mm x 26 mm.

Das Deckglas ist Bestandteil des abbildenden Systems, das meist für 0,17 mm Deckglasdecke korrigiert ist. Die Dicke ist bei Trockensystemen ab einer numerischen Apertur von 0,40 aufwärts um so genauer einzuhalten, je größer die Ansprüche an die Abbildungsqualität sind.

Zur Beleuchtung zählen der Kondensor, die Leuchte und die Beleuchtungsführung im Stativ.

Der Kondensor hat die Aufgabe, das Objektfeld auszuleuchten. Außerdem soll durch ihn die Leuchtfeldblende in die Objektebene abgebildet werden. Für jede Beleuchtungsart wird ein besonderer Kondensor benutzt, so daß man im Durchlicht Kondensorsysteme für Hellfeld, Dunkelfeld, Phasenkontrast, Differential-Interferenzkontrast und Fluoreszenz unterscheidet. Bei den Leuchten unterscheidet man Ansatz- und Einbaubeleuchtungen.

3.2 Praktische Hinweise für das Mikroskopieren

3.2.1 Allgemeine Hinweise

- Der Raum soll hell sein und möglichst kein direktes Sonnenlicht erhalten.
- Das Mikroskop ist nach dem Gebrauch abzudecken, um es vor Staub zu schützen.
- Die Linsen sind nicht mit den Händen zu berühren.
- Zum Mikroskopieren wähle man einen festen, nicht zu hohen Arbeitstisch.
- Mikroskopieren sollte man nur im Sitzen. Es empfiehlt sich, einen in der Höhe verstellbaren Stuhl zu verwenden.
- Mit dem Grobtrieb vorsichtig Präparat und Objekt einander nähern. Von der Seite Abstand betrachten.
- Die genaue Scharfeinstellung erfolgt mit dem Feintrieb. Bei kontrastarmen Präparaten (Nativpräparaten) ist das Finden der Schärfenebene gelegentlich erschwert; es wird erleichtert, wenn man das Präparat zunächst mit dem Grobtrieb absucht, weil bewegte Strukturen leichter gesehen werden. Hilfreich ist auch die Einstellung des Tropfenrandes in der Mitte des Blickfeldes. Auch das Schließen der Kondensorblende kann helfen. Wenn die zu suchende Stelle in der Mitte des Blickfeldes liegt, kann das nächststärkere Objektiv durch Drehen des Revolvers eingestellt werden. Zur Scharfeinstellung benötigt man dann nur noch den Feintrieb.
- Wichtig ist das Mikroskopieren mit entspanntem Auge (bei einem monokularen Mikroskop beide Augen offen lassen).
- Beim Mikroskopieren mit dem Ölimmersionsobjektiv wird auf den Objektträger oder das Deckglas ein Tropfen Immersionsöl (Brechzahl 1,515) gebracht. Unter seitlicher Sichtkontrolle mit dem Grobtrieb solange vorsichtig drehen, bis die Frontlinse den Tropfen berührt. Erst dann in das Okular schauen und mit dem Feintrieb scharf einstellen.

3.2.2 Hinweise für das Einstellen einer optimalen Beleuchtung

Voraussetzung für eine gute mikroskopische Abbildung, besonders bei hohen Vergrößerungen, ist eine korrekte Einstellung des Beleuchtungsstrahlenganges und damit eine optimale Beleuchtung des Objektivs. Vorteile bietet die Beleuchtungsordnung nach KÖHLER:

- Präparat auf den Mikroskoptisch legen und Lampe einschalten.
- Leuchtfeldblende ganz öffnen.
- Kondensor genau nach oben stellen (Frontlinse und Hilfslinse einklappen).
- Schwaches Objektiv einschalten und Präparat scharf einstellen.
- Leuchtfeldblende im Mikroskopfuß schließen und Kondensor langsam absenken, bis das Bild der Leuchtfeldblende im Sehfeld des Okulars scharf erscheint.
- Mit den beiden Kondensorzentrierschrauben das Bild der Leuchtfeldblende in die Mitte des Sehfeldes rücken.
- Leuchtfeldblende öffnen, bis das ganze Sehfeld ausgeleuchtet ist.
- Bildkontrast mit der Aperturblende des Kondensors regeln. (Kontrolle: Ohne Okular in den Tubus blicken; die sichtbare Objektivöffnung sollte zu etwa $^2/_3$ bis $^3/_4$ ausgeleuchtet sein).
- Bildhelligkeit mit Lampenspannung oder Filter regeln, niemals mit der Kondensor-Aperturblende.
- Bei Objektivwechsel die Leuchtfeldblende dem Sehfeld anpassen und wenn notwendig den Kondensor nachzentrieren und die Kondensor-Aperturblende nachregeln.

3.2.3   Pflege und Reinigung des Mikroskops

Staub ist von den Linsen mit einem fettfreien Pinsel zu entfernen. Ölreste sind mit einem feinen Linsenpapier oder mit einem weichen Tuch und Alkohol zu beseitigen.

Literatur

1. BEYER, H.: Theorie und Praxis des Phasenkontrastverfahrens, Akademische Verlagsgesellschaft Geest u. Portig, Leipzig, 19692.
2. BEYER, H.; RIESENBERG, H.: Handbuch der Mikroskopie, VEB Verlag Technik, Berlin, 1988
3. BURKHARDT, F.: Standardisierung medizinisch-mikrobiologischer Untersuchungen, Notwendigkeit – Möglichkeiten – Grenzen, Forum Mikrobiologie 6, 146–152, 1983
4. DICKSCHEIT, R.: JANKE, A.: Handbuch der mikrobiologischen Laboratoriumstechnik, Verlag Theodor Steinkopf, Dresden, 1969
5. GERLACH, D.: Das Lichtmikroskop, Eine Einführung in Funktion und Anwendung in Biologie und Medizin, 2. überarb. Aufl., Georg Thieme Verlag, Stuttgart, 1985
6. GÖLKE, G.: Moderne Methoden der Lichtmikroskopie. Vom Durchlicht – Hellfeld – bis zum Lasermikroskop, Frank'sche Verlagsbuchhandlung W. Keller & Co., Stuttgart, 1988
7. MICHEL, K.: Die Grundzüge der Theorie des Mikroskops in elementarer Darstellung, Wissenschaftliche Verlagsgesellschaft, Stuttgart, 1964
8. TRAPP, L.: Das Mikroskop, Verlag B.G. Teubner, Stuttgart, 1967

4 Morphologische Untersuchungen

Die morphologische Untersuchung erfolgt mikroskopisch entweder an lebenden Zellen mit dem Hellfeld-, dem Phasenkontrast- oder Interferenzkontrastver-
fahren oder bei gefärbten Mikroorganismen mit Ölimmersion im Hellfeld.

4.1 Phasenkontrast- und Interferenzkontrastverfahren

Mit diesen Verfahren werden ungefärbte transparente Objekte kontrastreich dargestellt.

Zur Lebendbetrachtung wird mit der Öse ein Tropfen Bouillonkultur auf einen
Objektträger vorsichtig suspendiert. Auf den Tropfen wird ein Deckglas gelegt.
Auf das Deckglas kommt bei Verwendung eines Ölimmersionsobjektivs ein
Tropfen Öl. Zur Beurteilung der Zellform und zum Nachweis von Sporen eignet
sich besonders das Phasenkontrastverfahren.

4.2 Untersuchung gefärbter Mikroorganismen

Die Färbung ist erforderlich, wenn keine Phasenkontrast- oder Interferenzkon-
trasteinrichtungen vorhanden sind. Am häufigsten werden verwendet die Methylenblaufärbung, die Gramfärbung, die Ziehl-Neelsen-Färbung, die Sporenfärbung. Gefärbte Präparate können ohne Deckglas direkt mit Öl mikroskopiert
werden.

4.2.1 Herstellung des Ausstrichpräparates

Ausstriche von Kulturen, die sich auf festen Medien befinden, werden auf sau-
beren, fettfreien Objektträgern wie folgt durchgeführt:

– Der Objektträger wird in einzelne Sektionen mit einem Fettstift oder Diamant-
  stift geteilt. Auf jedem Teil erfolgt ein Ausstrich.
– Ein Tropfen steriler physiologischer Kochsalzlösung (0,85 %) wird auf den
  entsprechenden Teil des Objektträgers gesetzt.
– Mit der abgeflammten und abgekühlten Öse oder Nadel wird ein sehr geringer Teil der Kolonie entnommen.
– Die Kultur wird mit der Flüssigkeit vorsichtig unter kreisenden Bewegungen
  verrieben. Der Ausstrich soll sehr dünn sein. Getrocknete Ausstriche dürfen
  nicht grau aussehen.
– Die Öse oder Nadel wird abgeflammt. Der Objektträger ist an der Luft zu
  trocknen und in der Hitze zu fixieren, indem er dreimal mit dem Ausstrich

nach oben durch den heißen Teil der Flamme des Bunsenbrenners gezogen wird. Dadurch koaguliert das Eiweiß, die Mikroorganismen werden abgetötet und haften an dem Glas.

Ausstriche von flüssigen Kulturen werden in gleicher Weise angefertigt. Eine Verdünnung bzw. ein Verreiben mit Kochsalzlösung ist jedoch nicht erforderlich.

4.2.2 Übersichtsfärbung mit Methylenblau

Dieses Verfahren wird dann eingesetzt, wenn nachgewiesen werden soll, ob überhaupt Mikroorganismen vorhanden sind. Die auf dem Objektträger fixierten Mikroorganismen werden mit Löffler's Methylenblaulösung überdeckt. Nach einer Einwirkungszeit von 3 min wird die Farblösung mit Leitungswasser abgespült. Der Objektträger wird vorsichtig mit Filterpapier getrocknet.

4.2.3 Gramfärbung

Die Gramfärbung ergibt nur mit jungen Zellen (logarithmische Vermehrungsphase) bei genauer Einhaltung der Färbevorschriften reproduzierbare Ergebnisse. So muß z. B. der Ausstrich völlig lufttrocken sein, da sonst die noch feuchten Bakterien bei der Hitzefixierung quellen, wodurch chemische Veränderungen eintreten; grampositive Zellen werden gramnegativ. Auch bei der Alterung der Zellen kann sich das Färbeverhalten ändern. Alte grampositive Zellen können gramnegativ werden. Für die Gramfärbung sollten 24 h alte Kulturen verwendet werden.

Verfahren

– Ausstrich lufttrocknen, hitzefixieren und mit Kristallviolettlösung bedecken. Nach 1 min abkippen und Objektträger vorsichtig mit Leitungswasser abspülen (Wasser nur auftropfen lassen), Wasser abkippen.
– Objektträger mit Lugolscher Lösung bedecken, 1 min einwirken lassen, abkippen und abtropfen lassen.
– Objektträger kurz in Küvette I mit Alkohol (96 % Ethanol) tauchen oder besser mit Alkohol bedecken, 1–2 s danach in eine Küvette II tauchen oder abspülen bis Farbwolken verschwinden
– Objektträger gut mit Wasser abspülen.
– Gegenfärbung mit Karbolfuchsinlösung, 10–15 s.
– Abspülen mit Leitungswasser und Trocknen des Objektträgers mit Fließpapier. Restwasser über der Sparflamme des Bunsenbrenners verdunsten lassen.

Ergebnis

Grampositive Bakterien = blauviolett
Gramnegative Bakterien = rot

Alternative Verfahren

- Gramfärbung nach HUCKER, z.B. mit Färbeset Gram-color (Fa. Merck).
- Gramfärbung (Originalmethode) mit Karbolgentianaviolett, Lugolscher Lösung, Ziehl-Neelsen's Karbolfuchsin (Nährboden Handbuch Merck, 1987).
- Gramfärbung mit Stain Set der Fa. Difco.

Bei der Untersuchung unbekannter Bakterien ist es empfehlenswert, auf dem Objektträger neben dem Ausstrich des unbekannten Bakteriums Ausstriche von je einem bekannten gramnegativen und einem grampositiven Bakterium gleichzeitig mitzufärben. Vergleichend zur Gramfärbung können der KOH-Test und der Aminopeptidase-Test durchgeführt werden.

4.2.4 Färbung säurefester Bakterien nach ZIEHL-NEELSEN

Bakterien, z.B. der Genera *Mycobacterium* und *Norcardia*, können durch diese Färbung von anderen Genera getrennt werden. Bei diesem Verfahren werden die Organismen mit einer heißen konzentrierten Farblösung behandelt. Die Zellen, die sich bei einer nachfolgenden Säurebehandlung nicht entfärben, werden als „säurefest" bezeichnet; sie sind rot im Gegensatz zu den nicht säurefesten Zellen.

Verfahren

- Luftgetrockneter, hitzefixierter Ausstrich wird mit Ziehl-Neelsen's Karbolfuchsinlösung bedeckt und von der Unterseite aus mit der Sparflamme des Bunsenbrenners bis zum Dampfen 5 min erhitzt. Die Lösung darf nicht kochen. Verdampfte Farblösung ist durch neue zu ersetzen.
- Farblösung mit Leitungswasser abwaschen.
- Entfärben mit Salzsäurealkohol 10–30 s.
- Abwaschen mit Leitungswasser.
- Gegenfärbung mit Löfflers Methylenblau 30–45 s.
- Abwaschen mit Leitungswasser.
- Farbe sorgfältig von der Rückseite des Objektträgers mit Papier entfernen. Objektträger trocknen lassen.

4.2.5 Sporenfärbung nach BARTHOLOMEW und MITTWER

Bakterien der Genera *Bacillus, Alicyclobacillus, Clostridium, Desulfotomaculum, Sporolactobacillus* und *Sporosarcina* bilden Sporen, die bei der Methylenblau- und Gramfärbung nur als helle ovale oder runde Zellen zu erkennen sind. Vielfach ist bei isoliert vorliegenden Sporen nur die Sporenhülle schwach angefärbt. Bei der Sporenfärbung sind die Sporen grün und die vegetativen Zellen rot.

Verfahren

- Luftgetrockneter Objektträgerausstrich wird intensiv hitzefixiert, ca. 20 mal durch die Bunsenbrennerflamme ziehen.
- Objektträger mit gesättigter Malachitgrünlösung bedecken und 10 min einwirken lassen.
- Abwaschen mit Leitungswasser.
- Gegenfärbung mit einer 0,25%igen Safraninlösung für 10 s.
- Vorsichtig abwaschen mit Leitungswasser und trocknen.

Alternatives Verfahren

- Kultur dünn ausstreichen, sehr gut lufttrocknen und hitzefixieren.
- Ausstrich mit Malachitgrünlösung (5%ige wässerige Lösung) bedecken und vorsichtig mit kleiner Flamme bis zum Dampfen erhitzen (nicht verkochen lassen, eventuell Farbe nachgießen). Farblösung 3 min einwirken lassen.
- Farbe sehr gut mit Wasser abspülen.
- Objektträger mit 0,5%iger wässeriger Safraninlösung bedecken.
- Nach 30 s gut mit Wasser abspülen, trocknen und mikroskopieren.

5 Nachweis der Beweglichkeit von Bakterien

5.1 Beweglichkeitsnachweis auf dem Objektträger und im hängenden Tropfen

Die Lebendbeobachtung beweglicher Bakterien erfolgt an einer 18–24 h alten Kultur. Wird von der Agarkultur ausgegangen, so ist wenig Kultur mit einem Tropfen physiologischer Kochsalzlösung zu vermischen. Die Beobachtung erfolgt mit dem Phasenkontrastmikroskop, im Dunkelfeld oder im stark abgeblendeten Hellfeld. Die echte Beweglichkeit unterscheidet sich von Strömungserscheinungen zu Luftblasen oder anderen Unebenheiten dadurch, daß die Bakterien gegeneinander schwimmen können. Die Brown'sche Molekularbewegung, die auch bei unbeweglichen Mikroorganismen zu sehen ist, läßt keine Richtung erkennen.

Verfahren „hängender Tropfen" (Abb. I.5–1)

– Äußeren Rand des Hohlschliffobjektträgers mit Vaseline einfetten.

– Einen Tropfen der Bouillonkultur auf das Deckglas bringen.

– Hohlschliffobjektträger auf das Deckglas legen und Objektträger umdrehen.

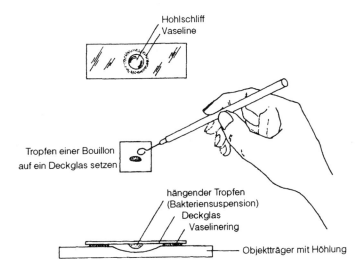

Hohlschliff
Vaseline

Tropfen einer Bouillon
auf ein Deckglas setzen

hängender Tropfen
(Bakteriensuspension)
Deckglas
Vaselinering
Objektträger mit Höhlung

Abb. I.5-1: Nachweis der Beweglichkeit im hängenden Tropfen

– Mit dem kleinsten Trockenobjektiv Tropfenrand in die Mitte des Blickfeldes einstellen und abblenden.

– Nach Scharfeinstellung mit dem größten Trockenobjektiv Tropfenrand betrachten (wegen des höheren Sauerstoffanteils häufig bessere Beweglichkeit).

Alternatives Verfahren

– Einen Tropfen Öl auf einen Objektträger in der Größe eines Deckglases ausstreichen.

– Einen Tropfen der Kultur auf ein Deckglas geben, Objektträger auf das Deckglas legen, sanft andrücken, Objektträger umdrehen.

– Beweglichkeit unter Ölimmersion betrachten.

5.2   Nachweis der Beweglichkeit im Agar

Nährboden

SIM Nährboden oder andere optimale Medien für entsprechende Mikroorganismen mit 0,3–0,4 % Agaranteil.

Verfahren

– Das Röhrchen mit dem festweichen Medium wird mit der Nadel im Stich beimpft.

– Die Bebrütung erfolgt bei den für die entsprechenden Kulturen optimalen Bedingungen hinsichtlich Zeit und Temperatur.

Ergebnis

Bei beweglichen Kulturen ist der ganze Nährboden getrübt, bei unbeweglichen Kulturen nur der Stichkanal.

5.3   Geißelfärbung nach MAYFIELD und INNISS (1977)

Eine 24 h alte Schrägagarkultur (Nährboden) wird mit physiologischer Kochsalzlösung abgeschwemmt. Mit der Öse wird ein Tropfen der Abschwemmung auf einen Objektträger gegeben und mit einem Deckglas bedeckt. Nach 10 min werden 2 Tropfen Farblösung mit der Pasteurpipette an den Rand des Deckglases gesetzt. Mikroskopiert wird mit dem Phasenkontrastmikroskop bei 1000facher Vergrößerung. Die Farblösung muß vor der Färbung gemischt und durch eine 0,22 μm-Membran filtriert werden. Die Tanninlösung sollte immer frisch angesetzt werden, da bereits bei einer 4 Tage alten Lösung die Ergebnisse unbefriedigend sind.

6 Prinzipien des sterilen Arbeitens

Das Arbeiten mit Mikroorganismen sollte in einem keimarmen Labor oder in einer Impfkabine erfolgen.

Im Labor ist Zugluft zu vermeiden, Türen und Fenster sind zu schließen. Der Gehalt der Raumluft an Mikroorganismen kann durch regelmäßige und gründliche Desinfektion der Arbeitsflächen und Fußböden sowie durch UV-Bestrahlung der Luft vermindert werden.

Die Sedimentation von Mikroorganismen aus der Luft auf oder in Medien wird verringert, wenn am Arbeitsplatz durch die Flamme eines Bunsenbrenners stetig Heißluft aufsteigt.

Alle sterilen Gegenstände, wie z.B. Verschlußkappen, Stopfen, Pipetten und Impfösen, dürfen nicht auf den Tisch gelegt werden. Die entnommene Pipette ist in der Hand zu halten und vor dem Gebrauch kurz durch die Gasflamme zu ziehen. Nach Benutzung wird die Pipette in Desinfektionslösung eingestellt. Impfösen und Impfnadeln werden nach dem Übertragen von Mikroorganismen zunächst im unteren, kälteren Teil der Gasflamme oder in der Sparflamme getrocknet, um ein Verspritzen des infektiösen Materials zu verhindern. Danach wird die Öse oder Nadel in ihrer ganzen Länge bis zur Rotglut ausgeglüht.

Beim Ausgießen steriler Medien ist auch der Glasrand abzuflammmen. Desgleichen werden Verschluß und Glasrand von Reagenzröhrchen beim Öffnen und Verschließen abgeflammt. Sprechen, Husten und Niesen vermeiden. Es können dadurch winzige Tröpfchen mit Mikroorganismen übertragen werden (in besonderen Fällen, z.B. bei Erkältung, Mund- u. Nasenschutz verwenden).

Gefäße nur solange öffnen, wie unbedingt erforderlich ist. Dabei Gefäße möglichst schräg halten. Auch Petrischalen nur kurz öffnen.

6 Prinzipien des sterilen Arbeitens

7 Nährmedien

7.1 Allgemeines

Für die Kultivierung von Mikroorganismen sind erforderlich:

- Wasser
- Stickstoffhaltige Verbindungen, wie Proteine, Aminosäuren, N-haltige anorganische Salze
- Kohlenstoff als Energiequelle, wie Kohlenhydrate und Proteine
- Wuchsstoffe, wie Vitamine und Mineralstoffe

Als Wasser wird für die Herstellung von Nährmedien Aqua dest. oder demineralisiertes Wasser verwendet. Stickstoff, Kohlenstoff und Wuchsstoffe werden in Form komplexer Verbindungen angeboten, als Fleischextrakt, Hefeextrakt, Malzextrakt und Pepton. Als Verfestigungsmittel dient Agar.

Fleischextrakt erhält man durch wäßrige Extraktion des Fleisches und anschließende Einengung zu einer Paste oder durch Trocknung zu einem Pulver. Er ist reich an Stickstoffverbindungen.

Hefeextrakt ist eine durch Extraktion und Einengung bzw. Trocknung gewonnene Paste oder ein Pulver, das anstelle von Fleischextrakt, aber auch zusätzlich eingesetzt werden kann, da er reich an Wuchsstoffen ist.

Peptone werden aus eiweißhaltigen Rohstoffen mittels enzymatischer Hydrolyse hergestellt. Die Hydrolysate enthalten Polypeptide, Dipeptide und Aminosäuren. Sie bieten eine leicht assimilierbare, in Wasser lösliche Stickstoffquelle, die nicht bei Erhitzung koaguliert und die sich deshalb besonders für mikrobiologische Nährmedien eignet. Bevorzugt wird das tryptische Pepton, da es auf die Bakterienentwicklung günstiger wirkt als das peptische Pepton. Tryptische Peptone werden durch proteolytischen Abbau von Eiweißen mit Trypsin gewonnen, peptische Peptone durch Abbau von Eiweißen mit Pepsin.

Agar (auch Agar-Agar, malaiisch) ist ein polymeres Kohlenhydrat, das aus Rotalgen gewonnen wird. Man setzt ihn zu 1–3 % den Nährlösungen als Verfestigungsmittel zu. Die Qualität des Agars, d.h. seine Gelierfähigkeit, hängt vom Polymerisationsgrad ab. Häufige Temperaturbehandlung führt zur teilweisen Hydrolyse und damit zur Verminderung der Gelierfähigkeit. Agar schmilzt je nach Herkunft und Qualität bei 95–97 °C, und er erstarrt bei Temperaturen unter 45 °C. Nur wenige Mikroorganismen sind in der Lage, Agar, bzw. seine hydrolytischen Spaltprodukte (D- bzw. L-Galaktose) zu nutzen.

Die Nährstoffanforderungen variieren bei den einzelnen Mikroorganismen so stark, daß es unmöglich ist, mit einem Medium alle Mikroorganismen züchten zu wollen. Die Nährbouillon und der Näragar sind Medien, in denen oder auf denen die meisten Mikroorganismen gut wachsen, so daß diese Medien als

Basalmedien gelten können. Das Nährmedium kann durch den Zusatz bestimmter Stoffe zum Selektivmedium und durch die Zugabe von Indikatorsubstanzen zur biochemischen Identifizierung von Mikroorganismen genutzt werden.

7.2 Trockenmedien

Die Verwendung von trockenen, standardisierten Medien wird bevorzugt. Das Trockenprodukt wird in frisch destilliertem Wasser aufgelöst und sterilisiert. Dabei sind die Vorschriften der Lieferfirmen zu beachten. Der pH-Wert der Medien ist zu überprüfen und eventuell zu korrigieren.

7.3 Bestimmung des pH-Wertes der Medien

Indikatorpapier

Einen Tropfen des Mediums auf das Papier geben oder das Papier in das Medium eintauchen. Diese Methode ist nicht sehr genau. Zu bevorzugen ist die elektronische Messung.

Elektronische Messung

Vor der Messung des pH-Wertes muß das pH-Meter mit einem Puffer (pH 4,0 und 7,0) geeicht werden. Die Elektrode wird mit Aqua dest. abgespült und in das Kulturmedium getaucht. Die Temperatur des Mediums ist zu messen und das pH-Meter entsprechend einzustellen. Das Kulturmedium sollte bei der Messung in einem Gefäß gründlich bewegt werden. Die Korrektur des pH-Wertes erfolgt durch tropfenweise Zugabe von 1n NaOH oder 1n HCl. Bei einzelnen Medien wird der pH-Wert auch mit Essig-, Milch- oder Weinsäure korrigiert. Die Lauge muß an der von der Elektrode entferntesten Stelle hinzugefügt werden.

7.4 Beispiel für die Herstellung eines Nähragars aus Trockenprodukten

Zusammensetzung:

Fleischextrakt 3,0 g/l
Pepton aus Fleisch 5,0 g/l
Agar 12,0 g/l

Herstellung

20 g werden in 1 l frisch destilliertem Wasser oder vollentsalztem Wasser suspendiert, 15 min eingeweicht und bis zum vollständigen Auflösen im Wasserbad gekocht. Danach wird der pH-Wert bei ca. 60 °C kontrolliert und, wenn notwendig, korrigiert. Anschließend erfolgt die Sterilisation bei 121 °C für 15 min. Wird

der Nähragar in Petrischalen ausgegossen, so sollte dies bei ca. 50 °C erfolgen, um eine zu starke Kondenswasserbildung zu verhindern oder eine längere Vertrocknung der Platten für die Oberflächenkultivierung zu vermeiden. Soll der Nähragar in Röhrchen verwendet werden, so füllt man ihn nach dem Aufkochen und vor dem Sterilisieren in die Reagenzröhrchen.

Vor der Verwendung der Medien sollte immer eine Sterilkontrolle durch Vorbebrüten erfolgen (48 h bei 30 °C).

Hinweis zur Sterilisation von Medien im Autoklav

- Gefäße maximal zu ¾ füllen, da sonst die Gefahr des Überkochens besteht.
- Medium mit Agaranteilen vor dem Sterilisieren aufkochen. Eine gleichmäßige Verteilung muß erreicht werden.
- Verschlüsse von Kulturmedienflaschen lose auflegen, um eine Luftveränderung durch Wasserdampf zu ermöglichen. Bei einer Sterilisation in mehreren Ebenen sollte die untere mit Aluminiumfolie abgedeckt werden, um einen Schutz vor Tropfwasser zu erreichen.
- Beschriftung in „autoklavfester" Form durchführen.
- Um sicherzustellen, daß auch das Innere des Sterilisiergutes während der gesamten Sterilisationszeit eine Temperatur von 121 °C erreicht hat, muß zu der eigentlichen Sterilisationszeit (15 min, 121 °C) eine Aufheizzeit hinzugerechnet werden. Man rechnet für Einzelvolumina mit folgenden Aufheizzeiten:

bis 50 ml	5 min
50 bis 100 ml	8 min
100 bis 500 ml	12 min
500 bis 1000 ml	20 min

- Möglichst nur Volumina gleicher Größenordnung in den Autoklav stellen. Da sich die Dauer der Erhitzung nach dem größten Volumen richtet, würden kleinere Volumina einer unnötigen Temperaturbelastung ausgesetzt werden.
- Nach Ablauf der Sterilisationszeit Druck langsam ablassen und für ausreichende Abkühlung sorgen, sonst beginnt die Flüssigkeit zu sieden, wobei die Verschlüsse naß oder sogar vom Gefäß geschleudert werden, besonders durch plötzlich einsetzenden Siedeverzug. Der Autoklav sollte erst dann geöffnet werden, wenn das Sterilisiergut auf etwa 80 °C abgekühlt ist.

Gießen von Agarplatten

Das sterilisierte, auf 50 °C abgekühlte Agarmedium oder das im Wasserbad oder im Mikrowellengerät verflüssigte Agarmedium wird in Petrischalen ausgegossen. Für Schalen mit einem Durchmesser von 90 mm rechnet man 12−15 ml Agarmedium.

Beim Gießen müssen Fenster und Türen geschlossen und Bewegungen von Personal in der näheren Umgebung vermieden werden. Während des Gießens den Deckel der Schale über dem Unterteil halten und ihn nicht auf den Tisch legen. Eventuelle im Agar entstandene Luftblasen durch kurzes Beflammen mit der Bunsenbrennerflamme entfernen (vorsichtig bei Kunststoffschalen). Nach dem Eingießen des Agars Deckel auflegen und Agar in waagerechter Lage erstarren lassen.

Boden

Deckel

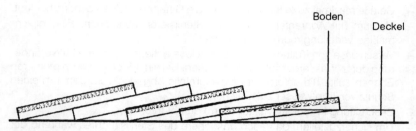

Abb. I.7-1:   Trocknen von Agarplatten
                     (Lagerung der Petrischalen im Brutschrank)

Trocknen von Agarplatten

Auf feuchten Oberflächen wird die Bildung von Kolonien verhindert, da die Mikroorganismen im Flüssigkeitsfilm aktiv schwimmen oder fortgeschwemmt werden. Deshalb müssen feuchte Platten vor dem Beimpfen vorgetrocknet werden. Dieses geschieht in einem Brutschrank bei 30–50 °C für 15–120 min, je nach Feuchtigkeitsgehalt. Besonders wenn Bazillen erwartet werden, ist ein gutes Vortrocknen der Platten für längere Zeit erforderlich. Unter- und Oberteile der Petrischalen werden getrennt mit der Innenseite nach unten schräg aufgestellt (Abb. I.7–1).

Schrägagar-Röhrchen

In einem Reagenzglas mit Kappe werden etwa 7 ml Medium in schräger Lage zur Erstarrung gebracht. Hierzu wird das Röhrchen, solange der Agar noch flüssig ist, schräg auf eine Unterlage (z. B. Holz o. Schlauch) gelegt. Bei einem Röhrchen von 16 x 160 mm soll sich das Kulturmedium etwa 50 mm unterhalb der Oberkante des Röhrchen befinden (Abb. I.7–2).

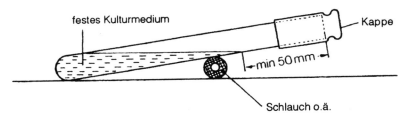

festes Kulturmedium — Kappe

min 50 mm

Schlauch o.ä.

Abb. I.7-2:   Schrägagar-Röhrchen

7.5   Aufbewahrung von Kulturmedien

Ein längerfristiges Aufbewahren von Medien ist nur in Flaschen möglich. Petrischalen trocknen schnell aus, sie sollten nicht länger als 7 Tage im Kühlschrank aufbewahrt werden. Die Aufbewahrung sollte immer im Dunkeln erfolgen. Ein mehrmaliges Erhitzen von Medien ist zu vermeiden. Ein festes Medium im Kolben kann jedoch nach einer Vorratshaltung im Kühlschrank im Mikrowellengerät ohne Qualitätsverlust verflüssigt werden (LIANG und FUNG, 1988).

Flaschen mit Medien sind zu beschriften unter Angabe von: Inhalt, Zeitpunkt der Herstellung, Namen desjenigen, der das Medium hergestellt hat.

8 Kulturgefäße und Hilfsgeräte

Für mikrobiologische Arbeiten gibt es für spezielle Zwecke zahlreiche Kulturgefäße und Hilfsgeräte. Hier sollen nur die für den Routinebetrieb wichtigsten aufgeführt werden.

8.1 Kulturgefäße

Kulturröhrchen oder Reagenzröhrchen

Verwendet werden zweckmäßigerweise Gläser mit geradem Rand ohne oder mit Schraubverschluß von 160 mm Länge und 16 mm Durchmesser.

Gärröhrchen oder Durhamröhrchen

Es sind kleine Reagenzröhrchen, die zum Nachweis der Gasbildung in einer flüssigen Kultur verwendet werden.

Erlenmeyerkolben

Sie werden in verschiedener Größe, insbesondere zur Herstellung von Medien und für Stand- und Schüttelkulturen eingesetzt.

Steilbrustflaschen

Sie dienen zur Herstellung von Medien. Gegenüber den Erlenmeyerkolben sind sie jedoch ökonomischer, da sie bei gleichem Nutzinhalt eine geringere Bodenfläche aufweisen.

Petrischalen

Es sind Doppelschalen mit einem übergreifenden Deckel. Der Durchmesser beträgt meist ca. 90 mm. Petrischalen werden als Glasschalen oder als sterile Einwegschalen aus Kunststoff angeboten. Für die Züchtung von Anaerobiern sind Kunststoffschalen mit Nocken empfehlenswert.

8.2 Verschlüsse

Wattepfropfenverschluß

Entfettete Baumwolle ist der nicht entfetteten vorzuziehen. Anstelle von Watte wird auch Zellstoff benutzt. Die Verschlüsse können selbst gefertigt oder als Fertigprodukt in allen Größen im Laborhandel bezogen werden.

Aluminiumfolie

Sie wird zunehmend zum Verschluß von Kulturgefäßen eingesetzt. Werden die Gefäße jedoch mehrmals geöffnet, reißt die Folie leicht ein.

Kapsenberg- und Cap-O-Test-Kappen

Beide Metallkappen sind als Gefäßverschlüsse gut geeignet. Die Kapsenberg-Kappen sitzen durch einen Federkranz den Gefäßen fester an als die Cap-O-Test-Kappen. Sollen Gefäße oder Reagenzröhrchen längere Zeit aufbewahrt werden und ist eine Wasserverdunstung auszuschließen, muß auf Schraubverschlüsse, Gummistopfen oder zu paraffinierende Zellstoffstopfen zurückgegriffen werden.

Kappenverschlüsse aus Glas

Glaskappenverschlüsse eignen sich besonders für den Verschluß von Steilbrustflaschen bei der Herstellung von Nährmedien.

Gummistopfen

Sie sind besonders für die längere Aufbewahrung von Kulturen in Reagenzglasröhrchen zu verwenden.

Schraubkappenverschlüsse

Sterilisierbare Schraubkappenverschlüsse für Reagenzröhrchen und andere Kulturgefäße finden einen immer größeren Einsatz.

8.3   Hilfsgeräte

Pipetten

Es werden Meßpipetten (1 ml und 10 ml) verwendet oder Einweghalme mit einstellbaren Spritzen. Die Glaspipetten müssen auf Auslauf geeicht sein. Zum Sterilisieren werden die Glaspipetten nach Volumen sortiert in Pipettenhülsen im Trockensterilisator bei 180 °C 2 h sterilisiert. Um eine Infektion beim Pipettieren zu vermeiden, werden Pipetten am oberen Ende mit einem etwa 2 cm langen Wattepfropf gestopft, oder es werden Pipettierhilfen benutzt.

Drigalskispatel

Dies ist ein Glas- oder Metallstab, dessen unteres Ende zu einem Dreieck oder rechten Winkel gebogen wurde. Der Drigalskispatel dient zum Verteilen von Verdünnungen auf der Oberfläche fester Medien.

Impfnadel und Impföse

Nadel oder Öse (Durchmesser ca. 3–4 mm) befinden sich in einem Halter (Kollehalter) aus Metall oder Glas.

Cornett-Pinzette

Sie wird zum Festhalten von Objektträgern bei der Färbung von Mikroorganismen oder der Hitzefixierung benutzt.

Färbeschalen und Färbebänke

Diese Geräte werden zum Färben von Mikroorganismen benötigt. Als Färbeschalen können alle größeren Glasgefäße benutzt werden. Als Färbebänke oder Färbebrücke dienen Metallgestelle, die speziell gebogen den Färbeschalen aufliegen. Färbetische mit Wasser- und Gasanschluß sind im Handel erhältlich.

9   Züchtung von Mikroorganismen

Identifizierungsmerkmale von Mikroorganismen werden durch Züchtung von Reinkulturen gewonnen.

9.1   Art der Kultur

Bouillonkultur

Züchtung im flüssigen Medium ohne Zugabe weiterer Nährstoffe während der Bebrütung.

Agarschrägkultur

Die Schrägfläche wird entweder mit der Öse beimpft oder mit der Nadel erfolgt zunächst eine Beimpfung des unteren Nährbodenteils im Stich und dann eine Beimpfung der Schrägfläche.

Stichkultur

Beimpfung eines festen oder halbfesten Mediums im Reagenzglas mit der Impfnadel.

Schüttelkultur

Beimpfung eines flüssigen Mediums, Bebrütung im Schüttelapparat.

Plattenkultur

Plattenausstrich

Auf dem festen Agarmedium wird mit einer Öse die Kultur nach einer bestimmten Technik ausgestrichen.

Gußkultur

Die Kultur wird mit flüssigem Agar-Medium (48 °C) im Röhrchen vermischt und in eine sterile Petrischale ausgegossen.

9.2   Bebrütung der Kulturen

Die Bebrütung erfolgt bei den für die entsprechenden Mikroorganismen optimalen Temperaturen. Bei der Bebrütung von Petrischalen muß der Deckel unten liegen, damit kein Kondenswasser auf die Kultur tropft.

Sollte es bei einem bestimmten Nachweisverfahren notwendig sein, daß die Petrischale mit dem Deckel nach oben bebrütet werden muß, so kann ein Auftropfen des Kondenswassers auf das Medium durch Einlegen eines Filterpapierblattes in den Deckel vermieden werden. Nur in Ausnahmefällen werden Kulturen im Licht bebrütet (z.B. um Pigmentbildung zu erreichen). In der Regel wird die Bebrütung im Dunkeln vorgenommen und zwar in Brutschränken, Bruträumen oder Wasserbädern.

9.2.1 Kultur unter aeroben Bedingungen

Eine aerobe Kultivierung ist im Gegensatz zur anaeroben Kultur einfach. Eine ausreichende Versorgung mit Sauerstoff wird erreicht durch:

– Züchtung auf der Oberfläche oder in geringer Tiefe von festen Medien.
– In flüssigen Medien, wobei die Schichthöhe im Verhältnis zur Oberfläche nicht so groß sein darf.

Eine gute Sauerstoffversorgung in größeren Volumina wird erreicht durch Rühren, Schütteln oder Einleiten filtrierter Luft.

9.2.2 Kultur unter anaeroben Bedingungen

Für die Züchtung von Anaerobiern muß das Redoxpotential niedrig gehalten werden (Eh-Wert unter –100 mV, abhängig von der Species). Ein niedriges Redoxpotential wird durch verschiedene Verfahren erzielt.

Kultur in hoher Schicht

Durch Kochen wird ein agarhaltiges Medium (0,1 % Agar) in einem Reagenzröhrchen sauerstofffrei gemacht. Bei ausreichend großer Schichthöhe herrschen in der Tiefe anaerobe Verhältnisse. Das Medium ist unmittelbar nach der Erhitzung und Abkühlung zu beimpfen.

Kultur unter Luftabschluß

Flüssige oder halbfeste Medien werden nach der Sauerstoffentfernung (durch 5–10 minütiges Kochen) abgekühlt, beimpft und mit sterilem Paraffinöl oder einer Mischung aus Hartparaffin und Vaseline (1:4) oder einem Paraffin-Paraffin-Gemisch (z.B. zwei Gewichtsteile Paraffin schüttfähig, Merck 7164, und ein Gewichtsteil Paraffin flüssig, Merck 7162) überschichtet, so daß eine Schicht von circa 1 cm erhalten wird. Die Paraffin-Mischung ist in Portionen z.B. von 50 ml bei 160 °C im Heißluftsterilisator 3 h zu erhitzen.

Zusatz von reduzierenden Verbindungen zum Medium

Der Zusatz reduzierender Verbindungen bewirkt eine Erniedrigung des Redoxpotentials (Tab. I.9–1). Nur solche Verbindungen sollten Medien zugesetzt werden, die einen Eh-Wert von –300 mV ergeben (COSTILOW, 1981), wenn obligate Anaerobier isoliert werden sollen. Die zugesetzte Menge darf nicht toxisch wirken.

Reduzierende Verbindungen sind auch in tierischen Geweben enthalten (Leber, Blut, Hirn, Herz).

Die reduzierenden Verbindungen werden meist den flüssigen und halbfesten Medien zugesetzt. Verwendung finden z.B. Cooked Meat Medium, Leberbrühe, DRCM-Bouillon u.a.

Tab. I.9-1:   Reduzierende Verbindungen als Zusätze zu Kulturmedien
(COSTILOW, 1981)

Verbindung	Eh in mV	Konzentration im Medium
Na-thioglycolat	<−100	0,05 %
Cystein HCl	−210	0,025 %
Dithiothreitol	−330	0,05 %

Kultur im sauerstofffreien Raum

a) Physikalische Verfahren der Sauerstoffentfernung

Durch Evakuierung und anschließendes Begasen mit einer Mischung aus 90 % Stickstoff und 10 % Kohlendioxid erfolgt eine Erniedrigung des Sauerstoffpartialdrucks.

Verwendung finden vakuumdichte Glas-, Metall- oder Kunststoffgefäße, in die die zu bebrütenden Platten eingestellt werden.

Petrischalen müssen mit dem Deckel nach oben in den Topf gelegt werden, weil sonst das Medium beim Evakuieren in den Deckel fällt. Kunststoffschalen müssen Nocken tragen, sonst kann es durch Kondenswasserbildung zwischen den Rändern der Schalen zu einem luftdichten Verschluß kommen. Beim Öffnen der Gefäße wird dann ein Druckausgleich verhindert und die Schalen zerspringen.

Nach dem Evakuieren wird mindestens zweimal mit dem Gasgemisch aus Stickstoff und Kohlendioxid gewaschen. Zur Kontrolle des anaeroben Milieus wird ein Redoxindikator in den Topf eingelegt. Die Bebrütung der Töpfe erfolgt mit dem Gasgemisch im Brutschrank. Evakuierbare Spezialbrutschränke eignen sich nur für größere Plattenserien.

b) Chemische Verfahren der Sauerstoffbindung

Hierbei werden die beimpften Nährmedien in einen Anaerobentopf gestellt. Neben die Platten mit Nocken wird ein Gasentwickler gestellt (z.B. GasPak, Fa. Becton Dickinson, AnaeroGen, Fa. Oxoid, Anaerocult-System, Fa. Merck, Gasgenerating Box System, bioMérieux). Nach Zugabe einer definierten Menge Wasser (bei den einzelnen Systemen unterschiedlich) entwickelt sich Wasserstoff aus Natriumborhydrid (GasPak) und unter dem Einfluß eines Katalysators wird Sauerstoff zu Wasser gebunden. Außerdem entsteht aus einer organischen Säure und Natriumbicarbonat 7–10 % Kohlendioxid.

Bei dem Anaerocult-System wird der Sauerstoff an Eisenpulver gebunden, wobei die Reaktion ohne Katalysator abläuft. Das Anaerocult-System kann auch für einzelne Petrischalen Anwendung finden. Besonders einfach ist das AnaeroGen™ System (Oxoid Unipath), bei dem nur ein Papierbeutel aus einer Folie zu entnehmen und in den Anaerobiertopf zu legen ist. Die Zugabe von Wasser entfällt – ein Katalysator wird nicht benötigt. Das System enthält u.a. Ascorbinsäure. Der Sauerstoffgehalt liegt nach Einsatz des Systems unter 1 %, eine CO_2-Konzentration von 10–11 % bietet gute Bedingungen für die Anaerobenzüchtung (BRAZIER und HALL; 1994). Zur Kontrolle des anaeroben Milieus ist ein Redoxindikator in den Topf zu legen, z.B. Methylenblaustreifen (Merck) oder Resazurinpapier (Oxoid).

Methylenblau ist reduziert farblos (bei einem Eh-Wert von –49 mV) und oxidiert blau (bei einem Eh-Wert von +71 mV), wobei eine Abhängigkeit vom pH-Wert besteht. Resazurin ist bei pH 7,0 und einem Eh-Wert vom –100 mV farblos und im oxidierten Zustand rosafarben.

9.3   Aseptische Beimpfung der Medien

Zur Identifizierung von Mikroorganismen sind immer Reinkulturen erforderlich. Jede Verunreinigung muß vermieden werden. Das Übertragen der Kultur geschieht in der Regel mit einer Impföse oder einer Impfnadel. Vor jeder Benutzung werden Öse oder Nadel vertikal im heißen Teil der Bunsenbrennerflamme ausgeglüht. Nach einigen Sekunden der Abkühlung kann die Öse oder Nadel verwendet werden. Die Reagenzglaskappen werden vor und nach der Beimpfung abgeflammt, wie auch das obere Reagenzglasende. Niemals die Reagenzglaskappen auf den Arbeitstisch legen. Die Beimpfung hat grundsätzlich dicht an der Bunsenbrennerflamme zu erfolgen. Bei der Beimpfung der Petrischalen den Deckel nur kurzfristig abnehmen und nicht sprechen.

9.4   Konservierung von Reinkulturen im Laboratorium

Im Labor werden Referenzstämme, Stammkulturen und Gebrauchskulturen aufbewahrt. Referenzstämme sind von Kultursammlungen erhältliche katalogisierte Mikroorganismen. Stammkulturen sind Subkulturen eines Referenzstammes. Gebrauchskulturen sind Subkulturen einer Stammkultur.

Je nach Mikroorganismen sind verschiedene Aufbewahrungsmethoden einsetzbar.

Agarschrägkultur

Wegen der Gefahr der Austrocknung durch Wasserverdunstung sollten Röhrchen mit Schraubverschluß oder dichtsitzenden Gummistopfen verwendet werden.

Agarstichkultur

Anzüchtung im Agarmedium, Aufbewahrung unter Paraffinöl.

Bouillonkultur

Milchsäurebakterien können gut in flüssigen Medien aufbewahrt werden, z. B. Cooked Meat Medium.

Clostridien werden anaerob im Cooked Meat Medium kultiviert und aufbewahrt. Überschichtung des Mediums mit Vaseline-Paraffin (50:50) oder unter sterilem Paraffinöl (1–2 h bei 160 °C im Trockensterilisator sterilisiert).

Gefriertrocknung von Kulturen

Gefriergetrocknete Kulturen (z. B. in Ampullen oder Penicillinfläschchen) können über viele Jahre bei Zimmertemperatur oder im Kühlschrank aufbewahrt werden.

Einfrieren der Kulturen bei –80 °C bis –150 °C unter Zusatz eines Schutzmittels oder in flüssigem Stickstoff bei –196 °C

Das Einfrieren der Kulturen bei –80 °C ist eine geeignete Methode zur Langzeitaufbewahrung von Kulturen. Die Kultur wird in einer optimalen Bouillon gezüchtet und zentrifugiert (späte logarithmische Phase). Das Zentrifugat wird mit einer frischen sterilen Bouillon, die 10 % (V/V) Glycerin enthält, vermischt (Zusatz von 20 % Glycerin zur gleichen Menge Bouillon). Das Glycerin wird 15 min bei 121 °C sterilisiert. Schrägkulturen werden mit der entsprechenden Bouillon abgeschwemmt.

Einfrieren von an Perlen adsorbierten Mikroorganismen bei –80 °C

Die zu konservierenden Mikroorganismen werden auf einem optimalen festen Medium kultiviert, abgeschwemmt und an Perlen in einem Schutzmedium eingefroren (z. B. Microbank™, Pro-Lab Diagnostics, UK, Vertrieb: Fa. Mast Diagnostica, Deutschland).

Für die Anzüchtung der Kultur wird eine Perle steril entnommen und auf einem festen Medium ausgerollt.

Referenzkulturen können von verschiedenen Kulturensammlungen bezogen werden:

- Bactrol/Microtrol-Plättchen (Bakterien): Difco Laboratories GmbH, Ulmer Str. 160a, 86156 Augsburg
- ATCC American Type Culture Collection, 12301 Parklawn Drive, Rockeville, Maryland 20852, USA (Bakterien, Pilze, Antiseren)
- CBS Centraalbureau voor Schimmelcultures, Oosterstraat 1, NI–3740 AG Baarn (Schimmelpilze, Hefen)

- DSM Deutsche Sammlung von Mikroorganismen (Gesellschaft für Biotechnologische Forschung mbH, Mascheroder Weg 1b, 38124 Braunschweig (Bakterien, Hefen, Pilze)
- NCTC National Collection of Type Culture, PHS Central Public Health Laboratory, 61 Colindale Avenue, London NW9 5HT, England (Bakterien)
- NCTC National Collection of Yeast Culture, Agricultural Research Council, Food Research Institute, Colney Lane, Norwich NR4 7UA, England (Hefen)

10   Morphologische und kulturelle Eigenschaften von Mikroorganismen

Für die Identifizierung von Mikroorganismen (Bakterien) sind bestimmte Eigenschaften nachzuweisen.

Morphologische Eigenschaften

Dazu gehören Gramverhalten, Form, Größe und Zellanordnung, Beweglichkeit, Anordnung der Geißeln, Vorhandensein einer Kapsel oder von Sporen.

Kulturelle Merkmale

Die Oberfläche der Kolonie, ihre Form und Größe sind Merkmale, die der Identifizierung dienen. Die Größe wird in mm oder im Vergleich zu bekannten Größen angegeben, wie erbsengroß, reiskorn- oder stecknadelkopfgroß. Kolonien unter 1 mm werden als „pin-points" bezeichnet. Weiterhin werden beurteilt die Pigmentbildung, das Profil der Kolonie (Erhebung über dem Nährboden), die Oberfläche der Kolonie, die Randbildung, die Konsistenz, der Geruch. Bei Bouillonkulturen werden Stärke der Vermehrung, Ring- oder Hautbildung, Trübung, Flockung und Bodensatzbildung für die Identifizierung herangezogen (Abb. I.10–1).

Kolonieformen

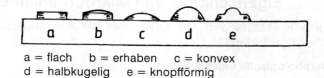

a = flach b = erhaben c = konvex
d = halbkugelig e = knopfförmig

Randbildungen

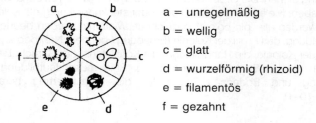

a = unregelmäßig

b = wellig

c = glatt

d = wurzelförmig (rhizoid)

e = filamentös

f = gezahnt

Wachstum in einer Bouillon

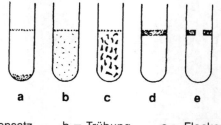

a = Bodensatz b = Trübung c = Flockenbildung
d = Hautbildung e = Ringbildung

Abb. I.10-1: Kolonieformen und Wachstumsarten

11   Gewinnung von Reinkulturen

Eine Reinkultur, die Voraussetzung für eine Identifizierung ist, besteht aus einer einzigen Species; sie ging aus einer Mikroorganismenzelle hervor. Häufig ist eine Vereinzelung der makroskopisch einheitlich aussehenden Kolonie durch einen Verdünnungsausstrich notwendig.

11.1   Vorbereitung der Medien für den Verdünnungsausstrich

Die Petrischalen müssen trocken sein. Frisch gegossene Platten werden bei 30 ° bis 50 °C für 15–120 min, je nach Feuchtigkeitsgehalt, im Brutschrank getrocknet.

11.2   Verdünnung im Impfstrich auf dem festen Medium

Mit der Öse wird aus der gewählten Kolonie oder der Keimmischung wenig Material entnommen und auf dem festen und vorgetrockneten Medium ausgestrichen. Verschiedene Verdünnungsausstriche sind möglich (Abb. I.11–1).

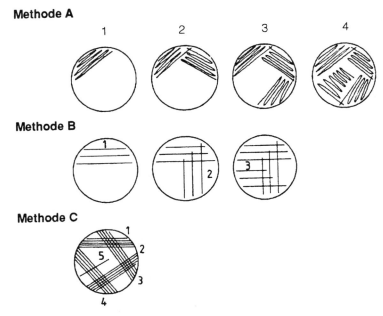

Abb. I.11-1:   Herstellung eines Verdünnungsausstriches

Methode A

Nach jedem Impfstrich (1, 2, 3, 4) sollte die Öse abgeflammt werden. Die Impföse muß flach geführt werden, damit der Agar nicht „aufgepflügt" wird.

Methode B

Auch beim Dreierausstrich erfolgt nach jedem Schritt (1, 2, 3) ein Ausglühen der
Öse.

Methode C

Mit einer nicht zu scharfen Nadel oder Öse wird eine Kolonie ausgestrichen. Die
Nadel oder Öse wird zwischen den Ausstrichen 1 und 2, 2 und 3, 3 und 4 sowie
4 und 5 abgeflammt. Es wird nach dem Abflammen kein neues Material entnommen.

11.3   Reinzüchtung von Hefen

Tröpfchenverfahren nach LINDNER

Mit dem Tröpfchenverfahren nach LINDNER ist eine Reinzüchtung von Hefen
möglich, wenn keine Verunreinigungen mit Bakterien vorhanden sind. Die zu untersuchende Zellsuspension wird soweit verdünnt, daß ein kleiner Tropfen im
Durchschnitt nur eine Zelle enthält. Von dieser Suspension werden mit einer sterilen Pasteurpipette, einer abgeflammten Zeichenfeder oder einer sterilen Blut-
zuckerpipette mehrere kleine Tropfen auf ein steriles Deckglas gegeben. Der
Rand des Hohlschliffobjektträgers wird ganz leicht mit Vaseline eingefettet
(Abb. I.11–2).

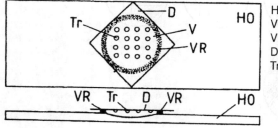

HO = hohler Objektträger
V = Vaseline
VR = Vaselinering
D = Deckglas
Tr = Tröpfchen

Abb. I.11-2:   Lindnersches Tröpfchenverfahren

Mit dem Mikroskop wird bei schwacher Vergrößerung jeder Tropfen durchgemustert. Ein Tropfen, der nur eine Zelle enthält, wird mit sterilem Filterpapier, das mit einer abgeflammten Pinzette gehalten wird, aufgesaugt und in Malzextraktbouillon gegeben. Die Bouillon wird bei 25–30 °C für 24 bis 48 h bebrütet. Die bewachsene Bouillon wird mikroskopisch untersucht (Nativpräparat, Methylenblaufärbung).

Isolierung von Einzelkolonien nach EMEIS (1966)

Von der zu identifizierenden Kolonie wird eine Verdünnungsreihe hergestellt und diese auf Hefeextrakt-Glucose-Chloramphenicol-Agar ausgespatelt.

Die Bebrütung erfolgt bei 25 °C für 3–5 Tage. Von der Petrischale, auf der etwa 50 gut von einander getrennte Kolonien (Abstand größer als 1–2 mm) vorhanden sind, wird eine Kolonie zur Identifizierung zufällig ausgewählt. Die Wahrscheinlichkeit, daß es sich dann um eine Reinkultur handelt, beträgt 98,5 %.

Literatur

1. ANDERSON, K.L.; FUNG, D.Y.C.: Anaerobic methods, techniques and principles for food bacteriology, A review, J. Food Protection 46, 811–822, 1983

2. BRAZIER, J.S.; HALL, V.: A simple evaluation of the AnaeroGen™ system for the growth of clinically significant anaerobic bacteria, Letters in Appl. Microbiol. 18, 56–58, 1994

3. BURKHARDT, F.: Medizinische Diagnostik, Thieme Verlag, Stuttgart, 1992

4. COSTILOW, R. N.: Biophysical factors in growth, in: Manual of methods for general bacteriology, American Society for Microbiology, Washington D.C., 66–78, 1981

5. COSTIN, J.D.; FISCHER, W.; KAPPNER, M.; SCHMIDT, W.; SCHUCHMANN, H.: Kultivierung von anaeroben Mikroorganismen: Eine neue Methode zur Erzeugung eines anaeroben Milieus, Forum Mikrobiologie 5, 246–248, 1982

6. EMEIS, C.C.: Isolierung von Einzelkulturen mit Hilfe der Plattenkultur, Mschr. Brauerei 19, 156–158, 1966

7. KIRSOP, B.E.; DOYLE, A.: Maintenance of microorganisms and cultured cells, A manual of laboratory methods, sec. ed., Academic Press, London, 1991

8. LIANG, C.; FUNG, D.Y.C.: Performance of some heat-sensitive differential agars prepared and melted by microwave energy, J. Food Protection 51, 577–578, 1988

9. MAYFIELD, C.I.; INNES, W.E.: A rapid method for staining bacterial flagella, Canadian Journal of Microbiology 23, 1311–1313, 1977

10. Anforderungen an Bakterien und Pilzstämme, die als Kontrollstämme eingesetzt werden, DIN 58959, Teil 6

11. Methoden zur Herstellung und Aufbewahrung von Mikroorganismen als Stammkulturen (Kontrollstämme) DIN 58959, Teil 6, Beiblatt 1

12. Methoden zur Herstellung und Aufbewahrung von Pilzstämmen als Stamm- und Gebrauchskulturen (Kontrollstämme) DIN 58959, Teil 6, Beiblatt 2

II   Bestimmung der Keimzahl

J. Baumgart, G. Hildebrandt

1   Mikrobiologische Normen

G. Hildebrandt

Die mikrobiologische Diagnostik dient dem Ziel, Keime zu isolieren und zu identifizieren. In der Lebensmittelhygiene kommt eine weitere Aufgabe hinzu. Hier
müssen Mikroorganismen nicht nur klassifiziert, sondern möglichst auch quantitativ erfaßt werden, um ihre Zahl im Untersuchungsgut zu kennen. Denn in den
meisten Fällen ist es nicht allein die Keimart, welche über die Verkehrsfähigkeit
entscheidet, sondern es hängt von der Zahl der Mikroorganismen ab, inwieweit
ein Lebensmittel als unbedenklich, wertgemindert, zum Verzehr ungeeignet
oder gar gesundheitsschädigend gilt.

Wenn die Keimdichte für die Beurteilung eine derart entscheidende Bedeutung
besitzt, stellt es eine logische Konsequenz dar, daß entsprechende Grenzwerte
festgelegt werden. Bezogen auf das Merkmal Keimzahl definiert sich eine solche Norm als die maximal akzeptable Zahl von Mikroorganismen oder speziellen Bakterienarten, wie sie mit einer definierten Methode in einem Lebensmittel
bestimmt wird. Damit besteht eine Norm nicht nur aus der alleinigen Angabe
einer Keimzahl, sondern sie bildet ein komplexes, zweckbestimmtes und admi-
nistrativ durchsetzbares System. Die CODEX ALIMENTARIUS COMMISSION
(1981) hat die Anforderungen an die Komponenten einer Norm wie folgt zusam-
mengestellt:

a) Angabe des Mikroorganismus
     ·   pathogene Keime (und deren Indikatoren)
     Verderbniserreger
     Hygieneindikatoren

b) Nachweismethode

c) Stichprobenplan

d) mikrobiologisches Limit
     Standard
     Endproduktspezifizierung
     Guideline

e) Entscheidungsregel

Als Aufgabe der statistischen Qualitätssicherung gilt es, einige Elemente in diesem Prüfkonzept zu versachlichen und auf eine objektiv nachvollziehbare Basis zu stellen. Je nach Aufgabenstellung muß dabei zwischen verbindlichen Kriterien (= Standards) und empfohlenen Kriterien wie Endproduktspezifizierungen oder innerbetrieblichen Richtwerten (= Guidelines) unterschieden werden.

2   Probenahme und Prüfpläne

G. Hildebrandt

2.1   Statistische Qualitätskontrolle

Auch wenn statistische Qualitätskontrolle die einzige Form ist, „die derzeit noch Sinn macht" (WODICKA, 1973), besteht unter Naturwissenschaftlern und Praktikern doch eine große Scheu, sich mit derartigen Qualitätssicherungstechniken inhaltlich auseinanderzusetzen. Dabei sind „statistische Methoden nicht mehr als die Anwendung der Logik auf experimentelle Daten, formalisiert durch angewandte Mathematik" (STEARMAN, 1955). Deshalb dürfte auch der „gesunde Menschenverstand" ausreichen, um die wesentlichen Grundprinzipien zu verstehen.

Eine Großzahl statistischer Prüfpläne – selbst solche, die sich in Rechtsnormen befinden – sind jedoch nicht mathematisch exakt berechnet, sondern lediglich intuitiv zwischen den beteiligten Parteien ausgehandelt worden. Die bisherigen, oft willkürlich-pragmatischen Tests lassen sich zwar in der Überwachung einsetzen. Sie haben sich damit vordergründig „bewährt". Diese Einschätzung gilt aber nur so lange, wie die Frage nach der Sicherheit vor Fehlentscheidungen nicht gestellt wird (HILDEBRANDT und WEISS, 1992a).

2.2   Totalerhebung und Stichprobenprüfung

Bei der Qualitätskontrolle ist zwischen Totalerhebung und Stichprobenprüfung zu wählen. Die Totalerhebung geht von dem Postulat aus, daß jedes zu beanstandende Einzelstück erkannt und eliminiert werden soll. Dafür muß der Kontrolleur die gesamte Produktion Stück für Stück durchmustern. Demgegenüber lassen sich fehlerhafte Einheiten im Rahmen einer Stichprobenprüfung kaum erfassen, man spricht von einem geringen Sortierwirkungsgrad. Somit würde die Forderung nach optimaler Qualitätssicherung für die Totalerhebung als einzig zuverlässiger Überwachungsstrategie sprechen. Bestes Beispiel für dieses Vorgehen ist die Schlachttier- und Fleischuntersuchung.

Verläßt eine Qualitätskontrolle den Grundsatz der Totalerhebung und beschränkt sich auf die Auswahl repräsentativ ausgewählter Stichproben, dann können die Einzelstücke jedoch viel sorgfältiger und gewissenhafter untersucht werden. Flüchtigkeitsfehler und falsche Diagnosen reduzieren sich auf ein Minimum. Es darf daher nicht verwundern, wenn die Produktionsüberwachung auf Stichprobenbasis oft zuverlässigere Ergebnisse als die Gesamtuntersuchung bietet (MASING, 1980). Bei zerstörenden Prüfungen oder Merkmalen, die einen hohen analytischen Aufwand erfordern, verbietet sich die Totalerhebung ohnehin. Hierzu zählen auch die meisten mikrobiologischen Untersuchungen.

Jede Stichprobe soll ein unverzerrtes Abbild der Bezugsgesamtheit liefern, was eine echte Zufallsauswahl erfordert. Um eine repräsentative Probenziehung zu gewährleisten, stehen verschiedene Techniken wie Losen, Würfeln, tabellierte Zufallszahlen oder systematische Auswahl mit Zufallsstart zur Verfügung.

Kontraindiziert ist die Stichprobenprüfung bei der Suche nach Beanstandungsgründen, bei denen kein einziges Fehlstück unerkannt bleiben darf, mithin den sog. kritischen Fehlern. Weil die schließende Statistik nur Wahrscheinlichkeitsangaben erlaubt und folglich keine definitive Aussage zum konkreten Einzelfall gestattet, müssen hier andere Lösungen gesucht werden. Entweder wird zur Totalerhebung gegriffen oder – noch sicherer – es kommt eine Technologie zum Einsatz, welche das Auftreten von Schlechtstücken ausschließt (z.B. botulinum cook).

2.3   Kriterien eines Prüfplanes

Das Interesse an Stichprobenverfahren reduziert sich für die meisten Anwender auf die Frage, wie viele Elemente untersucht werden müssen, um eine Entscheidung absichern zu können. Hierauf muß der Statistiker zunächst erwidern, daß es keine allgemeingültige Antwort in Form eines „Einheitsplanes für alle Prüfsituationen" gibt. Noch immer Gültigkeit besitzt demnach die Feststellung von SHIFMAN und KRONICK (1963): „many administrators hope that they will be able to solve those problems by some formula which has universal applicability. This, of course, is a delusion...".

Je nach Merkmalsausprägung sowie angestrebter Zuverlässigkeit der Kontrollmaßnahme schwankt die erforderliche Probenzahl außerordentlich. Die Art der Einflußgrößen und ihre Bedeutung für den Stichprobenumfang lassen sich wie folgt darstellen:

2.3.1   Trennschärfe (kritische Differenz, „Genauigkeit")

Kein Stichprobenverfahren gestattet es, Chargen oberhalb und unterhalb eines Grenzwertes ganz exakt voneinander zu trennen. Die Unterscheidung in gute und schlechte Gesamtheiten fällt um so schwerer, je mehr sich ihre Beschaffenheit dem Limit nähert. Unter Trennschärfe wird demnach das Ausmaß der Normabweichung verstanden, welches der statistische Test gerade noch erkennt. Geringere Grenzwertüberschreitungen bleiben dann oft unbemerkt.

Mit steigenden Anforderungen an die Trennschärfe nimmt der Stichprobenumfang zu. So ist es ohne weiteres plausibel, daß sich der Stichprobenumfang verzehnfacht, wenn der zulässige Schlechtstückanteil von 1 auf 0,1 % sinkt und folglich nicht mehr Gesamtheiten mit einem fehlerhaften Stück unter 100, sondern unter 1000 Elementen erkannt werden müssen.

In der Statistik spricht man in diesem Zusammenhang vom „Gesetz der großen Zahlen". Danach fällt eine Schätzung im Durchschnitt um so genauer aus, je größer die Stichprobe ist, wenn der wahre Anteil einer Merkmalsausprägung in einer Grundgesamtheit unbekannt ist und anhand einer Zufallsstichprobe geschätzt werden soll.

2.3.2   Sicherheit

Jede Aussage, die auf Grund eines schließenden statistischen Tests getroffen wird, kann falsch sein. Je weniger Fehlentscheidungen auftreten, um so sicherer fällt eine Entscheidung aus. Es entspricht der Logik, daß der notwendige Probenumfang – konstante Trennschärfe vorausgesetzt – mit steigenden Forderungen an die Sicherheit zunimmt.

Bei fixem Stichprobenumfang besteht ein Gegensatz zwischen der Schärfe einer Aussage und der Sicherheit, welche sich in dieser Feststellung ausdrückt: Scharfe Aussagen sind unsicher, unscharfe Aussagen sind sicher. Bezogen auf den Schlechtstückanteil könnte eine 100 % sichere Feststellung nur lauten, daß die Ausschußquote zwischen 0–100 % liegt. Wird dagegen die Aussage getroffen, daß sich die Ausschußquote in der Bezugsgesamtheit exakt auf (z. B.) 0,0172 % beläuft, so ist die Sicherheit dieser Feststellung mit 0 % zu veranschlagen, es sei denn, man hat weit über eine Millionen Proben untersucht.

Da sich bei der Stichprobenprüfung keine 100%ige Sicherheit vor Irrtümern erreichen läßt, ist stets mit Fehlentscheidungen zu rechnen. Wird eine nicht zu beanstandende Charge auf Grund eines Stichprobenergebnisses abgelehnt, geht dieses Risiko zu Lasten des Herstellers (Produzentenrisiko, Fehler 1. Art). Das Konsumentenrisiko (Fehler 2. Art) hingegen bezeichnet den Fall, daß eine beanstandenswerte Gesamtheit akzeptiert wird. Das Ausmaß dieser beiden Risiken sollte für jede Prüfanweisung bekannt sein.

Bei den in der mikrobiologischen Qualitätskontrolle üblichen Signifikanztests wird nur einer der zwei Fehler fixiert. AQL (Acceptable Quality Level)-Strategien dienen dem Ziel, Chargen, die ein akzeptables Qualitätsniveau einhalten, auch mit hoher Sicherheit anzunehmen, mithin das Produzentenrisiko niedrig zu halten. Dagegen sind LTPD (Lot Tolerance Percent Defectives)-Konzepte auf einen höheren Ausschußanteil ausgerichtet, dessen Überschreiten mit großer Wahrscheinlichkeit (= geringem Konsumentenrisiko) zur Beanstandung führen soll. Erst ein Alternativtest mit der Formulierung von zwei Prüfhypothesen (Nullhypothese und Alternativhypothese) kann beide Aufgaben simultan erfüllen. Alle hier genannten Varianten gleichen sich aber insoweit, als sie durch Stichprobenumfang und Annahmezahl definiert sind.

2.3.3   Merkmalsausprägung

Grundsätzlich läßt sich zwischen konstanten und variablen Merkmalen unterscheiden. Nur bei konstanten, d. h. unveränderlichen Merkmalen entspricht die Beschaffenheit einer Stichprobe exakt der Beschaffenheit der gesamten Charge (z. B. Deklaration). In allen anderen Fällen reicht eine Einzelstichprobe nicht aus, sondern es sollen möglichst mehrere Stichproben gezogen werden. Dabei gilt folgende Regel: Je stärker ein Merkmal streut, um so höher muß bei konstanter Trennschärfe und Sicherheit der Stichprobenumfang angesetzt werden! Allerdings ist es ein Irrglaube, daß die Merkmalsstreuung mit steigender Probenzahl sinkt, vielmehr läßt sich auf diese Weise die Präzision jeder Schätzung ("Fehler des Mittelwertes") verbessern.

☐ **Streuung**

Die Streuung steht mit der Art des Merkmals in ursächlichem Zusammenhang:

Qualitative Merkmale sind diskontinuierliche, diskrete Beobachtungen. Auch in der Mikrobiologie fallen häufig Merkmale an, die alternativ (attributiv) ausgeprägt sind und sich allgemein mit den Begriffen "gut" oder "schlecht" bzw. "vorhanden" oder "nicht vorhanden" verbinden. Bekanntestes Beispiel dürfte der presence-absence-Test sein, bei dem ein Keim (*Salmonella, E. coli* u.ä.) in einem definierten Probenvolumen vorkommt oder fehlt (+/−).

Qualitative (alternative) Merkmale folgen oft dem Modell der POISSON- bzw. Binomial-Verteilung (NIEMELÄ, 1983). Hier ist die Streuung durch die Relation der Gut- und Schlechtstücke festgelegt, denn zwischen Varianz und Ereigniswahrscheinlichkeit besteht eine direkte mathematische Beziehung. Kennt man den Gutstückanteil, kennt man also auch die Varianz. Die Streuung besitzt im Fall der Binomialverteilung bei gleichen Prozentsätzen an Gut- und Schlechtstücken – d.h. jeweils 50 % – ihren Höchstwert und nimmt dann ab, je weiter sich die Anteile von 50 % entfernen (Gut- und Schlechtstückanteil ergänzen sich stets zu 100 %). Bei POISSON-verteilten Merkmalen sind Streuung und Erwartungswert sogar identisch.

Quantitative (stetige oder kontinuierliche) Merkmale können in einem bestimmten Bereich jeden beliebigen Wert annehmen. Dazu gehören fast alle Meßdaten, so auch die Keimzahlen in Lebensmittelproben. Zumindest nach entsprechender Transformation folgen solche Zahlen meist einer Normalverteilung, zu deren Eigenschaften gehört, daß zwischen Mittelwert und Streuung keinerlei Beziehung besteht! Um einen Prüfplan konstruieren zu können, muß folglich die Varianz unabhängig vom Mittelwert erfaßt werden. Sie wird entweder aus der Stichprobe selbst geschätzt oder ist aus Vorversuchen bekannt.

Allerdings vermindern geschätzte Streuungen die Trennschärfe/Sicherheit eines Stichprobenplans, weil sie im Gegensatz zu den Erfahrungswerten mit einer Art von "Sicherheitsfaktor" versehen werden. Für einen Stichprobenumfang n = 5 und eine Sicherheit 1-α (zweiseitig) = 0.95 wird beispielsweise ein zusätzlicher Multiplikator von 1,42 eingeführt.

Mit dem Ziel, das Problem der unbekannten Merkmalsstreuung zu umgehen, werden manchmal quantitative in qualitative Daten umformuliert. So arbeiten viele bakteriologischen Prüfpläne nicht mit der ermittelten Keimzahl, vielmehr wird das Ergebnis in die alternative Beobachtung "Die Keimzahl liegt über dem Grenzwert" oder "Die Keimzahl liegt unter dem Grenzwert" überführt.

☐ **Streuung und Genauigkeit**

Als variables Merkmal ist jedes mikrobiologische Analysenresultat mit Streuungen behaftet, die sich als Fehler manifestieren und die Genauigkeit des Ergebnisses vermindern. Beim Rückschluß von der Einzelprobe auf die Beschaffenheit der Bezugsgesamtheit (= Charge) entsteht ein Gesamtfehler, der sich aus folgenden Varianzkomponenten zusammensetzt (HILDEBRANDT et al.; 1988, MÜLLER und HILDEBRANDT, 1989):

A. Streuung innerhalb der Einzelprobe

     Aa)   unvermeidbarer Zufalls- s. Stichprobenfehler, den man zumindest beim Koloniezählverfahren als „POISSON-Fehler" bezeichnen könnte, da sich hier das Verhalten des Stichprobenfehlers mit diesem Modell beschreiben läßt.

     Ab)   Zufällige und systematische Methodenfehler (Tab. II.2–1), wobei die ungerichtet-zufälligen Fehler stets varianzerhöhend und damit präzisionsmindernd wirken. Systematische Fehler beeinflussen zwar die Richtigkeit, stellen aber selbst Zufallsgrößen dar, die sich zusätzlich auf die Varianz auswirken.

B. Streuung zwischen den Einzelproben: Probenfehler

     Ba)   Nur bei frisch hergestellten, homogenisierten (flüssigen, pastösen und pulverförmigen) Gütern übersteigt die Streuung zwischen den Proben nicht den „POISSON"-Fehler. Heterogene Substratstruktur und/oder mikrobielle Vermehrung bzw. Absterbeprozesse erhöhen die Varianz.

Bei extrem heterogenen Merkmalen kann eine „künstliche Homogenität" in Form einer Sammelprobe hergestellt werden. Dabei werden die Einzelproben nicht getrennt untersucht, sondern vor der Analyse in Form eines Homogenisats vereinigt. Auf diese Weise läßt sich zwar die durchschnittliche Beschaffenheit gut abschätzen, doch geht jede Information über die Streuung und somit auch die Ausschußquote verloren. Darüber hinaus kann die Beschaffenheit der Sammelprobe durch Ausreißer „verfälscht" werden.

2.3.4   Auswahlsatz

Entgegen einem weit verbreiteten Mißverständnis besteht meist keine Beziehung zwischen der Anzahl der Stichproben (n) und der Größe der Bezugsgesamtheit (N).

Tab. II.2-1: Methodologische Fehler der Koloniezahlbestimmung

Wägefehler*

Verdünnungs- und Pipettierfehler

Volumenabnahme beim Autoklavieren der Verdünnungsflüssigkeit

Zahl der Verdünnungsschritte*

Keimverschleppung durch Mehrfachgebrauch

Wandadsorption

Eichfehler*

Entleerungstechnik*

individueller Ablesefehler*

Homogenisierfehler*

Plattenfehler

Nährbodenrezeptur

Schichtdicke des Nährbodens

Trocknungsgrad des Nährbodens

Inokulationsvolumen

Luftkeime

Bebrütungsbedingungen (Zeit, Temperatur, Feuchte, etc.)

Bakteriensynergismus und -antagonismus

Subletale Schädigung der Keime

Zählfehler

individueller Zählfehler*

Überlappungseffekt

* zufällige (ungerichtete) Fehler bzw. Fehlerbestandteile

Die Güte der Prüfung mit ihren beiden Parametern Trennschärfe und Sicherheit hängt meist vom Stichprobenumfang ab. Nur bei den zumindest in der Praxis seltenen Fällen, in denen der Probenumfang 10 % der Bezugsgesamtheit überschreitet, verringert sich das Fehlentscheidungsrisiko für konstantes n mit sinkendem N. Statistisch spricht man dann vom Übergang der Binomialverteilung in die hypergeometrische Verteilung.

Viele Rechtsvorschriften und andere anerkannte Prüfpläne enthalten jedoch eine Verknüpfung von Chargen- und Stichprobenumfang, indem mit steigender Chargengröße immer mehr Proben gezogen werden. Solche Pläne bewirken, daß größere Chargen schärfer als kleine Sendungen kontrolliert werden. Dieses Vorgehen ist zumindest diskussions-, wenn nicht gar kritikwürdig.

2.3.5 Probenzahl

Die eingangs gestellte Frage nach der erforderlichen Probenzahl beantwortet sich dahingehend, daß sie eine Funktion von gewünschter Sicherheit und Trennschärfe sowie gegebener Merkmalsstreuung bildet. In mathematisch sicherlich unzulässiger Vereinfachung läßt sich die Beziehung folgendermaßen beschreiben:

$$\sqrt{\text{Probenzahl}} = \text{Sicherheit} \times \text{Trennschärfe} \times \text{Varianz}$$

Eine wesentliche Schlußfolgerung aus der Formel stellt die offensichtlich mangelnde Effizienz zunehmender Stichprobenzahlen dar. Sicherheit und Trennschärfe eines Tests können nur durch exponentielle Steigerung des Probenumfangs merklich verbessert werden. Deshalb bleibt oberhalb von n = 5 der Nutzen des Aufstockens von Stichproben oft gering.

Tab. II.2-2: Mindeststichprobenumfänge zur Beurteilung unendlich großer Grundgesamtheiten in Abhängigkeit vom tolerierten Schlechtstückenanteil sowie dem Fehlentscheidungsrisiko ß (Fehler 2. Art); Rückweisezahl d ≥ 1

RQL \ 1–ß	95	99	99,9
25	11	17	25
10	29	44	66
5	59	90	135
1	299	459	688
0,5	598	919	1379
0,2	1497	2301	3451
0,1	2995	4603	6905

Zeichenerklärung:

RQL: Anteil (%) fehlerhafter Einheiten, der in einem Los toleriert wird

1–ß: Sicherheit (%), mit der eine fehlerhafte Charge erkannt werden soll

Um eine Vorstellung über die Höhe mathematisch berechneter Stichprobenumfänge zu gewinnen, wird in Tab. II.2–2 der kombinierte Einfluß von Sicherheit (1–ß) und maximal toleriertem Prozentsatz fehlerhafter Einheiten (RQL) auf die Probenzahl dargestellt. Es wird diejenige Mindeststichprobenzahl angegeben, bei der sich unter den vorgegebenen Bedingungen (RQL, ß) eine fehlerhafte Bezugsgesamtheit dadurch erkennen läßt, daß mindestens ein Element der Gesamtstichprobe diesen Fehler aufweist (Annahmezahl c = 0, Rückweisezahl d ≥ 1). Die Merkmalsvarianz braucht nicht extra einbezogen zu werden, weil sie – entsprechend den Modellvorstellungen bei alternativen Ausprägungen – durch den Gutstückanteil bereits festgelegt ist. Beachtung verdienen die Stichprobenumfänge n = 60 und n = 300. Diese Probenzahlen gestatten es, Schlechtstückanteile von = 5 % bzw. 1 % mit 95%iger Sicherheit zu erfassen, was der Forderung vieler Qualitätssicherungssysteme entspricht.

2.3.6 Nicht-biometrische Gesichtspunkte

Ein Stichprobenplan muß nicht nur statistischen Ansprüchen genügen, er muß auch praktikabel sein. Aus diesem Grund soll der Stichprobenumfang in einer ökonomisch vertretbaren Größenordnung liegen, d.h. Untersuchungskosten und Zeitaufwand dürfen die Grenze der Wirtschaftlichkeit nicht überschreiten. Es gibt bereits statistische Modelle, welche den finanziellen Faktor einbeziehen. Im Idealfall übersteigt der Qualitätsgewinn durch eine statistische Qualitätskontrolle die Kosten dieser Untersuchung. Speziell in der mikrobiologischen Qualitätskontrolle werden Sicherheit und Trennschärfe eines Stichprobenplans nach drei weiteren Kriterien ausgerichtet (ICMSF, 1986):

a) Art und Ausmaß der Gefährdung, die von dem betreffenden Keim ausgehen.

b) Art der Behandlung, welche das Lebensmittel üblicherweise nach seiner Herstellung erfährt.

c) Verzehr des Lebensmittels durch Konsumentengruppen mit verminderter Resistenz.

Je nach Anzahl und Bedeutung der Risikofaktoren werden die Lebensmittel in Kategorien („cases") eingeordnet, die sich wiederum mit bestimmten Stichprobenplänen verbinden.

2.3.7 Bezugsgesamtheit

Jedes Stichprobenergebnis gilt nur für die Bezugsgesamtheit (Grundgesamtheit, Charge, Los), aus der die Probe repräsentativ gezogen worden ist. Damit keine Verzerrungen entstehen, muß die Charge folgende Definitionsmerkmale erfüllen (FOSTER, 1971):

Ein Los (product lot) ist eine Herstellungsmenge, die

– abgrenzbar und tatsächlich abgegrenzt ist,

– von anderen Herstellungsmengen unterschieden werden kann,

– in einem festgelegten Zeitraum hergestellt und abgepackt wurde, d. h. ohne größere Unterbrechungen oder andere Änderungen (z. B. Rohstoffe verschiedener Herkunft), welche eine signifikante Abweichung bei einem Teil des Loses erwarten lassen,

– vollständig ist,

– zugänglich für eine Probenahme und Prüfung ist.

In die nächsthöhere Risikokategorie wird das Lebensmittel eingestuft, wenn

– keine abgegrenzte Charge vorliegt,

– keine Eingangskontrolle der Rohstoffe stattfindet,

– eine angemessene innerbetriebliche Überwachung fehlt.

2.4   Stichprobenpläne

Mit dem MIL-STD 105 D, der auch in die Anweisungen ABC-STD 105, ISO 2859-1974 (E) und DIN 40 080 einging, steht zwar ein sehr differenziertes, international anerkanntes Qualitätssicherungssystem zur Verfügung, das sich auch in der mikrobiologischen Qualitätskontrolle anwenden läßt. Oft unvertretbar hohe Stichprobenumfänge und schwer überschaubare Planvielfalt mindern jedoch seine Einsatzfähigkeit. Es wurden daher spezifische, bakteriologischen Fragestellungen angepaßte Prüfpläne entwickelt.

2.4.1   Attributive Zwei-Klassen-Pläne

Ein Zwei-Klassen-Plan für attributive Merkmale („gut/schlecht" bzw. „über/unter der Nachweisgrenze"; siehe 2.3.3) wird mit Hilfe von zwei Parametern fixiert, nämlich dem Stichprobenumfang n und der Annahmezahl c. Die Annahmezahl c besagt, wie viele Schlechtstücke in einer Stichprobe vom Umfang n auftreten dürfen, um die Bezugsgesamtheit noch annehmen zu können.

So bedeuten c = 2 und n = 10, daß unter 10 Proben höchstens 2 Schlechtstücke vorkommen dürfen, ohne daß eine Beanstandung ausgesprochen wird. Bei 3 und mehr Schlechtstücken erfolgt hingegen eine Zurückweisung der Bezugsgesamtheit.

Attributive Pläne werden nicht nur für a priori qualitative Ergebnisse eingesetzt, sondern auch für quantitative Resultate (z. B. Keimzahlergebnisse), die entsprechend umformuliert worden sind (vgl. 2.3.3). Eine solche Umwandlung läuft in zwei Stufen ab. Zunächst wird eine Grenzkeimzahl m festgelegt. Im zweiten Schritt erfolgt die eigentliche Transformation. Dabei wird das Untersuchungsresultat nach dem Kriterium gruppiert, ob es unter oder über diesem Limit liegt. Hieraus resultiert die angestrebte attributive +/− Struktur des Merkmals.

Die häufig geforderte Annahmezahl c = 0 bedeutet nicht, daß damit Nulltoleranz, d. h. absolute Fehlerfreiheit der gesamten Charge, garantiert ist. Auch wenn das Stichprobenkontingent kein Schlechtstück enthält, können in der Bezugsgesamtheit selbst durchaus Schlechtstücke vorkommen. Psychologisch bieten folglich Tests mit c = 0 die Gefahr einer falschen Sicherheit, indem Freiheit von fehlerhaften Elementen vermutet wird.

2.4.2   Attributive Drei-Klassen-Pläne

Um den Informationsgehalt von Keimzahlergebnissen besser als beim Zwei-Klassen-Plan auszuschöpfen, wurde von BRAY et al. (1973) der attributive Drei-

Klassen-Plan konzipiert, für dessen weitere Verbreitung vorwiegend die ICMSF (1986) sorgte. Dieser Test läßt sich als Kombination von zwei attributiven Zwei-Klassen-Plänen interpretieren (Tab. II.2–3). Mit einer Stichprobe vom Umfang n wird gleichzeitig auf zwei mikrobiologische Limits geprüft. Es handelt sich zum einen um das Kriterium m, welches der Obergrenze für die Good Manufacturing Practice entspricht, und zum anderen um das Kriterium M, welches den Übergang zu einer nicht mehr akzeptablen Qualität charakterisiert. Dieser Plan kennt somit seinem Namen entsprechend drei Kontaminationsklassen, nämlich den akzeptablen Keimzahlbereich von 0 bis m, den tolerierbaren Bereich von m bis M und den „Defekt"-Bereich über M. Jedem der beiden Limits m und M ist eine Annahmezahl c zugeordnet, wobei der zu M gehörende Wert stets Null beträgt. Eine Charge wird immer dann abgelehnt, wenn in einer Stichprobe eine Einheit das Limit M überschreitet und/oder mehr Einheiten oberhalb des Limits m liegen, als die Annahmezahl c gestattet.

Tab. II.2-3: Konzept der attributiven Zwei- und Drei-Klassen-Pläne

	Stichproben-umfang	mikrobiol. Limit	Annahmezahl
Zwei-Klassen-Plan	n = 5*	m	$c_m \geq 1$
weiterer Bereich		M	$c_M = 0$
Drei-Klassen-Plan	n = 5*	m	$c_m \geq 1$
		M	$c_M = 0**$

* meist wird ein Stichprobenumfang von n = 5 gewählt, doch sind auch andere Zahlen möglich
** da prinzipiell $c_M = 0$ beträgt, wird für den Drei-Klassen-Plan oft nur c_m angegeben und als c bezeichnet

Auf Grund von Modellrechnungen wird den Drei-Klassen-Plänen eine robuste Arbeitsweise zugeschrieben (JARVIS und MALCOLM, 1986). Eine Prüfstrategie aus Zwei- und Drei-Klassen-Plänen ist von der ICMSF (1986) zur Praxisreife entwickelt worden. Tab. II.2–4 gibt einen Überblick dieses Systems, wobei sich die Höhe der Grenzwerte m und M nach der Art der Lebensmittel sowie der zu erfassenden Mikroorganismen(-gruppe) richtet.

Umfangreiche Analysen von OC-Funktionen (vgl. II.5.2) haben gezeigt, daß der Drei-Klassen-Plan wie ein „Zwei-Klassen-Plan mit Ausreißerfalle" arbeitet. Demnach kommt extremen Einzelwerten große Bedeutung zu, wobei es sich nur schwer mit hygienischen oder gar gesundheitlichen Risiken begründen läßt, wenn eine ganze Charge wegen einer Einzelprobe mit einer Enterobakteriazeen- oder Gesamtkeimzahl über der oftmals willkürlichen Grenze M abgelehnt wird.

Tab. II.2-4: Qualitätssystem der ICMSF (3-KP = 3-Klassen-Pan; 2-KP = 2-Klassen-Plan)

Art der Gesundheitsgefahr	übliche Weiterbehandlung und Verzehrsform des Lebensmittels nach der Probenahme		
	verminderte Gesundheitsgefahr	unveränderte Gesundheitsgefahr	gesteigerte Gesundheitsgefahr
	verbesserte Lagerfähigkeit	unveränderte Lagerfähigkeit	verminderte Lagerfähigkeit
keine direkte Gesundheitsgefahr; jedoch Änderung der Lagerfähigkeit möglich	Fall 1; 3-KP $n = 5, c = 3$	Fall 2; 3-KP $n = 5, c = 2$	Fall 3; 3-KP $n = 5, c = 1$
gering, indirekt (Indikatorkeim)	Fall 4; 3-KP $n = 5, c = 3$	Fall 5; 3-KP $n = 5, c = 2$	Fall 6; 3-KP $n = 5, c = 1$
mäßig, direkt, geringe Verbreitungstendenz („spreadability")	Fall 7; 3-KP $n = 5, c = 2$	Fall 8; 3-KP $n = 5, c = 1$	Fall 9; 3-KP $n = 10, c = 1$
mäßig, direkt, weite Verbreitung möglich	Fall 10; 2-KP $n = 5, c = 0$	Fall 11; 2-KP $n = 10, c = 0$	Fall 12; 2-KP $n = 5, c = 0$
erheblich, direkt	Fall 13; 2-KP $n = 15, c = 0$	Fall 14; 2-KP $n = 30, c = 0$	Fall 15; 2-KP $n = 60, c = 1$

Bei Lebensmitteln für Personengruppen mit verminderter Resistenz ist eine höhere Risikokategorie („Fall") zu wählen.

Damit „outliers", die gerade bei log-normalverteilten Keimzahlen auftreten können, kein zu großes Gewicht bekommen, sollte die Differenz zwischen m und M nicht aufs Geratewohl, sondern unter Berücksichtigung der technologisch unvermeidbaren Merkmalsstreuung festgelegt werden. Hinweise auf den Mindestabstand zwischen m und M lassen sich aufgrund folgender Überlegungen ableiten:

Die am weitesten verbreitete Variante des Zwei-Klassen-Plans lautet n = 5 und c = 2. Diese Konzeption bedeutet nichts anderes, als daß eine Charge, deren mittlere Keimzahl genau auf der Grenze m liegt, mit je 50 % Wahrscheinlichkeit abgelehnt oder angenommen wird. Für den Drei-Klassen-Plan könnte nun die Modifikation gelten, daß solche Chargen bei noch akzeptabler Heterogenität zusätzlich in höchstens 5 % der Fälle (Gesamtannahmewahrscheinlichkeit also 45 %) wegen alleinigen Überschreitens der Annahmezahl c = 0 für M abgelehnt werden, obwohl sie die Bedingung $c_m = 2$ erfüllen. Die Berechnung mit Hilfe der Trinomial-Verteilung ergab, daß der Abstand zwischen m und M mindestens das 1,85-fache der maximalen GMP-Standardabweichung betragen muß, um das Risiko wegen unvermeidbarer Extremwerte auf das vertretbare 5 %-Niveau zu reduzieren.

Für attributive Drei-Klassen-Pläne mit n = 5 und $c_m = 2$ erscheint eine weitere Empfehlung angezeigt. Weil im Fall Chargenmittel = m und bei ausschließlicher Beurteilung mittels Annahmezahl c_m die Annahmewahrscheinlichkeit 50 % beträgt, kann man auch nach dem Kriterium bewerten, ob der Median oder das geometrische Mittel der 5 Stichprobenergebnisse über oder unter m liegt. Auf diese Weise lassen sich gute von schlechten Chargen etwas sicherer abgrenzen (vgl. II.2.4.3).

Es wird mithin folgende Ausgestaltung des attributiven Drei-Klassen-Plans (n = 5, $c_m = 2$) vorgeschlagen:

Tab. II.2-5: Ausgestaltung attributiver Drei-Klassen-Pläne

Stichprobenumfang	Limit	Annahmezahl
n = 5	m	$c_m \Rightarrow \bar{x}_g \leq m$
	M*	$c_M = 0$

* $[M{-}m] \geq 1{,}85 \times \sigma$
(σ = maximale GMP-Standardabweichung)

2.4.3 Variablen-Pläne

Liegt das Ergebnis einer bakteriologischen Untersuchung in Form einer Keimzahl – mithin eines quantitativen Merkmals – vor, bedeutet der Einsatz von Attributiv-Plänen stets einen Verlust an Information, selbst wenn es sich um einen Drei-Klassen-Plan handelt. Nicht nur das Ausmaß der Grenzwertüber- bzw. Grenzwertunterschreitung bleibt unberücksichtigt, sondern auch die reale Merkmalsstreuung findet keinen Eingang in die Plankonstruktion (BUSSE, 1989, HILDEBRANDT und WEISS, 1992b, JARVIS, 1989).

Variablen-Pläne bieten den Vorteil, daß jedes Keimzahlergebnis – und folglich auch die reale Merkmalsstreuung – unmittelbar in den Test eingeht. Es wird dann geprüft, ob der Mittelwert oder ein bestimmter Prozentsatz der Charge die Grenzkeimzahl über- oder unterschreitet. Allerdings hat bisher nur KILSBY (1982) einen ausformulierten Variablen-Plan vorgestellt, ohne daß sich dieser in der Qualitätssicherung durchzusetzen vermochte.

Die wichtigsten Eigenschaften qualitativer und quantitativer Merkmale sowie die sich daraus ergebenden Prüfungskonstellationen sind zusammenfassend in Abb. II.2–1 dargestellt.

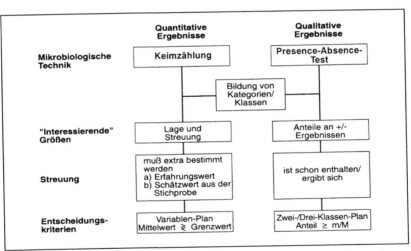

Abb. II.2-1: Stichprobenpläne für qualitative und quantitative Ergebnisse

2.5   OC-Funktion

Dem Anwender fällt es oftmals schwer, zwischen der Vielzahl angebotener Stichprobenpläne die für seine Problemstellung geeignete Modifikation auszuwählen. Eine wichtige Entscheidungshilfe hierzu bietet die OC-Funktion (Operations-Characteristic, Annahme-Kennlinie).

Für einen definierten Stichprobenplan gibt sie die Wahrscheinlichkeit an, ein Stichprobenergebnis zu erhalten, welches nach der zugehörigen Entscheidungsregel zur Annahme der Charge führt (MESSER et al., 1992). Diese Annahmewahrscheinlichkeit (y-Achse) wird in Abhängigkeit von der wirklichen Beschaffenheit der Charge (x-Achse) dargestellt und nimmt zumeist einen S-förmigen Verlauf (Abb. II.2–2). Aus der OC-Funktion läßt sich folglich ablesen, welche Keimdichte (unter Berücksichtigung der Streuung) bzw. welchen Schlechtstückanteil eine Bezugsgesamtheit haben darf, damit sie bei vorgegebenem Stichprobenplan noch mit ausreichender Sicherheit akzeptiert wird.

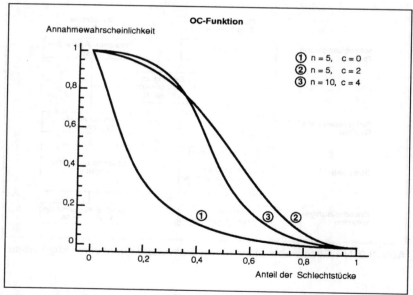

Abb. II.2-2:   OC-Funktionen von drei attributiven Zwei-Klassen-Plänen

Mit anderen Worten: „Wie ändert sich die Wahrscheinlichkeit der Annahme einer Lieferung, wenn die Qualität dieser Lieferung, d.h. der prozentuale Anteil der fehlerhaften Stücke, geändert wird?" (SADOWY, 1970). Je steiler eine solche An-nahme-Kennlinie abfällt, um so schärfer trennt der jeweilige Prüfplan gute von schlechten Chargen. Diese Trennschärfe nimmt mit steigendem Stichproben-umfang zu, wie der Vergleich der beiden attributiven Zwei-Klassen-Pläne mit $n = 5$ (und $c = 2$) sowie $n = 10$ (und $c = 4$) in Abb. II.2–2 verdeutlicht. Ohne Kenntnis der OC-Funktion läßt sich demnach die Arbeitsweise eines Qualitäts-sicherungssystems gar nicht verstehen.

2.6 Standardisierung und Überprüfung mikrobiologischer Untersuchungsverfahren

2.6.1 Standardisierung

Eine zuverlässige, sachlich und rechtlich abgesicherte Beurteilung von Lebensmitteln anhand mikrobiologischer Untersuchungsergebnisse setzt voraus, daß die Resultate mit einheitlichen Analysentechniken gewonnen werden. Jedes Abweichen von diesen Normmethoden bedarf einer besonderen Begründung. In der Bundesrepublik Deutschland erfolgt seit 1974 im Rahmen der Amtlichen Methodensammlung nach § 35 LMBG Lebensmittel- und Bedarfsgegenständegesetz (LMBG) die Standardisierung solcher Analysenverfahren durch Sachverständigengruppen des Bundesinstituts für gesundheitlichen Verbraucherschutz und Veterinärmedizin (BgVV). Sämtliche Analysenvorschriften werden abgestimmt mit dem Deutschen Institut für Normung e.V. (DIN), der Internationalen Organisation für Normung (ISO) und dem Europäischen Komitee für Normung (CEN). Wesentliche Informationen bieten auch die „Official Methods of Analysis" der AOAC International.

2.6.2 Ringversuche

Reproduzierbare Aussagen über die Eignung und Leistungsfähigkeit von Untersuchungsverfahren erhält man erst nach Durchführung von Ringversuchen und deren Auswertung unter Anwendung statistischer Methoden, wobei eine quantitative Einschätzung der Genauigkeit angestrebt wird.

Nach üblicher Nomenklatur setzt sich die Genauigkeit aus zwei Komponenten zusammen, nämlich der Richtigkeit (= Übereinstimmung von wahrem Wert und Durchschnittsergebnis bei unablässiger Wiederholung) einerseits und der Präzision (= Übereinstimmung von Beurteilungsergebnissen untereinander bei wiederholter Untersuchung = Streuung) andererseits. Weil die wirkliche Keimzahl eines Substrates sich nie exakt festlegen läßt, dient bei mikrobiologischen Techniken überwiegend die Präzision als Beurteilungskriterium.

Die Präzision einer normierten Untersuchungsmethode wird gemeinhin durch die Wiederhol- und Vergleichsstandardabweichung bzw. durch die Wiederholbarkeit und Vergleichbarkeit ausgedrückt. Gemäß Entwurf DIN ISO 5725 gelten dabei folgende Definitionen: „Die Wiederholbarkeit r ist derjenige Wert, unterhalb dessen man die absolute Differenz zwischen zwei einzelnen Prüfergebnissen, die man mit demselben Verfahren an identischem Prüfmaterial und unter denselben Bedingungen (derselbe Arbeiter, dasselbe Gerät, dasselbe Labor, kurze Zeitspanne) erhalten hat, mit einer vorgegebenen Wahrscheinlichkeit erwarten darf; wenn nichts anderes angegeben ist, so ist diese Wahrscheinlichkeit 95 %".

„Die Vergleichbarkeit R ist derjenige Wert, unterhalb dessen man die absolute Differenz zwischen zwei einzelnen Prüfergebnissen, die man an identischem Material, aber unter verschiedenen Bedingungen (verschiedene Bearbeiter, verschiedene Geräte, verschiedene Labors und/oder zu verschiedenen Zeiten) gewonnen hat, mit einer vorgegebenen Wahrscheinlichkeit erwarten darf; wenn nichts anderes angegeben ist, so ist diese Wahrscheinlichkeit 95 %."

Die Wiederholbarkeit r und die Vergleichbarkeit R sind folglich zwei Parameter, welche die Präzision eines gegebenen Prüfverfahrens beschreiben, das unter zwei verschiedenen Umständen wiederholt wird. Die Aussagekraft beider Maßzahlen findet aber in der Mikrobiologie insoweit ihre Grenzen, als die Streuung auch bei ideal homogenen Proben nicht nur von der Methode sondern auch direkt von der Koloniezahl abhängt. Ganz allgemein ist für den Fall, daß r und R konzentrationsabhängig sind, eine gesonderte Angabe der Werte entsprechend für den jeweiligen Konzentrationsbereich vorgesehen.

Mit diesen Definitionen von r und R verbindet sich jedoch keine konkrete Strategie zur Bestimmung der Präzision mikrobiologischer Techniken. Daher entwikkelten die ad hoc-Arbeitsgruppe „Statistische Bewertung mikrobiologischer Untersuchungsverfahren" des BGA/BgVV sowie die Gruppe E 30 der International Dairy Federation (IDF) ein Qualitätssicherungssystem für die Keimzahlbestimmung mittels Gußplatten- und Spatelverfahren, das inzwischen unter der Ziffer L 01.00-00 (Keimzahl in Milch; Gußverfahren) bzw. L 06.00-00 (Keimzahl in Fleisch; Spatelverfahren) in die Amtliche Sammlung § 35 LMBG aufgenommen wurde. Aufgrund des hierarchischen Versuchsaufbaus mit vier parallelen Verdünnungsreihen, die jeweils 12 duale Verdünnungsstufen mit je 3 Parallelplatten umfassen, lassen sich methodische Fehlerkomponenten sehr gut erkennen und quantifizieren. Nach der statistischen Auswertung mittels zweier G^2-Tests sowie ggf. einer Varianzkomponentenschätzung ergeben sich drei alternative Bewertungen:

1. Achtung! Das Ergebnis ist „zu gut"

2. Labor arbeitet mit akzeptablem Standard

3. Weitergehende Analyse der aufgetretenen zusätzlichen technischen Fehler ist notwendig, um über Schulungskurse eine erfolgreiche Wiederholung des Untersuchungsprogramms anzustreben.

Bisher wurden diese Ringversuche zentral vom BgVV organisiert und ausgewertet. Es zeichnet sich jedoch eine Tendenz zur regionalen Durchführung von

Qualitätssicherungsmaßnahmen ab, wobei das vollständig in den Untersuchungsablauf integrierte Computer-Programm „GLP Analyst" die biometrische Analyse wesentlich erleichtert (BERG et al. 1994).

An aufwendig konzipierten Ringversuchen kann ein Routinelabor nur in größeren Zeitabständen teilnehmen, weshalb LIGHTFOOD et al. (1994) ein vereinfachtes Verfahren zur täglichen Überprüfung der Good Laboratory Practice (GLP) konzipierten. Dazu werden von einer Probe zwei Unterproben angelegt. Für das Koloniezählergebnis der ersten Probe läßt sich aus einer Tabelle das 95 %-Konfidenzintervall ablesen, innerhalb dessen das Resultat der Zweitprobe liegen sollte. Werden die Daten fortlaufend in eine Kontrollkarte eingetragen, ergeben sich wertvolle Hinweise auf die Präzision der ermittelten Keimzahlen.

Das Einfügen solcher Qualitätssicherungssysteme in die Laborroutine wird immer mehr an Bedeutung gewinnen, da sie eine wesentliche Voraussetzung für die Akkreditierung bilden.

2.7 Schlußfolgerungen

Für die mikrobiologische Qualitätskontrolle wurden mit den attributiven Zwei- und Drei-Klassen-Plänen leicht verständliche und in der Anwendung unkomplizierte Verfahren entwickelt. Neben der Auswertung von presence-absence-Tests gilt diese Aussage auch für die Beurteilung von Keim- bzw. Koloniezahlen, wobei im Fall solcher variablen Merkmale jedoch Probenumfang und Trennschärfe in ungünstiger Relation zueinander stehen. Aufwandsminimales Vorgehen würde hier den Einsatz von Variablen-Plänen erfordern, für die aber ein praxisreifes Konzept derzeit fehlt. Ebenso müßten weitere Rationalisierungsmöglichkeiten, wie sie die Entnahme von Sammelproben, zwei- und mehrstufiges Vorgehen oder Informationsverknüpfung durch Zeitreihenuntersuchung (Kontrollkarten) bieten, in Zukunft konsequent genutzt werden.

Literatur

1. BERG, C., DAHMS, S., HILDEBRANDT, G., KLASCHKA, S., WEISS, H., Microbiological collaborative studies for quality control in food laboratories: Reference material and evaluation of analyst's errors, Int. J. Food Microbiol. 24, 41–52, 1994

2. BRAY, D. F., LYON, C. A., BURR, I. W., Three class attributes plans in acceptance sampling, Technometrics 15, 575–585, 1973

3. BUSSE, M., Über den Mißbrauch von Probenahmeplänen, Deutsche Molkerei Zeitung 43, 1370–1377, 1989

4. CODEX ALIMENTARIUS COMMISSION, General principles for the establishment and application of microbiological criteria for foods, Rep. 17, Session of the Codex Committee on Food Hygiene, Washington D. C., 17.–21. Nov. 80, Alinorm 81/13, Appendix II, Codex Alimentarius Commission, Rom 1981

5. FOSTER, E.M., The control of Salmonellae in processed foods: A classification system and sampling plan, Journal of the AOAC 54, 259–266, 1971

6. HILDEBRANDT, G., MÜLLER, A., HURKA, H., ARNDT, G., Die Fehlermöglichkeiten des Koloniezählverfahrens, Berliner und Münchener Tierärztliche Wochenschrift 101, 257–266, 1988

7. HILDEBRANDT, G., WEISS, H., Stichprobenpläne in der mikrobiologischen Qualitätssicherung, 1. Darstellung geläufiger Pläne, Fleischwirtschaft 72, 325–329, 1992a

8. HILDEBRANDT, G., WEISS, H., Stichprobenpläne in der mikrobiologischen Qualitätssicherung, 2. Kritik und Ausblick, Fleischwirtschaft 72, 768–776, 1992b

9. INTERNATIONAL COMMISSION ON MICROBIOLOGICAL SPECIFICATIONS IN FOODS (ICMSF), Microorganisms in foods 2: Sampling for microbiological analysis, Principles and specific applications, University of Toronto Press, 2. Auflage, 1986

10. JARVIS, B., Statistical aspects of the microbiological analysis of foods, Elsevier, Amsterdam, 1989

11. KILSBY, D. C., Sampling schemes and limits, in BROWN, M. H., Meat Microbiology, 387–421, Applied Science Publishers Ltd., Ld. u. NY, 1982

12. LIGHTFOOD, N.F., TILLETT, H.E., BOYD, P., EATON, S., Duplicate split samples for internal quality control in routine water microbiology, Letters Appl. Microbiol. 19, 321–324, 1994

13. MASING, W., Handbuch der Qualitätssicherung, Carl Hauser Verlag München Wien, 1980

14. MESSER, J.W., MIDURA, T. F., PEELER, J. T., Sampling plans, sample collection, shipment, and preparation for analysis, in S. Doores et al., Compendium for the microbiological examination for foods, 3. Auflage, APHA, Washington, 25–49, 1992

15. MÜLLER, A., HILDEBRANDT, G., Die Genauigkeit der kulturellen Keimzahlbestimmung I. Literaturübersicht, Fleischwirtschaft 69, 603–616, 1989

16. NIEMELÄ, S., Statistical evaluation of results from qualitative microbiological examinations, Nordic Committee on Food Analysis, Report 1, 2nd ed., 1983

17. SADOWY, M., Industrielle Statistik mit Qualitätskontrolle, Vogel-Verlag, Würzburg, 1970

18. SHIFMAN, M., KRONICK, D., The development of microbiological standards for foods, J. Milk Food Technology 26, 110–114, 1963

19. STEARMAN, R. L., Statistical concept in microbiology, Bact. Rev. 19, 160–215, 1955

20. WODICKA, V. O., The food regulatory agencies and industrial quality control, Food Technology 27 (10) 52–58, 1973

3 Probenbehandlung

J. Baumgart

3.1 Entnahme der Proben außerhalb des Laboratoriums

Wenn möglich, sollte eine ungeöffnete Originalprobe zur Untersuchung eingesandt werden. Ist dies nicht möglich, muß eine ausreichend große Teilprobe (100–200 g oder ml) steril entnommen werden. Die dafür notwendigen Geräte sind vorher zu sterilisieren und in geeigneten Behältern steril aufzubewahren. Wenn eine Sterilisation der Geräte in Betrieben notwendig ist und ein Autoklav oder Heißluftsterilisator fehlen, kann eine Entkeimung erfolgen durch Abflammen, durch Eintauchen in Spiritus und Abflammen oder durch Eintauchen in ein Desinfektionsmittel, das z.B. 100 ppm verfügbares Chlor enthält, oder durch 2%ige Peressigsäure. Das Desinfektionsmittel muß mit sterilem Wasser abgespült und die Geräte mit einem sterilen Tuch getrocknet werden.

Den bruchsicher und wasserdicht verpackten Proben ist ein Bericht beizufügen, der folgende Angaben enthalten soll:

a) Ort, Datum und Zeit der Probeentnahme

b) Name des Probenehmers

c) Beschreibung der bei der Probeentnahme angewandten Methode

d) Art der Probe und Zahl der Einheiten, aus denen die Ware besteht

e) Identifizierungsnummer und Code-Zeichen der Charge, aus der die Probe entnommen wurde

f) Zusatz von Konservierungsmitteln (z.B. bei Milch), Lagerungsart, Lagerungstemperatur.

Die entnommene Probe muß unter Vermeidung einer Verunreinigung und unter Erhaltung des mikrobiologischen Ist-Zustandes in das Labor zur Untersuchung transportiert werden. Bis zur Untersuchung ist die Probe kühl zu lagern (0–5 °C). Tiefgefrorene Proben (z.B. Speiseeis, Gefriergerichte) müssen bei −18 °C oder darunter aufbewahrt werden, getrocknete Produkte bei Raumtemperatur (max. 25 °C). Frische und nicht gefrorene Lebensmittel dürfen nicht eingefroren werden.

Besonders wichtig ist dies auch, wenn auf *Clostridium perfringens* untersucht werden soll. Sollte nach der Probenahme innerhalb von 24 h keine Untersuchung möglich sein, so kann das Lebensmittel, das auf *Clostridium perfringens* zu untersuchen ist, im Verhältnis 1:1 (G/V) mit 20%igem Glycerin vermischt und unter Trockeneis gelagert werden.

3.2   Probenbehandlung im Laboratorium und Vorbereitung der Proben

Die folgenden Anleitungen sind allgemeiner Art. Bei einzelnen Lebensmitteln sind spezielle Vorschriften, die „Amtlichen Untersuchungsverfahren nach § 35 des Lebensmittel- und Bedarfsgegenständegesetzes" sowie die DIN-Methoden (Deutsches Institut für Normung) zu beachten.

Im Laboratorium wird mit sterilen Geräten (z. B. Löffel, Spatel, Messer, Pinzette, Schere, Pipette) die Untersuchungsprobe entnommen. Gefrorene Lebensmittel werden bei einer Temperatur unter +5 °C nicht länger als 12 h aufgetaut. Bei großstückigen, gefrorenen Lebensmitteln erfolgt die Entnahme mit einem sterilen Bohrer.

Die entnommene Probe (ca. 200 g) wird vorzerkleinert, um eine homogene Durchmischung zu erzielen. Eine Vorzerkleinerung kann mit dem sterilen Fleischwolf (Lochscheibe max. 4 mm), mit dem Stomacher (dickere Beutel verwenden) oder anderen mechanischen Zerkleinerungsgeräten erfolgen. Bei flüssigen Lebensmitteln oder bereits vorzerkleinerten bzw. homogenen durchmischten Proben entfällt die Vorzerkleinerung. Flüssige Lebensmittel sind jedoch sorgfältig zu durchmischen. Die vorzerkleinerte Probe darf nicht länger als 1 h bei einer Temperatur zwischen ±0 °C und +5 °C aufbewahrt werden.

4 Herstellung der Verdünnungen

J. Baumgart

4.1 Herstellung der Erstverdünnung

Nicht flüssige Lebensmittel

Mindestens 10 g (±0,1 g) der vorbereiteten Probe werden in ein steriles, weithalsiges Glasgefäß (z.B. Babyflasche, Glas mit Schraubverschluß oder Twist-Off-Verschluß) oder in einem Stomacher-Beutel auf der oberschaligen Waage eingewogen.

Nach Zugabe von 90 ml Verdünnungsflüssigkeit (Peptonwasser oder Ringerlösung) wird die Probe homogenisiert. Einsetzbar sind auch Diluter-Dispenser-Systeme.

Zusammensetzung der Verdünnungsflüssigkeit: 0,1 % Caseinpepton trypt. verdaut, 0,85 % Kochsalz, pH-Wert nach dem Sterilisieren 7,0 ±0,1. Beim Tropfverfahren werden außerdem noch 0,08 % Agar zugesetzt. Die Verdünnungsflüssigkeit sollte eine Temperatur zwischen 10 °C und 20 °C aufweisen.

Das Homogenisieren wird mit einem mechanischen Schneidmischgerät (z.B. Ultra Turrax oder Waring Blender) bzw. mit einem Beutel-Walk-Gerät (Stomacher 400) durchgeführt. Bei Verwendung des Ultra Turrax sollen 15.000–20.000 Umdrehungen pro min erreicht werden. Bei höchster Drehzahl sollte die Homogenisierungszeit nicht länger als 1 min betragen. Auch für den Stomacher 400 wird eine Homogenisierungszeit von 1 min empfohlen, sie sollte 2 min nicht überschreiten (PURVIS et al., 1987).

Die Sterilisation des Ultra Turrax-Stabes erfolgt im Heißluftsterilisator bei 130 °C für 1 h. Dafür sind die Stäbe mit Alufolie zu umwickeln. Die Unterschiede zwischen den Keimzahlen bei Verwendung von Schneidmischgeräten (z.B. Waring Blender) und dem Stomacher 400 sind gering, so daß wegen der einfacheren Handhabung der Stomacher 400 den Schneidmischgeräten vorzuziehen ist. Empfehlenswert für die Zerkleinerung stückiger Produkte ist ein Stomacherbeutel mit „Filterrohr" oder „Gazebeutel".

Flüssige Lebensmittel

Bei flüssigen Lebensmitteln werden 1 ml zu 9 ml oder 10 ml zu 90 ml Verdünnungsflüssigkeit pipettiert. Die Pipette darf dabei nicht in die Verdünnungsflüssigkeit eintauchen. Die Durchmischung wird auf einem Reagenzglasmischer oder bei der Verdünnung 10 ml zu 90 ml durch kräftiges Schütteln (10 s, 25 mal, Schüttelweg 30 cm) vorgenommen.

4.2   Anlegen der Dezimalverdünnungen

Aus der Erstverdünnung, die zum Sedimentieren grober Partikel nicht länger als 15 min stehen darf, werden aus der wäßrigen Phase ohne vorheriges Durchmischen 1 ml entnommen und zu jeweils 9 bzw. 99 ml Verdünnungsflüssigkeit pipettiert oder 10 ml zu 90 ml. Nach Durchmischen auf dem Reagenzglasschüttler (3–5 s, Flüssigkeit 2–3 cm unterhalb des Glasrandes) oder durch kräftiges Schütteln (bei Flaschen) werden weitere Dezimalverdünnungen angelegt. Die Verdünnung richtet sich nach der zu erwartenden Keimzahl. Für jede Verdünnungsstufe wird eine frische Pipette verwendet. Die Pipetten dürfen nicht in die Flüssigkeit der Verdünnungsstufen getaucht werden, sondern nur die Gefäßwand berühren. Benutzte Pipetten werden in Desinfektionslösung eingestellt.

4.3   Vorbereiten und Beschriften der Petrischalen

Für die Spatel- und Tropfkultur sind die Medien nach Frischegrad vor der Verwendung 30 min bis 1 h vorzutrocknen. Die Beschriftung der Platten wird auf der Unterseite mit einem wasserfesten Farbstift vorgenommen, z. B. „1" für die Verdünnung 10^{-1}, „2" für die Verdünnung 10^{-2} usw. Bei allen Keimzählungen werden Doppelbestimmungen durchgeführt. Bei der Tropfkultur werden die Platten auf der Unterseite mit dem Farbstift in 3–6 Teile unterteilt.

5 Bestimmung der Keimzahl

J. Baumgart

5.1 Gußkultur

Prinzip und Anwendung

Das flüssige Lebensmittel und/oder die Verdünnungen des Lebensmittels werden mit einem geschmolzenen Nährboden (ca. 47 °C) vermischt. Das Verfahren ist bei der Untersuchung aller Lebensmittel anwendbar.

Durchführung

Die Verdünnungsstufen werden so ausgewählt, daß Petrischalen mit Koloniezahlen zwischen 10 und 200, höchstens 300 zu erwarten sind. 1 ml der Verdünnungsstufe 10^{-1} entspricht 0,1 g oder 0,1 ml der Probe. Mit einer sterilen Pipette werden in je 2 Petrischalen jeweils 1 ml Probe (bei verdünnten, flüssigen Proben) oder 1 ml der entsprechenden Verdünnungen pipettiert. Mit der höchsten Verdünnung ist zu beginnen, so daß mit einer Pipette gearbeitet werden kann. Beispiel: Bei einer Verdünnung von 10^{-2} bis 10^{-5} wird mit der Verdünnung 10^{-5} begonnen. Anschließend werden 12–15 ml des geschmolzenen und im Wasserbad auf etwa 47 °C abgekühlten Nährbodens in die Petrischale gegossen und mit der Probe bzw. den Verdünnungen gleichmäßig vermischt. Eine gleichmäßige Durchmischung kann erzielt werden, wenn die Schale 5 mal von rechts nach links, 5 mal im Uhrzeigersinn, 5 mal von oben nach unten und 5 mal entgegen dem Uhrzeigersinn bewegt wird (Abb. II.5–3). Die Zeit von der Herstellung der Erstverdünnung bis zur Beimpfung darf 30 min nicht überschreiten. Es muß darauf geachtet werden, daß das Medium nicht an den Petrischalendeckel spritzt. Bebrütungstemperatur und -zeit sind abhängig von den Ansprüchen der nachzuweisenden Mikroorganismen. Die Petrischalen sollten nicht auf den Boden oder an die Wand der Brutschränke gestellt werden (Heizschlangen).

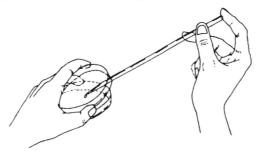

Abb. II.5-1: Einpipettieren der Probe

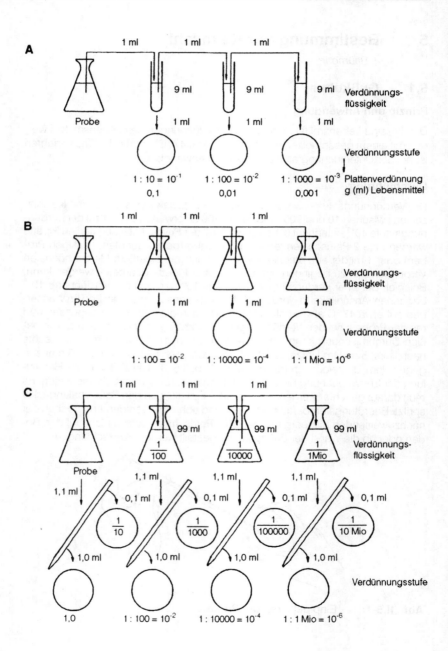

Legende zu Abb. II.5–2 vorige Seite

Abb. II.5-2: Schematische Darstellung zur Gußkultur
A = Verdünnung jeweils 1:10; B = Verdünnung jeweils
1:100; C = Verdünnung jeweils 1:100 und Verwendung
von Demeterpipetten

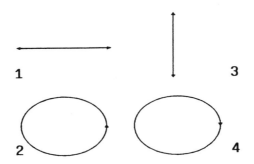

Abb. II.5-3: Gleichmäßige Durchmischung bei der Gußkultur

Besonders bei stückigen Produkten, wie Fleisch und Fleischerzeugnissen, Feinkost-Salaten, Getränken mit Fruchtanteilen, Marzipan, Gewürzen und zahlreichen anderen Lebensmitteln sind in den Verdünnungen 10^{-1} und 10^{-2} vielfach noch Partikel enthalten, die das Pipettieren mit der 1 ml-Glaspipette erschweren. Für den Routinebetrieb sind deshalb 2 ml-„Dreiringspritzen" und weitlumige sterile Halme aus Kunststoff (Fa. Bionic, Niebüll, Fa. Barkey, Bielefeld) zu empfehlen (Abb. II.5–4).

Abb. II.5-4: Dreiringspritze

5.2   Spatelverfahren

Prinzip und Anwendung (Abb. II.5–5)

Von der Probe bzw. den Verdünnungen werden 0,1 ml auf der Oberfläche eines festen Nährbodens ausgespatelt. Das Verfahren ist anwendbar bei der Untersuchung aller Lebensmittel.

Durchführung

Teilmengen von etwa 15 ml des geschmolzenen Nährbodens werden in sterile Petrischalen überführt und zum Verfestigen stehengelassen. Platten, die vorher hergestellt wurden, sollten nicht länger als 4 h bei Raumtemperatur oder einen Tag bei 5 °C aufbewahrt werden. Wenn die Platten gegen Austrocknung geschützt sind, können sie bei einer Aufbewahrung bei 5 °C bis zu 7 Tage verwendet werden. Unmittelbar vor der Verwendung werden die Platten mit der Agaroberfläche nach unten, schräg auf dem abgenommenen Deckel liegend, in einem Brutschrank ca. 30 min bei 50 °C getrocknet. Beginnend mit der höchsten Verdünnung werden je 0,1 ml auf je 2 Agarplatten gegeben. Mit einem sterilen Drigalski-Spatel wird die Menge gleichmäßig unter kreisenden Bewegungen verteilt. Für jede Platte ist ein steriler Spatel zu verwenden. Die Platten werden mit dem Boden nach oben bei der für die nachzuweisenden Mikroorganismen erforderlichen Temperatur und Zeit bebrütet.

5.3   Tropfplattenverfahren

Prinzip und Anwendung

Von der Probe bzw. den Verdünnungen werden je 0,05 ml oder 0,1 ml auf die Oberfläche von je 2 vorgetrockneten Nährböden pipettiert. Das Verfahren ist bei der Untersuchung aller Lebensmittel anwendbar, soweit nicht stark sich ausbreitende Mikroorganismen, schleimbildende Zellen und Schimmelpilze vorhanden sind, die die einzelnen Sektoren überwuchern können. Empfehlenswert ist das Verfahren besonders für den Einsatz von Selektivmedien.

Durchführung

Von der Probe bzw. den Verdünnungen werden je 0,05 ml oder 0,1 ml jeweils im Doppelsatz (gleiche Verdünnungsstufe auf verschiedene Platten) auf die an der Unterseite der Petrischalen markierten Sektoren aufgetropft. Die Pipettenspitze berührt dabei die Nährbodenoberfläche, damit die Pipette auslaufen kann. Der Tropfen sollte mit der Pipettenspitze kreisförmig in einem Durchmesser von ca. 18–20 mm ausgezogen werden. Die Platten bleiben nach der Beimpfung so lange stehen, bis die verteilte Impfmenge angetrocknet ist. Erst danach werden die Schalen mit dem Boden nach oben bebrütet.

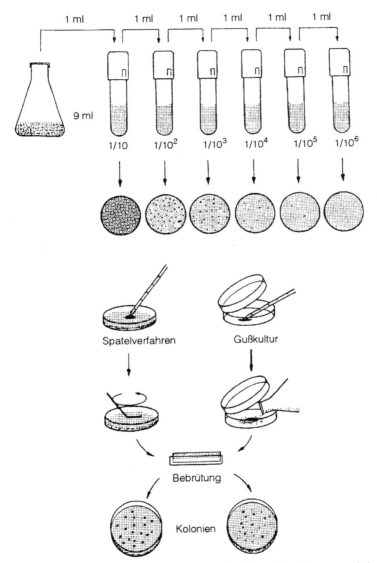

Abb. II.5-5: Schematische Darstellung des Spatelverfahrens und der Gußkultur

5.4   Auswertung und Berechnung der Koloniezahl

5.4.1   Gußkultur und Spatelverfahren

Nach Ende der Bebrütungszeit werden die Kolonien auf den zur Berechnung der Keimzahl heranzuziehenden Petrischalen gezählt, wobei jede Kolonie mit einem Farbstift zu markieren ist. Es ist empfehlenswert, Koloniezählgeräte zu verwenden. Laufkolonien werden als eine Kolonie gewertet. Petrischalen, bei denen mehr als 1/4 von Laufkolonien eingenommen wird, können nicht ausgezählt werden. Sonst wird jede Kolonie gezählt, die mit 6- bis 8facher Lupenvergrößerung erkennbar ist.

Aus der Koloniezahl der auswertbaren Verdünnungsstufen wird das gewogene arithmetische Mittel errechnet.

Gewogenes arithmetisches Mittel

Die Anzahl der Kolonien wird durch das gewogene arithmetische Mittel bestimmt. Dabei wird die Summe aller ausgezählten Kolonien dividiert durch die Summe der untersuchten Substratmengen. Die Anzahl der Mikroorganismen pro g oder ml wird nach folgender Zahlenwertgleichung berechnet:

$$\bar{c} = \frac{\Sigma c}{n_1 \cdot 1 + n_2 \cdot 0,1} \cdot d$$

Es bedeuten:

$\bar{c}$ gewogenes arithmetisches Mittel der Koloniezahlen

Σc Summe der Kolonien aller Petrischalen, die zur Berechnung herangezogen werden (niedrigste und nächst höhere auswertbare Verdünnungsstufe)

n_1 Anzahl der Petrischalen der niedrigsten auswertbaren Verdünnungsstufe

n_2 Anzahl der Petrischalen der nächst höheren Verdünnungsstufe

d Faktor der niedrigsten ausgewerteten Verdünnungsstufe; hierbei handelt es sich um die auf n_1 bezogene Verdünnungsstufe

Koloniezahlen werden nur mit einer Stelle nach dem Komma angegeben. Es wird nach den mathematischen Rundungsregeln auf- und abgerundet.

Sind auf den mit der größten Probemenge beimpften Platten (10^{-1}) weniger als 10 Kolonien vorhanden, so lautet das Ergebnis:

Beim Gußverfahren „Weniger als $1,0 \times 10^2$/g oder ml",

beim Spatelverfahren „Weniger als $1,0 \times 10^3$/g oder ml" (0,1 ml auf Verdünnung $10^{-1} = 10^{-2}$).

Wurde das homogenisierte oder durchmischte Material direkt untersucht (z.B. Saucen, Getränke), so lautet das Ergebnis:

Beim Gußverfahren „Weniger als 1,0 x 10^1/ml",

beim Spatelverfahren „Weniger als 1,0 x 10^2/ml".

Sind auf den mit der größten Probemenge beimpften Platten keine Kolonien vorhanden, so lautet das Ergebnis:

Bei unverdünnten, homogenisierten Proben (Gußverfahren) „Weniger als 1/ml", bei verdünnten, homogenisierten Proben „Weniger als 1,0 x 10^2/g" beim Oberflächenverfahren.

Falls nur eine Petrischale auswertbar ist, wird der Wert als betrachtet. Dieser Sachverhalt ist im Befund anzugeben.

5.4.2   Tropfplattenverfahren

Die Koloniezahl wird im Prinzip wie beim Guß- oder Spatelverfahren ausgewertet und berechnet.

Gewogenes arithmetisches Mittel

Aufgetropft werden nach DIN 0,05 ml, möglich sind auch 0,1 ml. Nur diejenigen Sektoren der Platten werden herangezogen, die 1–50 klar voneinander trennbare Kolonien aufweisen. Dabei muß mindestens eine Verdünnungsstufe vorhanden sein, auf der zwischen 5 und 50 Kolonien vorliegen. Sind die Kolonien klein und gut auszählbar, so können auch Sektoren mit bis zu 100 Kolonien berücksichtigt werden.

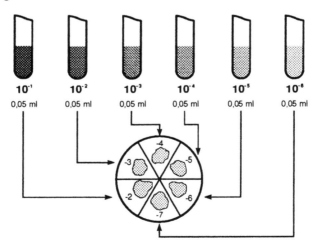

Abb. II.5-6:   Schematische Darstellung des Tropfplattenverfahrens

Die Berechnung erfolgt nach der gleichen Formel wie beim Guß- und Spatelverfahren. Der Mittelwert $\bar{c}$ ist mit 20 zu multiplizieren, wenn von der Verdünnung 10^{-1} 0,05 ml auf die Platten getropft werden und auf der Platte die Verdünnungsstufe 10^{-1} vermerkt wird. Wird beim Auftropfen von 0,05 ml aus der Verdünnung 10^{-1} auf der Platte 10^{-2} (oder 2) angegeben, so ist die Zahl mit 2 zu multiplizieren.

Beispiel

Verdünnungsstufe

Beispiel

Verdünnungsstufe

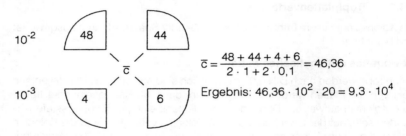

$$\bar{c} = \frac{48 + 44 + 4 + 6}{2 \cdot 1 + 2 \cdot 0,1} = 46,36$$

Ergebnis: $46,36 \cdot 10^2 \cdot 20 = 9,3 \cdot 10^4$

Falls nur ein Sektor auswertbar ist, wird der Wert als $\bar{c}$ betrachtet. Im Untersuchungsbefund ist dies zu vermerken.

Haben sich auf den mit der größten Probemenge beimpften Doppel-Sektoren jeweils weniger als 5 Kolonien gebildet, lautet das Ergebnis beim Auftropfen von 0,05 ml:

Bei unverdünnter, homogenisierter Probe „Weniger als $1,0 \times 10^2$/ml".

Beim Auftropfen von 0,1 ml „Weniger als $5,0 \times 10^1$/ml".

Bei unverdünnter, homogenisierter Probe „Weniger als $1,0 \times 10^3$/g".

Beim Auftropfen von 0,1 ml „Weniger als $5,0 \times 10^2$/g".

Sind keine Kolonien vorhanden, lautet das Ergebnis beim Auftropfen von 0,05 ml:

Bei unverdünnter, homogenisierter Probe „Weniger als $2,0 \times 10^1$/ml".

Beim Auftropfen von 0,1 ml „Weniger als $1,0 \times 10^1$/ml".

Bei unverdünnter, homogenisierter Probe „Weniger als $2,0 \times 10^2$/g".

Beim Auftropfen von 0,1 ml „Weniger als $1,0 \times 10^2$/g".

Berechnungsbeispiele für Gußkultur und Spatelverfahren

Beispiel 1
Verdünnungsstufe

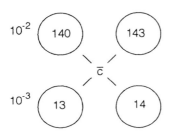

Beispiel 2
Verdünnungsstufe

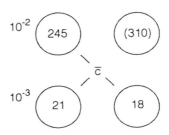

$$\bar{c} = \frac{140 + 143 + 13 + 14}{2 \cdot 1 + 2 \cdot 0,1} = \frac{310}{2,2} = 140,9$$

Ergebnis: $140,90 \cdot 10^2 = 1,4 \cdot 10^4$

$$\bar{c} = \frac{245 + 21 + 18}{1 \cdot 1 + 2 \cdot 0,1} = \frac{284}{1,2} = 236,66$$

Ergebnis: $236,66 \cdot 10^2 = 2,4 \cdot 10^4$

Beispiel 3
Verdünnungsstufe

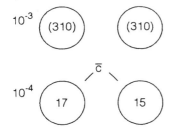

Beispiel 4
Verdünnungsstufe

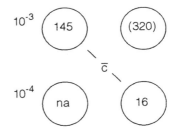

$$\bar{c} = \frac{17 + 15}{2 \cdot 1 + 0 \cdot 0,1} = \frac{32}{2} = 16$$

Ergebnis: $16 \cdot 10^4 = 1,6 \cdot 10^5$

$$\bar{c} = \frac{145 + 16}{1 \cdot 1 + 1 \cdot 0,1} = \frac{161}{1,1} = 146,36$$

Ergebnis: $146,36 \cdot 10^3 = 1,5 \cdot 10^5$

na = nicht auswertbar

Berechnungsbeispiele für Tropfplattenverfahren

Beispiel 1
Verdünnungsstufe

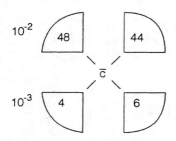

$$\overline{c} = \frac{48 + 44 + 4 + 6}{2 \cdot 1 + 2 \cdot 0,1} = 46,36$$

Ergebnis: $46,36 \cdot 10^2 = 4,6 \cdot 10^3$

Beispiel 2
Verdünnungsstufe

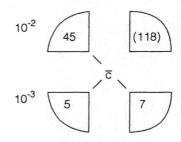

$$\overline{c} = \frac{45 + 5 + 7}{1 \cdot 1 + 2 \cdot 0,1} = 49,16$$

Ergebnis: $49,16 \cdot 10^2 = 4,9 \cdot 10^3$

Beispiel 3
Verdünnungsstufe

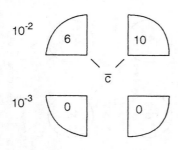

$$\overline{c} = \frac{6 + 10}{2 \cdot 1} = 8,0$$

Ergebnis: $8,0 \cdot 10^2$

Beispiel 4
Verdünnungsstufe

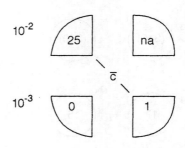

$$\overline{c} = \frac{25 + 1}{1 \cdot 1 + 1 \cdot 0,1} = \frac{26}{1,1} = 23,64$$

Ergebnis: $23,64 \cdot 10^2 = 2,4 \cdot 10^3$

na = nicht auswertbar

5.5 Untersuchungsbericht

Der Untersuchungsbericht kann folgendermaßen aussehen:

Datum	Lebensmittel	Art der Untersuchung	Untersuchungs-menge
19.4.1993	Kochschinken	Bestimmung der KBE/g	10 g

Verdünnungsflüssigkeit	Zerkleinerungsverfahren	Verfahren
Peptonwasser 0,1 % Kochsalz 0,85 %	Stomacher 400	Gußkultur

Medium	Bebrütungszeit und -temperatur
Plate Count Agar	72 h bei 30 °C

Verdünnungen			Ergebnis
10^{-2}	10^{-3}	10^{-4}	KBE/g 1,6 x 10^5
über 300	150	12	
über 300	162	17	

Der Untersuchungsbericht muß mindestens enthalten:

- Art, Herkunft und Bezeichnung der Probe
- Art und Datum der Probenahme
- Eingangs- und Untersuchungsdatum
- Temperatur, bei der die Probe bis zur Untersuchung gelagert wurde
- Sensorischer Befund
- pH-Wert
- Zerkleinerungsverfahren
- Untersuchungsverfahren
- Art der Medien, Bebrütungszeit und -temperatur, Verdünnungsflüssigkeit
- Anzahl der Kolonien bei den entsprechenden Verdünnungen
- Keimzahl pro g oder ml (Art der Berechnung)
- Gegebenenfalls Abweichungen von festgelegten Verfahren

5.6   Membranfiltration

5.6.1   Prinzip und Anwendung

Eine flüssige Probe passiert eine Membran mit bekannten physikalischen Eigenschaften (Zusammensetzung, Porengröße). Die Mikroorganismen, deren Durchmesser größer ist als der Durchmesser der Poren, werden zurückgehalten und auf einem Medium nach Bebrütung als Kolonien nachgewiesen. Das Verfahren ist anwendbar bei allen filtrierbaren Lebensmitteln. Durch den Zusatz von Enzymen können zahlreiche Lebensmittel filtriert werden. Als besonders vorteilhaft haben sich hydrophobe Gittermembranen erwiesen. Das HGMF-Verfahren (Hydrophobic-Grid-Membran-Filter) vereinigt die Vorteile der Membranfiltration mit dem eines Most-Probable-Number(MPN-)Systems. Auch wird die automatische Auswertung erleichtert, da die Kolonien nicht zusammenwachsen und die Filterfläche größer ist als bei den üblichen Membranfiltern (SHARPE, 1989). Für den Nachweis von Mikroorganismen werden Porengrößen von 0,22 bis 0,45 μm verwendet.

5.6.2   Methodik der Membranfiltration

Membranfilter

Die Membranfilter sollten als Sterilfilter bezogen werden.

Sterilisation des Filtrationsgerätes

Es können Filtrationsgeräte aus Stahl oder Kunststoff verwendet werden. Das Filtrationsgerät kann zur Sterilisation mit eingelegtem Membranfilter bei 121 °C im Autoklaven 30 min erhitzt werden. Für Routineuntersuchungen ist dieser Weg allerdings zu umständlich. Zweckmäßig wird bei Routineuntersuchungen und der Verwendung eines Gerätes aus Stahl folgendermaßen verfahren: Das Unterteil des Gerätes wird mit Hilfe eines Stopfens auf die Saugflasche oder Mehrfachsaugvorrichtung gesetzt. Diese wird durch einen Vakuumschlauch und eine Woulffsche Flasche mit der Laborpumpe verbunden (bei Benutzung einer Wasserstrahlpumpe erübrigt sich eine Woulffsche Flasche). Der Hahn im Unterteil des Gerätes wird geöffnet und die Pumpe in Betrieb gesetzt. Mit dem Bunsenbrenner werden Filtriertisch und Metallfritte (vorher mit Spiritus abreiben) so abgeflammt, daß die Flamme auch in die Fritte gesaugt wird. Nach Verschwinden von Kondenswasser wird der Hahn geschlossen. Nun wird der Aufsatz mit der Hand gefaßt, am Unterteil abgeflammt und auf den Filtriertisch gesetzt. Der Aufsatz wird mit einem Hebelverschluß am Unterteil befestigt. Abschließend wird der Aufsatz mit Spiritus ausgewischt und ausgeflammt. Durch Eingießen von sterilem destilliertem Wasser kann das Gerät gegebenenfalls ausgekühlt werden. Nach Absaugen des Wassers wird sofort der Deckel

aufgesetzt. Bei mikrobiologischen Routineuntersuchungen geht der oben beschriebenen Sterilisationsmethode immer ein sorgfältiges Ausspülen des Aufsatzes und der Fritte mit Wasser voraus, um ein Anbrennen z.B. von Zucker-
resten zu verhindern.

Filtration

Um eine Verunreinigung mit Luftkeimen zu verhindern, ist in einem Raum ohne
Luftzug neben einer brennenden Bunsenbrennerflamme zu arbeiten. Vor der Filtration kohlensäurehaltiger Getränke, insbes. Bier, sollten einige Tropfen Anti-
schaummittel (z.B. Silikonöl) in die Saugflasche gegeben werden, um ein hefti-
ges Aufschäumen des Filtrats zu vermeiden. Mit einer sterilen Pinzette wird ein
steriler Membranfilter nach Abnehmen des Aufsatzes auf den Filtertisch des
Geräteunterteils gelegt.

Der Aufsatz wird sofort wieder aufgesetzt. Die zu untersuchende Probe wird
nach Abnehmen des Deckels in den Aufsatz gegossen, der Deckel wieder aufgesetzt. Der Luftstutzen des Deckels ist bei Geräten aus Edelstahl mit Watte, bei
solchen aus Polycarbonat mit einem aufsetzbaren Sterilfilter zu verschließen.

Die Membranfiltration beginnt mit dem Öffnen des Hahnes an der Unterseite
des Gerätes. Die Beschreibung der Sterilisation des Filtrationsgerätes und der
Filtration trifft zu für das Gerät aus Edelstahl für Unterdruckfiltration der Fa.
Sartorius, Göttingen. Im Prinzip ist die Handhabung bei den Geräten anderer
Hersteller jedoch ähnlich.

Die Untersuchungsmenge ist abhängig von der darin befindlichen Keimzahl.
Um reproduzierbare Ergebnisse zu erreichen, ist es notwendig, immer bestimmte Probemengen zu filtrieren. Die Koloniezahl sollte zwischen 30 und 200
pro 12,5 cm^2 wirksamer Filtrationsflächen liegen. Die maximale Belegungs-
dichte sollte 200 Kolonien nicht überschreiten. Dies gilt für Filter von 47 und
50 mm Durchmesser. Bei höherer Keimzahl muß man die Probe verdünnen.

5.6.3 Kultivierung der Membranfilter

Nährkartonscheiben (NKS)

Vor Beginn der Filtration wird die Nährkartonscheibe mit einer sterilen Pinzette in eine Petrischale gelegt. In Petrischalen mit 90 mm Durchmesser wird vorher etwa 3,5 ml steriles destilliertes Wasser pipettiert. Nach der Filtration wird der Membranfilter mit einer sterilen Pinzette (Filter nur vorsichtig am Rand anfassen) dem Filtrationsgerät entnommen und auf die feuchte Nährkartonscheibe gelegt. Durch Abrollen des Membranfilters beim Auflegen erreicht man vollkommenen Kontakt zwischen Membranfilter und Nährkartonscheibe und vermeidet so einen Lufteinschluß.

Verwendung von Agar-Nährböden

Beim Auflegen der Membranfilter auf feste Nährböden verfährt man in der gleichen Weise wie beim Auflegen auf Nährkartonscheiben.

Während man zur Bebrütung die Petrischalen mit Agarnährböden auf den Kopf stellt, um zu verhindern, daß Kondenswasser auf den Membranfilter tropft, werden die Petrischalen mit Nährkartonscheiben nicht umgedreht. Für die Verwendung von Agarnährböden im Rahmen der Membranfiltermethode sollten diese nur 1,0–1,5 % Agar enthalten, um günstige Diffusionsbedingungen zu schaffen.

Bebrütung der Membranfilter

Die Bebrütungsdauer und die Bebrütungstemperatur hängen von der Art der nachzuweisenden Mikroorganismen ab.

5.6.4 Membranfiltration mit dem Milliflex™-100 System

Der Zeit- und Arbeitsaufwand für die Membranfiltration können durch Verwendung des Milliflex™-100 Systems entscheidend verringert werden. Die gebrauchsfertigen Milliflex-Einheiten bestehen aus einem 100 ml-Trichter und einer 0,45 μm Membran mit Gitteraufdruck. Ein steriles Stützsieb sorgt für eine aseptische Trennung zwischen der Milliflex-Einheit und dem Aufnahmeflansch der Vakuumpumpe. Ist der Filtrationsschritt abgeschlossen, kann die Einheit über eine Medienkassette mit Nährboden zur Bebrütung versorgt werden.

5.7   Spiralplattenmethode

Bei der Spiralplattenmethode werden Flüssigkeiten direkt und bei festen Lebensmitteln die Erstverdünnung verwendet. Eine definierte Probemenge wird in Form einer Archimedesspirale auf eine sich drehende Petrischale entlassen. Die Keimzahl wird mit einer Schablone oder einem Laser-Counter ausgewertet. Das Verfahren ist geeignet für die Untersuchung von partikelfreien Flüssigkeiten. Bei festen Lebensmitteln muß die zu untersuchende Erstverdünnung von störenden Lebensmittelbestandteilen befreit werden.

5.8   Titerverfahren

Der sogenannte „Keimtiter" gibt das kleinste Volumen der Probe an, in dem gerade noch ein Mikroorganismus durch seine Vermehrung nachweisbar ist (Dimension: ml).

Hierbei werden flüssige Nährmedien oder Selektivmedien mit jeweils abgewogenen oder abgemessenen Mengen des Lebensmittels oder des Homogenisates beschickt. Nach der Bebrütung wird überprüft, ob sich Mikroorganismen vermehrt haben. Ein einziger Keim kann durch Anreicherung in 100 g bis 1000 g nachgewiesen werden. Bestätigt wird die Vermehrung visuell (Trübung) oder mikroskopisch.

Es werden z.B. von einem Lebensmittel 100 g, 10 g, 1 g und 0,1 g in entsprechende Nährmedien eingebracht und bebrütet. Dann wird festgestellt, bei welcher Menge Lebensmittel die zu prüfenden Mikroorganismen noch nachgewiesen werden können. Danach lassen sich folgende Aussagen machen:

Mikroorganismen abwesend in 100 g   = weniger als 1 Keim/100 g

Mikroorganismen abwesend in 10 g   = weniger als 1 Keim/10 g

Mikroorganismen abwesend in 1 g   = weniger als 1 Keim/1 g

Mikroorganismen abwesend in 0,1 g   = weniger als 10 Keime/1 g

Mikroorganismen abwesend in 0,01 g   = weniger als 100 Keime/1 g

Mikroorganismen abwesend in 0,001 g = weniger als 1000 Keime/1 g

Diese Titerzahlen werden in der Regel nur im Zusammenhang mit pathogenen oder toxinogenen Mikroorganismen oder Indikatororganismen wie *Escherichia coli*, coliforme Bakterien oder Enterobacteriaceen mit Hilfe von Selektivmedien ermittelt.

5.9   Wahrscheinlichste Keimzahl, MPN-Verfahren

Prinzip und Anwendung

Das MPN-Verfahren (MPN = Most Probable Number) versucht durch mehrfachen Ansatz der Einwaagen auf statistischem Wege die „wahrscheinlichste Keimzahl" zutreffend zu bestimmen. Dabei werden von jeder Einwaage mehrere

Röhrchen oder Kölbchen parallel nebeneinander beschickt. Das Verfahren wird eingesetzt, wenn Keimzahlen unter 100/g erfaßt werden sollen. Je nach der vorhandenen Keimzahl ergibt sich in den unteren Verdünnungen eine bestimmte Verteilung positiver und negativer Röhrchen. Aufgrund statistischer Überlegungen läßt sich jeder der möglichen Verteilungen an bewachsenen und unbewachsenen Röhrchen innerhalb der Verdünnungsreihen eine wahrscheinliche Keimzahl zuordnen.

Es gibt Auswertungstabellen für MPN-Zählungen mit 3 Parallelröhrchen (s. Tab. II.5–1), 5 und 10 Parallelröhrchen. Mit steigender Zahl der Parallelen nimmt die Genauigkeit zu. Entscheidend ist immer, daß genügend weit verdünnt worden ist und eindeutig negative Ergebnisse vorliegen. Jedes positiv angesprochene Röhrchen oder Kölbchen muß kulturell bestätigt werden. Dies ist besonders wichtig bei der Verwendung von Selektivmedien. Mit der MPN-Methode kann auch in großen Lebensmittelmengen, z.B. 100 g, bei Verwendung entsprechend großer Gefäße eine niedrige Keimzahl erfaßt werden.

3-3-3 Methode

Für Routineuntersuchungen werden im allgemeinen 3 Verdünnungsreihen mit 3 Reagenzgläsern pro Ansatz empfohlen. Die erzielte Exaktheit läßt sich jedoch aus der MPN-Zahl allein nicht ablesen. Zur besseren Information sollte deshalb das Vertrauensintervall für den „wahren Keimgehalt" zusätzlich angegeben werden. Beim Anlegen der Verdünnungen muß soweit verdünnt werden, daß die höchstgewählte Verdünnung steril ist. Nach der Bebrütung werden alle Röhrchen ausgewertet. Aus der Anzahl der positiven Röhrchen ergibt sich die Stichzahl (significant number).

Beispiele:

a)

Verdünnungen	10^{-2}	10^{-3}	10^{-4}
positive Röhrchen	3	1	0
Stichzahl	310		
MPN/g	430		

Stichzahl: Anzahl der bewachsenen Röhrchen, in der Reihenfolge fortschreitender Verdünnung geschrieben.

Die wahrscheinlichste Keimzahl bei der Stichzahl 310 (Tab. II.5–1) beträgt 4,3. Nach Multiplikation mit dem Verdünnungsfaktor 10^2 ergibt sich die wahrscheinlichste Keimzahl von 430/g.

b)

Verdünnungen	10^{-1}	10^{-2}	10^{-3}	10^{-4}
positive Röhrchen	2	2	1	1
Stichzahl	211			
MPN/g	200			

c)

Verdünnungen	10^{-2}	10^{-3}	10^{-4}
positive Röhrchen	3	3	3
Stichzahl	333		
MPN/g	>11.000		

Erklärungen zu Tab. II.5–1 (nächste Seite):

Kategorie 1:   Am wahrscheinlichsten vorkommende Röhrchenkombinationen. Andere Kombinationen ergeben sich mit einer Wahrscheinlichkeit von höchstens 5 %.

Kategorie 2:   Weniger wahrscheinlich als in Kategorie 1 vorkommende Röhrchenkombinationen. Andere Kombinationen als in Kategorie 1 und 2 ergeben sich mit einer Wahrscheinlichkeit von höchstens 1 %.

Kategorie 3:   Noch weniger wahrscheinlich als in Kategorie 2 vorkommende Röhrchenkombinationen. Andere Kombinationen als in Kategorie 1 bis 3 ergeben sich mit einer Wahrscheinlichkeit von höchstens 0,1 %.

Röhrchenkombinationen, die nach der Wahrscheinlichkeit ihres Vorkommens noch unterhalb der Grenze der Kategorie 3 liegen, sind in der Tabelle nicht angegeben. So weisen Röhrchenkombinationen wie 002, 003, 011, aber auch 303 und 123 auf eine fehlerhafte Methode oder einen ungeeigneten Einsatzbereich des MPN-Verfahrens hin. (Amtl. Sammlung § 35 LMBG, L 01.00 – 25. Juni 1987)

Tab. II.5-1: MPN-Tabelle für Verdünnungsreihen mit dreifachem Ansatz
(Amtl. Sammlung § 35 LMBG, L 01.00-2, Dez. 1991)

Anzahl der Verdünnungsstufen	3		
Verdünnungen	1	0.1	0.01
Anzahl der Röhrchen	3	3	3

3 x 1.0	3 x 0.1	3 x 0.01 g (ml)			Vertrauensbereich	
Anzahl positive Ergebnisse			MPN	Kategorie	≥95 %	
0	0	0	<0.30		0.00	1.10
0	0	1	0.30	3	0.00	1.10
0	1	0	0.30	2	0.00	1.20
0	2	0	0.62	3	0.08	2.00
1	0	0	0.36	1	0.01	2.00
1	0	1	0.72	2	0.08	2.00
1	1	0	0.74	1	0.09	2.20
1	1	1	1.10	3	0.30	3.60
1	2	0	1.10	2	0.30	3.60
1	2	1	1.50	3	0.30	4.30
1	3	0	1.60	3	0.30	4.30
2	0	0	0.92	1	0.10	3.60
2	0	1	1.40	2	0.30	3.60
2	1	0	1.50	1	0.30	4.30
2	1	1	2.00	2	0.30	4.40
2	2	0	2.10	1	0.30	4.60
2	2	1	2.80	3	0.70	11.10
2	3	0	2.90	3	0.70	11.10
3	0	0	2.30	1	0.30	11.10
3	0	1	3.80	1	0.70	12.10
3	0	2	6.40	3	1.30	20.00
3	1	0	4.30	1	0.70	20.00
3	1	1	7.50	1	1.40	23.00
3	1	2	12.00	3	3.00	37.00
3	2	0	9.30	1	1.60	36.00
3	2	1	15.00	1	3.00	44.00
3	2	2	21.00	2	3.00	47.00
3	2	3	29.00	3	7.00	122.00
3	3	0	24.00	1	4.00	122.00
3	3	1	46.00	1	7.00	235.00
3	3	2	110.0	1	20.00	480.00
3	3	3	>110.0			

5.10 Direkte Bestimmung der Zellzahl (Gesamtkeimzahl)

5.10.1 Nachweis von Hefen mit der THOMA-Kammer

Die Zählkammer nach THOMA ist ein dicker, plangeschliffener Objektträger, in den in der Mitte ein von zwei Rinnen begrenzter Steg eingeschliffen ist. In den Steg ist ein Netzquadrat eingeätzt. Das Netzquadrat enthält bei der Thomakammer 400 Kleinquadrate mit je 0,05 mm Kantenlänge. 16 Kleinquadrate machen ein Großquadrat aus.

Fläche des Kleinquadrates $= 0,0025$ mm^2

Fläche des Großquadrates $= 0,04$ mm^2

Die Oberfläche des Steges liegt 0,1 mm unter der Objektträgeroberfläche, so daß bei Auflage eines plangeschliffenen Deckglases (Dicke etwa 0,2 mm) ein Hohlraum entsteht. Über jedem Kleinquadrat sind 0,00025 mm^3, über jedem Großquadrat sind 0,004 mm^3. Das Deckglas wird auf den Objektträger gelegt. Die Füllung der Kammer erfolgt mit einer Kapillarpipette vom Rande her. Nur der Raum über dem Steg sollte gerade gefüllt sein.

Ausgezählt wird unter dem Mikroskop (etwa 400fach). Die Zahl der Zellen pro Großquadrat sollte zwischen 50 und 80 liegen, andernfalls muß weiter verdünnt werden. Während des Zählens verändert man ständig mit einer Hand den Feintrieb der Höheneinstellung, weil die Tiefenschärfe nicht ausreicht, um alle Hefen über dem Zählnetz zu erfassen. Man zählt 4 Großquadrate in einer Diagonale und berechnet daraus die Zahl der Mikroorganismen pro ml = N.

$$N = \frac{\text{Zahl der Mikroorganismen pro Großquadrat} \cdot 10^6}{4}$$

Die Zählung muß mindestens einmal mit neu gefüllter Kammer wiederholt werden.

5.10.2 Nachweis von Bakterien

Zur Zählung von Bakterien sollten Zählkammern mit einer Tiefe von 0,02 mm verwendet werden, wie Zählkammer nach HELBER, PETROFF, HAUSER oder BÜRKER-TÜRK. Bei beweglichen Bakterien kann der Probensuspension Formalin zugesetzt werden. Es sollte unter dem Phasenkontrastmikroskop ausgezählt werden.

5.11 Bestimmung der Mikroorganismenkonzentration durch Trübungsmessung

Die Mikroorganismenkonzentration kann durch Lichtstreuungsmessung oder Trübungsmessung bestimmt werden.

Mikroorganismen, die in Wasser suspendiert sind und sich in ihrem Brechungsindex von dem umgebenden Medium unterscheiden, verursachen eine Trübung. Zur Trübung kommt es durch eine Streuung der durchfallenden Lichtstrahlen an der Grenzfläche Wasser/Partikel. Die Intensität des gestreuten Lichtes der Probe wird verringert. Gemessen werden kann entweder die Intensität des gestreuten Lichtes oder die Intensitätsschwächung des eingestrahlten Lichtes. Die Messungen können mit einem Trübungsmeßgerät oder einem Photometer erfolgen (DREWS, 1983).

Die Trübung ist abhängig von der Teilchenkonzentration, der Größe und Form der Teilchen, dem Unterschied ihres Brechungsindex zu dem des Suspensionsmediums, von der Wellenlänge des Lichts und ebenso von der Länge des Lichtweges durch die Suspension.

Die Trübungsmessung ist eine einfach zu handhabende Methode zur Bestimmung einer notwendigen Zelldichte für Identifizierungen, Resistenzprüfungen, Vitaminbestimmungen und Desinfektionsmittelprüfungen.

Auch in Lebensmitteln können Mikroorganismen durch Trübungsmessungen bestimmt werden. Automatische Trübungsmeßgeräte, bei denen die Lebensmittel automatisch in Tüpfelschalen dosiert, verdünnt, bebrütet, geschüttelt und gemessen werden (alle 10 min bei 620 nm), haben sich für die Untersuchung von Fleisch und Fleischerzeugnissen (Rohwurst, Hamburger, Hackfleisch) und Milch bewährt (MATTILA, 1987, JACOB et al., 1989). Die Nachweiszeit bei Fleischerzeugnissen betrug bei 10^2 Mikroorganismen pro Gramm 24 h, bei 10^4/g etwa 8 h. Um die Eigentrübung der Lebensmittelbestandteile auszuschließen, muß die Probe ausreichend verdünnt werden (Milch z.B. 1:100 bis 1:1000).

5.12 Petrifilmverfahren

Als Alternative zu agarhaltigen Medien in Petrischalen wurde in den USA eine Methode entwickelt, bei der Agar durch kaltquellendes, wasserlösliches Guar ersetzt wird. Die „Petrifilm^{TM}-Plates" bestehen aus einer Deck- und Unterfolie, die das getrocknete Medium und Guar enthalten (Aerobic Count Plates, E. coli and Coliform Plates, Yeast and Mold Plates). Von dem Lebensmittel bzw. den Verdünnungen wird 1 ml mit einem Stempel auf der Folie gleichmäßig verteilt. Die „Petrifilm-Plates" werden wie Petrischalen bebrütet und ausgezählt. Gute Übereinstimmungen zwischen der konventionell ermittelten Keimzahl bzw. den mit den „Petrifilm^{TM}-Plates" ermittelten Keimzahlen wurden bei zahlreichen Lebensmitteln erzielt (ABGRALL und CLERET, 1990, BEUCHAT et al., 1990).

Vorteile der Methode

- Einfache Handhabung.
- Keine Herstellung von Medien erforderlich.
- Lange Vorratshaltung (unangebrochene Packung bei +4 °C bis 2 Jahre).

Nachteile des Verfahrens

Die „Petrifilm^{TM}-Plates" mit Standard-Medium (SM) zur Bestimmung der aeroben Koloniezahl sind nicht anwendbar, wenn bestimmte Bazillen (z. B. *Bacillus subtilis*) oder Schimmelpilze (z. B. *Aspergillus (A.) niger, A. oryzae*) vorhanden sind, die das Galaktomannan (Guar) durch Hemicellulasen abbauen und verflüssigen. In diesen Fällen waren Kolonien auf den „SM-Plates" nicht auszählbar (GÖTZE und BAUMGART, 1990).

5.13 Tauchverfahren

Für dieses Verfahren gibt es Kunststoffträger, die auf einer oder beiden Seiten mit Medien beschichtet sind. Der beschichtete Träger wird kurz in das Lebensmittel oder in Verdünnungen getaucht. Den Überschuß läßt man ablaufen oder tupft ihn ab, indem man die Platte kurz auf ein Filterpapier setzt. Zur Bebrütung wird der beschichtete Träger im Röhrchen bebrütet. Die Koloniedichte wird durch Vergleich mit Standardvorlagen der verschiedenen Herstellerfirmen verglichen. Die Methode ist für Koloniezahlen ab etwa 10^3/ml geeignet (BÜLTE und REUTER, 1982). In Abwandlung des üblichen Einsatzes der Dip-Slides (Abklatschverfahren, Eintauchen in Verdünnungen homogenisierter Lebensmittel oder in Abschwemmungen von Oberflächen) wurden von SCHMIDT-LORENZ und Mitarb. (1982) die festen Lebensmittel direkt in einer Flasche einfach durch Schütteln „homogenisiert" und anschließend die mit dem Deckel verbundenen Dip-Slides geflutet (Food Culture Bottle, FCB, Hoffman LaRoche). Die Methode ist einfach in der Handhabung, sie ist semiquantitativ und erlaubt eine Untersuchung unabhängig vom Laboratorium direkt an Ort und Stelle der Produktherstellung oder Lagerung.

5.14 Schnellnachweis von Mikroorganismen

Schnellmethoden sind besonders für die mikrobiologische Qualitätskontrolle in den Betrieben im Rahmen der Qualitätssicherung (HACCP-Konzept) eine Alternative zu den herkömmlichen Verfahren.

5.14.1 Nachweis von Adenosintriphosphat (ATP)

Prinzip des Verfahrens

Bei Vorhandensein von ATP und Magnesiumionen sowie Luciferin und Luciferase kommt es zur Bildung eines Luciferin-Luciferase-AMP-Komplexes und der Freisetzung von Licht als Energie, die proportional der ATP-Konzentration ist.

Der Nachweis erfolgt mit einem Biolumineszensverfahren (STANNARD, 1989). Bei einer Mikroorganismenkonzentration von 10^3–10^4 Zellen/ml beträgt die Nachweiszeit etwa 30–45 min. Eine Einsatzmöglichkeit des Verfahrens besteht bei zahlreichen Produkten, wie z. B.

- Frischfleisch (BÜLTE und REUTER, 1985, BAUMGART, 1993)
- Milch (GRIFFITH und PHILLIPS, 1989)
- Bier (AVIS und SMITH, 1989).

5.14.2 Direkte Epifluoreszenz Filtertechnik (DEFT)

Die Direkte Epifluoreszenz Filtertechnik wurde von PETTIPHER et al. entwickelt (PETTIPHER, 1989).

Prinzip der Methode

Mikroskopische Zählung der im Produkt vorhandene Mikroorganismen nach Filtration von filtrierbar gemachten Lebensmittel-Homogenisaten (Tensid- und/oder Enzym-Vorbehandlung) durch Siebfilter vom Nucleopore-Typ. Anfärbung der auf dem Filter vorhandenen Mikroorganismen mit Fluoreszenzfarbstoffen und Auszählung im Fluoreszenz-Mikroskop. Nachweiszeit: 20–30 min.

Anwendungsgebiete

Untersuchung von

- Milch und Milchprodukten (SUHREN und HEESCHEN, 1984, PETTIPHER, 1989),
- Fleisch und Geflügel (SHAW et al., 1987, BAUMGART und STEFFEN, 1991),
- Süßwaren (PETTIPHER, 1987),
- Alkoholfreie Erfrischungsgetränke (KOCH et al., 1986).

5.14.3 Limulus-Test

Beim Limulus-Test wird das Lipopolysaccharid gramnegativer Bakterien bestimmt. Durch diesen Test können innerhalb von 30 min bis 1 h quantitativ die Zellwandbestandteile der in einem Lebensmittel vorhandenen toten und lebenden gramnegativen Bakterien bestimmt werden (JAY, 1989). Der Nachweis erfolgt mit Lysaten der Amoebocyten der Pfeilschwanzkrabbe (*Limulus polyphemus*).

Prinzip des Nachweises

Das Blut der Pfeilschwanzkrabbe gerinnt bei einer Infektion mit gramnegativen Bakterien. Es kommt zu einer Gelbildung zwischen Zellwandbestandteilen (Lipopolysacchariden) dieser Bakterien und den Amoebocyten, den einzigen Blutkörperchen des Limulus-Blutes. Die Amoebocyten enthalten Proenzyme und Agglutinationsenzyme. Bei Anwesenheit von Lipopolysacchariden werden die Proenzyme aktiviert. Diese reagieren weiter mit den Agglutinationsenzymen unter Gelbildung. Der Nachweis von Endotoxinen erfolgt anhand der Gelbildung. Da zwischen der Endotoxinkonzentration und dem Keimgehalt an gramnegativen Bakterien eine lineare Korrelation besteht, kann aufgrund des ermittelten Endotoxingehaltes die Stärke der Verunreinigung mit gramnegativen Bakterien bestimmt werden. Dies ist insbesondere bei allen frischen und leicht verderblichen Lebensmitteln möglich, bei denen die Bakterienflora überwiegend aus gramnegativen Bakterien besteht (z.B. bei Milch, Fisch und Ei).

Anwendungsbereiche

- Nachweis der mikrobiologischen Beschaffenheit von Milch und Milchprodukten (SÜDI und HEESCHEN, 1982).
- Bei verarbeiteten Lebensmitteln Beurteilung der Belastung der Ausgangsmaterialien mit gramnegativen Bakterien, da ein Endotoxinnachweis auch bei toten Bakterien möglich ist.
- Beurteilung der hygienisch-bakteriologischen Qualität von Eiprodukten (STEFFENS und MAIER, 1989).
- Beurteilung der bakteriologischen Qualität von Hackfleisch (OZARI et al., 1987).
- Im medizinischen Bereich Überprüfung von Injektionslösungen und medizinischen Geräten auf Pyrogenfreiheit.

Eingesetzt werden Röhrchentests, Mikrotiter-Systeme und automatische Testsysteme (Trübungsmessung oder chromogene Verfahren).

5.14.4 Elektrische Meßmethode

Unter den elektrischen Meßmethoden haben die Impedance- und Conductance-Messungen eine Bedeutung (EASTER und GIBSON, 1989).

Prinzip der Verfahren

Die bei der Vermehrung sich anreichernden Stoffwechselprodukte führen in einem flüssigen Medium zu einer Änderung des elektrischen Widerstandes. Die Leitfähigkeit des Medium nimmt zu bzw. der Widerstand ab. Diese Änderungen werden allerdings erst dann registriert, wenn die sich vermehrenden Mikroorganismen eine Zellzahl von ca. 10^6-10^7/ml erreicht haben. Eine nachweisbare Änderung des Widerstandes wird so um so eher feststellbar sein, je höher der

Anfangskeimgehalt ist. Der Zeitpunkt, an dem diese Widerstands- oder Leitfähigkeitsänderung nachweisbar ist, wird als Detektionszeit (= „detection time") bezeichnet. Das Impedanzmeßverfahren erscheint für den Gesamtbereich der Lebensmitteluntersuchung einsetzbar. Dabei ist allerdings zu berücksichtigen, daß es aufgrund der unterschiedlichen Zusammensetzung der Lebensmittelmikroflora in Abhängigkeit von Produkttyp und auch von mikrobiellen Biovaren einer Species gesonderter und gezielter Untersuchungen bedarf. Die zu erwartende Mikroflora sollte als bekannt vorausgesetzt werden können, und das Nährmedium muß darauf abgestimmt sein.

Neben dem Nachweis der aeroben Mikroorganismenzahl, dem selektiven Nachweis apathogener und pathogener Mikroorganismen in Lebensmitteln (ADAMS und HOPE, 1989, STANNARD, PETITT und SKINNER, 1989, BAUMGART, 1991, 1993) ergeben sich weitere beschriebene Anwendungsgebiete, wie beispielsweise

- Antibiotika-Resistenzbestimmung
- Desinfektionsmittelprüfung
- Vitaminbestimmung
- Kontrolle und Optimierung von Nährmedien
- Mikroorganismennachweis in pharmazeutischen und kosmetischen Produkten
- Nachweis biogener Amine.

5.14.5 Membranfilter-Mikrokolonie-Fluoreszenz-Methode
(MMCF-Methode)

Prinzip der Methode

Die Probe oder die Verdünnungen der Probe werden filtriert (Membranfilter, Porengröße 0,45 μm) oder auf einem Membranfilter mit Spatel verteilt, wobei der Membranfilter auf einer saugfähigen Kartonscheibe liegt (Incubating Pads IP 50, Fa. Oxoid). Bei Quark und Marzipan wird die Probe vor Filtration mit Trypsin (1:250, Serval) behandelt. Dabei enthalten die einzelnen Verdünnungsstufen 0,5 % Trypsin (Verdünnungsflüssigkeit mit 0,5 % Trypsin) und werden bei 35 °C für 20 min inkubiert. Der Membranfilter wird auf ein agarhaltiges Medium gelegt bzw. die Kartonscheibe wird mit 2 ml einer doppelt konzentrierten Bouillon getränkt. Zum Nachweis der aeroben Koloniezahl wird Plate Count Agar bzw. Nährbouillon oder CASO-Bouillon verwendet. Der selektive Nachweis von Hefen und Schimmelpilzen erfolgt auf Malzextrakt-Agar unter Zusatz von 100 ppm Chloramphenicol bzw. unter Verwendung von Malzextraktbouillon (doppeltkonzentriert) mit 100 ppm Chloramphenicol. Osmotolerante Hefen im Marzipan werden auf einer Kartonscheibe nachgewiesen, die mit einer 50%igen Glucosebouillon (G/G) getränkt ist. Nach der Bebrütung werden die Filter auf eine Kartonscheibe gelegt, die mit einer 0,1%igen (G/V) ANS-Lösung befeuchtet ist (Magnesiumsalz der 8-Anilinonaphthalinsulfonsäure, Fa. Fluka). Nach einer Einwirkungszeit von 10 min wird die Membran halbiert und auf einem Objektträger bei 80 °C 5–10 min oder im Mikrowellengerät 1 min getrocknet. Die Zählung der türkisblauen Kolonien wird unter dem Auflichtfluoreszenz-Mikroskop (Wellenlänge 340–380 nm) bei 100facher Vergrößerung vorgenommen.

Nachweiszeiten

– Selektiver Nachweis von Hefen in Feinkosterzeugnissen und Getränken 15–24 h
– Selektiver Nachweis von Hefen im Quark 24 h
– Selektiver Nachweis in Fruchtzubereitungen 16–35 h
– Selektiver Nachweis osmotoleranter Hefen in Rohmassen und Marzipan 48 h (Hefen über 10/g) oder 72 h (Hefen unter 10/g)
– Nachweis der aeroben Koloniezahl auf Frischfleisch 8 h
– Selektiver Nachweis von Milchsäurebakterien in Feinkosterzeugnissen 24–36 h (BAUMGART, 1991).

5.14.6 Durchflußcytometrie

Bei der Durchflußcytometrie werden Mikroorganismen mit einem Fluorochrom angefärbt (SHAPIRO, 1990, PATCHETT et al., 1991), bzw. eine noch nicht fluoreszierende Vorstufe des Fluorochroms wird in der lebenden Zelle durch Hydrolase zum Fluorochrom. Analysiert wird eine Suspension von Einzelzellen. Bewährt hat sich das Verfahren zum selektiven Nachweis von Hefen in Getränken, Feinkost, Joghurt und Quark (PETTIPHER, 1991, BAUMGART, KÖTTER, 1992a, b).

5.14.7 Sauerstoffverbrauch und Kohlendioxidbildung

Das Prinzip der Sauerstoffverbrauchsmessung basiert auf einer kontinuierlichen polarographischen Sauerstoffmessung im geschlossenen System. Der in flüssigem Probe-Nährmedium gelöste Sauerstoff wird um so rascher veratmet, je höher die Anzahl stoffwechselaktiver Mikroorganismen ist. In der Probe dürfen jedoch keine sauerstoffzehrenden abiotischen Prozesse ablaufen. Bei Keimzahlgehalten zwischen 10^4 und 10^7/ml lagen die mit einer auf 25 °C temperierten Sauerstoffmeßzelle erzielten Ergebnisse in Milch und Flüssigei in 1 h vor (HENNLICH et al., 1983).

Für Lebensmittel, die wegen ihrer stofflichen Zusammensetzung einer polarographischen Sauerstoffzehrungsmessung nicht zugänglich sind (Fettoxidationen, Sauerstoffübertragungsvorgänge am Myoglobin), wurde die Messung der Kohlendioxidfreisetzung mittels einer selektiven Elektrode entwickelt (HENNLICH, 1985). Positive Korrelationen zwischen der CO_2-Freisetzung und der aeroben Koloniezahl bei Hackfleisch und Gewürzen im Bereich von 10^5–10^8/ml zeigten sich nach 2 h.

Literatur

1. ABGRALL, B., CLERET J.J., Evaluation of Petrifilm™ SM for the enumeration of the aerobic flora of fish, J. Food Prot. 53, 213–216, 1990

2. ADAMS, M.R., HOPE, C.F.A., Rapid methods in food microbiology, Elsevier Sci. Publ., Amsterdam, 1989

3. AVIS, J.W., SMITH, P., The use of ATP bioluminescence for the analysis of beer in polyethylene terephthalate (PET) bottles and associated plant, in: Rapid microbiological methods for foods, beverages and pharmaceuticals, ed. by C.J. Stannard, S.B. Petitt and F.A. Skinner, Blackwell Sci. Publ., Oxford, 1989

4. BAUMGART, J., Schnellnachweis von Mikroorganismen im Betriebslabor, Mitt. Gebiete Lebensm. Hyg. 82, 579–588, 1991

5. BAUMGART, J., STEFFEN, H., Schnellnachweis von Mikroorganismen im Hackfleisch mit der direkten Epifluoreszenz-Filter-Technik (DEFT), Arch. Lebensmittelhyg. 42, 144–145, 1991

6. BAUMGART, J., KÖTTER, Chr., Schnellnachweis von Hefen in Feinkostsalaten mit der Durchflußcytometrie, Fleischw. 72, 1109–1110, 1992a

7. BAUMGART, J., KÖTTER, Chr., Durchflußcytometrie: Schnellnachweis von Hefen in alkoholfreien Getränken, Lebensmitteltechnik 24, 62–65, 1992b

8. BAUMGART, J., Lebensmittelüberwachung und -qualitätssicherung: Mikrobiologisch-hygienische Schnellverfahren, Fleischw., 73, 392–396, 1993

9. BEUCHAT, L.R., NAIL, B.V., BRACKETT. R.E., FOX, T.L. Evaluation of a culture film (Petrifilm™) method for enumerating yeasts and molds in selected dairy and high-acid foods, J. Food Protec. 53, 869–874, 1990

10. BÜLTE, M., REUTER, G., Die Einsatzfähigkeit von Eintauchobjektträgern (Dip-Slides) zur Ermittlung des Oberflächenkeimgehaltes auf Schlachttierkörpern, Arch. Lebensmittelhyg. 33, 11–17, 1982

11. BÜLTE, M., REUTER, G., The bioluminescence technique as a rapid method for the determination of the microflora of meat, Int. J. Food Microbiol. 2, 371–381, 1985

12. DeMAN, J.C., MPN-tables, corrected, Eur. J. Appl. Microbiol. Biotechnol. 17, 301–305, 1983

13. DREWS, G., Mikrobiologisches Praktikum, 4. Aufl., Springer Verlag Berlin, Heidelberg, 1983

14. EASTER, M.C., GIBSON, D.M., Detection of microorganisms by electrical measurements, in: Rapid methods in food microbiology, ed. M.R. Adams and C.F.A. Hope, Elsevier Verlag, Amsterdam, 1989, 57–100

15. GRIFFITHS, M.W., PHILLIPS, J.D., Rapid assessment of the bacterial content of milk by bioluminescent techniques, in Rapid microbiological methods for foods, beverages and pharmaceuticals, ed. by C.J. Stannard, S.B. Petitt and F.A. Skinner, Blackwell Sci. Publ., 13–33, 1989

16. GÖTZE, H., BAUMGART, J., Petrifilm™, ein einfaches mikrobiologisches Untersuchungssystem für das Betriebslabor: Nachweis der aeroben Koloniezahl und coliformer Bakterien in Trockenprodukten und tiefgefrorenen Lebensmitteln, Lebensmitteltechnik 22, 121–122, 1990

17. HENNLICH, W., BECKER, K., CERNY, G., Schnellmethode zur indirekten Keimzahlbestimmung in leicht verderblichen Lebensmitteln, Z. Lebensm. Unters. Forsch. 177, 11–14, 1983

18. HENNLICH, W., Schnellmethode zur indirekten Keimzahlbestimmung in Hackfleisch und Gewürzen durch Messung der Kohlendioxidfreisetzung, Z. Lebensm. Unters. Forsch. 181, 289–292, 1985

19. JAKOB, R., LIPPERT, S., BAUMGART, J., Automated turbidimetry for the rapid differentiation and enumeration of bacteria in food, Z. Lebensm. Unters. Forsch. 189, 147–148, 1989

20. JAY, J.M., The limulus amoebocyte lysate (LAL) test, in: Rapid methods in food microbiology, ed. by M.R. Adams and C.F.A. Hope, Elsevier Verlag, Amsterdam, 1989, 101–119

21. KOCH, H.A., BANDLER, R., GIBSON, R.B., Fluorescence microscopy procedure for quantification of yeasts in beverages, Appl. Environ. Microbiol. 52, 599–601, 1986

22. MATTILA, T., Automated turbidimetry – a method for enumeration of bacteria in food samples, J. Food. Protec. 50, 640–642, 1987

23. OZARI, R., DITTRICH, H.-G., KOTTER, L., Zur Eignung des Limulus-Tests im Mikrotiterplatten-System für die Untersuchung von Schweinehackfleisch, Arch. Lebensmittelhyg. 38, 166–172, 1987

24. PETTIPHER, G.L., Detection of low numbers of osmophilic yeasts in creme fondant within 25 h using a pre-incubated DEFT count, Letters in Appl. Microbiol. 4, 95–98, 1987

25. PETTIPHER, G.L., KROLL, R.G., FARR, L.J., BETTS, R.P., DEFT, Recent developments for foods and beverages, in: Rapid microbiological methods for foods, beverages and pharmaceuticals, ed. by C.J. Stannard, S.B. Petitt, F.A. Skinner, Blackwell Sci. Publ. Oxford, 33–45, 1989

26. PETTIPHER, G.L., The direct epifluorescent filter technique, in: Rapid methods in food microbiology, ed. by M.R. Adams and C.F. Hope, Elsevier Verlag, Amsterdam, 19–56, 1989

27. SCHMIDT-LORENZ, W., GUKELBERGER, D., HOTZ, F., Ein vereinfachtes Koloniezahl-Bestimmungsverfahren für mikrobiologische Stufenuntersuchungen bei der Herstellung von verzehrsfertigen Speisen, Alimente 21, 145–163, 1982

28. SHARPE, A.N., The hydrophobic grid-membrane filter, in: Rapid methods in food microbiology ed. by M.R. Adams and C.F.A. Hope, Elsevier Verlag, Amsterdam, 169–189, 1989

29. SHAW, B.G., HARDING, C.D., HUDSON, W.H., FARR, L., Rapid estimation of microbial numbers on meat and poultry by the Direct Epifluorescent Filter Technique, J. Food. Protec. 50, 652–657, 1987

30. STANNARD, C.J., ATP estimation in: Rapid methods in food microbiology, ed. by M.R. Adams and C.F.A. Hope, Elsevier Verlag, Amsterdam, 1–18, 1989

31. STANNARD, C.J., PETITT, S.B., SKINNER, F.A., Rapid microbiological methods for foods, beverages ard pharmaceuticals, Blackwell Sci. Publ., Oxford, 1989

32. SÜDI, J., HEESCHEN, W., Untersuchungen zur quantitativen Aussage des Limulus-Tests über die mikrobiologische Beschaffenheit von Milch und Milchprodukten, Arch. Lebensmittelhyg. 35, 32–35, 1982

33. SUHREN, G., HEESCHEN, W., Untersuchungen zur Keimzahlbestimmung in Rohmilch mit der direkten Epifluoreszenz-Filter-Technik (DEFT), Kieler Milchwirtschaftliche Forschungsberichte 36, 87–136, 1984

34. Amtliche Sammlung von Untersuchungsverfahren nach § 35 LMBG, Verfahren zur Probenentnahme und Untersuchung von Lebensmitteln, Tabakerzeugnissen, kosmetischen Mitteln und Bedarfsgegenstanden, Beuth Verlag, Berlin, Köln, 1980–1988

III Nachweis von Mikroorganismen

*J. Baumgart, H. Becker, J. Bockemühl, M. Ehrmann, A. Lehmacher,
E. Märtlbauer, R. F. Vogel*

Allgemeines

Bei dem Nachweis von Mikroorganismen sind sowohl die vitalen als auch die geschädigten Zellen zu erfassen. Durch physikalische und chemische Einfluß-faktoren (z. B. Gefrieren, Trocknen, Erhitzen, Konservierungsmittel, Desinfek-tionsmittel, Strahlen) kommt es zur Schädigung der Zellwand und der Zellmem-bran, zur Hemmung der DNA-Synthese, zur Schädigung der RNA und zur Störung der Proteinsynthese. Die geschädigten oder „gestressten" Zellen müs-sen durch optimale Medien und Kulturverfahren aktiviert werden, bevor sie auf selektiven Medien nachweisbar sind (ANDREW und RUSSELL, 1984).

1 Verderbsorganismen und technologisch erwünschte Mikroorganismen

J. Baumgart

1.1 Psychrotrophe Mikroorganismen

Definition für psychrotrophe Mikroorganismen (JAY, 1987)

Alle Mikroorganismen, die bei +7 °C ±1 °C innerhalb von 7–10 Tagen auf festen Medien sichtbare Kolonien bilden oder in Flüssigkeiten zur Trübung führen (Op-timum 20 °–30 °C) werden als psychrotroph bezeichnet.

Psychrotrophe Mikroorganismen sind mesophile Organismen, die auch bei Kühltemperaturen eine kurze Generationszeit haben. Zu ihnen zählen:

Bakterien: Species der Genera *Pseudomonas, Vibrio, Shewanella, Yersinia, Alcaligenes, Flavobacterium, Acinetobacter, Psychrobacter, Chromobacterium, Aeromonas, Brochothrix, Bacillus, Lacto-bacillus, Clostridium* u.a.

Hefen: Species der Genera *Candida, Hansenula, Kloeckera, Kluyvero-myces, Saccharomyces* u.a.

Schimmelpilze: Species der Genera *Geotrichum, Botrytis, Sporotrichum, Cla-dosporium, Thamnidium* u.a.

Bedeutung

Psychrotrophe Mikroorganismen führen zum Verderb zahlreicher eiweißreicher Lebensmittel, wie z. B. Fisch, Geflügel, Milch, Fleisch (GOUNOT, 1991).

Jene Mikroorganismen, die sich bei 7 °C, nicht aber bei 40 °C vermehren, werden als stenopsychrotroph (gr. stenos = eng) und solche, die sich bei 7 °C und bei 40 °C vermehren als europsychrotroph (gr. eurys = weit) bezeichnet.

Definition für psychrophile Mikroorganismen (JAY und BUE, 1987)
Alle Mikroorganismen, die ihre maximale Vermehrungstemperatur bei ca. 15 °C haben, werden als psychrophil bezeichnet. Psychrophile Mikroorganismen sind als Verderbsorganismen bedeutungslos (Ausnahme bei Meerestieren).

Nachweis

Oberflächenkultur (Spatelverfahren oder Tropfplattenverfahren) oder Gußkultur, Caseinpepton-Sojamehlpepton-Agar (CASO-Agar).
Bebrütung: 7 °C ±1 °C für 7–10 Tage.
Das Verfahren mit einer 25stündigen Inkubation bei 21 °C nach OLIVERIA und PARMELEE (1976) führt bei der Untersuchung von Milch am schnellsten zum Ergebnis. Es kann jedoch nicht ausgeschlossen werden, daß einige mesophile Bakterien Kolonien bilden (SUHREN, HEESCHEN und TOLLE, 1982).

Literatur

1. ANDREW, M.H.E.; RUSSEL, A.D.: The revival of injured microbes, Academic Press, London, 1984
2. COUSIN, M.A.; JAY, J.M.; VASAVADA, P.C.: Psychrotrophic microorganisms, in: Compendium of methods for the microbiological examination of foods, ed. by C. VANDERZANT, D.F. SPLITTSTOESSER, 3rd ed., American Public Health Assoc., 153–168, 1992
3. GOUNOT, A.-M.: Bacterial life at low temperature, physiological aspects and biotechnological implications, J. appl. Bact. 71, 386–397, 1991
4. JAY, J.M.: The tentative recognition of psychrotropic Gram-negative bacteria in 48 h by their surface growth at 10 °C, Int. J. Food Microbiol. 4, 25–32, 1987
5. JAY, J.M.; BUE, M.E.: Ineffectiveness of crystal violet tetrazolium agar for determining psychrotropic Gram-negative bacteria, J. Food Protection, 50, 147–149, 1987
6. OLIVERA, J.S.; PARMELEE, C.E.: Rapid enumeration of psychrotropic bacteria in raw and pasteurized milk, J. Milk Food Technol. 39, 269–272, 1976
7. ROBERTS, T.A.; HOBBS, G.; CHRISTIAN, J.H.B.; SKOVGARD, N.: Psychrotrophic microorganisms in spoilage and pathogenicity, Academic Press, London, 1981
8. SUHREN, G.; HEESCHEN, W.; TOLLE, A.: Quantitative Bestimmung psychrotropher Mikroorganismen in Roh- und pasteurisierter Milch, ein Methodenvergleich, Milchwiss. 37, 594–596, 1982

1.2 Lipolytische Mikroorganismen

Lipolyten sind Mikroorganismen, die zur Fettveränderung durch das Enzym *Lipase* führen. Da zwischen der *Tributyrinase* und der *Lipase* eine enge Beziehung besteht (MOUREY u. KILBERTUS, 1976), dient i.d.R. Tributyrin als Substrat für den Nachweis der Lipaseaktivität. Dabei ist allerdings zu berücksichtigen, daß Tributyrin auch durch Esterasen hydrolysiert wird (KOUKER und JAEGER, 1987).

Lipolytische Mikroorganismen

Bakterien: Species der Genera *Pseudomonas, Serratia, Micrococcus, Staphylococcus, Alcaligenes, Brevibacterium, Brochothrix thermosphacta, Lactobacillus curvatus*

Hefen: Species der Genera *Candida, Rhodotorula, Hansenula, Saccharomycopsis* u.a.

Schimmelpilze: Species der Genera *Aspergillus, Penicillium, Rhizopus, Cladosporium, Fusarium, Alternaria* u.a.

Bedeutung

Lipolyten führen zum Verderb von Butter, Margarine, Milch und fetthaltigen anderen Lebensmitteln.

Nachweis

Verschiedene Nachweismedien wurden empfohlen:

– Tributyrin-Agar
– Medien unter Zusatz von Tween 20–80 (SAMAD et al., 1989)
– Fleischextrakt-Hefeextrakt-Pepton-Tributyrin-Agar (BYPTA) nach MOUREY und KILBERTUS (1976)
– Butterfett-Agar nach SHELLEY et al., (1987) und HARRIS et al. (1990)
– Triolein-Rhodamin-B-Agar nach KOUKER und JAEGER (1987).

Bewährt hat sich auch in eigenen Untersuchungen der Triolein-Rhodamin-B-Agar, wobei das Grundmedium den Nährstoffansprüchen der nachzuweisenden Mikroorganismen angepaßt wurde. Für gramnegative Mikroorganismen kann der Nähragar, für Hefen, Schimmelpilze und Milchsäurebakterien der MRS-Agar eingesetzt werden.

Verfahren

– Spatelverfahren: Bebrütung bei gramnegativen Bakterien 30 °C, 48–72 h, bei Milchsäurebakterien 30 °C, bei Hefen und Schimmelpilzen 25 °C, 3–5 Tage.
– Nachweis der Lipolyse unter dem UV-Licht (350 nm),
  positive Reaktion: orangefarbene, fluoreszierende Höfe.

Literatur

1. HARRIS, P.L.; CUPPETT, S.L.; BULLERMAN, L.B.: A technique comparison of isolation of lipolytic bacteria, J. Food Protection 53, 176–177, 1990

2. MOUREY, A.; KILBERTUS, G.: Simple media containing stabilized tributyrin for demonstrating lipolytic bacteria in food and soils, J. appl. Bact. 40, 47–51, 1976

3. INTERNATIONALER MILCHWISSENSCHAFTSVERBAND: Standardmethode für die Zählung lipolytischer Organismen, Internationaler Standard FIL-IDF 41, 1966, Milchwiss. 33, 298–299, 1968

4. KOUKER, G.; JAEGER, K.-E.: Specific and sensitive plate assay for bacterial lipases, Appl. Environ. Microbiol. 53, 211–213, 1987

5. PAPON, M.; TALON, R.: Cell location and partial characterization of Brochothrix thermosphacta and Lactobacillus curvatus lipases, J. appl. Bact. 66, 235–242, 1989

6. SAMAD, M.; RAZAK, C.N.A.; SALLEH, A.B.; YUNUS, W.M.Z.W.; AMPON, K.; BASRI, M.: A plate assay for primary screening of lipase activity, J. Microbiol. Methods 9, 51–56, 1989

7. SHELLEY, A.W.; DEETH, H.C.; MAC RAE; I.C.: A numerical taxonomic study of psychrotrophic bacteria associated with lipolytic spoilage of raw milk, J. appl. Bact. 62, 197–207, 1987

8. SMITH, J.L.; HAAS, M.J.: Lipolytic microorganisms, in: Compendium of methods for the microbiological examination of foods, 3rd ed., by C. VANDERZANT and D.F. SPLITTSTOESSER, American Public Health Assoc., 183–191, 1992

1.3 Proteolytische Mikroorganismen

Die traditionellen mikrobiologischen Nachweisverfahren für proteolytische Mikroorganismen in Lebensmitteln beruhen überwiegend auf dem Abbau von Casein oder Gelatine. Durch den Einsatz dieser Substanzen bei der Untersuchung der proteolytischen Aktivität von Mikroorganismen in Fleisch-, Ei- oder Fischprodukten wird es fraglich, ob ein Zusammenhang besteht zwischen der proteolytischen Aktivität beim Einsatz von Casein oder Gelatine und derjenigen im Fleisch- oder Fischeiweiß. Nach Untersuchungen von KARNOP (1982) zeigte sich, daß Fäulnisbakterien vom Seefisch sich gegenüber einzelnen Proteinen unterschiedlich verhalten, und daß der Abbau von Casein oder Gelatine in zahlreichen Fällen nichts mit dem Abbau von Fischeiweiß zu tun hat.

Proteolytische Mikroorganismen

Species der Genera *Shewanella, Aeromonas, Acinetobacter, Moraxella, Corynebacterium, Lactobacillus, Streptococcus, Micrococcus, Bacillus, Clostridium* u.a.

Bedeutung

Durch Hydrolyse Proteinabbau und somit Geruchs- und Geschmacksabweichungen bei eiweißreichen Lebensmitteln wie Fisch, Fleisch, Geflügel, Milch. Proteolyten können aber auch zur gewünschten Reifung und Aromabildung bei der Käseherstellung und Rohwurstreifung beitragen.

Nachweis

– Milch und Milchprodukte
   Medium: Calcium-Caseinat-Agar nach FRAZIER und RUPP, modifiziert
   Verfahren: Gußkultur oder Oberflächenverfahren
   Bebrütung: 30 °C für 48–72 h
   Auswertung: Auszählung der Kolonien mit Aufhellungshof
– Fleisch, Fisch und Eiprodukte
   Verwendung entsprechender Proteine in Anlehnung an KARNOP (1982).

Literatur

1. KARNOP, G.: Die Rolle der Proteolyten beim Fischverderb. I. Optimierung der Methodik des Proteolytennachweises, Arch. Lebensmittelhyg. 33, 57–61, 1982

2. LEE, J.S.; KRAFT, A.A.: Proteolytic microorganisms, in: Compendium of methods for the microbiological examination of foods, 3rd ed., ed. by C. VANDERZANT and D.F. SPLITTSTOESSER, American Public Health Assoc., 193–198, 1992

3. SINGH, J.; SHARMA, D.K.: Proteolytic breakdown of casein and its fractions by lactic acid bacteria, Milchwiss. 38, 148–149, 1983

1.4 Halophile Mikroorganismen

Halophile Mikroorganismen benötigen für die Vermehrung Kochsalz, einige darüber hinaus geringe Anteile an Kalium- und Magnesiumionen sowie andere Kationen und Anionen. Aufgrund der Vermehrung in bestimmten Kochsalzkonzentrationen lassen sich halophile Mikroorganismen einteilen in

schwach Halophile

Vermehrung bei 2–5 % Kochsalz. Hierzu gehören z. B. Species der Genera *Pseudomonas, Moraxella, Acinetobacter, Flavobacterium*;

mäßig Halophile

Vermehrung bei 5–20 % Kochsalz. Hierzu gehören z. B. Species der Genera *Bacillus und Micrococcus*;

stark Halophile

Vermehrung bei 20–30 % Kochsalz. Hierzu gehören Species der Genera *Halococcus und Halobacterium* (= Archaebakterien).

Darüber hinaus gibt es zahlreiche Halobakterien, die sich in Medien und Lebensmitteln ohne Kochsalz und in solchen mit bis zu 5 % Kochsalz vermehren.

Bedeutung

Verderb von gesalzenen Lebensmitteln, Farbstoffbildung durch *Halococcus und Halobacterium* (rote Farbstoffe) auf Salzfischen, gesalzenen Därmen.

Nachweis

Caseinpepton-Sojamehlpepton-Bouillon oder Caseinpepton-Sojamehlpepton-Agar mit Zusatz von 3 % Kochsalz.

Bebrütung bei 7 °C für 10 Tage oder 25 °C für 4 Tage.

Bei stark Halophilen Zusatz von 25 % Kochsalz zur Verdünnungsflüssigkeit und zum Medium. Bebrütung bei 30 °C für 10 Tage in einer feuchten Kammer.

Literatur

1. BAROSS, J.A.; LENOVICH, L.M.: Halophilic and osmophilic microorganisms, in: Compendium of methods for the microbiological examination of foods, 3rd ed., ed. by C. VANDERZANT and D.F. SPLITTSTOESSER, American Publiic Health Assoc., 199–212, 1992

2. GARDENER, G.A.; KITCHELL, A.G.: The microbiological examination of cured meats, in: BOARD, R.G., LOVELOCK, D.W., Sampling-Microbiological Monitoring of Environments, Academic Press, London, 1973

3. GIBBONS, N.E.: Isolation, growth and requirements of halophilic bacteria, in: NORRIS, J., R., RIBBONS, D. W., Methods in Microbiology, Academic Presse, London, Vol. 3B, 169–183, 1969

1.5   Osmotolerante Hefen

Hefen, die sich bei geringen a_w-Werten oder hohen Zuckerkonzentrationen vermehren, werden als osmophil (CHRISTIAN, 1963), osmotolerant (ANAND und BROWN, 1968), osmotroph (SAND, 1973), xerophil (PITT, 1975) oder xerotolerant (BROWN, 1976) bezeichnet. Da diese Hefen einen niedrigen a_w-Wert oder einen hohen osmotischen Druck besser tolerieren als nicht-osmotolerante Hefen, sollte nach TILBURY (1980) nur die Bezeichnung xerotolerant verwendet werden. Osmotolerante Hefen, die hohe Zuckerkonzentrationen bevorzugen, sind bisher nicht nachgewiesen worden. Deshalb ist die Bezeichnung osmotolerant besser. Verschiedene Definitionen wurden für osmotolerante (osmophile) Hefen vorgeschlagen (Tab. III.1–1).

Als osmotolerant werden im folgenden solche Hefen angesehen, die sich bei einer Glucosekonzentration von 50 % (G/G) vermehren (JERMINI und SCHMIDT-LORENZ, 1987c).

Tab. III.1-1:   Definitionen für osmotolerante (osmophile) Hefen

Vermehrung	Autor
a_w unter 0,85	CHRISTIAN (1963)
Glucose 60 % (G/G), entspricht a_w von etwa 0,85	VAN DER WALT (1970)
Fructose 75 % (G/V), entspricht etwa 58,8 % (G/G) Glucose	WINDISCH (1973)
a_w unter 0,85	PITT (1975)
gesättigte Saccharoselösung, entspricht a_w unter 0,85	TILBURY (1980)
Glucose 50 % (G/G), entspricht a_w 0,909	JERMINI, GEIGES, SCHMIDT-LORENZ (1987)

Osmotolerante Hefen

Die Osmotoleranz ist kein konstantes Artmerkmal. Osmotolerant sind besonders *Zygosaccharomyces rouxii, Zygosaccharomyces bailii, Zygosaccharomyces bisporus*, Stämme von *Hansenula anomala, Saccharomyces cerevisiae, Debaryomyces hansenii, Torulaspora delbrueckii* (TOKUOKA et al., 1985, JERMINI et al., 1987). Die in zuckerreichen Lebensmitteln am häufigsten vorkommende Hefe ist jedoch *Zygosaccharomyces rouxii* (JERMINI et al., 1987a+b, TOKUOKA et al., 1985).

Bedeutung

Osmotolerante Hefen führen z.B. zum Verderb von Honig, Marzipan, Schokoladenerzeugnissen mit Füllung, Konfitüre, Pulpe, Feinkosterzeugnissen, Kondensmilch, Trockenfrüchten.

Nachweis geringer Zellzahlen

Bei sehr geringer Zellzahl im Lebensmittel Presence-Absence-Test, MPN-Verfahren oder Membranfiltration (MMCF-Methode) bei Fruchtzubereitungen und Zucker.

☐ Presence-Absence-Test

– 20 g oder 40 g bzw. ml werden mit 180 ml bzw. 360 ml Glucose-Bouillon 50 % (G/G), (GB 50) im Stomacher 1 min homogenisiert;
– Homogenisat in 1000 ml Erlenmeyer-Kolben bei 30 °C 2–10 Tage unter Schütteln (ca. 100 U/min) bebrüten;
– Vom 2. Tag an tägliche Untersuchung mikroskopisch (Phasenkontrast) und durch Ausstrich von 0,03 ml auf Glucose-Agar 50 % (G/G), (GA 50), der bei 30 °C 5–7 Tage bebrütet wird.

Beurteilung

Wenn nach 10-tägiger Bebrütung der Anreicherung keine Hefen nachweisbar sind, wird die Probe als „frei von osmotoleranten Hefen" bezeichnet. Meist sind bei Zellzahlen unter 10/g oder ml die osmotoleranten Hefen bereits nach 3–4 Tagen nachweisbar (JERMINI et al., 1987).

Anmerkung

Die optimale Vermehrungstemperatur osmotoleranter Hefen erhöht sich mit Verminderung der Wasseraktivität. Aus diesem Grunde sollte der Nachweis osmotoleranter Hefen nicht bei 25 °C, sondern bei 30–32 °C erfolgen. (JERMINI und SCHMIDT-LORENZ, 1987). Bei a_w-Werten über 0,99 betrug die optimale Vermehrungstemperatur für *Zygosaccharomyces (Z.) rouxii und Z. bisporus* 24–28,5 °C, bei a_w-Werten zwischen 0,922 und 0,868 lag sie zwischen 31 °C und 33 °C (JERMINI und SCHMIDT-LORENZ, 1987).

☐ MPN-Verfahren

- 10 g Material werden mit 90 ml einer sterilen Glucose-Bouillon (GB 50) homogenisiert. Vom Homogenisat werden in 3 leere Röhrchen je 10 ml, in 3 Röhrchen mit 9 ml Glucose-Bouillon (GB 50) je 1 ml und in 3 Röhrchen mit 9,9 ml Glucose-Bouillon (GB 50) je 0,1 ml übertragen;
- Die Röhrchen werden mit Paraffin/Vaseline (1:4) überschichtet und bei 30 °C 2–10 Tage bebrütet. Deutliche Gasbildung zeigt Gärung und Vermehrung an. Die Berechnung der Keimzahl wird nach der MPN-Tabelle unter Berücksichtigung der Verdünnungsfaktoren vorgenommen.

Anmerkung

Verfahren, die auf dem Nachweis der Gasbildung beruhen, sind unsicher, da die Gasbildung erst bei einer Zellzahl von etwa 10^5/ml deutlich sichtbar ist (JERMINI, 1984). Bei dem Presence-Absence-Test sind sehr geringe Hefezahlen nachweisbar: 100 Zellen/ml Anreicherungskultur nach 3–4 Tagen, 10 Zellen nach ca. 8–10 Tagen und 1 Zelle/ml Anreicherung nach ca. 15 Tagen (JERMINI, 1984).

☐ Membranfiltration

Für den Nachweis osmotoleranter Hefen in Kristall- und Flüssigzucker und in Fruchtzubereitungen hat sich die MMCF-Methode (BAUMGART und VIEREGGE, 1984) bewährt.

Auch „Hydrophobe Grid Membran Filter" (HGMF) sind erfolgreich für den selektiven Nachweis von *Zygosaccharomyces bailii* eingesetzt worden (ERICKSON, 1993).

Nachweis hoher Zellzahlen (über 10^2/g oder ml)

Methode: Spatelverfahren

Homogenisation und dezimale Verdünnung in 30%iger Glucoselösung (G/G).

Medium: 50%iger Glucose-Agar (GA 50) oder Potato-Dextrose-Agar + 60 % Saccharose (G/V), pH 5,2 (RESTAINO et al., 1985).

Bebrütung der Platten bei 30 °C für 3–5 Tage.

Literatur

1. ANAND, J.C., BROWN, A.D., Growth rate patterns of the so-called osmophilic and no-nosmophilic yeasts in solutions of polyethylene glycol, J. gen. Microbiol. 52, 205–212, 1968

2. BAROSS, J.A., LENOVICH, L.M., Halophilic and osmophilic microorganisms, in.: Compendium of methods for the microbiological examination of foods, 3rd ed., ed. by C. Vanderzant and D.F. Splittstoesser, American Public Health Assoc., 199–212, 1992

3. BAUMGART, J., VIEREGGE, B., Schnellnachweis osmophiler Hefen im Marzipan, Süßwaren 28, 190–193, 1984

4. BROWN, A.D., Microbial water stress, Bacteriological Reviews 40, 803–846, 1976

5. CHRISTIAN, J.H.B., Water activity and the growth of microorganisms, in: Recent Advances in Food Science, ed. by J.M. Leitch, D.N. Rhodes, Vol. 3, 248–255, 1963

6. ERICKSON, J.P., Hydrophobic membrane filtration method for the selective recovery and differentiation of Zygosaccharomyces bailii in acidified ingredients, J. Food Protection 56, 234–238, 1983

7. JERMINI, M.F.G., GEIGES, O., SCHMIDT-LORENZ, W., Detection, isolation and identification of osmotolerant yeasts from high-sugar products, J. Food Protec. 50, 468–472, 1987a

8. JERMINI, M.F.G., SCHMIDT-LORENZ, W., Cardinal temperatures for growth of osmotolerant yeasts in broths at different water activity values, J. Food Protec. 50, 473–478, 1987b

9. JERMINI, M.F.G., SCHMIDT-LORENZ, W., Growth of osmotolerant yeasts at different water activity, J. Food Protec. 50, 404–410, 1987c

10. PITT, J.I., Xerophilic fungi and the spoilage of food of plant origin, in: Water Relations of Foods, ed. by R.S. Duckworth, 273–307, Academic Press, London, 1975

11. RESTAINO, L., BILLS, S., LENOVICH, L.M., Growth response of an osmotolerant, sorbate-resistant Saccharomyces rouxii strain, Evaluation of plating media, J. Food Protec. 48, 207–209, 1985

12. SAND, F.E.M.J., Recent investigations on the microbiology of fruit juice concentrates, in: Technology of Fruit Juice Concentrates – Chemical Composition of Fruit Juices, vol. 13, 185–216, Vienna, International Federation of Fruit Juice Producers, Scientific Technical Commission, 1973

13. SCARR, M.P., Selective media used in the microbiological examination of sugar products, Journal of the Science of Food and Agriculture 10, 678–681,1959

14. TILBURY, R.H., Xerotolerant (osmophilic) yeasts, in: Biology and Activities of Yeasts, ed. by F.A. Skinner, S.M. Passmore, A.R. Davenport, 153–179, Academic Press, London, 1980

15. TOKUOKA, K., ISHITANI, T., GOTO, S., KOMAGATA, K., Identification of yeasts isolated from high-sugar foods, J. gen. appl. Microbiol. 31, 411–427, 1985

16. Van der WALT, J.P., Criteria and methods used in classification, in: The Yeasts – A Taxonomic Study, 2nd edition, ed. by Lodder, J., 34–113, Amsterdam North Holland, 1970

17. WINDISCH, S., NEUMANN-DUSCHA, I., Hefe als Verderbniserreger von Süßwaren unter Berücksichtigung osmophiler Hefen, Schriftenreihe Schweizerische Gesellschaft für Lebensmittelhygiene (SGLH), 1, 18–20, 1973

18. ZIMMERLI, A., Osmotolerante Hefen in Lebensmitteln, Chemische Rundschau 30, 15–23, 1977

1.6   Pseudomonaden

Das Genus *Pseudomonas* der Familie Pseudomonadaceae umfaßt eine heterogene Gruppe obligat aerober, psychrotropher, gewöhnlich Oxidase-positiver,
gramnegativer Stäbchen. Zahlreiche Arten bilden fluoreszierende Farbstoffe
(Pyocyanin und Pyoverdin).

Vorkommen

Pflanzen, Wasser, Lebensmittel, Kosmetika

Bedeutung

– Proteolytischer bzw. lipolytischer Verderb von Milch (hitzestabile Proteasen
  und Lipasen) und Milchprodukten, Fleisch, Fisch, Geflügel, Eier.
– Verderb von Kosmetika (Brechen der Emulsionen).
– Wundinfektionen und bei Kindern nach oraler Aufnahme Brechdurchfall
  durch *Ps. aeruginosa*.
– Augeninfektion durch *Ps. aeruginosa* (Bildung einer Elastase).

Nachweis

Keimzahlbestimmung (JEPPESEN, 1995)

Verfahren: Spatel- oder Tropfplatten-Verfahren

Medium: Cetrimide-Fucidin-Cephaloridine-Medium (CFC-Medium), jeweils
                  frisch hergestellt (nicht älter als 4 h bei Raumtemperatur oder
                  1 Tag bei 0 ° bis 5 °C).

Bebrütung: 25 °C 48–72 h

Bestätigung: Von den höchsten auswertbaren Verdünnungen werden minde-
                  stens 3 Kolonien isoliert und auf Plate-Count-Agar mit der Öse
                  ausgestrichen (Bebrütung bei 25 °C 24 h). Als Pseudomonaden
                  werden alle Kolonien gewertet, die Oxidase-positiv sind und
                  sich auf TSI-Agar nur auf der Oberfläche vermehren (Beimpfung
                  im Stich und Schrägfläche, 25 °C 24 h).

Literatur

1.   JEPPESEN, C., Media for Aeromonas spp., Plesiomonas shigelloides and Pseu-
     domonas spp. from food and environment, Int. J. Food Microbiol. 26, 25–41, 1995

1.7 Milchsäurebakterien

(WOOD und HOLZAPFEL, 1995, SALMINEN und von WRIGHT, 1998)

Zu den Milchsäurebakterien zählen u.a. die Genera *Lactobacillus, Leuconostoc, Pediococcus, Streptococcus, Lactococcus, Enterococcus, Carnobacterium, Oenococcus* und *Weissella.*

Das zur Gruppe der Actinomyceten zählende Genus *Bifidobacterium* gehört nur aus physiologischen Gründen zur Gruppe der Milchsäurebakterien.

Vorkommen

Pflanzen, Darmkanal Mensch und Tier

Bedeutung

- Verderb zahlreicher Lebensmittel, wie Fleisch, Fleischerzeugnisse, Fisch und Fischerzeugnisse, Milch und Milchprodukte, Frucht- und Gemüseerzeugnisse, Bier, Feinkost u.a.

- Starterkulturen: Sauerteig, Rohwurst, Schinken, Käse, Oliven, Joghurt, Sauerkraut u.a.

Nachweis

Zahlreiche Medien sind zum Nachweis von Milchsäurebakterien beschrieben worden (REUTER, 1985, VANOS und COX, 1986, PELADAN et al. 1986). Bewährt haben sich der MRS-Agar, pH-Wert 5,7 mit HCl (1 mol/l^{-1}) eingestellt (PELADAN et al., 1986) und das MRS-S Medium (REUTER, 1985).

Bei Fleisch und Fleischerzeugnissen ist zu berücksichtigen, daß sich einige Stämme von *Brochothrix thermosphacta* auf dem MRS-Agar vermehren und Katalase-negativ sind, wodurch es zur Verwechslung mit Laktobazillen kommt. Eine Subkultivierung auf APT-Agar und eine erneute Katalaseprüfung sind notwendig (EGAN, 1983).

Bewährte Nachweisverfahren

☐ Milchsäurebakterien (außer *Carnobacterium* spp.)

- MRS-Bouillon pH 5,7 (eingestellt mit HCl, 1 mol/l^{-1}), Bebrütung bei 30 °C für 72 h.

- MRS-Agar (pH 5,7 eingestellt mit HCl, 1 mol/l^{-1}, End-pH der gegossenen Platten bei 25 °C kontrollieren), Guß- oder Oberflächenkultur, Bebrütung bei 30 °C für 72 h (für mesophile und psychrotrophe Arten). Die Gußkultur wird aerob bebrütet, die Oberflächenkultur anaerob. Handelsprodukte sind einsetzbar (z.B. GasPak, Fa. BBL; Anaerocult, Fa. Merck; Gasgenerating box

„H_2 + CO_2", Fa. bioMérieux; AnaeroGen, Oxoid). Eine Identifizierung der Kolonien ist notwendig, wenn eine Unterscheidung der einzelnen Genera getroffen werden soll. Sie ist auch erforderlich, weil sich auf dem MRS-Agar (pH 5,7) und dem MRS-S Medium (MRS-Sorbinsäuremedium) nicht nur Milchsäurebakterien vermehren.

☐ Obligat heterofermentative Milchsäurebakterien

Eine MRS-Bouillon mit Durham-Röhrchen (MRS-Bouillon ohne Fleischextrakt und mit Zusatz von 2 % Glucose, pH 5,7) wird mit der Prüfkultur beimpft (oder MPN-Verfahren bei Produkten) und bei 25 °C 72 h bebrütet.

☐ Peroxidbildende Milchsäurebakterien

Besonders bei Frischfleisch, Rohwurst und Brühwurstaufschnitt spielt die Vergrünung oder Vergrauung der Produkte durch Wasserstoffperoxid bildende Milchsäurebakterien eine Rolle (LEE und SIMARD, 1984, LÜCKE et al., 1986). Zur Vergrünung oder Vergrauung führen besonders: *Lactobacillus (L.) viridescens (= Weissella viridescens), L. fructivorans, L. helveticus, L. jensenii* (LEE und SIMARD, 1984), *L. curvatus, L. sakè, Leuconostoc* spp. (LÜCKE et al., 1986), *L. plantarum, L. lactis* (BERTHIER, 1993).

Nachweis

– MRS-Mangandioxid-Agar (LÜCKE et al., 1986)
   Nach 3-tägiger aerober Bebrütung sind Kolonien peroxidbildender Milchsäurebakterien auf diesem Nährboden von Aufhellungszonen umgeben.

– ABTS-Peroxidase-Agar (MÜLLER, 1985)
   Kolonien peroxidbildender Milchsäurebakterien sind nach zweitägiger anaerober und anschließender etwa sechsstündiger aerober Bebrütung von einem purpurfarbenen Hof umgeben.

– PTM-Medium (BERTHIER, 1993)
   Bei diesem Medium wurde das Chromogen ABTS durch Tetramethylbenzidin ersetzt und die Empfindlichkeit des Nachweises dadurch erhöht. Bebrütung anaerob 48 h bei 30 °C und 2 h aerob bei gleicher Temperatur.
   Positiv: violett bis grün
   Negativ: farblos

☐ Carnobakterien

Die Spezies des Genus *Carnobacterium (C. divergens, C. piscicola)* vermehren sich nicht bei pH 4,5 und nicht auf Acetat-Medien mit einem pH-Wert von 5,4.

Vorkommen

Fleisch vom Rind, Schwein, Schaf, Fisch und Räucherfisch, besonders bei gekühlten, vakuumverpackten Produkten. Auch auf der Oberfläche von Käse (z. B. Brie) wurden *Carnobacterium piscicola* und *C. divergens* nachgewiesen (MILLIÈRE et al., 1994).

Nachweis

Cresolrot-Thalliumacetat-Saccharose-Agar (CTAS), pH 9,0, Bebrütung aerob bei 30 °C 24–48 h (WPCM, 1989).

Auswertung

C. piscicola bildet gelbliche bis rosafarbene Kolonien, metallisch glänzend (bes. Randzone), wobei das Medium sich nach gelb verfärbt. *C. divergens* führt dagegen häufig nicht zur Farbveränderung des Mediums und die Kolonien sind sehr klein (pin-points). Eine Abgrenzung von den Enterokokken durch Phasenkontrastmikroskopie ist notwendig.

☐ Pediokokken

Pediokokken werden als Starterkulturen bei der Rohwurstherstellung eingesetzt, sie führen zur Fermentation zahlreicher Sauergemüsearten, aber auch zum Verderb von Lebensmitteln, wie z. B. Feinkostsalaten, Brühwurstaufschnitt und Getränken. Da die Pediokokken sich auf den gleichen Medien vermehren wie die Laktobazillen und aufgrund ihrer Kolonieform nicht von diesen unterschieden werden können, sind Informationen über die Entwicklung und das Vorkommen von Pediokokken in Lebensmitteln bei Vorhandensein einer Mischkultur aus Milchsäurebakterien lückenhaft.

Für den selektiven Nachweis von Pediokokken eignet sich das Medium nach HOLLEY und MILLARD (1988), ein modifizierter MRS-Agar (MRSD-Medium), auf dem die Argininhydrolyse als Erkennungskriterium für *Pediococcus acidilactici* und *P. pentosaceus* verwendet wird. Während nach HOLLEY und MILLARD (1988) die Untersuchungsproben unter Verwendung der „Hydrophoben Grid Membran Filter" (QA Labs. Ltd., Toronto, Ontario, Canada) filtriert werden, ist nach eigenen Untersuchungen die Membranfilter-Methode nach ANDERSON und BAIRD-PARKER ebenso geeignet und praktikabler.

Nachweis von *P. acidilactici* und *P. pentosaceus*

–   Eine Cellulose-Acetat-Membran (z. B. Nu Flow N 85/45, 0,45 μm) oder ein Hydrophober Grid Membran Filter (HGMF) wird auf das gut vorgetrocknete Selektivmedium (MRSD-Medium) gelegt.

- 1,0 ml der Probe oder der Verdünnungen wird vorsichtig auf der Membran ausgespatelt.

- Die Bebrütung des Mediums erfolgt unter anaeroben Bedingungen bei 25 °C für 48 h.

- Nach der Bebrütung wird die Membran bzw. der Filter (HGMF) auf ein Filterpapier (z.B. Whatman Nr. 3) gelegt, das mit einer 0,4%igen (G/V) Lösung von Bromkresolpurpur getränkt ist.

- Nach einer Kontaktzeit von 60 s wird die Membran wieder auf das Selektivmedium gelegt und die Koloniefarbe wird innerhalb einer Stunde beurteilt. Die Farbe bleibt bei 4 °C 48 h stabil.

Auswertung

Die Kolonien der Pediokokken *(P. acidilactici* und *P. pentosaceus)* sind blau, die der Laktobazillen grün. Nach HOLLEY und MILLARD (1988) bildet *Pediococcus parvulus* sehr kleine grüne Kolonien und *Streptococcus lactis* blaue, so daß besonders bei Produkten, in denen mit diesen Bakterien zu rechnen ist, eine mikroskopische Kontrolle (Nativpräparat) empfohlen wird.

Anmerkung

Auch einige Arten unter den hetero- und homofermentativen Laktobazillen, verschiedene Arten der Genera *Streptococcus* und *Lactococcus* sowie Carnobakterien bilden aus Arginin Ammoniak (Genus *Leuconostoc* negativ), so daß eine weitere Identifizierung besonders der Kokken notwendig ist.

☐ *Bifidobacterium*

(SGORBATI, BIAVATI und PALENZONA, 1995, BALLONGUE, 1998)

Physiologisch gehören die Arten des Genus *Bifidobacterium* zu den Milchsäurebakterien, die als Endprodukte der Fermentation aus Lactose, Galactose oder Saccharose vorwiegend Acetat und Lactat bilden. Es sind grampositive pleomorphe, anaerobe, unbewegliche, katalase-negative Stäbchen. Einige Arten tolerieren O_2 in Anwesenheit von CO_2. Die optimale Vermehrungstemperatur liegt zwischen 37 ° und 41 °C, die minimale zwischen 25 ° und 28 °C. Der optimale pH-Wert für die Vermehrung liegt zwischen 6,5 und 7,0; bei pH-Werten unterhalb 4,5–5,0 soll das Wachstum stark reduziert sein.

Vorkommen und Bedeutung

Faeces von Mensch und Tier, Mundflora; einige Arten kommen nur bei bestimmten Tieren vor. Im Dickdarm liegen die Keimzahlen bei 10^9 bis 10^{10}/g. Einige Arten werden in Milchprodukten als Starter eingesetzt (z.B. *Bifidobacterium longum, B. bifidum, B. breve,* teilweise in Kombination mit Laktobazillen, Lakto-kokken und *Leuconostoc*-Arten) oder als pharmazeutische Präparate nach Durchfallerkrankungen (probiotische = gesundheitsfördernde Mittel).

Nachweis

Zahlreiche Medien sind entwickelt worden, bewährt hat sich der TPY-Agar nach SCARDOVI (1986), der als Gußkultur anaerob bei 37 °C 72 h bebrütet wird. Da dieses Medium nicht selektiv ist, müssen die Kolonien morphologisch und bio-chemisch identifiziert werden (SGORBATI et al., 1995). Geschädigte Zellen (z. B. getrocknete, gefriergetrocknete oder tiefgefrorene Produkte) sollen durch Roll-kultur mit dem Selektivmedium nach ARANI et al. (1995) besser nachzuweisen sein. Weitere Medien siehe bei BALLONGUE (1998).

Literatur

1. ARANY, C.B., HACKNEY, C.R., DUNCAN, S.E., KATOR, H., WEBSTER, J., PIERSON, M., BOLING, J.W., EIGEL, W.N., Improved recovery of stressed Bifidobacterium from water and frozen Yoghurt, J. Food Protection 58, 1142-1146, 1995

2. BALLONGUE, J., Bifidobacteria and probiotic action, in: Lactic acid bacteria, ed. by Salminen und von Wright, Marcel Dekker Inc., New York, 1998

3. BAUMGART, J., MELLENTHIN, B., Selektiver Nachweis von Pediokokken mit einem Membranverfahren, Fleischw. 70, 402, 405, 1990

4. BERTHIER, F., On the screening of hydrogen peroxide-generating lactic acid bacteria, Letters in Appl. Microbiol. 16, 150-153, 1993

5. BETTMER, H., Vorkommen und Bedeutung von Lactobacillus divergens bei vakuum-verpacktem Bückling, Diplomarbeit FH Lippe, Lemgo, 1987

6. EGAN, A.F., Lactic acid bacteria of meat and meat products, Antonie van Leeuwen-hoek 49, 327-336, 1983

7. ENTIS, P., BOLESZCZUK, P., Use of fast green FCF with tryptic soy agar for aerobic plate count by the hydrophobic grid membrane filter, J. Food Protection 49, 278-279, 1986

8. HOLLEY, R.A., MILLARD, G.E., Use of MRSD medium and the hydrophobic grid mem-brane filter technique to differentiate between pediococci and lactobacilli in fermen-ted meat and starter cultures, Int. J. Food Microbiol. 7, 87-102, 1988

9. LEE, B.H., SIMARD, R.E., Evaluation of methods for detecting the production of H_2S, volatile sulfides and greening by lactobacilli, J. Food Sci. 49, 981-983, 1984

10. LÜCKE, F.-K., POPP, J., KREUTZER, R., Bildung von Wasserstoffperoxid durch Lak-tobazillen aus Rohwurst und Brühwurstaufschnitt, Chem. Mikrobiol. Technol. Le-bensm. 10, 78-81, 1986

11. MILLIÈRE, J. B., MICHEL, M., MATHIEU, F., LEFEBVRE, G., Presence of Carnobac-terium spp. in French surface mould-ripened soft-cheese, J. Appl. Bact. 76, 264-269, 1994

12. MÜLLER, H.E., Detection of hydrogen peroxide produced by microorganisms on an ABTS peroxidase medium, Zbl. Bakt. Hyg. A 259, 151-154, 1985

13. PELADAN, F., ERBS, D., MOLL, M., Practical aspects of the detection of lactic acid bacteria in beer, Food Microbiol. 3, 281-288, 1986

14. REUTER, G., Elective and selective media for lactic acid bacteria, Int. J. Food Microbiol. 2, 55-68, 1985

15. SALMINEN, S., von WRIGHT, A., Lactic acid bacteria, microbiology and functional aspects, sec. ed., revised and expanded, Marcel Dekker Inc., New York, 1998

16. SCHILLINGER, U., LÜCKE, F.-K., Lactic acid bacteria on vacuum-packed meat and their influence on shelf life, Fleischw. 67, 1244-1248, 1987

17. SGORBATI, B., BIAVATI, B., PALENZONA, D., The genus Bifidobacterium, in: The genera of lactic acid bacteria, ed. by B.J.B. Wood and W.H. Holzapfel, Chapman & Hall, London, 279-306, 1995

18. VANOS, V., COX, L., Rapid routine method for the detection of lactic acid bacteria among competitive flora, Food Microbiol. 3, 223-234, 1986

19. VEDAMUTHU, E.R., RACCACH, M., GLATZ, B.A., SEITZ, E.W., REDDY, M.S., Acid-producing microorganisms, in: Compendium of methods for the microbiological examination of foods, 3rd ed., ed. by C. Vanderzant and D.F. Splittstoesser; American Public Health Assoc., 225-228, 1992

20. WOOD, B.J.B., HOLZAPFEL, W.H., The genera of lactic acid bacteria, Chapman & Hall, London, 1995

21. WPCM (Working Party on Culture Media), Cresol red thallium acetate sucrose (CTAS) agar, Int. J. Food Microbiol. 9, 129-131, 1989

1.8   Propionsäurebakterien

Die Arten des Genus *Propionibacterium* (Typspecies *Propionibacterium freuden-reichii*) sind grampositiv, gewöhnlich katalase-positiv, unbeweglich und fakultativ anaerob. Charakterisiert sind sie als pleomorphe Stäbchen, teilweise kokkenähnlich, fadenförmig, gekrümmt bis V-förmig oder Y-förmig. Propionsäurebakterien wachsen im Temperaturbereich von 13 °C bis 43 °C; sie tolerieren bis 6 % Kochsalz. Ihr pH-Optimum liegt zwischen pH 6,0 und 7,0, bei pH 5,0 wachsen sie nur schwach.

Vorkommen

Pansen und Darmtrakt von Wiederkäuern, Milch und Milchprodukte, Mundhöhle, menschliche Haut

Bedeutung

– Starter für Käse (Emmentaler, Schweizer): *P. freudenreichii* (Bildung von Propionsäure und CO_2 aus Lactat). Neben *P. freudenreichii* subsp. *freudenreichii* und *P. freudenreichii* subsp. *shermanii* wurden im Käse (Emmentaler, Gruyere, Schweizer, Gouda, Edamer) zahlreiche andere Arten nachgewiesen, wie z.B. *P. acidipropionici* und *P. jensenii* (BRITZ und RIEDEL, 1991).

– Verderb (rote Flecken auf Käse): *P. thoenii*

– Verderb von Oliven.

– Pathogene Hautorganismen: *P. acnes, P. granulosum*

Nachweis

– Lebensmittel
Natrium-Lactat-Agar (HAMMER und BABEL, 1957) im Röhrchen zu 10 ml verflüssigen und nach Abkühlung auf ca. 48 °C mit 1 ml der entsprechenden Verdünnung beimpfen, vermischen und mit 3%igem Wasseragar überschichten. Bebrütung bei 30 °C für 8–9 Tage.
Propionibakterien bilden 4–5 mm (Durchmesser) große, scheibenförmige Kolonien. Bei hoher Zelldichte ist die Koloniegröße kleiner; eine Unterscheidung von den ebenfalls wachsenden Streptokokken (1–2 mm) ist möglich. Die Kolonien müssen identifiziert werden.

– Hautuntersuchung (COVE und EADY, 1982)
RCM-Agar + 1 % Agar + 6 μg/ml Furoxon (1-N-(5-nitro-2-furfuryliden)-3-amino-2-oxazolidon). Das Furoxon wird als Stammlösung hergestellt (500 μg/ml, gelöst in Aceton).
Oberflächenkultur und anaerobe Bebrütung (90 % N_2, 10 % CO_2) für 7 Tage bei 37 °C. Mikrokokken und Staphylokokken werden gehemmt.

Literatur

1. BRITZ, T.J., RIEDEL, K.-H. J., A numerical taxonomic study of Propionibacterium strains from dairy sources, J. appl. Bact. 71, 407–416, 1991

2. COVE, J.H., EADY, E.A., A note on a selective medium for the isolation of cutaneous propionibacteria, J. appl. Bact. 53, 289–292, 1982

3. GRILLENBERGER G., BUSSE, M., Untersuchungen zur Mikroflora von Emmentaler Käse während der Reifung, Z. Lebensm. Unters.-Forsch. 168, 1–3, 1979

4. HAMMER, B.W., BABEL, F.J., Dairy Bacteriology, John Wiley and Sons, Inc. New York, 1957

5. HETTINGA, D.H., VEDAMUTHU, E.R., REINBOLD, G.W., Pouch method for isolation and enumerating propionibacteria, J. Dairy Sci. 51, 1707–1709, 1968

6. HOLLYWOOD, N.W., GILES, J.E., DOELLE, H.W., The enumeration of Propionibacterium shermanii in swiss type cheese, The Australian Journal of Dairy Technology 38, 7–9, 1983

1.9   Essigsäurebakterien

Essigsäurebakterien der Genera *Acetobacter* (*A. europaeus, A. aceti* u.a.) und *Gluconobacter* (*G. oxydans*) sind gram-negative, obligat aerobe Stäbchen. Die Arten des Genus *Acetobacter* oxidieren Ethanol zu Essigsäure und Acetat sowie Lactat zu CO_2 und H_2O, während die Arten des Genus *Gluconobacter* Ethanol nur bis zur Essigsäure oxidieren. Die optimale Vermehrungstemperatur der Essigsäurebakterien liegt zwischen 25 ° und 30 °C, die meisten Stämme vermehren sich noch bei pH 3,6.

Vorkommen

Essigsäurebakterien der Genera *Gluconobacter* und *Acetobacter* kommen auf Pflanzen vor, häufig in Gemeinschaft mit Hefen.

Bedeutung

Verderb von Fruchtsäften, Wein, Bier, Ketchup, Senf, (Essigsäurestich, Oxidation der Glucose zu Gluconsäure, Gasbildung durch *Acetobacter*).

Herstellung von Essig, Oxidation von D-Sorbit zu L-Sorbose bei der Produktion von L-Ascorbinsäure, Fermentation von Kakaobohnen, Cellulosebiosynthese, Methanolabbau (SATTLER et al., 1990).

Nachweis

– Anreicherung in Malzextrakt-Bouillon, Zusatz von 5 % Ethanol (96%ig). Zu 10 ml Bouillon (Röhrchen mit Schraubverschluß) werden 0,5 ml Ethanol (96%ig) gegeben und durch Schütteln gut verteilt. Nach Beimpfung mit 1 ml oder 1 g wird das Medium bei 25 °C 10 Tage bebrütet.

– Oberflächenkultur und Bebrütung der Medien bei 25 °C bis zu 14 Tage (ACM-Agar) oder 3–5 Tage (DSM-Agar).

Folgende Medien haben sich bewährt:

– ACM-Agar (SAND, 1976)
  Essigsäurebakterien führen zu Aufhellungshöfen, teilweise zu Pigmentbildung (rotbraun, dunkelbraun) und zur Kristallbildung (Calciumsalze der 5-Ketogluconsäure).

– Dextrose-Sorbit-Mannit-Agar (DSM-Agar) nach CIRIGLIANO (1982)
  Auf diesem Medium führt *Acetobacter* spp. zur Farbveränderung von grün (bei Zusatz von Brillantgrün als Hemmstoff gegenüber grampositiven Bakterien) über gelb nach purpur und bildet weiße Praecipitate aus Calciumcarbonat (häufig erst nach 6 Tagen erkennbar). *Gluconobacter* vermag Lactat nicht zu oxidieren, ein purpurfarbener Umschlag tritt nicht auf. Durch Essigsäurebildung sinkt der pH-Wert, das Medium wird gelb oder bleibt in der

Farbe grünlich (bei Zusatz von Brillantgrün). Brillantgrün oder Desoxycholat und Cycloheximid werden dem Medium nur zugesetzt, wenn es als Selektivmedium eingesetzt wird. Zur Identifizierung *Acetobacter/Gluconobacter* wird ein Medium ohne Hemmstoffe verwendet. Als Hemmstoff gegenüber grampositiven Bakterien ist Brillantgrün dem Desoxycholat vorzuziehen, weil es Essigsäurebakterien weniger beeinflußt. Wird das Medium als Identifizierungsmedium zur Unterscheidung von *Gluconobacter* und *Acetobacter* verwendet, so wird der pH-Wert auf 4,8–5,0 eingestellt; dient das Medium als Selektivmedium, wird ein pH-Wert von 4,5 bevorzugt.

– Essigsäure-Agar nach ENTANI et al. (1985), modifiziert von SIEVERS und TEUBER (1995) sowie SOKOLLEK und HAMMES (1997) zum Nachweis von Arten des Genus *Acetobacter* (AE-Medium und RAE-Medium).
Bebrütung bei 30 °C für 7–14 Tage bei rel. Feuchte von 90–96 %.

Literatur

1. ASAI, T., Acetic acid bacteria, classification and biochemical activities, University of Tokio Press, Baltimore, 1968

2. CARR, J.G., Methods for identifying acetic acid bacteria, in: Identification methods for microbiologists, Part B, ed. by B.M. Gibbs, A.A. Shapton, Academic Press, London, 1968

3. CIRIGLIANO, M.C., A selective medium for the isolation and differentiation of Gluconobacter and Acetobacter, J. Food Sci. 47, 1038-1039, 1982

4. ENTANI, E., OHMORI, S., MASAI, H., SUZUKI, K.-J., Acetobacter polyoxogenes sp. nov., a new species of an acetic acid bacterium useful for producing vinegar with high acidity, J. Gen. Appl. Microbiol. 31, 475-490, 1985

5. PASSMORE, S.M., CARR, J.G., The ecology of the acetic acid bacteria with particular reference to cider manufacture, J. Appl. Bact. 38, 151-158, 1975

6. SAND, F.E.M.J., Gluconobacter, kohlensäurefreies Getränk und Kunststoffverpakkung, Das Erfrischungsgetränk 29, 476-484, 1976

7. SATTLER, K., BABEL, W., WÜNSCHE, L., Essigsäurebakterien – eine Gruppe von Mikroorganismen mit bedeutender technologischer Tradition und Perspektive. Übersicht über einige neuere Aspekte, Zentralbl. Mikrobiol. 145, 55-562, 1990

8. SIEVERS, M., TEUBER, M., The microbiology and taxonomy of Acetobacter europaeus in commercial vinegar production, J. Appl. Bact. Symposium Suppl. 79, 84S-95S, 1995

9. SOKOLLEK, S. J., HAMMES, W. P., Description of a starter culture preparation for vinegar fermentation, System. Appl. Microbiol. 20, 481-491, 1997

10. SWINGS, J., GILLIS, M., KERSTERS, K., Phenotypic identification of acetic acid bacteria, in: Identification methods in applied and environmental microbiology, ed. by R.G. Board, D. Jones, F.A. Skinner, Blackwell Sci. Publ., Oxford, 103-110, 1992

1.10   Hefen und Schimmelpilze

(PITT und HOCKING, 1985, SAMSON et al., 1992, BEUCHAT, 1993,
SMITH und YARROW, 1995, SAMSON et al., 1995)

Vorkommen

Erdboden, Pflanzen, Tiere, Lebensmittel, Haut

Bedeutung

Herstellung von Lebensmitteln, Verderb von Lebensmitteln, einige Hefen sind
pathogen, zahlreiche Schimmelpilze bilden Mykotoxine.

Vorbemerkungen

Während der quantitative Nachweis von Hefen keine Schwierigkeiten bietet, ist
die Bestimmung der KBE bei Schimmelpilzen problematisch. Die Pilzsporen
und Konidien, die aneinander haften, und die Hyphen werden bei der Homogenisation in keimfähige Teile zerschlagen. Der Homogenisationsgrad beeinflußt
somit die Koloniezahl. Je besser die Sporenhaufen und die Pilzhyphen zerschlagen werden, desto mehr Einzelkolonien bilden sich. Bei makroskopisch sicht-
baren Schimmelpilzen ist eine Homogenisation wenig sinnvoll. Bei unsichtbarer
Verschimmelung erfolgt der Nachweis der Schimmelpilze mit den Hefen, eine
getrennte Erfassung ist nicht sicher möglich. Eine Unterscheidung zwischen
Hefen und Schimmelpilzen ist aufgrund der Koloniebildung leicht durchführbar.
Da Mykotoxine von den Hyphen gebildet werden, sollten Sporen und Hyphen
getrennt erfaßt werden. Dies ist beim kulturellen Verfahren nicht möglich. Bei
Koloniezahlen über 1000/g sollte deshalb eine mikroskopische Beurteilung vorgenommen werden, um den Hyphenanteil einer Verschimmelung abschätzen
zu können (BLASER, 1978).

Nachweis

(ABDUL-RAOUF et al., 1994, SAMSON et al., 1995, SMITH und YARROW, 1995)

Aufbereitung

–   Verdünnungsflüssigkeit 0,1 % Peptonwasser. Für den Nachweis osmotole-
    ranter Hefen sollte die Verdünnungsflüssigkeit 20–30 % Glucose enthalten.
    Bei trockenen Produkten (z. B. Getreide, Nüsse) wird die Probe in der Ver-
    dünnungsflüssigkeit vor dem Homogenisieren 30 min im Kühlschrank ein-
    geweicht.

–   Zerkleinerung: Stomacher, Homogenisationszeit 2 min

Keimzahlbestimmung (Plattenverfahren)

– Spatelverfahren oder Membranfiltration (flüssige Produkte mit geringem Gehalt an Hefen) und Auflegen der Filter auf einem festen Medium.

– Bebrütung: 5 Tage bei 20 ° bis 25 °C

☐ **Medien für den gleichzeitigen Nachweis von Hefen und Schimmelpilzen**

Hefeextrakt-Glucose-Chloramphenicol-Agar (YGC) oder Dichloran-Bengalrot-Chloramphenicol-Agar (DRBC)

Anmerkungen

Medien mit Bengalrot bilden unter Lichteinfluß innerhalb von 2 Stunden hemmende Substanzen (SAMSON et al., 1995). Es ist deshalb wichtig, daß zwischen der Beimpfung bis zur Betrübung die Zeit kurz ist.

Da durch einen alleinigen Zusatz von 100 mg/l^{-1} Chloramphenicol Bakterien besonders bei Untersuchungen von Gemüse, Gewürzen und Frischfleisch nicht vollständig gehemmt werden, ist es besser, 50 mg/l^{-1} Chloramphenicol und 50 mg/l^{-1} Chlortetracyclin zuzusetzen. Während Chloramphenicol sterilisiert werden kann, muß Chlortetracyclin frisch hergestellt und steril filtriert werden. Der Zusatz erfolgt dann nach dem Autoklavieren bei ca. 50 °C. Die Lösung kann auch eingefroren werden.

Medien mit Antibiotica sind den sauren Medien vorzuziehen, da einige Hefen, wie z. B. *Schizosaccharomyces*-Arten, in Medien mit pH-Werten um 3,7 gehemmt werden (SMITH und YARROW, 1995). Die Einstellung des pH-Wertes der Medien erfolgt immer mit HCl (1,0 mol/l^{-1}).

☐ **Nachweis von Hefen und Schimmelpilzen mit dem Petrifilm™-Verfahren**

Die mit dem Petrifilm-Verfahren erzielten Ergebnisse (Frischkäse, Joghurt) waren vergleichbar mit denen des Plattenverfahrens (VLAEMYNCK, 1994).

☐ **Anreicherung von Hefen in flüssigen Medien**

Bei geringem Hefegehalt im Produkt ist eine Anreicherung in einer Bouillon notwendig.

– Medium: Bierwürze-Pepton-Lösung (pH 3,8 und 5,0). In der stark sauren Bouillon (pH 3,8) werden Hefen des Genus *Schizosaccharomyces* gehemmt. Bei Überschichtung der Bouillon mit Paraffin werden Schimmelpilze und oxidative Hefen gehemmt; es entwickeln sich nur die fermentativen Hefen. Sollen Hefen und Schimmelpilze gleichzeitig erfaßt werden, so muß die Bouillon in Erlenmeyerkolben mit größerer Oberfläche im Schüttelinkubator bebrütet werden. Schimmelpilze bilden dann Pellets und können von den Hefen gut abgetrennt werden.

– Bebrütung: 5 Tage bei 20 °C bis 25 °C

☐ **Nachweis osmotoleranter Hefen**

– Medium: Malzextrakt-Agar (pH 4,5) mit 50 % Glucose oder Malzextrakt-Bouillon (= Malzextrakt-Lösung, Oxoid) mit 50 % Glucose. Da osmotolerante Schimmelpilze sich ebenfalls entwickeln, ist es ratsam, die Bouillon auf einem Schüttler zu bebrüten.

– Bebrütung: 5 Tage bei 20 ° bis 25 °C

☐ **Nachweis von Candida albicans** (WILLINGER et al., 1994)

Ein selektiver Nachweis von *C. albicans* ist durch die Bestimmung des Enzyms N-Acetyl-D-Galactosaminidase (NAGase) möglich. Einige Stämme von *C. tropicalis* bilden ebenfalls dieses Enzym. Spezifisch für *C. albicans* ist auch die Bildung einer Hexosaminadase, die auf dem Albicans ID-Agar nachgewiesen wird.

– Medium: Albicans ID-Agar (bioMerieux) oder Fluoroplate Candida Agar (MERCK)

– Bebrütung: 37 °C, 18–24 h (Bei der Auswertung sind die Angaben der Nährbodenhersteller zu beachten: Aufbewahrung der Medien, Koloniefarbe, Abtrennung von anderen Hefen.)

☐ **Nachweis xerophiler Schimmelpilze**

– Medium: Dichloran-Glycerol-(DG 18)-Agar. Mit diesem Medium können xerophile Pilze der Genera *Penicillium, Aspergillus, Wallemia sebi* und Arten des Genus *Eurotium* nachgewiesen werden. Für die Isolierung extrem xerophiler Schimmelpilze wird der Malz-Hefeextrakt-Glucose-Agar (MY 50G; PITT und HOCKING, 1985) empfohlen.

☐ **Nachweis säureliebender Schimmelpilze**

Einige Schimmelpilze, wie *Penicillium roqueforti, P. carneum, Monascus ruber* und *Paecilomyces varioti,* vermehren sich in Medien mit 0,5 % Essigsäure. Diese Pilze spielen für den Verderb von Roggenbroten und Sauergemüse eine Rolle (SAMSON et al., 1995).

– Medium: Essigsäure-Dichloran-Hefeextrakt-Saccharose-Agar (ADYS)

☐ **Nachweis proteinophiler Schimmelpilze**

Die meisten Schimmelpilze führen zum Verderb proteinhaltiger Lebensmittel, wie Fleisch, Käse, Nüsse oder nutzen als N-Quelle Kreatin (*Penicillium com-*

mune, P. solitum, P. crustosum, P. expansum, Aspergillus clavatus, A. versiculor u. a.).

– Medium: Creatin-Saccharose-Dichloran-Agar (CREAD)

Nachweis von Schimmelpilzen des Genus Fusarium

– Medium: Czapek-Dox-Iprodione-Dichloran-Agar (CZID)

Nachweis von Penicillium verrucosum

P. verrucosum ist der Produzent von Ochratoxin A.

– Medium: Aspergillus flavus/parasiticus-Agar (AFP-Agar=AFPA)

Nachweis hitzeresistenter Schimmelpilze

Hitzeresistente Schimmelpilze bilden Ascosporen, die eine Temperatur von 75 °C für 30 min überleben (SAMSON et al., 1995).

Bedeutung

Verderb von Fruchtsäften und Konfitüren.

Hitzeresistenz

Neosartorya fischeri var. *fischeri*	$D_{85\,°C}$ = 6–10 min	z = 10 °C
Neosartorya fischeri var. *spinosa*	$D_{85\,°C}$ = 10–96 min	z = 5–7 °C
Neosartorya fischeri var. *glabra*	$D_{85\,°C}$ = 10–21 min	z = 12 °C
Neosartorya aureola (NIELSEN und SAMSON, 1992)	$D_{85\,°C}$ = 10 min	z = 12 °C
Byssochlamys nivea (Medium Sahne, 10 % Fett (G/G)), (ENGEL und TEUBER, 1991)	$D_{92\,°C}$ = 1,9 min	z = 7 °C
Byssochlamys fulva Medium Fruchtsaft (CARTWRIGHT und HOCKING, 1984)	$D_{90\,°C}$ = 12 min	z = 7,8 °C
Talaromyces flavus Medium Fruchtsaft (SCOTT und BERNARD, 1987)	$D_{90,6\,°C}$ = 2,2 min	z = 5,2 °C
Eupenicillium spp. Medium Himbeerpulpe (SAMSON et al., 1992)	$D_{90\,°C}$ = 15 min	

Nachweisverfahren

100 g Produkt auf 75 °C 30 min erhitzen und mit der gleichen Menge doppelt konzentriertem Medium (Malzextrakt-Agar + 50 mg/l^{-1} Chloramphenicol und 50 mg/l^{-1} Chlortetracyclin) vermischen und in Platten gießen.

– Bebrütung: bei 30 °C bis 14 Tage

☐ **Auswahl von Medien nach zu untersuchenden Lebensmitteln**

– Früchte, Gemüse, frische Kräuter und frische Cerealien: Dichloran-Bengal-rot-Chloramphenicol-Agar (DRBC) und Czapek-Dox-Improdione-Dichloran-Agar (CZID)
– Lagergetreide, Gewürze, Nüsse: DG 18, DRYES und AFPA
– Milchprodukte, Fleisch und Brot: DG 18 und CREAD
– Konservierte und saure Produkte, Roggenbrot: DG 18, ADYS

☐ **Alternative Verfahren zum Nachweis von Hefen und Schimmelpilzen**
(DEAK und BEUCHAT, 1993, GOURAMA und BULLERMANN, 1995)

– Howard Mold Count (bei Tomatenerzeugnissen)
– Bestimmung der Leitfähigkeit (indirektes Verfahren)
– Nachweis von ATP
– Bestimmung von Ergosterol
– Immunologische Methoden

Literatur

1. ABDUL-RAOUF, U.M., HWANG, C.A., BEUCHAT, L.R., Comparison of combinations of diluents and media for enumerating Zygosaccharomyces rouxii in intermediate water activity foods, Letters Appl. Microbiol. 19, 28–31, 1994
2. BEUCHAT, L.R., Selective media for detecting and enumerating foodborne yeasts, Int. J. Food Microbiol. 19, 1–4, 1993
3. BLASER, P., Vergleichende Untersuchungen zur quantitativen Erfassung des Schimmelpilzbefalls bei Lebensmitteln, I. Mitteilung, Selektive Pilzfärbungen für den direkt-mikroskopischen Schimmelpilznachweis, Zbl. Bakt. Hyg., I. Abt. Orig. B. 166, 45–62, 1978
4. CARTWRIGHT, P., HOCKING, A.D., Byssochlamys in fruit juices, Food Technology in Australia 36, 210–211, 1984
5. DEAK, T., BEUCHAT, L.R., Comparison of conductimetric and traditional plating techniques for detecting yeasts in fruit juices, J. Appl. Bact. 75, 546–550, 1993
6. ENGEL, G., TEUBER, M., Heat resistance of ascospores of Byssochlamys nivea in milk and cream, Int. J. Food Microbiol. 12, 225–234, 1991
7. GUARAMA, H., BULLERMANN, L.B., Detection of molds in foods and feeds: Potential rapid and selective methods, J. Food Protection 58, 1389–1394, 1995

8. NIELSEN, P.V., SAMSON, R.A., Differentiation of food-borne taxa of Neosartorya, in: Modern methods in food mycology, ed. by R.A. Samson, A.D. Hocking, J.I. Pitt, A.D. King, Elsevier Verlag Amsterdam, 159–168, 1992

9. PITT, J.I., HOCKING, A.D., Fungi and food spoilage, Academic Press, London, 1985

10. SAMSON, R.A., HOCKING, A.D., PITT, J.I., KING, A.D., Modern methods in food mycology, Elsevier Verlag Amsterdam, 1992

11. SAMSON, R.A., HOEKSTRA, E.S., FRISVAD, J.C., FILTENBORG, O., Methods for the detection and isolation of food-borne fungi, in: Introduction to food-borne fungi, fourth edition, ed. by R.A. Samson, Ellen S. Hoekstra, J.C. Frisvad and O. Filtenborg, Centralbureau voor Schimmelcultures Baarn und Delft, P.O. Box 273, 3740 AG Baarn, Netherlands, 235–242, 1995

12. SCOTT, V.N., BERNARD, D.T., Heat resistance of Talaromyces flavus and Neosartorya fischeri isolated from commercial fruit juices, J. Food Protection 50, 18–20, 1987

13. SMITH, M.Th., YARROW, D., Yeasts, in: Introduction to food-borne fungi, fourth edition, ed. by R.A. Samson, Ellen S. Hoekstra, J.C. Frisvad and O. Filtenborg, Centralbureau voor Schimmelcultures Baarn und Delft, P.O. Box 273, 3740 AG Baarn, Netherlands, 222–234, 1995

14. VLAEMYNCK, G.M., Comparison of Petrifilm™ and plate count methods for enumerating molds and yeasts in cheese and yoghurt, J. Food Protection 57, 913–914, 1994

15. WILLINGER, B., MANAFI, M., ROTTER, M.L., Comparison of rapid methods using flourogenic-chromogenic assays for detecting Candida albicans, Letters Appl. Microbiol. 18, 47–49, 1994

1.11   Bazillen

Genera *Bacillus*, *Paenibacillus* und *Alicyclobacillus*
(BERKELEY et al., 1981, ASH et al., 1993, SUTHERLAND
und MURDOCK, 1994, N.N., 1995)

Bazillen sind aerobe, z.T. fakultativ anaerobe, grampositive bis gramvariable
Sporenbildner. Die Sporenbildung erfolgt unter aeroben Bedingungen und wird
durch einen Zusatz von Mangansulfat (10 mg $MnSO_4/l^{-1}$) gefördert. Die in Lebensmitteln vorkommenden mesophilen Bazillen sind Katalase-positiv, bei dem
thermophilen *Bacillus (B.) stearothermophilus* können Katalase-negative Stämme
vorkommen.

1.11.1   Genus Bacillus

Zu diesem Genus gehören die mesophilen Arten, wie z.B. *Bacillus (B.) subtilis,
B. licheniformis, B. megaterium,* die psychrotrophen Bazillen, wie *B. cereus* und
B. pumilus sowie die termophilen Bazillen, *B. coagulans* und *B. stearothermo-
philus.*

Bedeutung

– Verderb durch verschiedene Enzyme (Proteasen, Pectinasen, Lipasen,
  Amylasen).

– Fleischerzeugnisse: Erweichung bei Brüh- und Kochwürsten, z.T. Bombage

– Milch (pasteurisiert, UHT): süße Gerinnung, bitterer Geschmack

– Lebensmittelvergiftungen u.a. durch *B. cereus*.

– Herstellung von Antibiotika und verschiedener Enzyme.

☐ Mesophile Bazillen

Anreicherung

Standard-I-Nährbouillon oder Caseinpepton-Sojamehlpepton-Bouillon (CASO-
Bouillon) oder ähnlich zusammengesetzte Medien. Nach der Beimpfung mit
dem Lebensmittel wird eine Bouillon bei 70 °C 10 min im Wasserbad erhitzt und
danach schnell abgekühlt, eine zweite Bouillon bleibt unerhitzt.

Bebrütung bei 30 °C 48–72 h.

Identifizierung: Nach Subkultur aus CASO-Agar (30 °C, 72 h) Gramfärbung, Katalasereaktion und Sporennachweis durchführen.

Keimzahlbestimmung

Verfahren:	Zunächst erfolgt die Untersuchung der unerhitzten Verdünnungen mit dem Spatelverfahren. Danach werden die gleichen Verdünnungen bei 70 °C 10 min im Wasserbad erhitzt, abgekühlt und in gleicher Weise untersucht.
Medium:	Standard-I-Nähragar, Caseinpepton-Sojamehlpepton-Agar oder ähnlich zusammengesetzte Medien + 10 mg $MnSO_4/l^{-1}$
Bebrütung:	30 °C für 48–72 h
Auswertung:	Eine Bestätigung ist notwendig (Gramfärbung, Sporenbildung, Katalase).

☐ Psychrotrophe Bazillen

Psychrotrophe Bazillen vermehren sich bei Kühltemperaturen (< 7 °C). Psychrotrophe Bazillen gibt es unter zahlreichen Arten (MEER et al., 1991).

Vorkommen

Erdboden, Lebensmittel

Bedeutung

– Verderb von Milch und Milchprodukten sowie Fleischerzeugnissen durch Proteasen und Lipasen.
– Lebensmittelvergiftung durch *Bacillus cereus*.

Nachweis

– Medien und Verfahren wie mesophile Bazillen.
– Bebrütung: 10 Tage bei 7 °C

☐ Thermophile Bazillen

Zu den thermophilen Bazillen gehören *Bacillus stearothermophilus, B. coagulans, Alicyclobacillus (A.) acidocaldarius* und *A. acidoterrestris*. Die minimale Vermehrungstemperatur liegt bei *B. stearothermophilus* zwischen 30 °C und 45 °C und die maximale zwischen 65 °C und 76 °C. *B. coagulans* vermehrt sich bei 20 °C und 55 °C, einige Stämme haben ihr Maximum bei 60 °C. Die thermophilen Bazillen sind grampositiv bis gramvariabel und Katalase-positiv. Einige Stämme von *B. stearothermophilus* sind Katalase-negativ, spalten Nitrat und Nitrit, wobei Gas entsteht.

Vorkommen

B. stearothermophilus und *B. coagulans:* Erdboden, Stärke, Zucker, Käse u.a.
Lebensmittel

Bedeutung

B. coagulans und *B. stearothermophilus* führen zum „flat sour Verderb" (Säuerung ohne Gasbildung) insbesondere bei Gemüseprodukten, Ketchup, Saucen
auf Ketchupgrundlage, Fruchtkonserven.

Durch *B. stearothermophilus* kann bei Vorhandensein von Nitrat und Nitrit auch
Gas gebildet werden, so daß leichte Bombagen entstehen. Durch diese Kata-
lase-negativen Stämme kam es zum Verderb von Rotkohl und Bohnen in Gläsern (BAUMGART et al., 1983).

Nachweis

–   Anreicherung:
    Die Untersuchung wird wie bei den mesophilen Bazillen vorgenommen. Be-
    brütung bei 55 °C für 3 Tage.

–   Keimzahlbestimmung:
    Die Untersuchung erfolgt aus der unerhitzten und aus der erhitzten (100 °C,
    10 min) Verdünnungsreihe. Nach der Erhitzung ist eine schnelle Abkühlung
    notwendig.

Medium: Dextrose-Caseinpepton-Agar oder Hefeextrakt-Pepton-Dex-
                trose-Stärke-Agar (YPTD-S-Agar nach MALLIDIS und SCHO-
                LEFIELD, 1986). Wichtig ist ein ausreichender Gehalt an
                Ca^{2+} und Mg^{2+} (über 0,02 %), da sonst hitzegeschädigte
                Sporen von *Bacillus stearothermophilus* nicht erfaßt werden
                (SIKES et al., 1993). Der Gehalt an Calcium und Magnesium
                ist in den Agarsorten der verschiedenen Firmen unterschied-
                lich. Der Bacto-Agar (Difco) hat einen ausreichend hohen
                Anteil an Ca^{2+} und Mg^{2+}.

Bebrütung: 55 °C 3 Tage in feuchter Kammer. Die Bebrütung in einer
                feuchten Kammer ist unbedingt erforderlich, da bei 55 °C der
                Wasserverlust sonst bereits nach 24 h bei 25 % liegt (ALEXAN-
                DER und MARSHALL, 1982).
                B. coagulans kann auch selektiv auf Thermoacidurans-Agar
                nachgewiesen werden. Auf diesem Medium vermehrt sich
                B. stearothermophilus nicht.

1.11.2   Genus Paenibacillus

Zum Genus *Paenibacillus* gehören u. a. die säuretoleranten Arten *Paenibacillus (P.) polymyxa* und *P. macerans* (ASH et al., 1991, 1993, N.N., 1995), die ehemals dem Genus *Bacillus* zugerechnet wurden. Sie vermehren sich noch bei pH-Werten bis 3,8.

Bedeutung

Verderb von sauren Produkten.

Nachweis

Das Verfahren ist das gleiche wie bei den mesophilen Bazillen.

1.11.3   Genus Alicyclobacillus
(CERNY et al., 1984, DEINHARD et al., 1987, WISOTZKEY et al., 1992, BAUMGART et al., 1996)

Zu diesem Genus gehören die Species: *A. acidocaldarius, A. acidoterrestris und A. cycloheptanicus.* Die obligat aeroben Sporenbildner vermehren sich bei pH 3,0 (eingestellt mit HCl) bei 46 °C, jedoch nicht bei pH 7,0 auf Caseinpepton-Hefeextrakt-Dextrose-Agar (= Nähragar oder Plate Count Agar). Letzteres ist dagegen der Fall bei den ebenfalls acidotoleranten aeroben Sporenbildnern, wie *Paenibacillus macerans, Paenibacillus polymyxa, Bacillus coagulans* und *Bacillus licheniformis.* Der minimale pH-Wert für die Vermehrung liegt bei den Paenibazillen und bei *Bacillus coagulans* sowie bei *B. licheniformis* oberhalb von 3,8; bei *Alicyclobacillus acidoterrestris* und *A. acidocaldarius* oberhalb von 2,0. Typisch für *Alicyclobacillus acidocaldarius* und *A. acidoterrestris* ist weiterhin die Bildung von Omega-Cyclohexylfettsäuren ($C_{17:0}$ und $C_{19:0}$), die bei den anderen Bazillen nicht nachweisbar sind (DEINHARD et al., 1987).

Vorkommen

Erdboden, Fruchtsaftkonzentrate (Apfel, Orange)

Bedeutung

A. acidoterrestris und *A. acidocaldarius* können zum Verderb von Fruchtsäften, Fruchtsaftgetränken oder Früchteteegetränken führen. Die hitzeresistenten Sporen (A. acidoterrestris $D_{95\,°C}$ = 5,3 min, z = 9,5 °C in Orangensaft, pH 4,1, 5,3° Brix) keimen bei pH-Werten über 3,0 aus, so daß es zur Vermehrung der vegetativen Zellen von *A. acidoterrestris* bei Lagerungstemperaturen oberhalb von 16 °C kommen kann (einzelne Stämme). Die minimale Vermehrungstemperatur von *A. acidocaldarius* liegt dagegen bei 45 °C (DEINHARD, G., PORALLA, K., Biospektrum **2**, 40–46, 1996). Der Verderb äußert sich in Geruchsabweichungen (2,6-Di-Bromphenol).

Nachweis

Presence-Absence-Test

Anreicherung (Produkt oder Membran nach Filtration) in BAM-Bouillon, pH 4,0 (Einstellung mit 1 mol/l^{-1} HCl), Bebrütung bei 46 °C bis 5 Tage. Danach Ausstrich der Bouillon auf BAM-Agar (pH 4,0), der bei 50 °C 72 h in einer feuchten Kammer bebrütet wird. Einzelne Kolonien vom BAM-Agar werden in eine BAM-Bouillon (pH 3,0) bei 46 °C 48 h bebrütet. Bei eintretender Trübung (= Alicyclobazillen positiv) erfolgt ein Ösenausstrich auf BAM-Agar (pH 4,0) + 1 % Erythritol + 15 mg/l^{-1} Bromphenolblau. Nach einer Bebrütung bei 50 °C für 72 h kommt es durch *A. acidoterrestris* zur Gelbfärbung, während durch *A. acidocaldarius* keine Farbveränderung des Mediums auftritt.

Keimzahlbestimmung

Spatelverfahren auf BAM-Agar (pH 4,0) oder Membranfiltration und Auflegen des Filters auf BAM-Agar, Bebrütung bei 46 °C 3–5 Tage. Bestätigung wie beim Presence-Absence-Test.

Literatur

1. ALEXANDER, R.N., MARSHALL, R.T., Moisture loss from agar plates during incubation, J. Food Protection 45, 162–163, 1982
2. ASH, C., FARROW, J.A.E., WALLBANKS, S., COLLINS, M.D., Phylogenetic heterogeneity of the genus Bacillus revealed by comparative analysis of small-subunit-ribosomal RNA sequences, Letters in Appl. Microbiol. 13, 202–206, 1991
3. ASH, C., PRIEST, F.G., COLLINS, M.D., Molecular identification of rRNA group 3 bacilli (ASH, FARROW, WALLBANKS and COLLINS) using a PCR probe test, Antonie van Leeuenhoek 64, 253–260, 1993
4. BAUMGART, J., HINRICHS, M., WEBER, B., KÜPPER, A., Bombagen von Bohnenkonserven durch Bacillus stearothermophilus, Chem. Mikrobiol. Technol. Lebensm. 8, 7–10, 1983
5. BAUMGART, J., HUSEMANN, M., SCHMIDT, C., Alicyclobacillus acidoterrestris: Bedeutung und Nachweis in Lebensmitteln, Vortrag auf der 48. Jahrestagung der DGHM in Bonn, 8.–11. Okt., 1996
6. BERKELEY, R.C.W., GOODFELLOW, M., The aerobic endospore-forming bacteria, classification and identification, Academic Press, London, 1981
7. CERNY, G., HENNLICH, W., PORALLA, K., Fruchtsaftverderb durch Bazillen, Isolierung und Charakterisierung des Verderbserregers, Z. Lebens Unters Forsch 179, 224–227, 1984

8. DEINHARD, G., BLANZ, P., PORALLA, K., ALTAN, E., Bacillus acidoterrestris sp. nov., a new thermotolerant acidophile isolated from different soils, Systm. Appl. Microbiol. 10, 47–53, 1987

9. MALLIDIS, C.G., SCHOLEFIELD, J., Evaluation of recovery media for heated spores of Bacillus stearothermophilus, J. appl. Bact. 61, 517–523, 1986

10. MEER, R.R., BAKER, J., BODYFELD, F.W., GRIFFITHS, M.W., Psychrotrophic Bacillus spp. in fluid milk products, A review, J. Food Protection 54, 969–979, 1991

11. SIKES, A., WHITEFIELD, S., ROSANO, D.J., Recovery of heat-stressed spores of Bacillus stearothermophilus on solid media, containing calcium- and magnesium deficient agar, J. Food Protection 56, 706–709, 1993

12. SUTHERLAND, A.D., MURDOCH, R., Seasonal occurrence of psychrotrophic Bacillus species in raw milk, and studies on the interactions with mesophilic Bacillus sp., Int. J. Food Microbiol. 21, 279–292, 1994

13. WISOTZKEY, J.D., JURTSHUK, P., FOX, G.E., DEINHARD, G., PORALLA, K., Comparative sequence analyses on the 16S rRNA (rDNA) of Bacillus acidocaldarius, B. acidoterrestris and B. cycloheptanicus and proposal for creation of a new genus, Alicyclobacillus gen. nov., Int. J. Syst. Bact. 42, 263–269, 1992

14. N.N., Validation of the publication of new names and new combinations previously effectively published outside the IJSB, list no. 52, Int. Syst. Bacteriol. 45, 197–198, 1995

1.12   Clostridien

Clostridien sind anaerobe, grampositive bis gramvariable, Katalase-negative Stäbchen, die unter anaeroben Bedingungen Sporen bilden. Clostridien vermehren sich bei pH-Werten oberhalb von 4,5, *Clostridium (C.) butyricum, C. tyrobutyricum, C. pasteurianum* und *C. botulinum* Typ E auch unterhalb von pH 4,5. Entscheidender als der pH-Wert ist jedoch die Art der Säure, durch die in Lebensmitteln eine pH-Erniedrigung erzielt wird. So können sich *C. perfringens* und *C. barati* auch noch bei pH-Werten von 3,7 vermehren, wenn als Säure nur Citronensäure vorliegt (deJONG, 1989).

Vorkommen

Erdboden, Darmkanal von Mensch und Tier, zahlreiche Lebensmittel

Bedeutung

- Verderb von Lebensmitteln:
  Fleischerzeugnisse: Bombagen z. B. durch *C. sporogenes* u. a.
  Käse: Spättrieb durch *C. butyricum, C. tyrobutyricum* und *C. sporogenes*
  Pasteurisierte Feinkosterzeugnisse: Bombagen durch *C. sporogenes, C. butyricum, C. scatalogenes, C. felsineum*
  Frucht- und Gemüsekonserven: Verderb durch *C. pasteurianum, C. butyricum, C. tyrobutyricum, C. felsineum*
- Lebensmittelvergiftungen:
  C. botulinum A, B, E, F und *C. perfringens*

1.12.1   Nachweis mesophiler Clostridien

Anreicherung

- Beimpfung einer Hirn-Herz-Bouillon oder eines Cooked-Meat-Mediums mit 1 g oder 1 ml Produkt (Bouillon vor der Beimpfung 10 min kochen und abkühlen, ohne zu schütteln). Ein Röhrchen (ca. 6 ml) wird bei 70 °C 10 min erhitzt, ein weiteres bleibt unerhitzt. Beide Röhrchen werden mit Paraffin/ Vaseline (1:4) oder Paraffin-Gemisch überschichtet (2 Gewichtsanteile Paraffin, schüttfähig, Erstarrungspunkt 56–58 °C, Merck 7164, und 1 Gewichtsanteil Paraffin flüssig, Merck 7162; Sterilisation des Gemisches im Heißluftsterilisator bei 180 °C 2 h).
  Eine Abtötung vegetativer Bakterien ist auch durch eine einstündige Einwirkung von 50%igem Ethanol unter leichtem Rühren bei Zimmertemperatur möglich (LAKE et al., 1985).

- Bebrütung: 30 °C, 72 h
- Bestätigung: Bei Gasbildung und/oder Trübung Ösenausstrich auf BHI- oder Plate Count Agar (mit aerober und anaerober Bebrütung). Clostridien: grampositive bis gramnegative Stäbchen mit oder ohne Sporen, anaerobe Vermehrung, Katalase-negativ. Unter strikt anaeroben Bedingungen kann auch bei Bazillen (fakultativ anaerob) eine negative Katalasereaktion auftreten (WEENK et al., 1991).

Keimzahlbestimmung

Verfahren: Gußkultur

Medium: Sulfit-Cycloserin-Azid-Agar, SCA-Agar (EISGRUBER und REUTER, 1991) oder DRCM-Agar

Bebrütung: 37 °C, 2–4 Tage, anaerob

Bestätigung: Die schwarzen Kolonien sind verdächtige Clostridien, sie sind jedoch zu bestätigen. Eine Bestätigung ist auch bei den nicht schwarzen Kolonien notwendig. Hier kann es sich auch um Clostridien handeln. Auch einige Bazillen, wie z.B. *Bacillus licheniformis* und *B. pumilus* können nach einer Bebrütungszeit von mehr als 3 Tagen schwarze Kolonien bilden (WEENK et al., 1991). Dies ist auch der Fall bei *Bacteroides* spp. und einigen Arten der Familie Enterobacteriaceae, *Citrobacter freundii, Proteus vulgaris* sowie bei *Kurthia zopfii* (MEAD, 1992).
Zur Bestätigung sind von der höchsten auswertbaren Verdünnung 5 schwarze und 5 helle Kolonien zu isolieren und auf BHI- oder Plate-Count-Agar mit der Öse auszustreichen. Die Bebrütung erfolgt aerob und anaerob 48 h bei 37 °C.

Clostridien

Grampositive bis gramvariable Stäbchen, anaerobe Vermehrung (aerob vereinzelt möglich), Katalase-negativ.

Bazillen

Grampositive bis gramvariable Stäbchen, aerobe und vielfach auch anaerobe Vermehrung. Katalasereaktion bei aerober Vermehrung positiv, bei anaerober Vermehrung vielfach negativ.

Anmerkung

Bei einer Säurebildung (zuckerhaltiges Lebensmittel) kann eine Schwärzung fehlen, da Eisensulfid im sauren Bereich nicht ausfällt. Befinden sich die Petrischalen nach der Bebrütung längere Zeit an der Luft, so verschwindet die Schwärzung durch Oxidation des Eisensulfids.

1.12.2   Nachweis thermophiler Clostridien

Thermophile Clostridien sind *C. thermosaccharolyticum* (= *Thermoanaerobacterium thermosaccharolyticum*) (Bildung von H_2 und CO_2) und *Desulfotomaculum nigrificans* (Bildung von H_2S).

Vorkommen

Gemüse

Bedeutung

Verderb von Gemüse.

Nachweis

Cooked-Meat zum Nachweis von *Thermoanaerobacterium thermosaccharolyticum*, Sulfit-Eisen-Agar für den Nachweis von *Desulfotomaculum nigrificans*. Das beimpfte Cooked-Meat-Medium wird 10 min bei 100 °C erhitzt, abgekühlt, mit Paraffin/Vaseline (1:4) überschichtet und bei 55 °C 3 Tage bebrütet. Für den Nachweis von *D. nigrificans* werden die Röhrchen mit der Verdünnungsflüssigkeit auf 100 °C 10 min erhitzt. Die Untersuchung erfolgt mit einer Großkultur. Das Medium wird anaerob 3 Tage bei 55 °C bebrütet.

1.12.3   Nachweis psychrotropher Clostridien

Psychrotrophe Clostridien, wie *C. laramie,* führten zum Verderb vakuumverpackten Frischfleisches und von Roastbeef (Bildung von Buttersäure und Essigsäure, Proteolyse) bei einer Lagerungstemperatur von +1 ° bis +2 °C (KALCHAYANAND et al., 1993).

Eigenschaften von *C. laramie*

Bewegliche Stäbchen, minimaler pH-Wert 4,5. Vermehrungstemperatur −3 °C bis +21 °C, Optimum 15 °C, keine Vermehrung bei 25 °C in 14 Tagen.

Nachweis

Fluid Thioglycolat Broth (Difco) + 0,1 % Haemin, 0,001 % Vitamin K_1. Bebrütung: 10 °C, 48 h, anaerob

Identifizierung

Bewegliche Stäbchen, Katalase-negativ, keine Vermehrung bei 25 °C in 14 Tagen.

Literatur

1. deJONG, J., Spoilage of an acid food product by Clostridium perfringens, C. barati and C. butyricum, Int. J. Food Microbiol. 8, 121–132, 1989

2. EISGRUBER, H., REUTER, G., SCA – ein Selektivnährmedium zum Nachweis mesophiler sulfitreduzierender Clostridien in Lebensmitteln, speziell für Fleisch und Fleischerzeugnisse, Arch. Lebensmittelhyg. 42, 125–129, 1991

3. KALCHAYANAND, N., RAY, B., FIELD, R.A., Characteristics of psychrotrophic Clostridium laramie causing spoilage of vacuum-packaged refrigerated fresh and roasted beef, J. Food Protection 56, 13–17, 1993

4. LAKE, D.E., GRAVES, R.R., LESNIEWSKI, R.S., ANDERSON, J.E., Post processing spoilage of low-acid canned foods by mesophilic anaerobic sporeformers, J. Food Protection 48, 221–226, 1985

5. MEAD, G., Principles involved in the detection and enumeration of clostridia in foods, Int. J. Food Microbiol. 17, 135–143, 1992

6. WEENK, G.H., FITZMAURICE, E., MOSSEL, D.A.A., Selective enumeration of spores of Clostridium in dried foods, J. appl. Bact. 70, 135–143, 1991

7. WEENK, G.H., van den BRINK, J.A., STRUIJK, C.B., MOSSEL, D.A.A., Modified methods for the enumeration of spores of mesophilic Clostridium species in dried foods, Int. J. Food Microbiol. 27, 185–200, 1995

2   Markerorganismen

J. Baumgart

Mikrobielle Verunreinigungen von Lebensmitteln sind unerwünscht. Um die Bedeutung einer Verunreinigung für den Konsumenten beurteilen zu können, werden Markerorganismen, wie *E. coli*, coliforme Bakterien, Enterobacteriaceen oder Enterokokken bestimmt. Diese Markerorganismen sind entweder Index-Organismen, die eine potentielle Gesundheitsgefährdung anzeigen, oder Indikator-Organismen, die für eine unzureichende Verarbeitungs-, Betriebs- oder Distributions-Hygiene sprechen (SCHMIDT-LORENZ und SPILLMANN, 1988).

Bei Lebensmitteln ist *E. coli* der geeignetste Markerorganismus für eine potentielle Gesundheitsgefährdung. Eine relativ unsichere Anzeige einer Gesundheitsgefährdung ergeben dagegen die Coliformen und Enterobacteriaceen (SCHMIDT-LORENZ und SPILLMANN; 1988). Da heute einfache und schnelle Nachweisverfahren für *E. coli* zur Verfügung stehen, ist auch die Bestimmung der thermophilen bzw. faekalen Coliformen überflüssig geworden (SCHMIDT-LORENZ und SPILLMANN, 1988). Der praktische Wert des Nachweises der coliformen Bakterien liegt in der Indikatorfunktion für Rekontaminationen und unzureichende Betriebshygiene bei der Weiterverarbeitung pasteurisierter Produkte. Dies gilt jedoch nur für Verarbeitungsstufen, in denen keine Mikroorganismenvermehrung stattfinden kann.

Aus der Vielzahl der veröffentlichten Nachweisverfahren wird nur auf einige Methoden eingegangen. Auch ist zu beachten, daß für bestimmte Lebensmittel vorgeschriebene Methoden existieren (z. B. Trinkwasser, Eiprodukte) und für andere Lebensmittel Untersuchungsverfahren nach § 35 LMBG (Lebensmittel- und Bedarfsgegenständegesetz) festgelegt sind.

2.1 Escherichia coli und coliforme Bakterien
(ANDREWS et al., 1995, HITCHINS et al., 1995)

2.1.1 Definition und Taxonomie

Die coliformen Bakterien sind eine heterogene Bakteriengruppe, die nicht durch taxonomische Merkmale definiert ist, sondern durch Nachweisverfahren. Es sind gram-negative, aerobe, fakultativ anaerobe Stäbchen, die Lactose unter Gas- und Säurebildung innerhalb von 48 Stunden bei Temperaturen zwischen 30 ° und 37 °C fermentieren. Zur Gruppe der Coliformen gehören folgende Genera der Familie Enterobacteriaceae: *Escherichia, Enterobacter, Klebsiella* und *Citrobacter.* Coliforme, die bei 44 °C bzw. 45,5 °C Gas aus Lactose bilden, werden auch als Fäkal-Coliforme, thermotrophe Coliforme oder präsumtive *E. coli* bezeichnet. Während der Aussagewert der Coliformen als Indikatororganismen für zahlreiche Lebensmittel umstritten ist, steht der Wert von *Escherichia coli* als Markerorganismus außer Frage.

E. coli ist nicht nur ein Kommensale des Dickdarms (10^5–10^9/g Stuhl), sondern auch einige invasive und toxinbildende Stämme führen zu Durchfallerkrankungen.

Diese enterovirulenten *E. coli* (EEC) werden in verschiedene Subgruppen unterteilt:

Enterotoxinbildende *E. coli* (ETEC)

Enteropathogene *E. coli* (EPEC)

Enterohämorrhagische *E. coli* (EHEC)

Enteroinvasive *E. coli* (EIEC)

Enteroadhärente *E. coli* (EAEC)

Typische Stämme von *E. coli* zeigen einen Abbau von Glucose (mit Gasbildung), Lactose und Mannit, Indolbildung, eine negative Voges-Proskauer-(VP-)Reaktion und fehlende Citratverwertung. Es kommen jedoch auch Stämme vor, die nur schwach Lactose abbauen (verzögerte Spaltung) oder Lactose nicht nutzen. Etwa 94–97 % der *E. coli*-Stämme bilden das Enzym Glucuronidase und spalten die fluorogene Substanz 4-Methylumbelliferyl-ß-D-glucuronid (MUG) (FRAMPTON und RESTAINO, 1993). Mit der Ausnahme einer Studie, bei der 4 % humaner *E. coli* sich als Glucuronidase-negativ erwiesen (CHANG et al., 1989), lag bei allen anderen Untersuchungen der Anteil Glucuronidase-positiver *E. coli* immer oberhalb von 90 % (FRAMPTON und RESTAINO, 1993). Eine fehlende Glucuronidaseaktivität zeigt allerdings *E. coli* O157:H7 (Verotoxinbildner).

Eine positive ß-D-Glucuronidaseaktivität wurde auch bei einzelnen Stämmen und Serovaren anderer Mikroorganismen festgestellt, z.B. bei folgenden Genera und Species (FRAMPTON und RESTAINO, 1993):

- *Salmonella, Shigella, Yersinia*
- *Enterobacter (E.) cloacae, E. aerogenes, E. agglomerans (= Pantoea agglomerans)*
- *Hafnia alvei, Citrobacter* sp.
- *Pseudomonas testosteroni*
- *Flavobacterium multivorum*
- *Staphylococcus (St.) xylosus, St. simulans, St. haemolyticus, St. cohnii, St. warneri*
- Streptokokken, nicht jedoch D-Streptokokken

Escherichia coli ist dagegen das einzige gramnegative Stäbchen unter den Enterobacteriaceen, das auch eine positive Indolreaktion zeigt. Der Indoltest ist deshalb zur Bestätigung von *E. coli* notwendig.

2.1.2 Nachweis

Zahlreiche Nachweisverfahren existieren, konventionelle Methoden und neuere Verfahren unter Einsatz fluorogener Substanzen (MUG) und chromogener Stoffe (X-GAL). Der Laboraufwand ist bei den einzelnen Verfahren unterschiedlich, wie auch die Spezifität und Sensitivität verschieden sind.

Bei allen technologisch verarbeiteten Lebensmitteln (Trocknung, Erhitzung, Säuren, Konservierungsstoffe, Gefrieren usw.) sollten kurzzeitige Vorbebrütungen in nichtselektiven Medien zur Regeneration subletal geschädigter Zellen (Membranschädigungen, Inaktivierung von Enzymen) vor der Überführung in Selektivmedien erfolgen (Resuscitation = Wiederbelebung).

Bei Lebensmitteln, die z. B. nach der Pasteurisation verunreinigt werden und in denen sich Enterobakterien vermehren (z. B. Weichkäse), sind Resuscitations-Maßnahmen dagegen nicht erforderlich (SCHMIDT-LORENZ und SPILLMANN, 1988).

2.1.2.1 Konventionelle Verfahren

A. Nachweis in flüssigen Medien

☐ Coliforme Bakterien

Titer-Verfahren

- Beimpfung von 3 Röhrchen LST-Bouillon + Durham-Röhrchen (jeweils 10 ml) mit 1 g, 0,1 g (1 ml der Verdünnung 10^{-1}) und 0,01 g (1 ml der Verdünnung 10^{-2}) bzw. ml der Probe.

- Bebrütung bei 30 °C für 24 Std (bei negativer Gasbildung nach 24 Std. Bebrütung bis 48 Std.).
- Röhrchen mit Gasbildung sind zu bestätigen durch Überimpfung mit der Öse in LST-Bouillon + Durham-Röhrchen.
- Bei positiver Gasbildung nach 24–48 Std. bei 30 °C gelten coliforme Bakterien als nachgewiesen. Diese Methode hat einen mehr orientierenden Charakter. Titerverfahren ergeben im allgemeinen ungenauere Ergebnisse als Koloniezählverfahren.

☐ *Escherichia coli*

Das Verfahren weist präsumtive (verdächtige) *E. coli* nach, die zu bestätigen sind. Einige Stämme von *E. coli* spalten Lactose langsam oder gar nicht. Sie sind mit diesem Verfahren nicht nachweisbar.

Titerverfahren

- Beimpfung von 3 Röhrchen LST-Bouillon mit Durham-Röhrchen (jeweils 10 ml) mit 1 g, 0,1 g (= 1 ml der Verdünnung 10^{-1}) und 0,01 g (= 1 ml der Verdünnung 10^{-2}) bzw. ml der Probe.
- Bebrütung bei 30 °C für 24 Std. (bei negativer Gasbildung weitere 24 Std.)
- Aus den Röhrchen mit positiver Gasbildung wird eine Öse Bouillon in EC-Bouillon überimpft.
- Bebrütung der EC-Bouillon bei 44 °C 24 Std. (bei negativer Gasbildung weitere 24 Std.)
- Auf jede Bouillon mit Gasbildung werden 3–4 Tropfen Indolreagenz nach KOVACS getropft.
- Positive Röhrchen (Rotfärbung) gelten als präsumtive *E. coli*. Eine Bestätigung kann biochemisch nach Reinzüchtung erfolgen.

B. Nachweis auf festen Medien

☐ **Coliforme Bakterien ohne Resuscitation**

Verfahren: Gußkultur mit VRB-Agar. Nach dem Erstarren des Mediums wird dieses mit ca. 5 ml VRB-Agar überschichtet.

Bebrütung: 30 °C, 24 h

Auswertung: Nach dem Bebrüten werden die typischen dunkelroten Kolonien (0,5 mm und größer) gezählt. Die optimale Anzahl zu zählender Kolonien liegt zwischen 30 und 150.

Bestätigung: Einige typische Kolonien aus der höchsten Verdünnung werden bestätigt durch Überimpfung in LST-Bouillon + Durham-Röhrchen und Prüfung der Gasbildung nach 24 h bei 30 °C, bei negativer Gasbildung nach 48 h.

Beurteilung: Röhrchen mit Gasbildung = coliforme Bakterien

□ **E. coli und coliforme Bakterien ohne Resuscitation**

Verfahren: Nach Gußkultur mit VRB-Agar, Überschichten mit ca. 5 ml VRB-Agar + MUG (100 μg MUG pro ml).

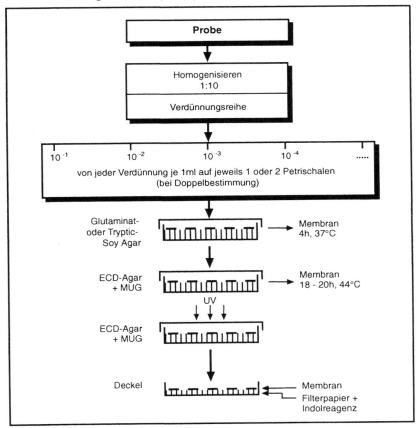

Abb. III.2-1: Direkter Nachweis von *E. coli* mit dem Membranfilter-Verfahren

Bebrütung: 35 °–37 °C, 24 h

Auswertung: Zählung der unter dem UV-Licht (360–366 nm) blau aufleuch-
              tenden Kolonien = verdächtige *E. coli*.

Bestätigung der coliformen Bakterien wie unter B.

Bestätigung von *E. coli* biochemisch nach Reinzüchtung auf Plate Count Agar.

E. coli weist folgende Reaktion auf:

Cytochromoxidase	–
Gas aus Lactose bei 44 °–45,5 °C	+
Indol	+
Methylrot	+
Acetoin	–
Citrat	–

☐ Coliforme Bakterien mit Resuscitation

Verfahren: Gußkultur mit Tryptic Soy Agar oder CASO-Agar (10 ml) und Be-
              brütung bei Raumtemperatur (ca. 22 °C) für 2 h. Danach Über-
              schichten der Platte mit 8–10 ml VRB-Agar.

Bebrütung: 35 °–37 °C, 24 h

Auswertung und Bestätigung wie unter B.

☐ *E. coli* und coliforme Bakterien mit Resuscitation

Verfahren: Gußkultur mit Tryptic Soy Agar oder CASO-Agar (10 ml) und Be-
              brütung bei Raumtemperatur (ca. 22 °C) für 2 h. Danach Über-
              schichten der Platte mit 8–10 ml VRB-Agar + MUG.

Bebrütung: 35 °–37 °C, 24 h

Auswertung: Zählung unter dem UV-Licht (360–366 nm), blau aufleuchtende
              Kolonien = verdächtige *E. coli*. Bestätigung von *E. coli* bioche-
              misch nach Reinzüchtung auf Plate Count Agar.

2.1.2.2 Schnellere Nachweisverfahren

A. *Escherichia coli* und coliforme Bakterien

Verfahren: Titerbestimmung oder MPN-Verfahren

Medium: LMX-Bouillon (Fluorocult LMX-Bouillon)

Bebrütung: 35 °–37 °C, 24–48 h

Auswertung: Farbumschlag nach blaugrün (Gesamtcoliforme), Fluoreszenz positiv und Indol positiv (*E. coli*).

Mit der LMX-Bouillon (Laurylsulfat-Methylumbelliferyl-ß-D-glucuronid-X-GAL-Bouillon) ist ein gleichzeitiger Nachweis der Gesamtcoliformen und *E. coli* möglich. Der simultane Nachweis wird möglich durch das chromogene Substrat 5-Brom-4-Chlor-3-indolyl-ß-D-galactopyronosid (X-GAL), das von Coliformen gespalten wird und einen Farbumschlag der Bouillon nach blaugrün bewirkt (Bromochloroindigo). Das fluorogene Substrat 4-Methylumbelliferyl-ß-D-glucuronid (MUG) wird durch die Glucuronidase von *E. coli* gespalten und in langwelligem UV-Licht sichtbar gemacht. Der Gehalt an Tryptophan ermöglicht die zusätzliche Bestätigung von *E. coli* durch die Indolreaktion. Auf einen Zusatz von Gärröhrchen und den Nachweis der Gasbildung wird verzichtet. Praktikabel ist auch der Zusatz von Blättchen zur Laurylsulfat-Trypton-Bouillon (LST), die mit MUG und X-Gal beschichtet sind (ColiComplete® Discs, Fa. Bicontrol). Auch bei dieser Methode können coliforme Bakterien in maximal zwei Tagen und *E. coli* in 30 ± 2 Stunden in allen Lebensmitteln nachgewiesen werden (FELDSINE et al., 1994).

B. Gleichzeitiger Nachweis von Gesamtcoliformen und *E. coli*

Durch einen Zusatz von chromogenen bzw. chromogenen und fluorogenen Substanzen sowie durch den Nachweis der ß-D-Galactosidase (positiv bei coliformen Bakterien) und der ß-D-Glucoronidase (positiv bei *E. coli*) auf dem Selektivmedium wird ein gleichzeitiger Nachweis von coliformen Bakterien und *E. coli* möglich (JERMINI et al., 1994).

Nachweis

Medium: Chromocult® Coliformen Agar (Merck) oder C-EC Agar (Biolife) oder COLI ID (bioMerieux) oder CHROMagar® ECC (Mast Diagnostica)

Verfahren: Spatelverfahren, Großkultur oder Membranfilterverfahren

Bebrütung: 37 °C 24–48 Std. (bessere Auswertung nach 48 Std.)

C. Direkter Nachweis von *Escherichia coli* mit dem Membranfilter-Verfahren (Abb. III.2–1)

Das von ANDERSON und BAIRD-PARKER (1975) und HOLBROOK et al. (1980) entwickelte Membranfilter-Verfahren für den direkten Nachweis von *E. coli* hat sich in seiner modifizierten Form bewährt, bei der die Membran auf ein Medium + MUG gelegt und die Probe ausgespatelt wird.

Der Wiederbelebungsschritt – Auflegen der Membran auf Glutaminat- oder Tryptic-Soy-Agar für 4 h – ist nur notwendig, wenn die zu untersuchenden Proben erhitzt, getrocknet, chemisch konserviert oder tiefgefroren sind. Das Verfahren dient nicht dem Nachweis pathogener Arten. Stämme von *E. coli*, die sich bei 44 °C nicht vermehren, wie z.B. *E. coli* O157:H7, werden nicht erfaßt.

Verfahren

– 1 ml des Lebensmittels oder der Verdünnungen wird auf einer Celluloseacetat- oder Cellulosenitrat-Membran (Durchmesser 85 mm, Porengröße 0,45 μm), die auf einem gut vorgetrockneten Glutaminat-Agar oder Tryptic-Soy-Agar liegt, mit dem Spatel gleichmäßig verteilt (Membran mit der sterilen Pinzette so auflegen, daß keine Luftblasen entstehen). Ein schmaler Rand von etwa 0,5 cm sollte beim Spateln ausgelassen werden.

– Nach Aufnahme der Flüssigkeit (etwa 15 min bei Zimmertemperatur) werden die Platten bei 37 °C 4 h mit dem Deckel nach oben bebrütet.

– Nach der 4stündigen Bebrütung wird die Membran mit der sterilen Pinzette auf ECD-Agar + MUG (Fluorocult-ECD-Agar) übertragen. Dabei ist darauf zu achten, daß zwischen Nährbodenfläche und Filter keine Luftblasen entstehen.

– Die ECD-Platten werden bei 44 °C für 18–24 h bebrütet.

– Unter der UV-Lampe wird die Fluoreszenz bei einer Wellenlänge von 360 nm geprüft. Fluoreszierende Kolonien werden auf dem Deckel mit einem Farbstift markiert.

– Nach dem Auszählen der Kolonien wird auf jede fluoreszierende Kolonie ein Tropfen Indolreagenz nach VRACKO und SHERRIS (1963) aufgetropft. Bei diesem Verfahren können die Kolonien jedoch abschwemmen, so daß es besser ist, die Membran auf eine mit Indolreagenz getränkte Kartonscheibe oder ein Filterpapier zu legen. Indolbildung wird spätestens nach 5 min durch Rosafärbung der Kolonie angezeigt.

Da durch das Indol-Reagenz die Mikroorganismen abgetötet werden und Bestätigungsreaktionen so nicht mehr möglich sind, können auch Prüfkolonien (bis 5 pro Verdünnung) in Mikrotiterplatten auf Indolbildung geprüft werden.

Entsprechend der Anzahl der Prüfkolonien werden die Plattenvertiefungen mit Tryptophan-Bouillon beschickt und mit der Kolonie beimpft. Nach einer Bebrütung bei 37 °C für 4 h erfolgt nach Zugabe des Reagenz nach VRACKO und SHERRIS die Ablesung. Rotfärbung innerhalb von 2–10 sec zeigt Indolbildung an.

Auswertung

Alle Kolonien, die blau fluoreszieren und im Indoltest positiv sind, werden als *E. coli* ausgezählt. Besondere Bestätigungsreaktionen sind in der Regel nicht notwendig. Zu beachten ist jedoch, daß gerade bei Frischfleisch Indol-positive *Klebsiella oxytoca* und *Providencia*-Arten vorkommen.

Auf folgende Fehlermöglichkeiten des „MUG-Testes" ist zu achten:

– Autofluoreszenz bestimmter Glassorten. Die Reagenzgläser sind vorher zu prüfen oder müssen bei vorhandener Fluoreszenz in einer 5%igen Nitratlösung gekocht werden (ANDREWS et al., 1987).

– Endogene Glucuronidasen bei bestimmten Lebensmitteln, wie Schalentieren (z.B. Austern, Muscheln, Krabben).

– Der pH-Wert in den Medien mit MUG darf nicht unter 5,0 liegen. Darauf ist besonders bei Bouillonkulturen zu achten, die bei einer Säurebildung zu alkalisieren sind.

Die Auswertung der Fluoreszenz sollte im Dunkeln erfolgen. Als Lichtquelle reicht eine 6-Watt-Lampe. Bei stärkeren Lampen (15 Watt) müssen Schutzgläser verwendet werden.

2.1.2.3 Weitere Nachweisverfahren

– Petrifilm-Verfahren: Diese Methode ist als Routineverfahren geeignet (BREDIE und DE BOER, 1992).

– Impedanz-Verfahren: In Kombination mit MUG können 100 *E. coli*/g in ca. 7–8 h nachgewiesen werden (BAUMGART, 1993).

Empfehlungen

Als Nachweisverfahren in der Routine werden empfohlen:

– Coliforme Bakterien und *E. coli*, Keimzahlen unter 100/g oder ml: Titerbestimmung oder MPN-Verfahren mit Fluorocult LMX-Bouillon (siehe unter „Schnellere Nachweisverfahren").

– Coliforme Bakterien und *E. coli*, Keimzahlen über 100/g oder ml: Spatelverfahren, Chromocult® Coliformen Agar, C-EC Agar oder COLI ID o.a. (siehe unter „Schnellere Nachweisverfahren").

– *E. coli:* Membranfilter-Verfahren (siehe unter „Schnellere Nachweisverfahren").

Literatur

1. ANDERSON, J.M., BAIRD-PARKER, A.C., A rapid direct plate method for enumerating Escherichia coli Biotype I in food, J. appl. Bact. 39, 111–117, 1975

2. ANDREWS, W.H., WILSON, C.R., POELMA, P.L., Glucuronidase assay in a rapid MPN determination for recovery of Escherichia coli from selected foods, J. Assoc. Off. Anal. Chem. 70, 31–34, 1987

3.   ANDREWS, K. et al., Manual of microbiological methods for the food and drinks industry, Technical manual No. 43, 1995, Campden & Chorleywood Food Research Association, Chipping Campden Gloucestershire GL55 6LD UK

4.   BAUMGART, J., Lebensmittelüberwachung und -qualitätssicherung, Mikrobiologisch-hygienische Schnellverfahren, Fleischw. 73, 392–396, 1993

5.   BLOOD, R.M., CURTIS, G.D.W., Media fo „total" Enterobacteriaceae, coliforms and Escherichia coli, Int. J. Food Microbiol. 26, 93–115, 1995

6.   BREDIE, W.L.P., deBOER, E., Evaluation of the MPN, Anderson-Baird-Parker, Petrifilm E. coli and fluorocult ECD method for enumeration of Escherichia coli in foods of animal origin, Int. J. Food Microbiol. 16, 197–208, 1992

7.   FELDSINE, Ph.T., FALBO-NELSON, M.T., HUSTEAD, D.L., ColiComplete® substrate-supporting disc method for confirmed detection of total coliforms and Escherichia coli in all foods: comparative study, J. AOAC International 77, 58–63, 1994

8.   FRAMPTON, E.W., RESTAINO, L., Methods for Escherichia coli identification in food, water and clinical samples based on beta-glucuronidase detection, A review, J. appl. Bact. 74, 223–233, 1993

9.   HITCHINS, S., FENG, P., WATKINS, W.D., RIPPEY, S.R., CHANDLER; L.A., Escherichia coli and the coliform bacteria, in: Bacteriological Analytical Manual, Food and Drug Administration, 8th ed., AOAC International, 481 North Frederick Avenue, Suite 500, Gaithersburg, MD 20877, USA, 4.01–4.29, 1995

10. HOLBROOK, R., ANDERSON, J. M., BAIRD-PARKER, A.C., Modified direct plate method for counting Escherichia coli in food, Food Technology in Australia 32, 78–83, 1980

11. JERMINI, M., DOMENICONI, F., JÄGGLI, M., Evaluation of C-EC-Agar, a modified mFC-agar for the simultaneus enumeration of faecal colifoms and Escherichia coli in water samples, Letters Appl. Microbiol. 19, 332–335, 1994

12. SCHMIDT-LORENZ, W., SPILLMANN, H., Kritische Überlegungen zum Aussagewert von E. coli, Coliformen und Enterobacteriaceen in Lebensmitteln, Arch. Lebensmittelhyg. 39, 3–15, 1988

13. VRACKO, R., SHERRIS, J.C., Indole spot test in bacteriology, Am. J. Clin. Pathol. 39, 429–432, 1963

2.2 Enterobacteriaceen

(HOLT et al., 1994)

Die Species der Familie Enterobacteriaceae sind gramnegative, Oxidase-negative Stäbchen; sie fermentieren Glucose und reduzieren Nitrat zu Nitrit.

Zur Familie Enterobacteriaceae gehören zahlreiche Genera (HOLT et al., 1994): *Citrobacter, Edwardsiella, Enterobacter, Erwinia, Escherichia, Hafnia, Klebsiella, Kluyvera, Morganella, Obesumbacterium, Pantoea, Proteus, Providencia, Salmonella, Serratia, Shigella, Yersinia.*

Der Nachweis der Enterobacteriaceen ist insbesondere deswegen bedeutend, da durch ihn auch Stämme von *E. coli* nachgewiesen werden, die zur Lebensmittelvergiftung führen, aber sehr langsam Lactose fermentieren. Beim Nachweis der Enterobacteriaceen können sie durch die schnelle Fermentation der Glucose erkannt werden. Da *E. coli* weniger resistent ist gegenüber Behandlungsverfahren als einige pathogene Enterobacteriaceen (Bestrahlung, milde Erhitzung, Gefrieren, Trocknen), ist der Nachweis der Enterobacteriaceen auch aus diesem Grunde wichtig und ein Indikator für eine unzureichende Behandlung. Die Bestimmung der Gesamt-Enterobacteriaceen ist für sehr viele Lebensmittel besonders im Hinblick auf ihre Indikatorfunktion weit besser geeignet als der Coliformen-Nachweis (SCHMIDT-LORENZ und SPILLMANN, 1988).

Keimzahlbestimmung

Unter den nachzuweisenden Enterobacteriaceen sind Mikroorganismen zu verstehen, die Glucose fermentieren und eine negative Oxidase-Reaktion zeigen.

Medium: Kristallviolett-Neutralrot-Galle-Dextrose-Agar (VRBD-Agar)

Methode: Gußkultur, Spatel- oder Tropfplatten-Verfahren

Gußkultur

Je 1 ml der Probe oder der entsprechenden dezimalen Verdünnungen in Petrischalen geben und mit 15 ml auf 45 °C abgekühltem VRBD-Agar vermischen und nach dem Erstarren des Agars mit gleichem Medium überschichten (Overlay).

Bebrütung: 24 h bei 37 °C
Zur Erfassung der psychrotrophen Enterobacteriaceen, besonders in Fleisch- und Fleischerzeugnissen, Geflügel, Fisch und Milch, ist eine Bebrütungstemperatur von 30 °C und eine Bebrütungszeit von 48 h zu bevorzugen.

Auswertung: Enterobacteriaceen bilden dunkelrote bis rotviolette oder rosa-farbene Kolonien. Kolonien von weniger als 0,5 mm (Bebrü-tungszeit 24–30 h) oder unter 1 mm (Bebrütungszeit 48 h) sowie Pinpoint-Kolonien sind gewöhnlich keine Enterobacteriaceen. Sie werden nicht berücksichtigt. In Zweifelsfällen (mögliche Ver-mehrung von *Pseudomonas* spp., *Aeromonas* spp., Hefen) ist eine Bestätigung notwendig. Diese Bestätigung ist in jedem Fall vorzunehmen, wenn die ermittelte Koloniezahl zu einer Bean-standung der betreffenden Probe führen würde.

Bestätigung: Mindestens 10 verdächtige Kolonien (verschiedene Erschei-nungsformen sind anteilmäßig zu berücksichtigen) werden auf Tryptic-Soy-Agar ausgestrichen und 24 h bei 30 °C bebrütet. Von der reinen Kolonie erfolgt der Oxidase-Test und der Nach-weis der Glucosefermentation (OF-Test).
Der Oxidase-Test ist unzuverlässig, wenn er direkt auf den VRBD-Platten oder direkt mit Material von Kolonien, die auf VRBD-Agar gewachsen sind, ausgeführt wird. Verwendet wer-den können Oxidase-Teststreifen. Die Prüfkolonie sollte mit einem Glasstab oder einer Plastiköse und nicht mit einer Öse aus Chrom-Nickel aufgerieben werden.

Spatel- oder Tropfplattenverfahren

Medium: VRBD-Agar

Bebrütung: 24 h bei 37 °C, zur Erfassung psychrotropher Enterobacteria-ceen 48 h bei 30 °C.

Auswertung: Nach Ablauf der Bebrütung wird die Anzahl der roten Kolonien mit Präzipitationshöfen bestimmt. Es können auch Enterobac-teriaceen-Kolonien vorkommen, die rosa sind und/oder keine Präzipitationshöfe aufweisen. Auch diese sind mitzuzählen. Bei anaerober Bebrütung vermehren sich fast ausschließlich Enterobacteriaceen. Sollten Pseudomonaden auftreten, sind diese Kolonien kleiner als die Enterobacteriaceen (Durchmesser unter 1 mm).

Zur Abgrenzung gegen andere Organismen, besonders *Pseudomonas*- und *Aeromonas*-Arten, kann eine repräsentative Anzahl der ausgezählten Kolonien bestätigt werden (Oxidase-Test). Diese Bestätigung ist in jedem Fall dann vor-zunehmen, wenn die ermittelte Koloniezahl zu einer Beanstandung der betref-fenden Probe führen würde. Bestätigung: Mindestens 10 verdächtige Kolonien (verschiedene Erscheinungsformen sind anteilmäßig zu berücksichtigen) werden auf Tryptic-Soy- oder CASO-Agar ausgestrichen und 24 h bei 30 °C bebrütet. Von der reinen Kolonie erfolgt der Oxidase-Test und der Nachweis der Glucose-fermentation (OF-Testnährboden + 1 % Glucose). Der Oxidase-Test ist unzuverlässig, wenn er direkt auf den VRBD-Platten oder mit Material von Kolonien der VRBD-Platten ausgeführt wird.

Anreicherungsverfahren (Presence-Absence-Test)

– 1 g Material zu 10 ml (Verhältnis 1:10) Voranreicherung (gepuffertes Pepton-wasser), Bebrütung bei 37 °C für 16–20 h.

– 1 ml der Voranreicherung zu 10 ml Anreicherung (EE-Bouillon), Bebrütung bei 37 °C für 18–24 h.

– Ösenausstrich auf VRBD-Agar, Bebrütung bei 37 °C für 24 h.

– Auswertung: 5 typische (rot mit Hof) oder untypische Kolonien werden auf Nähragar ausgestrichen, bei 37 °C 24 h bebrütet und bestätigt. Als Enterobacteriaceen gelten alle Kolonien, die Oxidase-negativ sind und aus Glucose Säure und Gas bilden (Fermentation). Die Glucosefermentation wird im Röhrchen (Glucose-Agar) geprüft, Bebrütung bei 37 °C.

Alternative Verfahren

Petrifilm™ Enterobacteriaceae-Count-Platte

Literatur

1. HOLT, J.G., KRIEG, N.R., SNEATH, P.H.A., STALEY, J.T., WILLIAMS, S.T., Bergey's Manual of Determinative Bacterioloy, 9th. ed., Williams & Wilkins, Baltimore, 1994

2. SCHMIDT-LORENZ, W., SPILLMANN, H., Kritische Überlegungen zum Aussagewert von E. coli, Coliformen und Enterobacteriaceen in Lebensmitteln, Arch. Lebensmittelhyg. 39, 3–15, 1988

2.3   Enterokokken

(REUTER, 1985, DEVRIESE et al., 1993, ANDREWS et al., 1995)

Von den Streptokokken der serologischen Gruppe D sind als Lebensmittelkeime allein die Enterokokken *Enterococcus faecalis* und *Enterococcus faecium* von Bedeutung.

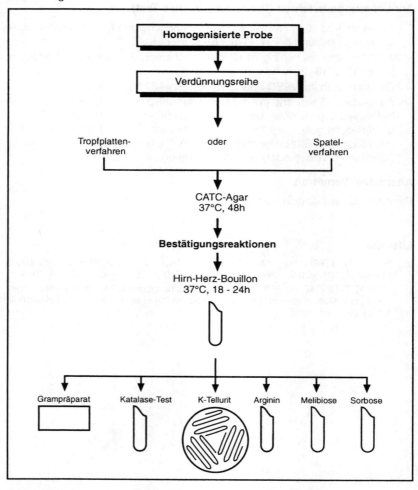

Abb. III.2-2:   Nachweis von Enterokokken

Die Enterokokken kommen im Darmkanal von Mensch und Tier vor. Auch in zahlreichen Lebensmitteln, insbesondere fermentierten wie Sauermilchkäse, Rohwürsten, Pökelwaren, gehören die Enterokokken zur Normalflora und sind hier kein Zeichen einer faekalen Verunreinigung. Aus diesem Grunde soll auch die häufig noch benutzte Bezeichnung „faekale Streptokokken" vermieden werden. Da die Enterokokken gegenüber Gefriertemperaturen resistenter sind als *E. coli*, werden sie in solchen Produkten dennoch häufig als „Faekalindikatoren" gewertet.

Nachweis

Methode: Spatel- oder Tropfplattenverfahren

Medium: m-Enterococcus-Agar, KF-Streptococcus-Agar, CATC-Agar oder Kanamycin-Äsculin-Azid-Agar

Bebrütung: 37 °C für 48–72 h

Auswertung: Ausgezählt werden rote und rosafarbene Kolonien bzw. auf dem Kanamycin-Äsculin-Azid-Agar schwarze Kolonien.

Bestätigung: 5 bis 10 typische Kolonien von der höchsten auswertbaren Verdünnung werden isoliert, in Hirn-Herz-Bouillon geimpft und bei 37 °C für 18–24 h bebrütet; von der Bouillon wird ein Grampräparat angefertigt (grampositive runde bis ovale Zellen in Paaren oder kurzen Ketten); 3 ml der gut bewachsenen Bouillonkultur werden in ein leeres Röhrchen überführt und mit 0,5 ml H_2O_2 (3%ig) gemischt. Enterokokken sind Katalase-negativ, es zeigt sich kein Gasbläschen.

Tab. III.2-1:   Typische biochemische Merkmale von Enterokokken

Merkmale	*E. faecalis*	*E. faecium*
Reduktion von Kaliumtellurit	+	v
Reduktion von Tetrazoliumchlorid	+	v
Ammoniak aus Arginin	+	+
Säure aus Melibiose	–	+
Sorbose	–	+

Erklärungen
v = unterschiedliche Reaktion (+ oder –)
Reduktion von Tetrazoliumchlorid zu Formazan (Kolonien z. B. auf m-Enterococcus-Agar oder CATC-Agar rot bzw. rosafarben)

Literatur

1. ANDREWS, K. et al.: Manual of microbiological methods for the food and drinks in-
    dustry, 2nd ed. Campden & Chorleywood Food Research Assoc., Chipping Camp-
    den, Gloucestershire GL55 6LD UK, 1995
2. DEVRIESE, L.A., POT, B., COLLINS, M.D.: Phenotypic identification of the genus En-
    terococcus and differentiation of phylogenetically distinct enterococcal species and
    species groups, A. review, J. Appl. Bact. 75, 399-408, 1993
3. REUTER, G.: Selective media for group D streptococci, Int. J. Food Microbiol. 2, 103-
    114, 1985

3 Nachweis von pathogenen und toxinogenen Mikroorganismen

J. Baumgart, J. Bockemühl, A. Lehmacher

Mikrobiell bedingte Erkrankungen durch Lebensmittel und Übertragung von Infektionskrankheiten durch das Lebensmittel, umgangssprachlich als Lebensmittelvergiftung bezeichnet, stellen auch in Europa ein Problem dar. Nach den Infektionen der Atemwege werden sie als zweitwichtigste Krankheitsursache angesehen.

Zahlreiche Mikroorganismen bzw. deren Stoffwechselprodukte können zur Erkrankung führen. Nur wenige von ihnen spielen jedoch eine besondere Rolle, wie z.B. die Salmonellen, *Staphylococcus aureus, Clostridium perfringens, Bacillus cereus, Clostridium botulinum,* enterovirulente *Escherichia coli, Campylobacter jejuni* und *Listeria monocytogenes.* Andere wie *Yersinia enterocolitica,* toxinbildende Stämme von *Citrobacter freundii, Plesiomonas shigelloides, Aeromonas hydrophila, Pseudomonas aeruginosa,* Vibrionen, *Enterococcus faecalis* und *Enterococcus faecium* kommen nur gelegentlich vor. Einige von ihnen sind als Ursache von Erkrankungen noch umstritten.

Die pathogenen und toxinogenen Mikroorganismen werden nach taxonomischen Gesichtspunkten aufgeführt.

3.1   Gramnegative Bakterien

3.1.1   Salmonellen   *J. Baumgart*
(BOCKEMÜHL, 1992, ADAMS und MOSS, 1995, GLEDEL und CORBION, 1995, MOSSEL et al., 1995, ICMSF, 1996, JAY et al., 1997, KRÄMER, 1997, ANDREWS et al., 1998)

Die Gruppe der Salmonellen umfaßt mehr als 2300 Serovare (POPOFF et al., 1992). Dabei gliedert sich die Gattung *Salmonella* in lediglich zwei Arten, *S. enterica* und *S. bongori*, sowie in mehrere Subspecies oder Unterarten (*enterica, salamae, arizonae, diarizonae, houtenae, indica*) auf.

Die korrekte Bezeichnung der Serovar *typhimurium* müßte heißen: *S. enterica* subsp. *enterica* Serovar *typhimurium*. Da derartige Bezeichnungen in der Praxis mißverständlich sein können, werden die Stämme der Subspecies *enterica* wie bisher üblich benannt, jedoch mit großen Anfangsbuchstaben und nicht kursiv, z.B. Salmonella Typhimurium (LE MINOR und POPOFF, 1987). Stämme der übrigen Subspecies werden mit der Kurzbezeichnung und der Antigenformel angegeben, z.B. *Salmonella* IIIb 53:r:z23 (BOCKEMÜHL und SEELIGER, 1985).

Die Angabe 53 (Beispiel: *Salmonella* IIIb 53:r:z23) kennzeichnet das O-Antigen, die Bezeichnung r und z zwei Phasen des H-Antigens. Beide Antigene werden durch Objektträger-Agglutination mittels Antiseren nachgewiesen. Die Einteilung der Serovare erfolgt nach dem Antigenschema von KAUFFMANN-WHITE.

Tab. III.3-1:   Klassifikation des Genus *Salmonella* (POPOFF et al., 1992)

Taxon	Vorgeschlagene Bezeichnung
Genus	*Salmonella*
Species	*S. enterica*
Subspecies	*S. enterica* subsp. *enterica* *S. enterica* subsp. *salamae* *S. enterica* subsp. *arizonae* *S. enterica* subsp. *diarizonae* *S. enterica* subsp. *houtenae* *S. enterica* subsp. *indica*
Species	*S. bongori*

Eigenschaften
(D'AOUST, 1997)

Gramnegative Stäbchen, fakultativ anaerob, Katalase-positiv, Oxidase-negativ

Vermehrungstemperatur

Optimum	35 °–45 °C
Maximum	46,2 °C
Minimum	5,2 °C, 7 °C (in Lebensmitteln)

Minimaler pH-Wert (unter sonst optimalen Bedingungen)

Zitronensäure	4,1
Milchsäure	4,4
Essigsäure	5,4

Minimaler a_w-Wert   0,94

Hitzeresistenz

$D_{60\,°C} = 31,3$ sec, $z = 3,3$ °C (S. Enteritidis PT 8, Vollei)

$D_{65,5\,°C} = 3,2$ min, $z = 7,7$ °C (S. Typhimurium, Schokoladensirup, a_w-Wert $= 0,83$)

Erkrankungen

Eine besondere epidemiologische Bedeutung besitzen gegenwärtig die *Salmonella* (S.) Serovare S. Enteritidis und S. Typhimurium. Diese und andere enteritischen Salmonellen (bes. S. Agona, S. Saitpaul, S. Manhatten, S. Ohio, S. Infantis) führen zur sog. „Lebensmittelvergiftung", einer akuten Gastroenteritis (Magen-Darmentzündung), die gekennzeichnet ist durch Unwohlsein, Durchfall, gelegentlich Erbrechen, häufig auch durch Fieber. Die Inkubationszeit beträgt 12–36 h (extrem 7–72 h). Neben den enteritischen Salmonellen werden auch S. Thyphi und S. Paratyphi in der Regel durch Wasser und Lebensmittel übertragen. Daß Paratyphusausbrüche in Industrieländern epidemiologische Bedeutung erlangen können, zeigt eine durch Räucherfisch in Deutschland aufgetretene „Lebensmittelvergiftung" (KÜHN et al., 1994a).

Minimale infektiöse Dosis

Im Regelfall liegt die krankheitsauslösende Dosis oberhalb von 10^5. Bei Kindern, älteren Personen, Immungeschwächten liegen die Zahlen mit 10^2 (GRANUM et al., 1995) deutlich darunter. Bei den 1993 in der Bundesrepublik durch den Verzehr von Paprikachips ausgelösten Erkrankungsfällen (ca. 1000 Infektionen) lag die Infektionsdosis bei einem angenommenen Verzehr von 100 g des Produktes zwischen 4 und 45 Salmonellen (pers. Mitt. BOCKEMÜHL, 1995). Dabei ist jedoch nicht auszuschließen und bisher unbewiesen, daß möglicherweise geschädigte und infektiöse, aber nicht anzüchtbare Salmonellen (VBNC = „Viable but non-culturable") nicht nachgewiesen werden konnten (TURPIN et al., 1993).

Pathogenitätsfaktoren von enteritischen Salmonellen

Gastroenteritische Salmonellen verfügen über eine Vielzahl sog. Pathogenitätsfaktoren. Für die Ansiedlung im Darm (Dünndarm, Ileum, Colon) scheint ein „Heat-shock-Protein" und Adhäsin verantwortlich zu sein, für das Eindringen der Bakterien in die Darmschleimhaut sind es bakterielle Invasine. Ob die Salmonellen ein Enterotoxin bilden, ist bisher nicht eindeutig bewiesen (LOOS und WASSENAAR, 1994).

Lebensmittel, die zur Erkrankung führten

Fleischerzeugnisse, Eier und Eiprodukte, Milch und Milcherzeugnisse, Fischprodukte, Schalentiere, Speiseeis, Salate, Soßen, Fertiggerichte, Trockensuppen, Konditoreiwaren, Kindernahrung u. a.

Besonders zugenommen haben in den letzten Jahren Infektionen durch S. Enteritidis und S. Typhimurium DT 104 (Lysotyp DT = Definite Type).

Nachweis

(ANDREWS, K. et al., 1995, MOSSEL et al., 1995, JAY et al., 1997, ANDREWS, W.H. et al., 1998)

Alle Salmonellen gelten als potentiell pathogen, so daß eine Keimzahlbestimmung entfällt.

Kultureller Nachweis, Isolierung und Identifizierung

– Nicht selektive Anreicherung = Voranreicherung

– Selektive Anreicherung

– Ösenausstrich auf Selektivmedien

– Serologische Identifizierung durch Agglutination mit Antiseren

– Biochemische Identifizierung verdächtiger Kolonien

Die biochemische Identifizierung salmonellenverdächtiger Kolonien kann der serologischen Identifizierung vorangestellt werden.

Probenahme

Bei inhomogenem Material ist von einer repräsentativen Probe von mindestens 200 g auszugehen. Die Probe wird homogenisiert.

Voranreicherung

Von der Probe werden i.d.R. 25 g mit 225 ml (Verhältnis 1:10) gepuffertem Peptonwasser (= Peptonwasser, gepuffert) im Stomacher oder durch Schütteln gut

vermischt. Das gepufferte Peptonwasser sollte auf 37 °C, bei gekühlten und tiefgefrorenen Produkten auf 42 °C vorgewärmt sein. Die Bebrütung erfolgt bei
37 °C für 16–20 h. Der pH-Wert darf während der Bebrütung nicht auf < 4,5 ab-
fallen.

Die Untersuchung größerer Probemengen oder das Zusammenfassen mehrerer Einzelproben zu einer Gesamtprobe ist in besonderen Fällen notwendig (z. B.
250 g Probe + 2,25 l Voranreicherung).

Spezielle Voranreicherungen
(AMAGUAÑA et al., 1998, ANDREWS, W.H. et al., 1998)

Trockeneiprodukte, Milch, Feinbackwaren (frisch und tiefgefroren), trockene
Kindernährmittel
Die tiefgefrorenen Produkte bei 40 °C innerhalb von ca. 15 min oder bei 5 °C in
18 h auftauen. 25 g des Produktes steril in einem Erlenmeyerkolben einwiegen
und 225 ml sterile Lactose-Bouillon zugeben, lösen bzw. suspendieren. Den Ansatz 60 min bei Raumtemperatur stehenlassen, mischen und den pH-Wert mit
Indikatorpapier kontrollieren. Falls notwendig, ist der pH-Wert auf 6,8 ±0,2 mit
steriler 1 mol/l⁻¹ NaOH oder 1 mol/l⁻¹ HCl einzustellen. Die Bebrütung erfolgt bei
37 °C für 18–20 h.

Flüssigei
25 g Produkt werden in einem 500 ml Erlenmeyerkolben mit 225 ml Tryptic Soy
Broth (TSB) oder gepuffertem Peptonwasser (siehe unter Eiprodukte) vermischt
und bei 37 °C 18–20 h bebrütet.

Rohmilch
Gepuffertes Peptonwasser

Magermilchpulver
25 g Pulver mit 225 ml Brillantgrünwasser (auf 1 000 ml A. dest. 2 ml einer
1%igen Brillantgrünlösung) vermischen, 60 min bei Zimmertemperatur stehenlassen und danach bei 37 °C 24 h bebrüten. Vielfach werden mindestens 375 g
Milchpulver untersucht (JAY, 1997).

Nudeln (Eiware), Käse, Feinkostsalate, Trockenfrüchte, Gemüse, Nußerzeug-
nisse, Shrimps, Garnelen, Fischprodukte
25 g Produkt mit 225 ml Lactose-Bouillon in einem 500 ml Kolben vermischen,
möglichst homogenisieren. Die Suspension bleibt 60 min bei Zimmertemperatur
stehen. Nach gutem Vermischen wird der pH-Wert mit Indikatorpapier kontrolliert. Der pH-Wert sollte bei 6,8 ±0,2 liegen. Bebrütung bei 37 °C für 24 h.

Gewürze (Pfeffer, Sellerie, Chili, Paprika, Rosmarin, Sesamsaat, Thymian) und Gemüseflocken
25 g in einem Kolben einwiegen und mit 225 ml Tryptic Soy Broth (TSB) vermischen. Die Suspension 60 min bei Zimmertemperatur stehenlassen, vermischen und den pH-Wert mit Indikatorpapier kontrollieren bzw. einstellen. Der pH-Wert sollte 6,8 ± 0,2 betragen. Bebrütung bei 37 °C für 24 h.

Gewürze (Zwiebeln und Knoblauch)
25 g in einem Kolben mit 225 ml Tryptic Soy Broth + 0,5 % Kaliumsulfit (K_2SO_3) vermischen und bei Zimmertemperatur 60 min stehenlassen. Nach Durchmischung der Probe wird der pH-Wert kontrolliert (pH 6,8 ± 0,2). Die Bebrütung erfolgt bei 37 °C für 24 h. Das Kaliumsulfit wird mit der Tryptic Soy Broth autoklaviert (15 min bei 121 °C).

Bewährt hat sich auch der Zusatz von Natriumpyruvat (10 mg/ml) und Ferrioxamin E (75 mg/ml) zum gepufferten Peptonwasser (SCHMOLL et al., 1996) und ein Verdünnungsverhältnis von 1:100.

Gewürze (Piment, Zimt, Gewürznelke, Oregano)
Da die hemmenden Substanzen in diesen Gewürzen nicht bekannt sind, sollten Piment, Zimt und Oregano im Verhältnis 1:100 (Probe/Tryptic Soy Broth) und Nelke im Verhältnis 1:1000 vermischt werden. Die weitere Untersuchung erfolgt wie beim Pfeffer.

Süßwaren, Schokolade, Kakao
25 g Produkt werden mit 225 ml steriler fettarmer H-Milch homogenisiert. Die Suspension wird in einen 500 ml Kolben überführt und bleibt bei Zimmertemperatur 60 min stehen. Nach sorgfältigem Durchmischen wird der pH-Wert gemessen. Er sollte 6,8 ± 0,2 betragen. Der Suspension wird 0,45 ml einer 1%igen wäßrigen Brillantgrünlösung zugesetzt. Nach einer Vermischung der Lösung in der Suspension wird die Voranreicherung bei 37 °C 24 h bebrütet.

Gelatine
25 g Produkt + 225 ml Lactose-Bouillon (500 ml Kolben) + 5 ml einer 5%igen wässerigen Gelatinaselösung. Die Voranreicherung bleibt zunächst 60 min bei Zimmertemperatur stehen. Nach einer sorgfältigen Durchmischung wird der pH-Wert kontrolliert (pH 6,8 ± 0,2). Die Bebrütung erfolgt bei 37 °C für 24 h. Empfehlenswert ist auch die Zugabe einer 0,1%igen Papain-Lösung (AMAGUAÑA et al., 1998)

Guar
225 ml Lactose-Bouillon und 2,25 ml einer 1%igen wäßrigen Cellulase-Lösung (1 g Cellulase in 99 ml A. dest. lösen und steril filtrieren, Membranfiltration, Porengröße 0,45 μm) werden in einem sterilen 500 ml Kolben auf dem Magnetrührer vermischt. Der Mischung werden langsam 25 g Guar zugegeben. Die

Mischung bleibt bei Zimmertemperatur 60 min stehen und wird danach bei 37 °C 24 h bebrütet.

Anreicherung

Von der Voranreicherung (vorsichtig schütteln!) wird 0,1 ml zu 10 ml Rappaport-Vassiliadis-Anreicherungsbouillon (RV-Bouillon) pipettiert (Verhältnis 1:100). Die RV-Bouillon sollte auf 42 °C vorgewärmt sein. Die Bebrütung erfolgt bei 41,5 °C ±1 °C für 24–48 h. Auch die Peptonart der RV-Bouillon hat einen Einfluß auf die Vermehrung. Besonders geeignet ist eine Bouillon, die Sojapepton enthält, z. B. RVS-Bouillon Oxoid CM 866 (MAIJALA et al., 1992) oder RVS-Bouillon, Merck. Die Nachweissicherheit wird durch eine zweite Anreicherung erhöht. In diesem Fall werden 10 ml der Voranreicherung zu 100 ml einer auf 37 °C vorgewärmten Selenit-Cystin-Anreicherungsbouillon pipettiert, die bei 37 °C bis zu 48 h bebrütet wird (Methode § 35 LMBG, L 00.00-20 bzw. ISO 6579:1993). **Praktikabler ist allerdings die Zugabe von 1,5 ml Voranreicherung zu 15 ml Selenit-Cystin-Anreicherungsbouillon** (ANDREWS, K. et al., 1995). Entscheidend ist das Verhältnis 1:10. Wegen der Toxizität von Selenit sollte die Selenit-Cystin-Bouillon durch eine Tetrathionat-Bouillon ersetzt werden. Abweichend von der ISO-Methode und der Methode nach § 35 LMBG wird in der Routine die Verwendung einer Tetrathionat-Bouillon empfohlen (siehe Abb. III.3-3). In diesem Fall wird 1 ml der Voranreicherung zu 10 ml Tetrathionat-Bouillon nach Muller-Kauffmann (MKTT) oder Tetrathionat-Novobiocin-Bouillon pipettiert. Die Bebrütung dieser Bouillon erfolgt bei 41,5 ±1 °C für 24 h, wenn erforderlich für weitere 24 h (siehe auch: Resolution Nr. 111, ISO/TC 34/SC 9, 1998). Die empfohlene Routinemethode hat sich bei der Untersuchung von Geflügelfleisch und Milch bewährt (ATANASSOVA et al., 1998, MÜLLER et al., 1998). Die Methode ist allerdings nicht für den Nachweis von S. Typhi und S. Paratyphi geeignet.

Isolierung

Nach einer Bebrütungszeit von 24 und 48 h (ein zweiter Ausstrich nach 48 h verbessert vielfach die Isolierungsrate) wird von der Anreicherung mit der Öse (Durchmesser 2,5–3,0 mm) auf Brillantgrün-Phenolrot-Lactose-Saccharose-Agar (BPLS-Agar) und eine weitere Selektivplatte, z. B. Rambach-Agar oder SM-ID-Medium oder XLD- oder XLT4-Agar, ausgestrichen. Sind keine größeren Petrischalen (Durchmesser 140 mm) verfügbar, wird auf zwei übliche Petrischalen (Durchmesser 90–100 mm) nacheinander mit derselben Öse ausgestrichen, d. h. die Öse wird nur einmal in eine Anreicherung für die Beimpfung von zwei Petrischalen eingetaucht (Abb. III.3-1). Die beimpften Medien werden 18–24 h bei 37 °C bebrütet. Eine Bebrütung für weitere 24 h ist zu empfehlen. Besonders auf dem Rambach-Agar sind die Kolonien dann typischer ausgeprägt.

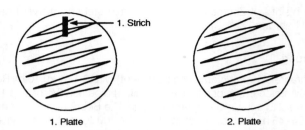

Abb. III.3-1: Ösenausstrich aus einer Anreicherung auf zwei Petri-schalen mit einem Durchmesser von 90–100 mm

Identifizierung

Drei bis fünf typische oder verdächtige Kolonien werden mit geprüftem Salmo-nella-Antiserum agglutiniert. Die positive Kultur wird auf Plate-Count-Agar (Stan-dard-I-Nähragar) reingezüchtet (Bebrütung bei 37 °C, 18–24 h) und anschlie-ßend biochemisch identifiziert und serologisch typisiert (Agglutination mit O-und H-Antiseren). Vielfach erfolgt auch nach der Reinzüchtung zunächst die bio-chemische Identifizierung, und die serologische Bestimmung wird in Spezial-laboratorien durchgeführt.

Immer sollten positive und negative **Kontrollstämme** mitgeführt werden.

Anmerkungen

Häufig kommt es auch bei *Citrobacter*-Stämmen zur Agglutination mit Antiseren. Zur Abtrennung kann von der Reinkultur (Plate Count Agar oder Nähragar) die PYRase-Aktivität geprüft werden (PYRTest, Oxoid). Nachgewiesen wird die L-pyrrolidonyl-peptidase. Der Test ist positiv bei *Citrobacter* spp. und negativ bei Salmonellen (INOUE, K. et al., 1996).

Bemerkungen zu den Selektivmedien

Vom **Rambach-Agar** sollten auch blau-grün aussehende Kolonien als verdäch-tig geprüft werden. Ein solches Erscheinungsbild zeigen *Salmonella* subsp. *IIIa, IIIb* und *V* (KÜHN et al., 1994) sowie S. Havana und S. Derby (GARRICK und SMITH, 1994). Salmonella Typhi und S. Paratyphi und einige seltener vorkom-mende Serovare, wie S. Moskau und S. Wassenaar können auf dem Rambach-Agar nicht erfaßt werden (MANAFI und WILLINGER, 1994). In seltenen Fällen sind Salmonellen auf dem Rambach-Agar auch farblos. Nach Anreicherung mit RV- und Selenit-Cystin-Bouillon bildete auch S. Indiana auf dem Rambach-Agar keine typisch aussehenden Kolonien. Dies traf allerdings auch zu für das SM-ID Medium und den BPLS-Agar.

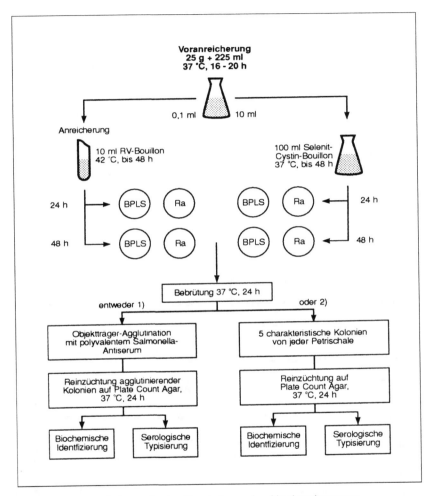

Abb. III.3-2: Schematische Darstellung des Nachweises von Salmonellen (Methode nach § 35 LMBG)

Anmerkung
Durchzuführende Untersuchungen 1) oder 2)
BPLS = Brillantgrün-Phenolrot-Lactose-Saccharose-Agar
Ra = Rambach-Agar

Das **SM-ID Medium** ist in der Selektivität vergleichbar mit dem Rambach-Agar. Der Anteil falsch-positiver Ergebnisse ist jedoch vielfach geringer als auf dem Rambach-Agar.

Auf dem **BPLS-Agar** haben Lactose-positive Varianten (z. B. S. Indiana) das gleiche Aussehen wie coliforme Bakterien. Der Anteil falsch-positiver Ergebnisse ist auf dem BPLS-Agar höher als auf dem Rambach-Agar und SM-ID Medium.

Bewährte Medien sind auch der Xylose-Lysin-Desoxycholat-Agar (**XLD**) und der Xylose-Lysin-Tergitol-4-Agar (**XLT4**). Auf beiden Medien bilden H_2S-positive Salmonellen schwarze Kolonien oder Kolonien mit schwarzem Zentrum. Die Koloniefarbe H_2S-negativer Stämme des Genus *Salmonella* ist dagegen rosafarben bis gelb, bzw. das Zentrum der Kolonie zeigt diese Farbe. Mit der Kombination Rambach und XLD konnten aus Geflügelfleisch mehr Salmonellen isoliert werden, als mit der Kombination BPLS und XLD (MÜLLER et al., 1997 und ATANASSOVA et al., 1998).

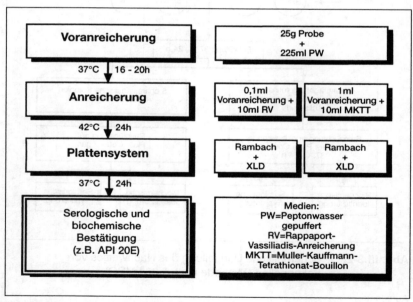

Abb. III.3-3:   Routinemethode zum Nachweis von Salmonellen

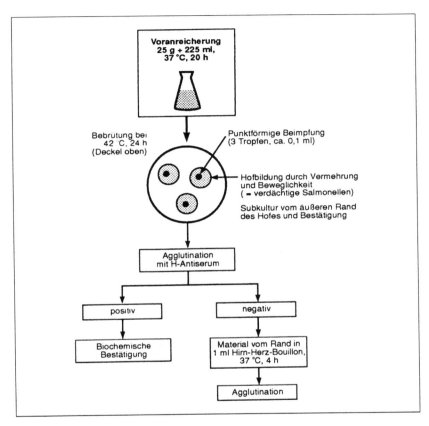

Abb. III.3-4:   Nachweis von Salmonellen mit dem modifizierten halbfesten Rappaport-Vassiliadis Medium (MSRV-Medium)

Schnellere Nachweisverfahren (PATEL, 1994, FENG, 1998)

- Salmonella Rapid Test (SRT oder OSRT, Fa. Oxoid) und MSRV-Medium
  Außer der konventionellen Nachweismethode werden in der Industrie auch
  schnellere Verfahren eingesetzt, wie z.B. die Methode nach HOLBROOK et
  al. (1989), der sog. Salmonella Rapid Test (OSRT oder SRT, Fa. Oxoid) und
  der Nachweis mit einem modifizierten halbfesten Rappaport-Vassiliadis
  Medium (DE ZUTTER et al., 1991). Der Nachweis mit dem Salmonella Rapid
  Test (SRT) dauert ca. 42–44 h. In dieser Zeit können auch mit modifizierten

halbfesten Rappaport-Vassiliadis Medium (MSRV-Medium) bewegliche Salmonellen (weniger als 0,1 % sind unbeweglich) nachgewiesen werden (Abb. III.3-4), wobei die Bestätigung allerdings nur serologisch (Agglutination) erfolgt. Eine sich anschließende biochemische Bestätigung dauert nochmals 24 h. Wenn die Agglutination vom MSRV-Agar schlecht zu erkennen ist (störende Agarpartikel), kann eine Öse vom Rand der Migrationszone in 1 ml Brain Heart Infusion Broth (BHI Broth, Oxoid CM 225) inokuliert werden. Nach einer Bebrütung bei 37 °C für 4 h erfolgt aus der Bouillon die Agglutination. Bei negativem Ergebnis wird die Bouillon zentrifugiert und eine Agglutination mit dem Zentrifugat durchgeführt (WIBERG und NOR-BERG, 1996).

Bei der Untersuchung von Geflügel und Hackfleisch konnten mit dem MSRV-Medium (ohne Novobiocin-Supplement) häufiger Salmonellen nachgewiesen werden als mit dem Verfahren nach § 35 LMBG (SCHALCH und EISGRUBER, 1997).

- Salmonella 1–2 Test (Fa. BioControl, Vertrieb: Fa. Biotest, Dreieich)

- Latex-Agglutinationen (z. B. Spectate Salmonella Test, Vertrieb: Coring-System, Gernsheim)

- Immunassay (ELISA), wie TECRA Salmonella Visual Immunassay (Vertrieb: Riedel-de Haën, Seelze), VIDAS-Salmonella (bioMérieux, Nürtingen), EIA-Foss (Foss Electric, Hamburg)

- Kapillarmigrationstest (z. B. Transia Card Salmonella, Vertrieb: Transia, Ober-Mörlen oder Path-Stik Rapid Salmonella Test, Fa. Lumac, Vertrieb: Fa. Perstorp Analytical, Rodgau)

- Nachweis mit Bakteriophagen: „Lumi-Phage™ Test-System" oder Felix 0-1 Bakteriophage (JAY et al., 1997)

- Gensonden, wie Gene-Trak Salmonella Assay (Vertrieb: R-Biopharm, Darmstadt)

- Impedanzverfahren (BacTrac, Fa. SY-LAB, Purkersdorf, Österreich; Malthus Instruments, Vertrieb: IUL-Instruments, Königswinter; Bactometer, bioMérieux, Nürtingen; RABIT, Don Whitley, Vertrieb: Fa. MAST, Reinfeld)

- Polymerase Kettenreaktion (PCR), z. B. auch mit kommerziellen Systemen, wie Bax™-System (Fa. Qualicon, Wilmington, USA), Probelia™ PCR System (Institut Pasteur, Vertrieb: Fa. Sanofi, Freiburg)

Literatur

1. ADAMS, M.R. MOSS, M.O., Food Microbiology, The Royal Society of Chemistry, Cambridge, 1995

2. AMAGUAÑA, R.N., HAMMACK, T.S., ANDREWS, W.H., Methods for the recovery of Salmonella spp. from carboxymethylcellulose gum, gum ghatti, and gelatin, J. AOAC International 81, 721-726, 1998

3. ANDREWS, W.H. JUNE, G.A., SHERROD, P.S., HAMMACK, T.S., AMAGUAÑA, R.M., Salmonella, in: FDA Bacteriological Analytical Manual, 8th ed., Revision A, publ. by AOAC International, 481 North Frederick Avenue, Suite 500, Gaithersburg, MD 20877, USA, 1998

4. ANDREWS, K. et al., Manual of Microbiological Methods for the Food and Drinks Industry, 2nd ed., 1995, Campden & Chorleywood, Chipping Campden Gloucestershire GL55 6LD UK

5. ATANASSOVA, V., ALTEMEIER, J., KRUSE, K.-P., DOLZINSKI, B., Nachweis von Salmonella und Campylobacter aus frischem Geflügelfleisch. Vergleichende Untersuchungen über kulturelle Methoden, Fleischw. 78, 364-366, 1998

6. BIS, F., BECKER, H., TERPLAN, G., Kultureller Nachweis von Salmonellen in Rohmilch. Teil 2: Eigene Untersuchungen, Arch. Lebensmittelhyg. 46, 51-60, 1995

7. BOCKEMÜHL, J., SEELIGER, H.P.R., Die Auswirkungen neuer taxonomischer Erkenntnisse auf die Nomenklatur von bakteriellen Seuchenerregern, BGesBl. 28, 65-69, 1985

8. BOCKEMÜHL, J., Enterobacteriaceae, in: Mikrobiologische Diagnostik, herausgegeben von BURKHARDT, F., Georg Thieme Verlag Stuttgart, 119-154, 1992

9. D'AOUST, J.-Y., Salmonella species, in: Food Microbiology Fundamentals and Frontiers, ed. by M.P. Doyle, L.R. Beuchat, T.J. Montville, ASM Press, Washington D.C., 129-158, 1997

10. De ZUTTER, L., DE SMEDT, J.M., ABRAMS, R., BECKERS, H., CATTEAU, M., DE BORCHGRAVE, J., DEBEVERE, J., HOEKSTRA, J., JONKERS, F., LENGES, J., NOTERMANS, S., VAN DAMME, L., VANDERMEERSCH, R., VERBRAECKEN, R., WAES, G., Collaborative study on the use of motility enrichment on modified semisolid Rappaport-Vassiliadis medium for the detection of Salmonella from food, Int. J. Food Microbiol. 13, 11-20, 1991

11. FENG, P., Rapid methods for detecting foodborne pathogens, in: FDA Bacteriological Analytical Manual, 8th ed., Revision A, publ. by AOAC International, 481 North Frederick Avenue, Suite 500, Gaithersburg, MD 20877, USA, 1998

12. GARRICK, R.L., SMITH, A.D., Evaluation of Rambach agar for the differentiation of Salmonella species from other Enterobacteriaceae, Letters in Appl. Microbiol. 18, 187-189, 1994

13. GLEDEL, J., CORBION, B., The genus Salmonella, in: Microbiological control for foods and agricultural products, ed. by C.M. Bourgeois, J.Y. Leveau, VCH Verlagsges. mbH, Weinheim, 309-324, 1995

14. HOLBROOK, R. ANDERSON, J.M., BAIRD-PARKER, A.C., DOODS, L.M., SWAHNEY, D., STUCHBURY, S.H., SWAINE, D., Rapid detection of Salmonella in foods – a convenient two-day procedure, Letters in Appl. Microbiol. 8, 139-142, 1989

15. ICMSF (International Commission on Microbiological Specifications for Foods), Microorganisms in foods – Microbiological Specifications of food pathogens, Chapman & Hall, London, 1996

16. INOUE, K., MIKI, K., TAMURA, K., SAKAZAKI, R., Evaluation of L-pyrrolidonyl peptidase paper strip test for differentation of members of the family Enterobacteriaceae, particularly Salmonella spp., J. Clinical Microbiol. 34, 1811-1812, 1996

17. JAY, S., GRAU, F.H., SMITH, K., LIGHTFOOT, D., MURRAY, C., DAVEY, G., Salmonella, in: Foodborne Microorganisms of Public Health Significance, 5th ed., edited by A.D. Hocking, G. Arnold, J. Jenson, K. Newton, P. Sutherland, AIFST (NSW Branch) Food Microbiology Group, Australian Institute of Food Science and Technology, P.O. Box 1493, North Sydney, NSW 2059, 169-229, 1997

18. KRÄMER, J., Lebensmittel-Mikrobiologie, Verlag Eugen Ulmer, Stuttgart, 6. Aufl., 1997

19. KÜHN, H., WONDE, B., RABSCH, W., REISSBRODT, R., Evaluation of Rambach agar for detection of salmonella subspecies I to IV, Appl. Environ. Microbiol. 60, 749-751, 1994

20. LE MINOR, L., POPOFF, M.Y., Designation of Salmonella enterica sp. nov. rom. rev., as the type and only species of the genus Salmonella, Int. J. System. Bacteriol. 37, 465-468, 1987

21. LOOS, M., WASSENAAR, T.M., Pathogenitätsfaktoren von enteritischen Salmonellen, Immun. Infekt. 22, 14-19, 1994

22. MAIJALA, R., JOHANSSON, T., HIRN, J., Growth of Salmonella and competing flora in five commercial Rappaport-Vassiliadis (RV)-media, Int. J. Food Microbiol. 17, 1-8, 1992

23. MANAFI, M., WILLINGER, B., Comparison of three rapid methods for identification of Salmonella spp., Letters in Appl. Microbiol. 19, 328-331, 1994

24. MOSSEL, D.A.A., CORRY, J.E.L., STRUIJK, C.B., BAIRD, R.M., Essentials of the Microbiology of Foods, A Textbook for advanced studies, John Wiley & Sons, Chicester, UK, 1995

25. MÜLLER, K., KÄSBOHRER, A., BLAHA, T., Modifikation des ISO 6579 Salmonellennachweises für Monitoringuntersuchungen in der Geflügelproduktion, Fleischw. 77, 563-567, 1997

26. PATEL, P., Rapid analysis techniques in food and food microbiology, Chapman & Hall, London, 1994

27. POPOFF, M.Y., BOCKEMÜHL, J., McWHORTER-MURLIN, A., Supplement 1991 (no. 35) to the Kaufmann-White scheme, Res. Microbiol. 143, 807-811, 1992

28. SCHALCH, B., EISGRUBER, H., Nachweis von Salmonellen mittels MSRV-Medium. Ein einfaches, schnelles und kostensparendes Kultivierungsverfahren, Fleischw. 77, 344-347, 1997

29. SCHMOLL, M., LEHMACHER, A., BOCKEMÜHL, J., Poster auf der 48. Jahrestagung der DGHM, Bonn, 8.-11.10.1996

30. WIBERG, CH., NORBERG, P., Comparison between a cultural procedure using Rappaport-Vassiliadis broth and motility enrichments on modified semisolid Rappaport-Vassiliadis medium for Salmonella detection from food and feed, Int. J. Food Microbiol. 29, 353-360, 1996

3.1.2 Shigellen *A. Lehmacher*
(WACHSMUTH und MORRIS, 1989, MAURELLI und LAMPEL, 1997,
ALTWEGG und BOCKEMÜHL, 1998)

Aufgrund des verursachten Krankheitsbildes wird *Shigella* trotz der engen Verwandtschaft zu *Escherichia* (*E.*) *coli* als eigenständige Gattung der Familie *Enterobacteriaceae* geführt. Die 4 Arten *Shigella* (*Sh.*) *dysenteriae, Sh. flexneri, Sh. boydii* und *Sh. sonnei* werden häufig als Subgruppen A, B, C und D bezeichnet. Sie besitzen jeweils mehrere Serovare und unterschiedliche Kombinationen biochemischer Reaktionen.

Eigenschaften

Gramnegative Stäbchen, unbeweglich, fakultativ anaerob, Katalase-positiv, Oxidase-negativ, Fermentation von Kohlenhydraten praktisch stets ohne Gasbildung, keine Decarboxylierung von Lysin, keine Hydrolyse von Arginin. Shigellen sterben bei pH-Werten unterhalb von 4,5 ab, in schwachsauren Lebensmitteln können sie jedoch lange Zeit überleben und tolerieren kurzzeitig einen pH-Wert von 2,5. Im Mehl wurden noch nach 170 und im Wasser noch nach 310 Tagen Shigellen nachgewiesen. Shigellen werden schon durch eine einstündige Behandlung bei 55 °C abgetötet.

Vorkommen

Shigellen kommen im Darmtrakt des Menschen, in kontaminierten Lebensmitteln und Wasser vor. In Deutschland sind nur *Sh. flexneri* und *Sh. sonnei* endemisch. Die beiden übrigen Arten werden durch Reiseerkrankungen aus wärmeren Ländern importiert.

Krankheitserscheinungen

Nach einer Inkubationszeit von 2–7 Tagen kommt es zu Bauchschmerzen, Fieber und blutigem Durchfall. Die Krankheitserscheinungen werden durch die Zellinvasion in die Epithelzellen der Darmschleimhaut, wozu ein 120–140 MDa Virulenzplasmid erforderlich ist, und die Toxine der Shigellen hervorgerufen. Neben dem Shigella-Enterotoxin 2, das von den meisten Shigellen und den nahe verwandten enteroinvasiven *E. coli* produziert wird (NATARO et al., 1995), läßt sich das Shigella-Enterotoxin 1 nur bei *Sh. flexneri* und das zytotoxische Shigatoxin nur bei *Sh. dysenteriae* O1 nachweisen.

Übertragung

Der Mensch gilt als einziger Wirt und Erregerreservoir. Da schon sehr geringe Keimzahlen (10–100 Shigellen) Erkrankungen beim Menschen auslösen, erfolgt die Übertragung primär durch Schmierinfektionen von Mensch zu Mensch. Besonders in warmen Ländern kommen Verunreinigungen von Lebensmitteln und Wasser durch den Menschen hinzu.

Nachweis

Der Nachweis geringer Zahlen von Shigellen ist schwierig, weil sie wegen ihrer längeren Generationszeiten von der Begleitflora überdeckt werden und durch deren Säurebildung im Wachstum gehemmt werden. ANDREWS et al. (1995) empfehlen daher die Anreicherung in einem Kohlenhydrat-armen Medium in anaerober Atmosphäre, bei erhöhter Temperatur und unter Zusatz des Antibiotikums Novobiocin. Diese Anreicherungsmethode erwies sich jedoch für *Sh. sonnei* in rohem Hackfleisch und Austern als wenig sensitiv (JUNE et al., 1993). Zusätzlich wird die Identifizierung der Shigellen durch ihre biochemische Inaktivität und serologische Kreuzreaktionen mit anderen *Enterobacteriaceae*, insbesondere den nahe verwandten *E. coli*, erschwert.

Anreicherung

- 25 g Produkt + 225 ml Shigella-Bouillon (20 g Trypton, 2 g K_2HPO_4, 2 g KH_2PO_4, 5 g NaCl, 1 g Glucose und 1,5 ml Tween 80 in 1 l destilliertem Wasser autoklavieren) mit 3 µg/ml (für *Sh. sonnei* 0,5 µg/ml) Novobiocin (Sigma)
- anaerobe Bebrütung für 20 h bei 42 °C (für *Sh. sonnei* 44 °C)

Selektive Kultivierung nach 20 h

- Ösenausstriche auf einer Kombination nichtselektiver (Blutagar, Bromthymolblau-Lactose-Agar), moderat selektiver (MacConkey-Agar, Endo-Agar, Önöz-Agar, EMB-Agar) oder stärker selektiver Agarplatten (Hektoen-Enteric, XLD, SS und Leifson), da einzelne Stämme unter Umständen nur auf einem dieser Nährböden wachsen
- Bebrütung bei 37 °C für ca. 16–20 h

Molekularbiologischer Nachweis

PCRs zum Nachweis von Shigellen und des eng verwandten Pathotyps der enteroinvasiven *E. coli* sind für mehrere Virulenzloci sowie spezifischen Zielorten auf dem Virulenzplasmid und dem Insertionselement IS*630* beschrieben worden. Zur Steigerung der Sensitivität der PCR empfiehlt sich 1. eine nichtselektive Inkubation von 25 g Probe in 225 ml Hirn-Herz-Glucose-Bouillon (Difco) oder Caseinpepton-Sojamehlpepton-Bouillon (Difco) für 6 h unter Schütteln mit 120 U/min bei 37 °C und 2. die Auswahl eines genetisch stabilen Zielortes der

PCR wie *ipaH* (SETHABUTR et al., 1993), von dem mehrere Kopien auf dem *Shigella*-Chromosom vorhanden sind.

Biochemische Identifizierung

– Typische Kolonien (auf MacConkey-Agar blaß, farblos, transparent oder trüb, mit gezacktem oder glattem Rand) werden mit polyvalentem *Shigella*-Antiserum probeweise agglutiniert, bei Agglutination isoliert und weiter charakterisiert.

– Ein bewährtes Nachweis- und Identifizierungsverfahren wird von ANDREWS et al. (1995) empfohlen: Shigellen sind gramnegative Stäbchen; negativ für Beweglichkeit, H_2S, Urease, Lysindecarboxylase, Arginindihydrolase, Phenylalanindeaminase, Gasbildung aus Glucose, Saccharose (2 Tage), Lactose (2 Tage), Adonit, Inosit, Malonat, Citrat, Acetat, Salicin, KCN und Voges-Proskauer Reaktion; positiv mit Methylrot. Zur weiteren biochemischen Differenzierung von *Shigella*-Spezies und zur Unterscheidung von biochemisch inaktiven *E. coli* sei hier auf ANDREWS et al. (1995) sowie ALTWEGG und BOCKEMÜHL (1998) verwiesen.

Literatur

1. ALTWEGG, M., BOCKEMÜHL, J., Escherichia and Shigella, in: Topley & Wilson´s Microbiology and Microbial Infections, 9th Edition, Volume 2: Systematic Bacteriology, A. Balows, B.I. Duerden, volume editors, Arnold, London, 935-967, 1998

2. ANDREWS, W.H., JUNE, G.A., SHERROD, P.S., Shigella, in: Bacteriological Analytical Manual, Food and Drug Administration, publ. by AOAC International, Arlington, USA, 6.01-6.06, 1995

3. JUNE, G.A., SHERROD, P.S., AMAGUAÑA, R.M., ANDREWS, W.H., HAMMACK, T.S., Effectiveness of the Bacteriological Analytical Manual culture method for the recovery of Shigella sonnei from selected foods, J. AOAC Int. 76, 1240-1248, 1993

4. MAURELLI, A.T., LAMPEL, K.A., Shigella Species, in: Food Microbiology, ed. by M.P. Doyle, L.R. Beuchat, T.J. Montville, ASM Press, Washington D.C., 216-227, 1997

5. NATARO, J.P., SERIWATANA, J., FASANO, A., MANEVAL, D.R., GUERS, L.D., NORIEGA, F., DUBROVSKY, F., LEVINE, M.M., MORRIS jr., J.G., Identification and cloning of a novel plasmid-encoded enterotoxin of enteroinvasive Escherichia coli and Shigella strains, Inf. Immun. 63, 4721-4728, 1995

6. SETHABUTR, O., VENKATESAN, M., MURPHY, G.S., EAMPOKALAP, B., HOGE, C.W., ECHEVERRIA, P., Detection of shigellae and enteroinvasive Escherichia coli by amplification of the invasion plasmid antigen H DNA sequence in patients with dysentery, J. Inf. Dis. 167, 458-461, 1993

7. WACHSMUTH, K., MORRIS, G.K., Shigella, in: Foodborne Bacterial Pathogens, ed. by M.P. Doyle, Marcel Dekker Inc., Basel, 447-459, 1989

3.1.3 Yersinia enterocolitica und Yersinia pseudotuberculosis
J. Bockemühl
(SCHIEMANN, 1989, ALEKSIC und BOCKEMÜHL, 1990, KAPPERUD, 1991, SCHIEMANN und WAUTERS, 1992, WEAGANT et al., 1995)

Bestimmte Serovare von *Yersinia enterocolitica* (*Y. ent.*) und *Yersinia pseudotuberculosis* (*Y. pt.*) sind Erreger intestinaler Yersiniosen des Menschen. Bakteriologisch gehören sie zur Familie *Enterobacteriaceae*.

Eigenschaften
(SCHIEMANN, 1989, BROCKLEHURST und LUND, 1990, ALEKSIC und BOCKEMÜHL, 1990, ADAMS et al., 1991, WEAGANT et al., 1995)

Yersinien sind gramnegative, peritrich begeißelte, kapsellose Stäbchenbakterien von 1 bis 3 μm Länge und 0,5 bis 0,8 μm Breite. Geißeln werden optimal bei Temperaturen unter 30 °C ausgebildet. Die *Yersinia*-Arten sind kulturell anspruchslos und psychrotolerant. Sie vermehren sich gut bei Temperaturen von 22 ° bis 29 °C. Wenn auch prinzipiell eine Anzucht und Isolierung über die meisten zum Nachweis von *Enterobacteriaceae* gebräuchlichen Nährböden möglich ist (Plate Count-, MacConkey-, Salmonella-Shigella-Agar), sind die aufgeführten selektiven Anreicherungsverfahren und Indikatornährböden effizienter und besser zu beurteilen.

Vermehrungstemperatur
    Optimum   28–29 °C
    Maximum   44 °C
    Minimum   0 °C
Minimaler pH-Wert   4,4 (Milchsäure, 4 °C, Bouillon)
Minimaler a_w-Wert   0,96
Hitzeresistenz $D_{62,8\,°C} = 0{,}7–17{,}0$ s

Y. pt. wird serologisch in 14 O-Gruppen unterteilt; in Deutschland werden jedoch bei Mensch und Tier nur Stämme der O-Gruppen 1 bis 3 nachgewiesen. Das Antigenschema zur Typisierung von *Y. ent.* und apathogener *Yersinia*-Arten umfaßt z.Z. 76 O-Antigene. Während alle *Y. pt.*-Serogruppen als potentiell pathogen angesehen werden, kommen bei *Y. ent.* pathogene neben apathogenen Serogruppen vor. Die apathogenen *Y. ent.*-Serovare, ebenso wie die in Tab. III.3-2 aufgeführten apathogenen *Yersinia*-Arten, sind in der Umwelt weit verbreitet und werden dementsprechend häufig auch in Lebensmitteln und Umweltmaterialien nachgewiesen. Sie haben keine pathogene oder lebensmittelrechtliche Bedeutung; ihre Unterscheidung von pathogenen *Y. ent.*-Stämmen ist deshalb, vergleichbar den Listerien, für die Praxis wichtig. Pathogene *Y. ent.*-Stämme gehören in Deutschland praktisch ausschließlich zu den Serogruppen O:3 (Biovar 4; Tab. III.3-3), O:9 (Biovar 2 oder 3) und O:5,27 (Biovar 2 oder 3); 1993–94 wurden

Tab. III.3-2: Biochemische Differenzierung der *Yersinia*-Spezies (nach ALEKSIC und BOCKEMÜHL, 1990)

Spezies	Beweglichkeit (28 °C)	Indol	Voges-Proskauer (28 °C)[3]	Citrat (Simmons)	ODC	Saccharose	Cellobiose	Melibiose	Rhamnose	Sorbose	AA	PYZ
Y. pestis	–	–	–	–	–	–	–	d	–	–	+	–
Y. pseudotuberc.	+	–	–	–	–	–	–	+	+	–	+	–
Y. enterocolitica Biovare 1–4	+	d	d	–	+	+	+	–	–	d	d[4]	d[4]
Y. enterocolitica Biovar 5[1]	+	–	+	–	d	d	+	–	–	d	+	–
Y. intermedia	+	+	+	+	+	+	+	+	+	+	–	+
Y. frederiksenii	+	+	d	d	+	+	+	–	+	+	–	+
Y. kristensenii	+	d	–	–	+	–	+	–	–	+	–	+
Y. aldovae	+	–	+	d	+	+	–	–	+	+	–	+
Y. rohdei	+	–	–	+	+	+	+	d	–	+	–	+
Y. mollaretii	+	–	–	–	+	+	+	–	–	+	–	+
Y. bercovieri	+	–	–	–	+	+	+	–	–	–	–	+
Y. ruckeri[2]	+	–	–	–	+	–	–	–	–	–	–	NT

Inkubation bei 22–28 °C, 48 h. +: > 90 % positiv; d: 10–90 % positiv; –: < 10 % positiv; NT: nicht getestet
ODC = Ornithindecarboxylase; AA = Autoagglutinationstest (VP-Bouillon); PYZ = Pyrazinamidase
[1] Y. enterocolitica Biovar 5: Trehalose –, Nitrat –
[2] Die Zugehörigkeit von Y. ruckeri zur Gattung Yersinia ist fraglich.
[3] VP bei 37 °C fast immer negativ
[4] Y. enterocolitica Biovare 1B, 2, 3, 4 und 5: AA +, PYZ – (pathogen); Biovar 1A: AA –, PYZ + (apathogen)

sie am Nationalen Referenzzentrum für Enteritiserreger in Hamburg mit folgender Häufigkeit bestimmt: O:3 = 58,2 %, O:9 = 24,4 %, O:5,27 = 17,3 %. Die von den USA nach Europa (Italien, Niederlande) importierte Serovar O:8 (Biovar 1B) wurde in Deutschland, ebenso wie die anderen, als „American strains" bezeichneten Erreger des Biovar 1B (O:13a, b; O:18, O:20, O:21), bisher noch nicht nachgewiesen. *Yersinia pestis*, der Erreger der Pest, kommt in Lebensmitteln oder Umweltmaterial grundsätzlich nicht vor.

Die Virulenz enteropathogener *Yersinia*-Stämme ist überwiegend plasmid- und z.T. chromosomal kodiert. Das Virulenzplasmid (42–48 MDa) enthält u.a. das Strukturgen für das Membranprotein YadA (Adhäsin), das nur bei 37 °C exprimiert wird und Grundlage für den zur Bestätigung pathogener Stämme einsetzbaren Autoagglutinationstest ist. Weitere plasmidvermittelte Virulenzeigenschaften sind die Bildung sezernierter Proteine (YOPs), gesteigerte Resistenz gegen die bakterizide Eigenschaft des Serums, Induktion einer Konjunktivitis am Maus- oder Meerschweinchenauge (Serény-Test), Wachstumshemmung in Calcium-freiem Medium bei 37 °C u.a. Das Plasmid kann nach üblicher Reinigung durch Gelelektrophorese oder DNS-Hybridisierung nachgewiesen werden.

Tab. III.3-3: Biotypisierung von *Y. enterocolitica*-Stämmen (nach WAUTERS et al., 1987)

Test	Biovar 1A	1B	2	3	4	5
Lipase (Tween-Esterase)	+	+	–	–	–	–
Äskulin	+	–	–	–	–	–
Salicin	+	–	–	–	–	–
Indol	+	+	(+)	–	–	–
Xylose	+	+	+	+	–	d
Trehalose	+	+	+	+	+	
Pyrazinamidase	+	–	–	–	–	–
ß-Glucuronidase	+	–	–	–	–	–
Voges-Proskauer	+	+	+	+	+	(+)
Prolinpeptidase	d	–	–	–	–	–

Inkubation bei 28 °C, 48 Std. (+): schwach positive Reaktion

Zur vollen Ausprägung der Virulenz sind zusätzlich chromosomal lokalisierte Gene notwendig. *Y. pt.* und *Y. ent.* besitzen ein bei beiden Arten homologes Gen *inv*, dessen Proteinprodukt, das Invasin, bei der Invasion pathogener Stämme in Gewebezellen beteiligt ist. Dieses Gen ist bei *Y. ent.* allerdings häufig auch bei nicht invasiven Stämmen nachweisbar, bei denen es offensichtlich nicht exprimiert wird. Bei *Y. ent.*, nicht bei *Y. pt.*, spielt ein weiteres Invasin, kodiert durch das *ail*-Gen, eine Rolle. Dieses Gen zeigt eine größere wirtspezifische Beteiligung bei der Invasion und scheint nur bei pathogenen *Y. ent.* vorzukommen. Die Bedeutung eines chromosomal-kodierten hitzestabilen Enterotoxins (ST) von *Y. ent.* ist bisher nicht restlos geklärt. In vivo scheint es den Schweregrad der Darmerkrankung zu verstärken, allerdings wird dieses Toxin in vitro nur bei Temperaturen unter 30 °C gebildet. Ungeklärt ist die Frage, ob dieses hitze- und säureresistente Peptid ggf. von pathogenen *Y. ent.* im Lebensmittel gebildet wird und, analog zu den *Staphylococcus aureus*-Enterotoxinen, nach Aufnahme mit der Nahrung zur Intoxikation des Menschen führen kann.

Vorkommen

Y. pt. ist bei freilebenden (Vögel, Nager, Wild), domestizierten (Schweine, Schafe, Ziegen, Hunde, Katzen) und in der Gefangenschaft gehaltenen, warmblütigen Tieren (Stubenvögel, Zootiere, Pelztiere) verbreitet. Als Übertragungsweg auf den Menschen wird der direkte Kontakt mit Tieren, ihren Ausscheidungen oder durch kontaminierte Lebensmittel und Wasser angenommen. *Y. ent.* kommt weltweit, überwiegend in den gemäßigten Klimazonen, bei warmblütigen Wild-, Nutz- und Heimtieren sowie bei Reptilien, in Erdboden und Oberflächenwasser vor. Wichtigstes Erregerreservoir für die menschliche Infektion sind klinisch gesunde Schweine, die humanpathogene *Y. ent.*-Stämme vor allem auf den Tonsillen und im Rachenring tragen. Rinder sind selten mit pathogenen *Y. ent.* infiziert, obwohl sekundär kontaminierte Milch wiederholt als Ursache für Erkrankungen des Menschen nachgewiesen wurde.

Krankheitserscheinungen

Erkrankungen des Menschen mit *Y. pt.* sind selten. Betroffen sind meist Kinder und Jugendliche, bei denen eine Entzündung der mesenterialen Lymphknoten (Pseudoappendizitis) mit kolikartigen Bauchschmerzen, aber fehlendem Durchfall, im Vordergrund steht. *Y. ent.*-Infektionen sind häufiger (nachweisbar bei ca. 1 % untersuchter Enteritispatienten) und führen primär zu wäßrigen, u. U. auch wäßrig-blutigen Durchfallerkrankungen mit kolikartigen Bauchschmerzen. Die Krankheit kann bei allen Altersgruppen auftreten, aber Kinder und Jugendliche sind bevorzugt befallen. Patienten mit Resistenzminderung (Immunschwäche), zehrenden Grundkrankheiten (Krebsleiden, Diabetes mellitus, Lebererkrankungen u. a.) oder hämolytischen Erkrankungen (Auflösung der Erythrozyten mit Freisetzung von Bluteisen) können an einer lebensbedrohenden Septikämie erkranken. Bei beiden Erregern kommt es nicht selten nach Abklingen der Darmsymptome zu rheumaähnlichen entzündlichen Gelenkerkrankungen (Infektarthritis), die erst nach Wochen oder Monaten abheilen.

Nachweis

Wichtigste Lebensmittel, bei denen mit pathogenen Yersinien zu rechnen ist, sind Schweinefleisch, Schweinezungen und hiervon hergestellte, nicht erhitzte Produkte. Besondere Beachtung muß deshalb der Möglichkeit von Kreuzkontaminationen bei der Verarbeitung von Schweinefleisch in Küchen und Produktionsstätten gegeben werden. Auch Milch, Milchgetränke (Kakaomilch) und andere, nicht gesäuerte oder erhitzte, milchhaltige Speisen wurden wiederholt als Infektionsursache nachgewiesen. Kontamination von Lebensmitteln über Waschwasser ist in den USA beschrieben worden (Sojabohnen, Tofu); Nachweise pathogener Yersinien in Salaten scheinen selten zu sein. Vor dem Hintergrund der „Biowelle" mit biologischer Düngung von Gärten und landwirtschaftlichen Anbauflächen ist allerdings frischem Gemüse, Salat oder Krautgewürzen Aufmerksamkeit zu schenken. Bei pflanzlichen Trockenprodukten wie Gewürzen, Tees, Trockenpilzen etc. sind keine Nachweise beschrieben worden.

Isolierung

Die klassischen Anreicherungsverfahren in der Kälte (4 °C) in nichtselektiver, phosphatgepufferter NaCl-Lösung mit oder ohne Zusatz von 1 % Pepton über 21 Tage (vgl. ALEKSIC und BOCKEMÜHL, 1990) ist sowohl für die betriebsinterne Qualitätskontrolle als auch für die amtliche Überwachung zu langwierig. Ein weiterer Nachteil dieser Methode ist die relativ stärkere Zunahme apathogener *Yersinia*-Stämme, die den Nachweis geringer Zahlen von pathogenen Yersinien erschweren. Da Methoden nach § 35 LMBG zum *Yersinia*-Nachweis nicht existieren, werden im folgenden Verfahren angegeben, die von erfahrenen Arbeitsgruppen oder Institutionen beschrieben und empfohlen worden sind und den Nachweis **pathogener** Stämme von *Y. ent.* und *Y. pt.* zum Ziel haben. Auch hier gilt der Grundsatz, daß die parallele Anwendung verschiedener Methoden oder Nährböden die Ausbeute erhöht.

Zweischritt-Anreicherung für *Y. ent.* nach SCHIEMANN (1982), WALTER und GILMOUR (1986)

Voranreicherung:
25 g (ml) Probe in 225 ml Trypticase Soy Broth (TSB) 30 sec homogenisieren, Bebrütung 24 h bei Raumtemperatur (22 °C)

Selektive Anreicherung:
1 ml der bebrüteten Voranreicherung in 100 ml Bile Oxalate Sorbose Broth (BOS), Bebrütung 5 Tage bei Raumtemperatur (22 °C)

Anreicherung nach WEAGANT et al. (1995) (für *Y. ent.*)

25 g (ml) Probe in 225 ml Peptone Sorbitol Bile Broth (PSBB) 30 sec. homogenisieren, Bebrütung 10 Tage bei 10 °C

Anreicherung nach WAUTERS et al. (1988) (für *Y. ent.* O:3)

25 g (ml) Probe in 225 ml Irgasan Ticarcillin Chlorate Broth (ITCB) 30 sec. homogenisieren, Bebrütung 2 Tage bei Raumtemperatur (22 °C)

Alkali-Behandlung der Anreicherungskultur (AULISIO et al., 1980) (für *Y. pt.* und *Y. ent.*)

Vor der Subkultur auf feste Selektivnährböden 0,5 ml der Anreicherung in 4,5 ml wäßrige 0,5 % KOH-0,5 % NaCl-Lösung geben, 5–10 sec mischen und sofort auf feste Selektivnährböden ausimpfen. Wegen unterschiedlicher Alkaliresistenz der *Yersinia*-Stämme parallel Subkultur ohne Alkali-Behandlung.

Feste Selektivnährböden

Nach 24 Std. bei ca. 28 °C auf MacConkey-Agar Wachstum kleiner (1 mm) farbloser, flacher Kolonien von *Y. pt.* und *Y. ent.*; auf *Salmonella-Shigella-* oder Desoxycholat-Citrat-Agar nur Wachstum von *Y. ent.* Auf Cefsulidin-Irgasan-Novobiocin Agar (CIN, Yersinia-Selektivagar) nach 24–48 Std. bei 28 °C 1–2 mm große Kolonien mit rotem Zentrum und klarem, farblosem Rand („Kuhauge"). Wachstum von *Y. ent.* und *Y. pt.*

Nachweis pathogener *Y. pt.* und *Y. ent.* mittels Kolonieblot-Hybridisierung oder PCR

Zum Nachweis von pathogenen Yersinien im Direktausstrich oder nach Anreicherungskultur sind verschiedene Gensonden für die Kolonieblothybridisierung beschrieben worden, deren Zielgene *inv* oder *ail* auf dem Chromosom bzw. *yadA* auf dem Virulenzplasmid lokalisiert sind. Auch PCR-Verfahren zum Nachweis von Virulenzgenen in Anreicherungskulturen sind beschrieben worden. Der interessierte Leser sei auf die Arbeiten von KAPPERUD et al. (1990, 1993) und HILL et al. (1995) verwiesen.

Identifizierung

Die Stoffwechselaktivität ist bei Yersinien unter 30 °C am größten; biochemische Reaktionen zur Identifizierung sollten optimal bei 28–29 °C durchgeführt werden.

Leitreaktionen für Yersinien sind Ureasebildung sowie die Beweglichkeit, die unter 30 °C positiv, bei 37 °C negativ ist. Alle Yersinien sind negativ in folgenden Reaktionen: Phenylalanindeaminase, Lysindecarboxylase, Arginindihydrolase.

Reaktionen zur Differenzierung pathogener und apathogener Arten sind aus Tab. III.3-2 ersichtlich. Pathogene *Y. ent.* gehören zu den Biovaren 1B, 2, 3 und 4; Stämme des Biovar 1A sind grundsätzlich apathogen (Tab. III.3-3). Die chromosomal kodierte Pyrazinamidase-Bildung ist bei *Y. pt.* und pathogenen *Y. ent.* negativ. Seren zur Objektglasagglutination pathogener *Y. ent.*-Stämme sind im

Handel erhältlich; benötigt werden Antiseren gegen die Gruppen O:3, O:9 und O:5,27 von *Y. ent.*

Ein verläßlicher indirekter Test zum Nachweis des Virulenzplasmids ist der Autoagglutinationstest. Hierzu werden zwei Röhrchen VP-Medium (Difco) mit dem zu prüfenden Stamm beimpft und über Nacht parallel bei Raumtemperatur (22 °C) und bei 37 °C (im Wasserbad) bebrütet. Bei Virulenzplasmid-haltigen Stämmen wachsen die Erreger bei 22 °C mit homogener Trübung, bei 37 °C dagegen mit klebrigem, feinflockigem Sediment und klarem Überstand (vgl. ALEKSIC et al., 1988).

Virulenzgene können auch mit den Methoden der Kolonieblot-Hybridisierung oder PCR nachgewiesen werden. Zu beachten ist, daß das Virulenzplasmid bei wiederholten Kulturpassagen, besonders bei Temperaturen über 30 °C, schnell verloren geht; deshalb sollte zur Durchführung von Virulenztests auf die Originalkultur zurückgegriffen oder die Primärisolate als Abschwemmung unter Zusatz von 20 % Glycerin bei −20 °C eingefroren werden.

Yersinia-Stämme können zur Überprüfung an das Nationale Referenzzentrum für Salmonellosen und andere bakterielle Enteritiserreger des RKI, Hygiene Institut Hamburg, Markmannstr. 129a, 20539 Hamburg, gesandt werden.

Literatur

1. ADAMS, M.R., LITTLE, C.L., EASTER, M.C., Modelling the effect of pH, acidulant and temperature on the growth rate of Yersinia enterocolitica, J. Appl. Bact. 71, 65-71, 1991
2. ALEKSIC, S., BOCKEMÜHL, J., WUTHE, H.H., ALEKSIC, V., Occurrence and clinical importance of the pathogenic serogroup O:5,27 of Yersinia enterocolitica in the Federal Republic of Germany, and methods for its serological and bacteriological identification. Zbl. Bakt. Hyg. A 269, 197-204, 1988
3. ALEKSIC, S., BOCKEMÜHL, J., Mikrobiologie and Epidemiologie der Yersinosen, Immun. Infekt. 18, 178-185, 1990
4. AULISIO, C.C.G., MEHLMANN, I.J., SANDERS, A.C., Alkali method for rapid recovery of Yersinia enterocolitica and Yersinia pseudotuberculosis from foods, Appl. Environ. Microbiol. 39, 135-140, 1980
5. BROCKLEHURST, T.F., LUND, B.M., The influence of pH, temperature and organic acids on the initiation of growth of Yersinia enterocolitica, J. Appl. Bact. 69, 390-397, 1990
6. HILL, W.E., DATTA, A.R., FENG, P., LAMPEL, K.A., PAYNE, W.L., Identification of foodborne bacterial pathogens by gene probes, in: FDA Bacteriological Analytical Manual, 8th ed., publ. by AOAC International, Gaithersburg, 24.01-24.33, 1995
7. KAPPERUD, G., Yersinia enterocolitica in food hygiene, Int. J. Food Microbiol. 12, 53-66, 1991
8. KAPPERUD, G., DOMMARSNESS, K., SKURNIK, M., HORNES, E., A synthetic oligonucleotide probe and a cloned polynucleotide probe based on the yopA gene for detection and enumeration of virulent Yersinia enterocolitica, Appl. Environ. Microbiol. 56, 17-23, 1990

9. KAPPERUD, G., VARDUND, T., SKJERVE, E., HORNES, E., MICHAELSEN, T.E., Detection of pathogenic Yersinia enterocolitica in foods and water by immunomagnetic seperation, nested polymerase chain reaction, and colorimetric detection of amplified DNA, Appl. Environ. Microbiol. 59, 2938-2944, 1993

10. SCHIEMANN, D.A., Development of a two-step enrichment procedure for recovery of Yersinia enterocolitica from food, Appl. Environ. Microbiol. 43, 14-27, 1982

11. SCHIEMANN, D.A., Yersinia enterocolitica and Yersinia pseudotuberculosis, in: Foodborne bacterial pathogens, ed. by M.P. Doyle, Marcel Dekker, Inc., Basel, 601-672, 1989

12. SCHIEMANN, D.A., WAUTERS, G., Yersinia, in: Compendium of methods for the microbiological examination of foods, ed. by C. Vanderzant and D.F. Splittstoesser, American Public Health Association, Washington, D. C., 433-450, 1992

13. WALKER, S.J., GILMOUR, A., A comparison of media and methods for the recovery of Yersinia enterocolitica and Yersinia enterocolitica-like bacteria from milk containing simulated raw milk microfloras, J. Appl. Bact. 60, 175-183, 1986

14. WAUTERS, G., KANDOLO, K., JANSSENS, M., Revised biogrouping scheme of Yersinia enterocolitica, Contrib. Microbiol. Immunol. 9, 14-21, 1987

15. WAUTERS, G., GOOSENS, V., JANSSENS, M., VANDEPITTE, J., New enrichment method for pathogenic Yersinia enterocolitica serogroup O:3 from pork, Appl. Environm. Microbiol. 54, 851-854, 1988

16. WEAGANT, S.D., FENG, P., STANFIELD, J.T., Yersinia enterocolitica and Yersinia pseudotuberculosis, in: FDA Bacteriological Analytical Manual, 8th ed., publ. by AOAC International, Gaithersburg, 8.01-8.13, 1995

Anhang: Nährböden

Bile Oxalate Sorbose (BOS) Broth

$Na_2HPO_4 \cdot 7H_2O$	17,25 g
Na-Oxalat	5 g
Gallensalze (Difco)	2 g
NaCl	1 g
$MgSO_4 \cdot 7H_2O$	0,01 g
Aqua demin.	659 ml

Auf pH 7,6 einstellen, 15 min bei 121 °C sterilisieren.
Nach Abkühlen folgende sterilfiltrierte Lösungen hinzugeben:

Sorbose, 10 %	100 ml
Asparagin, 1 %	100 ml
Methionin, 1 %	100 ml
Methanil Gelb, 2,5 mg/ml	10 ml
Hefeextrakt, 2,5 mg/ml	10 ml
Na-Pyruvat, 0,5 %	10 ml
Irgasan DP 300 (Ciba-Geigy, 0,4 % in 95 % Ethanol)	1 ml

Am Tag der Beimpfung des Nährbodens 10 ml Na-Furadantin (1 mg/ml, Stammlösung bei –70 °C aufbewahren) steril hinzugeben.

Irgasan Ticarcillin Chlorate Broth (ITCB)

Trypton	10	g
Hefeextrakt	1	g
$MgCl_2 \cdot 6H_2O$	60	g
NaCl	5	g
Kaliumchlorat	1	g
Malachitgrün, 0,2 %	5	ml
Aqua demin.	1000	ml

Auf pH 7,6 ± 0,2 einstellen, 15 min. 121 °C sterilisieren. Nach Abkühlung steril 1 ml Ticarcillin (1 mg/ml) und 1 ml Irgasan DP 300 (Ciba-Geigy, 1 mg/ml) zugeben.

Peptone Sorbitol Bile Broth (PSBB)

Na_2HPO_4	8,23	g
$NaH_2PO_4 \cdot H_2O$	1,2	g
Gallensalze No. 3	1,5	g
NaCl	5	g
Sorbit	10	g
Pepton	5	g
Aqua demin.	1000	ml

Auf pH 7,6 ± 0,2 einstellen, 25 min bei 121 °C sterilisieren.

Pyrazinamidase Test

Trypticase Soy Agar (Difco)	30	g
Hefeextrakt	3	g
Pyrazincarboxamid (Merck)	1	g
Tris-Maleat-Puffer (0,2 M, pH 6)	ad 1000	ml

5 ml Medium in Röhrchen füllen (160 x 16 mm), 15 min bei 121 °C sterilisieren, als Schrägagar erstarren lassen.
Schrägfläche beimpfen und nach 48 Std. bei 28 °C mit frischer 1 % Eisenammonsulfatlösung überfluten. Rosafärbung nach 15 min positives Ergebnis.

3.1.4 Enterovirulente Escherichia coli *A. Lehmacher*
(DOYLE und PADHYE, 1989, NATARO und KAPER, 1998)

Eigenschaften

Gramnegative, fakultativ anaerobe, Oxidase-negative Stäbchen der Familie *Enterobacteriaceae*.

Vermehrungstemperatur
Optimum	37 °C
Maximum	46 °C (*E. coli* O157:H7 nur 44 °C)
Minimum	4 °C

Minimaler pH-Wert 5,0 (*E. coli* O157:H7 überleben 3 h bei pH 1,5)

Minimaler a_w-Wert 0,95 (*E. coli* O157:H7 wächst langsam bei 6,5 % NaCl und überlebt 56 Tage in trocknendem Rinderkot bis zu einem a_W-Wert von 0,36)

Hitzeresistenz $D_{60\,°C\,(E.\,coli\,O157:H7)}$ = 45 sec (rohes Hackfleisch)

z-Wert ($E.\,coli$ O157:H7) = 4,4–4,8 °C

Gefrierlagerung von Fleisch (–20 °C): Keine Zellzahlverminderung von $E.\,coli$ O157:H7 während 9 Monaten (CHAPMAN, 1995)

Neben den $E.\,coli$ der Normalflora des Darmes führen einige Stämme zu intestinalen Erkrankungen. Zu diesen enterovirulenten $E.\,coli$ gehören:

– Shigatoxin-bildende $E.\,coli$ (STEC), oft auch als enterohämorrhagische $E.\,coli$ (EHEC) oder verotoxinogene $E.\,coli$ (VTEC) bezeichnet

– enterotoxinbildende $E.\,coli$ (ETEC)

– enteroinvasive $E.\,coli$ (EIEC)

– enteropathogene (säuglingspathogene) $E.\,coli$ (EPEC)

– enteroaggregative $E.\,coli$ (EAEC oder EAggEC)

– diffus-adhärente $E.\,coli$ (DAEC, früher oft unter Klasse II EPEC geführt)

Vorkommen

Darm von Mensch und Tier

Krankheitserscheinungen

– STEC: Wäßriger und häufig blutiger Durchfall. Die Infektion kann zu Komplikationen führen wie das hämolytisch-urämische Syndrom (HUS) oder zur thrombotisch-thrombozytopenischen Purpura. Als Virulenzfaktoren werden insbesondere die zytotoxischen Shigatoxine 1 und 2 (Stx1 und 2; *stx*-Toxingene sind meist phagenkodiert) und deren Varianten, aber auch das STEC-Hämolysin (von 60 MDa Plasmid kodiert) und -Intimin (zur Anheftung an Zellen des Darmepithels) angesehen. Als zusätzliche Virulenzfaktoren gelten das hitzestabile Enterotoxin EAST1 und eine Serinprotease. Das Gen des EAST1, das wäßrige Diarrhöen hervorrufen soll, wurde in vielen enterovirulenten $E.\,coli$ nachgewiesen: zu 100 % in O157:H7 STEC, zu über 50 % in Nicht-O157-STEC, zu rund 50 % in EAEC, zu über 40 % in ETEC, zu rund 20 % in EPEC und zu rund 10 % in DAEC. Aufgrund ihrer Virulenz spielen $E.\,coli$ der Serogruppe O157 (Serovare O157:H7 und O157:H–) in der STEC-Epidemiologie eine besondere Rolle. So repräsentiert diese O-Serogruppe zur Zeit in Deutschland 70 % aller STECs, die von HUS-Patienten isoliert werden, und rund 30 % aller STECs, die bei Enteritisfällen nachgewiesen werden (BOCKEMÜHL et al., 1997).

– ETEC: Wäßrige Durchfälle als Reisediarrhöe bei Erwachsenen und als Säuglingsenteritis in den Tropen. Als Ursache des Wasserverlustes gelten das hitzelabile (LT) und das hitzestabile Enterotoxin (ST), von deren bekannten zwei Klassen nur jeweils die Klassen I (LT I und ST I) eine Bedeutung für den

Menschen besitzen und von Plasmiden (ca. 30 MDa) kodiert werden. Häufig findet sich auch das hitzestabile Enterotoxin EAST1. Spezifische Fimbrienantigene vermitteln die Adhärenz an Zellen des Darmepithels.

- EIEC: Das Krankheitsbild entspricht mit wäßrigen und blutigen, oft schleimigen Durchfällen dem der eng verwandten Shigellen. Verursacht werden sie durch die Invasion von Zellen des Dickdarmepithels, wozu ein 120–140 MDa Virulenzplasmid erforderlich ist. Zusätzlich wird das *Shigella*-Enterotoxin 2 in EIECs nachgewiesen, das wäßrige Diarrhöen hervorrufen soll.

- EPEC: Verursacht Durchfall bei Säuglingen. Bei der Anheftung an das Darmepithel wirken die Virulenzfaktoren EPEC-Intimin und ein auf dem 50–70 MDa Virulenzplasmid kodiertes bündelformendes Pilin mit.

- EAEC: Sie verursachen persistente Durchfälle bei Kindern insbesondere in den Tropen. Ihre Beteiligung an Reise-Diarrhöen und ihre Rolle als Durchfallerreger in gemäßigten Breiten bedarf weiterer Untersuchungen. EAEC aggregieren in der Kultur an HEp-2-Zellen. Das Vorhandensein eines definierten Bereichs des 60 MDa Virulenzplasmids korreliert mit der Aggregation. Das hitzestabile Enterotoxin EAST1 gilt als weiterer Virulenzfaktor für 50 % der EAEC-Stämme.

- DAEC: Neuere Ergebnisse zeigen, daß sie persistente Durchfälle bei Kindern verursachen. DAEC adhärieren diffus in der Kultur an HEp-2-Zellen. Es wurden zwei Adhäsine und eine DNA-Probe eines Adhäsin-Gens beschrieben, deren Vorhandensein aber nur zu 75 % mit dem positiven Zellkulturtest korreliert. Kürzlich beschrieben BEINKE et al. (1998) für die Mehrzahl der untersuchten DAEC-Stämme die Anwesenheit eines Intimins wie für EHEC und EPEC.

Übertragung

Die Übertragung erfolgt direkt von Mensch zu Mensch oder durch kontaminierte Lebensmittel und Wasser. Mit Ausnahme von STEC sind aus industrialisierten Ländern gemäßigten Klimas nur wenige Ausbrüche der oben erwähnten *E. coli*-Pathotypen auf Lebensmittel zurückgeführt worden. STEC-Ausbrüche wurden insbesondere durch rohes oder zu schwach erhitztes Rinderhackfleisch verursacht. Daneben sind auch Rohmilch und rohes Fleisch anderer Nutztierarten von Bedeutung. Die zur Infektion erforderliche Dosis wurde aus Ausbrüchen von STEC mit unter 100 Keimen bestimmt. Dagegen wurden in Freiwilligenversuchen mit ETEC, EIEC und EPEC 10^6–10^{10} Keime als infektiös beschrieben.

Nachweis

1. Überblick

Da die Virulenzfaktoren der *E. coli*-Pathotypen häufig durch Plasmide oder Phagen übertragen werden und daher leicht durch Subkultivierung besonders in

Bouillon verloren gehen, sollten, falls vorhanden, mindestens 100 verdächtige Kolonien untersucht werden.

- STEC: Die bedeutsamen *E. coli* O157:H7 sind im Gegensatz zu anderen *E. coli* bei 44 °C kaum anzüchtbar. Da die STECs dieser Serogruppe meist kein Sorbit in 24 h fermentieren und keine Glucuronidase-Aktivität zeigen, lassen sie sich von Sorbit-MacConkey- (SMAC) oder Sorbit-MUG-Agarplatten isolieren. Dagegen sind Sorbit- und MUG-haltige Nährböden für die Isolierung aller anderen STEC, auch der Serogruppe O157:H–, von geringem Wert, da sie diese Substrate in der Regel prompt umsetzen. Die Anreicherung von STECs der Serogruppe O157 läßt sich durch immunomagnetische Trennung (Dynal) trotz möglicher Kreuzreaktionen mit anderen bakteriellen Antigenen deutlich verbessern (Nachweisgrenze ca. 100 Keime/g oder ml). Da sich die STEC-Epidemiologie jedoch wandelt und neben O157 auch andere O-Serogruppen wie z.B. O111, O103 und O26 an Bedeutung gewinnen sowie laufend weitere O-Serogruppen hinzukommen, wird das Spektrum der biochemischen und serologischen Reaktionen der STECs immer vielfältiger. Allerdings konnten auf Blutplatten mit Antibiotikasupplement (BVCC-Agar) 93 % aller STEC durch ihre Hämolysinbildung erkannt werden (LEHMACHER et al., 1998). Aufgrund der geänderten epidemiologischen Situation ist für den Nachweis von STEC die Identifizierung Stx-kodierender Gene mittels PCR bzw. Hybridisierung (LEHMACHER et al., 1998, RÜSSMANN et al., 1994, SCHMIDT et al., 1994, NEWLAND und NEILL, 1988) oder die Detektion von Stx selbst durch Immunoblot (KLIE et al., 1997), EIA (HiSS, Merlin, Microtest, R-Biopharm, Virotech) oder Latex-Agglutination (Oxoid) zu empfehlen. Bei vielen Stämmen, die Stx1 oder Stx2e (Stx2-Variante, die besonders von STEC-Isolaten aus Schweinen produziert wird) bilden, ist der immunologische Nachweis nur als schwach positiv zu beurteilen. Zudem verlieren viele STEC nach Subkultivierung die Fähigkeit, Shigatoxin zu bilden.

- ETEC: Die Serotypisierung ist zum Nachweis von ETECs wenig geeignet. In der Praxis haben sich daher der direkte Enterotoxin-Nachweis von LT I und ST I mittels Latex-Agglutination (Oxoid) sowie deren DNA-Nachweis mittels PCR oder Hybridisierung (STACY-PHIPPS et al., 1995, ABE et al., 1992) bewährt.

- EIEC: Wie die eng verwandten Shigellen sind EIECs unbeweglich, fermentieren in der Regel Lactose nicht oder nur spät und decarboxylieren kein Lysin. Sie zählen hauptsächlich zu *E. coli*-Serogruppen, die identisch oder verwandt mit *Shigella*-Antigenen sind. Zur weiteren biochemischen und serologischen Differenzierung von EIEC und *Shigella* sei hier auf ANDREWS et al. (1995) sowie ALTWEGG und BOCKEMÜHL (1998) verwiesen. Auch die Gene, die für die Invasivität kodieren, zeigen eine hohe Homologie zu *Shigella* und sind daher in der gleichen PCR oder Hybridisierung nachzuweisen (SETHABUTR et al., 1993, VENKATESAN et al., 1989).

- EPEC: Stämme dieses Pathotyps sind in der Regel auf wenige O-Serogruppen beschränkt und können so zunächst probeweise mit polyvalenten OK-Antiseren agglutiniert werden um nach positiver Reaktion den Serotyp mit gekochtem Antigen zu ermitteln (ALTWEGG und BOCKEMÜHL, 1998). Die Antiseren sind u. a. bei den Behring-Werken und Denka-Seiken (über Labor Diagnostika GmbH) erhältlich. Der schnelle Nachweis der Virulenzfaktoren gelingt mittels PCR der Gene des Intimins und des bündelformenden Pilins sowie für die DNA-Region des EPEC-Adhärenzfaktors (FRANKE et al., 1994, SCHMIDT et al., 1994, GUNZBURG et al., 1995).

- EAEC: Häufig zeigen EAEC durch Autoaggregation eine Hautbildung auf der Oberfläche von Müller-Hinton-Bouillon (ALBERT et al., 1993) und sind mittels PCR und Hybridisierung zu identifizieren (SCHMIDT et al., 1995, BAUDRY et al., 1990). Langwieriger aber zuverlässiger ist der Adhärenztest mit HEp-2-Zellen.

- DAEC: Obwohl ein DNA-Nachweis mittels Hybridisierung beschrieben wurde (BILGE et al., 1989), bleibt der Adhärenztest mit HEp-2-Zellen die Methode der Wahl.

2. Nachweis von EHEC in Lebensmitteln

Anreicherungsverfahren

25 g der zu untersuchenden Probe werden zu 225 ml modifizierter TSB (mTSB) gegeben und 6 h bei 37 °C mit 150 U/min geschüttelt. Anschließend werden 0,1 ml der bebrüteten Bouillon auf BVCC-Agar ausgestrichen und über Nacht bei 37 °C bebrütet. Für den Stx-Nachweis mittels EIA wird statt der weiteren Anreicherung auf dem Agar 1 ml der bebrüteten mTSB in 4 ml sterile mTSB mit Mitomycin C (50 μg/l) gegeben und 16 h geschüttelt.

Zusammensetzung der mTSB: Tryptic Soy Broth (Difco) 30 g; Gallesalze Nr. 3 1,12 g; Dikaliumhydrogenphosphat 1,5 g; Novobiocin (z. B. Sigma) 10 mg; dest. Wasser 1000 ml. Die mTSB wird ohne Novobiocin autoklaviert. Nach dem Abkühlen, direkt vor der Probenzugabe, werden 0,1 ml einer steril filtrierten Novobiocinlösung (100 mg/ml) zugegeben. Der pH der fertigen mTSB beträgt 7,3.

Zubereitung des BVCC-Agars: Tryptose Blood Agar Base (Difco) 33 g, Tryptose (Difco) 5 g, lösliche Stärke (Merck) 5 g, Calciumchlorid x 2H$_2$O (Merck) 441 mg und Agar (Difco) 3 g werden mit 970 ml dest. Wasser versetzt, mit 1N HCl auf pH 7,0 eingestellt und im Dampfschrank 1 h inkubiert. Danach wird der 50 °C warme Agar mit 30 ml frischem, defibriniertem, mit steriler physiologischer Kochsalzlösung gewaschenem Schafsblut und mit steril filtrierten Antibiotikalösungen versetzt: 1 ml Vancomycinlösung (Lilly; 30 mg/ml), 10 μl Cefiximlösung (Merck; 2 mg in 1 ml Ethanol) und 1 ml Cefsulodinlösung (Sigma; 3 mg/ml).

Immunmagnetische Anreicherung und Isolierung von *E. coli* O157

Die immunmagnetische Anreicherung von *E. coli* O157 erfolgt aus der 6 h bebrüteten mTSB nach den Angaben des Herstellers (Dynal). Die beladenen immunmagnetischen Partikel werden nach der Anreicherung fraktioniert auf SMAC-Platten (Oxoid) oder anderen Sorbit-haltigen Nährböden ausgestrichen. Zusätzlich wird eine BVCC-Platte beimpft, um neben *E. coli* O157:H7 auch die überwiegende Mehrzahl der *E. coli* O157:H– nachweisen zu können.

Nachweis der Shigatoxin-Gene (*stx*) und der Shigatoxine

Die beiden PCRs zum Nachweis für *stx*$_1$ und *stx*$_2$ werden nach RÜSSMANN et al. (1994) respektive LEHMACHER et al. (1998) durchgeführt. Als Proben werden 10 min gekochte Saline-Abschwemmungen von verdächtigen Einzelkolonien oder des gesamten Bakterienwachstums von der BVCC- respektive SMAC-Platte verwendet. Alternativ zur PCR können STEC mittels Toxin-EIA (HiSS, Merlin, Microtest, R-Biopharm, Virotech) und Latex-Agglutination (Oxoid) nachgewiesen werden.

stx-positive Einzelkolonien werden nach der PCR direkt biochemisch und serologisch charakterisiert. Von *stx*-positiven Abschwemmungen des Bakterienrasens oder Shigatoxin-haltigen mTSB mit Mitomycin C werden STEC-Einzelkolonien durch anschließende *stx*-Koloniehybridisierung oder Stx-Immunoblot gewonnen.

Isolierung und Identifizierung von STEC-Einzelkolonien

Die *stx*-Koloniehybridisierung wird von mindestens 100 präsumtiven *E. coli*-Kolonien der MacConkey-Platten mit Digoxigenin-markierten *stx*-Proben, hergestellt nach SCHMIDT et al. (1994), durchgeführt. Die Detektion *stx*-positiver Kolonien erfolgt mit dem Digoxigenin-Nachweiskit (Boehringer Mannheim) nach den Angaben des Herstellers. Alternativ zur *stx*-Koloniehybridisierung können STEC-Einzelkolonien nach dem von KLIE et al. (1997) beschriebenen Immunoblot gewonnen werden.

Alle isolierten *stx*-positiven Einzelkolonien werden abschließend biochemisch als *E. coli* identifiziert (z.B. mit API 20E von bioMérieux), wobei beachtet werden sollte, daß auch Shigatoxin-bildende *Citrobacter freundii*, *Enterobacter cloacae* und *Shigella dysenteriae* O1 bekannt sind. O- und H-Antigene der STEC werden mit Antiseren (Behring-Werke, Denka-Seiken über Labor Diagnostika GmbH) wie für EPECs beschrieben ermittelt.

Literatur

1. ABE, A., OBATA, H., MATSUSHITA, S., YAMADA, S., KUDOH, Y., BANGTRAKUL-NONTH, A., RATCHTRACHENCHAT, O.-A., DANBARA, H., A sensitive method for the detection of enterotoxigenic Escherichia coli by the polymerase chain reaction using multiple primer pairs, Zbl. Bakt. 277, 170-178, 1992

2. ALBERT, M.J., QADRI, F., HAQUE, A., BHUIYAN, N.A., Bacterial clump formation at the surface of liquid culture as a rapid test for identification of enteroaggregative Escherichia coli, J. Clin. Microbiol. 31, 1397-1399, 1993

3. ALTWEGG, M., BOCKEMÜHL, J., Escherichia and Shigella, in: Topley & Wilson´s Microbiology and Microbial Infections, 9th Edition, Volume 2: Systematic Bacteriology, A. Balows, B.I. Duerden, volume editors, Arnold, London, 935-967, 1998

4. ANDREWS, W.H., JUNE, G.A., SHERROD, P.S., Shigella, in: Bacteriological Analytical Manual, Food and Drug Administration, publ. by AOAC International, Arlington, USA, 6.01-6.06, 1995

5. BAUDRY, B., SAVARINO, S.J., VIAL, P., KAPER, J.B., LEVINE, M.M., A sensitive and specific DNA probe to identify enteroaggregative Escherichia coli, a recently discovered diarrheal pathogen, J. Inf. Dis. 161, 1249-1251, 1990

6. BEINKE, C., LAARMANN, S., WACHTER, C., KARCH, H., GREUNE, L., SCHMIDT, M.A., Diffusely adhering Escherichia coli strains induce attaching and effacing phenotype and secrete homologs of Esp proteins, Inf. Immun. 66, 528-539, 1998

7. BILGE, S.S., CLAUSEN, C.R., LAU, W., MOSELEY, S., Molecular characterization of a fimbrial adhesin, F1845, mediating diffuse adherence of diarrhea-associated Escherichia coli to HEp-2 cells, J. Bacteriol. 171, 4281-4289, 1989

8. BOCKEMÜHL, J., KARCH, H., TSCHÄPE, H., Infektionen des Menschen durch enterohämorrhagische Escherichia coli (EHEC) in Deutschland, 1996, Bundesgesundheitsblatt, 40, 194-197, 1997

9. CHAPMAN, P.A., Verocytotoxin-producing Escherichia coli: an overview with emphasis of the epidemiology and prospects for control of E. coli O157, Food Control 6, 187-193, 1995

10. DOYLE, M.P., PADHYE, V.V., Escherichia coli, in: Foodborne Bacterial Pathogens, ed. by M.P. Doyle, Marcel Dekker Inc. Basel, 235-281, 1989

11. FRANKE, J., FRANKE, S., SCHMIDT, H., SCHWARZKOPF, A., WIELER, L.H., BALJER, G., BEUTIN, L., KARCH, H., Nucleotide sequence analysis of enteropathogenic Escherichia coli (EPEC) adherence factor probe and development of PCR for rapid detection of EPEC harboring virulence plasmids, J. Clin. Microbiol. 32, 2460-2463, 1994

12. GUNZBURG, S.T., TORNIEPORTH, N.G., RILEY, L.W., Identification of enteropathogenic Escherichia coli by PCR-based detection of the bundle-forming pilus gene, J. Clin. Microbiol. 33, 1375-1377, 1995

13. KLIE, H., TIMM, M., RICHTER, H., GALLIEN, P., PERLBERG, K.-W., STEINRÜCK, H., Nachweis und Vorkommen von Verotoxin- bzw. Shigatoxin-bildenden Escherichia coli (VTEC bzw. STEC) in Milch, Berl. Münch. Tierärztl. Wschr. 110, 337-341, 1997

14. LEHMACHER, A., MEIER, H., ALEKSIC, S., BOCKEMÜHL, J., Detection of hemolysin variants of Shiga toxin-producing Escherichia coli by PCR and culture on vancomycin-cefixime-cefsulodin blood agar, Appl. Environ. Microbiol. 64, 2449-2453, 1998

15. NATARO, J.P., KAPER, J.B., Diarrheagenic Escherichia coli, Clin. Microbiol. Reviews 11, 142-201, 1998

16. NEWLAND, J.W., NEILL, R.J., DNA probes for shiga-like toxin I and II and for toxin-converting bacteriophages, J. Clin. Microbiol. 26, 1292-1297, 1988

17. RÜSSMANN, H., SCHMIDT, H., HEESEMANN, J., CAPRIOLI, A., KARCH, H., Variants of Shiga-like toxin II constitute a major toxin component in Escherichia coli O157 strains from patients with a haemolytic uraemic syndrome, J. Med. Microbiol. 40, 338-343, 1994

18. SCHMIDT, H., KNOP, C., FRANKE, S., ALEKSIC, S., HEESEMANN, J., KARCH, H., Development of PCR for screening of enteroaggregative Escherichia coli, J. Clin. Microbiol. 33, 701-705, 1995

19. SCHMIDT, H., RÜSSMANN, H., SCHWARZKOPF, A., ALEKSIC, S., HEESEMANN, J., KARCH, H., Prevalence of attaching and effacing Escherichia coli in stool samples from patients and controls, Zbl. Bakt. 281, 201-213, 1994

20. SETHABUTR, O., VENKATESAN, M., MURPHY, G.S., EAMPOKALAP, B., HOGE, C.W., ECHEVERRIA, P., Detection of shigellae and enteroinvasive Escherichia coli by amplification of the invasion plasmid antigen H DNA sequence in patients with dysentery, J. Inf. Dis. 167, 458-461, 1993

21. STACY-PHIPPS, S., MECCA, J.J., WEISS, J.B., Multiplex PCR assay and simple preparation method for stool specimens detect enterotoxigenic Escherichia coli DNA during course of infection, J. Clin. Microbiol. 33, 1054-1059, 1995

22. VENKATESAN, M.M., BUYSSE, J.M., KOPECKO, D.J., Use of Shigella flexneri ipaC and ipaH gene sequences for the general identification of Shigella spp. and enteroinvasive Escherichia coli, J. Clin. Microbiol. 27, 2687-2691, 1989

3.1.5 Andere Enterobacteriaceen und sogenannte Opportunisten

J. Baumgart

(STILES, 1989, BOCKEMÜHL, 1992)

Gelegentlich sind in Fällen von Erkrankungen nach dem Verzehr von Lebensmitteln Arten der Genera *Proteus, Providencia, Citrobacter, Klebsiella, Enterobacter* und *Edwardsiella* isoliert worden. Diese Erkrankungen traten bisher begrenzt auf, und es waren immer nur einzelne Stämme der Erreger, die unter ganz bestimmten Bedingungen pathogen waren. Solche Bakterien werden in der medizinischen Mikrobiologie als „opportunistische" Bakterien bezeichnet. In den letzten Jahren kam es besonders durch einzelne Stämme von *Citrobacter freundii* zu Erkrankungen.

☐ *Citrobacter freundii*

Stämme der Gattung *Citrobacter* sind normale Darmbewohner des Menschen sowie warm- und kaltblütiger Tiere. Unterschieden werden die Arten *C. freundii, C. diversus* (syn. *koseri*), *C. amalonaticus, C. farmeri, C. braakii, C. werkmanii, C. sedlakii* und *C. youngae* (BRENNER et al., 1993). Nur einzelne Stämme von *C. freundii* sind in früheren Studien bereits wiederholt als Durchfallerreger beschrieben worden (SCHMIDT et al., 1993, JANDA et al., 1994, THURM und GERICKE, 1994). Aus rohem Rinderhack und Patientenstühlen wurden *C. freundii*-Stämme isoliert, die eine Variante des bei enterohämorrhagischen *E. coli* (EHEC) vorkommenden Shiga-like Toxins II (SLT II = Stx2) produzierten (SCHMIDT et al., 1993). Zu einem größeren Ausbruch durch Shiga-like Toxin-produzierende *C. freundii* kam es 1993 in einem Kindergarten in der Nähe von Wernigerode, bei dem von 36 Infizierten 9 Kinder an einem hämolytisch-urämischen Syndrom (HUS) erkrankten, ein Kind verstarb. Ursache der Infektion war Butter, die frische Petersilie enthielt. Die Petersilie war mit Schweinegülle gedüngt worden (TSCHÄPE et al., 1995). Aufgrund der bisherigen Kenntnisse führen nur bestimmte Stämme von *C. freundii* zur „Lebensmittelvergiftung". Allein der Nachweis von *C. freundii* rechtfertigt keine Ablehnung der Produkte, nachzuweisen ist immer die Bildung von Toxinen.

Nachweis von *Citrobacter freundii*

– Kulturell und biochemisch

   C. freundii wächst auf allen in der *Enterobacteriaceae*-Diagnostik üblichen Nährböden und wird häufiger auch beim Nachweis der Salmonellen festgestellt (auch Agglutination mit omnivalenten/polyvalenten Salmonella-Antiseren). Eine Identifizierung erfolgt biochemisch (z.B. API 20E).

– Nachweis über Zellkulturen, immunologisch, Gensonde, PCR (SCHMIDT et al., 1993)

Literatur

1. BOCKEMÜHL, J., Gattung Citrobacter, in: Mikrobiologische Diagnostik, herausgegeben von BURKHARDT, F., Georg Thieme Verlag Stuttgart, 1992, S. 145

2. BRENNER, D.J., GRIMONT, P.A., STEIGERWALT, A.G., FANNING, G.R., AGERON, E., RIDDLE, C.F., Classification of Citrobacter by DNA hybridization; Designation of Citrobacter farmeri sp. nov., Citrobacter youngae sp. nov., Citrobacter braakii sp. nov., Citrobacter werkmanii sp. nov., Citrobacter sedlakii sp. nov., and three unnamed Citrobacter genomospecies, Int. J. Syst. Bacteriol. 43, 645-658, 1993

3. JANDA, J.M., ABBOTT, S.L., CHEUNG, W.K.W., HANSON, D.F., Biochemical identification of Citrobacter in the clinical laboratory, J. Clin. Microbiol. 32, 1850-1854, 1994

4. SCHMIDT, H., MONTAG, M., BOCKEMÜHL, J., HEESEMANN, J., KARCH, H,. Shigalike toxin II-related cytotoxins in Citrobacter freundii strains from humans and beef samples, Infect. Immun. 61, 534-543, 1993

5. STILES, M.E., Less recognized or presumptive foodborne pathogenic bacteria, in: Foodborne bacterial pathogens, ed. by M.P. Doyle, Marcel Dekker, Inc., Basel, S. 673-733, 1989

6. THURM, V., GERICKE, B., Identification of infant food as a vehicle in a nosocomial outbreak of Citrobacter freundii: epidemiological subtyping by allozyme, whole-cell protein and antibiotic resistance, J. Appl. Bacteriol. 76, 553-558, 1994

7. TSCHÄPE, H., PRAGER, R., STRECKEL, W., FRUTH, A., TIETZE, E., BÖHME, G., Verotoxinogenic Citrobacter freundii associated with severe gastroenteritis and cases of haemolytic uraemic syndrome in a nursery school: green butter as the infection source, Epidemiol. Infect. 114, 441-450, 1995

3.1.6   Vibrionen   *J. Baumgart*

        (SAKAZAKI et al., 1986, SAKAZAKI und SHIMADA, 1986, TWEDT, 1989, MADDEN et al., 1989, KAYSNER et al., 1992, ELLIOT et al., 1995, DONOVAN und van NETTEN, 1995, ICMSF, 1996)

Eigenschaften

Zum Genus *Vibrio* der Familie *Vibrionaceae* gehören mehr als 30 Arten, die sich durch folgende Eigenschaften auszeichnen: Gramnegative Stäbchen, fakultativ anaerob, beweglich, meist Oxidase-positiv, Fermentation von Glucose ohne

Gasbildung (einige Ausnahmen), Wachstumsförderung durch Natrium-Ionen. Acht Arten gelten als pathogen: *V. cholerae, V. mimicus, V. parahaemolyticus, V. hollisae, V. fluvialis, V. furnissii, V. vulnificus und V. damsela.*

Fraglich ist die Pathogenität von *V. metschnikovii.* Eine besondere Bedeutung im Hinblick auf Lebensmittelvergiftungen haben *V. cholerae, V. parahaemolyticus, V. vulnificus* und *V. mimicus.*

Vorkommen

Wasser, bes. Küstengewässer, Meerestiere

☐ *Vibrio cholerae* **und** *Vibrio mimicus*

Beide Arten unterscheiden sich von den halophilen Vibrionen u. a. dadurch, daß sie nicht auf Na^+, K^+ und Mg^{2+} angewiesen sind. Die Eigenschaften beider Arten sind sehr ähnlich. *V. mimicus* fermentiert jedoch keine Saccharose, bildet kein Acetoin aus Glucose und besitzt keine Amylaseaktivität. *V. cholerae* und *V. mimicus* haben ein identisches H-Antigen. Das O-Antigen führt zur Unterscheidung zahlreicher Serovare. Die echten Cholera-Vibrionen gehören zum Serovar 1 (O1). O1-*Vibrio-cholerae* wird in zwei Biovare unterteilt, in *V. cholerae* und *V. eltor.* O1-*Vibrio-cholerae* besitzt 3 antigene Varianten (keine Serotypen oder Subtypen): Ogawa, Inaba und Hikojima. Zahlreiche Vibrionen, die biochemisch den Cholera-Vibrionen gleichen, aber nicht mit dem O1-Serum agglutinieren, werden als *Vibrio cholerae* non O1 oder „non-cholera vibrios" (NCV) bezeichnet.

Krankheitserscheinungen

Brechdurchfall, hoher Flüssigkeitsverlust. Ursache: Enterotoxin, das im Darm gebildet wird.

Minimale Infektiöse Dosis

10^6 (Trinkwasser), bei anderen Lebensmitteln geringer.

Inkubationszeit

2–5 Tage

Lebensmittel, die zur Erkrankung führten

Wasser, Krustentiere, mit Wasser verunreinigte Lebensmittel (Gemüse, Obst).

☐ *Vibrio parahaemolyticus*

Vibrio parahaemolyticus gehört zu den halophilen Vibrionen und vermehrt sich am besten bei einem Kochsalzgehalt von 2–4 % (Bereich 0,5–10 %). Einige biochemische Eigenschaften und Unterschiede zu anderen Vibrionen sind in der Tab. III.3-4 aufgeführt.

Tab. III.3-4: Eigenschaften pathogener Vibrionen

Eigenschaften	V. cholerae	V. mimicus	V. para-haemolyticus	V. algino-lyticus	V. vulnificus	V. damsela	V. fluvialis	V. furnissii	V. hollisae
Vermehrung in Kochsalz-Bouillon									
0 %	+	+	-	-	-	-	-	-	-
7 %	-	-	+	+	-	-	v	v	-
10 %	-	-	-	+	-	-	-	-	-
Vermehrung auf									
CLED-Medium	+	+	-	-	-	-	v	v	-
Indol	+	+	+	+	+	-	-	-	+
Voges-Proskauer	v	-	-	+	-	v	-	-	-
Lysindecarboxylase	+	+	+	+	+	v	-	-	-
Argininhydrolase	-	-	-	-	-	+	+	+	-
Ornithindecarboxylase	+	+	+	+	v	-	+	+	-
Urease	-	-	-	-	-	+	-	-	-
Fermentation von									
Glucose, Säure	+	+	+	+	+	+	+	+	+
Glucose, Gas	-	-	-	-	-	v	-	+	-
Arabinose	-	-	v	v	-	-	v	+	+
Lactose	v	-	-	-	+	-	-	-	-
Saccharose	+	-	-	+	-	-	+	+	-

Erklärung: v = variable Reaktion
Anmerkung:
Art der Prüfung und weitere Reaktionen siehe bei SAKAZAKI und SHIMADA, 1986, MADDEN et al., 1989, TWEDT, 1989, KAYSNER et al., 1992, ELLIOT et al., 1995

Vermehrungstemperatur
Optimum 37 °C
Maximum 43 °C
Minimum 5 °C (bei pH über 7,2 und 3 % Kochsalz)

Minimaler pH-Wert 4,8 (bei 30 °C, Kochsalz 3 %)

Minimaler a_w-Wert 0,94

Hitzeresistenz $D_{60\,°C} = 1,0$ min

Die aus Patientenstühlen isolierten Stämme von *V. parahaemolyticus* waren gewöhnlich hämolytisch, die aus Lebensmitteln isolierten zeigten dagegen auf Medien mit menschlichen Erythrozyten selten Hämolyse (Kanagawa-negativ). Da die Kanagawa-Reaktion entscheidend vom Medium und den Kulturbedingungen abhängt, wurde als empfindlicheres Nachweisverfahren die umgekehrte passive Hämagglutination als Test vorgeschlagen. Verschiedene Hämolysine wurden bei *V. parahaemolyticus* nachgewiesen. Eine extrazelluläre Substanz ist für die Kanagawa-Reaktion verantwortlich – („Thermostable Direct Hemolysin, TDH"). Der Pathogenitätsmechanismus des Kanagawa-Hämolysins wurde allerdings bisher nicht eindeutig geklärt. Bei Kanagawa-positiven Stämmen konnte ebenfalls ein Hämolysin nachgewiesen werden, das nicht thermostabil ist und das bei i.p. Injektionen bei Mäusen in 30–40 % der Fälle zum Tode führte.

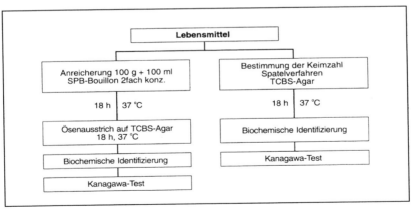

Abb. III.3-5: Nachweis von *Vibrio parahaemolyticus*

Vorkommen

Wasser, Fische, Krusten- und Schalentiere

Krankheitserscheinungen

Brechdurchfall

Inkubationszeit

2–48 h

Minimale Infektiöse Dosis

$> 10^5$

Lebensmittel, die zur Erkrankung führten

Trinkwasser, verunreinigte, nicht erhitzte Meerestiere; Lebensmittel, die nach der Zubereitung verunreinigt wurden.

☐ *Vibrio fluvialis* und *V. furnissii*

Vorkommen

Seewasser, Fische, Muscheln, Austern

Krankheitserscheinungen

Durchfälle; es wurde ein thermolabiles Cytotoxin nachgewiesen. Der enteropathogene Mechanismus ist noch ungeklärt. In den USA wurden Lebensmittelvergiftungen durch *V. furnissii* beschrieben (SAKAZAKI und SHIMADA, 1986). Beide Kulturen vermehren sich auf TCBS-Agar, wenn es sich um frische Isolate handelt, dagegen zeigten Stammkulturen nur ein schwaches Wachstum.

☐ *Vibrio hollisae*

Vibrio hollisae wurde im Stuhl von Patienten nachgewiesen, die an Durchfall erkrankt waren, einige von ihnen hatten Meerestiere roh gegessen. Ein thermostabiles Hämolysin (TDH) wurde bei Isolaten von Fischen nachgewiesen, das identisch war mit dem Hämolysin von *V. hollisae* aus Patientenstühlen. *V. hollisae* vermehrt sich nicht auf TCBS-Agar, jedoch auf Schafblut-Agar.

☐ *Vibrio alginolyticus*

Vibrio alginolyticus ist weit verbreitet im Seewasser und bei Meerestieren. *V. alginolyticus* wurde in Stühlen von Patienten nachgewiesen, die choleraähnliche Symptome aufwiesen (OLIVER, 1985).

☐ *Vibrio vulnificus*

Vibrio vulnificus vermehrt sich im Gegensatz zu *V. parahaemolyticus* in Medien mit 8 % Kochsalz und fermentiert Lactose. *V. vulnificus* führt zu Wundinfektionen nach Kontakt mit Meerwasser und Meerestieren sowie zur Septikämie über das Lebensmittel, bes. Muscheln und Austern. Ein Enterotoxin ist die Ursache auftretender Durchfälle (STELMA et al., 1988).

☐ *Vibrio damsela*

Vibrio damsela führt zu Wundinfektionen. Durchfälle sind bisher nicht beobachtet worden.

Nachweis der Vibrionen

Die Nachweismethoden unterscheiden sich bei den einzelnen Arten.

Anreicherung pathogener Vibrionen

– 20 g Lebensmittel mit der sterilen Schere in Stücke zerschneiden und mit 200 ml alkalischem Peptonwasser (pH 8,6–9,0) ca. 2 min gut schütteln. Danach das Lebensmittel entfernen und die Voranreicherung 8 h bei 37 °C bebrüten. Besonders bei Krusten- und Schalentieren sollte kein Homogenisat angereichert werden, da Vibrionen durch Inhaltsstoffe gehemmt werden (SAKAZAKI und SHIMADA, 1986).

– Eine Öse aus der Voranreicherung zu 9 ml Anreicherungsbouillon (Monsur's Broth = Tellurit-Galle-Kochsalz-Bouillon), Bebrütung über Nacht bei 37 °C.

– Ösenausstrich auf TCBS-Agar, Bebrütung bei 37 °C für 18 h.

– Typische Kolonien werden biochemisch identifiziert. Vibrionen sind Oxidasepositiv und fermentieren Glucose ohne Gasbildung (nur *V. furnissii* bildet wenig Gas). Die Oxidase darf nicht auf dem Selektivmedium und Medien mit fermentierbaren Kohlenhydraten geprüft werden, da sonst die Reaktion verfälscht wird. Die Identifizierungsmedien müssen 1 % NaCl enthalten.

– Verdächtige Cholera-Vibrionen werden zusätzlich serologisch identifiziert.

Anreicherung von *Vibrio parahaemolyticus*

– 100 g Lebensmittel zu 100 ml doppelt konzentrierter SPB-Bouillon.

– Nach einer Bebrütung bei 37 °C für 18 h Ösenausstrich von der Oberfläche auf TCBS-Agar, Bebrütung 37 °C, 18 h.

– Biochemische Identifizierung verdächtiger Kolonien.

– Nachweis der Kanagawa-Reaktion.

Bestimmung der Keimzahl

– Spatelverfahren, TCBS-Agar, 18 h bei 37 °C

- Biochemische Identifizierung verdächtiger Kolonien, bei Verdacht auf *Vibrio cholerae* Agglutination mit 01-Antiserum, bei *V. parahaemolyticus* Nachweis der Kanagawa-Reaktion.

Nachweis der Kanagawa-Reaktion

- Vom TCBS-Agar werden typische Kolonien (Durchmesser 2–3 mm, grünlich-blaues Zentrum) entnommen und in Tryptic Soy Broth + 3 % Kochsalz überimpft und bei 37 °C 2–4 h bebrütet.
- Punktförmiges Beimpfen eines vorgetrockneten Wagatsuma-Agars, Bebrütung bei 37 °C für 18 h.
- Hämolyse-positive Kolonien = Kanagawa-positiv, Referenzkultur als Kontrolle einsetzen.

Literatur

1. DONOVAN, T.J., VAN NETTEN, P., Culture media for the isolation and enumeration of pathogenic Vibrio species in foods and environmental samples, Int. J. Food Microbiol., 26, 77-91, 1995

2. ELLIOT, E.L., KAYSNER, CH.A., JACKSON, L., TAMPLIN, M.L., V. cholerae, V. parahaemolyticus, V. vulnificus and other Vibrio spp., in: Bacteriological Analytical Manual, 8th ed., Food and Drug Administration, publ. by AOAC International, Gaithersburg, MD 20877, USA, Kapitel 9.01-9.27, 1995

3. ICMSF (International Commission on Microbiological Specifications for Foods), Microorganisms in foods – microbiological specifications of food pathogens, Chapman and Hall, London, 1996

4. KAYSNER, CH.A., TAMPLIN, M.L., TWEDT, R.M., Vibrio, in: Compendium of methods for the microbiological examination of foods, 3rd ed., ed. by C. Vanderzant, D.F. Splittstoesser, American Public Health Association, Washington D. C., 451-473, 1992

5. McDONELL, M.T., COLWELL, R.R., Phylogeny of the Vibrionaceae and recommendations for the new genera, Listonella and Shewanella, Syst. Appl. Microbiol. 6, 171-182, 1985

6. MADDEN, J.M., McCARDELL, B.A., MORRIS, J.G. Jr., Vibrio cholerae, in: Foodborne Bacterial Pathogens, ed. by M.P. Doyle, Marcel Dekker, Inc. Basel, 525-542, 1989

7. OLIVER, J.D., Vibrio: an increasingly troublesom genus, Diagnostic Medicine 8, 43-49, 1985

8. SAKAZAKI, R., SHIMADA, T., Vibrio species as causative agents of food-borne infections, in: Developments in food microbiology – 2, ed. by R. K. Robinson, Elsevier Appl. Sci. Publ. London, 123-151, 1986

9. SAKAZAKI, R. et al., ICMSF methods studies. XVI. Comparison of salt polymyxin broth with glucose salt teepol broth for enumerating Vibrio parahaemolyticus in naturally contaminated samples, J. Food Protection 49, 773-780, 1986

10. STELMA, G.N., Jr., SPAULDING, P.L., REYES, A.L., JOHNSON, C.H., Production of enterotoxin by Vibrio vulnificus isolates, J. Food Protection 51, 192-196, 1988

11. TWEDT, R.M., Vibrio parahaemolyticus, in: Foodborne Bacterial Pathogens, ed. by M.P. Doyle, Marcel Dekker Inc., Basel, 543-568, 1989

3.1.7 Aeromonaden   *J. Baumgart*

(SCHUBERT, 1992, HOLT et al., 1994, MERINO et al., 1995, ICMSF, 1996)

Das Genus *Aeromonas* gehört zur Familie *Vibrionaceae*. Von Patienten mit Gastroenteritis wurden *A. hydrophila, A. sobria, A. schubertii und A. veronii* isoliert (SCHUBERT, 1992). In den letzten Jahren mehren sich die Publikationen, die eine Beteiligung von *A. hydrophila* und *A. sobria* bei Durchfallerkrankungen wahrscheinlich werden lassen. (WADSTRÖM und LJUNGH, 1991, WILCOX et al., 1992, KIROV, 1993). Bei *A. hydrophila* und *A. sobria* wurden die Bildung eines extracellulären Cytotoxins, eines Haemolysins und eines Enterotoxins nachgewiesen. Diese Toxine bildete *A. hydrophila* auch bei 4 °C, *A. sobria* bei 10 °C (KROVACEK et al., 1991). Obwohl die Pathogenitätsmechanismen noch nicht geklärt sind, müssen *A. hydrophila* und *A. sobria* als pathogene Bakterien angesehen werden, die zur Lebensmittelvergiftung führen können (MAJEED et al., 1991).

Eigenschaften

(PALUMBO et al., 1987, GRAM, 1991, BEUCHAT, 1991, WADSTRÖM und LJUNGH, 1991, MERINO et al., 1995)

Gramnegative Stäbchen, optimale Vermehrungstemperatur 22–28 °C, Vermehrung im Lebensmittel auch bei 4 °C und unter kontrollierter Atmosphäre und anaeroben Bedingungen. Die Hitzeresistenz ist gering: $D_{51\,°C} = 2{,}3$ min; Hemmung durch 5 % Kochsalz und 1000 ppm Sorbat sowie bei pH-Werten unterhalb 4,5.

Vorkommen

Wasser, nachgewiesen bei Austern, Krabben, Frischfleisch von Rind, Schwein, Geflügel, Schaf, Fisch, Milch, Frischgemüse.

Krankheitserscheinungen

Gastroenteritis, mildes Fieber, Art „Reiswasser-Stuhl"

Minimale infektiöse Dosis: 10^6–10^8 (GRANUM et al., 1995)

Nachweis

(OGDEN et al., 1994, GOBAT und JEMMI, 1995, JEPPESEN, 1995)

Bestimmung der Keimzahl oder direkter Nachweis auf einem festen Medium

- 10 g Lebensmittel + 90 ml Verdünnungsflüssigkeit
- Spatel- oder Tropfplattenverfahren auf Stärke-Ampicillin-Agar bei 28 °C für 24 h.
  Typische Kolonien sind honiggelb und haben einen Durchmesser von ca. 2–3 mm. Nur wenige aus Lebensmitteln stammende Bakterien, wie das Genus *Aeromonas* und die meisten Arten des Genus *Vibrio*, bilden eine Amylase. Durch Überfluten mit Lugol'scher Lösung sind die Amylase-positiven Bakterien durch einen Aufhellungshof zu erkennen.
- Typische Kolonien werden auf ein kohlenhydratfreies Medium (z. B. CASO-Agar) überimpft und bei 28 °C 24 h bebrütet. Oxidase-positive Kolonien werden biochemisch identifiziert (z. B. API 20NE).

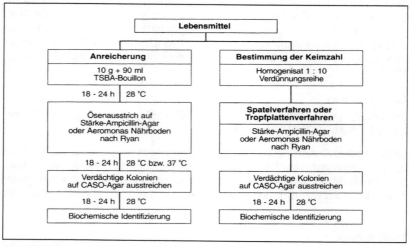

Abb. III.3-6:   Nachweis von *Aeromonas* spp.

Literatur

1. BEUCHAT, L.R., Behavior of Aeromonas species at refrigeration temperature, Int. J. Food Microbiol. 13, 217-224, 1991
2. GOBAT, P.-F., JEMMI, T., Comparison of seven selective media for the isolation of mesophilic Aeromonas species in fish and meat, Int. J. Food Microbiol. 24, 375-384, 1995

3. GRAM, L., Inhibition of mesophilic spoilage Aeromonas spp. on fish by salt, potassium sorbate, liquid smoke and chilling, J. Food Protection 54, 436-442, 1991

4. GRANUM, P.E., TOMAS, J.M., ALOUF, J.E., A survey of bacterial toxins involved in food poisoning: a suggestion for bacterial food poisoning toxin nomenclature, Int. J. Food Microbiol. 28, 129-144, 1995

5. HOLT, J.G., KRIEG, N.R., SNEATH, P.H.A., STALEY, J.T., WILLIAMS, ST.,T., Bergey's Manual of Determinative Bacteriology, 9th. ed., Williams & Wilkins, Baltimore, 1994

6. ICMSF (International Commission on Microbiological Specifications for Foods), Microorganisms in foods-microbiological specifications of food pathogens, Chapman & Hall, London, 1996

7. JEPPESEN, C., Media for Aeromonas spp., Plesiomonas shigelloides and Pseudomonas spp. from food environment, Int J. Food Microbiol. 26, 25-41, 1995

8. KIROV, S.M., Review – The public health significance of Aeromonas spp. in foods, Int. J. Food Microbiol. 20, 179-198, 1993

9. KROVACEK, K., FARIS, A., MANSON, I., Growth of and toxin production by Aeromonas hydrophila and Aeromonas sobria at low temperatures, Int. J. Food Microbiol. 13, 165-176, 1991

10. MAJEED, K.N., MacRAE, I.C., Experimental evidence for toxin production by Aeromonas hydrophila and Aeromonas sobria in a meat extract at low temperatures, Int. J. Food Microbiol. 12, 181-188, 1991

11. MERINO, S., RUBIRES, X., KNÖCHEL, S., THOMAS, J.M., Emerging pathogens: Aeromonas spp., Int. J. Food Microbiol. 28, 157-168, 1995

12. OGDEN, I.D., MILLAR, I.G., WATT, A.J., WOOD, L., A comparison of three identification kits for the confirmation of Aeromonas spp., Letters in Appl. Microbiol. 18, 97-99, 1994

13. PALUMBO, S.A., WILLIAMS, A.C., BUCHANAN, R.L., Phillips, J. G., Thermal resistance of Aeromonas hydrophila, J. Food Protection 50, 761-764, 1987

14. SCHUBERT, R., Aeromonas und Plesiomonas, in: Mikrobiologische Diagnostik, herausgegeben von F. Burkhardt, Georg Thieme Verlag, Stuttgart, 109-111, 1992

15. WADSTRÖM, T., LJUNGH, Å., Aeromonas and Plesiomonas as food- and waterborne pathogens, Int. J. Food Microbiol. 12, 303-312, 1991

16. WILCOX, M.H., COOK, A.M., ELEY, A., SPENCER, R.C., Aeromonas spp. as a potential cause of diarrhoe in children, J. Clin. Pathol. 45, 959-963, 1992

3.1.8 Plesiomonas shigelloides *J. Baumgart*

(KOBURGER, 1989, WADSTRÖM und LJUNGH, 1991, HOLT et al., 1994, ICMSF, 1996)

Plesiomonas shigelloides führt zu Darminfektionen mit schleimig-blutigem Stuhl. Die Krankheitserscheinungen sind einer Infektion mit Shigellen und enteroinvasiven *E. coli* ähnlich (WADSTRÖM und LJUNGH, 1991). Über die Toxinbildung von *Pl. shigelloides* liegen bisher keine gesicherten Erkenntnisse vor.

Eigenschaften

Pl. shigelloides ist ein gramnegatives, fakultativ anaerobes, bewegliches Oxidase-positives Stäbchen der Familie *Vibrionaceae*.

Vermehrungstemperatur
    Optimum   30–37 °C
    Minimum   8–10 °C (*Aeromonas* spp. unter 8 °C)
Minimaler pH-Wert   4,0

Vorkommen

Süß- und Salzwasser, Schlamm; nachgewiesen in Muscheln, Austern, Fischen, Kot von Rind, Geflügel, Schwein, Schaf.

Nachweis (JEPPESEN, 1995)

Verfahren: Oberflächenkultur oder Gußkultur

Medium: Plesiomonas-Agar (PL-Agar) oder Inositol-Brillantgrün-Gallesalz-(IBG-)-Agar. Der PL-Agar ist weniger selektiv als der IBG-Agar und somit besonders geeignet zur Untersuchung trockener oder gefrorener Lebensmittel.

Bebrütung: 37 °C 24 h (PL-Agar) oder 48 h (IBG-Agar)

Auswertung: Auf dem IBG-Agar bildet *P. shigelloides* rote bis rosafarbene Kolonien (Fermentation von Inositol), auf dem PL-Agar sind die Kolonien rosafarben und von einem roten Hof umgeben. Das gleichzeitige Wachstum von Pseudomonaden auf dem Medium kann zu Schwierigkeiten bei der Auswertung führen, da diese ebenfalls rosafarbene Kolonien bilden.

Identifizierung: Typische Kolonien werden isoliert (CASO-Agar). Oxidase-positive Kulturen werden identifiziert.

Tab. III.3-5:   Unterscheidung zwischen den Genera *Aeromonas, Vibrio* und *Plesiomonas*

Reaktion	Aeromonas	Vibrio	Plesiomonas
Oxidase	+	+	+
Empfindlichkeit gegenüber dem Vibriostatikum 0/129 (150 µg/Blättchen)	r	e	e
Säure aus Inosit	–	–	+

Erklärungen: e = empfindlich; r = resistent

Literatur

1. HOLT, J.G., KRIEG, N.R., SNEATH, P.H.A., STALEY, J.T., WILLIAMS, ST.T., Bergey's Manual of Determinative Bacteriology, 9th. ed., Williams & Wilkins, Baltimore, 1994

2. ICMSF (International Commission on Microbiological Specifications for Foods), Microorganisms in foods – microbiological specifications of food pathogens, Chapman and Hall, London, 1996

3. JEPPESEN, C., Media for Aeromonas spp., Plesiomonas shigelloides and Pseudomonas spp. from food and environment, Int. J. Food Microbiol. 26., 25-41, 1995

4. KOBURGER, J.A., Plesiomonas shigelloides, in: Foodborne Bacterial Pathogens, ed. by M.P. Doyle, Marcel Dekker, Inc., Basel, 311-325, 1989

5. WADSTRÖM, T., LJUNGH, Å., Aeromonas and Plesiomonas as food and waterborne pathogens, Int. J. Food Microbiol. 12, 303-312, 1991

3.1.9 Genus Campylobacter *J. Baumgart*

(BRYAN und DOYLE, 1986, N.N., 1994, CORRY et al., 1995, PHILLIPS, 1995, UYTTENDAELE und DEBEVERE, 1996, ICMSF, 1996, NACHAMKIN, 1997, WALLACE, 1997, HUNT et al., 1998)

Taxonomie

Zum Genus *Campylobacter* gehören 20 Arten und Unterarten. Zur Erkrankung führen *Campylobacter (C.) jejuni, C. coli* und *C. lari. C. jejuni* hat zwei Unterarten: *C. jejuni* ssp. *jejuni* und *C. jejuni* ssp. *doylei.* Letztere kommt sehr selten vor (PHILLIPS, 1995). Die größte Bedeutung hat *C. jejuni* (in England und in den USA 90–95 % aller Erkrankungsfälle).

Eigenschaften

Gramnegative, schlanke, gekrümmte bis spiralig gewundene Stäbchen, die für ihr Wachstum mikroaerophile Bedingungen benötigen. *C. jejuni, C. coli* und *C. lari* vermehren sich unter mikroaerophilen Bedingungen bei 37 °C, nicht jedoch bei 25 °C.

Weitere Eigenschaften:

Atmosphäre:	5 % O_2 + 10 % CO_2
Minimaler pH-Wert:	4,9 (abhängig von Säureart)
Minimaler a_w-Wert:	0,98
Kochsalzresistenz:	2 %
Hitzeresistenz	$D_{55\,°C}$ = 1,3 min (in Magermilch), z = 5 °C
	$D_{60\,°C}$ = 12–16 sec (in Lammfleisch)

Tab. III.3-6:   Biochemische Merkmale von *C. jejuni, C. coli* und *C. lari* (CORRY et al., 1995)

	Oxidase	Nitrat-reduktion	Cephalothin[1] 30 μg	Nalidixin-säure[1] 30 μg	H$_2$S im TSI-Agar	Hippurat-hydrolyse[2]
C. jejuni subsp.						
jejuni	+	+	r	e	–	+
subsp. *doylei*	+	–	e	e	–	+
C. coli	+	+	r	e	schwach +	–
C. lari	+	+	r	r	–	–

Erklärungen: r = resistent; e = empfindlich

[1]   Empfindlichkeit gegenüber Nalidixinsäure und Cephalothin:
Die Blättchen werden getränkt und auf das Medium gelegt. Als Basis für die Überprüfung biochemischer Reaktion ist Brucella-Bouillon + 0,16 % Agar gut geeignet. Sollen Stämme aufbewahrt werden, sind wöchentlich Wechselkulturpassagen (Bouillon/festes Medium) notwendig. Ein Einfrieren der Kulturen bei –70 °C ist auch möglich.

[2]   Hippurathydrolyse:
0,4 ml einer 1%igen wässerigen Lösung von Natriumhippurat wird mit der Öse kräftig beimpft. Die trübe Suspension wird im Wasserbad bei 37 °C 2 h bebrütet. Danach wird vorsichtig 0,2 ml einer Ninhydrinlösung (3,5 % Ninhydrin in einer 1:1 Mischung aus Aceton und Butanol) am Rande des Reagenzglases zugegeben (Überschichtung). Nach einer Bebrütung bei 37 °C für 10 min im Wasserbad wird die Farbe beurteilt: Purpurfarben = positiv; schwache Verfärbung = negativ.

Vorkommen

Campylobacter jejuni und *C. coli* können im Darm von Mensch und Tier vorkommen, besonders beim Rind, Schwein, Schaf, Geflügel, Gemüse, Früchten und bei Meerestieren. Besonders beim Geflügel sind diese Bakterien aufgrund der höheren Körpertemperatur (42 °C) verbreitet.

Krankheitserscheinungen

Gewöhnlich kommt es zum Durchfall, Erbrechen und Fieber. Die Inkubationszeit beträgt etwa 2–5 Tage. Nach einer Kolonisation der Bakterien im Darm kommt es zur Adhäsion an Epithelzellen (Bildung eines Proteins = Adhäsin) und zur Invasion in die Epithelzellen. Bei der Kolonisation bilden *C. jejuni, C. coli* und *C. lari* ein Enterotoxin. Bei einigen Stämmen ist auch ein Cytotoxin nachgewiesen worden.

Minimale Infektiöse Dosis: 10^3–10^5 (GRANUM et al., 1995), 500 bis 10^4 (HUNT et al., 1998)

Nachweis (CORRY et al., 1995, HUNT et al., 1998)

Anreicherungsverfahren

- 20 g oder 20 ml Produkt + 100 ml Campylobacter-Selektiv-Anreicherungs-Bouillon nach Preston (Oxoid) im Stomacher-Beutel mit der Hand zerdrücken.
- Homogenisat sofort unter mikroaerophilen Bedingungen (z.B. CampyGen™, Oxoid) bei 42 °C für 18 h bebrüten.
- Ösenausstrich auf Karmali-Agar und CCDA, mikroaerophile Bebrütung bei 42 °C für 48 h (bis zu 5 Tagen, falls nach 48 h negativ).
- Typische Kolonien werden nach Reinzüchtung (Columbia-Blut-Agar) biochemisch identifiziert. Auch eine serologische Typisierung (Latexagglutination) und eine Kulturbestätigung mit einer Gensonde sind möglich.

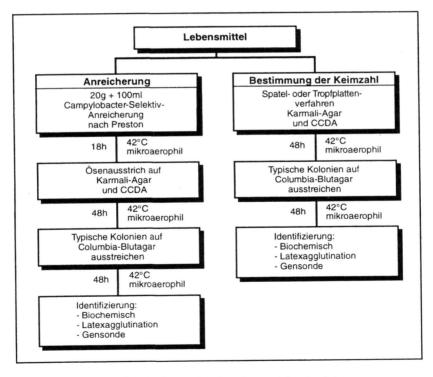

Abb. III.3-7: Nachweis thermotropher *Campylobacter*-Arten

Keimzahlbestimmung auf einem festen Medium

- Spatel-, Tropfplattenverfahren oder Membranfiltration
- Medium: Karmali-Agar und CCDA
- Bebrütung: mikroaerophil, 42 °C, 48 h (bis zu 5 Tagen, falls nach 48 h negativ).
- Typische Kolonien werden isoliert und biochemisch identifiziert.

Auch eine Latexagglutination (z.B. MicroScreen® Campylobacter, Fa. Neogen, oder BBL Campyslide™) oder eine Kulturbestätigung mit einer Gensonde werden empfohlen (FUNG et al., 1995, KOENRAAD et al., 1995).

Filtermethode

Ein bewährtes Verfahren ist auch die Filter-Methode (persönliche Mitt. Frau Dr. König, 1997, Chemisches Landes- und Staatliches Veterinäruntersuchungsamt Münster, ATABAY und CORRY, 1997). Dabei werden von der bebrüteten Anreicherung 300 µl auf einem Filter vorsichtig mit dem Spatel (Durchmesser etwa 3,5 mm, Ausstrichbreite 30 mm, Kanten geglättet) verteilt. Der Filter muß blasenfrei auf dem Selektivagar liegen (Filter Type DA, Porengröße 0,65 µm, Fa. Millipore, Kat.-Nr. DAW PO 4700). Die Petrischale mit dem Filter wird eine Stunde bei Zimmertemperatur inkubiert. Anschließend wird der Filter entfernt und das Selektivmedium weiter bei 42 °C unter mikroaerophilen Bedingungen 48 h bebrütet.

Wegen der Empfindlichkeit der thermotrophen *Campylobacter*-Arten gegenüber Sauerstoff wird auch aufgrund eigener guter Erfahrungen empfohlen, die Aufbereitung, Züchtung und Identifizierung in einer mikroaerophilen Kammer durchzuführen (z.B. MACS VA 500 Microaerophilic Workstation, Fa. Don Whitley, UK, Vertrieb: Fa. Meintrup, Lähden).

Schnellere Nachweisverfahren

- Gensonden, z.B. AccuProbe oder GENE-TRAK
- Polymerase Kettenreaktion (PCR)
- Vidas-Campylobacter (ELFA, bioMérieux)
- Impedanz-Methode

Literatur

1. ATABAY, H.J., CORRY, J.E.L., The prevalence of campylobacters and arcobacters in broiler chickens, J. Appl. Bacteriol. 83, 619-626, 1997
2. BRYAN, F.L., DOYLE, M.P., Health risks and consequences of Salmonella and Campylobacter jejuni in raw poultry, J. Food Protection 58, 326-344, 1995

3. CORRY, J.E.L., POST, D.E., COLIN, P., LAISNEY, M.J., Culture media for the isolation of campylobacters, Int. J. Food Microbiol. 26, 43-76, 1995

4. FUNG, S.W., WANG, C.H., HUANG, T.P., SHIH, Y.C., Evaluation of three latex agglutination test kits for rapid detection of Campylobacter isolates from chicken samples, J. of Rapid Methods and Automation in Microbiol. 4, 127-137, 1995

5. GRANUM, P.E., TOMAS, J.M., ALOUF, J.E., A survey of bacterial toxins involved in food poisoning: a suggestion for bacterial food poisoning toxin nomenclature, Int J. Food Microbiol. 28, 129-144, 1995

6. HUNT, J.M., ABEYTA, C., TRAN, T., Campylobacter, in: Bacteriological Analytical Manual, 8th ed., Rev. A, publ. by AOAC International, Gaithersburg, MD 20877 USA, 1998

7. ICMSF (International Commission on Microbiological Specifications for Foods), Microorganisms in foods – microbiological specifications of food pathogens, Chapman and Hall, London, 1996

8. KOENRAAD, P.M.F.J., GIESENDORF, B.A.J., HENKENS, M.H.C., BEUMER, R.R., QUINT, W.G.V., Methods for the detection of Campylobacter in sewage: evaluation of efficacy of enrichment and isolation media, applicability of polymerase chain reaction and latex agglutination, J. Microbiol. Methods 23, 309-320, 1995

9. NACHAMKIN, I., Campylobacter jejuni, in: Food Microbiology Fundamentals and Frontiers, ed. by M.P. Doyle, L.R. Beuchat und T.J. Montville, ASM Press, Washington D.C., 159-170, 1997

10. N.N., THE NATIONAL ADVISORY COMMITEE ON MICROBIOLOGICAL CRITERIA FOR FOODS, Campylobacter jejuni/coli, J. Food Protection 57, 1101-1121, 1994

11. PHILLIPS, C.A., Review: Incidence, epidemiology and prevention of foodborne Campylobacter species, Trends in Food Sci. & Technol. 61, 83-86, 1995

12. UYTTENDAELE, M., DEBEVERE, J., Evaluation of Preston medium for detection of Campylobacter jejuni in vitro and in artifically and naturally contaminated poultry products, Food Microbiology 13, 115-122, 1996

13. WALLACE, R.B., Campylobacter, in: Foodborne Microorganisms of Public Health Significance, 5th ed., edited by A.D. Hocking, G. Arnold, J. Jenson, K. Newton, P. Sutherland, AIFST (NSW Branch) Food Microbiology Group, Australian Institute of Food Science and Technology, P.O. Box 1493, North Sydney, NSW 2059, 265-284, 1997

3.1.10   Genus Arcobacter   *J. Baumgart*

(VANDAMME und GOOSSENS, 1992, VANDAMME et al., 1992a, b, COLLINS et al., 1996, de BOER et al., 1996, WESLEY, 1996, 1997, NACHAMKIN, 1997)

Species des Genus *Arcobacter* gehörten bisher zum Genus *Campylobacter* (VANDAMME et al., 1992b). Die Arten des Genus *Arcobacter* (*A. skirrowii, A. cryaerophilus, A. butzleri, A. nitrofigilis*) vermehren sich im Gegensatz zu den Arten des Genus *Campylobacter* unter aeroben Bedingungen bei 15 °–30 °C.

Vorkommen

Darm von Mensch und Tier, verunreinigte Lebensmittel, bes. Geflügel- und Schweinefleisch bei schlechter Schlachthygiene. *A. nitrofigilis* wurde bisher nur bei Pflanzen nachgewiesen.

Krankheitserscheinungen durch A. butzleri und A. cryaerophilus

Bauchschmerzen, Durchfall, teilweise Erbrechen und Fieber. Krankheitsdauer 1–8 Tage (VANDAMME et al., 1992a, LERNER et al., 1994). Erkrankungen durch verunreinigtes Wasser, Kontaktinfektionen durch Haustiere.

Nachweis

(de BOER et al., 1996, COLLINS et al., 1996, ATABAY und CORRY, 1998)

Presence/Absence-Test

1. Anreicherung

a) 20 g Produkt mit 180 ml physiologischer Kochsalz-Lösung homogenisieren und 1 ml dieser Suspension zu 10 ml Arcobacter Selective Broth (ASB) pipettieren. Die Bouillon wird bei 25 °C 24–48 h bebrütet.

b) 20 g Produkt zu 100 ml Arcobacter Medium (Oxoid), Bebrütung bei 25 °C für 48–72 h.

Die Methoden stellen Alternativen dar.

2. Züchtung

Von der Anreicherung Ösenausstrich auf Arcobacter Selective Medium (ASM), Bebrütung bei 25 °C für 48–72 h.

Quantitativer Nachweis

Bestimmung der Keimzahl auf Arcobacter Medium mit der Filtermethode (siehe unter Nachweis von *Campylobacter*) oder Spatelverfahren, Bebrütung bei 25 °C für 48–72 h.

Bestätigung

Identifizierung nach Angaben von LIOR und WOODWARD (1993) und ON et al. (1996). Mit dem System API Campy sind Species des Genus *Arcobacter* nicht sicher identifizierbar (ATABAY, CORRY und ON, 1998).

Literatur

1.   ATABAY, H.I., CORRY, J.E.L., Evaluation of a new arcobacter enrichment medium and comparison with two media developed for enrichment of Campylobacter spp., Int. J. Food Microbiol. 41, 53-58, 1998

2. ATABAY, H.I., CORRY, J.E.L., ON, S.L.W., Diversity and prevalence of Arcobacter spp. in broiler chickens, J. Appl. Microbiol. 84, 1007-1016, 1998

3. de BOER, E., TILBURG, J.J. H.C., WOODWARD, D.L., LIOR, H., JOHNSON, W.M., A selective medium for the isolation of Arcobacter from meats, Letters in Appl. Microbiol. 23, 64-66, 1996

4. COLLINS, C.I., WESLEY, I.V., MURANO, E.A., Detection of Arcobacter spp. in ground pork by modified plating methods, J. Food Protection 59, 448-452, 1996

5. LERNER, J., BRUMBERGER, V., PREAC-MURSIC, V., Severe diarrhea associated with Arcobacter butzleri, Eur. J. Clin. Infect. Dis. 13, 660-662, 1994

6. LIOR, H., WOODWARD, D.L., Arcobacter butzleri: a biotyping scheme, Acta Gastro-Enterologica Belgica 6, 28, 1993

7. NACHAMKIN, I., Campylobacter jejuni, in: Food Microbiology Fundamentals and Frontiers, ed. by M.P. Doyle, L.R. Beuchat und T.J. Montville, ASM Press, Washington D.C., 159-170, 1997

8. ON, S.L.W., HOLMES, B., SACKIN, M.J., A probability matrix for the identification of campylobacters, helicobacters and allied taxa, J. appl. Bacteriol. 81, 435-442, 1996

9. VANDAMME, P., GOOSSENS, H., Taxonomy of Campylobacter, Arcobacter, and Helicobacter: A Review, Zbl. Bakt. 276, 447-472, 1992

10. VANDAMME, P., PUGINA, P., VAN ETTERIJK, R., VLAES, L., KERSTERS, K., BUTZLER, J.-P., LIOR, H., LAUWERS, S., Outbreak of recurrent abdominal cramps associated with Arcobacter butzleri in an italian school, J. Clin. Microbiol. 30, 2335-2337, 1992a

11. VANDAMME, P., VANCANNEYT, M., POT, B., MELS, L., HOSTE, B., DEWETTINCK, D., VLAES, L., VAN DEN BORRE, C., HIGGINS, R., HOMMEZ, J., KERSTERS, K., BUTZLER, J-P., GOOSSENS, H., Polyphasic taxonomic study of the emended genus Arcobacter with Arcobacter butzleri comb. nov. and Arcobacter skirrowii sp. nov., an aerotolerant bacterium isolated from veterinary specimens, Int. J. System. Bacteriol. 42, 344-356, 1992b

12. WESLEY, I.V., Helicobacter and Arcobacter species: Risks for foods and beverages, J. Food Protection 59, 1127-1132, 1996

13. WESLEY, I.V., Helicobacter and Arcobacter: Potential human foodborne pathogens? Trends in Food Science & Technology 8, 293-299, 1997

3.1.11   Pseudomonas aeruginosa   *J. Baumgart*
(ØGAARD et al., 1985, IGLEWSKI, 1989, 1991)

Eigenschaften

Ps. aeruginosa ist ein gramnegatives, psychrotrophes, obligat aerobes, Oxidase-positives Stäbchen. *Ps. aeruginosa* vermehrt sich in Medien, in denen Acetat als C-Quelle und Ammoniumsulfat als N-Quelle ausreichen. Bei möglicher anaerober Vermehrung wird Nitrat als Elektronenakzeptor genutzt. Bildung verschiedener Enzyme und Toxine in Abhängigkeit vom Stamm, wie Protease (auch Elastase), Lipase, Phospholipase C, Leucocidin (Cytotoxin), Toxin A (Protein) und Hämolysin.

Vorkommen

Wasser, eiweißreiche Lebensmittel (Fisch, Fleisch, Milch, Ei), Haut, Kosmetika

Bedeutung

Bei epidemischen Durchfallerkrankungen aus Lebensmitteln und Patientenstühlen isoliert. Die Pathogenese ist jedoch ungeklärt. *Ps. aeruginosa* zählt zu den sog. „opportunistischen" Bakterien. Bei Kosmetika (Elastasebildung) Infektion der Hornhaut möglich.

Nachweis

Anreicherung

- 10 g Produkt + 90 ml CASO- oder Tryptone Soya Bouillon, schütteln oder im Stomacher 30 sec homogenisieren.

- Bebrütung bei 37 °C, 24–48 h

- Ösenausstrich auf Cetrimid-Agar, Bebrütung bei 42 °C, 24–48 h

- Bestätigung der Kolonien durch Oxidase- und OF-Test, API 20NE oder andere geeignete Testsysteme.

Keimzahlbestimmung

- Oberflächenkultur (Spatel- oder Tropfplattenverfahren) auf Cetrimid-Agar

- Bebrütung bei 42 °C 24–48 h und biochemische Bestätigung verdächtiger Kolonien.

Literatur

1. ØGAARD, A., CRYZ, S.J. Jr., BERDAL, B.P., Exotoxin A from various Pseudomonas cultures, in: vitro activity measured by enzyme-linked immunosorbent assay (ELISA), Acta Path. Microbiol. Immunol. Scand. Sect. B. 93, 217-223, 1985

2. IGLEWSKI, B.H., Probing Pseudomonas aeruginosa, an opportunistic pathogen, ASM News 55, 303-307, 1989

3. IGLEWSKI, B.H., Pseudomonas, in: Medical Microbiology, ed. by Samuel Baron and Paula M. Jennings, Churchill Livingstone, New York, 3rd. ed., 389-396, 1991

3.1.12 Burkholderia cocovenenans *J. Baumgart* (COX et al., 1997)

Eigenschaften

Burkholderia (B.) cocovenenans (früher *Pseudomonas cocovenenans*) ist ein obligat aerobes (Vermehrung auch anaerob unter Nutzung von Nitrat als Elektronenakzeptor), gramnegatives, bewegliches, Oxidase-negatives Stäbchen (Kovac's-Methode). Die Oxidase-Reaktion kann auch schwach positiv ausfallen. *B. cocovenenans* vermehrt sich bei 30 °C, nicht jedoch bei 4 °C oder 45 °C. Einige Merkmale entsprechen denen von *Pseudomonas aeruginosa* und *Burkholderia cepacia* (früher *Pseudomonas cepacia*). Ein Biovar von *B. cocovenenans*, *Burkholderia farinofermentans* (früher *Flavobacterium farinofermentans*) wurde beschrieben (ZHAO et al., 1995).

Vorkommen

Kokosnuß, fermentierte Produkte aus Kokosnuß, fermentierte Sojaprodukte mit Kokosnuß.

Krankheitserscheinungen

Erkrankungen besonders auf Java durch Bildung von „Bonkrek acid" und Toxoflavin. Nach einer Inkubationszeit von 4–6 h kommt es zu Bauchschmerzen, Unwohlsein, Schwindelgefühlen, Schweißausbrüchen und Müdigkeit.

Nachweis

Es gibt keine Selektivmedien; ein guter Nachweis ist möglich, wenn Kokosnuß als Grundlage eines Mediums eingesetzt wird.

Literatur

1. COX, J., KARTADARMA, E., BUCKLE, K., Burkholderia cocovenenans, in: Foodborne Microorganisms of Public Health Significance, 5th ed., edited by A.D. Hocking, G. Arnold, J. Jenson, K. Newton, P. Sutherland, AIFST (NSW Branch) Food Microbiology Group, Australian Institute of Food Science and Technology, P.O. Box 1493, North Sydney, NSW 2059, 521-530, 1997

2. ZHAO, N., QU, C., WANG, E., CHEN, W., Phylogenetic evidence for the transfer of Pseudomonas cocovenenans (van Damme et al., 1969) to the genus Burkholderia as Burkholderia cocovenenans (van Damme et al., 1969) comb. nov., Int. J. Syst. Bacteriol. 45, 600-603, 1995

3.2   Grampositive Bakterien   *J. Baumgart*

3.2.1   Staphylococcus aureus

(HOLT, 1994, BENNETT, 1996, 1998, ICMSF, 1996, ASH, 1997, JABLONSKI und BOHACH, 1997, BENNETT und LANCETTE, 1998)

Eigenschaften

Staphylococcus (S.) aureus ist ein grampositiver, unbeweglicher, koagulase-positiver *Coccus*, der meist auch eine Phospholipase C (= Lecithinase) auf ei-gelbhaltigen Medien bildet (eigelbpositiv). Dabei ist der Anteil der eigelbpositi-ven Staphylokokken bei *S. aureus* humaner Herkunft höher als bei boviner Her-kunft (MATOS et al., 1995). Entscheidend für die Identifizierung von *S. aureus* ist deshalb der Nachweis der Koagulase mit Kaninchenplasma und der Nachweis des „Clumping factors" (Klumpungsfaktor). Während beim Nachweis der Ko-agulase mit Kaninchenplasma die in der Zelle gebildete „freie Koagulase" nach-gewiesen wird, ist die Koagulase beim „Clumping factor" an der Zellwand gebunden. Neben *S. aureus* sind jedoch auch noch einige andere Arten Koagu-lase-positiv (Tab. III.3-7). Eine Identifizierung von *S. aureus* ist auch mit einer Gensonde möglich.

Tab. III.3-7:   Koagulase-Reaktionen

Species	Koagulase mit Kaninchenplasma	„clumping factor"	Acetoin
S. aureus subsp. *aureus*	+	+	+
S. delphini	+	−	−
S. schleiferi subsp. *coagulans*	+	−	+
S. schleiferi subsp. *schleiferi*	−	+	+
S. hyicus subsp. *hyicus*	v	−	−
S. intermedius	+	v	−

Weitere Eigenschaften von *S. aureus* (BERGDOLL, 1989, ADAMS und MOSS, 1995, GRANUM et al., 1995, ICMSF, 1996, ASH, 1997)

Thermonuclease		positiv
Vermehrungsbedingungen		+6 °C bis +46 °C
Toxinbildung		+10 °C bis +48 °C
Minimaler a_w-Wert:	Vermehrung (aerob)	0,83–0,86
	Vermehrung (anaerob)	0,90
	Toxinbildung (Toxin A)	0,87
	(Toxin B)	0,97

Minimaler pH-Wert (Vermehrung aerob, Fleisch)	4,0
Minimaler pH-Wert (Vermehrung, anaerob, Fleisch)	4,7
Minimaler pH-Wert (Toxinbildung A, B, C, D im Lebensmittel)	4,9–5,1

Hitzeresistenz
Vegetative Zellen

$D_{60\,°C}$ = 3,1–3,4 min,   z = 5 °C (Magermilch)
$D_{60\,°C}$ = 0,34 min,   z = 8,2 °C (Vollei)
$D_{85\,°C}$ = 1,0 min,   z = 9,5 °C (Sojaöl)

Enterotoxin
Inaktivierung in Abhängigkeit vom Lebensmittel, pH-Wert, Art des Toxins bei Temperaturen oberhalb von 100 °C bis 120 °C.

Die angegebenen Resistenzdaten sind abhängig von den übrigen Einflußfaktoren (pH, a_w-Wert, Temperatur, Sauerstoff, Nährstoffe, Art der Säuren, Art der Stoffe, mit denen die Wasseraktivität vermindert wurde usw.).

Toxinbildung

Bestimmte Stämme von *S. aureus* bilden toxische, auf den Darm wirkende Gifte, sog. Enterotoxine. Bekannt sind die Toxine A, B, C_1, C_2, C_3, D, E, G und H (SU und WONG, 1995).

Das Toxin F führt zum Schocksyndrom und wird deshalb als „Toxic-Shock-Syndrom-Toxin" (TSST-1) bezeichnet.

Obwohl Lebensmittelvergiftungen bisher überwiegend durch Enterotoxine des *S. aureus* ausgelöst wurden, sollte die Bedeutung anderer Staphylokokken, die Enterotoxine bilden, nicht unterschätzt werden. So wurde u. a. bei *S. intermedius* das Enterotoxin A und C nachgewiesen. Auch liegen Berichte über eine Toxinbildung von *S. haemolyticus, S. cohnii* und *S. xylosus* vor (BAUTISTA, 1988). Die Bildung von Enterotoxin E wurde bei Stämmen von *S. simulans, S. xylosus, S. equorum, S. lentus* und *S. capitis* nachgewiesen (VERNOZY-ROZAND et al.,

1996). Die Anzahl der geprüften Stämme ist jedoch sehr gering, so daß Bestätigungen dieser Untersuchungen noch abzuwarten sind. Zu beachten ist auch, daß auf Baird-Parker-Agar atypisch wachsende Staphylokokken sowie auch Koagulase-negative Stämme Enterotoxine bilden können (BENNETT, 1996).

Vorkommen von *S. aureus*

Haut, Schleimhaut des Nasen-Rachenraumes, Stuhl, Kot, Abzesse, Pusteln. Etwa die Hälfte aller gesunden Menschen hat im Nasen-Rachenraum *S. aureus*; 20 % der dabei isolierten Stämme bildeten Enterotoxine.

Krankheitserscheinungen durch Enterotoxine

Es kommt zum Erbrechen und Durchfall. Am stärksten wirkt Enterotoxin A mit einer emetischen Dosis von unter 1 μg (Enterotoxin B 20–25 μg). Bereits 0,1– 0,2 μg Enterotoxin führen zur Lebensmittelvergiftung (GRANUM, 1995). Die Enterotoxine sind Polypeptide. Am besten bekannt ist das Enterotoxin B, das ein Mol.Gew. von 29366 Dalton hat und aus einer einzelnen Polypeptidkette mit 239 Aminosäuren besteht, unter denen Asparaginsäure und Lysin besonders stark vertreten sind. Die Aminosäuresequenz könnte für die toxische Wirkung verantwortlich sein (BERGDOLL, 1990).

Toxic-Shock-Syndrom-Toxin (TSST-1): Kein Durchfall beim Rhesusaffen, Lungenödem, endotheliale Zelldegenerationen, Nierenversagen, Schock.

Inkubationszeit

2–4 h (0,5–7 h)

Lebensmittel, die zur Erkrankung führten

Voraussetzung für die Entstehung einer Lebensmittelvergiftung durch *S. aureus* ist, daß sich der Erreger im Produkt vermehrt und Zellzahlen von über 10^6/g oder ml erreicht.

Lebensmittel, die u. a. an Erkrankungen beteiligt waren: Fertige Fleischgerichte, Pasteten, gekochter Schinken, Rohschinken, Milch und Milcherzeugnisse, eihaltige Zubereitungen, Salate, Cremes, Kuchenfüllungen, Speiseeis, Teigwaren.

Nachweis (in Anlehnung an BENNETT und LANCETTE, 1995)

Da der Enterotoxinnachweis immer noch schwieriger durchzuführen ist als der Nachweis von *S. aureus*, beschränkt man sich in der Routineuntersuchung von Lebensmitteln auf den kulturellen Nachweis und auf die Bestätigung verdächtiger Isolate sowie auf die Durchführung des Thermonuclease-Tests in Lebensmitteln. Bei der kulturellen Untersuchung wird dem Medium entweder Eigelb oder Plasma zugesetzt. In der Regel wird die Eigelbreaktion (Phospholipase C) auf dem Nachweismedium beurteilt.

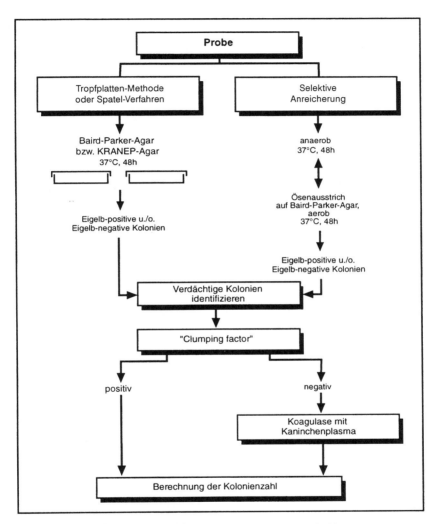

Abb. III.3-8: Nachweis Koagulase-positiver Staphylokokken

Zur Bestätigung sollten mindestens 5 eigelbpositive und 5 eigelbnegative Kolonien mit Hilfe des Koagulasetests überprüft werden (Röhrchentest oder Schnellverfahren, bei denen der „Clumping factor" nachgewiesen wird). Bei negativer oder zweifelhafter Reaktion muß die Überprüfung im Röhrchentest mit Kaninchenplasma erfolgen.

Zusammenhänge zwischen Enterotoxigenität, Eigelbreaktion und Koagulase existieren jedoch nicht (BENNETT et al., 1986), so daß bei Beanstandungsfällen und einem Verdacht auf Lebensmittelvergiftungen ein Toxinnachweis notwendig ist.

☐ **Bestimmung Koagulase-positiver Staphylokokken mit dem Tropfplatten-Verfahren (Routineverfahren)**

Anwendungsbereich

Fleisch, Fleischerzeugnisse, Feinkost u. a.

10 g oder ml des Produktes werden mit 90 ml der Verdünnungsflüssigkeit homogenisiert. Von der homogenisierten Probe oder der Erstverdünnung und den weiteren Verdünnungen werden 0,05 ml oder 0,1 ml im Doppelansatz auf die entsprechenden Sektoren eines ETGPA-Nährbodens nach BAIRD-PARKER oder KRANEP-Agar getropft und mit der Pipettenspitze ausgezogen (gleiche Verdünnungsstufe auf verschiedene Platten). Eine Platte wird für maximal 4 Verdünnungsstufen verwendet. Die Bebrütung erfolgt bei 37 °C 48 h.

Auswertung

Nach 48stündiger Bebrütung werden die charakteristischen Kolonien (zwischen 1 und 50) ausgezählt (Berechnung siehe unter Tropfplattenverfahren). Staphylokokken, die aus tiefgefrorenen und getrockneten Produkten isoliert werden, haben häufig kein typisches Koloniebild. Sie sind auf dem Baird-Parker-Agar weniger schwarz, trocken und bilden rauhe Kolonien. Wenn neben den typischen Kolonien (auf Baird-Parker-Agar rund, glatt, konvex, schwarz bis grauschwarz und Hofbildung) atypische Staphylokokken vorkommen, so sind diese getrennt auszuzählen.

Auch PEREIRA et al. (1996) fanden Enterotoxin H bildende *S. aureus,* die auf dem Baird-Parker-Agar zwar schwarze Kolonien bildeten, jedoch keine Eigelbreaktion zeigten und ein schleimiges Koloniebild aufwiesen.

Bestätigung

Mindestens 5 charakteristische und/oder 5 Kolonien ohne Hofbildung werden im Koagulase-Test (Klumpungsfaktor) bestätigt. Im negativen Fall ist die Koagulasereaktion im Röhrchen mit Kaninchenplasma durchzuführen.

☐ **Bestimmung Koagulase-positiver Staphylokokken mit dem Spatelverfahren**

Anwendungsbereich

Milch, flüssige Milchprodukte, Käse, Speiseeis und Kleinkindernahrung auf Milchbasis, flüssig und breiig.

Verfahren

Jeweils 0,1 ml der Probe oder Verdünnung werden auf 2 Petrischalen pipettiert. (Doppelansatz) und mit dem Spatel verteilt. Bebrütung bei 37 °C für insgesamt 48 h. Medium: ETGPA-Nährboden nach BAIRD-PARKER.

Auswertung

Typische und atypische Kolonien werden getrennt ausgezählt. Dabei werden nur Platten berücksichtigt, die nicht mehr als 150 Kolonien aufweisen.

Bestätigung

Wie beim Tropfplattenverfahren

☐ Bestimmung Koagulase-positiver Staphylokokken nach selektiver Anreicherung

Anwendungsbereich

Trockenmilcherzeugnisse, Speiseeispulver, Säuglings- und Kleinkindernahrung auf Milchbasis, pulverig, Schmelzkäse und Schmelzkäsezubereitungen.

Verfahren

Ein selektives Anreicherungsmedium (Anreicherung nach Baird) wird mit 1 ml der Ausgangsverdünnung bzw. weiterer Verdünnungen beimpft. Nach 48 h Bebrütung bei 37 °C unter anaeroben Bedingungen wird auf Agarplatten mit ETGPA-Nährboden nach BAIRD-PARKER ausgestrichen. Bei 37 °C wird unter aeroben Bedingungen insgesamt 48 h bebrütet. Typische und atypische Kolonien werden zur Bestätigung mit dem Koagulase-Test geprüft. Aus der Anzahl der positiven Ausstriche wird der Titer bzw. bei Verwendung von jeweils 3 Röhrchen pro Verdünnung die wahrscheinlichste Anzahl Koagulase-positiver Staphylokokken nach der MPN-Tabelle bestimmt.

Koagulase-Test und Nachweis des Klumpungsfaktors

– Koagulase-Test: Röhrchen mit 0,3 ml Kaninchenplasma + EDTA werden mit 0,1 ml einer Bouillonkultur des zu testenden Stammes vermischt und im Wasserbad bis zu 24 h bei 37 °C bebrütet. Abgelesen wird nach 4 und 6 h, im negativen Fall nochmals nach 24 h (Abb. III.3-9). Bestimmt wird die freie Koagulase.

– Klumpungsfaktor: Der konventionelle Nachweis des Klumpungsfaktors erfolgt durch Verreiben einer Kolonie in einem Tropfen Kaninchenplasma mit anschließender Beurteilung der Klumpenbildung. Als Alternativen zum konventionellen Test können kommerziell vertriebene Tests eingesetzt werden, z.B. Slidex Staph Kit (bioMérieux), Dryspot Staphytect Plus (Oxoid), Staphyslide (Becton Dickinson), Bactident-Staph (Merck).

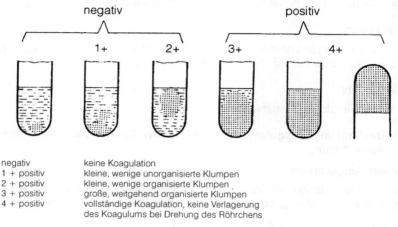

negativ   positiv

1+   2+   3+   4+

negativ	keine Koagulation
1 + positiv	kleine, wenige unorganisierte Klumpen
2 + positiv	kleine, wenige organisierte Klumpen
3 + positiv	große, weitgehend organisierte Klumpen
4 + positiv	vollständige Koagulation, keine Verlagerung des Koagulums bei Drehung des Röhrchens

Abb. III.3-9:   Bewertung der Koagulation (Röhrchentest)

Alle Schnelltests werden auf dem Objektträger ausgeführt. Da eine Übereinstimmung zwischen dem Koagulase-Test im Röhrchen und dem Nachweis des Klumpungsfaktors nicht gegeben ist (bei bovinen Staphylokokken lag nach BECKER et al., 1987, die Übereinstimmung bei 83,5 %), sollte bei einem negativen Schnelltest eine Nachprüfung im Röhrchentest mit Kaninchenplasma (Zusatz von EDTA) erfolgen.

☐ **Nachweis der Thermonuclease**

Der routinemäßige Nachweis von Staphylokokken-Enterotoxinen ist zeit- und kostenaufwendig. Der Nachweis der vegetativen Staphylokokken ist besonders bei fermentierten und hitzebehandelten Lebensmitteln sowie bei solchen Produkten, in denen Staphylokokken durch die Entwicklung einer säuretoleranten Flora gehemmt werden (z.B. in Feinkosterzeugnissen mit pH-Werten oberhalb von 4,8) als Kriterium für An- oder Abwesenheit von Toxinen ohne Wert. Die Thermonuclease dagegen kann bei zahlreichen Erzeugnissen darauf hinweisen, daß sich pathogene Staphylokokken vermehrt haben (über $10^5/g$) und im Falle eines Enterotoxinbildungsvermögens von diesen Mikroorganismen bei geeigneten Einflußfaktoren (z.B. Temperatur, Säuregrad, Wasseraktivität) ausreichend Enterotoxin gebildet wurde.

Ein positiver Thermonuclease-Test besagt jedoch nicht, daß Enterotoxine vorhanden sind, da Enterotoxinbildung und Thermonuclease nicht miteinander korrelieren. Außerdem können auch einige Streptokokken und Bazillen Nucleasen bilden.

☐ **Nachweis der Thermonuclease im Lebensmittel**

(PARK et al., 1979, SÜDI et al., 1986)

– 20 g Lebensmittel werden mit 5 g thermonucleasefreiem Magermilchpulver und 50 ml A. dest. homogenisiert. Bei flüssigen Lebensmitteln wird zu 100 ml ebenfalls 5 g Magermilchpulver gegeben.

– Einstellung des pH-Wertes auf 3,8 mit Salzsäure, c (HCl) = 2 mol/l.

– Zentrifugieren 20 min bei 4 °C (20000–25000 g).

– Dem Überstand wird die 0,05fache Menge kalter Trichloressigsäure c (CCl_3–COOH) = 3 mol/l zugesetzt. Nach einer Standzeit von 30 min bei 4 °C wird zentrifugiert (15 min) und danach dekantiert.

– Das Sediment wird mit 1 ml Tris-Puffer gelöst, mit Natronlauge, c (NaOH) = 2 mol/l auf pH 8,5 eingestellt und mit Tris-Puffer auf 2 ml aufgefüllt. Der Extrakt wird bei 100 °C 15 min erhitzt.

– Der Nachweis der Thermonuclease erfolgt in einem Toluidin-O-DNA-Agar. Dazu werden in den Agar mit einem Hohlzylinder (Durchmesser 2 mm) zwei bis zehn Löcher gestanzt. In die Löcher werden ca. 7 μl Extrakt (positive und negative Kontrolle einsetzen) pipettiert. Die Bebrütung erfolgt mit dem Deckel nach oben 4 h bei 37 °C. Bei negativem Testausfall ist die Platte weiter zu bebrüten und nach 24 h zu beurteilen.

Auswertung

Der Test ist positiv, wenn um das mit dem erhitzten Extrakt beschickte Loch eine rosarote Zone zu erkennen ist, die mindestens 1 mm breit ist. Im positiven Fall sollte ein Enterotoxinnachweis durchgeführt werden.

☐ **Nachweis von Staphylokokken-Enterotoxinen**

(BECKER et al., 1994, BENNETT und McCLURE, 1994, PARK et al., 1996a, b, BENNETT, 1996, ASH, 1997, PIMBLEY und PATEL, 1998)

Kommerzielle Test-Kits sind verfügbar (siehe Kapitel III.4):

– SET-EI A-D, E (Bommeli, Vertrieb: Riedel-de Haën)

– Sandwich-ELISA (Vertrieb: Riedel-de Haën, Transia)

– VIDAS Staph. Enterotoxin (bioMérieux), ohne Differenzierung der Enterotoxintypen

- Ridascreen SET A, B, C, D, E (R-Biopharm)
- Enterotoxin-Reversed Passive Latex Agglutination, SET-RPLA für Enterotoxine A, B, C und D (Oxoid)

Literatur

1. ASH, M., Staphylococcus aureus and staphylococcal enterotoxins, in: Foodborne Microorganisms of Public Health Significance, 5th ed., edited by A.D. Hocking, G. Arnold, J. Jenson, K. Newton, P. Sutherland, AIFST (NSW Branch) Food Microbiology Group, Australian Institute of Food Science and Technology, P.O. Box 1493, North Sydney, NSW 2059, 313-332, 1997

2. ADAMS, M.R., MOSS, M.O., Food Microbiology, The Royal Society of Chemistry, Cambridge, 1995

3. BAUTISTA, L.P., GAYA, M., MEDINA, M., NUNENZ, A quantitative study of enterotoxin production by sheep milk staphylococci, Appl. Environ. Microbiol. 54, 566-569, 1988

4. BECKER, H., ZAADHOF, K.-J., TERPLAN, G., Charakterisierung von Staphylococcus aureus-Stämmen des Rindes unter besonderer Berücksichtigung des Klumpungsfaktors, Arch. Lebensmittelhyg. 38, 12-19, 1987

5. BECKER, H., SCHALLER, G., MÄRTLBAUER, E., Nachweis von Staphylococcus-aureus-Enterotoxinen in Lebensmitteln mit kommerziellen Enzymimmuntests, Arch. Lebensmittelhyg. 45, 27-31, 1994

6. BENNETT, R.W., YETERIAN, M., SMITH, W., COLES, C.M., SASSAMAN, M., MC-CLURE, F., Staphylococcus aureus identification characteristics and enterotoxigenicity, J. Food Sci. 51, 1337-1339, 1986

7. BENNET, R.W., McCLURE, F., Visual screening with enzyme immunoassay for staphylococcal enterotoxins in foods: Collaborative study, J. of AOAC International 77, 357-364, 1994

8. BENNETT, R.W., LANCETTE, G.A., Staphylococcus aureus, in: Bacteriological Analytical Manual, Food and Drug Administration, publ. by AOAC International, Gaithersburg, MD 20877 USA, Revision A, 1998

9. BENNETT, R.W., Atypical toxigenic Staphylococcus and Non-Staphylococcus aureus species on the horizon? An update, J. Food Protection 59, 1123-1126, 1996

10. BENNETT, R.W., Staphylococcus Enterotoxins, in: FDA Bacteriological Analytical Manual, 8th ed. (Revision A), publ. by AOAC International, 481 North Frederick Avenue, Suite 500, Gaithersburg, MD 20877, USA, 1998

11. BERGDOLL, M.S., Staphylococcus aureus, in: Foodborne Bacterial Pathogens, ed. by M. P. Doyle, Marcel Dekker, Inc., Basel, 463-532, 1989

12. BERGDOLL, M.S., Analytical methods for Staphylococcus aureus, Int. J. Food Microbiol. 10, 91-100, 1990

13. GRANUM, P.E., TOMAS, J.M., ALOUF, J.E., A survey of bacterial toxins involved in food poisoning: a suggestion for bacterial food poisoning nomenclature, Int. J. Food Microbol. 28, 129-144, 1995

14. HOLT, G.H.J., KRIEG, N.R., SNEATH, P.H.A., STALEY, J.T., WILLIAMS, ST.T., Bergey's Manual of Determinative Bacteriology, 9th ed., Williams & Wilkins, Baltimore, 1994

15. ICMSF (International Commission on Microbiological Specifications for Foods), Microorganisms in foods – 5 – Microbiological specifications of food pathogens, Chapman & Hall, London, 1996

16. JABLONSKI, L.M., BOHACH, G.A., Staphylococcus aureus, in: Food Microbiology Fundamentals and Frontiers, ed. by M.P. Doyle, L.R. Beuchat, T.J. Montville, ASM Press, Washington D.C., 353-375, 1997

17. MATOS, J.E.S., HARMON, R.J., LANGLOIS, B.E., Lecithinase reaction of Staphylococcus aureus strains of different origin on Baird-Parker medium, Letters in Appl. Microbiol. 21, 334-335, 1995

18. PARK, C.E., EL DEREA, H.B., RAYMANN, M.K., Effect of non-fat dry milk of staphylococcal thermonuclease from foods, Can. J. Microbiol. 25, 44-46, 1979

19. PARK, C.E., WARBURTON, D., LAFFEY, P.J., A collaborative study on the detection of staphylococcal enterotoxins in foods with an enzyme immunoassay kit (TECRA), J. Food Protection 59, 390-397, 1996a

20. PARK, C.E., WARBURTON, D., LAFFEY, P.J., A collaborative study on the detection of staphylococcal enterotoxins in foods by an enzyme immunoassay kit (RIDAS-CREEN), Int. J. Food Microbiol. 29, 281-295, 1996b

21. PEREIRA, M.L., DO CARMO, L.S., DOS SANTOS, E.J., PEREIRA, J.L., BERGDOLL, M.S., Enterotoxin H in staphylococcal food poisoning, J. Food Protection 59, 559-561, 1996

22. PIMBLEY, D.W., PATEL, P.D., A review of analytical methods for the detection of bacterial toxins, J. Appl. Bacteriol. Symposium Supplement 84, 98S-109S, 1998

23. SU, YI-CHENG, LEE WONG, A.C., Identification and purification of a new staphylococcal enterotoxin, H, Appl. Environ. Microbiol. 61, 1438-1443, 1995

24. SÜDI, J., RITTER, G., HEESCHEN, W., HAHN, G., Untersuchungen zum Nachweis der Thermonuclease als Suchtest auf Staphylokokken-Enterotoxine in verschiedenen Substraten, Kieler Milchw. Forschungsberichte 38, 247-254, 1986

25. VERNOZY-ROZAND, C., MAZUY, C., PREVOST, G., LAPEYRE, C., BES, M., BRUN, Y., FLEURETTE, J., Enterotoxin production by coagulase-negative staphylococci isolated from goats, milk and cheese, Int. J. Food Microbiol. 30, 271-280, 1996

3.2.2   Enterococcus faecalis und Enterococcus faecium

Die Rolle von *E. faecalis* und *E. faecium* als Ursache von Lebensmittelvergiftungen ist immer noch umstritten. Über durch Enterokokken ausgelöste Lebensmittelvergiftungen wurde immer wieder berichtet (KARLA et al., 1987), der Beweis für ihre alleinige Ursache konnte jedoch bisher nicht sicher geführt werden. Auch der Nachweis eines Enterotoxins bei *E. faecalis* und *E. faecium* durch KARLA et al. (1987) bedarf noch der Bestätigung. Das alleinige Vorhandensein von Enterokokken im Lebensmittel und das Auftreten von Krankheitserscheinungen läßt keinen Rückschluß auf die ätiologische Bedeutung zu, wenn nicht andere Ursachen, wie z.B. Staphylokokken-Enterotoxine oder biogene Amine, sicher ausgeschlossen werden. Besonders die biogenen Amine Histamin und Tyramin könnten für das Bild einer Enterokokken-Erkrankung verantwortlich sein, da viele Bakterien diese Amine bilden.

Zahlreich sind jedoch Berichte über Infektionen durch Enterokokken, wobei nicht nur *E. faecalis* und *E. faecium* eine Rolle spielen (MORRISON et al., 1997). Besonders zugenommen hat die Resistenz der Enterokokken gegenüber bestimmten Antibiotica, u. a. auch gegenüber Vancomycin.

Eigenschaften von *E. faecalis* und *E. faecium*

Grampositive, Katalase-negative, fakultativ anaerobe Kokken

Vermehrung bei pH 9,6 und einem Kochsalzgehalt von 6,5 %; Vermehrung auf Medien mit 0,1 % Thalliumacetat.

E. faecalis reduziert Tetrazoliumchlorid (TTC) schnell zu Formazan (Bildung roter Kolonien), während *E. faecium* TTC nicht reduziert oder nur schwach rosafarbene Kolonien bildet.

Minimale Vermehrungstemperatur 6 °C–10 °C

Minimaler a_w-Wert 0,93

Hitzeresistenz
Enterococcus faecalis

$D_{67,5\,°C} = 16–20$ min, $z = 13,1$ °C, Brühwurst
(CAMPANINI et al.; 1984)

$D_{66\,°C} = 1,39$ min, $z = 6,85$ °C, Kochschinken,
(MAGNUS et al., 1988)

Enterococcus faecium

$D_{66\,°C} = 29,04$ min, $z = 7,46$ °C, Kochschinken
(MAGNUS et al., 1988)

$D_{65\,°C} = 5,3 – 6,3$ min, $z = 8,3–10,3$ °C, pH 7,0 und 2,5 % Kochsalz
(SIMPSON et al., 1994)

Vorkommen

Stuhl und Kot, Pflanzen

Nachweis

(siehe unter Enterokokken)

Literatur

1. CAMPANINI, M., MUSSATO, G., BARBUTI, S., CASOLARI, A., Resistenza termica di streptococci isolati da mortadelle alterate, Industria Conserve 59, 298-301, 1984
2. KARLA, M.S., KAUR, G., SINGH, A., KAHLON, R.S., Studies in Streptococcus faecalis enterotoxin, Acta Microbiologica Polonica 36, 83-92, 1987

3. MAGNUS, C.A., McCURDY, A.R., INGLEDEW, W.M., Further studies in the thermal resistance of Streptococcus faecium and Streptococcus faecalis in pasteurized ham, Can. Inst. Food Sci. Technol. 21, 209-212, 1988

4. MORRISON, D., WOODFORD, N., COOKSON, B., Enterococci as emerging pathogens of humans, J. Appl. Microbiol. Symposium Supplement 83, 89S-99S, 1997

5. SIMPSON, M.V., SMITH, J.P., RAMAS-WAMY, B.K., GHAZALA, S., Thermal resistance of Streptococcus faecium as influenced by pH and salt, Food Res. International 27, 349-353, 1994

3.2.3 Listeria monocytogenes

(ICMSF, 1996, ROCOURT und COSSART, 1997, SUTHERLAND und PORRITT, 1997)

Zum Genus *Listeria* gehören 6 Arten: *L. grayi, L. innocua, L. ivanovii, L. monocytogenes, L. seeligeri* und *L. welshimeri*.

Listerien sind grampositive kurze Stäbchen, in älteren Kulturen können sich die Zellen aneinander legen und lange Fäden bilden. Die Zellen sind beweglich (25 °C), fakultativ anaerob, Katalase-positiv und Oxidase-negativ. *L. monocytogenes* und *L. seeligeri* bilden ein Hämolysin, das rote Blutkörperchen auflöst (CAMP-Test mit *S. aureus* positiv). Pathogen für Menschen ist *L. monocytogenes*. *Listeria ivanovii, L. seeligeri* und *L. welshimeri* sind nur bei wenigen Erkrankungen nachgewiesen worden. Die dominierende pathogene Species ist *L. monocytogenes*. Die weiteren Ausführungen berücksichtigen deshalb nur *L. monocytogenes*.

Spezielle Eigenschaften von *L. monocytogenes*

(EL-SHENAWY und MARTH, 1988 a, b, SORELLS et al., 1989, CARLIER et al., 1996, SUTHERLAND und PORRITT, 1997)

Vermehrungstemperatur

Maximum	45 °C
Optimum	37 °C
Minimum	1–3 °C (in Milch –0,1 bis –0,4 °C)

Vermehrung unter Vakuum und modifizierter Atmosphäre

Durch Vakuum keine Beeinflussung, unter CO_2-Atmosphäre Vermehrung bis 40 % unbeeinflußt; bis 75 % Vermehrung, wenn 5 % O_2 vorhanden sind (SUTHERLAND und PORRITT, 1997).

Generationszeit (Milch)	4 °C: 1,2–1,7 Tage
	8 °C: 8,7–14,6 h
Minimaler pH-Wert	4,4–4,6

D-Werte für organische Säuren bei 13 °C in h
    Essigsäure   (0,3 %) 132,   (0,5 %) 104
    Milchsäure   (0,3 %) 187,   (0,5 %) 129
    Zitronensäure   (0,3 %) 206,   (0,5 %) 142

Minimaler a_W-Wert   0,92 (Kochsalz)

Einfluß von Kaliumsorbat
    Hemmung bei pH 5,0 und 13 °C durch 0,2 % K-Sorbat

Einfluß von Natriumbenzoat
    Hemmung bei pH 5,0 und 13 °C durch 0,1 % Na-Benzoat

Hitzeresistenz $D_{71,7\,°C}$ = 2,7–4,1 sec,   z = 8 °C (Vollmilch)
                  $D_{62,8\,°C}$ = 2,56 min (Fleisch)
                  $D_{60\,°C}$ = 1,88–4,12 min,   z = 6,74 °C
                  $D_{62,8\,°C}$ = 1,1 min,   z = 6,2 °C (Leberwurst)
                  $D_{66\,°C}$ = 0,2 min,   z = 7,2 °C (Vollei)

Vorkommen

Erdboden, Stuhl, Kot zahlreicher Tiere, Pflanzen, Silage, Abwasser, besonders in Gullies von Lebensmittel-verarbeitenden Betrieben; Übertragung auf zahlreiche Lebensmittel möglich und nachgewiesen (Geflügel, Frischfleisch, Milch, Käse, Gemüse, Früchte, Fisch).

Humanmedizinische Bedeutung

Von der Listeriose werden besonders Schwangere, ungeborene Kinder sowie Neugeborene und immungeschwächte Personen betroffen. Die Erscheinungen können vielfältig sein: Gehirnhautentzündung, Hautveränderungen (kutane Listeriose), chronisch-septische Listeriose, glanduläre Listeriose (Lymphknotenschwellungen). Über den Mechanismus der Pathogenität ist wenig bekannt. Nicht alle Stämme von *L. monocytogenes* sind pathogen, aber alle pathogenen Stämme bilden ein Hämolysin.

Infektiöse Dosis

Die infektiöse Dosis ist unbekannt (GRANUM et al., 1995). Käse, der zur Erkrankung führte, enthielt pro Gramm 10^3–10^4 *L. monocytogenes*. Für empfindliche Personen wird als MID 10^5–10^7 angegeben (FARBER et al., 1996)

Inkubationszeit: 2 Tage bis 6 Wochen

Lebensmittel, die zur Erkrankung geführt haben

Krautsalat, Labkäse ohne Säuerungskulturen, Rotschmiere-Weichkäse, Paté, Frankfurter aus Putenfleisch, „Chicken Nuggets", Kochschinken (vakuumverpackt), Schweinezunge in Gelee u.a.

Nachweis

Zahlreiche Verfahren sind in den letzten Jahren beschrieben worden:

- Nachweis von *L. monocytogenes* in Lebensmitteln (Bundesgesundheitsamt Berlin, N.N., 1991)
- Nachweis und Bestimmung von *Listeria monocytogenes* in Lebensmitteln, Methode nach § 35 LMBG (Amtliche Sammlung von Untersuchungsverfahren nach § 35 LMBG, 00.00 22, Dez., 1991)
- Nachweis von *Listeria monocytogenes* in Lebensmitteln (US Department of Agriculture, USDA, KORNACKI et al., 1993)
- Nachweis von *L. monocytogenes* in Milch und Milchprodukten (International Dairy Federation, IDF, TWEDT und HITCHINS, 1994)
- Nachweis von *Listeria monocytogenes* in Lebensmitteln (Food and Drug Administration, USA, HITCHINS, 1995)
- Nachweis von *Listeria monocytogenes* in Lebensmitteln (Campden & Chorleywood Food Research Association, CCFRA, N.N., 1995)
- Horizontales Verfahren für den Nachweis und die Zählung von *Listeria monocytogenes* (Normentwurf), ISO/DIS 11290-1 und 11290-2, 1998
- Standard-Methode Australien und Neuseeland (SUTHERLAND und PORRITT, 1997)

□ **Methode 1**

Nachweis von *Listeria monocytogenes*, An-/Abwesenheitsprüfung
(Methode Food and Drug Administration, FDA, USA, HITCHINS, 1995)

A. Anreicherung

- 25 g oder 25 ml mit 225 ml Anreicherungsbouillon ohne Zusatz selektiver Stoffe (EB) im Stomacher homogenisieren und danach in einen 500 ml Kolben überführen. Bebrütung bei 30 °C für 4 h.
- Zugabe der selektiven Stoffe Acriflavin, Cycloheximid und Nalidixinsäure (siehe unter Medium EB) und Bebrütung bei 30 °C für 44 h (Achtung: Cycloheximid ist sehr toxisch, Augen- und Hautkontakt vermeiden!!)

B. Isolierung

- Nach 24 h und 48 h wird die Anreicherungsbouillon auf Oxford- und Palcam-Agar ausgestrichen. Bebrütung der Medien bei 35 °C 24–48 h.

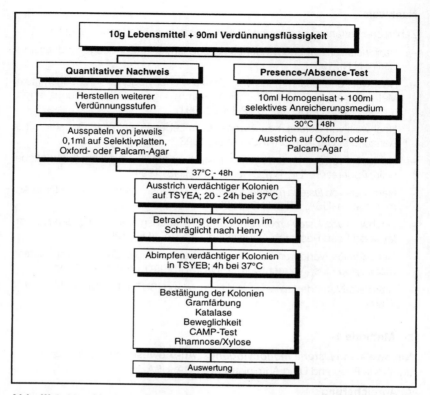

Abb. III.3-10:   Nachweis von *Listeria monocytogenes* in 1 g bzw. 1 ml Lebensmittel: Schematische Darstellung (Methode nach § 35 LMBG, 1991)

–   Mindestens 5 verdächtige Kolonien (Durchmesser ca. 1,5 bis 2,0 mm, auf dem Oxford-Agar braungrau mit einem schwarzen Hof durch Äsculinhydrolyse, in der Regel zentral etwas eingezogen, rund und flach gewölbt. Auf dem Palcam-Agar sind die Kolonien graugrün mit dunklem Zentrum und schwarzem Hof, ebenfalls rund, flach gewölbt und glänzend) werden auf einem nichtselektiven Medium (TSYEA) ausgestrichen, das bei 30 °C 24 h bis 48 h bebrütet wird.

C. Identifizierung

– Morphologische und biochemische Identifizierung

Grampositive Stäbchen

Katalase positiv

Fermentation von Rhamnose positiv, von Xylose negativ
(Fermentationsbouillon)

CAMP-Test mit ß-haemolytischem *Staph. aureus* positiv
(5 % Schafblut-Agar, am besten Doppelschicht-Agar; untere Schicht
Columbia-Agar ohne Blut, obere Schicht Columbia-Agar mit Blut)

Beweglichkeit (SIM-Agar bei 35 °C bis 7 Tage) positiv

Schnellere Verfahren der Identifizierung

Biochemische Prüfung mit API Listeria (bioMérieux) oder Identifizierung mit einer
Gensonde, z.B. Accuprobe *Listeria monocytogenes* (Gene Probe, Fa. bio-
Mérieux).

☐ **Methode 2** (Routine-Verfahren in Europa)

Nachweis von *Listeria monocytogenes,* An-/Abwesenheitsprüfung

(Methode des Campden Food Research Institute, N.N., 1995, SUTHERLAND
und PORRITT, 1997, ISO/DIS 11290-1 und 11290-2, 1998)

A. Anreicherung

– 25 g bzw. 25 ml zu 225 ml (oder 1 g zu 9 ml) selektive Voranreicherung (1/2
Fraser-Bouillon = Fraser-Anreicherungsbouillon-Basis + Fraser-Selektiv-
Supplement, halbkonzentriert), Bebrütung bei 30 °C 24 ± 2 h.

– 0,1 ml der Voranreicherung zu 10 ml Fraser-Anreicherungsbouillon (konzentriert) pipettieren und bei 37 °C 48 h bebrüten.

B. Isolierung

– Ösenausstrich auf Oxford-Agar und Palcam-Agar, Bebrütung der Medien bei
37 °C für 24 bis 48 h. Nach 24 h und falls negativ nach 48 h auf Anwesenheit
typischer Kolonien untersuchen.

– Mindestens 3–5 typische Kolonien werden auf Trypton-Soja-Hefeextrakt-
Agar (TSYEA) ausgestrichen (Bebrütung 24 h bei 37 °C) und identifiziert.
Reinkulturen werden in Trypton-Soja-Yeast-Extrakt-Bouillon (TSYEB) 4 h bei
37 °C bebrütet. Für die Fermentation von Rhamnose und Xylose sowie die
Überprüfung der Hämolyse erfolgt die Beimpfung der Medien aus der Tryp-
ton-Soja-Yeast-Extrakt-Bouillon.

C. Identifizierung

Gramfärbung (Kolonie von TSYEA)
Katalasereaktion und Oxidase-Test (Kolonie vom TSYEA)
CAMP-Test, Säure aus Rhamnose (+) und Xylose (–)

Alternative Verfahren zur Identifizierung

Gensonde (Accuprobe *Listeria monocytogenes* = Kulturbestätigungssonde – bioMérieux) oder biochemische Prüfung mit API Listeria (bioMerieux). Beim API Listeria könnte der CAMP-Test entfallen, da eine Unterscheidung zwischen *L. monocytogenes* und *L. innocua* durch den Nachweis der Arylamidase getroffen wird (DIM-Reaktion = Differenzierung Innocua Monocytogenes). Allerdings weist die Hämolyse auf virulente Stämme von *L. monocytogenes* hin (McKELLAR, 1994b). Bei negativer Hämolyse oder nicht erkannter Hämolyse (nur unter der Kolonie), einer positiven Fermentation von Rhamnose und negativer Xylosefermentation kommt es zur Identifizierung von *L. innocua*. Da in der Praxis die Hämolysereaktion nicht immer eindeutig ist, wird für eine schnellere, aber auch sichere Identifizierung die Gensonde Accuprobe zur Kulturbestätigung empfohlen (BAUMGART und KLEMM, 1993). Auch nach BEUMER et al. (1996) sind die Gensonden Accuprobe und Gene-Trak sehr spezifisch.

☐ Methode 3

Quantitativer Nachweis von *Listeria monocytogenes*
(Routine-Methode: ISO/DIS 11290-1 und 11290-2, 1998, Standard-Methode Australien und Neuseeland, SUTHERLAND und PORRITT, 1997)

– 10 g Produkt + 90 ml Verdünnungsflüssigkeit im Stomacher homogenisieren und Herstellen einer weiteren Verdünnungsstufe (10^{-2}).

– Jeweils 0,1 ml der Verdünnung auf Oxford-Agar und PALCAM-Agar (Australischer Standard) bzw. nur auf PALCAM-Agar (ISO/DIS, 1998) ausspateln, Bebrütung bei 37 °C für 48 h.

– Charakteristische Kolonien auszählen und mindestens 5 Kolonien der entsprechenden Verdünnungsstufe bestätigen.

Nachweis der Hämolyse und Listeria CAMP-Test
(FUJISAWA und MORI, 1994, McKELLAR, 1994a, b)

– 15 ml Columbia-Agar-Basis ohne Blut in eine Petrischale gießen. Nach der Verfestigung des Mediums 8 ml des gleichen Mediums mit 5 % Schafblut auf das Basismedium gießen (Overlay). Nach FUJISAWA und MORI (1994) sind Erythrozyten vom Pferd besser geeignet als die vom Schaf.

– Kultur von *Staphylococcus aureus* (schwach ß-Hämolysin-bildend, z.B. DSM 1104) über die Mitte der Blut-Agar-Platte ausstreichen. Der Prüfstamm und Kontrollen (*L. monocytogenes, L. innocua* und *L. ivanovii*) werden im rechten Winkel zu diesen Kulturen so ausgestrichen, daß sie sich nicht berühren (etwa 1–2 mm voneinander entfernt).

– Gleichzeitig erfolgt in der nicht beimpften Zone eine Stichbeimpfung mit den gleichen Kulturen.

– Bebrütung bei 37 °C für 24 h

Listeria CAMP-Test

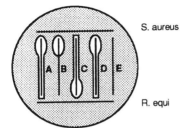

S. aureus

R. equi

Abb. III.3-11: Listeria CAMP-Test

Erklärung: Die weiße Zone im dunklen Kreis zeigt die ß-Hämolyse, die verstärkt wird durch die Hämolyse von *Rhodococcus (R.) equi* und *Staphylococcus (S.) aureus*.
A = *L. monocytogenes* (typisch), B = *L. monocytogenes* (atypisch), C = *L. ivanovii,* D = *L. seeligeri,* E = *L. innocua.*

Ausführung des CAMP-Tests:
Senkrecht zu den Impfstrichen von *S. aureus* und *R. equi* werden die Prüfkulturen bis zum Abstand von etwa 1 mm ausgestrichen; Medium: Columbia-Agar (1000 ml, 50 °C) + 50 ml gewaschene Erythrozyten (Hammel oder Rind) oder defibriniertes Blut (Prüfung, ob Antikörper im Serum Hämolyse beeinflussen). Bebrütung bei 37 °C für 24 h.
S. aureus bildet eine Sphingomyelincholin-Phosphohydrolase, die das Sphingomyelin der Erythrozyten-Membran auflöst, die Erythrocyten jedoch nicht lysiert. Erst das Hämolysin der Listerien führt zur Verstärkung der Hämolyse (COX et al., 1991).

Fermentation von Rhamnose und Xylose

– Beimpft werden jeweils 9 ml der Fermentations-Bouillon mit einer Öse aus der TSYEB.

– Bebrütung bei 37 °C 24 h bis 7 Tage. Positive Reaktionen (Säurebildung) sind meist nach 24 bis 48 h vorhanden.

Tab. III.3-8: Identifizierungs-Reaktionen für *Listeria* spp.

Species	Säurebildung		CAMP-Test	
	Rhamnose	Xylose	*S. aureus*	R. equi
L. monocytogenes	+	–	+	–
L. innocua	v	–	–	–
L. ivanovii	–	+	–	+
L. seeligeri	–	+	(+)	–
L. welshimeri	v	+	–	–
L. grayi	v	–	–	–

v = verschiedene Reaktionen   + = positive Reaktion
(+) = schwache Reaktion   – = negative Reaktion

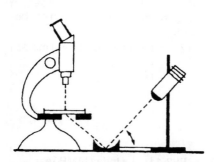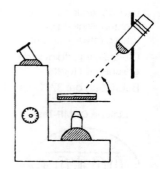

Abb. III.3-12:   Mikroskopischer Nachweis von Listerien
links: Beleuchtung nach HENRY
rechts: umgekehrtes Durchlicht-Mikroskop

Weitere Verfahren und Screening-Methoden (siehe Kap. III.4 und III.5)

– Impedanz-Methode
– ELISA
– Polymerase Kettenreaktion (PCR)

Literatur

1.   BAUMGART, J., KLEMM, W., Kulturbestätigung von Listeria monocytogenes mit der Gensonde „Accuprobe", Fleischw. 73, 335-336, 1993

2.   BEUMER, R.R., te GIFFEL, M.C., KOK, M.T.C., ROMBOUTS, F.M., Confirmation and identification of Listeria spp., Letters in Appl. Microbiol. 22, 448-452, 1996

3.   CARLIER, V., AUGUSTIN, J.C., ROZIER, J., Heat resistance of Listeria monocytogenes (Phagovar 2389/2425/3274/2671/47/108/340): D-and z-values in ham, J. Food Protection 59, 588-591, 1996

4.   COX, L.J. SIEBENGA, A., PEDRAZZINI, C., MORETON, J., Enhanced Hemolysis agar (EHA) – an improved selective and differential medium for isolation of Listeria monocytogenes, Food Microbiol. 8, 37-49, 1991

5.   EL-SHENAWY, M.A., MARTH, E.H., Sodium benzoate inhibits growth of or inactivates Listeria monocytogenes, J. Food Protection 51, 525-530, 1988 a

6.   EL-SHENAWY, M.A., MARTH, E.H., Inhibition and inactivation of Listeria monocytogenes by sorbic acid, J. Food Protection 51, 842-847, 1988 b

7.   FARBER, J.M., ROSS, W.H., HARWIG, J., Health risk assessment of Listeria monocytogenes in Canada, Int. J. Food Microbiol. 30, 145-156, 1996

8.   FUJISAWA, T., MORI, M., Evaluation of media for determining haemolytic activity and that of API Listeria System for identifying strains of Listeria monocytogenes, J. Clin. Microbiol. 32, 1127-1129, 1994

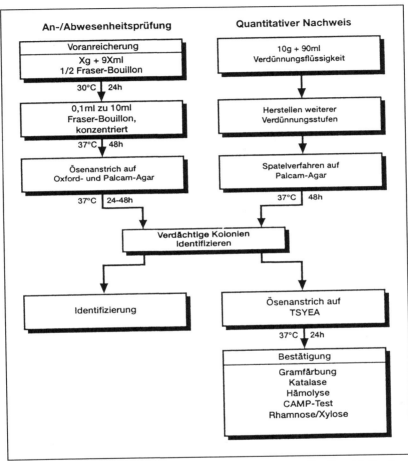

Abb. III.3-13: Nachweis von *Listeria monocytogenes* – Routine-Methode

9.   GRANUM, P.E., TOMAS, J.M., ALOUF, J.E., A survey of bacterial toxins involved in food poisoning toxin nomenclature, Int. J. Food Microbiol. 28, 129-144, 1995

10. HITCHINS, A.D., Listeria monocytogenes, in: Bacteriological Analytical Manual, Food and Drug Administration, 8th. ed., publ. by AOAC International, Gaithersburg, USA, 1995

11. ICMSF (International Commission on Microbiological Specifications for Foods), Microorganisms in foods – Microbiological specifications of food pathogens, Chapman and Hall, London, 1996

12. ISO/DIS, Horizontales Verfahren für den Nachweis und die Zählung von Listeria monocytogenes (Normentwurf), ISO/DIS 11290-1 und 11290-2, 1998

13. KORNACKI, J.L., EVANSON, D.J., REID, W., ROWE, K., FLOWERS, R.S., Evaluation of the USDA protocol for detection of Listeria monocytogenes, J. Food Protection 56, 441-443, 1993

14. McKELLAR, R.C., Use of CAMP test for identification of Listeria monocytogenes, Appl. Environ. Microbiol. 60, 4219-4225, 1994 a

15. McKELLAR, R.C., Identification of the Listeria monocytogenes virulence factors involved in the CAMP reaction, Letters in Appl. Microbiol. 18, 79-81, 1994 b

16. N.N., Empfehlungen des Bundesgesundheitsamtes zum Nachweis und zur Bewertung von Listeria monocytogenes in Lebensmitteln, Bundesgesundheitsblatt 34, 227-229, 1991

17. N.N., Detection of Listeria species, in: Manual of Microbiological Methods for the Food and Drinks Industry, Campden & Chorleywood Food Research Association, CCFRA, Chipping Campden Gloucestersshire GL55 6LD UK, 1995

18. ROCOURT, J., COSSART, P., Listeria monocytogenes, in: Food Microbiology Fundamentals and Frontiers, ed. by M.P. Doyle, L.R. Beuchat, T.J. Montville, ASM Press, Washington D.C., 337-352, 1997

19. SORRELS, K.M., ENIGEL, D.C., HATFIELD, J.R., Effect of pH, acidulant, time, and temperature on the growth and survival of Listeria monocytogenes, J. Food Protection 52, 571-573, 1989

20. SUTHERLAND, P.S., PORRITT, R., Listeria monocytogenes, in: Foodborne Microorganisms of Public Health Significance, 5th ed., edited by A.D. Hocking, G. Arnold, J. Jenson, K. Newton, P. Sutherland, AIFST (NSW Branch) Food Microbiology Group, Australian Institute of Food Science and Technology, P.O. Box 1493, North Sydney, NSW 2059, 333-378, 1997

21. TWEDT, R.M., HITCHINS, A., Determination of the presence of Listeria monocytogenes in milk and dairy products: IDF collaborative study, J. of AOAC International 77, 395-402, 1994

3.2.4 Bacillus cereus und andere Bazillen

(SHINAGAWA, 1990, DROBNIEWSKI, 1993, FERMANIAN et al., 1993, GRANUM, 1994, 1997, DUFRENNE et al., 1994, 1995, RHODEHAMEL und HARMON, 1995, ICMSF, 1996, JENSON und MOIR, 1997, BEUTLING und BÖTTCHER, 1998, NOTERMANS und BATT, 1998)

3.2.4.1 Bacillus cereus

Eigenschaften

Grampositives, aerobes, fakultativ anaerobes Stäbchen. Die ovalen Endosporen werden zentral oder subterminal ohne Anschwellen der Mutterzelle gebildet. Die Kolonien sind matt, flach und zeigen einen welligen Rand. *Bacillus cereus* bildet eine Phospholipase C = Lecithinase (auch vorhanden bei *B. mycoides,*

B. thuringiensis und B. anthracis), ein Hämolysin und zwei Toxine, die zur Lebensmittelvergiftung führen. Das eine Toxin ist ein hitzestabiles Protein (Enterotoxin) mit einem Molekulargewicht von etwa 40 kDa, das andere ein hitzestabiles Peptid (emetisches Toxin) mit einem Molekulargewicht von 5–7 kDa. Es wird nicht ausgeschlossen, daß *Bacillus cereus* die Toxine nicht im Lebensmittel bildet, sondern erst im Darm (GRANUM, 1994). Eine Toxinbildung unter anaeroben Bedingungen (ähnlich wie im Darm) wurde nachgewiesen (ANDERSSON et al., 1995).

Weitere Eigenschaften:

- Minimale Vermehrungstemperatur (psychrotrophe Stämme) 4 °C

- Toxinbildung bei 8 °C in Milch möglich

- Keine Toxinbildung in BHI-Broth bei 10 °C und pH 6,0 (= Essigsäure 0,16 %, bzw. Milchsäure 0,27 %, bzw. Sorbinsäure 0,20 %)

- Generationszeit in Milch bei 6 °C 17 h, in gekochtem Reis bei 30 °C 26–57 min

Optimale Vermehrungstemperatur	30–40 °C
Minimaler pH-Wert für Vermehrung	4,4–4,9 (meist 5,0)
Minimaler a_w-Wert	0,91–0,93
Hitzeresistenz der Sporen $D_{100\ °C}$ = 2,7–3,1 min (Magermilch), $D_{121\ °C}$ = 17,5–30,0 min (Pflanzenöl)	z = 6,1–9,2 °C
Hitzestabilität des emetischen Toxins	126 °C 90 min (DROBNIEWSKI, 1993)
Hitzestabilität des Enterotoxins	60 °C wenige min

Vorkommen

Erdboden, Wasser, zahlreiche Lebensmittel, bes. Cerealien, Milch und Milcherzeugnisse, Gewürze, Gemüseerzeugnisse, Fleischprodukte, pasteurisiertes Eigelb

Bedeutung

- Verderb von Lebensmitteln (Bildung von Proteasen, Lipasen, Amylasen)

- Erkrankungen

Bestimmte Serovare von *Bacillus cereus* bilden zwei Toxine im Lebensmittel, das Diarrhoe-Toxin („diarrhoeal toxin") und das Erbrechens-Toxin („emetic toxin").

Krankheitserscheinungen

Diarrhoe-Toxin (= Enterotoxin): Übelkeit, wäßriger Stuhl, selten Erbrechen

Emetic-Toxin: Übelkeit und Erbrechen, selten Durchfälle

Inkubationszeit

Diarrhoe-Toxin: 8–16 h, meist 12–13 h

Erbrechens-Toxin: 1–6 h, meist 2–5 h

Minimale infektiöse Dosis: 10^5–10^7/g (GRANUM et al., 1995), 10^3–10^4/g (ANDERSSON et al., 1995)

Lebensmittel, die zur Erkrankung führten

Diarrhoe-Toxin: Gemüse, Kartoffelbrei, Fleisch, Leberwurst, Milch, Suppen, Puddings u. a.

Emetic-Toxin: Gekochter und gebratener Reis, Sahne, Nudeln, Kartoffelbrei u.a.

Nachweis

Zum Nachweis von *Bacillus cereus* werden u. a. der Mannit-Eigelb-Polymyxin-Agar nach MOSSEL et al. (1967) oder der Polymyxin-Eigelb-Mannit-Bromthymolblau-Agar nach HOLBROOK und ANDERSON (1980) eingesetzt. Der Nachweis beruht bei beiden Medien vorwiegend auf zwei biochemischen Reaktionen, der Eigelbreaktion und der fehlenden Mannitspaltung. Diese Nachweisreaktionen haben jedoch folgende Nachteile:

a) Es gibt auch *Bacillus cereus*-Stämme, die keine Phospholipase (Lecithinase) bilden.

b) Auch *B. thuringiensis* und *B. laterosporus* sind Lecithinase-positiv.

c) Wenn *Bacillus cereus* nur in geringer Zahl vorkommt und eine hohe Begleitflora vorhanden ist, wird die typische Farbe von *Bacillus cereus* auf dem Selektivmedium unterdrückt.

Medium

Polymyxin-Eigelb-Mannit-Bromthymolblau-Agar (PEMBA) oder Mannit-Eigelb-Polymyxin-Agar (MYP)

Verfahren

Spatelverfahren
Wenn bei bestimmten Produkten verlangt wird, geringe Keimzahlen zu erfassen, kann die Nachweisgrenze um den Faktor 10 erhöht werden, indem bei flüssigen Proben 1 ml und bei festen Produkten 1 ml der Verdünnungsstufe 10^{-1} auf 3 Petrischalen ausgespatelt wird.

Bebrütungstemperatur und -zeit

37 °C für 18–24 h (PEMBA); 30 °C für 20–24 h (MYP)

Auswertung

Typische Kolonien von *B. cereus* weisen auf dem PEMBA eine türkis- bis pfau-
enblaue Farbe auf. Auf dem MYP-Agar sind die Kolonien rosa- bis purpurfarben,
rauh und trocken. Verdächtige Kolonien sind zu bestätigen.

Bestätigung

Mikroskopischer Nachweis von Lipidgranula (PEMBA)

– Von dem Zentrum einer einen Tag alten Kolonie oder vom Rand einer zwei-
   tägigen Kolonie wird ein Objektträgerausstrich angefertigt.

– Präparat lufttrocknen und hitzefixieren

– Objektträger über kochendes Wasser halten und mit 5%iger Malachitgrünlösung (G/V) überschwemmen

– Nach 2 min abwaschen und den Objektträger mit Löschpapier vortrocknen

– Mit einer 0,3%igen (G/V) Sudanschwarzlösung in 70%igem Alkohol 15 min
   färben

– Objektträger mit Xylol 5 sec waschen und anschließend mit Löschpapier
   trocknen

– Mit 0,5%iger (G/V) Safraninlösung 20 sec gegenfärben

– Waschen und mikroskopisch untersuchen

Charakteristisches Bild von *B. cereus:*

– Zellen ca. 4–5 μm lang und 1–1,5 μm breit, Cytoplasma rot gefärbt

– Sporen schwach- bis mittelgrün, zentral oder subterminal, Sporangium nicht
   angeschwollen

– Lipidkörnchen sind schwarz

(Anmerkung: Auch *B. thuringiensis, B. megaterium* und *B. sphaericus* sind positiv.)

Mögliche Bestätigung

a) Fermentation von Glucose

Medium: Pepton-Glucose-Agar, Stichbeimpfung, Bebrütung bei 30 °C für
                   24 h

b) Bildung von Acetoin

Medium: MR-VP-Bouillon. Bebrütung von 5 ml bei 30 °C für 24 h

Auswertung: Zu 1 ml Bouillon Zusatz von 0,2 ml KOH (40%ig), 0,6 ml alpha-Naphthol-Lösung (5 g alpha-Naphthol + 100 ml Ethanol 96%ig) und einigen Kristallen Kreatin. Kräftig schütteln und bis zu 1 h stehen lassen. Im positiven Fall entsteht eine rosarote Farbe. Bei negativer Reaktion wird der Rest der MR-VP-Bouillon weitere 24 h bei 30 °C bebrütet und der Test danach wiederholt.

c) Nitratreduktion

Medium: Nitrat-Bouillon abgefüllt zu 5 ml, Bebrütung bei 30 °C für 24 h

Auswertung: Zusatz mehrerer Tropfen Nitrit-Reagenz (Griess-Ilosvay's Reagenz). Bei Anwesenheit von Nitrit erscheint innerhalb von ca. einer Minute eine intensive rote Farbe. Bei starken Nitritbildnern schlägt die anfangs rote Farbe nach gelb um. Eine negative Reaktion besagt, daß entweder kein Nitratabbau erfolgt oder bis zum Stickstoff bzw. Ammoniak reduziert wurde. Mit Hilfe des „Zinkstaub-Tests" wird anschließend geprüft, ob diese Reaktion abgelaufen ist. In die Röhrchen mit negativ verlaufendem Griess-Ilosvay-Test gibt man pro 5 ml Kulturflüssigkeit eine pfefferkorngroße Menge an Zinkstaub und läßt ohne zu schütteln sedimentieren. Bei Anwesenheit von Nitrat erscheint innerhalb von 1–2 min in der Nähe des Zinkstaubes eine rosa Färbung. Nitrat wurde zu Nitrit reduziert, welches nun mit dem Griess-Ilosvay-Reagenz reagierte. Positiver Zinkstaub-Test bedeutet „kein Nitratabbau", negativer Zinkstaub-Test bedeutet „erfolgter Nitratabbau".

Bacillus cereus

Glucose	positiv
Arabinose	negativ
Acetoin	positiv
Nitratreduktion	positiv
Anaerobe Vermehrung	positiv
Beweglichkeit	positiv
	(*B. mycoides* und *B. anthracis* negativ)
Parasporale Kristalle	negativ
	(*B. thuringiensis* positiv)

Alternative Bestätigung: API 50CHB

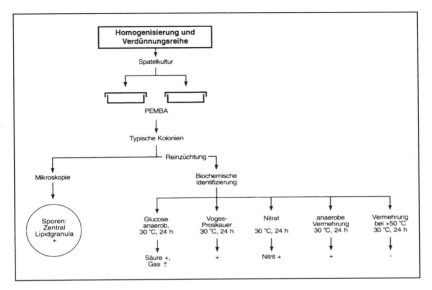

Abb. III.3-14: Nachweis von *Bacillus cereus*

Toxinnachweis

(GRANUM et al., 1993, BRETT, 1998, PIMBLEY und PATEL, 1998 und Kap. III.4)

- Reverse Passive Latex Agglutination (RPLA), z.B. RPLA-Kit (Oxoid)
- ELISA, z.B. TECRA Bacillus cereus Diarrhoeal Enterotoxin Visual Immuno-assay (Bioenterprises, Australien, Vertrieb: Riedel-de Haën)

3.2.4.2 Andere Bazillen

Berichte, daß andere Bazillen als *B. cereus* zur „Lebensmittelvergiftung" führen, liegen vor (JENSON und MOIR, 1997). Meist sind es *Bacillus subtilis* und *Bacillus licheniformis*, in seltenen Fällen *Bacillus pumilus*. Die Keimzahlen, die in den zur Erkrankung führenden Lebensmitteln nachgewiesen wurden, lagen zwischen 10^6 und 10^8 pro Gramm. Der Mechanismus der Pathogenität ist unklar.

Literatur

1. ANDERSSON, A., RÖNNER, U., GRANUM, P.E., What problems does the industry have with the spore-forming pathogens Bacillus cereus and Clostridium perfringens?, Int. J. Food Microbiol. 28, 145-155, 1995

2. BRETT, M.M., Kits for the detection of some bacterial food poisoning toxins: problems, pitfalls and benefits, J. Appl. Microbiol. Symposium Supplement 84, 110S-118S, 1998

3. BEUTLING, D., BÖTTCHER, C., Bacillus cereus – ein Risikofaktor in Lebensmitteln, Arch. Lebensmittelhyg. 49, 90-96, 1998

4. DROBNIEWSKI, F.A., Bacillus cereus and related species, Clin. Microbiol. Reviews, 6, 324-448, 1993

5. DUFRENNE, J., SOENTORO, P., TATINI, S., DAY, T., NOTERMANS, S., Characteristics of Bacillus cereus to safe food production, Int. J. Food Microbiol. 23, 99-109, 1994

6. DUFRENNE, J., BIJWAARD, M., te GIFFEL, M., BEUMER, R., NOTERMANS, S., Characteristics of some psychrotrophic Bacillus cereus isolates, Int. J. Food Microbiol. 27, 175-183, 1995

7. FERMANIAN, C., FREMY, J.-M., LAHELLEC, C., Bacillus cereus pathogenicity: A review, J. of Rapid Methods and Automation in Microbiol. 2, 83-134, 1993

8. GRANUM, P.E., BRYNESTAD, S., KRAMER, J.M., Analysis of enterotoxin production by Bacillus cereus from dairy products, food poisoning incidents and non-gastrointestinal infections, Int. J. Food Microbiol., 17, 269-279, 1993

9. GRANUM, P.E., Bacillus cereus and its toxins, J. Appl. Bacteriol. Symposium Suppl. 76, 61S-66S, 1994

10. GRANUM, P.E., TOMAS, J.M., ALOUFF, J.E., A survey of bacterial toxins involved in food poisoning: a suggestion for bacterial food poisoning toxin nomenclature, Int. J. Food Microbiol. 28, 129-144, 1995

11. GRANUM, P.E., Bacillus cereus, in: Food Microbiology Fundamentals and Frontiers, ed. by M.P. Doyle, L.R. Beuchat, T.J. Montville, ASM Press, Washington D.C., 327-336, 1997

12. HOLBROOK, R., ANDERSON, J.M., An improved selective and diagnostic medium for the isolation and enumeration of Bacillus cereus in foods, Can. J. Microbiol. 26, 753-759, 1980

13. ICMSF (International Commission on Microbiological Specifications for Foods), Microorganisms in foods – 5 – Microbiological Specifications of food pathogens, Chapman & Hall, London, 1996

14. JENSON, J., MOIR, C.J., Bacillus cereus and other species, in: Foodborne Microorganisms of Public Health Significance, 5th ed., edited by A.D. Hocking, G. Arnold, J. Jenson, K. Newton, P. Sutherland, AIFST (NSW Branch) Food Microbiology Group, Australian Institute of Food Science and Technology, P.O. Box 1493, North Sydney, NSW 2059, 1997

15. MOSSEL, D.A.A., KOOPMANN, M.J., JONGERIUS, E., Enumeration of Bacillus cereus in foods, Appl. Microbiol. 15, 650-653, 1967

16. NOTERMANS, S., BATT, C.A., A risk assessment approach for food-borne Bacillus cereus and its toxin, J. Appl. Microbiol. Symposium Supplement 84, 51S-61S, 1998

17. PIMBLEY, D.W., PATEL, P.D., A review of analytical methods for the detection of bacterial toxins, J. Appl. Microbiol. Symposium Supplement 84, 98S-109S, 1998

18. RHODEHAMEL, E.J., HARMON, S.M., Bacillus cereus, in: Bacteriological Manual, Food and Drug Administration, 8th ed. (Revision A), ed. by AOAC International, Gaithersburg, MD 20877, USA, 1998

19. SHINAGAWA, K., Analytical methods for Bacillus cereus and other Bacillus species, Int. J. Food Microbiol., 10, 125-142, 1990

3.2.5 Clostridium perfringens

(ANDERSSON et al., 1995, EISGRUBER, 1996, ICMSF, 1996, BATES, 1997, McCLANE, 1997, RHODEHAMEL und HARMON, 1998)

Eigenschaften

Clostridium (C.) perfringens ist ein anaerobes, grampositives, Katalase-negatives, unbewegliches Stäbchen. Wegen der Bildung verschiedener Toxine (Proteine) unterscheidet man 5 Typen, nämlich A bis E. Die Typen A und C haben die größere Bedeutung für den Menschen.

Optimale Vermehrungstemperatur	43°–47 °C
Maximale Vermehrungstemperatur	50 °C
Minimale Vermehrungstemperatur (bei einzelnen Stämmen unterschiedlich)	12 °C
Minimaler pH-Wert für Vermehrung	5,0–5,5
Optimaler pH-Wert für Vermehrung	6,0–7,5

Minimaler a_w-Wert für Vermehrung 0,95 (eingestellt mit NaCl oder Saccharose)

0,95–0,97 (eingestellt mit Glycerin)

Hitzeresistenz vegetativer Zellen $D_{60\,°C}$ = wenige min (Fleisch)

Hitzeresistenz der Sporen $D_{110\,°C}$ = 0,5 min (Fleischsaft)

Die vegetativen Zellen von *C. perfringens* sind gegenüber Gefriertemperaturen sehr empfindlich. Das zu untersuchende Lebensmittel darf deshalb nicht eingefroren werden. Es wird mit 10%igem Glycerin (1:1 [G/V]) vermischt und bis zur Untersuchung unterhalb von 5 °C gelagert.

Vorkommen

Erdboden, Intestinaltrakt Mensch und Tier (normal ca. 10^2–10^4/g), Fleischprodukte, z.B. Roastbeef

Krankheitserscheinungen

Heftige Bauchschmerzen und starke Durchfälle durch die Bildung des Toxins A. Das Toxin C führt zur Enteritis necroticans. In Europa und den USA ist nur die durch den Typ A ausgelöste Lebensmittelvergiftung bedeutend. Das Toxin (Enterotoxin), das von *C. perfringens* Typ A gebildet wird, ist ein Protein (Molekulargewicht 36000 Dalton) und wird bei 60 °C in 10 min inaktiviert. Gebildet wird das Toxin durch die sporulierenden Zellen im Darm. Durch Lysis des Sporangiums wird das Toxin freigesetzt. Voraussetzung für eine Erkrankung ist also, daß *C. perfringens* sich im Lebensmittel vermehrt und Zahlen oberhalb von 10^6/g erreicht. Das Enterotoxin wirkt cytotoxisch und zerstört die Membranen der Epithelzellen (McCLANE, 1994).

Inkubationszeit

12 h (6–24 h)

Nachweis (Routine-Methode)

A. Quantitativer Nachweis

Verfahren

Gußkultur

Medium

Trypton Sulfit Cycloserin Agar (TSC-Agar)

Bebrütung

37 °C für 20 h, anaerob

Auswertung

Alle schwarzen Kolonien werden ausgezählt. Die Keimzahl präsumtiver (= verdächtiger) *C. perfringens* pro g oder ml wird berechnet.

Bestätigung

(GEPPERT und EISGRUBER, 1995, RHODEHAMEL und HARMON, 1998, N.N., 1995, SCHALCH et al., 1996)

Eine Bestätigung der schwarzen Kolonien ist notwendig, da auch andere Clostridien als *C. perfringens* schwarze Kolonien bilden, wie z.B. *C. bifermentans, C. sphenoides, C. fallax* (NEUT et al., 1985)

Für die Bestätigung von *C. perfringens* werden folgende Reaktionen empfohlen bzw. sind in internationalen Vorschriften (Methode § 35 LMBG, Methode Food and Drug Administration, USA, ISO-Methode) aufgeführt (RHODEHAMEL und HARMON, 1998, SCHALCH et al., 1996):

Beweglichkeitsprüfung (unbeweglich)

Nitratabbau (positiv)

Laktosevergärung (positiv)

Gelatineverflüssigung (positiv)

Reverse-CAMP-Test
(positiv = typische Pfeilspitzenform mit *Streptococcus agalactiae*)

Dabei ist zu beachten, daß auch Clostridien-Stämme isoliert wurden, die die gleichen Schlüsselreaktionen aufweisen, z.B. *C. sardiniensis* und *C. absonum*. Auch über variable Nitratreduktionen bei Stämmen von *C. perfringens* und „gelatinasenegative" Stämme von *C. perfringens* wurde berichtet (siehe Literatur bei SCHALCH et al., 1996). Am besten eignen sich zur Bestätigung von *C. perfringens* (SCHALCH et al., 1996):

Beweglichkeitsprüfung

Lactosevergärung

Reverse-CAMP-Test

Saure Phosphatase

Verfahren für Bestätigung

- Mindestens 3 Kolonien von der höchsten auswertbaren Verdünnung sind zu bestätigen (Beweglichkeitsprüfung, Reverse-CAMP-Test und saure Phosphatase). Die Kolonien werden auf CASO-Agar ausgestrichen, bei 37 °C 24 h bebrütet und auf Reinheit mikroskopisch (Gramfärbung) überprüft. Gleichzeitig werden die Beweglichkeit im hängenden Tropfen und die Katalasereaktion geprüft.

- Reverse-CAMP-Test: *Streptococcus agalactiae* wird auf einem Columbia-Agar (Oxoid) mit 5 % defibriniertem Schafblut in der Mitte der Petrischale als durchgehender Impfstrich aufgetragen. Im Abstand von 1 mm zu diesem Impfstrich werden beidseitig im rechten Winkel parallele Impfstriche der zu prüfenden Kulturen aufgetragen. Die Parallelausstriche sollten nicht näher als 2 cm beieinanderliegen. Die Platte wird bei 37 °C 24 h anaerob bebrütet. Als *C. perfringens* gelten die geprüften Kolonien, die eine pfeilspitzenförmige Aufhellung (ß-Hämolyse) im Bereich der im rechten Winkel zusammenführenden Impfstriche ausgebildet haben.

– Saure Phosphatase (GEPPERT und EISGRUBER, 1995): Einige Tropfen des Phosphatase-Reagenzes (vorher auf 37 °C angewärmt) werden auf die Kolonien des Columbia-Blut-Agars getropft. Eine braunviolette Verfärbung der Kolonien innerhalb von 3 min zeigt eine positive Reaktion an.

Herstellung des Phosphatase-Reagenzes (GEPPERT und EISGRUBER, 1995): Das Phosphatasereagenz wird durch Zugabe von 0,2 g 1-Naphthylphosphat (Merck 6815) und 0,4 g Echtblausalz D (= Diazonium-o-dianisin, Merck 3191) zu 10 ml 0,2 mol/l^{-1} Natriumcitratpuffer (pH 4,5) hergestellt, eine Stunde bei +4 °C stehen gelassen, dann filtriert (Membranfiltration) und bei +4 °C bis zu 3 Wochen gelagert. Der Natriumcitratpuffer, der 2 Monate haltbar ist, wird wie folgt hergestellt: 9,882 g Trinatriumcitrat x 2 H$_2$O in 20,0 ml c (NaOH) = 1,0 mol/l^{-1} lösen, ad 100,0 ml auffüllen und 2:1 mit c (HCl) = 1,0 mol/l^{-1} mischen.

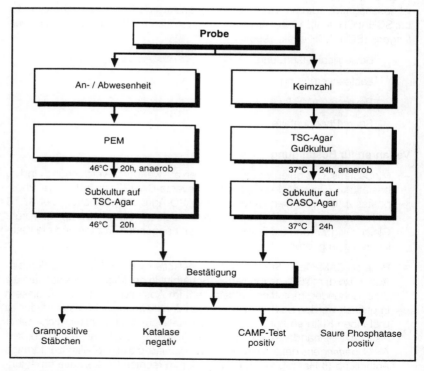

Abb. III.3-15: Nachweis von *Clostridium perfringens*

B. An-/Abwesenheitsprüfung (Routine-Methode)

Medium

Perfringens Enrichment Medium (PEM = Fluid Thioglycollate Medium ohne Dextrose + 400 μg D-Cycloserin/ml, DEBEVERE, 1979)

Verfahren

Beimpfung von 10 ml PEM mit 1 g bzw. 1 ml Produkt, Bebrütung bei 46 °C für 20 h, anaerob

Subkultur auf TSC-Agar, Bebrütung bei 46 °C für 20 h und **Bestätigung** verdächtiger schwarzer Kolonien (siehe unter A).

C. Nachweis von *C. perfringens* in 24 Stunden durch Bestimmung der sauren Phosphatase

(BAUMGART et al., 1990, STRAUCH et al., 1994)

Medium

TSC-Agar (TSC-Agar + Saccharose + Phenolphthaleindiphosphat = TSC-SP-Agar)

Bebrütung

44 °C, anaerob für 18–24 h

Verfahren

Spatelverfahren

Bestätigung

Nach der Bebrütung wird auf die Kolonien mit der Pinzette ein Rundfilter (z. B. aschefreier Rundfilter MN 640, Macherey und Nagel) gelegt. Durch vorsichtiges Andrücken mit der Pinzette erfolgt ein Abdruck der Kolonien. Zu empfehlen ist eine Markierung am Rand der Petrischale und auf dem Filter mit dem Farbstift zur späteren Bestätigung von *C. perfringens* (Katalase, Beweglichkeit, Mikroskopie). Nach einer Kontaktzeit von ca. 1–5 min wird der Filter mit dem Abdruck nach oben in den Deckel der Petrischale gelegt, in den vorher ca. 1,0 ml c (NaOH) = 1,0 mol/l^{-1} pipettiert wurden (Benetzung des Bodens). Alle Kolonien, die sich innerhalb von 30 sec rot färben, werden als *C. perfringens* gewertet. Die Natronlauge kann auch direkt auf die Kolonien getropft werden.

Bemerkungen zum Nachweisverfahren

Durch den Zusatz von Saccharose und Phenolphthaleindiphosphat zum bewährten Selektivmedium TSC-Agar konnte bei einer Bebrütungstemperatur von 44 °C und durch die Oberflächenkultivierung (Spatelverfahren) der selektive

Nachweis von *C. perfringens* optimiert und die Phosphataseaktivität anderer Clostridien gehemmt werden.

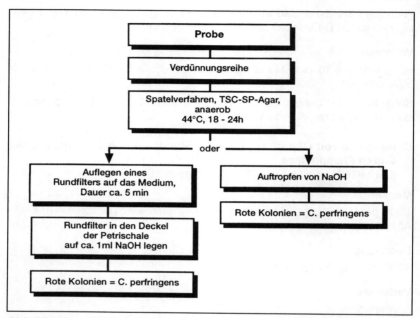

Abb. III.3-16:   Nachweis von *C. perfringens* in 24 h durch Bestimmung der sauren Phosphatase

D. Nachweis von *C. perfringens* in 24 Stunden durch einen fluoreszenzoptischen Nachweis der sauren Phosphatase

Medium

TSC-Agar + MUP (4-Methylumbelliferylphosphat), Merck

Verfahren

Gußkultur oder Oberflächenverfahren

Bebrütung

44 °C, anaerob, 18–24 h

Nachweis

Hellblau fluoreszierende Kolonien (360 nm) zeigen *C. perfringens*

E. Screening-Methode

Impedanz-Methode (STRAUCH et al., 1994, SCHALCH et al., 1995)

Mit dieser Methode ist ein schneller Nachweis von *C. perfringens* möglich; 10^2 Zellen pro g konnten in 7 h nachgewiesen und bestätigt werden (STRAUCH et al., 1994).

Literatur

1. ANDERSSON, A., RÖNNER, U., GRANUM, P.E., What problems does the food industry have with sporeforming pathogens Bacillus cereus and Clostridium perfringens?, Int. J. Food Microbiol. 28, 145-155, 1995

2. BATES, J.R., Clostridium perfringens, in: Foodborne Microorganisms of Public Health Significance, 5th ed., edited by A.D. Hocking, G. Arnold, J. Jenson, K. Newton, P. Sutherland, AIFST (NSW Branch) Food Microbiology Group, Australian Institute of Food Science and Technology, P.O. Box 1493, North Sydney, NSW 2059, 407-427, 1997

3. BAUMGART, J., BAUM, O., LIPPERT, S., Schneller und direkter Nachweis von Clostridium perfringens, Fleischw. 70, 1010-1014, 1990

4. DEBEVERE, J.M., A simple method for the isolation and determination of Clostridium perfringens, European J. Appl. Microbiol. 6, 409-414, 1979

5. EISGRUBER, H., Zur lebensmittelhygienischen Bedeutung von Clostridium perfringens, Arch. Lebensmittelhyg. 47, 57-80, 1996

6. GEPPERT, P., EISGRUBER, H., Zum Nachweis der Phosphatase von Clostridium perfringens, Arch. Lebensmittelhyg. 46, 30-35, 1995

7. ICMSF (International Commission on Microbiological Specifications for Foods), Microorganisms in foods – Microbiological specifications of food pathogens, Chapman and Hall, London, 1996

8. McCLANE, B.A., Clostridium perfringens enterotoxin acts by producing small molecule permeability alternations in plasma membranes, Toxicology 87, 43-67, 1994

9. McCLANE, B.A., Clostridium perfringens, in: Food Microbiology Fundamentals and Frontiers, ed. by M.P. Doyle, L.R. Beuchat, T.J. Montville, ASM Press, Washington D.C., 305-326, 1997

10. NEUT, CH., PATHAK, J., ROMOND, CH., BEERENS, H., Rapid detection of Clostridium perfringens: Comparison of lactose sulfite broth with tryptose-sulfite-cycloserine agar, J. Assoc. Off. Anal. Chem. 68, 881-883, 1985

11. N.N., Enumeration of Clostridium perfringens colony technique, Manual of Microbiological Methods for the Food and Drinks Industry, 2nd. ed., Campden & Chorleywood Food Research Association, Campden Gloucestershire, UK, 1995

12. RHODEHAMEL, E.J., HARMON, S.M., Clostridium perfringens, in: Bacteriological Analytical Manual, Food and Drug Administration, 8th. ed. (Revision A), edited by AOAC International, Gaithersburg, MD 20877 USA, 1998

13. SCHALCH, B., EISGRUBER, H., STOLLE, A., Einsatz der Impedanz-Splitting-Methode zum quantitativen Nachweis von Clostridium perfringens in Hackfleisch, Fleischw. 75, 1018-1021, 1995

14. SCHALCH, B., EISGRUBER, H., GEPPERT, P., STOLLE, A., Vergleich von vier Routineverfahren zur Bestätigung von Clostridium perfringens aus Lebensmitteln, Arch.
Lebensmittelhyg. 47, 27-30, 1996

15. STRAUCH, B., MEYER, B., BAUMGART, J., Nachweis von Clostridium perfringens mit
der Impedanz-Methode, Fleischw. 74, 1107-1108, 1994

3.2.6   Clostridium botulinum
(RÖNNER und STACKEBRANDT, 1994, ICMSF, 1996, DODDS und
AUSTIN, 1997, SZABO und GIBSON, 1997, SOLOMON und LILLY,
1998, WICTOME und SHONE, 1998)

Eigenschaften

Bisher wird C. botulinum aufgrund der Bildung verschiedener Toxine in die Typen
A bis F unterteilt. Während die Typen A, B, E und F Botulismus beim Menschen
hervorrufen, wird der Botulismus bei Tieren durch die Typen C und D ausgelöst.
Neuere molekularbiologische Untersuchungen haben allerdings gezeigt, daß
die Art C. botulinum schlecht definiert ist (RÖNNER und STACKEBRANDT,
1994). Dies gilt besonders für die nichtproteolytischen Typen B, E und F, die
wahrscheinlich einer neuen Art zugeordnet werden müssen (RÖNNER und
STACKEBRANDT, 1994), wie dies bereits für den Typ G von C. botulinum ge-
schah, der nunmehr als C. argentinense bezeichnet wird (SUEN et al., 1988).

Vorkommen

Erdboden, Meeresboden, Sediment von Teichen, Darmkanal von Fischen (bes.
Typ E), Gemüse- und Fleischerzeugnisse (bes. Typen A und B)

Krankheitserscheinungen

Das im Lebensmittel gebildete Toxin führt nach Aufnahme zur Übelkeit, Erbrechen, Magen-Darm-Störungen, Doppeltsehen, Lähmungen der Zungen- und
Schlundmuskulatur, Atemlähmung. Das Neurotoxin ist ein Protein, es besteht
aus einer einzigen Polypeptidkette mit einem Molekulargewicht von etwa 150
MDa. Durch die Wirkung endogener Proteasen proteolytischer Stämme (A, B, F)
oder durch exogene Proteasen nicht-proteolytischer Stämme (B, E, F) wird das
Toxin in zwei Ketten gespalten und die Toxizität gesteigert. Das Toxin wird durch
kurzes Aufkochen inaktiviert.

Eine eigenständige Erkrankung ist der Säuglings-Botulismus, bei dem es durch
Aufnahme von Clostridiensporen zur Toxinbildung im Darm kommt. Solche Erkrankungen traten in den USA, England und in Japan ausschließlich durch Clostridium botulinum A und B auf, deren Sporen mit Honig aufgenommen wurden
(DELMAS et al., 1994, NAKANO et al., 1994).

Inkubationszeit

12–36 h (4 h–4 Tage)

Minimale toxische Dosis

Für das Toxin A wird die letale Dosis für den Menschen bei oraler Aufnahme auf 0,1–1,0 μg geschätzt.

Lebensmittel, die zur Erkrankung führten

Hausgemachte schwachsaure Gemüsekonserven (Typ A und B), hausgemachte Kochwurstkonserven (Typ A und B), Rohschinken (Typ B), marinierte, fermentierte und geräucherte Fische (Typ E, B), Leberwurstkonserven, Pökelfleisch (Typ F), Mascarpone

Nachweis

Der Nachweis von *C. botulinum* erfolgt durch die Bestimmung des gebildeten Toxins in der Bouillon oder im Lebensmittel im Tierversuch (Toxin-Neutralisationstest mit weißen Mäusen).

Tab. III.3-9: Eigenschaften von *C. botulinum*

Eigenschaften	Proteolytische Stämme Typ A, best. Stämme der Typen B+F	Nichtproteolytische Stämme von B und F sowie Typ E
Minimale Vermehrungstemperatur	10 °C	3,3–4,0 °C
Minimaler pH-Wert[*]	4,5	4,5
Minimaler a_w-Wert[1]	0,94–0,96	0,97 Typ E
Hitzeresistenz	Typ A, B $D_{121\,°C} = 0,2$ min (PP7) $z = 10\ °C$ Typ A $D_{115\,°C} = 0,3$ min[2] Typ F $D_{121\,°C} = 0,17$ min[3]	Typ E $D_{80\,°C} = 1,6\text{–}4,3$ min (WF) $z = 7,3\text{–}7,6\ °C$ $D_{82,2\,°C} = 1,2$ min (Surimi) $z = 9,78\ °C$

Erklärungen

[*] Entscheidend ist die Säureart. Toxinbildung erfolgte bei pH 4,3 (Zitronensäure, 10^4 Sporen/ml, Proteinanteil 1 %, WONG et al., 1988)

[1] a_w-Wert mit Kochsalz eingestellt

[2] Tomatensauce Bologneser Art, pH 4,8; a_w 0,98, Zitronensäure 1,3 g/l, Essigsäure 0,17 g/l, Weinsäure 0,7 g/l (BAUMGART, 1988)

[3] Krabbenfleisch; PP = Phosphatpuffer pH 7,0; WF = Weißfisch

Durch die Entwicklung monoklonaler Antikörper wird in Zukunft der serologische Toxinnachweis den Tierversuch ersetzen können, wie auch Gensonden oder die Polymerase-Kettenreaktion (PCR) eingesetzt werden können (FACH et al., 1995, FERREIRA und HAMDY, 1995, WICTOME und SHONE, 1998).

Nachweis von *Clostridium botulinum* im Honig (SUGIYAMA et al., 1978)

– Honig erwärmen auf 45 °C und gut vermischen.

– 25 g Honig mit 20 ml sterilem A. dest. im Becher vermischen und in einen Dialysierschlauch (Durchmesser ca. 44 mm, Länge 45 cm) füllen, nachspülen mit jeweils 5 ml A. dest., bis Dialysierschlauch gefüllt ist.

– Dialyse gegen A. dest. bei 4 °C für 24 h. Wasserwechsel nach 2, 4 und 15 Stunden bis zur Einengung auf etwa 140 ml.

– Inhalt des Schlauches in ein 300 ml Gefäß geben, das etwa 5 g Cooked Meat enthält (vorher mit etwas Wasser bei 121 °C 15 min sterilisieren).

– Den Dialysierschlauch zweimal mit 60 ml doppelt konzentrierter TPGY-Bouillon ausspülen und auffüllen auf 300 ml mit der gleichen Bouillon.

– Erhitzung im Wasserbad bei 80 °C für 25 min und Bebrütung bei 37 °C für 4 Tage.

– Bouillon zentrifugieren und Toxinnachweis durchführen.

Literatur

1. BAUMGART, J., Hemmung von Clostridium botulinum in Saucen mit unterschiedlichen pH-Werten, 1988, unveröffentlicht

2. DELMAS, C., VIDON, D.J.-M., SEBALD, M., Survey of honey for Clostridium botulinum spores in eastern France, Food Microbiol. 11, 515-518, 1994

3. DODDS, K.L., AUSTIN, J.W., Clostridium botulinum, in: Food Microbiology Fundamentals and Frontiers, ed. by M.P. Doyle, L.R. Beuchat, T.J. Montville, ASM Press, Washington D.C., 228-304, 1997

4. FACH, P., GIBERT, M., GRIFFAIS, R., GUILLOU, J.P., POPOFF, M.R., PCR and gene probe identification of botulinum neurotoxin A-, B-, E-, F- and G-producing Clostridium spp. and evaluation in food samples, Appl. Environ. Microbiol. 61, 389-392, 1995

5. FERREIRA, J.L., HAMDY, M.K., Detection of botulinal toxin genes: Types A and E or B and F using the multiplex polymerase chain reaction, J. of Rapid Methods and Automation in Microbiol. 3, 177-183, 1995

6. ICMSF (International Commission on Microbiological Specifications for Foods), Microorganisms in foods – Microbiological specifications of food pathogens, Chapman and Hall, London, 1996

7. NAKANO, H., KIZAKI, H., SAKAGUCHI, G., Multiplication of Clostridium botulinum in dead honey-bees and bee pupae, a likely source of honey, Int. J. Food Microbiol. 21, 247-252, 1994

8. RÖNNER, S.G.E., STACKEBRANDT, E., Further evidence for the genetic heterogeneity of Clostridium botulinum determined by 23S rDNA oligonucleotide probing, System. Appl. Microbiol. 17, 180-188, 1994

9. SOLOMON, H.M., LILLY, T., Clostridium botulinum, in: Bacteriological Analytical Manual, Food and Drug Administration, 8th ed. (Revision A), edited by AOAC International, Gaithersburg, MD 20877 USA, 1998

10. SUEN, J.C., HATHEWAY, C.L., STEIGERWALT, A.G., BRENNER, D.J., Clostridium argentinense sp. nov.: a genetically homogeneous group composed of all strains of Clostridium botulium toxin type G and some nontoxic strains previously identified as Clostridium subterminale or Clostridium hastiforme, Int. J. Syst. Bacteriol. 38, 375-381, 1988

11. SUGIYAMA, H., MILLS, D.C., KUO, L.-J.C., Number of Clostridium botulinum spores in honey, J. Food Protection 41, 848-850, 1978

12. SZABO, E.A., GIBSON, A.M., Clostridium botulinum, in: Foodborne Microorganisms of Public Health Significance, 5th ed., edited by A.D. Hocking, G. Arnold, J. Jenson, K. Newton, P. Sutherland, AIFST (NSW Branch) Food Microbiology Group, Australian Institute of Food Science and Technology, P.O. Box 1493, North Sydney, NSW 2059, 429-464, 1997

13. WICTOME, M., SHONE, C.C., Botulinum neurotoxins: mode of action and detection, J. Appl. Microbiology Symposium Supplement 84, 87S-97S, 1998

14. WONG, D.M., YOUNG-PERKINS, K.E., MERSON, R.L., Factors influencing Clostridium botulinum spore germination, outgrowth and toxin formation in acidified media, Appl. Environ. Microbiol. 54, 1446-1450, 1988

4 Immunologischer Nachweis von Mikroorganismen und Toxinen

H. Becker, E. Märtlbauer

4.1 Grundlagen

4.1.1 Einleitung

(BECKER et al., 1992, FUKAL und KAS, 1989, LÜTHY und WINDE-MANN, 1987, MÄRTLBAUER et al., 1991, NEWSOME, 1986)

Immunologische Nachweisverfahren basieren auf der Fähigkeit von Antikörpern, dreidimensionale Strukturen zu erkennen, und spielen seit langem eine Rolle als diagnostische Reagenzien, vor allem in der medizinischen Mikrobiologie. Auch in der Lebensmitteluntersuchung gehören serologische Methoden seit jeher zum analytischen Repertoire, insbesondere im Rahmen der Eiweißdifferenzierung. In den letzten zehn Jahren haben methodische Verbesserungen und zahlreiche Neuentwicklungen dazu beigetragen, daß neben diesem klassischen Anwendungsgebiet auch in anderen Bereichen der Lebensmittelanalytik immunologischen Testsystemen immer größere Bedeutung zukommt. Insbesondere gilt dies auch für den Nachweis von Mikroorganismen und deren Stoffwechselprodukten, wie Mykotoxine oder Staphylokokkenenterotoxine.

Ähnlich wie bei den klassischen mikrobiologischen Methoden liegt beim Immuntest das Know-how in der Entwicklung selektiver Reagenzien, d.h. in der Produktion spezifischer Antikörper. Zum Nachweis niedermolekularer Rückstände (z.B. Mykotoxine) spielen nach wie vor **polyklonale Antiseren** eine große Rolle. Der Hauptanwendungsbereich **monoklonaler Antikörper** ist dagegen der Nachweis von Mikroorganismen und mikrobiellen Toxinen, da hier die Möglichkeit, Antikörper mit exakt definierter Spezifität zu selektieren, von entscheidender Bedeutung ist.

4.1.2 Testprinzipien

(BUCHANAN und SCHULZ, 1992, ENGVALL und PERLMANN, 1971, KAUFFMANN, 1966, VAN WEEMEN und SCHUURS, 1971, WIEN-ECKE und GILBERT, 1987)

Für immunchemische Verfahren wird die Fähigkeit von Antikörpern, Substanzen spezifisch zu binden, ausgenutzt. Es gibt verschiedene Möglichkeiten, Antigen-Antikörper-Reaktionen sichtbar bzw. meßbar zu machen, von denen jedoch nur die in der Lebensmittelanalytik wichtigsten Verfahren besprochen werden sollen. Während in der Medizin sowohl Antigen- als auch Antikörperbestimmungen bei der Ermittlung von Krankheitszuständen etc. angewandt werden, wird bei der Untersuchung von Lebensmitteln praktisch ausschließlich mit bekannten Antikörpern ein gesuchtes Antigen nachgewiesen.

Am längsten bekannt sind Verfahren, bei denen die Antigen-Antikörper-Reaktion direkt sichtbare Effekte hervorruft. Diese **Agglutinationsreaktionen** beruhen darauf, daß Antigene durch Antikörper agglutiniert (sichtbar verklumpt) werden. Dieses Reaktionsprinzip wird zum spezifischen Nachweis bestimmter Bakterien verwendet (z. B. Salmonellendiagnostik). Üblicherweise werden Agglutinationsverfahren heute mit Partikeln (Erythrozyten, Latexpartikel) durchgeführt, z. B. **Latex-Agglutinationstest.** Bei Lebensmitteluntersuchungen wird insbesondere die **Reverse Passive Latexagglutination (RPLA)** eingesetzt: Zum Probenextrakt werden mit dem spezifischen Antikörper beschichtete Partikel (deshalb „revers" im Gegensatz zu den Agglutinationsreaktionen, bei denen lösliche Antikörper Antigenpartikel vernetzen) zugesetzt. Ist das gesuchte Antigen in der Probe vorhanden, bindet es an die Antikörper und es kommt zur Vernetzung der Partikel, die bei der Immunreaktion nur eine passive Rolle spielen.

Der Nachweis von Antigen-Antikörper-Reaktionen mit enzymmarkierten Reagenzien (Enzymimmunoassay, **EIA,** oder Enzyme Linked Immunosorbent Assay, **ELISA**) brachte – im Vergleich zu den oben genannten Methoden – eine Steigerung der Nachweisempfindlichkeit um 2–3 Zehnerpotenzen. Diese in zunehmendem Maß in der Lebensmittelanalytik zum Nachweis von Antigenen verwendeten Verfahren können in zwei grundlegend verschiedene Systeme eingeteilt werden:

Sandwich-ELISA

Mit dem Sandwich-ELISA (nicht-kompetitiver Immuntest) können nur Moleküle mit einer gewissen Mindestgröße bestimmt werden, da mindestens zwei Antikörperbindungsstellen (Epitope) im Molekül vorhanden sein müssen, die sterisch so positioniert sind, daß das Molekül von zwei unterschiedlichen Antikörpern gebunden werden kann.

Für den ersten immunchemischen Schritt benötigt man substanzspezifische Antikörper, die absorptiv oder kovalent an eine Festphase (s. u.) gebunden werden. Fügt man zu solch einem System eine Probe mit dem korrespondierenden Antigen (nachzuweisender Keim) hinzu, so wird der immunchemische Reaktionspartner vom Antikörper gebunden. Es wird um so mehr Antigen gebunden, je mehr davon in einer Probe bzw. Standardlösung enthalten ist. Nach einem Waschschritt wird ein zweiter Antikörper, an den Enzym kovalent gebunden ist, zugegeben. Es wird um so mehr enzymmarkierter Antikörper an das bereits an die Festphase gebundene Antigen angelagert, je mehr Antigen im Untersuchungsgut bzw. in der Standardlösung vorhanden war. Für die Qualität des

Sandwich-Tests ist die Auswahl der Epitop-Spezifität der Antikörper von ausschlaggebender Bedeutung. Das nachzuweisende Antigen und die beiden Antikörper bilden einen sogenannten Sandwich-Komplex, in dem das Antigen von zwei Seiten eingeschlossen wird. Nach einer testspezifischen Inkubationszeit wird der nicht gebundene Anteil enzymmarkierter Antikörper durch Waschen entfernt. Nach Abschluß dieser immunchemischen Reaktion werden durch die Enzym-Substrat-Reaktion Immunkomplexe sichtbar bzw. meßbar gemacht. Die Enzym-Substrat-Reaktion, deren Intensität **direkt proportional** zu der Menge des gebundenen Antigens ist, kann nach unterschiedlichen physikalischen Prinzipien, wie z.B. der Photometrie, Fluorometrie oder der Lumineszenz, gemessen werden (Tab. III.4-1).

Tab. III.4-1: In Enzymimmuntests verwendete Enzyme und Substrate

Enzyme	Analytisches Prinzip	Substrat	Testbeispiel
alkalische Phosphatase	Photometrie Fluorometrie	4-Nitrophenol 4-Methylumbelliferon	ELISA ELFA
Peroxidase	Photometrie Fluorometrie Luminometrie	H_2O_2 (+ Chromogen) H_2O_2 (+ Hydroxyphenolpropionsäure) H_2O_2 (+ Luminol)	ELISA ELFA LIA
ß-D-Galaktosidase	Photometrie Fluorometrie	2-Nitrophenyl-Galactopyranosid Methylumbelliferyl-ß-D-Galactopyranosid	ELISA ELFA
Glukoseoxidase	Fluorometrie	Homovanillinsäure	ELFA
Luciferase	Luminometrie	Luminol	LIA

ELISA: Enzyme Linked Immunosorbent Assay
ELFA: Enzyme Linked Fluorescent Immunoassay
LIA: Luminescent Immunoassay

Kompetitiver ELISA

Der kompetitive ELISA wird hauptsächlich für den Nachweis niedermolekularer Substanzen, die nur eine Antikörperbindungsstelle besitzen, verwendet.

Die Ausgangssituation für den ersten immunchemischen Reaktionsschritt ist identisch mit der des Sandwich-Tests, d.h., die antigen-spezifischen Antikörper sind an die Festphase gebunden. Die eigentliche Antigen-Antikörper-Reaktion läuft nun im Sinne einer Konkurrenz-Reaktion ab. Dies bedeutet, daß das Antigen aus einer Untersuchungsprobe simultan mit einem enzymmarkierten Antigen um die immobilisierten Antikörperbindungsstellen konkurriert. Bei diesem Verfahren wird um so weniger enzymmarkiertes Antigen gebunden, je mehr nachzuweisendes Antigen in der Probe vorhanden ist. Das hat zur Folge, daß nach einem Waschschritt und der daran anschließenden Enzym-Substrat-Reaktion der Substratumsatz um so geringer ist, je mehr Antigenmoleküle in der Probe sind und damit in Konkurrenz zum enzymmarkierten Antigen treten können. Das Testergebnis verhält sich also **umgekehrt proportional** zu der Konzentration des gesuchten Antigens.

Blot-ELISA

Die Keime werden nach dem Wachstum auf einem geeigneten Nährboden auf eine Membran übertragen. Der Nachweis erfolgt anschließend mit einem enzymmarkierten Antikörper unter Verwendung geeigneter Substrat-/Chromogenlösungen.

4.1.3   Testsysteme

Mittlerweile gibt es, basierend auf den vorher erwähnten Grundlagen, eine Vielzahl von sehr unterschiedlichen Systemen mit teilweise komplexem Aufbau. Die meisten kompetitiven und nicht-kompetitiven Mikrotiterplatten-Verfahren verwenden Enzyme wie Meerrettichperoxidase oder Alkalische Phosphatase als Markersubstanzen (Tab. III.4-1). Bei Schnelltests dagegen werden häufig aber auch Partikel (Gold- oder Farbkolloide, Latexpartikel etc.) zur Markierung von Antigen oder Antikörper eingesetzt.

Als **Festphase** werden bei Immuntests Membranen aus Zellulose, Nitrozellulose, Glasfiber, Nylon u.a.m., aber auch verschiedene Plastikmaterialien verwendet. In diese Festphasen werden dann je nach Testprinzip ein oder mehrere Reagenzien integriert.

4.1.3.1   Röhrchen- und Mikrotiterplattentests

Die klassischen Verfahren sind die sog. Röhrchen- (zum Teil mit Perlen) oder Mikrotiterplattentests, bei denen in der Regel der spezifische Antikörper an das Plastikmaterial adsorbiert ist. Die Testdauer beträgt meist 2–3 h, einige Röhrchentests benötigen allerdings nur wenige Minuten.

4.1.3.2   Schnelltestsysteme
(SCHNEIDER, 1991)

Schnelltests für die Lebensmittelhygiene wurden bis jetzt nach verschiedenen Systemen entwickelt, wobei Dipstick-, Immunfiltrations- und Kapillarmigrationstests die Hauptrolle spielen.

Die **Dipstick- oder Teststreifen-Form** stellt eine der klassischen Formen immunchemischer Schnelltests dar. Im allgemeinen wird dabei die Festphase mit den spezifischen Antikörpern in verschiedenen Lösungen inkubiert. Die Teststreifen werden mit spezifischen Antikörpern beschichtet. Zum eigentlichen Testablauf werden die Teststreifen dann in die Probenlösung, anschließend in die entsprechende Antigen-Enzym-Konjugat- bzw. Antikörper-Enzymkonjugat-Lösung beim Sandwich-ELISA gegeben. Dabei findet die kompetitive Immunreaktion oder die Bildung des Sandwich-Komplexes statt. Nach einer gewissen Inkubationszeit erfolgt ein Waschschritt, bei dem ungebundene Reagenzien und Probenbestandteile entfernt werden. Anschließend werden die Streifen in die Entwicklerlösung getaucht, die das Enzymsubstrat enthält, woraufhin die Farbentwicklung stattfindet. Beim kompetitiven Test führen negative Proben zur Farbentwicklung, bei positiven ist sie reduziert oder bleibt ganz aus. Beim Sandwich-ELISA zeigen dagegen die positiven Proben eine Farbentwicklung, während negative Proben farblos bleiben. Dipstick-Tests können in den verschiedensten Variationen, wie z.B. als einfache Teststreifen, als Kämme oder vierflügelige Plastiksticks (z.B. für einen Salmonellen-Test) vorliegen.

Beim **Immunfiltrationstest** werden immunchemische und Filtrationsvorgänge miteinander kombiniert. In einem Plastikgehäuse wird die immunologisch wirksame Festphase (z.B. Nylonmembran), auf der die Antikörper gebunden sind, auf einem Absorbenskissen fixiert. Eventuell wird dazwischen noch eine Lage Filterpapier eingefügt. Die einzelnen Reagenzlösungen werden dann nacheinander durch die Öffnung im Plastikdeckel auf die Membran getropft. Alle ungebundenen Reaktionspartner werden von der unter der Membran liegenden saugfähigen Schicht absorbiert und dadurch entfernt. Aufgrund der schnellen Bindung der Testreagenzien an die Antikörper der Festphase ist die Testdauer sehr kurz. Sie liegt im allgemeinen bei 5–15 min.

Immunfiltrationstests werden bislang hauptsächlich als kompetitive Verfahren zum Nachweis von Mykotoxinen eingesetzt. Zuerst erfolgt das Auftropfen der Probenlösung, dabei bindet sich das Probenantigen an die Antikörper der Festphase. Im nächsten Schritt wird das Antigen-Enzym-Konjugat aufgetropft, welches sich an die restlichen Antikörper bindet. Nach einem Waschschritt erfolgt die Zugabe der Enzymsubstratlösungen, worauf die Farbentwicklung stattfindet.

Tests nach dem Prinzip der **Kapillarmigration** werden seit einigen Jahren in der Lebensmittelhygiene eingesetzt (z.B. zum Nachweis von Listerien): Von einer Probenaufnahme-Fläche aus wandern Probenlösung und gelöste Reagenzien durch Kapillarmigration in verschiedene Reagenzzonen und nehmen dabei weitere Reagenzien mit. Die spezifischen Antikörper sind in einer bestimmten Zone immobilisiert, in der dann der Antigen-Antikörper-Enzymkonjugat-Komplex gebunden wird. Die ungebundene Enzymkonjugat-Fraktion wird durch Kapillarmigration aus dieser Zone heraustransportiert, in der schließlich auch die Farbreaktion stattfindet. Diese Tests sind in bezug auf ihre Anwenderfreundlichkeit am weitesten entwickelt. So genügt meistens nur das einfache Auftropfen der Probe auf ein Testmodul oder Eintauchen des Teststreifens oder -stabes in die Probe, um in ca. 5 Minuten das Ergebnis zu erhalten.

4.2   Spezielle Nachweisverfahren
(NOTERMANS und WERNARS, 1991, SAMARAJEEWA et al., 1991, VASAVADA, 1993)

Im Folgenden werden nur solche Verfahren besprochen, die sich zur Zeit in der Bundesrepublik Deutschland im Handel befinden. Der Leser wird daher einige früher in diesem Handbuch erwähnte Testkits vermissen. Auf die in den Tabellen, die im übrigen keinen Anspruch auf Vollständigkeit erheben, genannten Testprinzipien wird nicht mehr näher eingegangen, da ihre Besprechung bereits im allgemeinen Teil (4.1) erfolgte. Eine Wertung der einzelnen Testkits wird nicht vorgenommen. Allgemeine Hinweise zu den besprochenen Erregern bzw. Toxinen kann der Leser der jeweils einleitend genannten Literatur entnehmen. Hier finden sich auch, soweit vorhanden, Beurteilungen der Leistungsfähigkeit der Verfahren.

4.2.1   Nachweis von Salmonellen
(BECKER et al., 1992, BECKER et al., 1998a, VAN BEURDEN und MACKINTOSH, 1994, BLACKBURN et al., 1994, BRINKMAN et al., 1995, D'AOUST et al., 1991, FENG, 1992, GROISMAN und OCHMAN, 1997, JUNE et al., 1992, KÄSBOHRER et al., 1995, KRUSELL und SKOVGAARD, 1993, OLSVIK et al., 1994, SELBITZ et al., 1995, SKJERVE und OLSVIK, 1991, UGELSTAD et al., 1993)

Der konventionelle kulturelle Nachweis von Salmonellen, in Abb. III.4-1 am Beispiel der Methode der Amtlichen Sammlung von Untersuchungsverfahren nach § 35 LMBG dargestellt, läuft in den Schritten Voranreicherung, Selektivanreicherung, Nachweis und Bestätigung ab. Die Voranreicherung in einem nicht selektiven Medium dient in erster Linie der Wiederbelebung (Resuscitation) subletal geschädigter Salmonellen, hat aber darüber hinaus noch den Vorteil, daß geringe Zahlen an Salmonellen vermehrt und eventuell im Untersuchungsmaterial vorhandene, den Keimen abträgliche Substanzen (z.B. originäre Hemmstoffe in Rohmilch) verdünnt werden. Auf diesen Schritt wird dementsprechend bei keinem der in Tab. III.4-2 genannten Tests verzichtet. Die meisten der in der Tabelle aufgeführten Verfahren (Locate, Path-Stik, Spectate, TECRA, Transia Plate, VIDAS) setzen darüber hinaus auch die Selektivanreicherung sowie eine zusätzliche, bei der konventionellen kulturellen Methode nicht vorgesehene „postselektive Anreicherung" in der die Geißelbildung fördernden, nicht selektiven Mannose-Bouillon (M Broth) voraus. Auf diese Weise sollen die für einen sicheren immunologischen Nachweis notwendigen, relativ hohen Salmonellenzahlen von 10^5 bis 10^7/ml (Tab. III.4-2) erreicht werden. Letztlich ersetzt bei den oben

genannten Testkits der auf die Anreicherungsschritte folgende immunologische
Nachweis, der je nach Verfahren wenige Minuten bis wenige Stunden dauert, die
Isolierung des Erregers auf festen Nährböden (18 bis 48 h, Abb. III.4-1), und hier
ergibt sich dementsprechend auch ein Zeitvorteil.

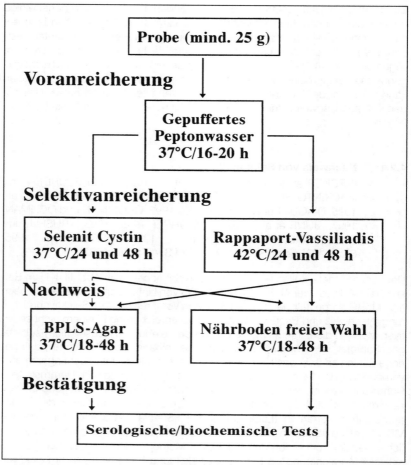

Abb. III.4-1:   Nachweis von Salmonellen (Amtl. Sammlung L 00.00-20)

Tab. III.4-2: Testkits zum Nachweis von Salmonellen

Testkit	Testprinzip	Empfindlichkeit[1]	Testdauer[1,2]	Hersteller	Vertrieb
EIA FOSS Salmonella	Vollautomatischer Sandwich-ELISA mit paramagnetischen Perlen als Festphase	$\geq 10^5$ Salmonellen/ml	24 h	Foss Electric, Dänemark	Foss Electric, Hamburg
Locate ELISA Test Salmonella	Sandwich-ELISA in der Mikrotiterplatte	10^5–10^6 Salmonellen/ml	48 h	Rhone-Poulenc, Frankreich	Coring-System, Gernsheim
Micro-Screen	Kapillarmigrationstest	10^3–10^5 Salmonellen/ml	8–24 h	Neogen, USA	LD Labor Diagnostika, Heiden
Path-Stik Rapid Salmonella Test	Kapillarmigrationstest	$\geq 10^6$ Salmonellen/ml	22–44 h	Lumac, Niederlande	Perstop Analytical, Rodgau
Spectate Salmonella Test	Latex-Agglutinationstest	$\geq 10^7$ Salmonellen/ml	48 h	Rhone-Poulenc, Frankreich	Coring-System, Gernsheim
TECRA Salmonella Visual Immunoassay	Sandwich-ELISA in der Mikrotiterplatte	Keine Angaben	42–56 h	Bioenterprises, Australien	Riedel-de Haën, Seelze
TECRA Unique Salmonella	Dipstick-ELISA mit Plastikträger als Festphase	Keine Angaben	22 h	Bioenterprises, Australien	Riedel-de Haën, Seelze
Transia Plate Salmonella	Sandwich-ELISA in der Mikrotiterplatte	10^5–10^7 Salmonellen/ml	48 h	Diffchamb, Frankreich	Transia, Ober-Mörlen
Transia Card Salmonella	Kapillarmigrationstest	$\geq 10^5$ Salmonellen/ml	48 h	Diffchamb, Frankreich	Transia, Ober-Mörlen
VIDAS Salmonella (SLM)	Vollautomatischer Enzyme-linked fluorescent immunoassay (ELFA) mit Pipettenspitze als Festphase	Keine Angaben	43–45 h	bioMérieux, Frankreich	bioMérieux, Nürtingen

[1] nach Angaben des Herstellers

[2] einschließlich Anreicherung

Zwei der in Tab. III.4-2 aufgelisteten Verfahren (EIA FOSS und TECRA Unique) umgehen die Selektivanreicherung (die Voranreicherung ist obligatorisch). Der EIA FOSS bedient sich hierzu der **Immunomagnetischen Separation (IMS).** Bei dieser Technik werden durch paramagnetische, antikörperbeschichtete Perlen die gesuchten Keime mit Hilfe eines Magneten fixiert, gewaschen (u.a. Entfernung der Begleitflora), konzentriert und weiterverarbeitet. Dem Untersucher stehen hierzu verschiedene Möglichkeiten offen. So kann er mit den keimbeladenen Perlen Ausstriche auf festen Nährböden und Übertragungen in flüssige Medien vornehmen oder immunologische bzw. molekularbiologische Tests anschließen. Die IMS wird z.B. von der Fa. Dynal, Hamburg, für den Nachweis von Salmonellen (Dynabeads anti-*Salmonella*), Listerien (Dynabeads anti-*Listeria*) und *Escherichia coli* O157 (Dynabeads anti-*E. coli* O157) angeboten.

Der TECRA Unique Test verwendet antikörperbeschichtete Plastikträger (Dipsticks), mit denen die Salmonellen aus der Voranreicherung herausgefangen werden (Immunocapture-Verfahren). Der die Salmonellen tragende Dipstick wird in M Broth (s.o.) übergeführt, in der eine weitere Vermehrung der Keime stattfindet. Die Detektion erfolgt durch Zugabe eines Antikörper-Enzymkonjugates und wird mit Hilfe einer Farbreaktion am Kunststoffträger sichtbar gemacht.

Inzwischen bietet bioMérieux ein weiteres Konzentrierungsverfahren für Salmonellen, mit dem die Selektivanreicherung umgangen werden kann, an. Bei dieser Immunoconcentration werden die Erreger mit einer Antikörper tragenden Pipettenspitze aus der Voranreicherung in einen Reaktionsriegel übertragen. Die Weiterverarbeitung erfolgt vollautomatisch in einem VIDAS-Gerät.

Von den in Tab. III.4-2 aufgeführten Verfahren beinhalten EIA FOSS und VIDAS den geringsten Arbeitsaufwand. Das angereicherte Probenmaterial wird in entsprechende Vorrichtungen eines Gerätes verbracht, in dem die weitere Untersuchung vollautomatisch abläuft. Wenig arbeitsaufwendig ist auch der Path-Stik Test, bei dem der Teststreifen in das angereicherte Probenmaterial eingetaucht und nach einer kurzen Reaktionszeit abgelesen wird. Ähnliches gilt für den Micro-Screen und den Transia Card-Test. Beim TECRA Unique Test werden alle Reaktions- und Waschschritte mit den an den Dipstick gebundenen Salmonellen in einem Testmodul durchgeführt. Die in der Mikrotiterplatte vorgenommenen Tests sind demgegenüber etwas umständlicher in der Handhabung, da pipettiert werden muß. Der Spectate Latex-Agglutinationstest kann sowohl mit einer Anreicherungskultur als auch mit Koloniematerial von festen Nährböden vorgenommen werden. Die Kultur wird auf einem speziellen Objektträger mit der Latex-Suspension vermischt und nach einigen Minuten das Ergebnis abgelesen. Auch hier ist die Handhabung demnach unkompliziert.

4.2.2 Nachweis von Listerien

(BECKER et al., 1992, BECKER et al., 1998b, BHUNIA, 1997, DALET, 1990, DEVER et al., 1993, MARTIN und KATZ, 1993, ROBERTS, 1994, ROCOURT, 1994, TERPLAN et al., 1990, WALKER et al., 1990)

Während die Untersuchung von Lebensmitteln auf Salmonellen heute international weitgehend nach dem in Abb. III.4-1 skizzierten Schema durchgeführt wird, existieren für den Nachweis von Listerien verschiedene standardisierte Verfahren, die alle mindestens eine, in der Regel zwei aufeinanderfolgende Anreicherungen beinhalten. Auch bei der Untersuchung mit den in Tab. III.4-3 genannten Testkits werden, je nach Untersuchungsmaterial, ein bis zwei selektive Anreicherungsschritte vorgenommen (die nicht selektive Voranreicherung, wie sie beim Nachweis von Salmonellen in Lebensmitteln üblich ist, hat sich in der Listerienuntersuchung wegen der höheren Empfindlichkeit gegenüber antagonistischen Einflüssen der Begleitflora nicht bewährt). Ähnlich wie bereits bei den Salmonellen beschrieben, ersetzt auch in der Listeriendiagnostik der enzymimmunologische Test den zeitaufwendigeren Nachweis auf einem festen Nährboden, der 24 bis 48 h in Anspruch nimmt. Wie Tab. III.4-3 zu entnehmen, existieren verschiedene Testkits zum Listeriennachweis. Während die fünf erstgenannten (Oxoid, Pathalert, TECRA, Transia und VIDAS LIS) nicht zwischen den einzelnen Listerienspecies differenzieren, sondern eine Identifizierung auf Gattungsebene vornehmen, wird mit dem VIDAS LMO *Listeria monocytogenes* nachgewiesen. Dies kann bei bestimmten Fragestellungen, z.B. epidemiologischen Untersuchungen, von Vorteil sein. Beim Nachweis von Listerien im Zusammenhang mit der Betriebs- oder Endproduktkontrolle ist es dagegen oft interessant, auch einen Überblick zum Vorkommen anderer Species, vor allem von *L. innocua*, zu bekommen. Der Anwender sollte also abwägen, welchem Verfahren er im jeweiligen konkreten Fall den Vorzug geben will.

Unter dem Aspekt der Handhabung unterscheiden sich die in Tab. III.4-3 genannten Verfahren ebenfalls. Während Pathalert, TECRA und Transia als Sandwich-ELISA in der Mikrotiterplatte konzipiert wurden, laufen der Oxoid Test als Kapillarmigrationstest bzw. die VIDAS Testkits vollautomatisch ab und sind daher weniger arbeitsaufwendig.

Tab. III.4-3: Testkits zum Nachweis von Listerien

Testkit	Testprinzip	Empfindlichkeit[1]	Testdauer[1,2]	Hersteller	Vertrieb
Oxoid Listeria Rapid Test Clearview	Kapillarmigrationstest	10^5 Listerien/ml	43 h	Oxoid, England	Oxoid, Wesel
Pathalert Listeria	Sandwich ELISA in der Mikrotiterplatte	10^5–10^7 Listerien/ml	48 h	Merck, Darmstadt	Merck, Darmstadt
TECRA Listeria Visual Immunoassay	Sandwich ELISA in der Mikrotiterplatte	10^3–10^5 Listerien/ml	48–50 h	Bioenterprises, Australien	Riedel-de Haën, Seelze
Transia Plate Listeria	Sandwich ELISA in der Mikrotiterplatte	10^5 Listerien/ml	48–72 h	Diffchamb, Frankreich	Transia, Ober-Mörlen
VIDAS Listeria (LIS)	Vollautomatischer Enzyme-linked fluorescent immunoassay (ELFA) mit Pipettenspitze als Festphase	Keine Angaben	48 h	bioMérieux, Frankreich	bioMérieux, Nürtingen
Pathalert Listeria monocytogenes	Sandwich ELISA in der Mikrotiterplatte	10^5–10^7 Listerien/ml	48 h	Merck, Darmstadt	Merck, Darmstadt
VIDAS Listeria monocytogenes (LMO)	Vollautomatischer Enzyme-linked fluorescent immunoassay (ELFA) mit Pipettenspitze als Festphase	Keine Angaben	48 h	bioMérieux, Frankreich	bioMérieux, Nürtingen

[1] nach Angaben des Herstellers
[2] einschließlich Anreicherung

4.2.3 Nachweis von Escherichia coli O157

(ACHESON et al., 1994, BENNETT et al., 1995, BEUTIN et al., 1996, BEUTIN et al., 1998, FELDSINE et al., 1997, FLINT und HARTLEY, 1995, KARCH et al., 1993, KARCH et al., 1997, KARMALI, 1989, KLIE et al., 1997, KUNTZE et al., 1996, LEVINE, 1987, MACKENZIE et al., 1998, NATARO und KAPER, 1998, NOËL und BOEDEKER, 1997, OKREND et al., 1990, OKREND et al., 1992, PARK und JAFIR, 1997, SERNOWSKI und INGHAM, 1992, SMITH und SCOTLAND, 1993, VERNOZY-ROZAND et al., 1997, WRIGHT et al., 1994)

Verotoxin (Shiga Toxin – Stx) bildende Stämme von *E. coli* sind in den letzten Jahren vermehrt in die Diskussion gekommen, da sie neben unblutigen Durchfällen auch zu der Hämorrhagischen Colitis (HC) und gefährlichen Komplikationen im Krankheitsgeschehen, wie dem Hämorrhagisch-urämischen Syndrom (HUS) oder der Thrombotisch-thrombozytopenischen Purpura (TTP) Anlaß geben können. Vor allem die enterohämorrhagische *E. coli* Serovar O157 ist im Zusammenhang mit derartigen Erkrankungen zu nennen, und es ist daher verständlich, daß mehrere Testkits (Tab. III.4-4) zum Nachweis von *E. coli* O157 im Handel erhältlich sind. Alle in der Tabelle genannten Verfahren setzen eine Anreicherung voraus, im Anschluß daran werden mit verschiedenen Methoden, eventuell auch quantitativ (Petrifilm), die Erreger identifiziert. Während dieser quantitative Test etwas kompliziert und arbeitsaufwendig erscheint, sind die übrigen Verfahren, vor allem der vollautomatische VIDAS und der Kapillarmigrationstest VIP sehr einfach durchzuführen. Auf die Möglichkeit der Anwendung der IMS wurde bereits unter 4.2.1 hingewiesen.

Es sei nochmals betont, daß sich die in Tab. III.4-4 genannten Testkits nur zum Nachweis der Serovar O157 eignen. Die übrigen Verotoxinbildner können mit diesem Verfahren nicht erfaßt werden. Es existieren allerdings Testkits (Tab. III.4-7), mit deren Hilfe Verotoxine in Lebensmitteln, Kulturen oder Stuhlproben zu detektieren sind. Auf diese Verfahren wird an entsprechender Stelle (4.2.8) noch hingewiesen.

4.2.4 Nachweis enteropathogener Campylobacter spp.

(KETLEY, 1997, NATIONAL ADVISORY COMMITEE ON MICROBIOLO-GICAL CRITERIA FOR FOODS, 1995, ON, 1996, THURM und DINGER, 1998)

Die thermophilen *Campylobacter* spp., insbesondere *C. jejuni* (Tab. III.4-5) gelten als häufige Erreger von Gastroenteritiden. Der Nachweis ist wegen der hohen Empfindlichkeit der Keime (antagonistische Begleitflora, mikroaerobes Wachstum

Tab. III.4-4:   Testkits zum Nachweis von *Escherichia coli* O157

Testkit	Testprinzip	Empfindlichkeit[1]	Testdauer[1,2]	Hersteller	Vertrieb
Petrifilm Test Kit-HEC	Direct-Blot-ELISA	Quantitatives Verfahren, direkt oder nach Anreicherung	25–33 h	3M, USA	Transia, Ober-Mörlen
TECRA E. coli O157 Visual Immunoassay	Sandwich ELISA in der Mikrotiterplatte	Keine Angaben	20 h	Bioenterprises, Australien	Riedel-de Haën, Seelze
Transia Card E. coli O157	Kapillarmigrationstest	10^4–10^6 E. coli/ml	24 h	Diffchamb, Frankreich	Transia, Ober-Mörlen
VIDAS E. coli O157 (ECO)	Vollautomatischer Enzyme-linked fluorescent immunoassay (ELFA) mit Pipettenspitze als Festphase	Keine Angaben	25 h	bioMérieux, Frankreich	bioMérieux, Nürtingen
Visual Immunoprecipitate Assay (VIP) EHEC	Kapillarmigrationstest	Keine Angaben	18–24 h	BioControl, USA	Biotest, Dreieich

[1] nach Angaben des Herstellers
[2] einschließlich Anreicherung

Tab. III.4-5:   Testkits zum Nachweis verschiedener Mikroorganismen

Mikroorganismen	Testkit	Testprinzip	Empfindlichkeit[1]	Testdauer[1,2]	Hersteller	Vertrieb
Campylobacter jejuni, coli, lari	VIDAS Campylobacter (CAM)	Vollautomatischer Enzyme-linked fluorescent immunoassay (ELFA) mit Pipettenspitze als Festphase	Keine Angaben	25–48 h	bioMérieux, Frankreich	bioMérieux, Nürtingen
Clostridium tyrobutyricum	Clostridium tyrobutyricum	Sandwich-ELISA in der Mikrotiterplatte	Keine Angaben	72 h	Diffchamb, Frankreich	Transia, Ober-Mörlen
Entero-bacteriaceae	Enterobacteriaceae – Enterobacterial Common Antigen (ECA)	Sandwich-ELISA in der Mikrotiterplatte	$\geq 5{,}0 \times 10^5$ Keime/ml	24 h	Riedel-de Haën, Seelze	Riedel-de Haën, Seelze

[1] nach Angaben des Herstellers
[2] einschließlich Anreicherung

u.a.m.) auch mit kulturellen Verfahren nicht immer problemlos zu führen. Wie aus Tab. III.4-5 hervorgeht, existiert ein vollautomatischer enzymimmunologischer Test, der entsprechende Anreicherungstechniken voraussetzt.

4.2.5 Nachweis von Clostridium tyrobutyricum

(FRYER und HALLIGAN, 1976, HALLIGAN und FRYER, 1976, KLIJN et al., 1995, KUCHENBECKER und DIEL, 1995)

C. tyrobutyricum ist ein gefürchteter Schädling in der Hart- und Schnittkäserei, der schon bei geringen Sporenzahlen in der Käsereimilch zur Spätblähung mit Buttersäuregärung Anlaß geben kann. Der kulturelle Nachweis des Erregers ist sehr zeitaufwendig, so daß Bedarf nach einem rascheren Verfahren besteht. Der in Tab. III.4-5 genannte Testkit zum Nachweis des Keimes ist als Sandwich-ELISA in der Mikrotiterplatte konzipiert und erlaubt den Nachweis innerhalb von 72 h.

4.2.6 Nachweis von Enterobacteriaceen

(KUHN et al., 1984, MÄNNEL und MAYER, 1978)

Mit dem in Tab. III.4-5 genannten Test auf das Enterobacterial Common Antigen (ECA) soll nach den Intentionen des Herstellers die Trinkwasseruntersuchung beschleunigt, vereinfacht und sicherer gemacht werden. Das ECA ist als Bestandteil der äußeren Zellmembran ein allen *Enterobacteriaceae* gemeinsames Antigen, dessen Vorkommen auf diese Familie beschränkt ist. Wie aus der Tabelle hervorgeht, liegt das Untersuchungsergebnis bereits nach 24 h vor. Die Methode wurde als Vornorm im Rahmen der DIN 38 411-9 (1993) innerhalb der Gruppe K der Deutsche Einheitsverfahren zur Wasser-, Abwasser- und Schlammuntersuchung, Mikrobiologische Verfahren veröffentlicht.

4.2.7 Nachweis von Staphylokokken-Enterotoxinen (SE)

(BECKER et al., 1984, BECKER und MÄRTLBAUER, 1995, BECKER et al. 1994a, BERGDOLL, 1989, POHL und BECKER, 1992, ZAADHOF, 1992)

Die weltweit zu den häufigsten bakteriell bedingten und durch Lebensmittel übertragenen Erkrankungen gehörenden Staphylokokken-Intoxikationen werden insbesondere durch Stämme von *Staphylococcus aureus* ausgelöst, die als Enterotoxine bezeichnete Gifte produzieren können. Die SE werden bei der Vermehrung der Staphylokokken in das Lebensmittel sezerniert und sind, anders als die Erreger selbst, gegen widrige Milieueinflüsse (Erhitzung, Säuerung etc.) resistent und können demnach ihre toxische Wirkung nach der Aufnahme in den

Verdauungskanal auch dann noch entfalten, wenn die Staphylokokken selbst bereits abgestorben sind. Insbesondere bei einem Erhitzungsprozeß unterzogenen Lebensmitteln genügt zur Risikoabschätzung somit der Staphylokokkennachweis allein nicht, sondern es muß eine entsprechende Untersuchung auf SE durchgeführt werden. Wie der Tab. III.4-6 zu entnehmen, sind hierzu einige Testkits im Handel. Bei eigenen Untersuchungen und bei einer Sichtung des Schrifttums mußten wir allerdings feststellen, daß mit den Tests sowohl falschpositive als auch falschnegative oder fragliche, das heißt nicht eindeutig zu interpretierende Ergebnisse auftreten können. Während bei der Untersuchung auf Bakterien mit immunologischen Tests zumindest eine Bestätigung positiver bzw. fraglicher Ergebnisse mit einem entsprechenden kulturellen Referenzverfahren möglich ist, weist im Fall der SE das konventionelle Verfahren (modifizierter Ouchterlony-Test) eine geringere Empfindlichkeit auf als die immunologischen Tests und ist somit für den genannten Zweck nicht geeignet. Man ist daher gezwungen, ergänzende Untersuchungen durchzuführen. Insbesondere bei unerhitzten und keinem anderen, den Keimen abträglichen Herstellungsverfahren unterzogenen Lebensmitteln (z. B. Hackfleisch) sollte ergänzend stets der Staphylokokkennachweis vorgenommen werden. Um eine für den Menschen toxische Dosis an SE zu produzieren, müssen mindestens 10^5 bis 10^6 Staphylokokken/g vorliegen. Wird Material untersucht, bei dem damit zu rechnen ist, daß die Erreger abgetötet wurden, so kann der **Thermonukleasetest** (Nachweis hitzestabiler Nuklease, kommerziell vertrieben durch R-Biopharm, Darmstadt) ergänzend durchgeführt werden. Zum Ausschluß falschpositiver Ergebnisse bei der Untersuchung auf SE hat sich nach unseren Erfahrungen mit Hackfleisch und Käse auch eine Erhitzung des im SE-Test positiv reagierenden Probenextraktes (2 min/80 °C) bewährt. Da es sich, soweit heute bekannt, bei den unspezifisch im Test reagierenden Lebensmittelinhaltsstoffen häufig um hitzelabile, bei den SE dagegen um hitzestabile Substanzen handelt, tritt nach einer derartigen Behandlung nur ein tatsächlich positives Ergebnis erneut auf. Bevor man in der Praxis eine Erhitzung vornimmt, empfiehlt es sich allerdings, zu prüfen, ob das jeweilige Lebensmittel für eine derartige Behandlung geeignet ist. So konnten bei der Untersuchung von Speck unspezifische Reaktionen durch Erhitzen nicht eliminiert werden. Eventuell wäre auch zu prüfen, welcher der im Handel befindlichen Testkits für das zu untersuchende Lebensmittel am besten geeignet ist.

Hinsichtlich der Empfindlichkeit, insbesondere aber der Dauer, finden sich z.T. erhebliche Unterschiede zwischen den einzelnen Testkits. Wesentlicher noch erscheint die Tatsache, daß nur einige der Verfahren (Ridascreen, SET-EIA und, unter Einschränkung SET-RPLA) in der Lage sind, die einzelnen Toxintypen (SEA–SEE) zu differenzieren, was eventuell forensisch bedeutsam sein könnte. Die übrigen Tests sind demnach nur als Screeningverfahren anzusehen und müßten mit einem der differenzierenden Testkits weiter bearbeitet werden.

Tab. III.4-6: Testkits zum Nachweis von Staphylokokken-Enterotoxinen

Testkit	Testprinzip	Empfindlichkeit[1]	Testdauer[1,2]	Hersteller	Vertrieb
Ridascreen SET A, B, C, D, E	Sandwich-ELISA in der Mikrotiterplatte	0,1 ng/ml	2,5 h	R-Biopharm, Darmstadt	R-Biopharm, Darmstadt
Staphylokokken Enterotoxine A, B, C, D, E	Sandwich-ELISA mit Röhrchen als Festphase	0,1 ng/ml	1 h	Diffchamb, Frankreich	Transia, Ober-Mörlen
Staphylokokken Enterotoxine A, B, C, D, E	Sandwich-ELISA in der Mikrotiterplatte	0,1 ng/ml	2 h	Diffchamb, Frankreich	Transia, Ober-Mörlen
Staphylokokken Enterotoxin (SET-EIA)	Sandwich-ELISA mit Kunststoffperlen als Festphase	0,1–1 ng (– 10 ng)/ml	1–2 d	Bommeli, Schweiz	Riedel-de Haën, Seelze
Staphylokokken Enterotoxin SET-RPLA	Reversed passive latex agglutination (RPLA)	0,5 ng/ml	20–24 h	Oxoid, England	Oxoid, Wesel
TECRA Staphylococcal Enterotoxin Visual Immunoassay	Sandwich-ELISA in der Mikrotiterplatte	1 ng/ml	4 h	Bioenterprises, Australien	Riedel-de Haën, Seelze
VIDAS Staph Enterotoxin (SET)	Vollautomatischer Enzyme-linked fluorescent immunoassay (ELFA) mit Pipettenspitze als Festphase	1 ng/ml	80 min	bioMérieux, Frankreich	bioMérieux, Nürtingen

[1] nach Angaben des Herstellers
[2] ohne Probenvorbereitung

4.2.8   Nachweis von Escherichia coli-Toxinen
(Literatur unter 2.3)

Neben den bereits oben erwähnten Verotoxinbildnern gibt es unter den *E. coli*-Pathogruppen auch sog. **Enterotoxinogene *E. coli* (ETEC),** die u. a. als Erreger von Reisediarrhöen in tropischen und subtropischen Ländern eine ganz erhebliche Rolle spielen. Es ist bekannt, daß ETEC hitzelabile, dem *Vibrio cholerae*-Toxin verwandte Toxine (LT) und hitzestabile Toxine (ST) bilden. Wie aus Tab. III.4-7 hervorgeht, werden für beide Toxintypen Nachweissysteme angeboten, wobei eines auf der RPLA-Technik beruht, das andere als kompetitiver ELISA in der Mikrotiterplatte konzipiert wurde.

Zur Zeit existieren keine kulturellen Nachweisverfahren für nicht der Serovar *E. coli* O157 zugehörige Verotoxinbildner. Man ist daher auf den Nachweis der Toxine oder der entsprechenden Gene nach einer Anreicherung des Erregers im Probenmaterial angewiesen. Bei einem positiven Testergebnis müssen die Toxinbildner aus dieser Anreicherung isoliert und anschließend identifiziert werden. Für den **Verotoxinnachweis** werden verschiedene Testkits angeboten, mit denen Untersuchungen von Lebensmitteln, Stuhlproben oder Kulturmaterial vorgenommen werden können (Tab. III.4-7).

4.2.9   Nachweis von Bacillus cereus-Toxin
(ANONYMUS, 1992, BECKER et al., 1994b, BUCHANAN und SCHULZ, 1992, 1994, DAY et al., 1994, DROBNIEWSKI, 1993, GRANUM, 1994, GRANUM und LUND, 1997, JACKSON, 1991, NOTERMANS und TATINI, 1993, TURNBULL, 1986, WEERKAMP und STADHOUDERS, 1993)

Wie aus Tab. III.4-8 hervorgeht, befinden sich zur Zeit zwei Testkits zum Nachweis von hitzelabilem *B. cereus*-Toxin im Handel. Während ihre Empfindlichkeit nur unwesentlich differiert, dauert die Untersuchung mit dem RPLA 20 bis 24 h, mit dem TECRA nur etwa 3,5 h. Untersuchungen haben gezeigt, daß beide Tests nicht den vollständigen Enterotoxin-Komplex, sondern nur jeweils ein singuläres, atoxisches Protein nachweisen. Sie sind daher als Screening Tests anzusehen.

4.2.10   Nachweis von Clostridium perfringens- und Vibrio cholerae-Toxin
(BERRY et al., 1988, HARMON und KAUTTER, 1986, LABBE, 1991, MADDEN et al., 1988)

Beide Testkits basieren auf der RPLA-Technik (Tab. III.4-8). Der Test für das *V. cholerae*-Toxin ist identisch mit dem bereits in Tab. III.4-7 vorgestellten VET-RPLA zum Nachweis hitzelabilen *E. coli*-Toxins.

Tab. III.4-7: Testkits zum Nachweis von *Escherichia coli*-Toxinen

Toxin	Testkit	Testprinzip	Empfindlichkeit[1]	Testdauer[1,2]	Hersteller	Vertrieb
EHEC: Verotoxin	Premier EHEC	Sandwich-ELISA in der Mikrotiterplatte	VT1: 7 pg VT2: 15 pg	2,5 h	Meridian Diagnostics, USA	HiSS Diagnostics, Freiburg
	Ridascreen Verotoxin	Sandwich-ELISA in der Mikrotiterplatte	Keine Angaben	2 h	R-Biopharm, Darmstadt	R-Biopharm, Darmstadt
	Optimun Verotoxin 1+2 Antigen Test	Sandwich-ELISA in der Mikrotiterplatte	Keine Angaben	1 h	LMD, USA	Merlin, Bornheim-Hersel
	ProSpecT Shiga-Toxin Microplate Assay	Sandwich-ELISA in der Mikrotiterplatte	52 pg VT1/ml 126 pg VT2/ml	1 h 40 min	Genzym Virotech, Rüsselsheim	Genzym Virotech, Rüsselsheim
	VTEC-RPLA	Reversed passive latex agglutination (RPLA)	1–2 ng/ml	20–24 h	Oxoid, England	Oxoid, Wesel
ETEC: Hitzelabiles Toxin (LT)	VET-RPLA	Reversed passive latex agglutination (RPLA)	1–2 ng/ml	20–24 h	Oxoid, England	Oxoid, Wesel
ETEC: Hitze-stabiles Toxin (ST$_A$)	E. coli ST EIA	Kompetitiver ELISA in der Mikrotiterplatte	10 ng/ml	2,5 h	Oxoid, England	Oxoid, Wesel

[1] nach Angaben des Herstellers
[2] ohne Probenvorbereitung

Tab. III.4-8: Testkits zum Nachweis verschiedener Bakterientoxine

Mikroorganismus	Testkit	Testprinzip	Empfindlichkeit[1]	Testdauer[1,2]	Hersteller	Vertrieb
Bacillus cereus (Hitzelabiles Toxin)	BCET-RPLA	Reversed passive latex agglutination (RPLA)	2 ng/ml	20–24 h	Oxoid, England	Oxoid, Wesel
	TECRA Bacillus cereus Diarrhoeal Enterotoxin Visual Immunoassay	Sandwich-ELISA in der Mikrotiterplatte	1 ng/ml	3,5 h	Bioenterprises, Australien	Riedel-de Haën, Seelze
Clostridium perfringens	PET-RPLA	Reversed passive latex agglutination (RPLA)	2 ng/ml	20–24 h	Oxoid, England	Oxoid, Wesel
Vibrio cholerae	VET-RPLA	Reversed passive latex agglutination (RPLA)	1–2 ng/ml	20–24 h	Oxoid, England	Oxoid, Wesel

[1] nach Angaben des Herstellers
[2] ohne Probenvorbereitung

4.2.11 Nachweis von Mykotoxinen

(BAUER und GAREIS, 1987, FRIES und ROTHER, 1991, LEPSCHY-V. GLEISSENTHAL et al., 1989, MÄRTLBAUER et al., 1991, MAJERUS et al., 1989, NIESSEN et al., 1991, OTTENEDER und MAJERUS, 1993, RANFFT et al., 1992, REISS, 1981, SUNDLOF und STRICKLAND, 1986, VAN EGMOND, 1989, WEDDELING et al., 1994)

Die Kontamination von Lebensmitteln mit Mykotoxinen kann direkt durch das Wachstum von toxinbildenden Schimmelpilzen auf Nahrungsmitteln oder indirekt durch Übergang (Carry-over) von Mykotoxinen aus Futtermitteln in den tierischen Organismus erfolgen. Mykotoxine, für die eine indirekte Kontamination von Lebensmitteln – wie Milch, Eier oder Fleisch – nachgewiesen wurde, sind Aflatoxine, Ochratoxin A und einige *Fusarium*-Toxine. Zum Schutz des Verbrauchers wurden deshalb von vielen Ländern Höchstmengen für Aflatoxine, zum Teil aber auch für Ochratoxin A und andere Mykotoxine festgesetzt. In Deutschland existieren derzeit nur Höchstmengen für Aflatoxine (Aflatoxin B_1, B_2, G_1, G_2 und M_1) in Lebensmitteln. Für M_1 gilt nach der Aflatoxin-Verordnung bei Milch ein Wert von 0,05 μg/kg, nach der Diätverordnung bei diätetischen Lebensmitteln für Säuglinge und Kleinkinder für M_1 ein Wert von 0,01 μg/kg und für B_1, B_2, G_1 und G_2 einzeln oder insgesamt von 0,05 μg/kg. Nach der Aflatoxin-Verordnung darf die Höchstmenge an B_1 in Lebensmitteln 2,0 μg/kg, die der Summe von B_1, B_2, G_1 und G_2 4 μg/kg nicht überschreiten. Bei Enzymen und Enzymzubereitungen, die zur Lebensmittelgewinnung dienen, ist die Höchstgrenze für die vier Aflatoxine 0,05 μg/kg.

Die Nachweisgrenzen der quantitativen Mikrotiterplatten-Verfahren liegen meist im unteren μg/kg-Bereich (Tab. III.4-9) und ermöglichen so die Kontrolle der o.a. Grenzwerte. Die durchschnittlichen Wiederfindungsraten liegen zwischen 70 und 90 %. Besonders einfach ist die Analyse flüssiger Proben wie Milch, da diese in der Regel direkt angesetzt werden können. Für die Untersuchung fester Proben wird meist ein methanolischer Extrakt hergestellt und in Abhängigkeit von der Probenmatrix weiter gereinigt oder nach ausreichender Verdünnung unmittelbar angesetzt. Trotz dieser einfachen Probenaufbereitung werden in der Regel Ergebnisse erzielt, die mit den Resultaten physikalisch-chemischer Methoden gut korrelieren. In manchen Fällen liefert der im Prinzip quantitative immunchemische Test allerdings nur ein semiquantitatives Ergebnis, bzw. er hat nur eine Screening-Funktion, da bei der Probenaufbereitung weitgehend auf eine selektive Anreicherung der nachzuweisenden Substanz verzichtet wird und sowohl polyklonale als auch monoklonale Antikörper mit strukturähnlichen Substanzen kreuzreagieren. Die Testdauer (ohne Probenaufarbeitung) liegt zwischen 1 und 3 Stunden.

Tab. III.4-9: Mikrotiterplatten-Testkits zum Nachweis von Mykotoxinen (kompetitive ELISA-Tests)

Toxin	Testkit	Substrate	Nachweisgrenze (ppb)[1]	Hersteller	Vertrieb
Aflatoxin M₁	Ridascreen	Milch, Käse	0,005–0,1	R-Biopharm, Darmstadt	R-Biopharm, Darmstadt
	ELISA-Systems	Milch	0,005	Riedel-de Haën, Seelze	Riedel-de Haën, Seelze
Aflatoxin B₁	Ridascreen	Getreide, Futtermittel	0,625	R-Biopharm, Darmstadt	R-Biopharm, Darmstadt
	ELISA-Systems Aflatoxin B₁	"	0,4	Riedel-de Haën, Seelze	Riedel-de Haën, Seelze
		"	0,055 (0,1)[2]	Diffchamb, Frankreich	Transia, Ober-Mörlen
Aflatoxin B₁, B₂, G₁, G₂	Biokit	Getreide	0,016	Cortecs, Großbritannien	Transia, Ober-Mörlen
Ochratoxin A	Ridascreen	Getreide, Futtermittel; Schweineserum, Bier	0,4; 0,1	R-Biopharm, Darmstadt	R-Biopharm, Darmstadt
	Biokit	Getreide	0,05	Cortecs, Großbritannien	Transia, Ober-Mörlen
Zearalenon	Ridascreen	Getreide, Futtermittel; Bier; Serum, Harn	0,125; 0,25; 0,05	R-Biopharm, Darmstadt	R-Biopharm, Darmstadt
T-2 Toxin	Ridascreen	Getreide	5	R-Biopharm, Darmstadt	R-Biopharm, Darmstadt
DON[3]	Ridascreen	Getreide, Bier	1,25	R-Biopharm, Darmstadt	R-Biopharm, Darmstadt
Fumonisin	Ridascreen	Mais	9	R-Biopharm, Darmstadt	R-Biopharm, Darmstadt

[1] nach Angaben des Herstellers
[2] Röhrchentest
[3] Deoxynivalenol

263

Tab. III.4-10:   Schnelltests zum Nachweis von Mykotoxinen

Toxin	Testkit	Testprinzip	Substrate	Nachweis-grenze (ppb)[1]	Hersteller	Vertrieb
Aflatoxine B_1, B_2, G_1	AflaCup	Immunfiltration	Mais, Baumwollsaat, Erdnüsse, Erdnußbutter, Futtermittel	10/20[2]	Romer Labs, Union, USA	Alltech, Unterhaching
	EZ-Screen	Immunfiltration	Getreide, Nüsse, Soja	5/20[3]	Diagnostix (Editek), Mississauga, CAN	R-Biopharm, Darmstadt
	Cite Probe	Immunfiltration	Mais	5/20[3]	Idexx, Westbrook, USA	Idexx, Wörrstadt
Aflatoxin B_1, G_1	Agri-Screen Field Kit	Röhrchentest	Mais, Baumwollsaat, Erdnüsse, Futtermittel	15	Neogen, Lansing, USA	Labor Diagnostika, Heiden
Aflatoxin M_1	Cite	Immunfiltration	Milch	0,5	Idexx, Wörrstadt	Idexx, Wörrstadt
T-2 Toxin	EZ-Screen	Immunfiltration	Getreide	50	Diagnostix (Editek), Mississauga, CAN	R-Biopharm, Darmstadt
Ochratoxin A	EZ-Screen	Immunfiltration	Getreide	20	Diagnostix (Editek), Mississauga, CAN	R-Biopharm, Darmstadt
Zearalenon	EZ-Screen	Immunfiltration	Getreide	100	Diagnostix (Editek), Mississauga, CAN	R-Biopharm, Darmstadt

[1] nach Angaben des Herstellers
[2] abhängig vom Versuchsprotokoll
[3] wird vom Hersteller in zwei Variationen angeboten

Weniger zufriedenstellend ist die Situation im Hinblick auf die enzymimmunchemischen Schnelltests (Tab. III.4-10). Die Tests wurden alle in den USA entwickelt und sind demzufolge auf den amerikanischen Markt zugeschnitten. Für die Anwendung in Deutschland bzw. Europa bedeutet dies, daß mit diesen Tests die gesetzlich festgelegten Höchstmengen für Aflatoxine nicht kontrolliert werden können. Der Einsatz der Schnelltests zum Nachweis von T-2 Toxin, Ochratoxin A und Zearalenon kann jedoch bei bestimmten Produkten sinnvoll sein. Die Aufarbeitung der Proben entspricht im wesentlichen der für die Mikrotiterplattentests. Allerdings sind die entsprechenden Mikrotiterplattentests deutlich empfindlicher. Der Vorteil der Verfahren liegt in der kurzen Testdauer (ca. 10 Minuten), das Ergebnis ist allerdings meist nur qualitativ oder semiquantitativ.

Literatur

1. ACHESON, D.W.K., DE BREUCKER, S., DONOHUE-ROLFE, A., KOZAK, K., YI , A., KEUSCH, G.T.: Development of a clinically useful diagnostic enzyme immunoassay for enterohemorrhagic Escherichia coli infection. In: M.A. Karmali & A.G. Goglio (eds.): Recent advances in verotoxin-producing Escherichia coli infection. Elsevier Science B.V., p. 109-112, 1994

2. ANONYMUS: Bacillus cereus in milk and milk products. Bulletin of the International Dairy Federation No. 275/1992, Brüssel, Belgium

3. BAUER, J., GAREIS, M.: Ochratoxin A in der Nahrungsmittelkette. J. Vet. Med. B 34, 613-627, 1987

4. BECKER, H., SCHALLER, G., FAROUQ, M., MÄRTLBAUER, E.: Nachweis einiger pathogener Mikroorganismen in Lebensmitteln mit kommerziellen Testkits. Teil 1: Nachweis von Salmonellen. Arch. Lebensmittelhyg. 49, 10-13, 1998a

5. BECKER, H., SCHALLER, G., FAROUQ, M., MÄRTLBAUER, E.: Nachweis einiger pathogener Mikroorganismen in Lebensmitteln mit kommerziellen Testkits. Teil 2: Nachweis von Listerien. Arch. Lebensmittelhyg. 49, 30-34, 1998b

6. BECKER, H., MÄRTLBAUER, E.: Probleme beim Nachweis von Staphylokokken-Enterotoxinen mit enzymimmunologischen Verfahren. dmz Lebensmittelind. Milchwirtsch. 116, 446-451, 1995

7. BECKER, H., SCHALLER, G., MÄRTLBAUER, E.: Nachweis von Staphylococcus-aureus-Enterotoxinen in Lebensmitteln mit kommerziellen Enzymtests. Arch. Lebensmittelhyg. 45, 27-32, 1994a

8. BECKER, H., SCHALLER, G., VON WIESE, W., TERPLAN, G.: Bacillus cereus in infant foods and dried milk products. Int. J. Food Microbiol. 23, 1-15, 1994b

9. BECKER, H., SCHALLER, G., TERPLAN, G.: Konventionelle und alternative Verfahren zum Nachweis verschiedener pathogener Mikroorganismen in Milch und Milchprodukten. dmz Lebensmittelind. Milchwirtsch. 113, 956-968, 1992

10. BECKER, H., EL-BASSIONY, T.A., TERPLAN, G.: Zur Abgrenzung der Staphylococcus aureus-Thermonuclease von hitzestabilen Nucleasen anderer Bakterien. Arch. Lebensmittelhyg. 35, 114-118, 1984

11. BENNETT, A.R., MacPHEE, S., BETTS, R.P.: Evaluation of methods for the isolation and detection of Escherichia coli O157 in minced meat. Letters Appl. Microbiol. 20, 375-379, 1995

12. BERGDOLL, M.S.: Staphylococcus aureus. In: M.P. Doyle (ed.) Foodborne bacterial pathogens. Marcel Dekker, Inc. New York and Basel, p. 463-523, 1989

13. BERRY, P.R., RODHOUSE, J.C., HUGHES, S., BARTHOLOMEW, B.A., GILBERT, R.J.: Evaluation of ELISA, RPLA, and Vero cell assays for detecting Clostridium perfringens enterotoxin in faecal specimens. J. Clin. Pathol. 41, 458-461, 1988

14. BEUTIN, L., ZIMMERMANN, S., GLEIER, K.: Human infections with shiga toxin-producing Escherichia coli other than serogroup O157 in Germany. Emerg. Infect. Dis. 4 (4), im Druck, 1998

15. BEUTIN, L., ZIMMERMANN, S., GLEIER, K.: Rapid detection and isolation of shiga-like toxin (verocytotoxin)-producing Escherichia coli by direct testing of individual enterohemolytic colonies from washed sheep blood agar plates in the VTEC-RPLA assay. J. Clin. Microbiol. 34, 2812-2814, 1996

16. BHUNIA, A.K.: Antibodies to Listeria monocytogenes. CRC Crit. Rev. Microbiol. 23, 77-107, 1997

17. BLACKBURN, C.D.W., CURTIS, L.M., HUMPHESON, L., PETIT, S.B.: Evaluation of the Vitek immunodiagnostic assay system (VIDAS) for the detection of Salmonella in foods. Letters Appl. Microbiol. 19, 32-36, 1994

18. BRINKMAN, E., VAN BEURDEN, B., MACKINTOSH, R., BEUMER, R.: Evaluation of a new dip-stick test for the rapid detection of Salmonella in food. J. Food Prot. 58, 1023-1027, 1995

19. BUCHANAN, R.L., SCHULTZ, F.J.: Comparison of the Tecra VIA kit, Oxoid BCET-RPLA kit and CHO cell culture assay for the detection of Bacillus cereus diarrhoeal enterotoxin. Letters Appl. Microbiol. 19, 353-356, 1994

20. BUCHANAN, R.L., SCHULTZ, F.J.: Evaluation of the BCET-RPLA kit for the detection of Bacillus cereus diarrhoeal enterotoxin as compared to cell culture cytotoxicity. J. Food Prot. 55, 440-443, 1992

21. D'AOUST, J.-Y., SEWELL, A.M., GRECO, P.: Commercial latex agglutination kits for the detection of foodborne Salmonella. J. Food Prot. 54, 725-730, 1991

22. DALET, C. : L`évolution du diagnostic de listeria dans l´agro-alimentaire. Utilisation de sonde nucleiques. Sci. Technique Technol. Heft 12, 21-25, 1990

23. DAY, T.L., TATINI, S.R., NOTERMANS, S., BENNETT, R.W.: A comparison of ELISA and RPLA for detection of Bacillus cereus diarrhoeal enterotoxin. J. Appl. Bact. 77, 9-13, 1994

24. DEVER, F.P., SCHAFFNER, D.W., SLADE, P.J.: Methods for the detection of foodborne Listeria monocytogenes in the U.S., J. Food Safety 13, 263-292, 1993

25. DROBNIEWSKI, F.A.: Bacillus cereus and related species. Clin. Microbiol. Rev. 6, 324-338, 1993

26. ENGVALL, E., PERLMANN, P.: Enzyme-linked immunosorbent assay (ELISA). Quantitative assay of immunoglobulin G. Immunochemistry 8, 871-874, 1971

27. FELDSINE, P.T., FALBO-NELSON, M.T., BRUNELLE, S.L., FORGEY, R.L.: Visual Immunoprecipitate Assay (VIP) for detection of enterohemorrhagic Escherichia coli (EHEC) O157:H7 in selected foods: collaborative study. J. AOAC Int. 80, 517-529, 1997

28. FENG, P.: Commercial assay systems for detecting foodborne Salmonella – a review. J. Food Prot. 55, 927-934, 1992

29. FLINT, S.H., HARTLEY, N.J.: Evaluation of the TECRA Escherichia coli O157 visual immunoassay for tests on dairy products. Lett. Appl. Microbiol. 21, 79-82, 1995

30. FRIES, A., ROTHER, K.: Biomek 1000, Laborautomat für ELISA Tests in der Lebens- und Futtermittelanalytik. Lebensmitteltechnik 5, 253-256, 1991

31. FRYER, T.F., HALLIGAN, A.C.: The detection of Clostridium tyrobutyricum in milk. N.Z. J. Dairy Sci. Technol. 11, 132, 1976

32. FUKAL, L., KAS, J.: The advantages of immunoassay in food analysis. Trend Anal. Chem. 8, 112-116, 1989

33. GRANUM, P.E., LUND, T.: Bacillus cereus and its food poisoning toxins. FEMS Microbiol. Lett. 157, 223-228, 1997

34. GRANUM, P.E.: Bacillus cereus and its toxins. J. Appl. Bacteriol. Symp. Suppl. 76, 61S-66S, 1994

35. GROISMAN, E.A., OCHMAN, H.: How Salmonella became a pathogen. Trends Microbiol. 5, 343-348, 1997

36. HALLIGAN, A.C., FRYER, T.F.: The development of a method for detecting spores of Clostridium tyrobutyricum in milk. N.Z.J. Dairy Sci. Technol. 11, 100-106, 1976

37. HARMON, S.M., KAUTTER, D.A.: Evaluation of reversed passive latex agglutination test kit for Clostridium perfringens enterotoxin. J. Food Prot. 49, 523-525, 1986

38. JACKSON, S.G.: Bacillus cereus. J. Assoc. Off. Anal. Chem. 74, 704-706, 1991

39. JUNE, G.E., SHERROD, P.S., ANDREWS, W.H.: Comparison of two enzyme immunoassays for recovery of Salmonella spp. from four low-moisture foods. J. Food Prot. 55, 601-604, 1992

40. KÄSBOHRER, A., MÜLLER, K., SPIESS, H.-H., BLAHA, T.: Einsatz und Bewertung eines ELISA zur Optimierung des routinemäßigen Nachweises für Salmonellen in Proben aus Geflügelfleischproduktionslinien. Tierärztl. Umschau 50, 601-610, 1995

41. KARCH, H., HUPPERTZ, H.-I., BOCKEMÜHL, J., SCHMIDT, H., SCHWARZKOPF, A., LISSNER, R.: Shiga toxin-producing Escherichia coli infections in Germany. J. Food Prot. 60, 1454-1457, 1997

42. KARCH, H., GUNZER, F., SCHWARZKOPF, A., SCHMIDT, H., BITZAN, M.: Molekularbiologische und pathogenetische Bedeutung von Shiga- und Shiga-like Toxinen. Bio-Engineering 9, Heft 3, 39-45, 1993

43. KARMALI, M.A.: Infection by verocytotoxin-producing Escherichia coli. Clin. Microbiol. Rev. 2, 15-38, 1989

44. KAUFFMANN, F.: The bacteriology of Enterobacteriaceae, Munksgaard, Kopenhagen, 1966

45. KETLEY, J.M.: Pathogenesis of enteric infection by Campylobacter. Microbiology 143, 5-21, 1997

46. KLIE, H., TIMM, M., RICHTER, H., GALLIEN, P., PERLBERG, K.-W., STEINRÜCK, H.: Nachweis und Vorkommen von Verotoxin- bzw. Shigatoxin-bildenden Escherichia coli (VTEC bzw. STEC) in Milch. Berl. Münch. Tierärztl. Wschr. 110, 337-341, 1997

47. KLIJN, N., NIEUWENHOF, F.F.J., HOOLWERF, J.D., VAN DER WAALS, C.B., WEERKAMP, A.H.: Identification of Clostridium tyrobutyricum as the causative agent of late blowing in cheese by species-specific PCR amplification. Appl. Environ. Microbiol. 61, 2919-2924, 1995

48. KRUSSEL, L., SKOVGAARD, N.: Evaluation of a new semi-automated screening method for the detection of Salmonella in foods within 24 h. Int. J. Food Microbiol. 20, 123-130, 1993

49. KUCHENBECKER, R., DIEHL, Y.: Überprüfung der NIZO-Ede-Methode hinsichtlich ihrer Aussagekraft auf das Vorhandensein von Clostridium tyrobutyricum mittels ELISA. Deut. Milchwirtsch. 46, 954-957, 1995

50. KUHN, H.-M., MEIER, U., MAYER, H.: ECA, das gemeinsame Antigen der Enterobacteriaceae – Stiefkind der Mikrobiologie. Forum Mikrobiol. 7, 274-285, 1984

51. KUNTZE, U., BECKER, H., MÄRTLBAUER, M., BAUMANN, C., BUROW, H.: Nachweis von verotoxinbildenden E. coli-Stämmen in Rohmilch und Rohmilchkäse. Arch. Lebensmittelhyg. 47, 141-144, 1996

52. LABBE, R.G.: Clostridium perfringens. J. Assoc.. Off. Anal. Chem. 74, 711-714, 1991

53. LEPSCHY-V. GLEISSENTHAL, J., DIETRICH, R., MÄRTLBAUER, E., SCHUSTER, M., SÜSS, A., TERPLAN, G.: A survey on the occurrence of Fusarium mycotoxins in Bavarian cereals from the 1987 harvest. Z. Lebensm. Forsch. 188, 521-526, 1989

54. LEVINE, M.M.: Escherichia coli that cause diarrhea: enterotoxigenic, enteropathogenic, enteroinvasive, enterohemorrhagic, and enteroadherent. J. Infect. Dis. 155, 377-389, 1987

55. LÜTHY, J., WINDEMANN, H.: Immunchemische Methoden in der Lebensmittelanalytik. Mitt. Gebiete Lebensm. Hyg. 78, 147-167, 1987

56. MACKENZIE, A.M.R., LEBEL, P., ORRBINE, E., ROWE, P.C., HYDE, L., CHAN, F., JOHNSON, W., McLAINE, P.N., THE SYNORB PK STUDY INVESTIGATORS: Sensitivities and Specifities of Premier E. coli O157 and Premier EHEC enzyme immunoassay for diagnosis of infection with verotoxin (shiga-like toxin)-producing Escherichia coli. J. Clin. Microbiol. 36, 1608-1611, 1998

57. MADDEN, J.M., McCARDELL, B.A., MORRIS, J.G., jr.: Vibro cholerae. In: M.P. Doyle (ed.) Foodborne bacterial pathogens. Marcel Dekker, Inc., New York und Basel, 525-542, 1989

58. MÄNNEL, D., MAYER, H.: Isolation and chemical characterization of the Enterobacterial Common Antigen, Eur. J. Biochem. 86, 362-370, 1978

59. MÄRTLBAUER, M., DIETRICH, R., TERPLAN, G.: Erfahrungen bei der Anwendung von Immunoassays zum Nachweis von Mykotoxinen in Lebensmitteln. Arch. Lebensmittelhyg. 42, 3-6, 1991

60. MAJERUS, OTTENEDER, P.H., HOWER, C.: Beitrag zum Vorkommen von Ochratoxin A in Schweineblutserum. Dtsch. Lebensmittel-Rundschau 85, 307-313, 1989

61. MARTIN, A., KATZ, S.E.: Rapid determination of Listeria monocytogenes in foods using a resuscitation/selection/kit system detection. J. AOAC Int. 76, 632-636, 1993

62. NATARO, J.P., KAPER, J.B.: Diarrheagenic Escherichia coli. Clin. Microbiol. Rev. 11, 142-201, 1998

63. NATIONAL ADVISORY COMMITTEE ON MICROBIOLOGICAL CRITERIA FOR FOODS: Campylobacter jejuni/coli. Dairy Food Environ. San 15, 133-153, 1995

64. NEWSOME, W.H.: Potential and advantages of immunochemical methods for analysis of foods. J. Assoc. Off. Anal. Chem. 69, 919-922, 1986

65. NIESSEN, L., DONHAUSER, S., VOGEL, H.: Zur Problematik von Mykotoxinen in der Brauerei. Brauwelt 36, 1510-1518, 1991

66. NOËL, J.M., BOEDEKER, E.C.: Enterohemorrhagic Escherichia coli: a family of emerging pathogens. Dig. Dis. 15, 67-91, 1997

67. NOTERMANS, S., TATINI, S.: Characterization of Bacillus cereus in relation to toxin production. Neth. Milk Dairy J. 47, 71-74, 1993

68. NOTERMANS, S., WERNARS, K.: Immunological methods for detection of foodborne pathogens and their toxins. Int. J. Food Microbiol. 12, 91-102, 1991

69. OKREND, A.J.G., ROSE, B.E., LATTUADA, C.P.: Isolation of Escherichia coli O157:H7 using O157 specific antibody coated magnetic beads. J. Food Prot. 55, 214-217, 1992

70. OKREND, A.J.G., ROSE, B.E., MATNER, R.: An improved screening method for the detection and isolation of Escherichia coli O157:H7 from meat, incorporating the 3M Petrifilm™ Test KIT – HEC for hemorrhagic Escherichia coli O157:H7. J. Food Prot. 53, 936-940, 1990

71. OLSVIK, Ø., POPOVIC, T., SKJERVE, E., CUDJOE, K.S., HORNES, E., UGELSTAD, J., UHLEN, M.: Magnetic separation techniques in diagnostic microbiology. Clin. Microbiol. Rev. 7, 43-54, 1994

72. ON, S.L.W.: Identification methods for campylobacters, helicobacters, and related organisms. Clin. Microbiol. Rev. 9, 405-422, 1996

73. OTTENEDER, E., MAJERUS, P.: Mykotoxinuntersuchungen in der amtlichen Lebensmittelüberwachung. Bundesgesundhbl., 451-455, 1993

74. PARK, C.H., JAFIR, A.: Evaluation of the LMD ELISA for detection of shiga-like toxin of Escherichia coli. 3rd International Symposium and Workshop on shiga toxin (verocytotoxin)-producing Escherichia coli infections. Section VI. 22.–26. June, Baltimore, USA, 1997

75. POHL, J., BECKER, H.: Entwicklung eines enzymimmunologischen Verfahrens zum Nachweis von Staphylococcus-aureus-Thermonuklease in Lebensmitteln. Arch. Lebensmittelhyg. 43, 32-33, 1992

76. RANFFT, K., DANIER, H.-J., GERSTL, R., ARAMAYO-SCHENK, V.: ELISA – ein alternatives Verfahren zur Aflatoxin B_1-Bestimmung in Getreide und Mischfuttermitteln. Agribiol. Res. 45, 169-176, 1992

77. REISS, J.: Mykotoxine in Lebensmitteln. Gustav Fischer-Verlag, Stuttgart, 1981

78. ROBERTS, P.: An improved cultural/immunoassay for the detection of Listeria species in foods and environmental samples. Microbiology Europe 2, 18-21, 1994

79. ROCOURT, J.: Listeria monocytogenes:the state of the science. Dairy Food Environ. San. 14, 70-82, 1994

80. SAMARAJEEWA, U., WEI, C.I., HUANG, T.S., MARSHALL, M.R.: Application of immunoassay in the food industry. CRC Crit. Rev. Food Nutr. 29, 403-434, 1991

81. SCHNEIDER, E.: Entwicklung und Anwendung von enzymimmunologischen Teststreifen-Verfahren zum Nachweis von niedermolekularen Rückständen (Mykotoxine, Chloramphenicol). Diss. vet. med., München, 1991

82. SELBITZ, H.-J., SINELL, H.-J., SZIEGOLEIT, A.: Das Salmonellenproblem. Salmonellen als Erreger von Tierseuchen und Zoonosen. Gustav Fischer-Verlag. Jena, Stuttgart, 1995

83. SERNOWSKI, L.P., INGHAM, S.C.: Low specifity of the HEC O157™ ELISA in screening ground beef for Escherichia coli O157:H7. J. Food Prot. 55, 545-547, 1992

84. SKJERVE, F., OLSVIK, Ø.: Immunomagnetic separation of Salmonella from foods. Int. J. Food Microbiol. 14, 11-18, 1991

85. SMITH, H.R., SCOTLAND, S.M.: Isolation and identification methods for Escherichia coli O157 and other verocytotoxin producing strains. J. Clin. Pathol. 46, 10-17, 1993

86. SUNDLOF, S.F., STRICKLAND, C.: Zearalenone and zeranol: Potential residue problems in livestock. Vet. Hum. Toxicol. 28, 242-249, 1986

87. TERPLAN, G., STEINMEYER, S., BECKER, H., FRIEDRICH, K.: Nachweis von Listerien in Milch und Milchprodukten – Ein Beitrag zum Stand 1990. Arch. Lebensmittelhyg. 41, 102-107, 1990

88. THURM, V., DINGER, E.: Lebensmittelbedingte Campylobacterinfektionen – infektionsepidemiologische Aspekte der Ursachenermittlung, Überwachung und Prävention bei Ausbrüchen durch Campylobacter jejuni. Infektionsepidem. Forsch. II/98, 6-10, 1998

89. TURNBULL, P.C.B.: Bacillus cereus toxins. In: F. Dorner, J. Drews (eds.) Pharmacology of bacterial toxins. Pergamon Press, Oxford, p. 397-448, 1986

90. UGELSTAD, J., OLSVIK, Ø., SCHMID, R., BERGE, A., FUNDERUD, S., NUSTAD, K.: Immunoaffinity separation of cells using monosized magnetic polymer beads. In: T. T. Ngo (ed.), Molecular interactions in bioseparations, New York, Plenum Press, p. 230-244, 1993

91. VAN BEURDEN, R., MACKINTOSH, R.: New developments in rapid microbiology using immunoassays. Food Agricultur. Immunol. 6, 209-214, 1994

92. VAN EGMOND, H.P.: Current situation on regulations for mycotoxins. Overview of tolerances and status of standard methods of sampling and analysis. Food Additives and Contaminants 6, 139-188, 1989

93. VAN WEEMEN, B.K., SCHURRS, A.H.W.M.: Immunoassay using antigen-enzyme conjugates. FEBS Lett. 15, 232-236, 1971

94. VASAVADA, P.C.: Rapid methods and automation in dairy microbiology. J. Dairy Sci. 76, 3101-3113, 1993

95. VERNOZY-ROZAND, C., MAZUY, C., RAY-GUENIOT, S., BOUTRAND-LOEÏ, S., MEYRAND, A., RICHARD, Y.: Detection of Escherichia coli O157 in French food samples using an immunomagnetic separation method and the VIDAS E. coli O157. Letters Appl. Microbiol. 25, 442-446, 1997

96. WALKER, S.J., ARCHER, P., APPLEYARD, J.: Comparison of the Listeria-Tek ELISA kit with cultural procedures for the detection of Listeria species in foods. Food Microbiol. 7, 335-342, 1990

97. WEDDELING, K., BÄSSLER, H.M.S., DOERK, H., BARON, G.: Orientierende Versuche zur Anwendbarkeit enzymimmunologischer Verfahren zum Nachweis von Deoxynivalenol, Ochratoxin A und Zearalenon in Braugerste, Malz und Bier. Mschr. Brauwissensch., 94-98, 1994

98. WEERKAMP, A.H., STADHOUDERS, J.: Proceedings of the seminar on Bacillus cereus in milk and milk products. 13.-14.10.1992. Ede, The Netherlands., 1993

99. WIENECKE, A.A., GILBERT, R.J.: Comparison of four methods for the detection of staphylococcal enterotoxins in foods from outbreaks of food poisoning. Int. J. Food Microbiol. 4, 135-143, 1987

100. WRIGHT, D.J., CHAPMAN, P.A., SIDDONS, C.A.: Immunomagnetic separation as a sensitive method for isolating Escherichia coli O157 from food samples. Epidemiol. Infect. 113, 31-39, 1994

101. ZAADHOF, K.-J.: Nachweis von Staphylokokken-Enterotoxinen in Lebensmitteln. Arch. Lebensmittelhyg. 43, 28-30, 1992

5   Molekularbiologische Methoden

R. F. Vogel, M. Ehrmann

5.1   Einleitung

Ein Nachweis von Mikroorganismen mittels molekularbiologischer Methoden basiert im Gegensatz zu kulturellen Methoden nicht auf der Gesamtheit eines Organismus und seiner physiologischen Leistung, sondern auf der Charakterisierung bestimmter Zellkomponenten. Dazu haben sich die verschiedensten biochemischen Methoden etabliert, die sich z. B. mit typischen Eigenschaften und Unterschieden der Zellproteine, Fettsäuren und Nukleinsäuren beschäftigen. Heute werden in der Regel unter dem Begriff molekularbiologischer Methoden diejenigen zusammengefaßt, die sich im wesentlichen auf DNS-Analytik konzentrieren. Letztere sind längst nicht mehr nur auf rein medizinische Aspekte beschränkt, sondern gewinnen in zunehmenden Maße auch in der Lebensmittelmikrobiologie zum Nachweis und zur Identifizierung relevanter Mikroorganismen an Bedeutung. Die Vorteile gegenüber konventionellen, meist kulturellen Methoden liegen in ihrer Unabhängigkeit von kulturellen Bedingungen – auch unkultivierbare Mikroorganismen können nachgewiesen werden – sowie einer anderweitig unerreichbar hohen Spezifität, die zudem je nach Anforderungen eingestellt werden kann. Einmal entwickelt und an den nachzuweisenden Organismus adaptiert, sind diese Methoden schnell, sensitiv und zeigen darüber hinaus ein hohes Potential zur Automatisierbarkeit.

Der auf DNS basierende Nachweis von Bakterien im Lebensmittelbereich wird bereits in vielen Fällen erfolgreich durchgeführt. Oft sind es Kombinationen kultureller und molekularbiologischer Methoden, die aber im Gegensatz zu rein klassischen Methoden bereits deutlich schneller zum gewünschten Ziel führen. So ist z. B. die Anreicherungskultur (noch) oft notwendige Voraussetzung für die ausreichende Sensitivität einer Methode. Das angestrebte Ziel der Molekularbiologen jedoch ist es, auf sämtliche Kultivierungsschritte zu verzichten und Organismen direkt im Lebensmittel nachzuweisen.

Die bisher gezeigten Einsatzmöglichkeiten molekularbiologischer Methoden sind bereits vielfältig und bei weitem nicht auf den bloßen Nachweis und die Identifizierung von relevanten Verderbs- bzw. Starterorganismen beschränkt. Ihr hohes Potential und der unbedingte Bedarf zeigt sich dann, wenn es darum geht, z. B. das Vorhandensein potentieller Toxinbildner, d. h. eine Enzymausstattung ohne daß bereits Produkte exprimiert sein müssen, zu erfassen. Eine zuverlässige Identifizierung von gentechnisch modifizierten Mikroorganismen ist ohne DNS-Analytik nicht möglich.

5.2 Grundlagen

5.2.1 Was sind Gensonden?

Alle auf Nukleinsäure-Analytik basierenden Verfahren nutzten die natürliche Eigenschaft von Nukleinsäuren zur spezifischen Paarung zweier komplementärer Stränge aus. Als Gensonde bezeichnet man ein einzelsträngiges DNS Molekül, das sequenzspezifisch an einen zweiten Einzelstrang (Ziel-DNS/RNS) binden kann. Die Spezifität einer Gensonde basiert auf der Reihenfolge der vier in der DNS vorkommenden Basen Adenin, Cytosin, Guanin und Thymin. Unter der Voraussetzung, daß alle Basen mit der gleichen Häufigkeit auf einer beliebigen DNS-Sequenz vorhanden sind, kommt eine Folge von z. B. nur 18 Nukleotiden statistisch nach jedem 4^{18} Basenpaar vor. Unter Berücksichtigung einer durchschnittlichen bakteriellen Genomgröße von 4×10^6 Basenpaaren wird der enorme Grad an erreichbarer Spezifität von Gensonden deutlich. Die Länge einer Gensonde kann wenige Nukleotide (Oligonukleotid/Primer) bis hin zu mehreren Tausend Nukleotiden (Polynukleotid) betragen.

Als Zielsequenzen können je nach Fragestellung kodierende und nicht kodierende Bereiche des Genoms dienen. In der Analytik von lebensmittel-relevanten Organismen werden bestimmte Gene wie z. B. Toxin, Schlüsselenzym, Pathogenitätsfaktoren oder ribosomale RNS kodierende Gene genutzt.

5.2.1.1 Prinzip der Hybridisierung

Die Bindung zweier einzelsträngiger Nukleinsäuren wird als Hybridisierung, der entstandene Doppelstrang als Hybrid bezeichnet. Die Reaktion ist eine Gleichgewichtsreaktion. Die Reaktionsgeschwindigkeit und Stabilität der Bindung hängt im wesentlichen von den Faktoren Temperatur, Ionenstärke, Sequenz und Länge der Sonde ab. Die Schmelztemperatur T_m ist ein Maß für die thermische Stabilität des Hybrids. Sie ist definiert als die Temperatur bei der unter gegebenen Bedingungen noch 50 % der möglichen Doppelstränge als Einzelstränge vorliegen. Durch falsch gepaarte Basen wird dieser Wert herabgesetzt. Bereits 1 % Fehlpaarungen innerhalb eines Hybrids führt zu einer Reduktion von T_m um 0,5 bis 1,4 °C (ANDERSON und YOUNG, 1991). Einen dramatischen Einfluß hat hierbei auch die Verteilung eventueller Fehlpaarungen innerhalb der Sondensequenz. Mit zunehmender Ionenstärke steigt auch die Reaktionsgeschwindigkeit an. Dieser Effekt ist bei niedrigen Salzkonzentrationen ($<0,1$ M Na^+) besonders ausgeprägt. Ein Anstieg um den Faktor 2 läßt die Rate um das 5- bis 10fache ansteigen. Hybridisierungslösungen enthalten deshalb in der Regel 2 bis 6 x SSC (1 x SSC ist 0,15 M NaCl, 0,015 M Trinatrium-Citrat). Die gebildeten Hybride werden durch hohe Salzkonzentrationen stabilisiert. Durch Anpassung der Sondenlänge, der Ionenstärke der Hybridisierungslösung, Hybridisierungs-temperatur und der die T_m verändernden Zusätze (z.B. Formamid) kann die Spezifität einer Sonde variiert werden.

T_m ist nicht gleichzusetzen mit der Dissoziationstemperatur T_d. Letztere ist die Temperatur bei der 50 % korrekt gepaarter Hybride in einer bestimmten Zeit als Einzelstränge freigesetzt werden und ist relevant beim Waschen von nicht oder unspezifisch gebundenen Sondenmolekülen nach einer Festphasenhybridisie-rung. Während T_m in hohem Maße von der Konzentration der Sonde abhängig ist, ist T_d zeitabhängig und nicht konzentrationsabhängig.

5.2.1.2 Nachweis der Hybride

Damit Gensonden nach erfolgter Hybridisierung an ihr Zielmolekül detektierbar sind, tragen diese Markierungen (Label), die unterschiedlicher Art sein können. Dabei ist seit einigen Jahren eine Wende weg von Markierungen durch radioak-tive Isotope wie ^{32}P, ^{125}J oder ^3H hin zu nicht radioaktiven Systemen zu verfolgen. Bei letzteren lassen sich grundsätzlich zwei Anordnungen unterscheiden: (1) bei der direkten Markierung ist die Sonde kovalent mit der signalgebenden Einheit (Reporter) verknüpft wie z.B. Fluoreszenz-Farbstoffe (Fluorescein und Rhoda-min, siehe auch *in-situ-Hy*bridisierung) oder Markerenzymen wie alkalischer Phosphatase (AP) oder Meerrettich-Peroxidase (HRP) die ihrerseits chromo-gene oder chemiluminogene Substrate umsetzen. (2) Die signalgebende Ein-heit ist nicht direkt an die Sonde gekoppelt, sondern an einen zusätzlichen Re-aktionspartner mit spezifischer Affinität zu einem an die Sonde gekoppelten Reaktanten. Die Bindung dieses Reaktionspartners an den Reaktanten ist spe-zifisch und nicht kovalent. Als Bindungspaare werden häufig Biotin-Streptavidin oder Hapten-Antikörper verwendet. Solche Systeme können universeller einge-setzt werden, da sie nur ein Detektionssystem für verschiedene Sonden erfor-dern. Sie sind seit einiger Zeit kommerziell erhältlich und sind den radioaktiven Markierungen bezüglich Sensitivität vergleichbar. Einen guten Überblick über nicht radioaktive Techniken gibt KESSLER (1992).

5.2.1.3 Hybridisierungstechniken

Die Bindung einer Gensonde an ihr Zielmolekül kann erfolgen, indem sich beide in Lösung befinden oder einer von beiden an einem festen Träger (Nylon-Mem-bran, Mikrotiterplatte oder Teststäbchen) gebunden ist. In beiden Fällen ist es nach erfolgter Hybridisierung notwendig, nicht gebundene oder unspezifisch gebundene Sondenmoleküle von spezifisch gebundenen Sondenmolekülen zu trennen (Tab. III.5-1).

Tab. III.5-1:   Beispiele zum Nachweis von lebensmittelrelevanten Organismen durch Gensonden

Organismus	Zielmolekül	Bemerkung	Referenz
Salmonella genus	IS 200	0,3 kb-Sonde	CANO et al., 1992
Salmonella spec.	random fragment	Oligonukleotid-Sonde	OLSEN et al., 1995
E. coli (ETEC)	Enterotoxin LT1	Oligonukleotid-Sonde	OLSVIK et al., 1991
E. coli (EPEC)	adherence factor	Oligonukleotid-Sonde	JERSE et al., 1990
E. coli (VTEK)	Toxin VT1	Oligonukleotid-Sonde	THOMAS et al., 1991
Listeria spec.	HlyA-Gen	reverse Dot-Blot	BSAT und BATT, 1993
Listeria monocytogenes	iap-Gen	Oligonukleotid-Sonde	KIM, 1991
Listeria monocytogenes	iap-mRNS	*in-situ*-Hybridisierung	WAGNER et al., 1998
Campylobacter jejuni	16S rRNS	Oligonukleotid-Sonde	ROMANIUK, 1987
Campylobacter fetus	16S rRNS	Oligonukleotid-Sonde	WESLEY, 1991
Clostridium perfringens	Enterotoxin	Oligonukleotid-Sonde	VAN DAMME-JONGSTEN, 1990
Streptococcus thermophilus	23S rRNS	Oligonukleotid-Sonde	EHRMANN, 1994
Lactobacillus curvatus	23S rRNS	Oligonukleotid-Sonde	HERTEL, 1991
Lactobacillus sakè	23S rRNS	Oligonukleotid-Sonde	HERTEL, 1991
Lactococcus, Enterococcus, Streptococcus	23S rRNS	*in situ*-Hybridisierung	BEIMFOHR, 1993
Lactococcus lactis	Proteinase-Gen	gentechnisch modifiziert	BROCKMANN, 1996

5.2.1.3.1 Dot-Blot-Hybridisierung

Bei diesem Verfahren werden Nukleinsäuren (RNS und/oder DNS) auf Membranen punkt- oder strichförmig aufgebracht und irreversibel fixiert. Durch Hybridisierung mit einer entsprechenden Gensonde können so viele unterschiedliche Isolate gleichzeitig untersucht werden. Eine Membran kann nach Entfernung der Sonde mehrmals Verwendung finden. Eine Voraussetzung bei dieser Methode ist es jedoch, daß alle zu identifizierenden Organismen als Reinkultur vorliegen. Falsch negative Ergebnisse werden in der Regel durch eine Kontrollhybridisierung mit einer Universal-Sonde ausgeschlossen.

5.2.1.3.2 Reverse Dot-Blot-Hybridisierung

Im Gegensatz zu Dot-Blot-Verfahren werden hier die Gensonden auf der festen Phase fixiert. Als feste Phase können hierbei Nylonmembranen oder die Vertiefungen in Mikrotiterplatten dienen. Zur Hybridisierung werden durch PCR vermehrte und markierte Nukleinsäuren aus Reinkulturen oder auch Mischkulturen verwendet. Der Vorteil dieser Anordnung liegt darin, daß in einem Schritt mehrere Organismen gleichzeitig anhand beliebig vieler Gensonden nachgewiesen werden können. Auch hier sollte eine der Sonden als Universal-Sonde fungieren (Abb. III.5-1).

5.2.1.3.3 Kolonie-Hybridisierung

Während bei den obengenannten Dot-Blot-Verfahren eine mehr oder weniger gründliche Nukleinsäureisolierung notwendig ist, kann diese durch eine Kolonie-Hybridisierung umgangen werden. Bakterien können ausgehend von einem Lebensmittel oder einer Anreicherungskultur direkt auf Nylonmembranen, die ihrerseits auf Nährböden liegen, kultiviert werden. Die Ziel-DNS wird nach ausreichendem Wachstum der Kolonien freigesetzt und einer Hybridisierung der Gensonde zugänglich gemacht. Die Lysebedingungen müssen jedoch in der Regel für die nachzuweisenden Organismen für jeden Einzelfall neu ausgetestet und optimiert werden. Mit diesem System ist neben einer Identifizierung auch eine Quantifizierung der Lebendkeimzahl möglich.

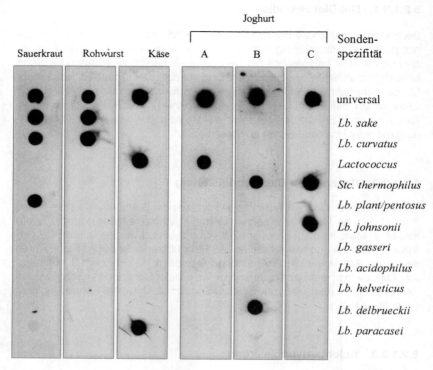

Abb. III.5-1: Reverse Dot-Blot-Hybridisierung von aus diversen Lebensmitteln isolierter DNS. Teilsequenzen der ribosomalen 16S
RNS wurden durch PCR amplifiziert und mit membrange-
bundenen Sonden unterschiedlicher Spezifität hybridisiert

5.2.1.3.4 *In-situ*-Hybridisierung

Diese Art der Nutzung von Gensonden kommt der Idealvorstellung eines direkten Nachweissystems am nächsten, ist jedoch bis zum jetzigen Zeitpunkt noch
nicht für Routinediagnostik einsetzbar. Bei der *in-situ*- oder auch Einzelzell-Hybri-
disierung werden die Organismen durch entsprechende Behandlung mit para-
Formaldehyd und/oder Ethanol auf einem Objektträger fixiert und deren Zell-
wände für die Gensonden durchlässig gemacht. Die mit verschiedenfarbigen

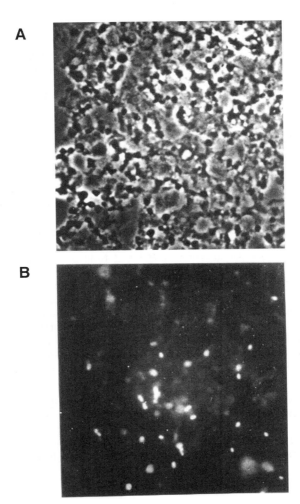

Abb. III.5-2: Nachweis von *Lactococcus lactis* in Rohmilch durch *in-situ-*
Hybridisierung mit einer rRNS-spezifischen Rhodamin-
markierten Oligonukleotid-Sonde. (A) Phasenkontrast
und (B) Fluoreszenzaufnahme; nur Zellen von *Lactococcus
lactis* fluoreszieren rot (mit freundlicher Genehmigung von
Prof. K.-H. Schleifer, Technische Universität München)

Fluoreszenz-Farbstoffen markierten Sonden sind dann im Epifluoreszenzmikroskop sichtbar. Da jedoch hier keine Signalamplifikation durch Voranreicherung oder Amplifikation der Ziel-DNS (siehe PCR) vorgeschaltet ist, muß diese von Natur aus in hoher Kopienzahl in der Zelle vorhanden sein. Aus diesem Grund finden hierfür derzeit nur Sonden Anwendung, die gegen ribosomale RNS gerichtet sind (SCHLEIFER et al., 1993, AMANN et al., 1995, WAGNER et al., 1998).

5.2.2 PCR-gestützte Verfahren

Die Nachweisempfindlichkeit gegenüber der herkömmlichen Sondentechnik kann durch eine Methode, mit der DNS-Moleküle *in vitro* vermehrt werden können, um ein Vielfaches gesteigert werden. Diese Methode, die als Polymerase-Kettenreaktion, PCR (polymerase chain reaction) bezeichnet wird, wurde seit ihrer erstmaligen Veröffentlichung 1988 (SAIKI et al., 1988) immer mehr verfeinert und den jeweiligen Erfordernissen auf vielfältige Weise angepaßt. Das der Reaktion zugrundeliegende Prinzip ist in Abb. III.5-3 dargestellt. Zwei als Primer bezeichnete Oligonukleotide von ca. 15 bis 25 Nukleotiden werden so gewählt, daß sie den zu amplifizierenden Sequenzbereich flankieren. Nach einer sequenzspezifischen Hybridisierung der Primer an die Zielsequenz dienen deren jeweilige 3'-OH-Enden als Startpunkte für die Synthese eines neuen komplementären Stranges durch die DNS-Polymerase. Da die in der Reaktion vorhandenen Primer zu den neu entstandenen Produkten komplementär sind, erfolgt nach kurzer Hitze-Denaturierung der Produkte erneut eine Hybridisierung und Strangverlängerung. Durch Verwendung einer hitzestabilen Polymerase, am weitesten verbreitet ist zur Zeit die aus *Thermus aquaticus* isolierte Taq-Polymerase, können so bis zu 35 Zyklen aneinandergereiht werden.

Die Reaktionen werden typischer Weise in Volumina von 10 bis 100 μl durchgeführt. Benötigt werden neben den entsprechenden Chemikalien und der Polymerase ein sog. Thermocycler, der es zuläßt, die für die drei Teilschritte (1) Denaturierung, (2) Primer-Hybridisierung und (3) Strangverlängerung erforderlichen Temperaturen und Zeiten zu programmieren (Abb. III.5-3).

5.2.2.1 Detektion der Amplifikationsprodukte

Die amplifizierten Produkte werden im einfachsten Fall nach elektrophoretischer Auftrennung im Agarosegel durch Anfärben mit Ethidiumbromid oder durch Hybridisierung mit einer für das entstandene DNS-Fragment spezifischen Gensonde sichtbar gemacht. Eine Reihe neuerer Methoden, die automatisierbar sind und die Analysenzeit verkürzen, bedienen sich nachgeschalteter ELISA's, der Messung von entstehenden Fluoreszenssignalen bzw. deren Löschungen (post hybridisation capture, AmpliSensor, TaqMan-PCR).

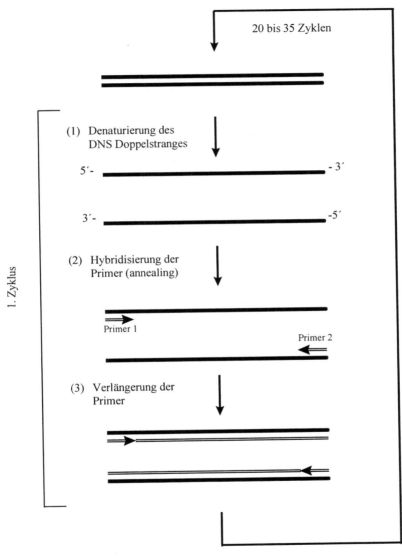

20 bis 35 Zyklen

1. Zyklus

(1) Denaturierung des
    DNS Doppelstranges

5′-   - 3′

3′-   -5′

(2) Hybridisierung der
    Primer (annealing)

Primer 1

Primer 2

(3) Verlängerung der
    Primer

Abb. III.5-3:   Schematische Darstellung der Polymerase-Kettenreaktion
                     (PCR)

5.2.2.2   Nachweisverfahren mittels PCR

In zahlreichen Veröffentlichungen wurden bereits organismenspezifische Primer-sequenzen untersucht (Tab. III.5-2). Im Vordergrund steht hierbei meist der Nachweis von pathogenen Organismen der Gattungen *Listeria, Salmonella, Campylobacter, Staphylococcus* oder *Escherichia*. Als Voraussetzung eines solchen Systems dient wie bei der Anwendung von Gensonden immer die bekannte DNS-Sequenz der zu amplifizierenden Ziel-DNS. Geeignete Zielmoleküle sind auch hier wie bei der Sondentechnik organismen- und/oder stoffwechsel-spezifische Gen(abschnitte).

Als typisches Beispiel eines PCR-gestützten Nachweissystems ist im Folgenden eine zur Identifizierung des Mycotoxinbildners *Fusarium graminearum* geeignete Methode beschrieben. Als Primer dienen hierbei Oligonukleotide, die für das Gen der Galaktose-Oxidase aus *Fusarium graminearum* spezifisch sind (NIESSEN et al., 1997):

Die PCR-Reaktion wird in einem Gesamtvolumen von 50 µl durchgeführt:

Reaktionsansatz:	0,1–200 ng DNS
	je 25 pmol Vorwärts- und Rückwärtsprimer
	2,5 U Taq Polymerase
	200 nM dNTP
	Reaktionspuffer (10 mM Tris-HCl, 1 mM MgCl$_2$, 50 mM KCl, 0,25 % (v/v) Glycerin, 0,4 % (v/v) DMSO, pH 9,2)

PCR-Bedingungen:	1 Zyklus:	96 °C für 5 min
	5 Zyklen:	96 °C für 1 min
		45 °C für 2 min
		75 °C für 3 min
	30 Zyklen:	96 °C für 30 sec
		45 °C für 30 sec
		75 °C für 1 min
	1 Zyklus:	72 °C für 10 min

Die entstandenen Amplifikationsprodukte werden im Agarosegel elektrophore-tisch getrennt und analysiert.

5.2.2.3   Nested-PCR

Unter nested-PCR versteht man die Kombination zweier aufeinanderfolgender PCR-Reaktionen. Durch die zweite Reaktion, in der mindestens einer der beiden Primer innerhalb des in der ersten Reaktion amplifizierten Fragmentes bindet, kann eine enorme Steigerung der Sensitivität erreicht werden. Das zugrundelie-gende Prinzip ist in Abb. III.5-4 dargestellt.

Tab. III.5-2: Beispiele zum Nachweis von lebensmittelrelevanten Bakterien mittels PCR

Organismus	Primer-Sequenzen (5' → 3')	Zielmolekül	Sensitivität	Bemerkung	Referenz
E. coli ETEC	LT1: GAGACCGGTATTACAGAAATC LT2: GAGGTGCATGATGAATCCAG	Enterotoxin Gen (LT)	keine Angabe	ohne DNS-Isolierung	VICTOR, 1991
Campylobacter	CF03: GCTCAAAGTGGTTCTATGCNATGG CF04: GCTGCGGATTCATTCTAAGACC CF02: AAGCAAGAAGTGTCCAAGTTT	Flagellin Gene A und B intergenic region	≤ 10 cfu	nested-PCR	WEGMÜLLER, 1993
Clostridium botulinum	P136: AGTTGCTATGTGTAAGAGGG P137: GAACGGTTAGAACCTTATTCGC	Typ A Toxin-Gen	12,5 fg DNS $10–10^3$	Detektion durch Sonde	FACH, 1993
Salmonella spp.	SHIMA1: CGTGCTCTGGAAAACGGTGAG SHIMAR: CGTGCTGTAATAGGAATATCTTCA	himA-Gen	1 bis 10	Voranreicherung	BEJ, 1994
Listeria monocytogenes	LA1: CCTGATGCAACAAAAGGGAC LB1: TGATAAAGTTGAGCAGCGGC	random Sequenz	10^3 cfu		MAKINO, 1995
Listeria monocytogenes	α-1: CCTAAGAGCGCCAATCGAAAAGAAA β-1: TAGTTCTACATCACCTGAGACAGA hlyA1: RATGCAGQGACAAATGTGCCGCCAA	Hämolysin (hlyA)	50 cfu	Taqman-PCR	BASSLER, 1995
Bacillus cereus	CB-1: CTGTAGCGAATCGTACGTATC CB-2: TACTGCTCCAGCCACATTAC	Hämolysin-Gen	500 cfu		WANG, 1997
Lactococcus lactis	PCL2: GATTGGTAAACGTAAGTT PCL3: CCACCTTCCCAACATTT	Protease-Gen	keine Angabe	gentechnisch modifiziert	HERTEL et al., 1992

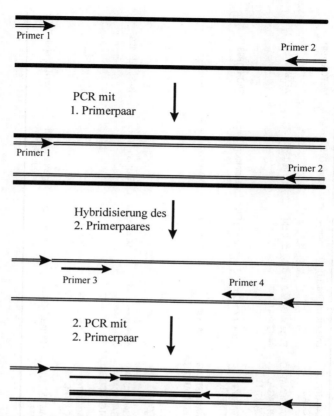

Abb. III.5-4:   Schematische Darstellung der nested-PCR

5.2.2.4 Multiplex-PCR

Dieses Verfahren ermöglicht den Nachweis verschiedener Zielsequenzen in einer Reaktion durch Anwendung mehrerer Primerpaare. Dieser Ansatz ist z. B. sinnvoll, um falsch negative Ergebnisse, die durch PCR-hemmende Substanzen verursacht sein können, auszuschließen oder um anhand einer Co-Amplifikation interner Standards quantitative Ergebnisse zu bekommen. Auf der anderen Seite ermöglicht diese Methode durch geschickte Auswahl unterschiedlich spezifischer Primer z. B. taxonspezifischer Primer in Kombination mit stoffwechselspezifischen Primern, die Klärung verschiedener Fragestellungen. So wurde bereits gezeigt, daß es möglich ist durch den simultanen Einsatz entsprechender Primerpaare zwischen Shiga-like-Toxin I und II produzierenden *E.-coli*-Stämmen zu unterscheiden (GANNON et al., 1992).

5.2.2.5 Taqman-PCR

Ein vielversprechender Ansatz zur Verbesserung der Sensitivität sowie zu Automatisierbarkeit und Quantifizierbarkeit eines entstandenen PCR-Produkts stellt die sogenannte Taqman-PCR dar. Zusätzlich zu dem für die Amplifikation benötigten Primerpaar, wird der Reaktion ein kurzes Oligonukleotid zugesetzt, das als Gensonde spezifisch an das entstehende PCR-Produkt binden kann. Dieses als Taqman-Sonde bezeichnete Oligonukleotid ist zugleich mit einem Fluoreszenzfarbstoff und in unmittelbarer Nähe zu diesem mit einer die Fluoreszenz löschenden Verbindung (Quencher) verknüpft. Im Falle vorhandener Ziel-DNS verlängert nun die Taq-Polymerase die spezifisch gebundenen PCR-Primer und stößt dabei auf die ebenfalls spezifisch gebundene Taqman-Sonde, die aufgrund der 5'-3'-Nuklease Aktivität der Taq-Polymerase abgebaut wird. Die dadurch eintretende räumliche Trennung von Fluoreszenzfarbstoff und Quencher führt in Abhängigkeit des entstehenden PCR-Produktes zu einem meßbaren Fluoreszenzsignal.

5.2.3   Alternative Amplifikationsmethoden

Neben den Nachweisverfahren, die auf PCR beruhen und zweifelsfrei zur Zeit den größten Anteil an Forschungsanstrengungen auf sich ziehen, gibt es einige vielversprechende alternative Strategien, deren Vor- und Nachteile im folgenden nur kurz erwähnt werden können.

5.2.3.1   NASBA[R]

Eine alternative Amplifikationsmethode zur spezifischen Vermehrung von RNS ist NASBA (nucleic acid sequence-based amplification). Eine isotherme Amplifikation wird durch das Zusammenspiel der Enzyme AMV Reverse Transkriptase (RT), T7-Polymerase und RNAse H erreicht. Die Reaktion startet mit einer nichtzyklischen Phase, in der der stromabwärts (downstream) liegende Primer, der eine T7-Promotor-Sequenz enthält, an die einzelsträngige Ziel-RNS bindet (annealing). Durch die Aktivität der AMV-RT wird diese in cDNA umgeschrieben. Das Enzym RNAse H hydrolysiert nun den RNS-Strang des entstandenen DNS-RNS-Hybrides. Ein zweiter Primer bindet an den neuen DNS-Strang und dient als Startpunkt für die Synthese eines komplementären DNS-Stranges durch die DNS-Polymerase-Aktivität der AMV-RT. Dieser Strang trägt nun die T7-Promotor-

Sequenz des ersten Primers, die dafür verantwortlich ist, daß die T7-RNS-Polymerase 100 bis 1000 einzelsträngige RNS-Kopien polymerisiert. Diese fungieren in der sich anschließenden zyklischen Phase als Template für die weitere Vervielfachung. Abgesehen von der Tatsache, daß eine exponentielle Amplifikation der nachzuweisenden RNS in ca. 1,5 bis 2 Stunden erreicht werden kann, hat dieses System den Vorteil bei nur einer Temperatur durchgeführt zu werden, so daß auf einen relativ teuren Thermocycler verzichtet werden kann.

Anwendungen dieser sensitiven Methode sind insbesondere dann von Vorteil bzw. unumgänglich wenn niedrigste Keimzahlen nachgewiesen werden sollen, z. B. für *Campylobacter jejuni* (UYTTENDAELE 1995a) und *Listeria monocytogenes* (UYTTENDAELE, 1994, 1995b). Auch für den Nachweis von Mycobakterien (VAN DER VLIET, 1993) und RNS-Viren (VANDAMME, 1995) wurden Methoden entwickelt (Abb. III.5-5).

5.2.3.2   Strand-Displacement Amplification

Strand-Displacement Amplification (SDA) ist ein isothermes Verfahren zur *in-vitro*-Vermehrung von DNS für diagnostische Zwecke. In Verbindung mit der Messung der Fluoreszenz-Polarisation, mit deren Hilfe sich gebundene von nicht gebundenen Fluoreszenz markierten Sondenmolekülen unterscheiden lassen, wird ein hoher Grad an Sensitivität erreicht (WALKER et al., 1996). Der Vorteil dieser Methode liegt in der Möglichkeit die Amplifikation in Real-Zeit zu verfolgen. Darüber hinaus erfolgt Amplifikation und Signal-Detektion im selben Reaktionsgefäß ohne zusätzliche Pipettierschritte (closed-tube formate).

5.2.4   Welche Gene werden nachgewiesen?

Häufig werden die ribosomale RNS bzw. deren kodierende Gene als Zielmoleküle verwendet. Als Bestandteil der Ribosomen sind 16S- und 23S-rRNS in sehr hoher Kopienzahl (10^4 bis 10^5 pro Zelle) vorhanden, was die erreichbare Nachweisgrenze herabsetzt. Darüber hinaus finden sich innerhalb der ribosomalen RNS unterschiedlich stark konservierte Sequenzbereiche, die eine weitgehende Variabilität in der Sondenspezifität zulassen.

Beim Nachweis von pathogenen Organismen werden oftmals Gene bevorzugt, deren Produkte selbst Toxine sind, oder die an deren Synthese beteiligt sind. Aber auch andere, die Pathogenität determinierende Faktoren wie Listeriolysin O (*hly*A) aus *Listeria monocytogenes* oder Thermonuklease aus *Staphylococcus aureus* können als Ziel-DNS dienen.

Bei den Hefen der Gattungen *Saccharomyces* und *Zygossaccharomyces* wurden bereits erfolgreich stammspezifische Plasmide genutzt (PEARSON and MCKEE, 1992).

NASBA

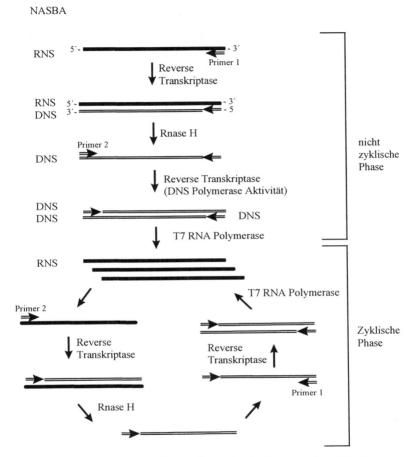

Abb. III.5-5:   Schematische Darstellung des isothermen Amplifikationsver-
fahrens NASBA (nucleic acid sequence-based amplification)

5.2.5   Erreichbare Spezifität und Sensitivität

Oftmals wurde demonstriert, daß durch PCR schon eine einzelne Kopie eines
Gens nachweisbar ist. Dies ist jedoch nur dann erreichbar, wenn zum einen von
isolierter DNA aus Reinkulturen oder wenig komplexen Matrices ausgegangen

wird oder aus entsprechenden Verdünnungen die theoretisch erreichte Sensitivität errechnet wird. In komplexen Matrices (realen Lebensmitteln) liegt jedoch zur Zeit das Detektionslimit für Bakterien bei ca. 1000 Molekülen (bzw. Zellen) pro Gramm und variiert sehr stark in Abhängigkeit der Zusammensetzung des jeweiligen Lebensmittels, des nachzuweisenden Organismus sowie der meist störenden Begleitflora.

5.3   Typingverfahren

Mit Hilfe molekulargenetischer Methoden ist es möglich, genetische Finger-
abdrücke zu erstellen, die je nach angewandter Methode auf unterschiedlicher,
taxonomischer Ebene für die zu untersuchenden Organismen spezifisch sind.
Dies kann für epidemiologische Studien ebenso von Bedeutung sein wie für die
Verfolgung von Starterorganismen in Lebensmittelfermentationen. Wie die Gen-
sonden-Technik, basieren diese Methoden ebenfalls auf der Charakterisierung
des Genotyps und sind somit vom physiologischen Zustand der Zelle, welche
aufgrund variierender Kulturbedingungen naturgemäß größeren Schwankun-
gen unterliegt, unabhängig. Diese Verfahren basieren in der Regel auf Längen-
unterschieden, die sich nach dem Schneiden genomischer DNS mit ausgewähl-
ten Restriktionsenzymen ergeben. Hierbei werden nicht nur fehlende oder neue
Erkennungsstellen der schneidenden Enzyme, sondern auch Insertionen und
Deletionen zwischen diesen Erkennungsstellen berücksichtigt. Die Unterschiede in der Länge der Fragmente (Restriktions-Fragment-Längen-Polymor-
phismen) werden anschließend entweder durch bloßes Anfärben mit Ethidiumbromid, Hybridisierung mit Gensonden (RFLP) oder Amplifikation durch PCR
(AFLP) sichtbar gemacht.

Durch Erstellen von Datenbanken lassen sich diese Muster zur schnellen Differenzierung und je nach Reproduzierbarkeit auch zur Identifizierung von Organismen heranziehen (z. B. Riboprinter RFLP). Eine PCR-gestützte Schnellmethode zur Unterscheidung von Organismen bis hin zur Stammunterscheidung
ist RAPD (random amplified polymorphic DNA). Ein zufällig ausgewählter Primer
bindet an verschiedenen Stellen innerhalb des Genoms und generiert indem er
zugleich als Vorwärts- und Rückwärtsprimer fungiert, DNS-Fragmente unterschiedlicher Länge und Intensität. Diese Methoden können zur Florenanalyse,
zum Aufspüren von Kontaminationsquellen und Wiedererkennen von Organismen bis hin zur Stammebene angewandt werden (Abb. III.5-6).

Ein typisches Protokoll für eine Florenanalyse mittels RAPD mit dem Universal
Primer M13 (5'-GTTTCCCAGTCACGACGTTG-3') ist im folgenden dargestellt.

PCR-Reaktionsansatz: 0,1–200 ng DNS
(Gesamtvolumen 50 μl)   20 pmol Primer
                         1,5 U Taq Polymerase
                         200 nM dNTP
                         Reaktionspuffer (10 mM Tris-HCl, 5 mM MgCl$_2$, 50 mM
                               KCl, pH 8,3)

PCR-Bedingungen: 3 Zyklen: 94 °C für 3 min
                                      40 °C für 5 min
                                      72 °C für 5 min
                         32 Zyklen: 94 °C für 1 min
                                      60 °C für 2 min
                                      72 °C für 3 min

Eine unter diesen Bedingungen durchgeführte Analyse der mikrobiellen Flora eines Milchproduktes ist in Abb. III.5-6 gezeigt.

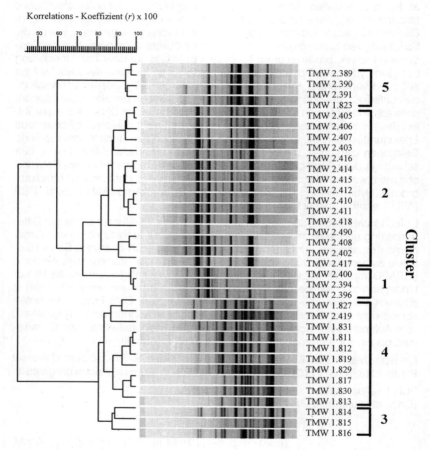

Abb. III.5-6:   Clusteranalyse zur Untersuchung der genetischen Vielfalt verschiedener Milchsäurebakterien anhand ihrer durch RAPD (random amplified polymorphic DNA) erzeugten Muster

5.4   Isolierung von Nukleinsäuren

Voraussetzung jeglicher DNS-Analytik ist das Vorhandensein von ausreichenden Mengen DNS möglichst hoher Qualität, d.h. rein und hochmolekular. Gerade die PCR ist gegenüber Verunreinigungen sehr empfindlich. Liegt der zu untersuchende Organismus bereits in Reinkultur vor, so ist es kein Problem hochreine Nukleinsäuren zu isolieren. Dies wird in der Regel durch spezifisch an den zu betrachtenden Organismus angepaßte Methoden erreicht. Zahlreiche Protokolle und auch kommerziell erhältliche Systeme garantieren in den meisten Fällen die erforderliche Menge in ausreichender Qualität.

Ein erst teilweise gelöstes Problem ist die Isolierung von Nukleinsäuren aus komplexen Matrices wie dies Lebensmittel unterschiedlichster Art darstellen. Vielfach wurde bereits berichtet, daß Störsubstanzen aus Lebensmitteln die Effektivität der PCR beeinflussen und somit die Sensitivität erheblich herabsetzen. Es stellt sich das Problem, die DNS einer einzelnen Bakterienzelle zuverlässig und reproduzierbar aus 10 g oder gar 100 g eines Lebensmittels in einem, für molekularbiologische Zwecke geeignetem, Volumen von 10 bis 100 μl zu isolieren.

Der grundsätzliche Ablauf einer Nukleinsäure-Isolierung ist in Abb. III.5-7 dargestellt. Dieser läßt sich grundsätzlich in die Teilschritte (1) Zellaufschluß, (2) Abtrennung von Zellbestandteilen, Proteinen, Fetten und Kohlenhydraten und (3) Reinigung und Konzentrierung der DNS gliedern. Eine spezifische Anreicherung der nachzuweisenden DNS kann hierbei an unterschiedlichen Stellen erfolgen und muß an die jeweilige Probe bzw. an das angeschlossene Nachweisverfahren angepaßt werden. Durch sogenannte Fang-Sonden (capture-probes) kann bereits im Produkt selbst die Ziel-DNS spezifisch „herausgefischt" und anschließend identifiziert werden. Durch dieses Verfahren wird vermieden, daß unnötig Nukleinsäuren pflanzlichen oder tierischen Ursprungs mit gereinigt werden und die Sensitivität herabsetzen (Tab. III.5-3).

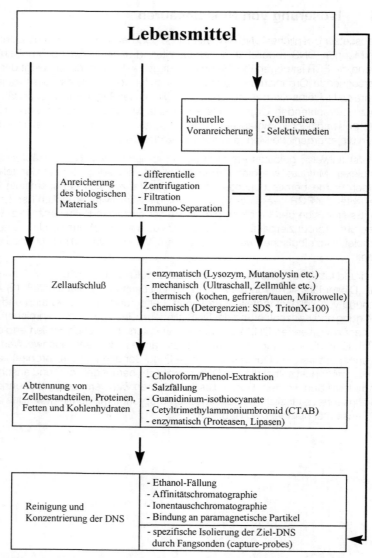

Abb. III.5-7:   Flußdiagramm zur Isolierung von Nukleinsäuren aus Lebensmitteln

Tab. III.5-3: Beispiele möglicher Methoden zur Isolierung bakterieller Nukleinsäuren aus Lebensmitteln

Lebensmittel	Organismus	Methode	Referenz
Pasteurisierte Milch	*Listeria monocytogenes*	Zentrifugation der Bakterien, Lyse mit Lysozym und Proteinase K	FURRER et al., 1991
Weichkäse	*Escherichia coli*	Homogenisation in Puffer, Pronase, Zentrifugation, Lyse durch Lysozym/Proteinase K oder kochen	MEYER et al., 1991
Fleisch	*Brochothrix thermosphacta*	Anreicherung der DNS durch Lectin-coated para-magnetische Partikel, Lyse durch kochen	WANG et al., 1993
Joghurt, Sauerteig	Milchsäure-bakterien	kochen mit Detergenzien, Reinigung durch Bindung der DNS an Silicagel	EHRMANN et al., 1994
Geflügel, Fleisch, Milch	*Salmonella* spec.	Homogenisierung von 25 g Probe, Voranreicherung in Peptonwasser, Lyse in Enviro-Amp DNA extraction reagent (Perkin-Elmer), Isopropanol-fällung	CHEN, 1997
Fisch, Muscheln, Schalentiere	*Escherichia, Salmonella, Bacillus*	Voranreicherung in TSBYE-Medium, Lyse durch Triton X-100 und 5 min kochen	WANG et al. 1997
Milchprodukte	*Campylobacter*	Homogenisierung von 2 g Probe, Behandlung mit Pronase, Lyse durch Lysozym und Proteinase K	WEGMÜLLER, 1993
Diverse	*Clostridium*	Homogenisierung in TYG, Voranreicherung über Nacht, 10 min kochen oder direkt PCR	FACH, 1993
Austern	*Salmonella*	Homogenisierung mit Guanidinium-isothiocyanat, 5 min kochen, Chloroform-Extraktion, Ethanol-Fällung	BEJ, 1993
Käse	*Listeria monocytogenes*	homogenisieren, zentrifugieren (1) 15 min kochen (2) SDS, Proteinase K, Phenol-Extraktion (3) Proteinase K, Zugabe von NaJ und Isopropanol	MAKINO, 1995

5.5　　Besondere Aspekte

5.5.1　Lebend- oder tot-Unterscheidung

Werden beim kulturellen Nachweisverfahren grundsätzlich nur lebende Organismen erfaßt, weisen auf Nukleinsäuren gestützte Verfahren Sequenzabschnitte bzw. Gene nach, die aus lebenden aber auch von toten Zellen stammen können. Dieser vermeintliche Nachteil kann zum Vorteil werden, wenn man den Nachweis subletal geschädigter oder unkultivierbarer Organismen ins Auge faßt, die Befallsgeschichte einer Probe bestimmen möchte oder einen Hinweis auf das Vorhandensein (toter) Toxinbildner und damit deren Toxine bekommen möchte. Das Problem der lebend-tot-Unterscheidung kann umgangen werden, indem die Expression bestimmter Gene durch das Vorhandensein von mRNS gezeigt werden kann. Neben den (bisher nicht praxisreifen) Untersuchungen zum Nachweis von mRNS wurden auch andere Wege zum Nachweis lebender Mikroorganismen beschritten, die auf der intakten Makromolekül-Biosynthese einer lebenden Zelle beruhen, hier jedoch nicht ausführlich diskutiert werden können. Ein Beispiel für solche Entwicklungen sind gentechnisch veränderte Bakteriophagen, die durch Einbringen eines *lux*-Gens in *Listeria*-Zellen diese zum „Leuchten" bringen (LOESSNER et al., 1997).

5.5.2　Möglichkeiten zur Quantifizierung

Eine exakte Bestimmung der Keimzahl über DNS-Analytik ist bis heute nur bedingt möglich. Unter bestimmten Voraussetzungen erlauben die Menge eines gebildeten PCR-Produktes oder die Signalstärke eines Hybridisierungssignals einen Rückschluß auf die Menge des ursprünglich eingesetzten Templates und somit auf die Gesamtkeimzahl. Ist die DNS-Isolierung annähernd quantitativ und verläuft die Amplifikation template-abhängig, so können mit geeigneten Auswerteverfahren entsprechende Daten gewonnen werden. Bisher entwickelte Verfahren bedienen sich z. B. der Co-Amplifikation interner Standards (siehe Multiplex-PCR), MPN-PCR, Limited-Dilution-PCR (LDP) oder Competitive-PCR, in der Ziel-DNS und Standard-DNS um ein Primerpaar konkurrieren (Tab. III.5-6).

Tab. III.5-4: Beispiele für Nukleinsäure-gestützte Nachweissysteme für lebensmittelrelevante Mikroorganismen, die kommerziell erhältlich sind

Organismen	Methode	Bemerkung	Hersteller
Salmonella, E. coli, Campylobacter, Listeria, Staphylococcus	colorimetrische DNS-RNS-Hybridisierung ribosomaler RNS	seit 1989 „first action"-Status des AOAC	GeneTrak Systems
Campylobacter, Listeria, Enterococcus, Streptococcus, Staphylococcus u.a.	Chemiluminescence-markierte Sonden gegen ribosomale RNS		Gene-Probe
Salmonella, Listeria, E. coli O157:H7	BAX^{TM} pathogen detection system PCR	Detektions-Limit 10^3 bis 10^4/ml seit 1998 Anerkennung AOAC	Qualicon, USA
beliebige Bakterien	automatisierte Anlage zur Herstellung von RFLP-Fingerprints	Datenbank notwendig	Qualicon, USA

5.6   Zukünftige Entwicklung

Molekularbiologische Methoden zur Erkennung von Mikroorganismen werden zukünftig in der Lebensmittelüberwachung an Bedeutung gewinnen. Die Geschwindigkeit dieser Entwicklung hängt unmittelbar von der Akzeptanz und Validierung der verwendeten Methoden ab. Hierbei lassen sich drei Bereiche unterscheiden:

(1) Der direkte Nachweis lebender, pathogener Stämme in Lebensmitteln ist zumindest derzeit ohne Kultivierungsschritt nicht möglich. Hier ist der kulturelle Nachweis zumindest als Voranreicherung notwendig. Trotz vielseitiger Bemühungen ist bei einem direkten d.h. DNS-gestützten Nachweis immer mit falsch positiven Nachweisreaktionen zu rechnen, da in der Regel immer auch DNS toter Organismen vorhanden ist. Da deren Anzahl hoch sein kann, gelangt man zu keiner sicheren Aussage. Andererseits läßt sich hierdurch die mikrobiologische Geschichte einer Probe ermitteln, aus der sich Hinweise auf das Vorhandensein von Toxinen ableiten lassen, die auch nach einem Absterben ihrer Produzenten vorhanden sein können.

(2) Nach einer Voranreicherung treten die klassischen Nachweis- und Identifizierungsmethoden in Konkurrenz mit der Molekularbiologie. Hier ist bereits jetzt häufig die Molekularbiologie z.B. beim „Screenen" überlegen. Es bestehen bereits für *Salmonella* und *Listeria* offizielle „First Action"-Methoden des AOAC (Association of Official Analytical Chemists), die auf Hybridisierung mit spezifischen Sonden beruhen. Dennoch müssen positive Befunde bisher i.d.R. kulturell bestätigt werden (Tab. III.5-4).

(3) In anderen Fällen ist die Molekularbiologie klar überlegen und kann nicht oder nicht ohne weiteres durch andere Methoden ersetzt werden. Dies ist dann der Fall, wenn sich pathogene Stämme nur in sehr wenigen Merkmalen (Genen) von ihren harmlosen Artverwandten unterscheiden. Beispiele hierfür sind EHEC, die mit in klassischer Weise nicht erreichbarer Spezifität anhand typischer Pathogenitätsmerkmale mit molekularbiologischen Methoden nachweisbar sind. Ein ebenso wichtiges Gebiet ist der Nachweis rekombinater DNS in Lebensmitteln, die ganz oder teilweise unter Verwendung gentechnischer Methoden hergestellt wurden. Hier gibt es keine Alternative zu molekularbiologischen Nachweisverfahren.

Die jüngste Entwicklung schneller PCR-Cycler-Biosensoren/DNA-Chip-Technologie erlaubt eine Verkürzung entsprechender Nachweisreaktionen von bisher 2–3 Stunden auf ca. 20 min. Bei einem gleichzeitigen *in-situ*-Nachweis entstehender PCR-Produkte z.B. durch Fluoreszenz-Reaktionen scheint hier ein Quantensprung in der Nachweiszeit in greifbarer Nähe zu sein. Andererseits erlauben PCR-Verfahren in Mikrotiterplatten eine (Teil)automatisierung und

Quantifizierung. Diese Entwicklung unterstützt den Vormarsch molekularbiologischer Methoden. Auch wenn diese nicht alle klassischen Verfahren ablösen können, werden sie als leistungsfähige Werkzeuge mit spezifischen Vorteilen zunehmend aus den reinen Forschungslabors in Routinelabors einziehen.

Glossar

Agarosegel Agarose aus Meeresalgen ist ein hochpolymeres Kohlenhydrat, das eine feste, elektrisch neutrale Gelmatrix bildet

Annealing (engl.) Anlagerung zweier Einzelstränge zu einem maximal stabilen Doppelstrang

Basenpaar Nukleotidpaar, das durch Wasserstoffbrückenbildung zusammengehalten wird

Blunt end glattes Ende eines doppelsträngigen DNS Moleküls

Codon für eine Aminosäure kodierendes Basentriplett

Denaturierung Trennung eines Nukleinsäure-Doppelstranges in Einzelstränge z. B. durch Temperaturerhöhung oder stark alkalische Bedingungen

DNA-Polymerase Enzym, das DNS als Matrize benutzt und Desoxynucleosidtriphosphate kondensiert

dNTP Abkürzung für alle vier natürlich vorkommenden Nukleotidtriphosphate

Gensonde einzelsträngige DNS unterschiedlicher Länge, die sequenzspezifisch an einzelsträngige DNS als Zielmolekül hybridisiert

Hybridisierung Bildung von doppelsträngiger DNS aus Einzelsträngen

NASBA[R] engl. nucleic acid sequence based amplification, isothermes Verfahren zur Amplifikation von RNS

nested-PCR zweite Runde einer PCR, bei der mindestens ein neuer Primer eingesetzt wird, der innerhalb eines in der ersten Runde amplifizierten DNS-Fragmentes bindet

Nukleotid Baustein der DNS → dNTP

Oligonukleotid kurzes, meist synthetisch hergestelltes DNS-Fragment

Primer synthetisches Oligonukleotid, das als Synthesestartpunkt für Polymerasen dient

ribosomale RNS einzelsträngige RNS, die Hauptbestandteil von Ribosomen ist

Rnase H Enzym, das doppelsträngige RNS oder DNS/RNS-Hybride abbaut

Taq-Polymerase DNS-Polymerase, die aus *Thermus aquaticus* isoliert wurde. Sie ist hitzestabil und wird in PCR-Reaktionen verwendet

Template (engl.) einzelsträngige DNS, die als Matrize für die Synthese des komplementären Stranges durch Polymerasen dient

3'-OH-Ende Bezeichnung für das Ende eines Nukleinsäurestranges

Literatur

1. AMANN, R., LUDWIG, W., SCHLEIFER, K.-H.: Phylogenetic identification and in situ detection of individual microbial cells without cultivation. Microbiol. Rev. 59, 143-169, 1995

2. BASSLER, A.A., FLOOD, S.J.A., LIVAK, K.J., MARMARO, J., KNORR, R., BATT, C.: Use of fluorogenic probe in a pcr-based assay for the detection of Listeria monocytogenes. Appl. Environ. Microbiol. 61, 3724-3728, 1995

3. BEIMFOHR, C., KRAUSE, A., AMANN R., LUDWIG, W., SCHLEIFER, K.-H.: In situ identification of lactococci, enterococci and streptococci. Syst. Appl. Microbiol. 16, 450-456, 1993

4. BEJ, A.K., MAHBUBANI, M.H., BOYCE, M.J., ATLAS, R.M.: Detection of Salmonella spp. in oysters by PCR. Appl. Environ. Microbiol. 60, 368-373, 1994

5. BROCKMANN, E., JACOBSEN, B.L.; HERTEL. C., LUDWIG, W., SCHLEIFER, K.-H.: Monitoring of genetically modified Lactococcus lactis in gnotobiotic and conventional rats by using antibiotic resistance markers and specific probe or primer based methods. Syst. Appl. Microbiol. 19, 203-212, 1996

6. CANO, R.J., TORRES, M.J., KLEMM, R.E., PALOMARES, J.C., CASADESUS J.: Detection of Salmonella by DNA hybridization with a fluorescent alkaline phosphatase substrate. J. Appl. Bacteriol. 66, 385-391, 1992

7. CHEN, S., YEE, A, GRIFFITHS, M., WU, K.Y., WANG, C.N., RAHN, K., DE GRANDIS, S.A.: A rapid, sensitive and automated method for detection of Salmonella species in foods using AG-9600 AmpliSensor Analyzer. J. Appl. Microbiol. 83, 314-321, 1997

8. EHRMANN, M.A., LUDWIG, W., SCHLEIFER, K.-H.: Species specific oligonucleotide probe for the identification of Streptococcus thermophilus. Syst. Appl., Microbiol. 15, 453-455, 1994

9. FACH, P., HAUSER, D., GUILOU, J.P., POPOFF, M.R.: Polymerase chain reaction for the rapid identification of Clostridium botulinum type A strains and detection in food samples. J. Appl. Bacteriol. 75, 234-239, 1993

10. FURRER, B. CANDRIAN, U., HOEFELEIN, C., LUETHL, Y.J.: Detection and Identification of Listeria monocytogenes in cooked sausage products and in milk by in vitro amplification of haemolysin gene fragments. J. Appl. Bacteriol. 70, 372-379, 1991

11. GANNON, V.P.J., KING, R.K., KIM, J.Y., GOLSTEYN, T.E.J.: Rapid and sensitive Method for detection of shiga-like toxin-producing Escherichia coli in ground beef using the polymerase chain reaction. Appl. Environ. Microbiol., 58, 3809, 1992

12. HERTEL, C., LUDWIG, W., SCHLEIFER, K.-H.: Introduction of silent mutations in a proteinase gene of Lactococcus lactis as a useful marker for monitoring studies. Syst. Appl. Microbiol. 15, 447-452, 1992

13. HERTEL, C., LUDWIG, W., OBST, M., VOGEL, R.F., HAMMES, W.P., SCHLEIFER, K.-H.: 23S rRNA targeted oligonucleotide probes for the rapid identification of meat lactobacilli. Syst. Appl. Microbiol. 14, 173-177, 1991

14. JERSE, A.E., MARTIN, W.C., GALEN, J.E., KAPER, J.B.: Oligonucleotide probe for detection of the enteropathogenic Escherichia coli (EPEC) adherence factor of localized adherent EPEC. J. Clin. Microbiol. 28, 2842-2844, 1990

15. KESSLER, C. (Hrsg.): Non radioactive labeling and detection of biomolecules. Springer Verlag, Berlin, 1992

16. KIM, C., SWAMINATHAN, B., CASSADAY, P.K., MAYER, L.W., HOLLOWAY, B.P.: Rapid confirmation of Listeria monocytogenes isolated from foods by a colony blot assay using a digoxygenin-labeled synthetic oligonucleotide probe. Appl. Environ. Microbiol. 57, 1609-1614, 1991

17. LOESSNER, M., RUDOLF, J.M., SCHERER, S.: Evaluation of Luciferase Reporter Bacteriophage A511::luxAB for detection of Listeria monocytogenes in contaminated foods. Appl. Environ. Microbiol. 63, 2961-2965, 1997

18. MAKINO, S., OKADA, Y., MARUYAMA, T.: A new method for the detection of Listeria monocytogenes from food by pcr. Appl. Environ. Microbiol. 61, 4745-3747, 1995

19. OLSEN, J.E., AABO, S., ROSSEN, L.: Oligonucleotide probe for specific detection of Salmonella and Salm. typhimurium. Lett. Appl. Microbiol. 20, 160-163, 1995

20. OLSVIK, O., WASTESON, Y., LUND, A., HORNES, E.: Pathogenic Escherichia coli found in food. Int. J. Food. Microbiol. 12, 103-114, 1991

21. PEARSON, B., MCKEE, R.: Rapid identification of Saccharomyces cerevisiae, Zygosaccharomyces bailii and Zygosaccharomyces rouxii. Int. J. Food Microbiol. 16, 63, 1992

22. ROMANIUK, P.J., TRUST, T.J.: Rapid identification of Campylobacter species using oligonucleotide probes to 16S ribosomal RNA. Mol. Cell. Probes 3, 133-142, 1989

23. SAIKI, R.K., GELFAND, D.H., STOFFEL, S., SCHARF, S.J., HIGUCHI, R., HORN, G.T., MULLIS, K.B., ERLICH, H.A.: Primer-directed enzymatic amplification of DNA with a thermostable DNA polymerase. Science 293, 487-491, 1988

24. SCHLEIFER, K.-H., LUDWIG, W., AMANN, R. Nucleic acid probes. In: Goodfellow, M. and McDonnell, O. (eds) Handbook of new bacterial systematics, pp 463-510, Academic Press, London – New York, 1993

25. THOMAS, E.J.G., KING, R.K., BURCHAK, J., GANNON, V.P.J.: Sensitive and specific detection of Listeria monocytogenes in milk and ground beef with the polymerase chain reaction. Appl. Environ. Microbiol. 57, 2576-2580, 1991

26. UYTTENDAELE, M., SCHUKKINK, R., VANGEMEN, B., DEBEVERE, J.: Development of NASBA, a nucleic acid amplification system, for identification of Listeria monocytogenes and comparison to ELISA and a modified FDA method. Int. J. of Food Microbiology 27, 77-89, 1995b

27. UYTTENDAELE, M., SCHUKKINK, R., VANGEMEN, B., DEBEVERE, J.: Detection of Campylobacter jejuni Added to Foods by Using a Combined Selective Enrichment and Nucleic Acid Sequence-Based Amplification (NASBA). Applied and Environmental Microbiology 61, 1341-1347, 1995a

28. UYTTENDAELE, M.R., SCHUKKINK, R., VAN GEMEN B., DEBEVERE, J.: Identification of Campylobacter jejuni, Campylobacter coli and Campylobacter lari by the nucleic acid amplification system NASBA^R. J. Appl. Bacteriol. 77, 694-701, 1994

29. VAN DAMME-JONGSTEN, M., RODHOUSE, J., GILBERT, R.J., NOTERMANS, S.: Synthetic DNA probes for detection of enterotoxigenic Clostridium perfringens strains isolated from outbreaks of food poisoning. J. Cli. Microbiol. 28, 131-133, 1990

30. VAN DER VLIET, G.M.E., SCHUKKINK, R.A.F., VAN GEMEN, B., SCHEPERS, P., KLASTER, P.R.: Nucleic acid sequence-based amplification (NASBA) for the identification of mycobacteria. J. Gen. Microbiol. 139, 2423-2429, 1993

31. VANDAMME, A.M., VAN-DOOREN, S., KOK, W., GOUBAU, P., FRANSEN, K., KIEVITS, T., SCHMIT, J.C., DECLERCQ, E.: Detection of HIV-1 RNA in plasma and serum samples using the NASBA amplification system compared to RNA-PCR. J. Virological Methods 52 (1-2), 121-132, 1995

32. WAGNER, M., SCHMID, M., JURETSCHKO, S., TREBESIUS, K.-H., BUBERT, A., GOEBEL, W., SCHLEIFER, K.-H.: In situ detection of a virulence factor mRNA and 16S rRNA in Listeria monocytogenes. FEMS Microbiol. Lett. 160, 159-168, 1998

33. WANG, R.F., CAO, W.W., CERNIGLIA, C.E.: A universal protokol for PCR-detection of 13 species of foodborne pathogens in foods. J. Appl. Microbiol. 83, 727-736, 1997

34. WEGMÜLLER, B., LÜTHY, L., CANDRIAN, U.: Direct polymerase chain reaction detection of Campylobacter jejuni and Campylobacter coli in Raw milk and dairy products. Appl. Environ. Microbiol. 59, 2161-2165, 1993

35. WESLEY, I.V., WESLEY, R.D., CARDELLA, M., DEWRIST, F.E., PASTER, B.J.: Oligodesoxynucleotide probes for Campylobacter fetus and Campylobacter hyointestinalis based on 16S rRNA sequences. J. Clin. Microbiol. 29, 1812-1817, 1991

IV   Identifizierung von Bakterien

J. Baumgart

1   Allgemeines

Aufgrund unterschiedlicher Merkmale lassen sich Bakterien identifizieren und in ein System einordnen. Diese Einordnung ist um so sicherer, je mehr Merkmale vorhanden sind. Bestimmt werden morphologische Merkmale, wie Form, Anordnung der Zellen, Vorhandensein von Kapseln und Geißeln, Endosporen, Färbeverhalten sowie stoffwechselphysiologische Eigenschaften, wie Sauerstoffbedarf, Pigmentbildung, Enzymleistungen, Nährstoffbedarf und pathogene Eigenschaften. Schließlich dienen auch immunologische Eigenschaften oder der Nachweis von Bakteriophagen und die Zusammensetzung der DNA und der Zellwand, Ergebnisse von DNA-DNA-, DNA-rRNA-Hybridisationen sowie vergleichende Sequenzanalysen der RNA der Charakterisierung eines Bakteriums. Nach ihren Eigenschaften werden die Bakterien stufenweise in Einheiten und Gruppen geordnet. Die Grundeinheit, die Reinkultur eines Bakteriums, ist der „Stamm". Stämme werden zu Arten (species), letztere zu Gattungen (genus, Plural genera) und diese zu Familien (Endung -aceae) zusammengefaßt. Das bekannteste und am häufigsten verwendete künstliche Klassifizierungsschema ist Bergey's Manual of Systematic Bacteriology. Es enthält Namen, Beschreibungen der Bakterien sowie Angaben zur Bestimmung von Bakterien. Für ein Routinelabor ist es in der Regel ausreichend, bis zur Familie oder bis zum Genus zu differenzieren. Nur in seltenen Fällen erfolgt eine Speciesdiagnose, die bei einigen Familien und Genera mit Multitest-Systemen (z.B. Enterotube, Oxi-Fermtube, API-System, Micro-ID-System, BBL Crystal ID System u.a.) möglich ist.

Da jedoch nicht in jedem Routinelabor Typstämme als Kontrollen zur Verfügung stehen, sollte eine Speciesdiagnose Speziallaboratorien überlassen bleiben. Im folgenden werden Identifizierungsmöglichkeiten für das Routinelabor angegeben. Die gewählten Schemata basieren auf wenigen Merkmalen, wodurch eine sichere Diagnose erschwert wird. Auch wurden nur Mikroorganismen berücksichtigt, die für die Lebensmitteltechnologie und -hygiene eine besondere Bedeutung haben.

Grundsätzlich ist bei jeder Identifizierung von einer Reinkultur auszugehen. Die direkte Beimpfung von einem Selektivmedium in ein nicht selektives Medium sollte vermieden werden. Es ist durchaus möglich, daß in einer oder um eine Kolonie sich optisch nicht wahrnehmbare andere Mikroorganismen befinden, die bei der Überimpfung in ein nicht selektives Medium zur Entwicklung kommen und das Reaktionsbild bei der biochemischen Identifizierung stören. Die erforderliche Reproduzierbarkeit eines biochemischen Tests hängt auch von der

Impfmenge ab. Eine nahezu gleichbleibende Impfmenge kann durch Bestimmung des Trübungswertes einer gewaschenen Kultur oder durch die genaue Festlegung der Tropfenzahl erreicht werden. Die für die einzelnen biochemischen Reaktionen angegebenen Bebrütungstemperaturen und -zeiten müssen eingehalten werden.

2 Methodik zur Isolierung und Identifizierung von Bakterien

Eine sachgerechte Produktbeurteilung erfordert die Bestimmung der Keimzahl. Der Einsatz von Selektiv- oder Elektivmedien erleichtert dabei den Nachweis der Mikroorganismen, die zum Produktverderb oder zur Erkrankung führen bzw. produktspezifisch sind. Eine weitere Identifizierung ist allerdings auch hier notwendig. Für zahlreiche Mikroorganismen stehen keine geeigneten Selektivmedien zur Verfügung, so daß aus dem Gesamtkollektiv der Kolonien eine Identifizierung erfolgen muß. Isolierungs- und identifizierungsfähige Kolonien können bei der Untersuchung von Lebensmitteln nur über Verdünnungsreihen und anschließende Kultivierung auf einem festen Medium gewonnen werden. Dadurch werden in geringen Anteilen vorkommende Mikroorganismen „herausverdünnt". Im Routinelabor ist die in Abbildung IV.2–1 gezeigte Methode anwendbar.

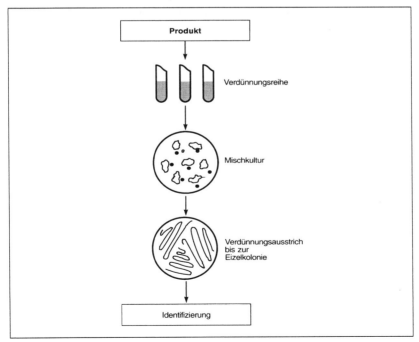

Abb. IV.2-1: Identifizierung von Mikroorganismen

Vom homogenisierten Lebensmittel erfolgt eine Verdünnung in Zehnerpotenzen und eine Bestimmung der Keimzahl. Von den zu identifizierenden Mischkulturen werden Verdünnungsausstriche angefertigt und die einzeln liegenden Kolonien auf Reinheit überprüft, z.B. durch Gramfärbung, Mikroskopie, Katalase. Eine Einzelkolonie wird in Kochsalzlösung oder Aqua dest. aufgeschwemmt und identifiziert, oder die Identifizierung erfolgt direkt von der reinen Kolonie.

Von den auszählbaren Verdünnungen werden die morphologisch unterschiedlichen Kolonien getrennt ausgezählt, reingezüchtet und identifiziert. Die Keimzahl der nachgewiesenen Genera oder Species wird angegeben.

Beispiel

Verdünnung 10^{-4} A)   7   Kolonien stecknadelkopfgroß, gewölbt und weiß

                    B)   14   Kolonien senfkorngroß, flach, grauweiß, gelappter Rand

Verdünnung 10^{-3} C)   8   goldgelbe, gewölbte, reiskorngroße Kolonien

Jeweils eine Kolonie von A, B und C wird reingezüchtet. Ergibt die Identifizierung von A das Genus *Lactobacillus*, von B das Genus *Bacillus* und von C das Genus *Staphylococcus*, so erfolgt diese Angabe:

     $7,0 \times 10^4$/g Lactobazillen

     $1,4 \times 10^3$/g Bazillen

     $8,0 \times 10^3$/g Staphylokokken

3 Schlüssel zur Identifizierung gramnegativer Bakterien

Es wurden nur Bakterien berücksichtigt, die für Lebensmittel, Kosmetika und Bedarfsgegenstände eine besondere Bedeutung haben.

KOH-Test und Aminopeptidase-Test meist positiv.
In den Bestimmungsschlüsseln werden jeweils mehrere Möglichkeiten zur Auswahl angeboten. Nach Entscheidung über Zutreffen bzw. Nicht-Zutreffen verweist eine Zahlenkennzeichnung am rechten Rand des Schlüssels auf weitere Identifizierungsmerkmale. Auf diese Weise wird die mögliche Einordnung Schritt für Schritt eingeengt, bis sich der richtige Platz (Gruppe, Familie oder Genus) ergibt.

1. Strikt anaerobe Vermehrung

   Kokken.................................. Genus *Megasphaera*

   Stäbchen .... Genus *Pectinatus*

   Aerobe bzw. fakultativ anaerobe Vermehrung.................... 2

2. Farbstoffbildung auf Medium ohne Indikator: **Gruppe A**

   Keine Farbstoffbildung....................................... 3

3. Oxidase-negativ... 4

   Oxidase-positiv 5

4. OF-Test (Glucose) F positiv   **Gruppe B-1**

   | Familie *Enterobacteriaceae* |
   | Genus *Zymomonas* |
   | Genus *Photobacterium* |

   O positiv   **Gruppe B-2**

   | Genus *Acinetobacter* |
   | Genus *Acetobacter* |
   | Genus *Gluconobacter* |

5. OF-Test (Glucose) F positiv   **Gruppe B-3**

   | Genus *Plesiomonas* |
   | Genus *Aeromonas* |
   | Genus *Vibrio* |
   | Genus *Halomonas* |

OF-Test (Glucose) O positiv oder negativ   **Gruppe B-4****

> Genus *Pseudomonas*
> Genus *Burkholderia*
> Genus *Comamonas*
> Genus *Brevundimonas*
> Genus *Alcaligenes*
> Genus *Moraxella*
> Genus *Psychrobacter*

Weitere Unterscheidungsmöglichkeiten innerhalb der Gruppe A

Identifizierung Farbstoff bildender gramnegativer Stäbchen

1.   Farbstoff blauviolett
      Vermehrung bei +4 °C . . . . Genus *Janthinobacterium*
      keine Vermehrung bei +4 °C . . . . Genus *Chromobacterium**)
2.   Farbstoff rot . . . . Genus *Serratia*
3.   Farbstoff gelb, gelbgrün, rosa, orange, rötlich-braun 4
4.   Oxidase-positiv 5
      Oxidase-negativ 6
5.   OF-Test (Glucose) O positiv   **Gruppe A-1**

> Genus *Pseudomonas*
> Genus *Burkholderia*
> Genus *Halomonas*
> Genus *Brevundimonas*
> Genus *Shewanella*
> Genus *Flavobacterium*
> Genus *Chryseobacterium*
> Genus *Empedobacter*

*) Ausnahme: *Chromobacterium fluviatile* (Vermehrung bei +4 °C). Unpigmentierte Stämme von *Chromobacterium violaceum* können vorkommen.

Anmerkungen: *   Die Prüfung der Oxidase auf einem Teststreifen sollte mit einer Kunst-stofföse erfolgen.

                   **   Die Identifizierung der Bakterien der Gruppe B-4 erfolgt mit dem Sy-stem API 20 NE oder anderen geeigneten Systemen.

                 *** Bei der Durchführung des OF-Testes ist bei der Kolonieentnahme von der Petrischale darauf zu achten, daß der Nährboden nicht berührt wird, da besonders bei den Genera *Acetobacter* und *Gluconobacter* Spuren von Essigsäure die Reaktion verfälschen können.

OF-Test (Glucose) F positiv **Gruppe A-2**

> Genus *Aeromonas*
> Genus *Vibrio*

6. Vermehrung bei pH 4,5

> Genus *Acetobacter*
> Genus *Gluconobacter*
> (siehe auch Gruppe B-2)

keine Vermehrung bei pH 4,5 7

7. OF-Test (Glucose) F positiv **Gruppe A-3**

> Genus *Erwinia*
> Genus *Enterobacter*
> Genus *Pantoea*
> Genus *Escherichia*

OF-Test (Glucose) O positiv **Gruppe A-4**
(Oxidase manchmal schwach positiv)

> Genus *Xanthomonas*
> Genus *Stenothrophomonas*

Abkürzungen im Identifizierungsschlüssel

O	= Oxidativ
F	= Fermentativ
OF-Test	= Oxidations-Fermentationstest nach HUGH und LEIFSON
+	= 90 % oder mehr positiv
−	= 90 % oder mehr negativ
v	= variable Reaktion
(+)	= 76–89 % positiv

Gruppe A-1

Eine Identifizierung der verschiedenen Genera ist mit dem System API 20 NE oder anderen geeigneten Multitest-Systemen möglich.

Gruppe A-2

Tab. IV.3-1:   Unterscheidung zwischen Genus Aeromonas und Genus Vibrio

Merkmal	Genus *Aeromonas*	Genus *Vibrio*
Resistenz gegenüber 0/129 150 µg/Blättchen	resistent	sensibel

Gruppe A-3

Gelbe Farbstoffe bilden *Erwina (E.) ananas, E. stewartii, E. uredevora, Halomonas elongata* sowie *Enterobacter sakazakii, Pantoea agglomerans* (ehemals *Enterobacter agglomerans*), einige Stämme von *Pantoea dispersa* sowie *Escherichia hermanii* (GAVINI et al., 1989). Eine Unterscheidung der Genera ist mit wenigen Reaktionen nicht möglich. Empfohlen werden zur Differenzierung Multitest-Systeme wie API 20 E, API 50 CHE oder andere geeignete Systeme.

Gruppe A-4

Eine Differenzierung ist möglich mit dem Multitest-System ID 32 GN (bioMérieux).

Weitere Unterscheidungsmöglichkeiten innerhalb der Gruppe B

Gruppe B-1

Tab. IV.3-2: Unterscheidung der Familie Enterobacteriaceae und der Genera Zymomonas und Photobacterium

Merkmale	Familie Enterobacteriaceae	Genus Zymomonas	Genus Photobacterium
Oxidase	–	–	v
Resistenz gegenüber 0/129 150 µg/Blättchen	–	–	+
Vermehrung bei pH 4,0 (Milchsäure)	–	+	–
Na⁺ für Vermehrung erforderlich	–	–	+
Vermehrung auf Standard-I-Nähr-Agar	+	+	–

v = variable Reaktion

Zur Identifizierung von Bakterien der Familie *Enterobacteriaceae* stehen zahlreiche Multitest-Systeme zur Verfügung, z.B. Enterotube, API 20 E, Micro ID u.a.

Gruppe B-2

Keine Vermehrung bei pH 4,5	Genus *Acinetobacter*
Vermehrung bei pH 4,5	Genus *Acetobacter*
	Genus *Gluconobacter*
Oxidation von Essigsäure positiv	Genus *Acetobacter*
Oxidation von Essigsäure negativ	Genus *Gluconobacter*

Gruppe B-3

Tab. IV.3-3: Unterscheidung der Genera Plesiomonas, Aeromonas, Vibrio

Merkmale	Plesiomonas	Genera Aeromonas	Vibrio
D-Mannitabbau	–	+	+
Arginindihydrolase	+	+	–*
Resistenz gegenüber 0/129 150 µg/Blättchen	sensibel	resistent	sensibel

* *V. damsela, V. fluvialis, V. furnissii* und *V. metschnikovii* variabel

Gruppe B-4

Die Identifizierung der Bakterien der Gruppe B-4 erfolgt mit dem System API 20 NE oder anderen geeigneten Multitest-Systemen.

4 Methoden, Medien und Reaktionen für die Identifizierung gramnegativer Bakterien

Aminopeptidase-Test

Bakterien enthalten ein breites Spektrum an Aminopeptidasen, die unterschiedliche Substratspezifitäten zeigen. Die *L-Alanin-Aminopeptidase* ist fast ausschließlich nur bei den gramnegativen Bakterien vorhanden. Jedoch nicht alle gramnegativen Bakterien sind auch Aminopeptidase-positiv. So zeigen Kulturen von *Bacteroides* sp. *und Campylobacter jejuni* keine Aktivität. Im Routinelabor kann die Peptidaseaktivität mit Teststreifen (z. B. Bactident Aminopeptidase-Teststreifen, Merck) nachgewiesen werden.

Ausführung

Eine gut gewachsene Einzelkolonie (ca. 2 mm Durchmesser) wird von einem farbstofffreien Nährboden in 0,2 ml Aqua dest. suspendiert. Der Aminopeptidase-Teststreifen wird so in das Reagenzröhrchen eingebracht, daß die Reaktionszone völlig in die Bakteriensuspension eintaucht. Die Bebrütung des Reagenzröhrchens erfolgt bei + 37 °C für 10 bis maximal 30 min.

Beurteilung

positive Reaktion: hellgelb = schwach positiv
gelb   = positiv
sattgelb = stark positiv

Prinzip

$$\text{L-Alanin-4-nitroanilid} \xrightarrow{\text{Aminopeptidase}} \text{L-Alanin und 4-Nitroanilid}$$
(farblos) (gelb)

KOH-Test

Der KOH-Test soll und kann nicht die Gramfärbung ersetzen; er ist bei zweifelhaften Gramfärbungen eine zusätzliche Hilfe.

Ausführung

1 Tropfen 3%iger KOH-Lösung auf einem Objektträger mit einer Kolonie verreiben. Nach 5–10 s Öse oder Nadel vorsichtig vom Tropfen abheben. Kommt es zu Fadenziehen oder zur Schleimbildung, so liegt eine positive Reaktion vor. Die Kolonie ist gramnegativ oder verdächtig gramnegativ. Der KOH-Test ist nicht sicher. Von 1435 grampositiven Stämmen der Milch waren 95,5 % KOH-negativ, von 220 gramnegativen Bakterien waren 175 (79,6 %) KOH-positiv (OTTE et al.,

1979a+b). Besonders bei älteren, grampositiven Kulturen und bei Bazillen (häufig gramnegatives Verhalten) kann der KOH-Test von Wert sein. Dies trifft auch für Essigsäurebakterien zu. Für den KOH-Test muß allerdings ausreichend Koloniematerial zur Verfügung stehen. Bei kleinen Kolonien (stichgroß) versagt der Test.

Oxidase-Nachweis

Die (Cytochrom-) Oxidase katalysiert in Anwesenheit von Sauerstoff die Oxidation der reduzierten Cytochrome.

Für die Oxidasereaktion werden verschiedene Verfahren eingesetzt. Bewährt haben sich kommerzielle Testsysteme, z.B. Teststreifen oder Testblättchen.

Ausführung

Die Prüfkultur (möglichst nicht älter als 24 Std.) wird mit einer Platinöse oder einer Kunststofföse (Eisenösen können falsch-positive Reaktionen auslösen) auf das Blättchen oder die Prüfzone des Streifens gerieben. Innerhalb von 30 s kommt es im positiven Fall zur Blaufärbung.

Prinzip

$$\text{Dimethyl-p-phenylendiamin} + \text{Alpha-Naphthol} \xrightarrow[\text{O}_2]{\text{Cytochrom c}} \text{Indophenolblau}$$

Wichtig: Die Oxidase-Reaktion soll nur von Medien ausgeführt werden, die keine Kohlenhydrate enthalten. Auch der Nachweis von farbstoffhaltigen Medien kann zu falschen Reaktionen führen. Gut geeignet sind Trypticase-Soy-Agar oder CASO-Agar.

Oxidations-Fermentations-Test (OF-Test) nach HUGH und LEIFSON

Anwendung und Auswertung

Für jeden Prüfstamm werden 2 Röhrchen OF-Medium im Stich beimpft. Ein Röhrchen wird mit Paraffin/Vaseline (1:4, V/V) überschichtet. Die Bebrütung erfolgt bei der optimalen Temperatur für mindestens 48 h. Im positiven Fall schlägt der Indikator Bromthymolblau durch Säurebildung nach gelb (pH 6,0) um.

Reaktion	verschlossene Röhrchen	offene Röhrchen
oxidative Glucosespaltung	grün-blaugrün	gelb
fermentative Glucosespaltung	gelb	gelb

Pigmentbildung

Die Pigmentbildung ist abhängig von der Zusammensetzung des Mediums, der Bebrütungstemperatur, der Bebrütungszeit und dem Lichteinfluß. Sie wird gefördert durch den Zusatz von Magermilch zum Nähragar, durch Lichteinfluß nach der Bebrütung oder durch kühle Lagerung ($+7$ °C) für mehrere Tage.

Vermehrung bei pH 4,5

Malzextrakt-Agar + 1 % Hefeextrakt, pH-Wert mit Milchsäure einstellen.

Resistenz gegenüber 0/129

Filterpapierblättchen (Whatman AA, 3 mm Durchmesser) werden mit 20 μl einer Lösung getränkt, die aus 2,4-Diamino-6,7-di-isopropylpteridinphosphat (Serva) besteht. 1 ml der Lösung enthält 7500 μg dieses Stoffes, so daß pro Blättchen 150 μg vorhanden sind. Die Blättchen werden getrocknet und nach der Beimpfung auf die Mitte der Platte gelegt. Bebrütet wird bei 30 °C für 48 h. Die Beimpfung des Standard-I-Nähragars oder Plate-Count-Agars erfolgt durch Ausspateln der Prüfkolonie. Da einige Photobakterien sich schlecht auf Standard-I-Nähragar vermehren, sollte zusätzlich auf einem Nähragar + 2 % Kochsalz geprüft werden. Handelsprodukte (Fa. Oxoid) mit 150 μg/Blättchen können verwendet werden.

Vermehrung bei pH 4,0 auf MYGP-Agar

Gas aus Glucose

Medium nach HUGH und LEIFSON (OF-Testnährboden)

Oxidation von Essigsäure

Medium   Hefeextrakt-Ethanol-Bromkresolgrün-Agar

Durchführung   Beimpfung der Schrägfläche

Bebrütung   Bei 28 °C für 48–72 h

Ergebnis
Gluconobacter spp. = Schrägfläche bleibt gelb
Acetobacter spp.   = Gelbe Schrägfläche wird wieder blaugrün
(Abbau von Essigsäure zu CO_2 und Wasser und Erhöhung des pH-Wertes)

Säurebildung aus Kohlenhydraten (z.B. Glucose, Mannit, Inosit, Sorbit, Rhamnose, Saccharose, Melibiose, Amygdalin, Arabinose)

Prinzip   Nachweis der Säurebildung durch Indikatoren z.B. Bromthymolblau (blaugrün –, gelb +) oder Neutralrot (rot –, gelb +).

313

Gelatineabbau

Medium   Standard-I-Nährbouillon + Kohle-Gelatine-Scheiben (z.B. Oxoid)

Prinzip   Durch das Enzym Gelatinase kommt es zur Bildung von Polypeptiden, die durch Peptidasen bis zu Aminosäuren hydrolysiert werden. Durch die Hydrolyse der Gelatine sinkt die Kohle auf den Boden des Röhrchens.

Indolbildung

Medium   Tryptonwasser oder Tryptophanbouillon

Prinzip   Trypton enthält einen hohen Anteil an Tryptophan. Durch das Enzym Tryptophanase wird die Aminosäure in Indol, Brenztraubensäure und Ammoniak gespalten. Das Indol reagiert mit dem p-Dimethylaminobenzaldehyd des Kovacs-Reagenz zu Rosindol (rote Farbe).

Reduktion von Nitrat

Medium   Nitrat-Bouillon

Prinzip   Reduktion von Nitrat (NO_3) zum Nitrit (NO_2) oder N_2. Vielfach erfolgt der Nachweis durch Zugabe von Griess-Ilosvay-Reagenz, bestehend aus Sulfanilsäure, Alpha-Naphthylamin und Essigsäure. Bei Anwesenheit von Nitrit entsteht ein roter Azofarbstoff. Bei starken Nitritbildnern schlägt die anfangs rote Farbe in gelb um. Eine negative Reaktion besagt, daß entweder kein Nitrat abgebaut oder bis zum Stickoxid denitrifiziert wurde. Mit Hilfe des Zinkstaubtests muß in diesem Falle geprüft werden, welche Reaktion abgelaufen ist. Nach der Zugabe von Zinkstaub tritt bei Anwesenheit von Nitrat eine rosa Färbung auf. Das Nitrat wurde durch das Zink zum Nitrit reduziert. Ein positiver Zinkstaubtest bedeutet einen negativen Nitratabbau, ein negativer Zinkstaubtest einen positiven Nitratabbau.

Citratnutzung

Medium   Simmons' Citratagar bzw. Medium nach CHRISTENSEN (Citrat-Agar nach CHRISTENSEN)

Prinzip   Citrat wird als einzige Kohlenstoffquelle angeboten. Mikroorganismen, die sich vermehren und das Citrat nutzen, führen zu einer Alkalisierung und zum Farbumschlag des Indikators Bromthymolblau nach tiefblau. Bei der Beimpfung ist sorgfältig darauf zu achten, daß vom Medium keine Kohlenstoffquellen übertragen werden (Beimpfung mit der Nadel).

Voges Proskauer (VP)

Prinzip   Der VP-Test beruht auf dem Nachweis von Acetylmethylcarbinol (Acetoin), einem Endprodukt des Kohlenhydratstoffwechsels (positiv = rote Farbe).

ONPG-Test

Prinzip   Es wird die Anwesenheit oder das Fehlen der ß-Galactosidase geprüft, die in der Lage ist, die glycosidische Bindung der Lactose zu spalten. Als Substrat wird o-Nitrophenyl-ß-galactopyranosid (ONPG) eingesetzt. Bei Anwesenheit der ß-Galactosidase entstehen Galactose und o-Nitrophenol (gelbe Farbe).

Tryptophandeaminase

Prinzip   Die Tryptophandeaminase bildet aus Tryptophan Indolbrenztraubensäure. Bei Anwesenheit von Eisen(III)-chlorid ruft Indolbrenztraubensäure eine bräunliche Farbe hervor.

Urease

Prinzip   Durch das Enzym Urease wird Harnstoff in Ammoniak, Kohlendioxid und Wasser gespalten. Der Anstieg des pH-Wertes wird durch einen Indikator sichtbar gemacht.

Malonatnutzung

Prinzip   Es wird geprüft, ob Mikroorganismen Natriummalonat als Kohlenstoffquelle nutzen.

L-Pyrrolidonylpeptidase

Der Nachweis der Pyrrolidonylpeptidase (PYR) wird zur Differenzierung innerhalb der Familie *Enterobacteriaceae* eingesetzt, z.B. zur Unterscheidung der Genera *Salmonella* und *Citrobacter* (INOUE et al., 1996). Häufig kommt es bei der Agglutination H_2S-positiver Kolonien von Selektivmedien (z.B. XLD, XLT4) auch zur Agglutination von *Citrobacter*-Arten. Mit dem PYR-Test kann innerhalb von 10 min eine Unterscheidung getroffen werden, da *Citrobacter* spp. eine positive Reaktion zeigen und Salmonellen negativ sind.

Ausführung   Der Test kann mit dem kolorimetrischen Schnelltest zur Bestimmung der PYRase-Aktivität von Streptokokken (Oxoid) erfolgen.

5 Merkmale gramnegativer Bakterien

5.1 Genus Acetobacter

(ähnliche Eigenschaften hat das Genus *Gluconoacetobacter* [YAMADA et al., 1997])

Species	*Acetobacter (A.) aceti, A. pasteurianus, A. hansenii* u.a.
Eigenschaften	Kokkoide Form bis Stäbchen, Oxidase-negativ, Katalase-positiv, gramnegativ, ältere Kulturen gramvariabel (KOH-Test empfehlenswert neben Gramfärbung), strikt aerob. Ethanol wird zu Essigsäure, Acetat und Lactat werden zu CO_2 und Wasser oxidiert. Glucose wird als Kohlenstoffquelle genutzt, jedoch nicht Lactose und Stärke.
Vermehrung	5 °–42 °C, Optimum 25 °–30 °C
pH-Bereich	Optimum 5,4–6,3, Minimum 4,0
Vorkommen	Blüten, Früchte, Getränke, Flüssigzucker
Bedeutung	– Verderb von Getränken (Bier, Wein, alkoholfreie stille Erfrischungsgetränke) – Herstellung von Essig – Herstellung von L-Ascorbinsäure, Oxidation von D-Sorbit zu L-Sorbose

5.2 Genus Acinetobacter

Species	*Acinetobacter calcoaceticus* u. a.
Eigenschaften	Gramnegative Stäbchen, plump bis kokkoid, strikt aerob, unbeweglich, Oxidase-negativ, Katalase-positiv
Vermehrung	Optimum bei 20 °–30 °C, Vermehrung auch bei +1 °C möglich
pH-Bereich	Keine Vermehrung bei pH unter 5,7
Vorkommen	Wasser, Fleisch, Fisch, Ei
Bedeutung	Verderb eiweißreicher Lebensmittel (Proteolyse, Lipolyse)

5.3 Genus Aeromonas

Species	*Aeromonas (A.) hydrophila, A. sobria, A. salmonicida, A. caviae, A. schubertii*
Eigenschaften	Gramnegative Stäbchen, fakultativ anaerob, Oxidase- und Katalase-positiv
Vorkommen	Wasser, Fleisch, Fisch, Milch

Bedeutung   – Verderb eiweißreicher Lebensmittel
              – *A. hydrophila* ist pathogen

5.4   Genus Alcaligenes

Species   *Alcaligenes (A.) denitrificans, A. faecalis* subsp. *faecalis* u. a.

Eigenschaften Bewegliche Stäbchen, Geißeln peritrich, strikt aerob, einige
               Stäbchen auch fakultativ anaerob bei Anwesenheit von Nitrat
               (*A. denitrificans*) oder Nitrit (*A. faecalis*), Oxidase- und Katalase-
               positiv

Vermehrung   Optimum 20 °–37 °C, jedoch auch bei Kühltemperaturen

Vorkommen   Milch, Milchprodukte, Fleisch

Bedeutung   Verderb, bei Milch und Milchprodukten bitterer Geschmack

5.5   Genus Brevundimonas (SEGERS et al., 1994)

Species   *Brevundimonas (B.) diminuta, B. vesicularis* (früher *Pseudomo-
               nas diminuta* und *Ps. vesicularis*)

Eigenschaften *B. vesicularis* zeigt eine schwache Oxidasereaktion und bildet
               gelbe bis orangefarbene Pigmente. Bei *B. diminuta* ist diese
               Pigmentbildung nicht vorhanden.

Vorkommen   Wasser, Naßzonen

5.6   Genus Burkholderia (YABUUCHI et al., 1992)

Species   *Burkholderia (B.) cepacia* (früher *Pseudomonas cepacia*)

Eigenschaften *B. cepacia* (von lat. *cepa* = Zwiebel; wegen ursächlicher Be-
               deutung bei Zwiebelfäule) bildet je nach Art des Mediums
               gelbe, grüne, rote oder purpurfarbene Pigmente.

Vorkommen   Wasser, Gemüse, Rohmilch, Frischfleisch (bedeutend für Ver-
               derb), Fisch, Kosmetika

5.7   Genus Chromobacterium

Gruppe der fakultativ anaeroben gramnegativen Stäbchen

Species   *Chromobacterium violaceum*

Eigenschaften Bewegliche, fakultativ anaerobe Stäbchen, Bildung violetter
               Farbstoffe, Oxidase- und Katalase-positiv

Vermehrung	Optimum 30 °–35 °C, Minimum 10 °C
pH-Bereich	Keine Vermehrung bei pH unter 5,0
Vorkommen	Wasser

Nicht pigmentierte Stämme können vorkommen. Sie würden nach vorliegendem Identifizierungssystem als *Vibrio* oder *Aeromonas* eingeordnet werden.

5.8 Genus Chryseobacterium (HOLMES, 1997)

Species	*Chryseobacterium indologenes* u. a. (früher Genus *Flavobacterium*)

5.9 Genus Comamonas
(BERGEY'S Manual of Determinative Bacteriology, 1994)

Species	*Comamonas (C.) acidovorans, C. testosteroni* (früher Genus *Pseudomonas*)
Eigenschaften	Die Kolonien beider Arten bilden keine Farbstoffe, jedoch ist das umgebende Medium gelegentlich braun gefärbt. Glucose wird von beiden Arten nicht oxidiert.
Vorkommen	Naßzonen

5.10 Familie Enterobacteriaceae

Die Familie *Enterobacteriaceae* besteht aus gramnegativen, fakultativ anaeroben Stäbchen. Sie sind Oxidase-negativ und reduzieren fast stets Nitrat zu Nitrit. *Enterobacteriaceae* kommen als normale Bewohner oder Krankheitserreger im Darm von Mensch und Tier sowie in der Außenwelt vor.

Genus Escherichia

Die Gattung *Escherichia* umfaßt z. Zt. 5 Arten. Wichtigste Species ist *E. coli*.

Eigenschaften von *E. coli*

Gramnegative Stäbchen, teilweise kokkoid, Indol positiv, Methylrot positiv, Citrat (Simmons'-Citrat-Agar) negativ, H_2S (TSI-Agar) negativ, H_2S positive Stämme können vorkommen, Lactose positiv (37 ° und 44 °C). Ein Teil der Stämme von *E. coli* (ca. 5 %) spalten Lactose langsam oder gar nicht. Auch bilden ca. 1 % von *E. coli* aus Tryptophan kein Indol.

Als Faekalindikator gilt *E. coli* mit folgenden Reaktionen:

I (Indol), 44 °C	+
M (Methylrot)	+
V (Voges Proskauer)	−
E (Eijkman-Test, Lactose 37 °C u. 44 °C)	+
C (Citrat)	−

Aufgrund der Lipopolysaccharide (O-Antigen), der Polysaccharide (K-Antigen) und der Geißelproteine (H-Antigen) lassen sich die Stämme von *E. coli* in verschiedene Serovare (= Serotypen) einteilen.

Vorkommen   Darmkanal von Mensch und Tier

Bedeutung   – Verderb von Lebensmitteln
                    – Hygieneindikator
                    – „Lebensmittelvergiftungen" durch verschiedene Serovare

Genus Salmonella

Species   Aufgrund verschiedener O- und H-Antigene werden über 2000 verschiedene Serovare unterschieden.

Eigenschaften Gramnegative Stäbchen, beweglich (*S. gallinarum/pullorum* unbeweglich), Säure und Gas aus Glucose, Mannit, Maltose; Lactose negativ, Methylrot positiv, Citrat (Simmons) positiv, H_2S aus Thiosulfat. Verwechselt werden wegen biochemischer Reaktionen häufig die Genera *Hafnia, Citrobacter, Proteus mirabilis* und *Shewanella putrefaciens* mit dem Genus *Salmonella*. Eine sichere Diagnose ist biochemisch, serologisch und molekularbiologisch möglich.

Vorkommen   Darmkanal von Mensch und Tier

Bedeutung   – Infektion (*Salmonella typhi* u. *S. paratyphi*)
                    – „Lebensmittelvergiftung"

Genus Shigella

Species   *Shigella (Sh.) dysenteriae, Sh. flexneri, Sh. boydii, Sh. sonnei*

Eigenschaften Gramnegative Stäbchen, H_2S (TSI-Agar) negativ, Urease und Citrat (Simmons) negativ, Lysindecarboxylase negativ, Indol verschieden, Methylrot positiv, Voges Proskauer negativ, Lactose negativ, Gas aus Glucose positiv oder negativ, Säure aus Glucose positiv.

Vorkommen   Darmkanal von Mensch und Tier

Bedeutung   Durchfallerkrankungen

Genus Citrobacter

Species	*Citrobacter (C.) freundii, C. amalonaticus, C. koseri*
Vorkommen	Darmkanal von Mensch und Tier
Bedeutung	Durchfallerkrankungen (Verotoxinbildung) durch *C. freundii* sind beschrieben worden. Nicht alle Stämme sind pathogen.

Genus Klebsiella

Species	*Klebsiella (K.) pneumoniae, K. oxytoca* u.a.
Eigenschaften	Indol negativ (*K. oxytoca* positiv)
Vorkommen	Darmkanal von Mensch und Tier
Bedeutung	– Verderb von Lebensmitteln – *Klebsiella pneumoniae* ist pathogen

Genus Enterobacter

Species	*Enterobacter (E.) aerogenes, E. cloacae, E. sakazakii* u.a.
Vorkommen	Pflanzen
Bedeutung	Verderb von Lebensmitteln

Genus Pantoea

Species	*Pantoea (P.) agglomerans* (ehemals *Enterobacter agglomerans*), *P. dispersa*
Vorkommen	Weit verbreitet in der Natur
Bedeutung	*P. agglomerans* vermehrt sich bei +4 °C und führt zum Verderb von Frischfleisch

Genus Erwinia

Species	*Erwinia (E.) carotovora, E. amylovora*
Vorkommen	Pflanzen
Bedeutung	– Verderb pflanzlicher Lebensmittel durch Pectinabbau – Pflanzenkrankheiten (Blockade des Wasserleitungssystems)

Genus Serratia

Species	*Serratia (S.) marcescens* u.a.
Eigenschaften	Gramnegative Stäbchen, Kolonien weiß, rosafarben oder rot. *S. marcescens* bildet aerob ein rotes Pigment (Prodigiosin) bei einer Vermehrungstemperatur zwischen 12 ° und 36 °C.
Vorkommen	Pflanzen, Erdboden, Darmkanal oder Insekten
Bedeutung	Verderb tierischer Lebensmittel

Genus Hafnia

Species   *Hafnia alvei*

Vorkommen   Darmkanal, Erdboden, Wasser

Bedeutung   Verderb eiweißreicher Lebensmittel, Histaminbildung bei Fischen

Genus Edwardsiella

Species   *Edwardsiella (E.) tarda, E. hoshinae* u.a.

Eigenschaften Indol und Methylrot positiv, (*E. ictaluri* negativ), Voges Proskauer und Citrat (Simmons) negativ, H_2S (TSI-Agar) positiv (*E. ictaluri* negativ), Lactose negativ

Vorkommen   Darmkanal

Bedeutung   *E. tarda* soll zum Durchfall führen

Genus Proteus

Species   *Proteus (P.) vulgaris, P. mirabilis, P. myxofaciens, P. penneri* u.a.

Eigenschaften Gramnegative Stäbchen, Lactose negativ, H_2S (TSI-Agar) positiv (*P. myxofaciens* nach 3–4 Tagen), Methylrot positiv, Lysindecarboxylase negativ, Arginindihydrolase negativ, Urease positiv

Vorkommen   Erdboden, Wasser, Darmkanal

Bedeutung   Verderb eiweißreicher Lebensmittel (Bildung von Ammoniak u. Ketosäuren durch oxidative Desaminierung von Aminosäuren)

Genus Providencia

Species   *Providencia (P.) alcalifaciens, P. stuartii* u.a.

Eigenschaften Indol positiv, Methylrot positiv, ß-Galactosidase (ONPG) negativ, H_2S (TSI-Agar) negativ

Vorkommen   Erdboden, Wasser, Darmkanal

Bedeutung   Verderb eiweißreicher Lebensmittel

Genus Morganella

Species   *Morganella morganii*

Eigenschaften Indol positiv, Urease positiv, Phenylalanindeaminase positiv

Vorkommen   Erdboden, Wasser, Darmkanal

Bedeutung   Verderb eiweißreicher Lebensmittel

Genus Yersinia

Species   *Yersinia (Y.) enterocolitica, Y. pseudotuberculosis, Y. pestis* u.a.

Eigenschaften von *Y. enterocolitica*

                   Urease positiv, Ornithindecarboxylase positiv, Lysindecarboxylase negativ, Phenylalanindeaminase negativ, Citrat (Simmons)

negativ, Indol verschieden, Voges Proskauer (22 °C) positiv, (37 °C) negativ.

Vorkommen   Darmkanal

Bedeutung   „Lebensmittelvergiftung" durch *Y. enterocolitica*

Weitere Genera der Familie Enterobacteriaceae

Genus *Androcidium*, Genus *Budvicia*, Genus *Butteauxella*, Genus *Cedecea*, Genus *Ewingella*, Genus *Kluyvera*, Genus *Leclercia*, Genus *Moellera*, Genus *Obesumbacterium*, Genus *Pragia*, Genus *Rahnella*, Genus *Tatumella*, Genus *Xenorhabdus*, Genus *Yokenella*.

Bedeutung für Lebensmittel

Obesumbacterium proteus kann zum Verderb von Bierwürze führen; Beschlag von Hefe

5.11   Genus Empedobacter (HOLMES, 1997)

Species   *Empedobacter brevis* (früher *Flavobacterium brevis*)

5.12   Genus Flavobacterium

Species   *Flavobacterium (F.) johnsoniae, F. pectinovorum* u.a. (ehemals Genus *Cytophaga*)

Flavobakterien sind charakterisiert durch die Bildung gelber bis roter Farbstoffe. Sie kommen auf Pflanzen vor. Einige Arten sind mesophil, andere psychrotroph. Sie sind beteiligt am Verderb gekühlter pflanzlicher und tierischer Lebensmittel. Das Genus *Flavobacterium* ist neu geordnet worden (VANDAMME et al., 1994, HOLMES, 1997). Neuere Genera wurden geschaffen: **Weeksella, Chrysobacterium, Empedobacter** und **Bergeyella.** Sie sind jedoch für den Verderb von Lebensmitteln bedeutungslos.

Eigenschaften des Genus *Flavobacterium*

Bildung karotinoider Pigmente, kein Wachstum auf MacConkey-Agar, keine Vermehrung bei 37 °C, Säurebildung aus Glucose und Saccharose, Katalase-positiv, Oxidase-positiv.

5.13   Genus Gluconobacter

Species   *Gluconobacter (G.) oxydans, G. frateurii, G. asaii* u.a.

Eigenschaften   Gramnegative Stäbchen, ältere Kulturen schwach grampositiv (KOH-Test positiv), Katalase-positiv, Oxidase-negativ, Säure aus Glucose positiv, Ethanol wird zu Essigsäure oxidiert, keine Oxidation von Acetat oder Lactat zu CO_2, Bildung von 5-Ketogluconat. Auf einem Calcium enthaltenden Agar Bildung von Kristallen aus Calcium-5-Ketogluconat (ACM-Agar).

Vorkommen   Früchte, Getränke

Bedeutung   – Verderb alkoholischer und kohlenhydratreicher Getränke
             – Herstellung von Essig

5.14 Genus Janthinobacterium

Species   *Janthinobacterium lividum*

Eigenschaften Gramnegative obligat aerobe Stäbchen, Bildung violetter Farbstoffe (Violacein), Stämme ohne Farbstoffbildung kommen vor.

Vermehrung   2 °–32 °C, Optimum 25 °C, keine Vermehrung bei pH unter 5,0

Vorkommen   Wasser, Pflanzen

5.15 Genus Megasphaera

Species   *Megasphaera (M.) elsdenii, M. cerevisiae*

Eigenschaften Gramnegative Kokken, strikt anaerob, unbeweglich, Glucose wird fermentiert mit Gasbildung, Katalase-negativ

Vermehrung   Zwischen 15 °C und 40 °C; pH-Bereich 4,4–8,5

Vorkommen   Erdboden

Bedeutung   Verderb von Bier

5.16 Genus Moraxella

Species   *Moraxella lacunata* u.a.

Eigenschaften Gramnegative Stäbchen (= Subgenus *Moraxella*) oder gramnegative Kokken (= Subgenus *Branhamella*). Zellen sind unbeweglich, Oxidase- und Katalase-positiv, strikt aerob (einige Stämme vermehren sich unter anaeroben Verhältnissen), keine Säure aus Kohlenhydraten.

Vorkommen   Mensch und Tier

Bedeutung   Verderb von Fleisch, Fisch, Garnelen

5.17 Genus Pectinatus

Species *Pectinatus cerevisiiphilus* (cerevisia = Bier, phileîn = lieben); *P. frisingensis*

Eigenschaften Gramnegative anaerobe Stäbchen (auf festen Medien), in Bouillonkultur (z. B. MRS-Bouillon) Vermehrung auch aerob, beweglich (junge Kulturen), Geißeln nur an der Längsseite. Bildung von Essig-, Propion-, Bernstein- und Milchsäure aus Glucose.

Vermehrung Optimum 30 °–32 °C, Minimum 15 °C, pH-Bereich > 4,0

Vorkommen Bier

Bedeutung Verderb von Bier

5.18 Genus Photobacterium

Species *Photobacterium phosphoreum* u.a.

Eigenschaften Gramnegative Stäbchen, beweglich (polar), Oxidase-positiv oder -negativ, fakultativ anaerob, Fermentierung von Glucose, einige Stämme bilden Gas, Lumineszenz.

Vermehrung bei +4 °C, nicht aber bei +40 °C

Vorkommen Wasser

Bedeutung Verderb von Fisch (ca. 30 % der Flora auf frischen Fischen sind Bakterien des Genus *Photobacterium*).

5.19 Genus Plesiomonas

Species *Plesiomonas shigelloides*

Eigenschaften Gramnegative Stäbchen, fakultativ anaerob, Oxidase-positiv, Katalase-positiv, Indol und Methylrot positiv, Voges Proskauer negativ, Citrat (Simmons) negativ, H_2S negativ. Gutes Wachstum auf VRB-Agar und Selektivmedien für Salmonellen (Salmonella-Shigella-Agar, Desoxycholat-Citrat-Agar). Stämme, die Lactose fermentieren, bilden auf VRB-Agar rote Kolonien. Schwierigkeiten kann die Unterscheidung zum Genus *Vibrio* und den anaerogenen Aeromonaden geben.

Vorkommen Geflügel

Bedeutung „Lebensmittelvergiftungen" (Durchfall)

5.20   Genus Pseudomonas

Species   *Pseudomonas (P.) aeruginosa, P. fluorescens, P. fragi, P. alcaligenes* u.a.

Eigenschaften Gramnegative Stäbchen, beweglich, polare Geißeln, strikt aerob, Oxidase-positiv oder -negativ, Katalase-positiv, keine Vermehrung bei pH unter 4,5

Einige Pseudomonaden bilden Pigmente. Species, die wasserlösliche, gelbgrüne, fluoreszierende Pigmente bilden: *P. aeruginosa, P. putida, P. fluorescens, P. syringae, P. cichorii. P. aeruginosa* bildet darüber hinaus ein blau-grünes Phenazin-Pigment (Pyocyanin) und *P. chlororaphis* ein grünes Phenazin (Chlororaphin). Die Pigmentbildung ist bei Tageslicht erkennbar, besser allerdings unter dem UV-Licht und wird durch Eisen in den Medien verstärkt.

Vorkommen   Wasser, eiweißreiche, gekühlte Lebensmittel

Bedeutung   Verderb von Fleisch, Milch, Geflügel, Fisch, Ei

5.21   Genus Psychrobacter

Species   *Psychrobacter immobilis*

Eigenschaften Gramnegative, unbewegliche, aerobe Stäbchen, teilweise kokkoid, enge Verwandschaft zwischen *Moraxella, Acinetobacter* und *Psychrobacter,* Oxidase-positiv, Vermehrung bei 5 °–30 °C, keine Vermehrung bei 35 °C. Säure unter aeroben Bedingungen aus Glucose, Mannose, Galactose, Arabinose, Xylose und Rhamnose, aber nicht aus Fructose, Maltose oder Saccharose, Indol und H_2S negativ, Stärke und Gelatine werden nicht hydrolysiert.

Vorkommen   Seewasser, Frischfisch, Frischfleisch, Geflügel

Bedeutung   Verderb (10 % der Mikroflora bei verdorbenem Fisch und Geflügel, SHAW und LATTY, 1988)

5.22   Genus Shewanella

Species   *Shewanella putrefaciens* u.a. (ehemals *Alteromonas*)

Eigenschaften Gramnegative Stäbchen, beweglich, Oxidase- und Katalase-positiv, OF-Test (Glucose) negativ oder Alkalisierung, einige Stämme oxidativ positiv, Bildung von H_2S, Bildung von Trimethylamin oder Trimethylaminoxid, Gelatinase positiv.

Vermehrung	Optimum 20 °–25 °C, Vermehrung auch bei 0 °C
Vorkommen	Fleisch, Fisch, Ei, Milch
Bedeutung	Verderb eiweißreicher Lebensmittel

5.23 Genus Stenothrophomonas
(PALLERONI und BRADBURY, 1993)

| Species | *Stenothrophomonas maltophila* (früher *Xanthomonas maltophila*) |

5.24 Genus Vibrio

Species	*Vibrio (V.) cholerae, V. alginolyticus, V. parahaemolyticus V. fluvialis, V. furnissii* u.a.
Eigenschaften	Gramnegative, bewegliche, fakultativ anaerobe Stäbchen. Oxidase- und Katalase-positiv, OF-Test (Glucose) fermentativ, kein Wachstum in Peptonwasser ohne Kochsalz (nur *V. cholerae*)
Vorkommen	Salzwasser, Fisch, Muscheln u.a. Meerestiere
Bedeutung	– Pökelflora (*V. alginolyticus*) – „Lebensmittelvergiftungen" durch *V. parahaemolyticus, V. cholerae, V. vulnificus, V. mimicus*

5.25 Genus Xanthomonas

Species	*Xanthomonas campestris* u.a.
Eigenschaften	Gramnegative Stäbchen, beweglich (1 polare Geißel), strikt aerob, OF-Test (Glucose) oxidativ, Katalase-positiv, Oxidase-negativ oder spät positiv, gelbe Pigmente auf Nähragar. Die meisten Stämme hydrolysieren Gelatine und Stärke.
Vorkommen	Pflanzen
Bedeutung	– Vorkommen in pflanzlichen Lebensmitteln – Pflanzenpathogene Stämme – Herstellung von Polysacchariden, wie z.B. Xanthan

5.26 Genus Zymomonas

| Species | *Zymomonas (Z.) mobilis* subsp. *mobilis, Z. mobilis* subsp. *pomaceae* |

Eigenschaften	Gramnegative Stäbchen, mikroaerophil, Oxidase-negativ, Katalase-positiv, Bildung von Ethanol nur aus Glucose und Fructose.
Vermehrung	Optimum 30 °C, viele Stämme vermehren sich noch bei 10 % Ethanol. Gutes Wachstum auf Nähragar + 2 % Glucose (G/V) und 0,5 % Hefeextrakt.
pH-Bereich	Optimum 4,5 bis 6,5, schwaches Wachstum bei 3,5
Vorkommen	Bier (nicht nach dem Reinheitsgebot gebraut), Wein (besonders Fruchtweine, Cidre)
Bedeutung	Verderb von Wein (Acetaldehydbildung, Beeinflussung des Aromas)

6 Schlüssel zur Identifizierung grampositiver Bakterien

Es wurden nur Bakterien berücksichtigt, die für Lebensmittel, Kosmetika und Bedarfsgegenstände eine besondere Bedeutung haben.

KOH-Test und Aminopeptidase-Test meist negativ

1. Luft- und/oder Substratmycel, verzweigte nicht septierte Hyphen. Lufthyphen mit Sporen. Substrat- und Luftmycel kann in Stäbchen oder kokkenförmige Zellen zerfallen. Kolonien können dem Agar fest anhaften . . . . **A** | Nocardioforme Actinomyceten

    Kein Mycel, keine Hyphen 2

2. Säurefeste Bakterien . . . . **B** | Genus *Mycobacterium*

    Nicht säurefeste Bakterien 3

3. Stäbchen mit Endosporen 4
    Kokken bzw. Stäbchen ohne Endosporen 5

4. Katalase-positiv, aerob . . . . **C** | Genus *Bacillus* Genus *Brevibacillus* Genus *Paenibacillus* Genus *Alicyclobacillus*

    Katalase-negativ, anaerob . . . . **D** | Genus *Clostridium*

5. Katalase-positiv 6
    Katalase-negativ 9

6. Zellen rund, meist in Haufen oder Paketen von 4 oder mehr Zellen, aerob und fakultativ anaerob . . . . **E** | Genus *Staphylococcus* Genus *Micrococcus* Genus *Kocuria* u.a. (siehe unter Merkmale Gruppe E)

    Zellen stäbchenförmig oder kokkoid 7

7.   Sporenbildung auf einem Medium
mit Mangansulfat . . . . **C**

> Genus *Bacillus*
> Genus *Alicyclobacillus*
> Genus *Paenibacillus*
> Genus *Brevibacillus*

        Keine Sporenbildung auf einem Medium
mit Mangansulfat 8

8.   Gruppe unregelmäßig und
regelmäßig geformter Katalase-
positiver Stäbchen **F1,**
                                        F2

> Genus *Arthrobacter* u. a.

9.   Aerob, mikroaerophil, fakultativ anaerob 10

        Anaerob, Stäbchen . . . . **D**

> Genus *Clostridium*

        Anaerob, Kokken . . . . **G**

> Genus *Peptococcus*
> Genus *Peptostrepto-*
>   *coccus*
> Genus *Sarcina* u. a.

10.   Zellen rund oder kokkoid . . . . **H**

> Genus *Streptococcus*
> Genus *Lactococcus*
> Genus *Enterococcus*
> Genus *Leuconostoc*
> Genus *Oenococcus*
> Genus *Weissella*
> Genus *Pediococcus*
> Genus *Tetragenococcus*

        Zellen stäbchenförmig . . . . **I**

> Genus *Lactobacillus*
> Genus *Carnobacterium*

Weitere Identifizierung	
Gruppe C:	API 50 CHB
Gruppe D:	API 20 A
Gruppe E:	ID 32 Staph, API Staph
Gruppe F:	API Coryne
Gruppe H:	API 20 Strep, API 50 CHL, Rapid ID 32 Strep
Gruppe I:	API 50 CHL

Andere geeignete Multitest-Systeme können ebenfalls eingesetzt werden.

7 Methoden, Medien und Reaktionen für grampositive Bakterien

Nachweis säurefester Bakterien

Färbung nach Ziehl-Neelsen

Endosporenbildung

Sporenfärbung oder Nativpräparat und Nachweis im Phasenkontrastmikroskop.

Förderung der Endosporenbildung

Beimpfung eines Standard-I-Nähragars oder Plate Count Agars unter Zusatz von 50 mg/l $MnSO_4$. In besonderen Fällen ist ein weiterer Zusatz von 100 mg $CaCl_2$ x 2 H_2O/l und 50 mg $MgSO_4$/l empfehlenswert. Bebrütung bei 30 °C bzw. 54 °C für 72 h.

Katalase-Reaktion

Kultur auf einem Objektträger zu einem kleinen Fleck verreiben, dann 1 Tropfen H_2O_2 (3 %) auftropfen, ohne diesen in die Bakterien einzurühren.

Reaktion

$$2H_2O_2 \longrightarrow 2H_2O + O_2$$

Katalase ist ein Enzym, das Haematin als prosthetische Gruppe enthält, so daß der Test nicht von bluthaltigen Medien durchgeführt werden kann. Auch durch eine Pseudokatalase kann es zu Fehlreaktionen kommen. Für den Katalasetest werden Kulturen geprüft, die von Medien stammen, welche 1 % Glucose enthalten. Durch eine Säurebildung wird die Pseudokatalase gehemmt. Auf Selektivmedien ist häufig das Enzym Katalase nicht nachweisbar. Die Reaktion fällt besonders bei Kulturen negativ aus, die älter als 24 h sind. Die H_2O_2-Lösung sollte bei 4 °C aufbewahrt und wöchentlich aus einer 30%igen Lösung frisch hergestellt werden.

7 Methoden, Medien und Reaktionen für grampositive Bakterien

Nachweis säuretester Bakterien

Endosporenbildung

Förderung der Endosporenbildung

Katalase-Reaktion

Reaktion

$$2 H_2O_2 \longrightarrow 2 H_2O + O_2$$

8 Merkmale grampositiver Bakterien und weitere Identifizierung

8.1 A. Nocardioforme Actinomycetes

Die Bakterien dieser Gruppe sind grampositiv und wachsen mycelartig. Sie kommen im Erdboden vor und lassen sich auf einfachen Nährböden gut kultivieren. Erkennbar sind sie an der Bildung von Substratmycel. Einige Arten bilden auch ein Luftmycel aus. Zu dieser Gruppe gehören z.b. die Familien *Streptomycetaceae, Nocardiaceae, Nocardioidaceae, Streptosporangiaceae* sowie verschiedene nicht zu Familien zählende Genera.

Bedeutung   Herstellung von Antibiotica, Enzymen, Aromen, Vitamin B_{12}

8.2 B. Genus Mycobacterium

Mycobakterien sind säurefeste bzw. teilweise säurefeste aerobe, Katalase-positive, schwach grampositive Stäbchen. Häufig sind sie filamentös oder mycelartig und zerfallen in Stäbchen oder Kokken.

Vorkommen   Erdboden, Wasser

Bedeutung   Einige Arten sind pathogen (z. B. *M. tuberculosis, M. leprae*), die meisten apathogen

8.3 C. Genus Bacillus, Genus Brevibacillus, Genus Paenibacillus, Genus Alicyclobacillus

Genus Bacillus

Species   *Bacillus (B.) subtilis, B. licheniformis, B. cereus, B. megaterium, B. firmus, B. stearothermophilus, B. coagulans , B. sporothermodurans* u.a.

Thermophile Bazillen

B. coagulans, B. stearothermophilus, B. licheniformis (Vermehrung bei 30 °C bis 55 °C)

Mesophile Bazillen

B. cereus, B. subtilis, B. pumilus u.a.

Psychrothrophe Bazillen

Stämme von *B. cereus, B. pumilus* u.a. (SUTHERLAND und MURDOCH, 1994)

Eigenschaften   Grampositive bis gramvariable, meist Katalase-positive Stäbchen (teilweise schwach positiv), beweglich, aerob bis fakultativ anaerob. Die Sporenbildung kann bei Bazillen verspätet auftreten und Schwierigkeiten bei der Identifizierung bereiten. Empfehlenswert ist deshalb ein Zusatz von Mangansulfat zum Medium (Zusammensetzung in g/l: Pepton 5,0, Fleischextrakt 3,0, $MnSO_4$ 50 mg, Agar 15,0).

Bedeutung
– Verderb von Lebensmitteln, bes. von pasteurisierten und sterilisierten Produkten. *Bacillus sporothermodurans* bildet hochhitzeresistente Sporen, die eine Ultra-Hocherhitzung der H-Milch überleben. Nach Auskeimung der Sporen kommt es zur Vermehrung bis ca. 10^5/ml, ohne daß ein Verderb auftritt.
– „Lebensmittelvergiftung" durch *B. cereus*
– Herstellung von Enzymen und Polypeptid-Antibiotica
– Schadinsektenbekämpfung in der Landwirtschaft

Genus Brevibacillus (SHIDA et al., 1996)

Species
Brevibacillus (Br.) brevis, Br. laterosporus (früher Genus *Bacillus*)

Genus Paenibacillus

Species
Paenibacillus (P.) macerans und *P. polymyxa* u.a.

Vorkommen
Erdboden

Eigenschaften
P. macerans und *P. polymyxa*: Säure und Gas aus Glucose, fakultativ anaerob, Vermehrung im stark sauren Bereich > pH 3,8

Bedeutung
Verderb von Lebensmitteln

Genus Alicyclobacillus

Species
Alicyclobacillus (A.) acidocaldarius, A. acidoterrestris u.a.

Vorkommen
Erdboden (ca. 100–1000 Sporen/g, bes. in sauren Böden)

Eigenschaften
A. acidoterrestris vermehrt sich bei Temperaturen zwischen 25 °C und über 55 °C, *A. acidocaldarius* bei Temperaturen zwischen 45 °C und 70 °C, jedoch nicht bei 35 °C. Beide Arten wachsen bei pH-Werten zwischen 2,0 und 6,0 (WISOTZKEY et al., 1992). Die Hitzeresistenz der Endosporen von *A. acidoterrestris* beträgt im Orangensaftgetränk (pH 4,1, 5,3° Brix) $D_{95 °C}$ = 5,3 min, z-Wert 9,5 °C (BAUMGART et al., 1997).

Bedeutung
Verderb pasteurisierter Fruchtsäfte, besonders von Apfelsaft und Orangensaft (Bildung von 2,6-Di-Bromphenol).

Tab. IV.8-1: Unterscheidung zwischen den Genera Bacillus, Paenibacillus und Alicyclobacillus*

Merkmale	Genus *Bacillus* Genus *Brevibacillus*	*P. macerans,* *P. polymyxa*	*A. acidoterrestris,* *A. acidocaldarius*
Vermehrung bei pH 3,0, aerob in Orangenserumbouillon	–	–	+
Vermehrung auf Standard-I-Nähragar, pH 7,0, aerob	+	+	–
Vermehrung auf Standard-I-Nähragar, pH 3,8, anaerob, 20 °C	–	+	–

* Da zu den Genera *Bacillus* und *Paenibacillus* zahlreiche Arten gehören, ist eine sichere phänotypische Differenzierung nur durch Prüfung zahlreicher Merkmale möglich, z.b. durch Einsatz des API-Systems (API 50 CHB) oder anderer geeigneter Differenzierungssysteme.

8.4 D. Genus Clostridium

Die zahlreichen anaeroben sporenbildenden Species des Genus *Clostridium* sind in der Natur weit verbreitet. Das Genus enthält einige Arten, die zur Erkrankung führen *(Cl. perfringens, Cl. botulinum)* und zahlreiche psychrothrophe, mesophile und thermophile Arten, die Ursache des Verderbs von Lebensmitteln sind.

Das Genus *Clostridium* ist taxonomisch neu geordnet worden (COLLINS et al., 1994). Eingeführt wurden neben dem **Genus *Clostridium*** die **Genera *Caloramater, Filifactor, Moorella, Oxobacter*** und ***Oxalophagus.*** In Lebensmitteln hat nur das Genus *Clostridium* eine Bedeutung.

Wichtige Species des Genus *Clostridium*
– Proteolytische Arten: *C. putrifaciens, C. histolyticum* u.a.
– Proteolytische und saccharolytische Arten: *C. perfringens, C. sporogenes* u.a.
– Saccharolytische Arten: *C. butyricum, C. tyrobutyricum, C. pasteurianum* u.a.

Vorkommen Erdboden

Eigenschaften Grampositive Stäbchen, anaerob (Eh unter +150 mV). Für die meisten Arten ist der pH-Wert von 6,5–7,0 und die Temperatur zwischen 30 ° und 37 °C optimal.

Bedeutung	– Verderb pasteurisierter und sterilisierter Lebensmittel
	– „Lebensmittelvergiftungen" durch *C. perfringens* und *C. botulinum*

8.5   E. Genus Staphylococcus, Genus Micrococcus, Genus Kocuria, Genus Dermacoccus, Genus Kytococcus, Genus Nesterenkonia und Genus Stomatococcus (STACKEBRANDT et al., 1995)

Alle Kokken dieser Gruppe sind grampositiv und Katalase-positiv. Eine Differenzierung ist möglich mit den Multitest-Systemen API Staph und ID 32 Staph (bioMérieux). Bakterien des Genus *Micrococcus* sind resistent gegenüber Lysostaphin, während Bakterien des Genus *Staphylococcus* diese Resistenz nicht aufweisen. Der Lysostaphin-Test kann mit einem Testkit durchgeführt werden (Fa. Creatogen BioSciences).

Genus Staphylococcus

Species	*Staphylococcus (St.) aureus, St. hyicus, St. intermedius, St. epidermidis, St. xylosus, St. carnosus* u.a.
Vorkommen	Erdboden, Haut und Schleimhaut von Mensch und Tier
Bedeutung	– Verderb von Lebensmitteln
	– „Lebensmittelvergiftungen" durch Enterotoxin bildende Staphylokokken
	– Starterkulturen für Rohwurst und Schinken *(St. carnosus* subsp. *carnosus, St. carnosus* subsp. *utilis, St. equorum, St. xylosus)*
	(HAMMES, W.P., HERTEL, C., Meat Sci. 49, 125-138, 1998)

Genus Micrococcus

Das Genus *Micrococcus* wurde neu geordnet. Neben dem Genus *Micrococcus* wurden eingeführt die **Genera *Dermacoccus, Kocuria, Kytococcus, Nesterenkonia*** und ***Stomatococcus*** (STACKEBRANDT et al., 1995).

Eine große Ähnlichkeit besteht zwischen dem Genus *Micrococcus* und dem Genus *Arthrobacter*. Einige Mikrokokken wurden auch dem Genus *Arthrobacter* zugeordnet. So ist die frühere Art *Micrococcus agilis* nunmehr *Arthrobacter agilis*.

Species	*Micrococcus (M.) luteus* u.a.
Vorkommen	Erdboden, Haut und Schleimhaut von Mensch und Tier
Bedeutung	Verderb von Lebensmitteln

Genus Kocuria

Species | *Kocuria (K.) rosea, K. varians, K. kristinae*
Vorkommen | Erdboden, Haut
Bedeutung | Starterkultur für Rohwurst (*K. varians*, ehemals *Micrococcus varians*)

Die Genera *Kytococcus, Dermacoccus, Nesterenkonia und Stomatococcus* haben in Lebensmitteln keine Bedeutung.

8.6 F1. Gruppe unregelmäßig geformter Katalase-positiver Stäbchen

Die Einordnung der verschiedenen Genera in diese Gruppe folgt ausschließlich praktischen Gesichtspunkten. Die Mehrzahl der Bakterien dieser Gruppe bildet unregelmäßig geformte grampositive Stäbchen, einige zeigen ein gramnegatives Farbverhalten. Nur die wesentlichen Genera sind nachfolgend aufgeführt. Nähere Angaben zur Differenzierung innerhalb der Genera siehe in „Bergey's Manual of Determinative Bacteriology", 9th ed., S. 571–596, 1994.

Genus Arthrobacter

Species | *Arthrobacter globiformis* u.a.
Eigenschaften | Zellen junger Kulturen bilden unregelmäßig geformte Stäbchen, oft in V-Form, in älteren Kulturen (2–7 Tage) Bildung großer kokkoider Zellen (Verwechslung mit Mikrokokken). Der Zyklus Stäbchen–Kokken ist typisch. Die Zellen sind strikt aerob und Katalase-positiv. Aus Glucose wird wenig oder keine Säure und Gas gebildet. Optimale Vermehrungstemperatur 25 °– 30 °C.
Vorkommen | Erdboden
Bedeutung | Schleimbildung auf Frischfisch, Teil der Flora von Schinken

Genus Aureobacterium

Species | *Aureobacterium (A.) liquefaciens, A. barkeri* u.a.
Eigenschaften | Grampositive Stäbchen, teilweise V-Form, keine Kokkenform, obligat aerob, Katalase-positiv, Bildung pigmentierter Kolonien (gelb, gelb-braun, gelb-orange).
Vorkommen | Erdboden, Milchprodukte

Genus Brevibacterium

Species | *Brevibacterium linens* u.a.

Eigenschaften Grampositive, unregelmäßig geformte Stäbchen (0,6–1,2 x 1,5–6 µm), ältere Kulturen (3–7 Tage) kokkoid, obligat aerob, Katalase-positiv, optimale Vermehrungstemperatur 20 °–35 °C. Casein und Gelatine werden hydrolysiert, keine oder schwache Säurebildung aus Glucose und anderen Kohlenhydraten. Die Kolonien sind gelb-orange oder purpurfarben.

Vorkommen Milchprodukte, menschliche Haut

Bedeutung Reifung von Käse, Aromabildung, Rotschmierekultur (z. B. Steinbuscher, Romadur)

Genus Cellulomonas

Species *Cellulomonas flavigena* u.a.

Eigenschaften Junge Kulturen (24 h) gramnegative Stäbchen, ältere grampositiv bis gramvariabel (schnelles Entfärben bei der Alkoholbehandlung). Stäbchen sind unregelmäßig geformt, V-Bildung, kurze Stäbchen bis Kokkenform, fakultativ anaerob, Katalase-positiv, Bildung gelber Kolonien, optimale Temperatur 30 °C.

Vorkommen Erdboden, zersetztes pflanzliches Material

Bedeutung Verderb von Oliven

Genus Corynebacterium

Species *Corynebacterium (C.) diphtheriae, C. bovis, C. glutamicum* u.a.

Eigenschaften Grampositive, keulenförmig angeschwollene Stäbchen, oft in V-Form oder parallel gelagert, häufig Granula in den Zellen, unbeweglich, fakultativ anaerob, Katalase-positiv, Säure aus Glucose.

Vorkommen Erdboden, Haut, Milchprodukte

Bedeutung – Saprophytische Flora
– *C. glutamicum* zur Herstellung von Glutaminsäure

Genus Curtobacterium

Species *Curtobacterium (C.) citreum, C. luteum, C. plantarum* u.a.

Eigenschaften Grampositive Stäbchen in jungen Kulturen, ältere (7 Tage bei 25 °C) sind kokkoid, oft V-Form, obligat aerob, Kolonien gewöhnlich gelb oder orange, Katalase-positiv.

Genus Microbacterium

Species   *Microbacterium lacticum* u.a.

Eigenschaften Grampositive Stäbchen, in älteren Kulturen auch Kokkenform, Lagerung der Zellen oft als V, Katalase-positiv, aerob, schwaches anaerobes Wachstum. Auf Hefeextrakt-Glucose-Agar sind die Kolonien glänzend und opaque, oft gelblich pigmentiert, Säurebildung aus Glucose. *M. lacticum* und *M. laevaniformans* überstehen eine Erhitzung bei 63 °C für 30 min.

Vorkommen   Milch und Milchprodukte

Genus Propionibacterium

Species   „Klassische Propionibakterien": *Propionibacterium (P.) freudenreichii, P. jensenii, P. thoenii, P. acidipropionici.* Propionibakterien der Haut: *P. acnes, P. granulosum.*

Eigenschaften Grampositive, unbewegliche, Katalase-positive, pleomorphe (fadenförmig, kokkenähnlich, gekrümmt bis V-förmig, Y-förmig durch Verzweigung) grampositive anaerobe bis aerotolerante Stäbchen. Die Kolonien sind cremefarben, gelb, orange oder rot. Aus Lactat Bildung von Essigsäure, Propionsäure und Kohlendioxid.

Vorkommen   – „Klassische Propionibakterien" im Käse
            – Haut *(P. acnes, P. granulosum)*

Bedeutung   – Käserei, Lochbildung und Reifungsflora im Käse (Emmentaler)
            – Beteiligt an der Akne der Haut

F2. Gruppe regelmäßig geformter Katalase-positiver Stäbchen

Genus Brochothrix

Species   *Brochothrix (B.) thermosphacta, B. campestris*

Eigenschaften Diese grampositiven Stäbchen sind eng verwandt (16S rRNA) mit den Listerien und Laktobazillen. Sie bilden Stäbchen, ältere Kulturen sind kokkoid. *Brochothrix* spp. sind fakultativ anaerob, unbeweglich, Katalase-positiv. Der Glucoseabbau erfolgt fermentativ, jedoch ohne Gasbildung. Optimale Vermehrungstemperatur 20 °–25 °C, auch bei 0 °C ist eine Vermehrung möglich. Selektiver Nachweis auf STA-Agar oder SIN-Agar.

Vorkommen   Frischfleisch, bes. vakuumverpackt

Bedeutung   Verderb von Kühlfleisch

Genus Kurthia

Species   *Kurthia zopfii* u.a.

Eigenschaften   Grampositive Stäbchen, lange Ketten, ältere Kulturen (3 Tage) kokkoid, obligat aerob, schwache Säurebildung aus Glucose, Katalase-positiv. Auf Hefeextrakt-Agar Kolonien rhizoid (ähnliches Koloniebild wie Bazillen). Ähnlichkeit auch *mit Brochothrix thermosphacta.* Das Genus *Brochothrix* ist jedoch fakultativ anaerob.

Vorkommen   Geflügel, Fleisch, Milch

Genus Listeria

Eigenschaften siehe unter pathogene Bakterien

8.7   G. Obligat anaerobe, grampositive Kokken

Genus Peptococcus, Genus Peptostreptococcus, Genus Sarcina u.a.

Vorkommen   Schleimhaut, Haut, Erdboden

Eigenschaften Katalase-negative Kokken, Lagerung in Paaren, Ketten oder Paketen

Bedeutung   Saprophytäre Flora ohne Bedeutung für den Verderb von Produkten

8.8   H. Genus Streptococcus, Genus Enterococcus, Genus Lactococcus, Genus Leuconostoc, Genus Oenococcus, Genus Weissella, Genus Pediococcus, Genus Tetragenococcus

(AXELSSON, 1998, SALMINEN und WRIGHT, 1998)

Genus Streptococcus
(SCHLEIFER und LUDWIG, 1995, HARDIE und WHILEY, 1995)

Zum Genus *Streptococcus* gehören mehrere Gruppen und zahlreiche Arten, pyogene Streptokokken (z.B. *S. pyogenes, S. agalactiae*) und orale Streptokokken (z.B. *S. mutans*-Gruppe mit *S. mutans, S. sobrinus* u.a., *S. salivarius*-Gruppe mit *S. salivarius, S. thermophilus* u.a., *S. anginosus*-Gruppe mit *S. anginosus* und *S. intermedius* u.a., *s. oralis*-Gruppe mit *S. oralis, S. pneumoniae* u.a.)

Eigenschaften Grampositive Kokken, teilweise ovale Zellen, unbeweglich, fakultativ anaerob, Katalase-negativ (genauere Identifizierungsmerkmale siehe „Bergey's Manual of Determinative Bacteriology", 9th ed., S. 555–558, 1994).

Bedeutung – Medizinische Bedeutung (z.B. Pharyngitis, Entzündungen des Respirationstraktes, Endocarditis)

– *S. thermophilus* (optimale Temperatur 40–43 °C, Bildung von L(+)-Milchsäure, homofermentativ) als Starter für Joghurt, Emmentaler, Harzer

Genus Enterococcus (DEVRIESE und POT, 1995, LECLERC et al., 1996)

Species Zum Genus *Enterococcus* gehören zahlreiche Arten, die wichtigsten sind *E. faecalis* und *E. faecium*

Vorkommen von *E. faecalis* und *E. faecium*

Darmkanal von Mensch und Tier, Pflanzen

Eigenschaften Grampositive runde bis ovale Zellen, fakultativ anaerob, Katalase-negativ, Reduzierung von 2,3,5-Triphenyl-Tetrazolium-Chlorid (TTC) zu rotem Formazan. Nicht alle Stämme von *E. faecium* reduzieren jedoch TTC (DEVRIESE et al., 1995). Differenzierung der Enterokokken z.B. mit API Rapid Strep System.

Bedeutung – „Faekalstreptokokken" in Trinkwasser

– Bildung biogener Amine (z.B. aus Tyrosin Tyramin)

– Reifungsflora im Käse *(E. faecalis, E. durans),* Abbau von Proteinen, Aromabildung

Genus Lactococcus (TEUBER, 1995)

Species *L. lactis, L. lactis* subsp. *lactis, L. lactis* subsp. *cremoris, L. lactis* subsp. *hordniae, L. raffinolactis, L. plantarum, L. garvieae, L. piscium*

Vorkommen Pflanzen, pflanzliche Lebensmittel, Rohmilch, Milchprodukte

Eigenschaften Grampositive runde oder ovale Zellen, in Paaren oder kurzen Ketten, fakultativ anaerob, hauptsächlich Bildung von L(+)-Milchsäure aus Kohlenhydraten, keine Gasbildung. Katalase-negativ, optimale Temperatur 30 °C, Vermehrung auch bei 10 °C

Bedeutung Starter für Milchprodukte

Tab. IV.8-2:   Laktokokken als Starterkulturen für Milchprodukte

Art der Produkte	Starterkultur
Cheddar, Camembert, Tilsiter	*Lactococcus (L.) lactis* subsp. *cremoris* *L. lactis* subsp. *lactis*
Quark, Hüttenkäse, Edamer	*L. lactis* subsp. *cremoris, Leuconostoc mesenteroides* subsp. *cremoris*
Buttermilch, Gouda	*L. lactis* subsp. *cremoris* *Leuconostoc mesenteroides* subsp. *cremoris* *Candida kefir, Lactobacillus kefir,* *L. lactis* subsp. *lactis*

Genus Leuconostoc (DELLAGLIO et al., 1995)

Species	*Leuconostoc (Lc.) mesenteroides* subsp. *mesenteroides, Lc. mesenteroides* subsp. *dextranicum, Lc. mesenteroides* subsp. *cremoris, Lc. paramesenteroides* (neuer Name *Weissella paramesenteroides*), *Lc. lactis, Lc. oenos* (neuer Name *Oenococcus oeni*), *Lc. carnosum , Lc. gelidum* u.a.
Vorkommen	Pflanzen, Milchprodukte, pflanzliche Produkte, Fleischprodukte
Eigenschaften	Grampositive runde bis ovale Zellen, auf festen Medien kurze Stäbchen (Verwechslungsmöglichkeit mit Laktobazillen), Katalase-negativ, fakultativ anaerob. Glucose wird fermentiert, Säure- und gewöhnlich Gasbildung. Hauptfermentationsprodukte sind Ethanol und D(–)-Laktat. Optimale Temperatur 20–30 °C. *Lc. carnosum* und *Lc. gelidum* vermehren sich auch bei 1 °C.
Bedeutung	– Verderb von Feinkosterzeugnissen, Flüssigzucker (Dextranbildung), Getränken
	– Verderb vakuumverpackten Frischfleisches oder von vakuumverpackter Brühwurst durch *Lc. carnosum, Lc. gelidum* und *Lc. citreum*
	– Fermentation von Wein *(Oenococcus oeni),* biologischer Säureabbau
	– Sauerkrautherstellung
	– Starterkultur für Milchprodukte (Dickmilch, Sauerrahmbutter [Diacetylbildung])
	– Herstellung von Dextranen

Genus Oenococcus (AXELSSON, 1998)

Species   *Oenococcus oeni* (früher *Leuconostoc oenos*)

Vorkommen   Weinbeeren

Bedeutung   Abbau von Äpfelsäure zu Weinsäure

Genus Weissella (COLLINS et al., 1993)

Species   *Weissella (W.) kandleri* (ehemals *Lactobacillus kandleri*), *W. confusa* (ehemals *Lactobacillus confusus*), *W. viridescens* (ehemals *Lactobacillus viridescens*), *W. paramesenteroides* (ehemals *Leuconostoc paramesenteroides*) u.a.

Eigenschaften Grampositive kurze Stäbchen oder kokkoide Zellen, einzeln, in Paaren oder kurze Ketten bildend, Katalase-negativ, heterofermentativ. Die Differenzierung des Genus *Weissella* vom Genus *Leuconostoc* erfordert den Nachweis zahlreicher Merkmale. *W. confusa*, *W. halotolerans*, *W. kandleri* und *W. minor* hydrolysieren im Gegensatz zum Genus *Leuconostoc* Arginin und bilden daraus Ammoniak. *W. paramesenteroides*, *W. hellenica* und *W. viridescens* vermögen Arginin nicht zu hydrolysieren. Eine Unterscheidung ist jedoch biochemisch möglich (COLLINS et al., 1993, System API 50 CHL oder andere geeignete Testsysteme).

Bedeutung   Verderb von Lebensmitteln, z.B. Frischfleisch und Brühwurst (vakuumverpackt) durch *W. paramesenteroides*

Genus Pediococcus (SIMPSON und TAGUCHI, 1995)

Species   *P. damnosus, P. acidilactici, P. pentosaceus* u.a.

Eigenschaften Grampositive runde Zellen (nicht kokkoid), oft Bildung von Tetraden, fakultativ anaerob, Glucose wird ohne Gasbildung fermentiert (homofermentativ), Katalase-negativ, Schlüssel zur Identifizierung von Pediokokken siehe SIMPSON und TAGUCHI, 1995, S. 155 ff.

Vorkommen   Pflanzen, pflanzliche und tierische Lebensmittel

Bedeutung   – Verderb von Bier (Bildung von Diacetyl) und Wein
               – Verderb von Fleischerzeugnissen, Feinkostprodukten
               – Herstellung von Sojasauce mit *P. halophilus*
               – Starterkultur für Rohwurst *(P. acidilactici, P. pentosaceus)*

343

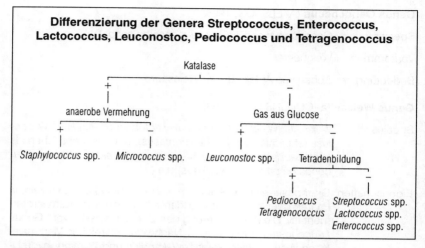

Abb. IV.8-1:   Schlüssel zur Differenzierung grampositiver Kokken

Anmerkungen: Die Zellform (Tetradenbildung) sollte aus einer Bouillonkultur im Nativpräparat (Phasenkontrast), die Gasbildung aus Glucose in der MRS-Bouillon mit Durham-Röhrchen geprüft werden. Die Züchtung der Milchsäurebakterien sollte anaerob erfolgen. Bei vollem Sauerstoffpartialdruck der Luft kommt es zur Anreicherung von Peroxid und damit zur Wachstumshemmung. Es entstehen kleinere Kolonien, und die Zellen wachsen wegen der Hemmung der Querwandbildung zu langen Fäden; kokkoide Zellen können zu stäbchenartigen Zellen werden (KANDLER, 1982). Genauere Differenzierung aufgrund zahlreicher biochemischer Merkmale (z.B. API 20 Strep, Bergey's Manual, 9th ed., 1994).

Tab. IV.8-3:   Unterscheidungsmöglichkeiten zwischen den Genera Streptococcus, Enterococcus und Lactococcus

Merkmale	Streptococcus	Genera Enterococcus	Lactococcus
Vermehrung bei +10 °C	meist −	+	+
Vermehrung bei pH 9,6	−	+	−

Tab. IV.8-4: Identifizierung von Enterococcus faecalis und E. faecium

Merkmal	E. faecalis	E. faecium
Reduktion von 2,3,5-Triphenyl-tetrazoliumchlorid (2,3,5-TTC) zu Formazan (roter Farbstoff)	Kolonien rot, z.B. auf m-Enterococcus-Agar, CATC-Agar oder Barnes-Agar	Kolonien rosafarben oder weiß auf m-Enterococcus-Agar, CATC-Agar oder Barnes-Agar
Säure aus:		
Melezitose	(+)	–
Sorbit	(+)	–

Genus Tetragenococcus (AXELSSON, 1998)

Tetragenococcus halophilus (früher *Pediococcus halophilus*) benötigt für die Vermehrung 5 % NaCl und ist bedeutend für die Milchsäurefermentation von Soja-Soße.

8.9   I. Genus Lactobacillus und Genus Carnobacterium

(HAMMES und VOGEL, 1995, SCHILLINGER und HOLZAPFEL, 1995, SALMINEN und WRIGHT, 1998)

Genus Lactobacillus

Eigenschaften Grampositive kurze bis lange Stäbchen, häufig auch kokkoide Zellen, die zur Verwechslung mit dem Genus *Leuconostoc* und dem Genus *Streptococcus* führen können. Einige Stämme und Species bilden Ketten (abhängig vom pH-Wert und der Zusammensetzung des Mediums). Kokkoide Formen kommen unter den obligat heterofermentativen Laktobazillen und bei *L. sakè* vor. Laktobazillen sind mikroaerophil, einige anaerob. Das Oberflächenwachstum wird bei reduzierter Sauerstoffspannung und einem CO_2-Gehalt von 5–10 % gefördert. Einige Stämme bilden bipolare Körper und Granula, die bei der Gram- und Methylblaufärbung erkennbar sind. Der Stoffwechsel ist fermentativ. Laktobazillen sind obligat saccharolytisch, Katalase-negativ.

Vermehrungstemperatur

+2 °C bis 55 °C, Optimum 30 °–40 °C. Optimaler pH-Bereich 5,5–6,2, Vermehrung bis etwa pH 3,6 (Bereich 3,6 bis 7,2), *L. suebicus* vermehrt sich bei pH 2,8 und 14 vol% Alkohol

Vorkommen Pflanzen, Mundhöhle, Darm und zahlreiche Lebensmittel

Einteilung der Laktobazillen

– Obligat homofermentative Laktobazillen (Hexosen werden zu Milchsäure fermentiert, Pentosen werden nicht fermentiert): *L. delbrueckii* subsp. *bulgaricus, L. helveticus* u.a.

– Fakultativ heterofermentative Laktobazillen (Hexosen werden zu Milchsäure oder zu Milchsäure, Essigsäure, Ethanol, Ameisensäure fermentiert, Pentosen zu Milchsäure und Essigsäure, kein CO_2 aus Glucose): *L. plantarum, L. casei, L. sakei, L. curvatus* u.a.

– Obligat heterofermentative Laktobazillen (Hexosen werden zu Milchsäure, Essigsäure, Ethanol und CO_2, Pentosen zu Milchsäure und Essigsäure fermentiert): *L. kefir, L. buchneri, L. brevis, L. reuteri* u.a.

Bedeutung

– Herstellung von Lebensmitteln (Fermentationen)
Sauerkraut (*L. brevis, L. plantarum* u.a.), Oliven, Pickles
Sauerteig (*L. fermentum, L. plantarum, L. sanfrancisco* u.a.)
Joghurt (*L. delbrueckii* subsp. *bulgaricus* und *Streptococcus thermophilus*)
Kefir (Kefirkörner: *Candida kefir, Leuconostoc sp., Lactococcus sp., Lactobacillus (L.) kefir, L. kefiranofaciens*)
Acidophilusmilch (*Lactobacillus acidophilus*)
Käse, z.B. Gryere, Gorgonzola, Mozarella (*Lactobacillus helveticus, L. delbrueckii* subsp. *lactis* und subsp. *bulgaricus*)
Cheddar (*L. casei, L. plantarum, L. brevis, L. buchneri*)

– Rohwurst (*Lactobacillus sakei, L. curvatus, L. plantarum*)

– Probiotische Kulturen (*L. acidophilus, L. casei*)

– Verderb von Lebensmitteln (Getränke, Feinkosterzeugnisse, Milch und Milchprodukte, Fleisch und Fleischerzeugnisse, Gemüseprodukte, Bier)

– Herstellung von Milchsäure

– Bildung von Bacteriocinen

Genus Carnobacterium

Species   *Carnobacterium (C.) divergens, C. gallinarum, C. mobile, C. piscicola* u.a.

Eigenschaften Grampositive Stäbchen, Vermehrung bei 0 °C, nicht jedoch bei 45 °C, vorwiegend Bildung von L(+)-Milchsäure aus Glucose, Katalase-negativ, keine Vermehrung auf Medien mit Acetat bei pH-Werten unterhalb von 6,0. Kultivierung auf CASO-Agar + 0,3 % Hefeextrakt, Tryptic-Soy-Agar + 0,3 % Hefeextrakt oder APT-Medium (pH 7,0) bei 25 °C für 24−48 h aerob oder schwach reduzierter Atmosphäre.

Vorkommen   Frischfleisch (besonders bei höherem pH-Wert auf Fascien und Vakuumverpackung), Fisch

Bedeutung Teil der Verderbsflora bei Frischfleisch, Geflügel und Frischfisch. Nachgewiesen auch bei vakuumverpacktem Räucherfisch nach Verunreinigung bei der Verpackung. D-Wert im Bücklingsfleisch $D_{60\,°C}$ = 0,76 min (BETTMER, 1987)

Tab. IV.8-5: Unterscheidungsmöglichkeiten zwischen den Genera Lactobacillus und Carnobacterium

Genera	Vermehrung auf Medien mit Acetat (z.B. MRS-Agar, pH 5,4, eingestellt mit Essigsäure, aerobe Bebrütung)	Vermehrung bei	
		pH 9,0	pH 4,5
Lactobacillus	+	–	+
Carnobacterium	–	+	–

Literatur

1. BAUMGART, J., HUSEMANN, M., SCHMIDT, C., Alicyclobacillus acidoterrestris: Vorkommen, Bedeutung und Nachweis in Getränken und Getränkegrundstoffen, Flüssiges Obst 64, 1997 (im Druck)

2. Bergey's Manual of Systematic Bacteriology, vol. 1 (1984), vol. 2 (1986), Williams and Wilkins, Baltimore & London

3. Bergey's Manual of Determinative Bacteriology, 9th ed., Williams & Wilkins, Baltimore, 1994

4. BETTMER, H., Vorkommen und Bedeutung von Lactobacillus divergens bei vakuumverpacktem Bückling, Diplomarbeit, FH Lippe, Lemgo, 1987

5. COLLINS, M.D., SAMELIS, J., METAXOPOULOS, J., WALLBANKS, S., Taxonomic studies on some leuconostoc-like organisms from fermented sausages: description of a new genus Weissella for the Leuconostoc paramesenteroides group of species, J. appl. Bacteriol. 75, 595-603, 1993

6. COLLINS, M.D., LAWSON, P.A., WILLEMS, A., CORDOBA, J.J., FERNANDEZ-GARAYZABAL, J., GARCIA, P., CAI, J., HIPPE, H., FARROW, J.A., The phylogeny of the genus Clostridium: Proposal of five new genera and eleven new species combinations, Int. J. System. Bacteriol. 44, 812-826, 1994

7. DELLAGLIO, F., DICKS, L.M.T., TORRIANI, S., The genus Leuconostoc, in: The Lactic Acid Bacteria, Vol. 2, ed. by B.J.B. WOOD and W.H. HOLZAPFEL, Chapman & Hall, London, 235-278, 1995

8. DEVRIESE, L.A., POT, B., VANDAMME, L., KERSTERS, K., HAESEBROUK, F., Identification of Enterococcus species isolated from foods of animal origin, Int. J. Food Microbiol. 26, 187-197, 1995

9. DEVRIESE, L.A., POT, B., The genus Enterococcus, in: The Lactic Acid Bacteria, Vol. 2, ed. by B.J.B. WOOD and W.H. HOLZAPFEL, Chapman & Hall, London, 327-367, 1995

10. GAVINI, F., MERGAERT, J., BEJI, A., MIELCAREK, CH., IZARD, D., KERSTERS, K., DE LEY, J., Transfer of Enterobacter agglomerans (Beijerinck 1888) Ewing and Fife 1972 to Pantoea gen. nov. as Pantoea agglomerans comb. nov. and description of Pantoea dispersa sp. nov., Int. J. System. Bacteriol. 39, 337-345, 1989

11. HAMMES, W.P., VOGEL, R.F., The genus Lactobacillus, in: The Lactic Acid Bacteria, Vol. 2, ed. by B.J. B. WOOD and W.H. HOLZAPFEL, Chapman & Hall, London, 19-54, 1995

12. HARDIE, J.M., WHILEY, R.A., The genus Streptococcus, in: The Lactic Acid Bacteria, Vol. 2, ed. by B.J.B. WOOD and W.H. HOLZAPFEL, Chapman & Hall, London, 55-124, 1995

13. HOLMES, B., International committee on systematic bacteriology, subcommittee on the taxonomy of Flavobacterium and Cytophaga-like bacteria, Int. J. Syst. Bacteriol. 47, 593-594, 1997

14. INOUE, K., MIKI, K., TAMURA, K., SAKAZAKI, R., Evaluation of L-pyrrolidonyl peptidase paper strip test for differentiation of members of the family Enterobacteriaceae, particulary Salmonella spp., J. Clinical Microbiol. 34, 1811-1812, 1996

15. LECLERC, H., DEVRIESE, L.A., MOSSEL, D.A.A., Taxonomical changes in intestinal (faecal) enterococci and streptococci: consequences on their use as indicators of faecal contamination in drinking water, J. appl. Bact. 81, 459-466, 1996

16. LOGAN, N. A., Bacterial systematics, Blackwell Wissenschafts-Verlag, Düsseldorf, 1994

17. OTTE, I., TOLLE. A., SUHREN, G., Zur Analyse der Mikroflora von Milch und Milchprodukten, 1. Zur Anzüchtung der Bakterienflora und Isolierung zu identifizierender Kolonien, Milchwiss. 34, 85-88, 1979a

18. OTTE, I., TOLLE, A., HAHN, G., Zur Analyse der Mikroflora von Milch und Milchprodukten, 2. Miniaturisierte Primärtests zur Bestimmung der Gattung, Milchwiss. 34, 152-156, 1979b

19. PALLERONI, N.J., BRADBURY, J.F., Stenotrophomonas, a new bacterial genus for Xanthomonas (Hugh 1980) Swings et al. 1983, Int. J. Syst. Bacteriol. 43, 606-609, 1993

20. SALMINEN, S., von WRIGHT, A., Lactic acid bacteria – Microbiology and functional aspects, Marcel Dekker, Inc., New York und Basel, 1998

21. SCHILLINGER, U., HOLZAPFEL, W.H., The genus Carnobacterium, in: The Lactic Acid Bacteria, Vol. 2, ed. by B.J.B. WOOD and W.H. HOLZAPFEL, Chapman & Hall, London, 307-326, 1995

22. SCHLEIFER, K.H., LUDWIG, W., Phylogenetic relationships of lactic acid bacteria, in: The Lactic Acid Bacteria, Vol. 2, ed. by B.J.B. WOOD and W.H. HOLZAPFEL, Chapman & Hall, London, 7-18, 1995

23. SEGERS, P., VANCANNEYT, M., POT, B., TORCK, U., HOSTE, B., DEWETTINCK, D., FALSEN, E., KERSTERS, K., DE VOS, P., Classification of Pseudomonas diminuta Leifson and Hugh 1954 and Pseudomonas vesicularis Büsing, Döll, and Freytag 1953 in Brevundimonas gen. nov. as Brevundimonas diminuta comb. nov. and Brevundimonas vesicularis comb. nov., respectively, Int. J. Syst. Bacteriol. 44, 499-510, 1994

24. SHAW, B.G., LATTY, J.B., A numerical taxonomic study of non-motile non fermentative gram-negative bacteria from foods, J. appl. Bact. 65, 7-21, 1988

25. SHIDA, O., TAKAGI, H., KADOWAKI, K. et al., Proposal for two new genera, Brevibacillus gen. nov. and Aneurinbacillus gen. nov., Int. J. Syst. Bacteriol. 46, 939-946,1996

26. SIMPSON, W.J., TAGUCHI, The genus Pediococcus with notes on the genera Tetratogenococcus and Aerococcus, in: The Lactic Acid Bacteria, Vol. 2, ed. by B.J.B. WOOD and W.H. HOLZAPFEL, Chapman & Hall, London, 125-172, 1995

27. STACKEBRANDT, E., KOCH, C., GVOZDIAK, O., SCHUMANN, P., Taxonomic dissection of the genus Micrococcus: Kocuria gen. nov., Nesterenkonia gen. nov., Kytococcus gen. nov., Dermacoccus gen. nov., and Micrococcus Cohn 1872 gen. emend., Int. J. System. Bacteriol. 45, 682-692, 1995

28. SUTHERLAND, A.D., MURDOCH, R., Seasonal occurrence of psychrotrophic Bacillus species in raw milk, and studies on the interactions with mesophilic Bacillus sp., Int. J. Food Microbiol. 21, 279-292, 1994

29. TEUBER, M., The genus Lactococcus, in: The Lactic Acid Bacteria, Vol. 2, ed. by B.J.B. WOOD and W.H. HOLZAPFEL, Chapman & Hall, London, 173-234, 1995

30. VANDAMME, P., BERNARDET, J.-F., SEGERS, P., KERSTERS, K., HOLMES, B., New perspectives in the classification of the Flavobacteria: Description of Chryseobacterium gen. nov., Bergeyella gen. nov., and Empedobacter nom. rev., Int. J. System. Bacteriol. 44, 827-831, 1994

31. WISOTZKY, J.D., JURTSCHUK, P., FOX, G.E., DEINHARD, G., PORALLA, K., Comparative sequence analysis of the 16 rRNA (rDNA) of Bacillus acidocaldarius, Bacillus acidoterrestris and Bacillus cycloheptanicus and proposal for creation of a new genus, Alicyclobacillus gen. nov., Int. J. System. Bacteriol. 42, 263-269, 1992

32. YABUUCHI, E., KOSAKO, Y., OZAIZU, H. et al., Proposal of Burkholderia gen. nov. and transfer of seven species of the genus Pseudomonas homology group II to the genus, with the type species Burkholderia cepacia (Palleroni and Holmes 1981) comb. nov., Microbiol. Immunol. 36, 1251-1275, 1992

33. YAMADA, Y., HOSHINO, K., ISHIKAWA, T., The phylogeny of acetic acid bacteria based on the partial sequences of 16S ribosomal RNA: The elevation of the subgenus Gluconobacter to the generic level, Biosci. Biotech. Biochem. 61, 1244-1251, 1997

V Identifizierung von Hefen in Lebensmitteln

D. Yarrow, R. A. Samson

1 Einleitung

Die Identifizierung gehört zu den Routineaufgaben in jedem lebensmittelmikrobiologischen Labor. Dazu wird das unbekannte Isolat einer Reihe von Tests und Beobachtungen unterzogen, um schließlich auf Grundlage der Ergebnisse einer bekannten taxonomischen Gruppe zugeordnet zu werden. Diese taxonomische Einordnung ist durch vorausgegangene Untersuchungen definiert, wobei die Organismen in Gruppen, in der Regel nach Genera, Species und Varietät, klassifiziert wurden. Für solche Untersuchungen werden oft Methoden eingesetzt, die für das Routinelabor technisch zu anspruchsvoll, zu zeitaufwendig oder zu teuer sind. Dazu gehören beispielsweise die klassischen und die molekulargenetischen Techniken oder Beobachtungen der Feinstruktur unter dem Elektronenmikroskop.

Üblicherweise werden Ergebnisse der Identifizierungstests und Beobachtungen berücksichtigt, um einem dichotomen Schlüssel, wie er am Ende dieses Kapitels und bei DEAK (1992) und DEAK und BEUCHAT (1996) aufgezeigt ist, zu folgen. Allerdings hat die Verwendung solcher Schlüssel auch einige Nachteile. Für einige Schlüssel muß zunächst das Genus mit Hilfe der Untersuchung bestimmter Eigenschaften, wie Anwesenheit und Form von Ascosporen, festgestellt werden. Erst danach kann man im Schlüssel für die Species weitergehen, was sehr zeitraubend sein kann. BARNETT et al. (1990) entwickelten einen Schlüssel, der direkt zur Species führt. Er basiert auf ausschließlich physiologischen Untersuchungen oder auf einer Kombination von physiologischen und morphologischen und sexuellen Eigenschaften. Ein weiterer Nachteil der Schlüssel liegt darin, daß sie nur eine Auswahl derjenigen Species treffen, von denen der Autor des Schlüssels annimmt, sie kämen unter bestimmten Umständen am wahrscheinlichsten vor. Ein Isolat, das nicht zu dieser Auswahl gehört, wird entweder falsch identifiziert oder kann mit Hilfe dieses Schlüssels nicht identifiziert werden. Andererseits ist ein Schlüssel, der alle Hefen umfaßt, sehr lang und erfordert die Durchführung vieler Tests (siehe BARNETT et al., 1990, Seite 699; der dort angegebene Schlüssel für alle 590 Species umfaßt bis zu 69 Tests). Für jeden Schlüssel müssen alle notwendigen Untersuchungen abgeschlossen sein, damit das Isolat identifiziert werden kann. Wird etwa ein falsches Ergebnis für einen Test aufgezeichnet oder unterläuft ein Fehler beim Ablesen des Schlüssels, so daß man an einen falschen Punkt gelangt, ist entweder die Identifizierung falsch oder aber der Organismus wird als nicht identifizierbar eingestuft.

Durch die Anwendung von Computerprogrammen, wie der von BARNETT et al. (1994), können viele der Nachteile dieser Schlüssel behoben werden. Das Programm vergleicht die Muster der Ergebnisse mit den Eigenschaften der Species in seiner Datenmatrix. Selbst wenn unzureichende Untersuchungen durchgeführt wurden, kann eine genaue Identifizierung möglich sein, denn man erhält eine Liste der möglichen Species und eine Auflistung der Tests, die zur Vervollständigung der Identifizierung verlangt werden. Außerdem erlaubt das Programm dem Anwender eine gewisse Fehlertoleranz während des Vergleichsvorgangs bei den Testergebnissen oder der Eingabe der Ergebnisse.

Für die handelsüblichen Identifizierungskits gibt es entsprechende Computerprogramme, mit deren Hilfe die erreichten Ergebnisse verarbeitet werden. Dazu gehören die API 20 C und API YEAST-IDENT®-Kits. Diese Produkte wurden von KING und TÖRÖK (1992) überprüft. Biolog Inc. (USA) entwickelt derzeit ein System für Hefen, das auf einem der Systeme basiert, die zur Zeit für Bakterien im Handel erhältlich sind. Für dieses System wird eine Standard-Mikrotiterplatte mit 96 Vertiefungen verwendet. Damit können gleichzeitig 95 Kohlenstoffquellen und eine Blindkontrolle getestet werden. Es gibt Computerprogramme, die eine manuelle oder automatische Ablesung und Eingabe der Ergebnisse mit einem Photometer ermöglichen, bevor die Daten verarbeitet und gespeichert werden (BOCHNER, 1989). Das System wurde evaluiert von PRAPHAILONG et al. (1997). Ähnliche, jedoch mehr detaillierte Systeme sind in der Entwicklung.

DEAK (1992) und DEAK und BEUCHAT (1996) schlugen ein vereinfachtes Identifizierungsschema für Hefen vor, die in Lebensmitteln vorkommen. Das Schema umfaßt 76 Spezies und benötigt weniger als 20 physiologische Tests und morphologische Untersuchungen.

2 Isolierung von Hefen

Hefen kommen selten ohne Schimmelpilze oder Bakterien vor. Anreicherungstechniken sollten deshalb das Wachstum von Schimmelpilzen und Bakterien unterdrücken. Die Selektivität der Anreicherungsmedien beruht darauf, daß Hefen grundsätzlich in der Lage sind, bei pH-Werten und Wasseraktivitäten zu wachsen, bei denen die Vermehrung von Bakterien unterdrückt oder inhibiert wird. Auch Antibiotika können zur Unterdrückung von Bakterien eingesetzt werden. Fungistatische Substanzen zur Hemmung von Schimmelpilzen sollten jedoch mit Vorsicht eingesetzt werden, denn solche Verbindungen können auch ein Hefewachstum inhibieren.

Medien zum allgemeinen Nachweis von Hefen

Zur Isolierung von Hefen aus Lebensmitteln können viele Medien eingesetzt werden (DEAK, 1992) und DEAK und BEUCHAT (1996). Der *Second International Workshop for the Standardization of Methods for the Mycological Examination of Foods* (SAMSON et al., 1992) empfiehlt für Getränke, in denen die Hefen in der Regel vorherrschend sind, die Verwendung nicht selektiver Medien, wie Malzextrakt-Agar oder Trypton-Glucose-Hefeextrakt-Agar (TGY) mit Zusatz von Chloramphenicol oder Oxytetracyclin (100 mg/l). Bei Produkten, aus denen Hefen in Anwesenheit von Schimmelpilzen bestimmt werden müssen, ist der Dichloran-Bengalrot-Chloramphenicol-Agar (DRBC) vorzuziehen (KING et al., 1979).

Bei der Auswahl der Medien und der Inkubationstemperaturen sollte man das Substrat und die Herstellungs- oder Lagerbedingungen mit berücksichtigen. Zur Isolierung aus Marmelade oder ähnlichen Produkten sollte beispielsweise ein Medium mit einem hohen Zuckergehalt verwendet werden, denn die Hefen, die sich an solch eine hohe Konzentration angepaßt haben, können zunächst nicht oder nur schlecht auf einem Medium wachsen, das nur 2 oder 4 % Zucker enthält. Medien mit 1 % Essigsäure sind zum Nachweis konservierungsstoffresistenter Hefen (*Zygosaccharomyes bailii, Pichia membranaefaciens* und *Schizosaccharomyces pombe*) in Säften, Saftgetränken, Saucen und essigsauren Gemüsen geeignet.

Viele Hefen sind mesophil; die Kulturen werden daher gewöhnlich bei 20 °–25 °C inkubiert. Niedrigere Temperatur zwischen 4 ° und 15 °C sind für psychrophile Mikroorganismen notwendig. Die mikroskopische Untersuchung repräsentativer Kolonien ist wichtig, um sicherzustellen, daß man es wirklich mit einer Hefe zu tun hat.

Einzelheiten über die Isolierung von Hefen aus natürlichen Substraten sind den Veröffentlichungen von DAVENPORT (1980) und DEAK und BEUCHAT (1996) zu entnehmen.

Isolierung mit sauren Medien (pH 3,5–5,0)

Zur Ansäuerung von Medien wird entweder Salzsäure oder Phosphorsäure bevorzugt. Für eine allgemeine Isolierung ist der Einsatz organischer Säuren wie Essigsäure nicht empfehlenswert. Allerdings ist Essigsäure zur Isolierung von konservierungsstoff-resistenten Hefen hilfreich (siehe selektive Medien). Bei einem pH-Wert von 3,5 bis 4,0 dissoziieren organische Säuren nur wenig, und die hohe Konzentration nicht dissoziierter Säuren wirkt auf die meisten Hefen hemmend. Eine Ausnahme bilden *Zygosaccharomyces bailii, Z. bisporus, Schizosaccharomyces pombe* und einige Stämme von *Pichia membranaefaciens* und Species, die diesen Arten sehr ähnlich sind.

Direktisolierung mit festen Medien

Kommen Hefen in großen Mengen vor, können sie durch direktes Aufbringen des Materials oder einer Suspension des Materials (Herstellen einer Verdünnungsreihe) auf entweder angesäuerte Medien oder Medien, die Antibiotika enthalten, isoliert werden. Da Agar mit geringen pH-Werten beim Autoklavieren hydrolisiert, wird für angesäuerte Medien 1 M Salzsäure dem sterilisierten, geschmolzenen Agar bei einer Temperatur von 48 °C zugesetzt. Die Petrischalen werden sofort nach dem Mischen gegossen. In der Regel erreicht man durch den Zusatz von etwa 0,7 Vol % 1 M Salzsäure zu Glucose-Pepton-Hefeextrakt (GPY) und Hefe-Malz-Pepton (YM) den erwünschten pH-Wert von 3,7–3,8. Für quantitative Untersuchungen wird eine Verdünnungsreihe hergestellt. Für die Bestimmung von Hefen in Lebensmitteln und Getränken mit einem hohen a_w-Wert wird häufig 0,1 % Pepton als Verdünnungsmittel gewählt. Für Konzentrate, Sirupe und andere Proben mit niedrigem a_w-Wert wird ein Zusatz von 20–30 % Glucose (G/V) zum Peptonwasser (0,1 % Pepton) empfohlen.

Membranfiltration

Hefen können aus flüssigen Substraten und aus festen Substraten (Abspülen der Oberfläche) isoliert werden, indem man die Flüssigkeit membranfiltriert (MULVANY, 1969). Daran schließt sich eine Bebrütung der Filter auf der Oberfläche eines selektiven Agars an. Diese Methode ist besonders dann hilfreich, wenn Hefen in geringen Konzentrationen vorkommen.

Anreicherung mit flüssigen Medien

Wenn nur wenige Hefezellen vorhanden sind, ist eine Anreicherung erforderlich. In diesen Fällen wird das Material in ein flüssiges Medium gegeben, wobei der pH-Wert durch Zugabe von Salz- oder Phosphorsäure auf 3,7–3,8 eingestellt wurde. Die Entwicklung von Schimmelpilzen kann eingeschränkt werden, wenn man eine ca. 1 cm dicke Schicht steriles pharmazeutisches Paraffin über das Medium gießt. Dieses Verfahren kommt der Entwicklung fermentativer Species entgegen, kann aber bei der Gewinnung aerober Mikroorganismen versagen. Ein alternatives und bevorzugtes Verfahren ist die Züchtung in Kolben und eine Bebrütung in einem Schüttelapparat (WICKERHAM, 1951). Die Sporulierung der Schimmelpilze wird verhindert; sie sammeln sich in Klümpchen und können von den Hefen überwachsen werden. Die Hefen können von den Schimmelpilzen getrennt werden, indem man für einige Minuten die Klümpchen absetzen läßt. Auch durch eine aseptische Filtration (sterile Glaswolle) ist eine Abtrennung möglich. Sowohl fermentative als auch nicht fermentative Species werden mit dieser Methode gezüchtet.

Auch wenn sich die meisten Hefen bei einem pH-Wert von 3,7 vermehren, so gibt es doch einige Species, besonders die des Genus *Schizosaccharomyces,* die von sehr sauren Medien gehemmt werden. Solche Hefen werden am besten auf einem schwach-sauren Medium mit einem pH-Wert im Bereich 4,5 bis 5,0 isoliert. Um das Wachstum von Bakterien zu unterdrücken, sollte der Zuckergehalt auf 40 % (G/V) erhöht werden.

Selektive Medien zum Nachweis bestimmter Hefen

Für die Isolierung von Hefen wurden verschiedene Medien beschrieben, die Antibiotika enthalten (DAVENPORT, 1980). Solche Medien wurden für die Isolierung eines bestimmten Genus, einer Art oder einer Hefe mit bestimmten Eigenschaften entwickelt. Diese Methoden beruhen auf der Verwendung von Antibiotika und anderen Inhibitoren oder selektiven Kohlenstoff- und Stickstoffquellen. Beispielsweise beschreiben VAN DER WALT und VAN DER KERKEN (1961) die Isolierung der Species *Dekkera* mit Hilfe eines Mediums, das Cycloheximid und Sorbinsäure enthält und einen pH-Wert von 4,8 besitzt. BEECH et al. (1980) untersuchten die Verwendung von Antibiotika wie Cycloheximid, Aureomycin, Chloramphenicol und Penicillin in Medien zur Isolierung von Hefen.

Medien mit niedriger Wasseraktivität

Die meisten Hefen können bei Zuckerkonzentrationen wachsen, die so hoch sind, daß das Wachstum vieler Bakterien gehemmt wird. Ein Medium wie z.B. GPY- oder YM-Agar mit einem Glucosegehalt von 30–50 % kann für die Gewinnung osmophiler und osmotoleranter Hefen aus Lebensmitteln und Saftkonzentraten mit geringer Wasseraktivität eingesetzt werden. Die Selektivität dieser Medien kann durch eine Erniedrigung des pH-Wertes auf etwa 4,5 verbessert werden. Osmotolerante Hefen, die auf diese Weise isoliert werden, können anschließend mit Erfolg auf Medien mit 30 %, 10 % und 2 % Glucose subkultiviert werden.

Eine Anreicherung von Hefen in Glucose-Pepton-Hefeextrakt-Bouillon (GPY) und Hefe-Malz-Pepton-Bouillon (YM) mit einem Glucosegehalt von 30–50 % ist ebenfalls möglich. Da aber osmotolerante Schimmelpilze von diesen Zucker-konzentrationen nicht gehemmt werden, ist es ratsam, die Kulturen in einem Schüttelapparat zu bebrüten.

Nachweis konservierungsstoff-resistenter Hefen

Ein wirksames Medium zum Nachweis von Hefen, die gegenüber Konservie-rungsstoffen resistent sind, ist ein Malzextrat-Agar mit einem Zusatz von 0,5 % Essigsäure, die direkt vor dem Ausgießen zugegeben wird (PITT und HOCKING, 1997). Andere essigsäurehaltige Medien sind ebenso möglich. Für das Wachs-tum einiger Stämme ist ein Zusatz von 10 % (G/V) Glucose notwendig.

3 Reinzüchtung und Aufbewahrung von Hefekulturen

Reinkulturen erhält man aus Anreicherungskulturen. Diese werden auf einem geeigneten Medium, wie GPY- und YM-Agar ausgestrichen. Eine Kontamination mit Bakterien ist zu verhindern, wenn die Medien angesäuert oder ihnen Antibiotika zugesetzt werden. Die sich auf diesen Petrischalen entwickelnden Kolonien werden vorzugsweise mit geringer Auflösung mikroskopisch auf verschiedene Kolonieformen hin untersucht. Von jeder Kolonieform werden einzelne, gut abgetrennte Kolonien ausgewählt und auf einer weiteren Petrischale ausgestrichen. Im allgemeinen sind zwei Ausstriche ausreichend, um Reinkulturen zu bekommen; in einigen Fällen können es aber auch mehr sein. Zu bedenken ist, daß in Fällen, in denen nach dem Ausstrich einer gut abgetrennten Kolonie ständig mehrere Formen vorkommen, diese morphologische oder sexuelle Varianten einer Einzelhefe darstellen können.

Im allgemeinen stellen Hefen keine hohen Ansprüche an die Ernährung. Sie können leicht auf einer Vielzahl von Medien kultiviert werden. Glucose-Hefeextrakt-Pepton, Hefeextrakt-Malzextrakt-Pepton-Glucose, Malzextrakt und Kartoffel-Glucose in flüssiger Form oder mit Agar verfestigt sind allgemein gebräuchliche Medien. Reinkulturen von Hefen können auf Glucose-Hefeextrakt-Pepton-Agar kultiviert und im Kühlschrank bei Temperaturen von 3 °–4 °C mehrere Wochen aufbewahrt werden.

4 Morphologie der Hefen

Vegetative Vermehrung (Abb. V.4–1)

Allgemein sind Hefen als einzellige Pilze definiert, die sich, von wenigen Ausnahmen abgesehen, vegetativ durch Sprossung vermehren. Die Species des Genus *Schizosaccharomyces* bilden eine Ausnahme, sie vermehren sich durch Teilung; die Species der Genera *Sterigmatomyces* und *Fellomyces* bilden Sprossen an kurzen Stielen.

Sprossung

Eine Sprossung geschieht durch Bildung und Wachstum einer Ausstülpung der Zellwand. Diese kann sich entweder schon von der Mutterzelle trennen, wenn sie noch klein ist, oder aber dort verbleiben, bis beide Zellen annähernd die gleiche Größe haben. Manchmal hängen auch mehrere Sprossen aneinander und bilden einen Klumpen oder eine Zellkette. Bei einigen Hefen werden die Sprossen an beliebiger Stelle der Zelle gebildet (multilaterale Sprossung), bei anderen an beiden Polen der Zelle (bipolare Sprossung). Das Genus *Malassezia,* das bei Menschen und Tieren vorkommt, bildet alle Sprossen nur an einer Stelle der Zelle (monopolare Sprossung).

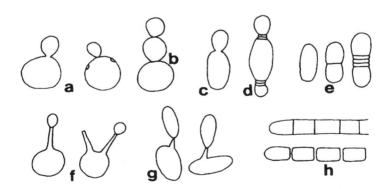

Abb. V.4-1:   Vegetative Vermehrung von Hefen
a. multilaterale Sprossung, b. Sprossung in Ketten,
c. monopolare und d. bipolare Sprossung, e. Teilung,
f. Sprossung an kurzen Stielen, g. Ballistokonidien,
h. Arthrokonidien

Teilung

Species des Genus *Schizosaccharomyces* vermehren sich durch Teilung. Eine Zelle wird durch eine oder mehrere Querwände unterteilt und jedes abgetrennte Teil spaltet sich ab und wird zu einer einzelnen Zelle.

Stiele

Die Species der Genera *Sterigmatomyces* und *Fellomyces* bilden Sprossen an kurzen Stielen (Abb. V.4–1). Die Sprossen trennen sich ab, wenn der Stiel entweder in der Mitte oder in der Nähe der Sprosse bricht. Die genaue Bruchstelle hängt vom Genus ab. *Sterigmatomyces*-Species wurden in Frankreich aus Käse, Mehl und der Umgebung von Bäckereien isoliert. Sie kommen aber auf Lebensmitteln so selten vor, daß sie hier nicht weiter berücksichtigt werden.

Hyphen

Viele Hefen produzieren unter bestimmten Bedingungen Fäden. Diese Fähigkeit ist bei einigen Species ausgeprägter als bei anderen und manchmal auch von Stamm zu Stamm verschieden. Diese Hyphen können septiert sein oder als Pseudohyphen auftreten. Septierte Hyphen wachsen durch Verlängerung der Spitze mit nachfolgender Bildung einer Querwand, die als Septum bekannt ist. Die Bildung dieser Septen bleibt etwas hinter dem Wachstum zurück, so daß die Zelle an der Spitze immer etwas länger ist als die nachfolgenden Zellen. Die Hyphen sind in der Regel an der Stelle des Septums nicht eingeengt.

Pseudohyphen sind Fäden, die aus der Sprossung verlängerter Zellen entstehen, die sich jedoch nicht trennen. Die Zelle an der Spitze ist kürzer als die nachfolgenden Zellen. An der Stelle der Septen, wo die Zellen miteinander verbunden sind, entsteht eine Einengung.

Arthrokonidien

Arthrokonidien entstehen in septierten Hyphen, wenn die Septen dicht aufeinander folgen. Es bildet sich eine Reihe eckig erscheinender Zellen, die zunächst noch in Kettenform lose aneinander hängen. Arthrokonidien kommen bei den Genera *Geotrichum* und *Trichosporon* vor.

Ballistokonidien

Ballistokonidien sind fast kugelförmige, ovale oder nierenförmig ausgebildete Zellen, die aus einer kleinen Ausbuchtung an einer Hefezelle entstehen. Sie werden mit Hilfe eines Tröpfchenmechanismus gewaltsam entleert, wenn sie ausgereift sind. Das Vorkommen von Ballistokonidien ist eine Eigenschaft der Genera *Sporobolomyces* und *Bullera*.

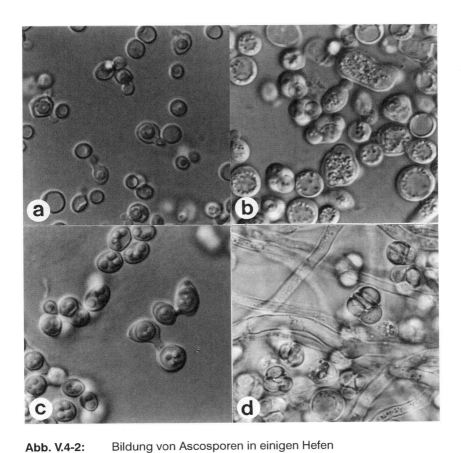

Abb. V.4-2: Bildung von Ascosporen in einigen Hefen
a. rauhwandige, kugelförmige Ascosporen von
Debaryomyces hansenii;
b. glattwandige, kugelförmige Ascosporen von
Saccharomyces cerevisiae;
c. glattwandige, kugelförmige Ascosporen in
Konjugationszellen von *Zygosaccharomyces baillii;*
d. hutförmige Ascosporen von *Endomyces fibuliger*
(alle Vergrößerungen 1280-fach)

Sexuelle Vermehrung

Einige Hefen sind in der Lage, sich sexuell zu vermehren. Bei den meisten geschieht dies mit Hilfe von Ascosporen in einem Ascus (Ascomyceten).

Asci können auf drei verschiedene Arten gebildet werden:

1. durch direkte Transformation einer vegetativen Zelle (= nicht konjugierter Ascus)
2. durch Konjugation der „Mutterzellen-Sprosse"

oder

3. durch Konjugation zwischen unabhängigen Einzelzellen.

Ascosporen werden im Ascus gebildet. Die Struktur und Form der Ascosporen ist unterschiedlich. Sie können glatt oder rauh sein, kugelförmig, hutförmig oder nierenförmig.

Einige Hefen vermehren sich sexuell mit Hilfe von Teliosporen, einige wenige durch Basidien. Die Basidiomyceten in Lebensmitteln werden nur sehr selten gefunden und daher hier nicht weiter berücksichtigt.

5 Untersuchungen und Beobachtungen

Morphologie

Die Größe und Form der Zellen, die Art der Vermehrung durch Sprossung, Teilung oder durch Stielbildung wird bestimmt. In der Regel werden Morphologie-Agar oder Glucose-Hefeextrakt-Pepton-Agar zur Kultivierung verwendet. Ein Teil der Zellen wird nach 1–3-tägiger Bebrütung untersucht.

Die Fähigkeit zur Ausbildung von Hyphen wird nach 7–14-tätiger Bebrütung einer Objektträgerkultur unter dem Mikroskop untersucht (Art der Hyphen, Vorhandensein von Arthrosporen). Möglicherweise können Ascosporen in der Objektträgerkultur nachgewiesen werden. Diese findet man häufiger nahe dem Rand des Deckgläschens.

Herstellung von Objektträgerkulturen

Eine dünne Agarschicht wird auf einem Objektträger, der auf einem U-förmigen Glasstab in einer Petrischale liegt, ausgegossen. Nach Verfestigung des Agars wird mit der Impfnadel ein dünner Strich über die Mitte des Objektträgers gezogen. Einige Tropfen sterilen Wassers werden in die Petrischale gegossen, um die Austrocknung des Agars während der Bebrütung zu verzögern. Für diese Untersuchung werden im allgemeinen Morphologie-Agar, Kartoffel-Dextrose-Agar und Corn-Meal-Agar verwendet.

Ballistosporen

Ballistosporen werden auf vielen Medien gebildet. Sie können nachgewiesen werden, wenn man sich das Spiegelbild der Kultur ansieht, das sich im Deckel der umgedrehten Petrischale durch die ausgetretenen Sporen bildet. Hierfür sind Corn-Meal-Agar und Morphologie-Agar besonders geeignete Medien. Alle gelblichen, rosa oder roten Stämme, die kein Spiegelbild in den Deckeln der Petrischalen bilden, auf denen sie isoliert wurden, sollten auf diesen Medien untersucht werden.

Ascosporen

Ascosporen werden manchmal reichlich in frischen Isolaten gefunden. Allerdings ist es in der Regel sehr zeitaufwendig, Ascosporen von Kulturen nachzuweisen, auch wenn sie bis zu drei oder vier Wochen bebrütet wurden. Verwendet man herkömmliche Identifizierungsschlüssel, wie z.B. die von KREGER-VAN RIJ (1984) und KURTZMAN und FELL (1998), die auf sexuellen und morphologischen Eigenschaften basieren, ist es notwendig, das Vorhandensein oder Fehlen von Ascosporen nachzuweisen. Bei anderen Schlüsseln sind dagegen die sexuellen Eigenschaften weniger wichtig. Werden trotzdem sexuelle Sporen nachgewiesen, dann sollten Form und Struktur der Sporen, das Vorhandensein von Asci und eine Konjugation beachtet werden.

Fermentation

Die Fermentation wird mit Durham-Röhrchen nachgewiesen. Das Reagenzglas mit dem Durham-Röhrchen enthält 6 ml einer 2%igen Lösung des Testzuckers, der einer 1%igen Hefeextraktlösung zugegeben wird. Die Hefeextraktlösung wird autoklaviert und die Zuckerlösung sterilfiltriert nach dem Autoklavieren zugesetzt. Eine mögliche Gasbildung wird bis zu 3 Wochen beobachtet. Einige Labors verwenden McCartney- oder Bijou-Flaschen mit einem Einsatz anstelle der Reagenzgläser.

Assimilation

Verschiedenen Substanzen werden als einzige Kohlenstoff- oder Stickstoffquelle geprüft. Die Fähigkeit des Wachstums wird entweder mit flüssigen oder festen Medien untersucht („Assimilationstests"). Die auxanographische Methode mit festen Medien ist für Kohlenstoffquellen nicht so zuverlässig wie die Verwendung flüssiger Medien. Sie ist jedoch schneller, und Kontaminanten werden eher entdeckt. Dies ist für die Routineidentifizierung vieler Isolate ein Vorteil. Diese Methode kann als Schnellmethode zur Eingruppierung zahlreicher Isolate dienen.

Bis zu 44 Kohlenstoffverbindungen werden zur Beschreibung jeder Species verwendet: Galaktose, L-Sorbose, Cellobiose, Lactose, Maltose, Melibiose, Saccharose, Trehalose, Melezitose, Raffinose, Inulin, lösliche Stärke, D-Arabinose, L-Arabinose, D-Ribose, L-Rhamnose, D-Xylose, L-Arabit, Erythrit, Galactit, D-Glucit, Glycerin, Inosit, D-Mannit, Ribit, Xylit, Ethanol, Methanol, Zitronensäure, DL-Milchsäure, Bernsteinsäure, D-Gluconat, α-Methyl-D-Glucosid, Salizin, Arbutin, D-Glucosaminhydrochlorid, N-Acetylglucosamin, 2-keto-D-gluconat, 5-keto-D-Gluconat, Saccharat, D-Glucuronat, D-Galacturonat, Propan-1,2-diol und Butan–2,3-diol.

Bis zu neun Stickstoffverbindungen werden verwendet: Nitrat, Nitrit, Ethylamin, L-Lysin, Cadaverin, Kreatin, Kreatinin, Glucosamin und Imidazol.

Es muß betont werden, daß nur hochreine Chemikalien (analysenrein) geprüft werden sollen. Verunreinigungen können besonders als D-Glucose in Maltose und D-Galactose in L-Arabinose enthalten sein.

Prüfung der Assimilation auf festen Medien

Die auxanographische Methode von BEIJERINCK, bei der Hefen mit Agar in Petrischalen suspendiert und die Testzucker in Abständen am Außenrand aufgebracht werden, ist immer noch weit verbreitet. Röhrchen mit Stickstoff-Grundstoffagar* (für Kohlenstoffwachstumstests) und Kohlenstoff-Grundstoff-

---

*   Medium für Kohlenstoff-Auxanogramm (g/l⁻¹): (NH$_4$)SO$_4$ 5,0; KH$_2$PO$_4$ 1,0; MgSO$_3$ x 7 H$_2$O 0,5; Agar 20,0; A. dest. 1000,0 ml; 121 °C, 15 min
       Medium für Stickstoff-Auxanogramm (g/l⁻¹): KH$_2$PO$_4$ 1,0; MgSO$_4$ x 7 H$_2$O 0,5; Glucose 20,0; Agar 20,0; A. dest. 1000,0 ml, 121 °C, 15 min

agar (für Stickstoffwachstumstests) werden erwärmt, damit der Agar schmilzt, und dann im Wasserbad auf 45 °C abgekühlt. Einige wenige Milliliter einer Suspension der Testhefe in Wasser wird in eine sterile Petrischale gegossen und der entsprechende Agar aus einem Röhrchen zugegeben. Die Schale wird leicht geschwenkt, um eine gute Durchmischung zu erreichen. Nachdem der Agar fest geworden ist, werden kleine Mengen der Testsubstanz an 4–6 Stellen (je nach Größe der verwendeten Platte) nahe dem Schalenrand aufgebracht. In den meisten Fällen werden pulverförmige oder kristalline Chemikalien verwendet, die mit Hilfe eines kleinen Spatels übertragen werden. Für Ethylamin und Nitrit wird die Spitze einer Impfnadel in die gesättigte Lösung dieser Substanz getaucht und dann leicht auf die Oberfläche des Agars aufgebracht. Damit vermeidet man eine Überdosierung im toxischen Bereich bei diesen Substanzen.

Die Petrischalen werden 4 Tage lang täglich auf ein opaques Wachstum rund um die Stelle, an der die einzelnen Stickstoff- oder Kohlenstoffverbindungen aufgebracht wurden, untersucht.

Prüfung der Assimilation in flüssigen Medien

Die Methode, bei der Reagenzgläser mit flüssigem Medium verwendet werden, wurde von WICKHAM und BURTON beschrieben. Die Untersuchungen werden in randlosen Reagenzgläsern (180 mm x 16 mm) ausgeführt, die entweder mit Stopfen oder Kappen verschlossen werden können. Jedes Glas enthält 5 ml eines flüssigen Hefe-Stickstoffgrundstoff-Mediums mit einem Testsubstrat. Den Kontrollröhrchen fehlt die Kohlenstoffquelle.

Zur Beimpfung der mit dem Untersuchungsmedium gefüllten Röhrchen werden Zellsuspensionen von jungen, aktiv wachsenden Kulturen verwendet. Zu diesem Zweck wird die Hefe auf einem geeigneten Medium, wie z. B. Glucose-Hefeextrakt-Pepton-Agar 24–48 Stunden kultiviert. Bei langsam wachsenden Hefen etwas länger, und zwar bei einer Temperatur, bei der die Hefen gut wachsen. Mit einer sterilen Platinnadel oder -öse wird unter aseptischen Bedingungen etwas Material von dieser Kultur entnommen und in etwa 3 ml Flüssigkeit suspensiert, wobei darauf geachtet werden muß, daß kein Nährmedium mit übertragen wird. Einige Labors stellen Suspensionen in sterilem, destilliertem (oder entmineralisiertem) Wasser her, andere verwenden einen sterilen Hefe-Stickstoff-Grundstoff. Eine weiße Karte, auf der schwarze Linien im Abstand von etwa 0,75 mm aufgetragen wurden, wird hinter das Röhrchen gehalten. Die Suspension wird so lange aseptisch verdünnt, bis die Linien auf der weißen Karte als dunkle Bänder durch das Röhrchen hindurch erkennbar sind. Jedes Röhrchen, das die verschiedenen im Grundmedium gelösten Kohlenstoffquellen enthält, wird dann mit 0,1 ml der Suspension beimpft. In einigen Labors werden die Testzucker in entmineralisiertem Wasser gelöst anstatt im Grundmedium; dann werden jeweils 4,5 ml dieser Lösung in die Reagenzgläser gegeben. In diesem Falle werden 2,5 ml der Hefesuspension im Stickstoffgrundstoff aseptisch in 25 ml des Grundmediums pipettiert. Jedes Röhrchen wird dann mit 0,5 ml der sich daraus ergebenden Suspension beimpft.

Die Röhrchen mit den beimpften Testmedien werden in der Regel für 3 Wochen, manchmal auch für 4 Wochen, entweder bei 25 °C oder bei 28 °C bebrütet. Bei diesen Temperaturen können Stämme bestimmter Species schlecht wachsen. Diese psychrophilen Hefen sind bei 15 °C zu bebrüten. In einigen Labors werden die Röhrchen leicht geneigt bebrütet, um die Belüftung durch den Luftkontakt mit einer größeren Oberfläche zu verbessern. Eine bessere Belüftung und Vermischung wird allerdings erreicht, wenn die Röhrchen bewegt werden. Das führt zu zuverlässigeren und schnelleren Ergebnissen. Dies gelingt, in dem man die Röhrchen in einen Schüttelapparat oder einen Rollenschüttler stellt, oder – noch besser – sie schaukelt. Der Winkel der Schaukelbewegung sollte so groß wie möglich sein, ohne daß die Stopfen oder Kappen benetzt werden.

Die Ergebnisse werden nach einer und nach drei Wochen abgelesen, in einigen Labors auch nach 2 Wochen. Das Ausmaß des Wachstums wird visuell beurteilt, in dem man die Röhrchen zwecks Dispersion der Hefen gut schüttelt und dann gegen eine linierte Karte hält. Sind die Linien vollständig unklar, wird das Ergebnis mit 3+ bezeichnet; erscheinen die Linien als diffuses Band, ist das Ergebnis 2+; können die Linien unterschieden werden und zeigen nur verschwommene Ränder, wird das Ergebnis mit 1+ notiert. Können die Linien klar erkannt werden, ist das Ergebnis negativ. Die Wertungen 3+ und 2+ sind als positives Ergebnis zu interpretieren, das Ergebnis ist schwach und unklar bei Wertungen von 1+. In Fällen, bei denen das Ergebnis zweifelhaft ist, kann das Wachstum überprüft werden, in dem man 0,1 ml der Kultur in ein Röhrchen mit frischem Testmedium überimpft. Nach dem endgültigen Ablesen werden mehrere Röhrchen der Kultur auf ihre Stärkereaktion hin getestet. Dazu gibt man einige Tropfen Lugolscher Lösung hinzu. Wird die Kultur blau, ist der Test als positiv zu werten.

Die Ergebnisse werden wie folgt kodiert:

+   positiv, entweder 2+ oder 3+ nach einer Woche

D   positiv langsam oder verzögert, entweder 2+ oder 3+ nach mehr als einer Woche

W   schwach positiv

–   negativ

Wachstum auf Medien, die Cycloheximid enthalten

Konzentrationen von 0,01 % und 0,1 % Cycloheximid werden in dem gleichen flüssigen Medium wie für das Stickstoff-Auxanogramm getestet. Der Glucosegehalt beträgt jedoch 0,5 %. Die Röhrchen werden bis zu 7 Tage lang auf Wachstum untersucht, bevor sie als negativ eingestuft werden.

Resistenz gegenüber 1 % Essigsäure

Zellen des zu untersuchenden Stammes werden auf Petrischalen ausgestrichen, in denen sich ein Medium befindet, das 1 % Essigsäure enthält. Die Schalen werden 6 Tage lang regelmäßig untersucht. Es können mehrere Stämme auf einer Schale getestet werden.

Wachstum bei 60 % D-Glucose

Eine Schrägkultur, die 60 % Glucose (G/G), Hefeextrakt und Agar enthält, wird mit Zellen aus einer jungen Kultur beimpft. Die Bebrütung findet bei 25 °C statt. Nach 1 und 2 Wochen wird auf Wachstum untersucht.

Harnstofftest

Aus einer 24–48 Stunden alten Kultur wird eine Öse entnommen, in Harnstoff-Bouillon suspendiert und bei 37 °C bebrütet (auch psychrophile Mikroorganismen und Stämme, die bei dieser Temperatur nicht wachsen). Die Röhrchen sind in etwa halbstündigen Abständen auf roten Farbumschlag zu kontrollieren. Dieser Farbumschlag zeigt an, daß Harnstoff hydrolysiert wurde. Bei den meisten Harnstoff-positiven Hefen zeigt sich der Farbumschlag innerhalb einer halben Stunde, bei der Mehrzahl dauert es nicht länger als 2 Stunden, niemals jedoch länger als 4 Stunden.

Verbreitet in Lebensmitteln vorkommende Hefen, die in den Schlüssel aufgenommen wurden:

1. *Candida intermedia* (Ciferri & Ashford) Langeron & Guerra
2. *Candida sake* (Saito & Oda) van Uden & Buckley
3. *Candida zeylanoides* (Castellani) Langeron & Guerra
4. *Cryptococcus albidus* (Saito) Skinner
5. *Cryptococcus laurentii* (Kufferath) Skinner
6. *Debaromyces hansenii* (Zopf) van der Walt & Johannsen (anamorphe Form: *Candida famata* (Harrison) Meyer & Yarrow)
7. *Endomyces fibuliger* Lindner
8. *Galactomyces geotrichum* (anamorph: *Geotrichum candidum* Link)
9. *Geotrichum klebahnii* (Stautz) Morenz
10. *Issatchenkia orientalis Kudryavtsev* (anamorphe Form: *Candida krusei* (Castellani) Berkhout)
11. *Kluyveromyces lactis* (Dombrowski) van der Walt (anamorphe Form: *Candida sphaerica* (Hammer & Cordes) Meyer & Yarrow)

12. *Kluyveromyces marxianus* (Hansen) van der Walt (anamorphe Form: *Candida kefyr* (Beijerinck) van Uden & Buckley)

13. *Pichia anomala* (Sydow & Sydow) Kurtzman (anamorphe Form: *Candida pelliculosa* Redaelli)

14. *Pichia fermentans* Lodder (anamorph: *Candida lambica* (Lindner & Genoud) van Uden & Buckely)

15. *Pichia guilliermondii* Wickerham (anamorphe Form: *Candida guilliermondii* (Castellani) Langeron & Guerra)

16. *Pichia membranaefaciens* (Hansen) Hansen (anamorphe Form: *Candida valida* (Leberle) van Uden & Buckley)

17. *Rhodotorula mucilaginosa* (Jörgensen) Harrison

18. *Saccharomyces cerevisiae* Meyen ex Hansen (anamorphe Form: *Candida robusta* Diddens & Lodder)

19. *Saccharomyces exiguus* Reess ex Hansen (anamorphe Form: *Candida holmii* (Jörgensen) Meyer & Yarrow)

20. *Torulaspora delbrueckii* (Lindner) Lindner (anamorphe Form: *Candida colliculosa* (Hartmann) Meyer & Yarrow)

21. *Trichosporon asahii* Akugi ex Sugita et al.

22. *Trichosporon pullulans* (Lindner) Diddens & Lodder

23. *Yarrowia lipolytica* (Wickerham et al.) van der Walt und von Arx (anamorphe Form: *Candida lipolytica* (Harrison) Diddens und Lodder)

24. *Zygosaccharomyces bailii* (Lindner) Guilliermond

25. *Zygosaccharomyces rouxii* (Boutroux) Yarrow

Anmerkung: anamorph = asexuelle Form

Untersuchungen und Beobachtungen für den Schlüssel

1. D-Xylose-Wachstum
2. Maltose-Wachstum
3. Raffinose-Wachstum
4. L-Arabinitol-Wachstum
5. D-Mannitol-Wachstum
6. 2-keto-D-Gluconat-Wachstum
7. D-Glucuronat-Wachstum
8. DL-Lactat-Wachstum
9. Citrat-Wachstum
10. Nitrat-Wachstum

11. Cadaverin-Wachstum

12. 1 % Essigsäure-Wachstum

13. 60 % D-Glucose-Wachstum

14. Harnstoffhydrolyse

15. Zellteilung

16. Glucose-Fermentation

17. Pseudohyphen

Schlüssel für Hefen, die häufig in Lebensmitteln vorkommen

10(9)   Maltose-Wachstum negativ 11
           Maltose-Wachstum positiv................................. 16

11(10) DL-Lactat-Wachstum negativ................................ 12
           DL-Lactat-Wachstum positiv................................ 14

12(11) 1 % Essigsäure-Wachstum negativ 13
           1 % Essigsäure-Wachstum positiv......... *Zygosaccharomyces bailii*

13(12) D-Mannit-Wachstum negativ .... *Pichia membranaefaciens*
           D-Mannit-Wachstum positiv..............*Zygosaccharomyces rouxii*

14(11) Raffinose-Wachstum negativ................................ 15
           Raffinose-Wachstum positiv............. *Kluyveromyces marxianus*

15(14) Glucose-Fermentation negativ
           oder schwach positiv.................. *Pichia membranaefaciens*
           Glucose-Fermentation positiv .... *Issatchenkia orientalis*

16(10) DL-Lactat-Wachstum negativ............................... 17
           DL-Lactat-Wachstum positiv................................ 18

17(16) D-Glucuronat-Wachstum negativ......... *Zygosaccharomyces rouxii*
           D-Glucuronat-Wachstum positiv .... *Endomyces fibuliger*

18(16) Nitrat-Wachstum negativ .... *Kluyveromyces lactis*
           Nitrat-Wachstum positiv......................... *Pichia anomala*

19(9)   Maltose-Wachstum negativ................................ 20
           Maltose-Wachstum positiv................................ 24

20(19) Raffinose-Wachstum negativ................................ 21
           Raffinose-Wachstum positiv............. *Kluyveromyces marxianus*

21(20) Keine Zellabtrennung...................................... 22
           Zellen trennen sich ab .... *Geotrichum klebahnii*

22(21) D-Mannit-Wachstum negativ 23
           D-Mannit-Wachstum positiv............. *Galactomyces geotrichum*

23(22) Citrat-Wachstum negativ . . . . *Pichia membranaefaciens*
        Citrat-Wachstum positiv . . . . *Pichia fermentans*

24(19) Nitrat-Wachstum negativ . . . . *Kluyveromyces lactis*
        Nitrat-Wachstum positiv . . . . *Pichia anomala*

25(8)   Maltose-Wachstum negativ 26
        Maltose-Wachstum positiv 28

26(25) Citrat-Wachstum negativ 27
        Citrat-Wachstum positiv . . . . *Candida zeylanoides*

27(26) 1 % Essigsäure-Wachstum negativ . . . . *Zygosaccharomyces rouxii*
        1 % Essigsäure-Wachstum positiv . . . . *Zygosaccharomyces bailii*

28(25) Raffinose-Wachstum negativ 29
        Raffinose-Wachstum positiv 32

29(28) 60 %Glucose-Wachstum negativ 30
        60 %Glucose-Wachstum positiv 31

30(29) D-Glucuronat-Wachstum negativ . . . . *Candida sake*
        D-Glucuronat-Wachstum positiv . . . . *Endomyces fibuliger*

31(29) D-Glucuronat-Wachstum negativ . . . . *Zygosaccharomyces rouxii*
        D-Glucuronat-Wachstum positiv . . . . *Endomyces fibuliger*

32(28) D-Glucuronat-Wachstum negativ 33
        D-Glucuronat-Wachstum positiv 35

33(32) L-Arabinitol-Wachstum negativ . . . . *Candida intermedia*
        . . . . *Debaryomyces hansenii*
        L-Arabinitol-Wachstum positiv 34

34(33) Pseudohyphen gut ausgebildet . . . . *Pichia guilliermondii*
        Keine Pseudohyphen oder nur
        kurze Zellketten . . . . *Debaryomyces hansenii*

Dank

Dieser Schlüssel wurde von R. W. PAYNE vom *Statistics Department of Rotham-sted Experimental Station* mit Hilfe des Computerprogramms Genkey Mk 4.01 A anhand der in „The Yeasts: Characteristics and Identification" von BARNETT et al. (1990) veröffentlichten Ergebnisse erstellt. Die Autoren sind für diese Zusammenarbeit dankbar.

Literatur

1.   BARNETT, J.A., PAYNE, R.W. & YARROW, D., The Yeasts: Characteristics and Identi-fication, Cambridge University Press, Cambridge, 1990
2.   BARNETT, J.A., PAYNE, R.W. & YARROW, D., Yeasts Identification PC Program, Ver-sion 3, Cambridge, 1994
3.   BEECH, F.W. et al., Media and methods for growing yeasts: proceedings of a discus-sion meeting. In: Biology and activities of yeasts (Hrsg. SKINNER, F.A., PASSMORE, S.M. & DAVENPORT, R.R.), Academic Press, London, 259-293, 1980

4. BOCHNER, B., „Breathprints" at the microbial level, ASM news 55, 536-539, 1989

5. DAVENPORT, R.R., An outline guide to media and methods for studying yeasts and yeast-like organisms. In: Biology and activities of yeasts (Hrsg. SKINNER, F.A., PASS-MORE, S.M. & DAVENPORT, R.R), Academic Press, London, 261-263, 1980

6. DEAK, T., Media for enumerating spoilage yeasts – a collaborative study. In: Modern methods in food mycology, Hrsg. SAMSON, R.A., HOCKING, A.D., PITT, J.I. & KING, A.D., Elsevier, Amsterdam, 31-38, 1992

7. DEAK, T., Experiences with and further improvements to the Deak and Beuchat simplyfied identification scheme for food-borne yeasts. In: Modern methods in food mycology, Hrsg. SAMSON, R.A., HOCKING, A.D., PITT, J.I. & KING, A.D., Elsevier, Amsterdam, 47-54, 1992

8. DEAK, T. & BEUCHAT, L.R., Handbook of Food Spoilage Yeasts, CRC Press, Boca Raton, 1996

9. KING, A.D. & TOROK, T., Comparison of yeast identifcation methods. In: Modern methods in food mycology, Hrsg. SAMSON, R.A., HOCKING, A.D., PITT, J.I. & KING, A.D., Elsevier, Amsterdam, 39-46, 1992

10. KING, A.D., HOCKING, A.D. & PITT, J.I., Dichloran-rose bengal medium for enumeration of moulds from foods, Appl. Environ. Microbiol. 37, 959-964, 1979

11. KREGER-VAN RIJ, N.J.W. (Hrsg.), The Yeasts, a taxonomic study, Elsevier Scientific, Amsterdam, 1984

12. KURTZMAN, C.P. & FELL, J.W. (Hrsg.), The Yeasts, a taxonomic study, Fourth Edition, Elsevier, Amsterdam, 1998

13. MULVANY, J.G., Membrane-filter techniques in microbiology. In: Methods in microbiology, Vol. 1 (Hrsg. NORRIS, J.R. & RIBBONS, D.W.), Academic Press, London & New York, 205-253, 1969

14. PITT, J.I. & HOCKING, A.D., Fungi and food spoilage, Blackie Academic & Professional, London, 1997

15. PRAPHAILONG, W., VAN GESTEL, M., FLEET, G.H. & HEARD, G.M., Evaluation of the biolog system for the identification of food and beverage yeasts, Lett. Appl. Microbiol. 24, 455-459, 1997

16. SAMSON, R.A., HOCKING, A.D., PITT, J.I. & KING, A.D. (Hrsg.), Modern methods in food mycology, Elsevier, Amsterdam, 1992

17. WICKERHAM, L.J., Taxonomy of yeasts, United States Department of Agriculture, technical bulletin no. 1029, Washington, 1951

18. VAN DER WALT, J.P. & VAN KERKEN, A.E., The wine yeasts of the Cape, part V: Studies on the occurrence of Brettanomyces intermedius and Brettanomyces schanderlii, Antonie van Leeuwenhoek 27, 81-90, 1961

VI Isolierung und Identifizierung von Schimmelpilzen in Lebensmitteln

R. A. Samson, Ellen S. Hoekstra

1 Einleitung

Die Bedeutung der Schimmelpilze in Lebensmitteln und Futtermitteln ist allgemein anerkannt (SAMSON, 1989). Eine Kontamination mit Schimmelpilzen kann sowohl in Rohstoffen, wie Getreide und Obst, als auch in den Endprodukten festgestellt werden. Neben dem Verderb von Lebensmitteln, den Schimmelpilze hervorrufen können, produzieren einige dieser Mikroorganismen Mykotoxine. Dies sind relativ kleine Moleküle mit verschiedenen chemischen Strukturen. Es wurde bereits von etwa 350–400 verschiedenen als toxinogen eingestuften Stoffwechselprodukten berichtet (COLE und COX, 1981). Neue Verbindungen werden dieser Liste hinzugefügt. Von den bekannten Mykotoxinen sind die Aflatoxine, die *Fusarium*-Toxine (Trichothecene, Fumonisine usw.) und Ochratoxin die wichtigsten. Einige Verbindungen rufen vor Eintritt des Todes nur wenige Symptome hervor, andere wiederum sind in der Lage, schwere Beschwerden einschließlich Hautnekrose, Leukopenie und Immunosuppression auszulösen (SMITH und MOSS, 1985; DVORACKOVA, 1988; BETINA, 1989; CHAMP et al., 1991; PITT, 1993).

Die Schimmelpilzflora ist vielfach von den Bedingungen der Umgebung abhängig. Viele Species kommen weltweit vor, einige bevorzugen wärmere Gebiete und besondere Substrate, wieder andere sind oft in kälteren Klimazonen auf einer Vielzahl von Substraten anzutreffen. Xerophile Schimmelpilze mit einer Präferenz für Substrate mit geringer Wasseraktivität (z.B. Species der Genera *Eurotium, Wallemia, Xeromyces*) spielen in der Lebensmittelmykologie eine wichtige Rolle. Hitzeresistente Schimmelpilze können den Verderb von Fruchtsäften, Marmeladen usw. nach der Pasteurisation verursachen (z.B. Species von *Byssochlamys, Neosartorya, Eupenicillium* und *Talaromyces*). Einzelheiten zur Ökologie einschließlich der Zusammensetzung der Substrate, Temperaturanforderungen, Wasseraktivität, pH-Wert, mikrobiologische Konkurrenz, Faktoren des Verderbs und der Verarbeitung findet der interessierte Leser bei ARORA et al. (1991) und FRISVAD und SAMSON (1991).

Seit kurzem wird auch die Bedeutung von in der Luft vorkommenden Schimmelpilzen als Kontaminanten von Lebensmitteln hervorgehoben. Die Untersuchung der Umgebungsluft ist nicht nur nützlich, um die Ursache von Pilzkontamination zur erkennen, sondern dient auch der Überwachung der Hygieneverhältnisse im Betrieb.

Die korrekte Identifizierung der Schimmelpilze ist wichtig. Die Methoden basieren in der Hauptsache auf morphologischen Kriterien; meistens ist eine Kultivierung der Schimmelpilzisolate auf speziellen Medien erforderlich. Da Lebensmittelprodukte in Europa teilweise bestrahlt oder wärmebehandelt sein können, sind auch Nachweismethoden für nicht lebensfähige Keime notwendig. Für einige moderne Schnellmethoden, z. B. immunologische Methoden (ELISA), wurden Profile für Sekundärstoffwechselprodukte entwickelt. Eine aktuelle Übersicht über die Fortschritte dieser Methoden auf dem Gebiet der Lebensmittelmykologie geben SAMSON et al. (1992).

In diesem Kapitel werden die heutigen Methoden der Isolierung und Kultivierung lebensfähiger, filamentöser Schimmelpilze beschrieben. Für die Identifizierung der wichtigsten Schimmelpilzflora auf Lebensmitteln werden ein Schlüssel und eine Liste der allgemein vorkommenden Genera angegeben. Detaillierte Literatur über Schimmelpilze auf Lebensmitteln findet der Leser bei ARORA et al. (1991), SAMSON et al. (1992), SAMSON et al. (1996) und PITT und HOCKING (1997).

2 Isolierung von Schimmelpilzen

Ein Naßpräparat des Substrates wird unter dem Mikroskop direkt untersucht und gibt Hinweise auf die vorhandene Schimmelpilzflora. Aus diesen Beobachtungen kann zusammen mit den Eigenschaften des Produktes (z. B. a_w-Wert) ein geeignetes Medium für die Isolierung ausgesucht werden. Oft sind verschiedene Medien nötig.

Direktausstrich

Häufig wird ein Direktausstrich vom schimmeligen Substrat auf einem geeigneten Medium angefertigt. Dazu wird das Material in die Petrischalen gegeben oder ausgestrichen.

Es wird empfohlen, die Oberfläche von Getreide und Nüssen zu desinfizieren, um ein Übermaß an Oberflächenkontaminanten zu entfernen. Die Schimmelpilze, die sich innerhalb des pflanzlichen Gewebes befinden oder die bis in den Kern vorgedrungen sind, können so nachgewiesen werden. Die Oberflächendesinfektion kann durch zweiminütiges Eintauchen in 0,3–0,4 % NaOCl oder $Ca(OCl)_2$-Lösung oder in 0,4 % Chlor (Haushaltsbleiche, 1:10 verdünnt) und nachfolgendes Spülen mit sterilem Wasser erfolgen.

Quantitativer Nachweis

Eine Keimzahlbestimmung wird für flüssige Lebensmittel und Pulver empfohlen ebenso wie für stückige Lebensmittel, bei denen die gesamte Mykoflora von Bedeutung ist. Dazu werden die folgenden Verfahren empfohlen (SAMSON et al., 1992): Das Probenstück sollte so groß wie möglich sein. Die Ausgangsverdünnung beträgt 1:10 in 0,1 % Peptonlösung. Zur Homogenisierung ist ein Stomacher dem Schütteln vorzuziehen. Beim Stomacher wird eine Homogenisierdauer von 2 Minuten empfohlen. Wird ein Mixer verwendet, sollte die Homogenisierdauer kürzer sein (ca. 30–60 Sek.). Die weiteren Verdünnungen werden alle im Verhältnis 1:10 mit 0,1 % Peptonlösung angesetzt. Die Suspensionen werden auf Petrischalen ausgespatelt, wobei eine Beimpfungsmenge von 0,1 ml pro Schale verwendet wird. Die Schalen sollten mit dem Deckel nach oben 5 Tage lang bei 25 °C bebrütet werden.

Nachweis hitzeresistenter Schimmelpilze

Für die Isolierung hitzeresistenter Schimmelpilze empfehlen PITT et al. (1992) folgendes Verfahren: 100 g des Produktes wird, vorzugsweise in 2 Teilen zu jeweils 50 ml, für 30 Minuten auf 75 °C erhitzt. Dann wird mit der gleichen Menge doppeltkonzentriertem Kartoffel-Dextrose-Agar oder einem anderen Nähragar gemischt und in Schalen gegossen. Dazu eignen sich große Petrischalen (Durchmesser 150 mm) am besten. Die Bebrütung findet bei 30 °C statt, wodurch die Entwicklung von *Byssochlamys, Neosartorya und Talaromyces*-Asci sichergestellt wird. Nach 7 Tagen Bebrütung werden die Schalen untersucht.

Falls noch kein Wachstum festzustellen ist, wird bis zu 4 Wochen gewartet. Konzentrierte Proben (mit einem Brix-Wert von über 35) sollten vor dem Erhitzen im Verhältnis 1:1 mit 0,1 % Peptonwasser verdünnt werden. Sehr saure Proben sollten vor dem Erhitzen mit NaOH auf einen pH-Wert von 3,5 bis 4,0 angehoben werden (siehe auch HOCKING und PITT, 1984).

Medien zum allgemeinen Nachweis von Schimmelpilzen

Dichloran-Bengalrot-Chloramphenicol-Agar (DRBC) (KING et al., 1979) und Dichloran-18 %-Glycerol-(DG 18)-Agar (HOCKING und PITT, 1980) werden als allgemeine Isolierungs- und Nachweismedien für Lebensmittel empfohlen. Es muß festgehalten werden, daß sich der DG 18-Agar weniger für die Isolierung von Schimmelpilzen aus frischen Früchten und Gemüsen eignet. Vorkommende Hefen können sich ebenfalls auch in geringer Keimzahl auf DG 18-Agar entwikkeln. Auch vermehren sich die Species *Fusarium und Scopulariopsis* nicht optimal. Medien, die Rose-Bengal enthalten, sind lichtempfindlich. Schon nach kurzer Zeit im Licht werden Hemmstoffe produziert. Darum sollten fertiggestellte Medien bis zur Benutzung und bei der Inkubation dunkel aufbewahrt werden.

Sabourand-Agar ist für den Nachweis von Schimmelpilzen in Lebensmitteln nicht geeignet.

Die Medien sollten in etwa einen neutralen pH-Wert haben und geeignete Antibiotika enthalten. Allgemein üblich ist die Verwendung von Chloramphenicol, denn es ist hitzestabil und kann somit vor dem Autoklavieren zugegeben werden. Es wird in Konzentrationen von 100 mg/kg (ppm) verwendet. Stellt ein übermäßiges bakterielles Wachstum ein Problem dar (z.B. in frischem Fleisch), wird Chloramphenicol (50 mg/kg) in Kombination mit Chlortetracyclin (50 mg/kg) empfohlen. Chlortetracyclin ist instabil und muß nach dem Autoklavieren sterilfiltriert dem Medium zugesetzt werden. Gentamycin wird nicht empfohlen, denn es hemmt das Wachstum einiger Hefen.

Medien zum selektiven Nachweis von Schimmelpilzen

Xerophile Schimmelpilze

DG 18-Agar mit einem a_w-Wert von 0,955 ist das zur Zeit beste Medium zum Nachweis der meisten xerophilen Schimmelpilze in Lebensmitteln (BEUCHAT und HOCKING, 1990; HOCKING, 1991). Es eignet sich gut zum Nachweis von *Wallemia sebi*, einem weitverbreiteten Xerophilem. Das Wachstum von *Eurotium*-Species auf DG 18-Agar ist allerdings sehr schnell. Die Kolonien haben keine scharfen Ränder. Zur Isolierung extremer Xerophiler, z.B. *Xeromyces bisporus, Eremascus*-Species, xerophiler *Chrysosporium*-Species wird Malzextrakt-Hefeextrakt-Glucose-Agar (MY50G; $a_w = 0{,}89$; PITT und HOCKING, 1997) empfohlen, wobei eine direkte Beimpfung erfolgen sollte. Die Bebrütung geschieht bei 25 °C. Nach 7 Tagen wird untersucht; hat noch kein Wachstum stattgefunden, wird bis zu insgesamt 21 Tagen weiter inkubiert.

Toxigene Schimmelpilze

Für den Nachweis einiger toxigener *Penicillium*-Species (insbesondere nephro-toxigener Species) des Subgenus *Penicillium* kann Dichloran-Rose-Bengal-Hefeextrakt-Saccharose-Agar (DRYES; FRISVAD, 1983) eingesetzt werden. Die aflatoxigenen Species *Aspergillus flavus* und *A. parasiticus* können mit AFPA-agar (PITT et al., 1983) nachgewiesen werden. Für die Isolierung von *Fusarium*-Species können verschiedene Medien eingesetzt werden: Czapek-Dox-Iprodion-Dichloran-Agar (CZID; ABILDGREN et al., 1987), Dichloran-Chloramphenicol-Pepton-Agar (DCPA; ANDREWS und PITT, 1986) und Pentachlor-Nitro-benzen-Pepton-Agar (PCPA; BURGESS et al., 1988).

Hefen

Für Produkte wie z. B. Getränke, in denen Hefen in der Regel dominieren, werden nicht-selektive Medien wie Malzextrakt Agar (PITT und HOCKING, 1985) oder Trypton-Glucose-Hefeextrakt-Agar (TGY) mit Zusatz von Chloramphenicol oder Oxytetracyclin (100 mg/kg) eingesetzt. Für Produkte, bei denen Hefen in Anwesenheit von Schimmelpilzen nachgewiesen werden sollen, wird DRBC empfohlen. Ein wirksames Medium zum Nachweis konservierungsstoff-resistenter Hefen ist essigsaurer Malzagar (Malzextraktagar + 0,5 % Essigsäure). Die Essigsäure wird direkt vor dem Ausgießen zugesetzt (PITT und HOCKING, 1997). Andere Medien, die 0,5 % Essigsäure enthalten, sind ebenso wirkungsvoll. Der Zusatz von 10 % (G/V) Glucose kann hilfreich sein.

Kultivierung zur Identifizierung

Zur Ausbildung von typischen Wachstumsmerkmalen und Sporulation ist es wichtig, daß jede Species auf einem geeigneten Medium kultiviert wird. Malzextraktagar (MEA) und/oder Hafermehlagar (OA) sind geeignete Identifizierungsmedien für die meisten Species. Einige Species erfordern spezielle Medien wie Kartoffel-Karotten-Agar (PCA); Czapek-Hefe-Autolysat-Agar (CYA), Nelkenblatt-Agar (CLA) usw.

Die meisten Schimmelpilze können in diffusem Licht oder im Dunkeln bei 25 °C bebrütet und nach 5–10 Tagen identifiziert werden. *Fusarium, Trichoderma* und *Epicoccum* zeigen im diffusen Tageslicht typische Sporulation. Für Pilze wie *Phoma* sollte die Kultivierung in Dunkelheit beginnen, gefolgt von einem Zeitraum mit abwechselnd Dunkelheit/diffusem (Tages)Licht. Um die Sporulation anzuregen, kann eine Bestrahlung mit Nah-UV („schwarzes" Licht: größte Wirkung bei 310 nm bei einer maximalen Emission bei etwa 360 nm) helfen.

3   Identifizierung von Schimmelpilzen

Makroskopische Untersuchung

Die Anwesenheit von Schimmelpilzen auf oder in Lebensmittelprodukten oder in einer Petrischale wird durch Prüfung mit dem bloßen Auge und nachfolgend mit dem Mikroskop untersucht. Etwas Gewebe der Schimmelpilze (Mycel, Fruchtkörper, sporenbildende Teile) kann mit einer metallenen Präparationsnadel oder einer Glasnadel entnommen werden. Glasnadeln eignen sich besonders gut. Sie können aus einem Glasstab hergestellt werden, der erhitzt und dann in Form einer Nadel ausgezogen wird.

Herstellung von Naßpräparaten

Ein Teil eines Schimmelpilzes wird in einen Tropfen Wasser oder Einbettungsflüssigkeit auf einem Objektträger übertragen und mit einem Deckglas abgedeckt. Es müssen immer saubere Objektträger, Deckgläschen und in der Flamme sterilisierte Nadeln verwendet werden. Die Fruchtkörper müssen zunächst zerdrückt werden; Hyphen müssen oft mit zwei Nadeln ausgezogen werden. Es kann helfen, wenn man sporulierende Teile einschließlich etwas Agar aus den jüngeren Bereichen der Kolonie entnimmt. Der Agar kann sanft über der Sparflamme geschmolzen werden (nicht kochen!).

Schimmelpilzkulturen, die auf einem durchsichtigen Agar in einer Petrischale gewachsen sind, können in Viereckform ausgeschnitten und auf den Objektträger gelegt werden. Dann wird ein Tropfen Wasser zugegeben und mit einem Deckglas abgedeckt. Der Objektträger wird nachfolgend unter dem Mikroskop untersucht. Diese Methode ist besonders geeignet bei einigen Schimmelpilzen, die sehr zerbrechliche sporulierende Strukturen bilden, oder um die Bildung von Ketten oder Schleimköpfen in den Deuteromyceten (beispielsweise bei *Fusarium*) zu beobachten. Handelt es sich um ein Genus, das trockene Ketten produziert, wie *Penicillium* und *Aspergillus*, können die überschüssigen Konidien mit einem Tropfen Alkohol entfernt werden.

Klebebandtechnik

Für einige Species mit sehr zerbrechlichen und komplexen sporulierenden Strukturen (z.B. *Cladosporium, Botrytis*) kann die Klebebandtechnik für die Herstellung eines Objektträgerpräparates hilfreich sein. Die Kolonien werden vorsichtig mit der klebenden Seite des Klebebandes berührt. Das Klebeband wird dann mit einem Tropfen Flüssigkeit auf einen Objektträger gelegt. Diese Art der Präparation eignet sich für die Untersuchung mit 100–400 facher Vergrößerung, aber nicht für Ölimmersion. Die Klebebandmethode kann auch benutzt werden, um Oberflächenkontaminationen durch Schimmelpilze zu untersuchen. Sie ermöglicht nicht nur den Nachweis von Schimmelpilzen, sondern liefert auch andere ökologische Informationen, wie z.B. die Anwesenheit anderer Mikroorganismen oder Milben.

Präparierflüssigkeit

Das erste Präparat wird mit Wasser hergestellt. Darin behält der Schimmelpilz seine natürliche Form und Größe (keine Schrumpfung) und die Pigmentation kann am besten beobachtet werden. Zygomyceten, Coelomyceten, *Fusarium* spp. und Hefen sollten immer in einem Wasserpräparat untersucht werden. Produziert der Schimmelpilz viele trockene Konidien (z. B. *Penicillium*), kann ein Netzmittel oder Ethanol zugegeben werden. Der Nachteil eines Wasserpräparates ist die schnelle Austrocknung. Deuteromyceten und Ascomyceten können in Milchsäure mit und ohne Farbstoff präpariert werden. Dieses Präparationsmedium wird hergestellt, indem man 1 g Baumwollblau (Anilinblau) auf 1 l DL-Milchsäure (ca. 85 %) gibt. Zur Entfernung von Sporen oder Luftblasen kann man einen kleinen Tropfen Alkohol zugeben oder den Objektträger sehr vorsichtig erwärmen. Eine andere, allgemein verwendete Präparationsflüssigkeit ist die nach SHEAR: 3 g Kaliumacetat, 150 ml Wasser, 60 ml Glycerin, 90 ml Ethanol (95 %). Dieses Medium eignet sich besonders für die Mikrofotografie.

Ein Objektträger, der mit Milchsäure präpariert wurde, kann (halb)permanent gemacht werden, indem man das Deckglas mit Glycerin-Gelatine umgibt. Überschüssige Flüssigkeit sollte entfernt werden, und die Ränder des Deckglases müssen mit Alkohol gereinigt sein, bevor Glycerin-Gelatine aufgebracht wird. Nach dem Trocken über ein bis mehrere Tage kann eine Schicht Nagellack aufgetragen werden, die die Glycerin-Gelatine-Schicht vollständig bedeckt.

4 Genera von Schimmelpilzen in Lebens- und Futtermitteln

Allgemeine Eigenschaften

Die Genera von Schimmelpilzen, die allgemein in Lebensmitteln und Futtermitteln vorkommen, sind im folgenden aufgezählt. Man sollte jedoch beachten, daß bei speziellen Lebensmitteln und Futtermitteln ein Genus oder eine Species überwiegen kann, abhängig von den Wachstumsbedingungen oder den zur Verfügung stehenden Nährstoffen. In einigen Fällen kann die Schimmelpilzflora erheblich von den allgemein bekannten taxonomischen Gruppen in Lebensmitteln abweichen. Die meisten in Lebensmitteln vorkommenden Pilze können anhand der Angaben von SAMSON et al. (1996) und PITT und HOCKING (1997) identifiziert werden. Andere hilfreiche Bücher zur Identifizierung sind die von ELLIS (1971, 1976), SUTTON (1980), CARMICHAEL et al. (1980), DOMSCH et al. (1980) und VON ARX (1981).

4.1 Zygomyceten

Allgemeine Eigenschaften

Diese Gruppe wird durch ein zoenozytisches Mycel charakterisiert. Die einzige Querwand (Septum) bildet getrennte spezielle Organe wie Sporangien und Zygosporen aus. Septen treten manchmal in den reifen Teilen des Mycels auf.

Die geschlechtliche Vermehrung findet durch Verschmelzung von zwei multinuclearen Gametangien und Bildung von dickwandigen, gelben, braunen oder schwarzen Zygosporen statt, die häufig mit Dornen oder anderen Auswüchsen bedeckt sind. Die beiden Hyphenteile an jedem Ende der Zygosporen werden Suspensoren genannt. Die Suspensoren können sich gleichen oder aber auch in Form und Größe unterschiedlich sein. Manchmal bilden die Suspensoren Anhängsel (z. B. einige Species von *Absidia*). Zygosporen kommen in der Regel nicht bei den in Lebensmitteln üblichen Zygomyceten vor und müssen durch Paarung mit + und – Stämmen ausgelöst werden.

Die ungeschlechtliche Vermehrung findet mit Hilfe von unbeweglichen Sporangiosporen (einzellige Aplanosporen) statt, die endogen als kugel- oder birnenförmige Sporangien mit und ohne Columella (Bläschen oder Innenteil innerhalb eines Sporangiums ohne Unterbrechung zur Sporangiophore) oder als Merosporangien (zylindrisches Sporangium, das in eine Reihe von Merosporen aufbricht) produziert werden. Ein Merosporangium hat keine Columella. Sporangiolen (kleine, kugelförmige Sporangien mit einer oder wenigen Sporen und verkleinerter oder keiner Columella) werden bei den Familien Thamnidiaceae,

Cunninghamellaceae und Choanephoraceae gefunden. Einige Gattungen werden durch eine Apophyse (eine Verbreiterung der Sporangiophore gerade unterhalb des Sporangiums) gekennzeichnet. Stolone können auch vorkommen; dies sind spezialisierte Hyphen, die sich über die Oberfläche ziehen und Sporangiophoren bilden. Diese Stolone können an dem Substrat mit Hilfe von Rhizoiden (wurzelähnliche Strukturen) anhaften. Einige Species produzieren Chlamydosporen (dickwandige Zellen) oder Oidien (dünnwandige Zellen, die oft im Substratmycel vorkommen und in der Regel kugelförmig sind). Diese können endständig oder zwischenständig einzeln oder in Ketten vorliegen. Sporangiosporen, Chlamydosporen und Oidia können keimen und neues Mycel produzieren.

Habitat: Die meisten Mitglieder dieser Gruppe sind saprophytisch, allerdings können einige für andere Pilze, Menschen, Tiere oder Pflanzen pathogen sein. Einige Species wie *Rhizopus* und *Absidia* sind auf Lagergetreide, Obst und Gemüse, in der Luft oder in Kompost weit verbreitet. Einige Species wie *Mucor*

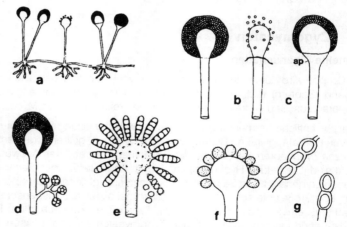

Abb. VI.4-1: Vegetative sporenbildenden Organe in einigen in Lebensmitteln vorkommenden Zygomyceten

a. Sporangien an Stolonen und Rhizoiden
b. mehrsporiges Sporangium (links) und Columella (rechts) bei *Mucor*
c. Sporangium mit Apophyse (ap) wie in *Absidia*
d. Sporangium und Sporangiolen in *Thamnidium*
e. Merosporangien in *Syncephalastrum*
f. Sporen (einsporige Sporangiolen) in *Cunninghamella*
g. Chlamydosporen (häufig im Submersmycelium produziert)

und *Rhizopus* sind wichtig bei der Verwendung in orientalischen, fermentierten Lebensmitteln und zur Herstellung organischer Säuren. Sie können aber auch Fäulnis in reifen und geernteten Früchten und Gemüse hervorrufen.

Schlüssel zur Identifizierung häufiger vorkommender Zygomyceten

1. Merosporangien* oder Sporangiolen werden gleichzeitig
    an Vesikeln gebildet. 2
    Sporangien, Sporangiolen werden nicht gleichzeitig
    an Vesikeln gebildet. 3

2. Merosporangien brechen auf eine Reihe
    glattwandiger Sporangiosporen . . . . *Syncephalastrum*
    Sporangiolen, einsporig, in der Regel rauhwandig. . . . *Cunninghamella*

3. Hauptachse mit endständigem Sporangium,
    an den Seitenzweigen Sporangiolen oder Sporen,
    dichotome Verzweigung der Sporangiophoren. . . . . *Thamnidium*
    Sporangien mit vielen Sporen gefüllt, keine
    Sporangiolen vorhanden 4

4. Sporangien ohne Apophyse (Schwellung unterhalb
    des Sporangiums) 5
    Sporangien mit Apophyse 6

5. Rhizoide und Stolone vorhanden, thermophil . . . .*Rhizomucor*
    Keine Rhizoide und Stolone, nicht thermophil. . . . . *Mucor*

6. Pigmentierte Sporangiophore, entspringen in Gruppen
    gegenüber von Rhizoiden, Sporangiosporen
    gewöhnlich gestreift. . . . .*Rhizopus*
    Sporangiosporen durchscheinend oder fast
    durchscheinend, entspringen aus Stolonen,
    Sporangiosporen nicht gestreift . . . . *Absidia*

---

*   Anmerkung: Merosporangien = Sporangien zylindrisch und Sporen einreihig
     angeordnet

Legende Abb. VI.4–2 rechte Seite:

a. *Mucor racemosus*: Spitze einer Sporangiophore mit Sporangium (x360)

b. *Mucor circinelloides*: Sporangiophore mit Columella und Resten der Sporangiumwand nach dem Aufbrechen (x360)

c. *Rhizopus stolonifer*: Sporangiophoren mit Sporangien und Rhizoiden (x10)

d. Rhizopus microsporus var. *oligosporus*: Sporangium mit Apophyse, Columella und Sporen (x400)

e. *Absidia corymbifera*: Spitze einer Sporangiophore mit Apophyse und Columella (x210)

f. *Rhizomucor pussillus*: Spitzen von Sporangiophoren mit Sporangien und Columellen (x300)

g. *Syncephalastrum racemosum*: Spitze einer Sporangiophore mit Merosporangien, die am Zellbläschen entstehen (x335)

h. *Thamnidium elegans*: Teile einer Sporangiophore mit dichotomen Verästelungen, die einige sporende Sporangiolen tragen (x430)

i. *Cunninghamella elegans*: Sporangiophore mit einsporigen Sporangiolen (x245)

Absidia van Tieghem (etwa 20 Taxa), am häufigsten vorkommende Species *A. corymbifera*.

Amylomyces Calmette (monotypisch). *A. rouxii* wird häufig mit orientalisch fermentierten Lebensmitteln in Verbindung gebracht.

Cunninghamella Thaxter (7 Taxa). *C. echinulata* und *C. elegans* werden manchmal auf Nüssen oder anderen tropischen Lebensmittelprodukten nachgewiesen.

Mucor Mich. (45–50 Taxa). Auf Lebensmitteln kommen vor: *M. plumbeus, M. hiemalis, M. racemosus* und *M. circinelloides*. Ein detaillierter Schlüssel findet sich bei SCHIPPER (1973, 1975, 1976, 1978).

Rhizomucor (3 Taxa). Thermophile Species, *R. pusillus* und *R. miehei,* eng mit *Mucor* verwandt (SCHIPPER, 1978).

Rhizopus Ehrenb. (etwa 10 Taxa). Weitverbreitete Species: *R. oryzae, R. stolonifer* und *R. microsporus* (SCHIPPER, 1984; SCHIPPER und STALPERS, 1984).

Syncephalastrum Schroeter (1 Taxon oder 2 Taxa). Die einzige weitverbreitete Species ist *S. racemosum Cohn.*

Thamnidium Link (monotypisch). Manchmal tritt *T. elegans* auf.

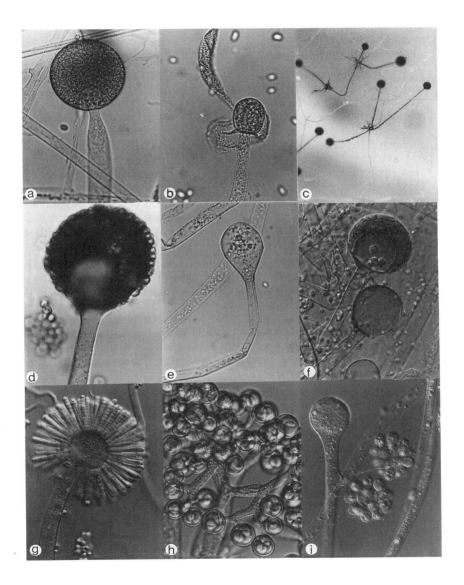

Abb. VI.4-2:   Legende siehe linke Seite

4.2   Ascomyceten

Allgemeine Eigenschaften

Das vegetative Mycel der Ascomyceten ist septiert und haploid. Die geschlechtliche Vermehrung findet mit Hilfe von Asci statt, die oft durch Karyogamie zweier Zellkerne aus verschiedenen Gametangien (männlich: Antheridium, weiblich: Ascogonium) gebildet werden. Nach der Meiose werden meistens 8 (manchmal 2 oder 4) Ascosporen in den Asci gebildet. Die Asci sind in der Regel in den Ascomaten (Ascokarpen) eingeschlossen. Dies sind die Fruktifikationsorgane, die einzeln oder in Zusammenklumpungen in oder am Stroma (Masse der vegetativen Hyphen) vorkommen. Die Morphologie der Fruktifikationsorgane ist für eine systematische Unterscheidung wichtig. Man unterscheidet kupulate (Apothecium), kugelförmige oder nicht-kugelige nicht-ostiolate (Cleistothecium) oder kolbenförmige (Perithecium) Fruktifikationsorgane. Asci können sich auch in Spalten der Stromate entwickeln oder aus kissenförmigen Strukturen (Pseudothecium) entstehen.

Das ascogene oder teleomorphe Stadium wird oft von einem oder mehreren reproduktiven Stadien begleitet, den anamorphen Formen. Die Mehrzahl der Deuteromyceten (Fungi imperfecti) sind die anamorphen Formen im Lebenszyklus der Ascomyceten. Die meisten Ascomyceten, die auf Lebensmitteln vorkommen und in diesem Kapitel behandelt werden, gehören zu den Eurotialen und werden durch ein Cleistothecium gekennzeichnet, in dem viele kleine, kugelförmige oder kugelartige Asci produziert werden. Die anamorphen Formen der hier behandelten Species gehören zu *Penicillium, Paecilomyces, Basipetospora* und *Aspergillus*.

Habitat: Die meisten Species sind saprophytisch; sie kommen im Erdboden, auf verderbendem pflanzlichem Material und auf Lebensmitteln vor. Die Gattung *Eurotium* kann auf Trockenprodukten weitverbreitet sein und sich als Schimmelpilz während der Lagerung entwickeln (z.B. Getreide, Nüsse). Die Species *Talaromyces, Byssochlamys* und *Neosartorya* sind als hitzeresistente Species bekannt, die in hitzebehandelten Fruchtsäften und anderen Fruchtprodukten auftreten.

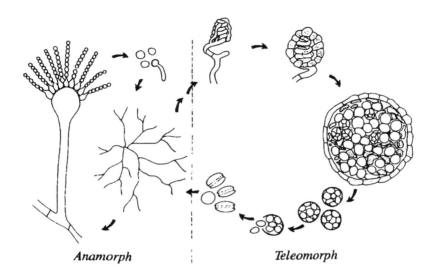

Anamorph   *Teleomorph*

Abb. VI.4-3: Lebenszyklus von Ascomyceten, hier am Beispiel einer anamorphen *(Aspergillus)* und telemorphen *(Eurotium)* Verbindung

Schlüssel zur Identifizierung häufiger vorkommender Ascomyceten

1   Ascomata perithecia, mit seitlichen und/oder
    endständigen Haaren . . . . *Chaetomium*
    Ascomata cleistothecia 2

2   Ascomata deutlich gestielt oder fast ungestielt;
    anamorph *Basipetospora* 3
    Ascomata nicht gestielt, anamorphe Formen
    von *Penicillium, Paecilomyces* oder *Aspergillus* 4

3   Ascomata deutlich gestielt. Asci enthalten mehr als
    zwei ellipsenförmige Ascosporen. Nicht xerophil . . . . *Monascus*
    Ascomata fast ungestielt. Asci enthalten zwei
    nierenförmige Ascosporen, xerophil . . . . *Xeromyces*

Abb. VI.4–4 rechte Seite

a. *Byssochlamys nivea:* Asci mit Ascosporen (x680)

b. *Eurotium:* Konidienstruktur der *Aspergillus glaucus* Gruppe (x370)

c. *Eurotium herbariorum:* Asci und Ascosporen (x610)

d. *Emericella nidulans:* Hülle-Zellen (x730)

e. *Emericella nidulans:* Ascosporen mit zwei äquatorialen Flügeln (x915)

f. *Talaromyces:* Asci mit Ascosporen (x490)

g. *Neosartorya fischeri:* Asci mit Ascosporen (x1010)

h. *Monascus ruber:* Gestieltes Ascomata mit Ascosporen (x550)

i. *Xeromyces bisporus:* aus nierenförmigen Ascosporen freigesetzte Ascomata (x430)

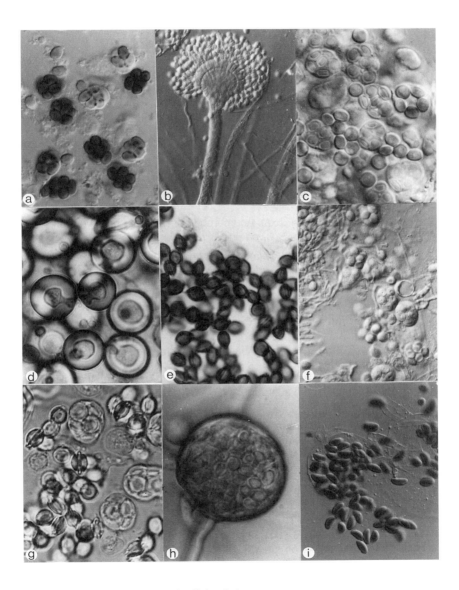

Abb. VI.4-4: Legende siehe linke Seite

9   Ascomata gelb, Wand besteht aus einer Schicht flacher
        Zellen, anamorphe Formen der *Aspergillus glaucus* Gruppe.
        Xerophil . . . . *Eurotium*
        Ascomata weiß bis cremig, Wand besteht aus mehreren
        Schichten flacher Zellen. Anamorphe Formen der
        Aspergillus fumigatus Gruppe. Nicht xerophil . . . . *Neosartorya*

Anmerkungen:
Ascoma (pl. Ascomata) = Fruchtkörper
Ascomata perithecia = flaschenförmige oder kugelige, oft mit einem Mündungsporus
oder einem Hals versehene Fruchtkörper.
Ascomata cleistothecia = völlig geschlossene, mündungslose Fruchtkörper
anamorph = asexuelle Fruktifikation o. Nebenfruchtform
Sklerotien = Geflechte bestehend aus Mycel, steril, meistens hart

Byssochlamys Westling (4 Taxa). Anamorphe Form (= asexuelle Vermehrungsform): *Paecilomyces* Bain. *B. nivea* und *B. fulva* sind weitverbreitet.

Chaetomium Kunze (etwa 20 Taxa). Anamorphe Form: *Acremonium*-ähnlich und
andere. Die meisten Species von *Chaetomium* werden im Erdboden und auf
Pflanzenresten gefunden. *C. globosum* und mehrere andere Mitglieder können
den Verderb von Lebensmitteln (Mais, Reis) und Futtermitteln verursachen.

Emericella Berk. und Br. (etwa 20 Taxa). Anamorphe Form: *Aspergillus*. Verschiedene Species werden regelmäßig auf Lebensmitteln nachgewiesen.

Eupenicillium Ludwig (33 Taxa). Anamorphe Form: *Penicillium* Link. *E. brefel-
dianum, E. ochrosalmoneum, E. euglaucum* (= *E. hirayamae*) und verwandte
Sklerotien-bildende Arten kommen in Lebensmitteln vor und können als hitzeresistente Kontaminanten auftreten.

Eurotium Link (19 Taxa). Anamorphe Form: *Aspergillus*. In Lebensmitteln weit
verbreitet sind: *E. chevalieri, E. amstelodami* und *E. herbariorum*. Die teleomorphe Form (= geschlechtliche Vermehrungsform) bildet sich am besten auf
Medien mit geringer Wasseraktivität (MEA oder Czapek-Agar mit Zusatz von
Saccharose oder DG 18-Agar).

Hamigera Stolk und Samson (3 Taxa). Anamorphe Form: *Penicillium/Raperia*.
Kürzlich wurden hitzeresistente Arten in Himbeerpulpe nachgewiesen (SAMSON
et al., 1992).

Monascus van Tieghem (3 Taxa). Anamorphe Form: *Basipetospora*. Weitverbreitet sind *M. purpurea* und *M. ruber* (HAWKSWORTH und PITT, 1983).

Neosartorya Malloch und Cain (7 Taxa). Anamorphe Form: *Aspergillus. N. fischeri*
var. *spinosa und glaber* in hitzebehandelten Produkten weitverbreitet (z. B. pasteurisierte Fruchtsäfte).

Neurospora Shear und Dodge (etwa 12 Taxa). Anamorphe Form: *Chrysonilia* von Arx. *Neurospora sitophilia, N. crassa* und *N. intermedia* werden manchmal in Lebensmitteln nachgewiesen. Oft wird die anamorphe Form *Chrysonilia* in großen Mengen auf Lebensmittelprodukten (Bäckereierzeugnissen) gebildet. Die teleomorphe Form bildet sich in älteren Kulturen oder kann nach Kreuzung heterothallischer Stämme gewonnen werden.

Talaromyces C.R. Benjamin (18 Taxa). Anamorphe Formen: *Penicillium* Link *oder Paecilomyces* Bain. Wird häufig in unzureichend wärmebehandelten Produkten (z.B. pasteurisierten Fruchtsäften) gefunden. Ein weitverbreiteter hitzeresistenter Organismus ist die langsporige Varietät von *T. flavus*, die kürzlich als eigene Species *T. macrosporus* anerkannt wurde.

Xeromyces Fraser (Monotyp). *X. bisporus (= Monascus bisporus* (Fraser) von Arx) ist ein obligat xerophiler Organismus und wird oft übersehen, denn er wächst nicht auf den allgemein benutzten Isolationsmedien. Der Schimmelpilz wächst extrem langsam und kann auf trockenen Produkten (z.B. Tabak, Süßigkeiten usw.) gefunden werden.

4.3 Deuteromyceten

Allgemeine Eigenschaften

Die Deuteromyceten oder Fungi imperfecti umfassen wichtige Lebensmittelkontaminanten. Viele Species sind in der Lage, toxische Stoffwechselprodukte zu bilden. Die meisten Species, die auf Lebensmitteln vorkommen, gehören, mit Ausnahme von *Phoma* (Spaeropsidales) *und Epicoccum* (Melanconiales), zu den Moniliales.

Bei den Deuteromyceten ist der Modus der Konidienbildung (Konidiogenese) für die Klassifizierung wichtig. (COLE und SAMSON, 1979).

Die Vermehrung der Deuteromyceten erfolgt mit Hilfe von Konidien (speziellen unbeweglichen, asexuellen Sporen, die nicht durch Spaltung wie bei den Sporangiosporen gebildet werden). Konidien kommen in verschiedenen Formen und Farben vor; sie können einzeln, synchron, in Ketten oder in Köpfchen gebildet werden. Sie entstehen aus einer spezialisierten Zelle (konidiogene Zelle). Die Zelle kann direkt in oder an einer vegetativen Hyphe oder an besonders strukturierten Konidienträgern (Stiel oder Zweige) gebildet werden. Das gesamte Gebilde einer fruchtbaren Hyphe wird Konidiophore genannt.

Konidien können in akropetalen Ketten gebildet werden: ein oder mehrere neue konidiogene Orte (die Stellen, an denen Konidien entstehen) werden an der Spitze jedes Konidiums gebildet. Das jüngste Konidium wird als oberstes produziert. Akropetale Ketten sind in der Regel verzweigt. Konidien können auch in

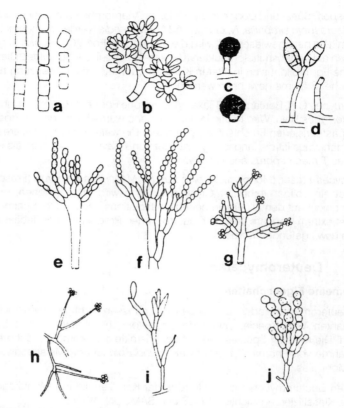

Abb. VI.4-5:   Verschiedene Arten der Konidienbildung einiger in
Lebensmitteln vorkommender Deuteromyceten

a. thallische Entwicklung in *Geotrichum*
b. solitäre, blastische, synchrone Entwicklung in *Botrytis*
c. solitäre, blastische Entwicklung in *Epicoccum* mit Konidien mit breitem Fuß
d. Porokonidien in *Alternaria*
e–i. phialidische Entwicklung
e. trockene Konidienketten in *Aspergillus*
f. trockene Konidienketten in *Penicillium*
g. schleimige Konidienköpfe in *Trichoderma*
h. schleimige Konidienköpfe in *Acremonium*
i. Polyphialiden in *Fusarium*
j. annellidische Entwicklung in *Scopulariopsis*

basipetalen Serien gebildet werden. Dann wird das jüngste Konidium an der Basis gebildet, und die vorher entstandenen Konidien oder Ketten bleiben im Köpfchen. Basipetale Ketten sind nie verzweigt.

Die Konidienbildung kann hauptsächlich auf zwei Arten stattfinden:

Thallokonidien werden einzeln oder in Ketten aus einem Teil der Hyphe gebildet (Arthrokonidien). Die Zellen trennen sich durch Querwände und werden in Konidien umgeformt, z. B. *Geotrichum*. Einige Genera (z. B. *Moniliella*) bilden sowohl Thallo- als auch Blastokonidien.

Wenn die Wand der konidienbildenden Zelle an der Spitze elastisch wird und sich ausstülpt, werden Blastokonidien gebildet. Sie können einzeln, synchron (z. B. *Botrytis, Aureobasidium*) oder in akropetalen Ketten (z. B. *Cladosporium*) produziert werden. Sie können eine schmale (z. B. *Botrytis*) oder eine breite (z. B. *Epicoccum*) Basis haben.

Einige Gattungen werden durch eine porokonidische oder tretische Entwicklung gekennzeichnet (Bildung von Porokonidien). Diese Art der Konidiogenese ist der blastischen ähnlich, unterscheidet sich aber darin, daß die konidienbildenden Zellen dunkel sind und eine apikal stark pigmentierte Wandverdickung haben. Aus porenförmigen Stellen der dickwandigen Mutterzelle gehen die Konidien hervor (z. B. *Alternia, Ulocladium*).

Konidien können auch in basipetaler Folge aus der Öffnung einer speziellen Zelle (Phialide) entstehen. Die Phialiden können die Form einer Flasche, eines Pfriems oder andere Formen annehmen, oft zeigen sie eine Art Kragen (tassenförmige Struktur an der Spitze). Konidien werden in Ketten produziert (z. B. *Penicillium, Aspergillus, Paecilomyces*) oder klumpen in Köpfchen zusammen (z. B. *Trichoderma, Phialophora, Fusarium, Stachybotrys, Acremonium, Verticillium*).

Einige Genera haben Konidien, die aus einer Reihe kurzer mittiger Wucherungen (Annellationen) der konidientragenden Zelle (Annellid) gebildet werden. Ein Annellid ist häufig schwer unter dem Lichtmikroskop zu erkennen, kann aber anhand der Zunahme der konidiogenen Spitze (annellierte Zone während der folgenden Sporulation) unterschieden werden. Eine typische mikroskopische Eigenschaft ist auch die breite Basis der Konidie (z. B. *Scopulariopsis*).

Anmerkung:
Phialiden sind offene, flaschenförmige oder zylindrische Zellen, die Konidien bilden.

Schlüssel für die Identifizierung häufiger vorkommender Deuteromyceten

9   Kolonien streng eingegrenzt, rot-braun. Konidien
werden (im Quartett) durch Teilung einer zylindrischen,
rauhwandigen, meristemen Hyphe gebildet, würfelförmig,
wird (fast) kugelförmig, xerophil . . . . *Wallemia*
Kolonien in der Regel nicht begrenzt (Ausnahme:
xerophile *Aspergillus*-Species), nicht rotbraun, Konidien
entstehen nicht durch Teilung einer meristemen Hyphe 10

10   Konidiophoren mit typischen apikalen Schwellungen. . . . . . *Aspergillus*
Konidiophoren ohne typische apikale Schwellungen 11

11   Konidienbildende Zellen annellidisch. Konidien
mit breiter Basis. . . . . *Scopulariopsis*
Konidienbildende Zellen phialidisch. Konidien
ohne breite Basis. 12

12   Kolonien gelb bis braun, nie grün (einige Species
weiß, rosafarben). Konidiophoren bilden keinen
typischen Pinsel, aber Phialiden mit einem langen
Hals in unregelmäßigen Wirteln entlang der
Konidiophore . . . . *Paecilomyces*
Kolonien in verschiedenen Grüntönen (einige Species
bleiben weiß). Konidiophoren bilden typische Pinsel.
Phialiden mit kurzem Hals . . . . *Penicillium*

13   Phialiden lang, pfriemförmig, keine Polyphialiden. 14
Phialiden mehr oder weniger flaschenförmig und/oder
Polyphialiden vorhanden 15

14   Phialiden einzeln oder an verzweigten Konidiophoren,
Verzweigungen nur nahe des Fußes, gewöhnlich nicht
in Wirteln . . . . *Acremonium*
Phialiden in Wirteln an ausgeprägten, vertikal
verzweigten Konidiophoren. . . . . *Verticillium*

15   Kolonien in der Regel grün (wenn unter Licht
gewachsen). . . . . *Trichoderma*
Kolonien weißlich, gelb, rot-violett, rosa, braun
oder schwärzlich 16

16 Kolonien weiß, gelblich-rosa, dunkelrötlich,
   manchmal grünlich. Septierte bananenförmige
   Makrokonidien in der Regel vorhanden. . . . .*Fusarium*
   Kolonien schwarz, manchmal rötlich. Konidien
   nicht septiert. 17

17 Phialiden einzeln oder in lockeren Wirteln,
   flaschenförmig mit einer Art Kragen, Konidiophoren
   nicht erkennbar . . . .*Phialophora*
   Phialiden am Ende der Konidiophoren dicht
   angeordnet, am breitesten an der Spitze . . . . *Stachybotrys*

18 Schnell wachsende Kolonien, bedecken die
   Petrischale innerhalb weniger Tage, locker,
   flockig, orange . . . . *Chrysonilia*
   Kolonien nicht orange, bedecken die Petrischale
   nicht innerhalb weniger Tage 19

19 Nur Arthrokonidien. 20
   Arthrokonidien und Blastokonidien
   oder nur Blastokonidien. 21

20 Arthrokonidien endständig und lateral gebildet
   manchmal in der Hyphe, Konidien sind auch
   vorhanden . . . . *Chrysosporium*
   Arthrokonidien in Ketten, gebildet von den Hyphen,
   faßförmige oder zylindrische Konidien. . . . . *Geotrichum*

21 Konidienbildende Strukturen bestehend aus
   Arthrokonidien und Blastokonidien (vergleiche
   Trichosporon in Hefen und die dickwandigen,
   braunen, arthrokonidien-ähnlichen Hyphenzellen
   in *Aureobasidium*) . . . .*Moniliella*
   Konidienbildende Strukturen bestehen nur aus
   Blastokonidien 22

22 Blastokonidien, entstehen gleichzeitig an Hyphen
   oder an geschwollenen Zellen oder Verzweigungen. 23
   Blastokonidien, entstehen nicht synchron an Hyphen
   oder an geschwollenen Zellen oder Verzweigungen. 24

23 Konidien entstehen auf Dentikeln (= Zähnchen)
an endständig geschwollenen konidienbildenden
Zellen. Konidiophoren aufrecht, oben oder an
der Spitze verzweigt (baumartig), Kolonien dünn,
grau-braun . . . . *Botrytis*
Konidien entstehen aus Hyphen oder Verzweigungen.
Kolonien hefeähnlich, cremig-gelb bis hellbraun,
rötlich-orange oder schwärzlich-grün . . . . *Aureobasidium*

24 Konidien einzeln gebildet an nicht ausgeprägten
Konidiophoren, in Haufen oder in Kolonien als
schwarze Punkte zu erkennen. . . . . *Epicoccum*
Konidien einzeln oder in Ketten gebildet, ausgeprägte
Konidiophoren, wenn vorhanden, nicht in Gruppen 25

25 Konidien in Ketten, glatte Wände. Kolonien in der
Regel zunächst cremefarben, werden mit zunehmendem
Alter dunkler. . . . . *Moniliella*
Konidien in Ketten oder einzeln, in der Regel rauhwandig.
Kolonien in grünlich-schwarzen oder grünlich-braunen
Farbschattierungen, gräulich. 26

26 Konidien aus einer Zelle bestehend oder nur mit
Querseptierung 27
Konidien sowohl mit Längs- als auch mit Querseptierung
(muriform) 28

27 Konidien in akropetalen Ketten, meist aus 1 Zelle
bestehend, untere Konidie oft septiert (euseptiert) . . . . . . *Cladosporium*
Konidien einzeln, mit Querseptierung (distoseptiert),
Konidien oft gebogen, im Mittelteil dicker . . . . *Curvularia*

28 Junge Konidien an der Basis gerundet, reife Konidien
ketten- und/oder schnabelförmig . . . . *Alternaria*
Junge Konidien an der Basis spitz, reife Konidien
einzeln oder in „falschen" kurzen Ketten. . . . . *Ulocladium*

Abb. VI.4–6 rechte Seite

a. *Aspergillus*: Konidienträger mit Konidien (x610)

b. *Aspergillus flavus*: Konidienträger mit Phialiden und Konidien (x430)

c. *Paecilomyces variotii:* Konidiophore (x610)

d. *Penicillum glabrum*: Monoverticillate Konidiophore (x400)

e. *Penicillium roqueforti*: Terverticillate Konidiophore (x385)

f. *Penicillium rugulosum*: Biverticillate Konidiophore (x500)

g. *Fusarium culmorum*: Konidiophoren und Makrokonidien (x500)

h. *Fusarium culmorum*: Makrokonidien (x500)

i. *Fusarium sporotrichioides*: Konidiophoren mit sympodial proliferierenden Phialiden (x550)

Anmerkungen:

Pyknidien: Konidien entstehen im Inneren von Fruchtkörpern, sog. Pyknidien

Acervuli: Fruchtkörper, die sich mit zunehmender Reife öffnen

Sporodochien: polsterförmige, pustelförmig hervorbrechende, mit dicht stehenden Trägern besetzte Hyphengeflechte

Synnemata: gebündelte Konidiophoren

basauxisch: die erste Konidie entsteht am Ende der Hyphe, die folgenden sprossen seitlich hervor

Annelliden oder Annellophoren: Zellen mit einer geringelten, konidienbildenden Zone

Phialiden: apikal offene Träger- oder Sporenmutterzellen

Polyphialiden: Zellen, die aus mehreren Öffnungen in basipetaler Reihenfolge Konidien bilden

Arthrokonidien: Konidien entstehen aus bestehenden Hyphenteilen und durch Spaltung

Blastokonidien: Konidien entstehen als Neubildungen durch Ausstülpung (Sprossung)

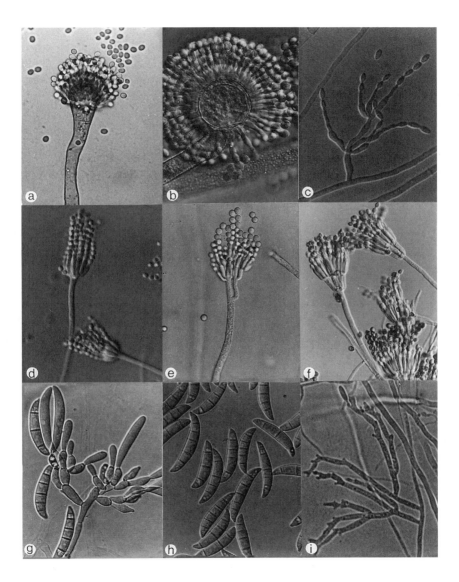

Abb. VI.4-6: Legende siehe linke Seite

Abb. VI.4–7 rechte Seite

a. *Acremonium* species: Konidiophoren mit pfriemförmigen Phialiden und Konidien (x430)

b. *Phialophora fastigiata*: Konidiophore und Phialiden mit tellerförmigen Krägelchen (x1040)

c. *Trichoderma harzianum*: Konidiophore (x370)

d. *Wallemia sebi*: Konidiophore mit einer apicalen fertilen Hyphe, die sich in vier Konidien teilt (x820)

e. *Verticillium lecanii:* Konidiophoren mit Quirlen aus Phialiden (x400)

f. *Stachybotrys chartarum*: Konidiophore mit apikalen Haufen ellipsoider Phialiden (x436)

g. *Scopulariopsis fusca*: Annellidische konidiogene Zellen mit Konidien in Kettenform (x1000)

h. *Aureobasidium pullulans*: Fertile Hyphen mit Konidien (x305)

i. *Phoma glomerata*: Ostiolate Pyknidien und Dictyochlamydosporen (ähneln Konidien in *Alternia*) (x90)

Angaben zu den Genera

Acremonium Link (etwa 100 Taxa). Die meisten Arten sind saprophytisch und werden aus totem pflanzlichem Material und aus dem Erdboden isoliert. Einige Species sind für Pflanzen und Menschen pathogen. Die Gattung ist weltweit verbreitet.

Alternaria Nees (etwa 45 Taxa). *A. alternata* und *A. tenuissima* kommen in Lebensmitteln vor.

Arthrinium Kunze (etwa 20 Taxa). *A. apiospermum* wird manchmal in Lebensmitteln gefunden.

Ascochyta Lib. Es sind viele verschiedene Species bekannt, die aber in oder auf Lebensmitteln selten vorkommen.

Aspergillus Mich. (etwa 185 Taxa). Teleomorphe Formen: *Eurotium, Emericella, Neosartorya* und andere (SAMSON, 1992). Ein allgemeiner Schlüssel ist bei RAPER und FENNELL (1965) zu finden. Schlüssel für die häufigsten in Lebensmitteln vorkommenden Aspergilli sind von KLICH und PITT (1988), SAMSON et al. (1996) und PITT und HOCKING (1997) veröffentlich worden.

Aureobasidium Viala und Boyer (15 Taxa), *A. pullulans* ist weit verbreitet.

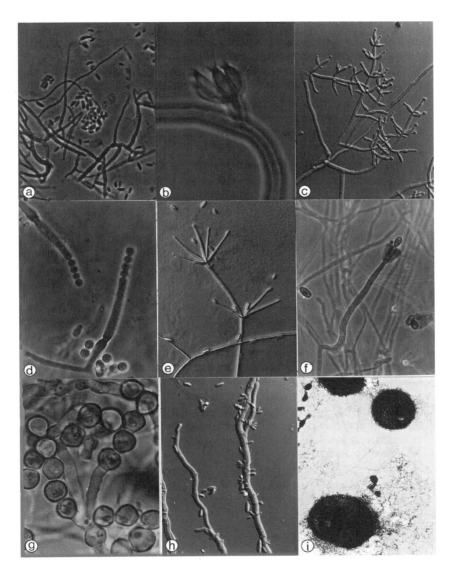

Abb. VI.4-7: Legende siehe linke Seite

Abb. VI.4–8 rechte Seite

a. *Botrytis cinerea*: Spitze einer Konidiophore mit Konidien, die gleichzeitig in geschwollenen konidiogenen Zellen hergestellt werden (x244)

b. *Chrysonilia sitophila*: Verzweigte Konidiophoren, die in Konidien aufbrechen (x488)

c. *Trichothecium roseum*: Konidiophoren mit Konidien, die basipetal in Zick-Zack-Ketten gebildet werden (x396)

d. *Geotrichum candidum*: Thallische Konidien, die in Ketten gebildet werden (x458)

e. *Moniliella suaveolens* var. *suaveolens*: Acropetale Kette von Konidien (x458)

f. *Epicoccum nigrum*: In Sporodochien gehäufte Konidiophoren, die mehrzellige Konidien bilden (x427)

g. *Cladosporium macrocarpum*: Konidiophore und Konidien in akropetalen Ketten (x458)

h. *Ulocladium chartarum*: Geniculate Konidiophoren mit muriformen Konidien (x305)

i. *Alternaria alternata*: Konidiophore mit schnabelförmigen, septierten Konidien (x305)

Bipolaris Shoemaker, teleomorphe Form: *Cochliobolus* (etwa 45 Taxa). Diese Gattung ist der Gattung *Drechslera ähnlich.*

Botrytis Mich. (etwa 25 Taxa). Teleomorphe Form: *Botryotinia* (= *Sclerotinia* Fuckel). Das Genus ist auf Pflanzen und Fruchtmaterial weit verbreitet und umfaßt auch wichtige Pflanzenpathogene mit weltweiter Verbreitung.

Chrysonilia von Arx. Teleomorphe Form: *Neurospora*. Es sind zwei oder drei Species bekannt, die die anamorphe Form von *Neurospora* darstellen. In der westlichen Welt sind die Species als Verderbsorganismen bekannt, während der Pilz im Osten manchmal zur Lebensmittelfermentation verwendet wird. In der Literatur oft als *Monilia bezeichnet.*

Chrysosporium Corda. (20 Taxa). Die meisten Species werden aus dem Erdboden oder menschlichem und tierischem Gewebe isoliert. Einige Species, z.B: *C. xerophilum, C. sulfureum* und *C. farinicola*, sind jedoch auf getrockneten Lebensmitteln vorhanden.

Cladosporium Link. (40–50 Taxa). Teleomorphe Form: *Mycosphaerella* Johanson. Eine weltweit verbreitete Gattung. Verschiedene Species sind Pflanzenpathogene oder saprophytisch und mehr oder weniger wirtsspezifisch auf altem oder totem Pflanzenmaterial. Häufigste Species sind *C. cladosporioides, C. herbarum, C. macrocarpum* und *C. sphaerospermum.*

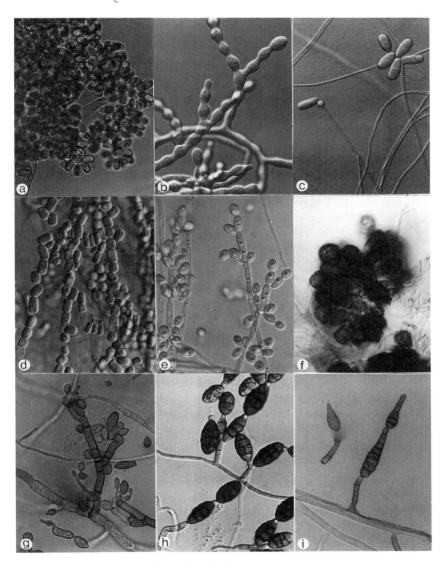

Abb. VI.4-8: Legende siehe linke Seite

Colletotrichum Corda (etwa 20 Taxa). *C. gloeosporioides (= Glomerella cingulata)* ist als pathogene Art oder Verderbniserreger tropischer Früchte verbreitet.

Curvularia Boedijn. Teleomorphe Form: *Pseudocochliobolus.* Etwa 30 Species, auf Lebensmitteln weniger verbreitet.

Drechslera Ito. Teleomorphe Form: *Pyrenophora.* Es gibt etwa 20 Species, die meisten kommen auf Gräsern vor.

Epicoccum Link (2 Taxa) *E. nigrum (= E. purpurascens)* ist weit verbreitet.

Fusarium Link (etwa 50 Taxa). Teleomorphe Formen: *Nectria* Fr., *Plectosphaerella* Kleb. und andere. Die meisten *Fusarium* spp. sind Schimmelpilze aus dem Erdboden und weltweit verbreitet. Einige sind Pflanzenparasiten und verursachen Wurzel- und Stengelfäule, Gefäßermattung und Fruchtfäule. Von einigen Species ist bekannt, daß sie für Menschen und Tiere pathogen sind, andere verursachen Lagerfäule und produzieren Toxine. Detaillierte Beschreibungen und Schlüssel findet der Leser bei NELSON et al. (1983), MARASAS et al. (1984), GERLACH und NIRENBERG (1988) und BURGESS und LIDDELL (1988). Zur Identifizierung wird von den Wissenschaftlern, die mit *Fusarium* arbeiten, die Kultivierung sowohl auf PDA als auch auf Nelkenblattagar (CLA) sehr empfohlen.

Geotrichum Link (23 Taxa). Teleomorphe Form: *Dipodascus. G. candidum* ist weit verbreitet und bekannt als „Maschinenschimmel" (DE HOOG et al. 1986).

Gliocladium Corda (13 Taxa). Teleomorphe Formen: *Nectria, Hypocrea* und andere. Verbreitete Species sind *G. roseum* und *G. viride.*

Lasiodiplodia Ellis und Everhart. Teleomorphe Form: *Botryosphaeria* (eine Species) *L. theobromae (= Botryodiplodia theobromae)* wird häufig als anamorphe Form von *Botryosphaeria rhodina* auf (sub)tropischem Material gefunden.

Memnoniella Höhnel (3 Taxa). Ein ähnlicher Genus wie *Stachybotrys,* die Konidien kommen allerdings als Ketten vor. Drei Species sind bekannt, von denen kommt *M. echinata* manchmal in Lebensmitteln vor.

Moniliella Stolk und Dakin (3 Taxa). Species von *Moniliella* kommen häufig auf fetthaltigen Produkten (Butter, Margarine) vor und sind resistent gegenüber Sorbat.

Myrothecium Tode (13 Taxa). TULLOCH (1972) bestätigte 8 Species und stellte für diese einen Schlüssel auf.

Paecilomyces Bain (31 Taxa). Teleomorphe Formen: *Byssochlamys, Thermoascus, Talaromyces.* In Lebensmitteln verbreitete Species sind *P. variotii* und die anamorphen Formen der *Byssochlamys* spp. Isolate von *P. variotii* wurden als sorbat-resistente Kontaminanten nachgewiesen.

Penicillium Link (90–150 Taxa). Teleomorphe Formen: *Eupenicillium, Talaromyces* und andere. Viele Species von *Penicillium* sind verbreitete Kontaminanten auf verschiedenen Substraten und bekannt als mögliche Produzenten von

Mykotoxin. Daher ist für eine möglicherweise festgestellte *Penicillium*-Kontamination eine genaue Identifizierung wichtig. Verbreitete Taxa in Lebensmitteln und Schlüssel für die üblichsten Species sind bei SAMSON und VAN REENEN-HOEKSTRA (1988), PITT (1988) und PITT und HOCKING (1985) zu finden.

Phialophora Medlar (12 Taxa). Teleomorphe Formen: *Pyrenopeziza, Coniochaeta* und andere. *Phialophora*-Species wurden von absterbendem Holz, Lebensmitteln (z.B. Butter, Margarine, Äpfeln), Erdboden, verstorbenem menschlichem und tierischem Gewebe isoliert. Dieser Organismus kommt auch als Parasit oder Saprophyt in pflanzlichem Material vor.

Phoma Sacc. (etwa 40 Taxa). Teleomorphe Formen: *Pleospora, Leptosphaeria* und andere. *P. exigua* und *P. herbarum* sind weitverbreitete Species.

Pithomyces Berk. und Br. (9 Taxa). Es gibt etwa 15 Species. Eine gut bekannte Art, die Toxine produziert, ist *P. chartarum*. Sie wird aber nicht häufig in Lebensmitteln angetroffen.

Scopulariopsis Bain (12 Taxa). Teleomorphe Form: *Microascus*. Verbreitete Species sind S. *brevicaulis,* S. *fusca* und S. *candida* (MORTON und SMITH, 1963).

Sporendonema Desmazieres (2 Taxa). S. *casei* kann auf Käse gefunden werden. Dieser Organismus ist psychrophil, wächst und sporuliert gut bei 8 °C.

Stachybotrys Corda (etwa 15 Taxa). S. *chartarum* kann in Lebensmitteln verbreitet vorkommen.

Stemphylium Wallr. (20 Taxa). Teleomorphe Form: *Pleospora*. Etwa sechs Species werden mit pflanzlichem Material in Verbindung gebracht.

Trichoderma Pers. (9 Taxa). Teleomorphe Form: *Hypocrea* (in den meisten Species, wird nicht in Kulturen gebildet). Sehr verbreiteter Genus, besonders in Erdboden und absterbendem Holz. *Gliocladium* (mit streng convergenten Phialiden) und *Verticillium* (mit geraden und mittelmäßig divergenten Phialiden) sind enge Verwandte.

Trichothecium Link. Die einzige Species dieses Genus *T. roseum* kann manchmal in Lebensmitteln vorkommen.

Ulocladium Preuss. (9 Taxa). *U. atrum* und *U. consortiale* können in Lebensmitteln vorkommen.

Verticillium Nees (35–40 Taxa). Teleomorphe Formen: *Nectria* und verwandte Genera. Einige verbreitete Species sind von DOMSCH et al. (1980) beschrieben.

Wallemia Johan-Olsen (ein Taxon). *W. sebi* ist ein sehr verbreiteter xerophiler Pilz. Dieser Schimmelpilz ist auch unter den Namen *Sporendonema epizoum, Hemispora stellata* und *Sporendonema sebi* bekannt.

Literatur

1. ABILDGREN, M.P., LUND, F., THRANE, U. und ELMHOLT, S., Czapek-Dox agar containing iprodione and dichloran as a selective medium for the isolation of Fusarium species, Lett. Appl. Microbiol. 5, 83-86, 1987

2. ANDREWS, S. und PITT, J.I., Selective medium for the isolation of Fusarium species and dematiaceous hyphomycetes from cereals, Appl. Environ. Microbiol. 51, 1235-1238, 1986

3. ARORA, D., MUKERJI, K. und MARTH, E. (Hrgs.), Handbook of Applied Mycology, vol. 3, Foods and feeds, Marcel Dekker, New York, 1991

4. VON ARX, J.A., The Genera of Fungi sporulating in pure culture, 3rd. ed., J. Cramer Verlag, Vaduz, 1981

5. BETINA, V., Mycotoxins. Chemical, biological and environmental aspects, Elsevier, Amsterdam, 1989

6. BEUCHAT, L.R. und HOCKING, A.D., Some considerations when analyzing foods for the presence of xerophilic fungi, J. Food Protect. 53, 984-989, 1990

7. BURGESS, L.W., LIDDELL, C. M. und SUMMERELL, B. A., Laboratory Manual for Fusarium Research, 2nd ed. University of Sydney, Sydney, 1988

8. CARMICHAEL, J.W., KENDRICK, W.B., CONNERS, I.L. und SIGLER, L.: Genera of Hyphomycetes, University of Alberta Press, Edmonton, 1980

9. CHAMP, B.R., HIGHLEY, E., HOCKING, A.D. und PITT, J.I., Fungi and mycotoxins in stored products, proceedings of an international conference, Bangkok, Thailand, 23.–26. April 1991, Canberra ACIAR Proceedings no. 36, 1991

10. COLE, R.A. und COX, R.H., Handbook of toxic fungal metabolites, New York Academic Press, 1981

11. COLE, G.T. und SAMSON, R.A., Patterns of Development in Conidial Fungi, Pitman Press, London, 1979

12. DE HOOG, G.S., SMITH, M.T. und GUEHO, E.A., A revision of the Genus Geotrichum and its teleomorphs, Stud. mycol., Baarn 29, 1-131, 1986

13. DOMSCH, K.H., GAMS, W. und ANDERSON, T.H., Compendium of Soil Fungi, Vol. I und II, Academic Press, London, 1980, Reprint IHW Verlag, Eching, 1993

14. DVORACKOVA, I., Aflatoxins und human health, CRC Press, Boca Raton, Florida, USA, 1988

15. ELLIS, M.B., Dematiaceous Hyphomycetes, Kew, Surrey, Commonwealth Mycological Institute, 1971

16. ELLIS, M.B., More Dematiaceous Hyphomycetes, Kew, Surrey, Commonwealth Mycological Institute, 1976

17. FRISVAD, J.C., A selective and indicative medium for groups of Penicillium viridicatum producing different mycotoxins in cereals, J. Appl. Bacteriol. 54, 409-416, 1983

18. FRISVAD, J.C. und SAMSON, R.A., Filamentous fungi in foods and feeds, ecology, spoilage and mycotoxin production, in Handbook of Applied Mycology, Vol. 3, Foods and Feeds, eds. ARORA, D.K., MUKERJI, K.G. und MARTH, E.H., S. 31-68, Marcel Dekker, New York, 1991

19. GERLACH, W. und NIRENBERG, G.H., The genus Fusarium. A pictorial Atlas, Mitt. Biol. Bundesanst. Land. u. Forstwissensch., Berlin-Dahlem, 1988

20. HAWKSWORTH, D.L. und PITT, J.I., A new taxonomy for Monascus species based on cultural and microscopical characters, Australian J. Bot., 31, 51-61, 1983

21. HOCKING, A.D., Xerophilic fungi in intermediate and low moisture foods, in Handbook of Applied Mycology, Vol. 3, Foods and Feeds, eds. ARORA, D.K., MUKERJI, K.G. und MARTH, E.H., S. 69-97, Marcel Dekker, New York

22. HOCKING, A.D. und PITT, J.I., Dichloran-glycerol medium for enumeration of xerophilic fungi from low-moisture foods, Appl. Environ. Microbiol. 39, 488-492, 1980

23. HOCKING, A.D. und PITT, J.I., Food spoilage II, Heat-resistant fungi, CSIRO Food research Quarterly 44, 73-82, 1984

24. KING, A.D., HOCKING, A.D. und PITT, J.I., Dichloran-rose bengal medium for enumeration and isolation of moulds from foods, Appl. Environ. Microbiol., 37, 959-964, 1979

25. KLICH, M.A., und PITT, J.I., A laboratory guide to common Aspergillus species and their teleomorphs, North Ryde, CSIRO Division of Food Processing, 1988

26. MARASAS, W.F.O., NELSON, P.E. und TOUSSOUN, T.A., Toxigenic Fusarium species, Identity and Mycotoxicology, University Park and London, Pennsylvania State University Press, 1984

27. MORTON, F.J. und SMITH, G., The Genera Scopulariopsis Bainier, Microascus Zukal, and Doramycetes Corda, Mycol. Pap. 86, 1-96, 1963

28. NELSON, P.E., TOUSSON, T.A. und MARASAS, W.F.O., Fusarium species. An illustrated manual for identification, University Park and London, Pennsylvania State University Press, 1983

29. PITT, J.I., A Laboratory Guide to Common Penicillium species, 2nd. ed. North Ryde, CSIRO Division of Food Processing, 1988

30. PITT, J.I., The most significant toxigenic fungi, in: Toxigenic microorganisms, volume 5 (eds. ICMSF), Blackwell Publishers, 1993

31. PITT, J.I. und HOCKING, A.D., Fungi and Food spoilage, Second Edition, Blackie Academic & Professional, London, 1997

32. PITT, J.I., HOCKING, A.D. und GLENN, D.R., An improved medium for the detection of Aspergillus flavus and A. parasiticus, J. Appl. Bacteriol. 54, 109-114, 1983

33. RAPER, K.B. und FENNELL, D.I., The genus Aspergillus, Baltimore, Williams and Wilkins, 1965

34. SAMSON, R.A., Filamentous fungi in food and feed, J. Appl. Bact. Symp. Suppl. 27S-35S, 1989

35. SAMSON, R.A., Current taxonomic schemes of the genus Aspergillus and its teleomorphs, in: Aspergillus: the biology and industrial applications, ed. by J.W. BENNETT & M.A. KLICH, Butterworth Publishers, 353-388, 1992

36. SAMSON, R.A., HOEKSTRA, E.S., FRISVAD, J.C. und FILTENBORG, O., Introduction to food-borne fungi, Fifth Edition, Centraalbureau voor Schimmelcultures, Baarn, 1996

37. SAMSON, R.A., HOCKING, A.D., PITT, J.I. und KING, A.D. (eds.), Modern Methods in Food Mycology, Elsevier, Amsterdam, 1992

38. SAMSON, R.A., VAN REENEN-HOEKSTRA, E.S. und HARTOG, B., Influence of the pre-treatment of raspberry pulp on the detection of heat-resistant fungi, in SAMSON, R.A., HOCKING, A.D., PITT, J.I. und KING, A.D. (eds.) Modern Methods in Food Mycology, 155-158, Elsevier, Amsterdam, 1992

39. SCHIPPER, M.A.A., A study on variability in Mucor hiemalis and related species, Stud. Mycol., Baarn 4, 1-40, 1973

40. SCHIPPER, M.A.A., On Mucor mucedo, Mucor flavus and related species, Stud. Mycol., Baarn 10, 1-43, 1975

41. SCHIPPER, M.A.A., On Mucor circinelloides, Mucor racemosus and related species, Stud. Mycol., Baarn 12, 1-40, 1976

42. SCHIPPER, M.A.A., 1. On certain species of Mucor with a key to all accepted species, 2. On the genera Rhizomucor and Parasitella, Stud. Mycol., Baarn 17, 1-19, 1978

43. SCHIPPER, M.A.A., A revision of the genus Rhizopus. I. The Rh. stolonifer-group and Rh. oryzae, Stud. Mycol., Baarn, 25, 1-19, 1984

44. SCHIPPER, M.A.A. und STALPERS, J.A., A revision of the genus Rhizopus. II. The Rhizopus microsporus-group, Stud. Mycol., Baarn, 25, 19-34, 1984

45. SMITH, J.E. und MOSS, M.O., Mycotoxins, formation, anaylsis and significance, John Wiley, Chichester, 1985

46. SUTTON, B.C., The Coelomycetes, Fungi Imperfecti with Pycnidia, Acervuli and Stromata, Kew, Surrey, Commonwealth Mycological Institute, Press, 1980

47. TULLOCH, M., The genus Myrothecium, Mycol. Pap. 130, 1-42, 1972

VII Untersuchung von Lebensmitteln

1 Vorschriften für die Untersuchung und mikrobiologische Normen

J. Baumgart

Übergreifende Untersuchungsmethoden für alle Lebensmittel liegen nur vereinzelt vor. Die Vorschläge für die Untersuchung von Lebensmitteln gelten fast ausschließlich für Einzelprodukte. Folgende Ausführungen sollen in kurzer Form bewährte Möglichkeiten der Untersuchung aufführen. Ausführliche Angaben sind enthalten in:

- ISO-Methoden (International Organisation for Standardization)
- DIN-Methoden (Deutsches Institut für Normung e.V.)
- Amtliche Sammlung von Untersuchungsmethoden nach § 35 LMBG
- Vorschriften der AOAC (Association of Official Analytical Chemists, USA)
- Compendium of Methods for the Microbiological Examination of Foods (American Public Health Association, Washington D.C.)
- Bacteriological Analytical Manual (Food and Drug Administration, USA)
- Manual of Microbiological Methods for the Food and Drinks Industry, Campden & Chorleywood Food Research Association, UK

Bei einzelnen Produkten sind mikrobiologische Kriterien angegeben. Folgende Kriterien werden unterschieden:

Grenzwert, Höchstwert („M")

Der Grenzwert oder Höchstwert bezeichnet die Menge von Mikroorganismen oder Stoffwechselprodukten, bei deren Überschreiten ein Produkt nicht ausreichend oder nicht zufriedenstellend ist. Keine Probe darf den Wert M überschreiten (siehe z.B. Fleischhygiene-Verordnung und Milch-Verordnung). Nach den Bestimmungen der Schweizerischen „Verordnung über die hygienisch-mikrobiologischen Anforderungen an Lebensmittel, Gebrauchs- und Verbrauchsgegenstände" ist ein Produkt bei Überschreiten des Wertes M gesundheitsgefährdend, verdorben oder unbrauchbar.

Richtwert, Schwellenwert („m")

Proben mit Keimgehalten gleich dem Richtwert (m) sind stets zufriedenstellend (Fleischhygiene-Verordnung) bzw. ausreichend (Milch-Verordnung), wenn die Werte jeder einzelnen Probe den Wert „m" nicht überschreiten. Die Werte sind annehmbar, wenn nicht mehr als die vorgesehene Zahl „c" der Proben zwischen

411

m und M liegt und der Grenzwert M von keiner Probe überschritten wird (Fleisch-hygiene-Verordnung).

Warnwert

Der Warnwert gibt den Keimgehalt an, bei dessen Überschreitung die amtliche Lebensmittelüberwachung die erforderlichen lebensmittelrechtlichen Maßnahmen unter Wahrung der Verhältnismäßigkeit der Mittel ergreift. Der Warnwert ist dem Wert „M" analog (GRÄF et al., 1988).

Toleranzwert

Der Toleranzwert bezeichnet eine Menge an Mikroorganismen, die in einem Produkt bei sorgfältiger Auswahl der Rohstoffe, guter Herstellungspraxis (GMP) und sachgerechter Aufbewahrung erfahrungsgemäß nicht überschritten wird. Wird der Toleranzwert überschritten, so ist der Gebrauchswert eines Produktes wegen der hohen Keimbelastung und der eingeschränkten Haltbarkeit und Verwendungsmöglichkeit stark vermindert (Verordnung über die hygienisch-mikrobiologischen Anforderungen an Lebensmittel, Gebrauchs- und Verbrauchs-gegenstände, Schweiz).

Spezifikation oder „Guideline"

Die Werte in Spezifikationen werden z.B. von einer Firma oder zwischen Handelspartnern festgelegt. Sie haben keinen offiziellen Kontrollcharakter (ICMSF, 1986).

Die mikrobiologischen Kriterien sind abhängig vom Risiko für den Verbraucher. Die Grundlage für eine risikogerechte Bewertung bilden dabei die Zwei-Klassen-Pläne und die Drei-Klassen-Pläne (ICMSF, 1986, SMOOT und PIERSON, 1997), wobei folgende Symbole verwendet werden (siehe auch Kapitel II.2):

n = Anzahl der zu untersuchenden Proben, die von einem Los, einer Charge, einer Partie oder einer Produktionseinheit zu entnehmen sind

c = Zahl der Proben, die Werte zwischen „m" und „M" aufweisen dürfen

m = Richtwert, bis zu dem alle Ergebnisse als zufriedenstellend anzusehen sind

M = Keimzahlgrenze, die von keiner Probe überschritten werden darf.

Literatur

1. Compendium of Methods for the Microbiological Examination of Foods, 3rd ed., ed. by Carl Vanderzant, D.F. Splittstoesser, American Public Health Association, Washington D.C. 1992

2. Food and Drug Administration (FDA): Bacteriological Analytical Manual, 8th ed., publ. by AOAC International, Gaithersburg, MD 20877, USA, 1995

3. GRÄF, W.; HAMMES, W.; HENNLICH, G.; KRÄMER, J.; PÖLERT, W.; RIETHMÜLLER, V.; RUSCHKE, R.; SCHUBERT, R.; SINELL, H.-J.; STEUER, W.; ZSCHALER, R.: Mikrobiologische Richt- und Warnwerte zur Beurteilung von Lebensmitteln, Bundesgesundhbl. 31, 93-94, 1988

4. International Commission on Microbiological Specifications for Foods (ICMSF), Vol. 2, Sampling for Microbiological Analysis: Principles and specific applications, University of Toronto Press, Toronto, 1986

5. Manual of Microbiological Methods for the Food and Drinks Industry, 2nd ed., Campden & Chorleywood Food Research Association, Chipping Campden Gloucestershire, UK, 1995

6. SMOOT, L.M.; PIERSON, M.D.: Indicator organisms and microbiological criteria, in: Food Microbiology Fundamentals and Frontiers, ed. by M.P. Doyle, L.R. Beuchat, T.J. Montville, ASM Press, Washington D.C.,1997, 66-80

7. Verordnung zur Änderung der Fleischhygiene-Verordnung und der Einfuhruntersuchungs-Verordnung vom 19.12.1996, Bundesgesetzbl. 1996 Teil I, Nr. 69, 30.12.1996

8. Verordnung über Hygiene- und Qualitätsanforderungen an Milch und Erzeugnisse auf Milchbasis (Milchverordnung vom 24.4.1995), Bundesgesetzbl. 1995 Teil I, 544-576

9. Verordnung über die hygienisch-mikrobiologischen Anforderungen an Lebensmittel, Gebrauchs- und Verbrauchsgegenstände, Schweiz, 1.1.1993

2 Fleisch und Fleischerzeugnisse

J. Baumgart

2.1 Frischfleisch und Zubereitungen aus rohem Fleisch (VARNAM und SUTHERLAND, 1995, BELL, 1996, BORCH et al., 1996, BÜLTE, 1996, HOLZAPFEL, 1996, REUTER, 1996, JACKSON et al., 1997)

2.1.1 Definitionen

Frisches Fleisch ist keiner Behandlung unterzogen. Die natürliche Struktur ist erhalten. Zum frischen Fleisch zählen gekühltes, tiefgekühltes und gereiftes Fleisch.

Zubereitungen aus rohem Fleisch (siehe Definition in der Fleischhygiene-VO vom 19.12.1996) sind z.B. Geschnetzeltes, nicht erhitzte Buletten, Ćevapčići oder Bratklopse.

2.1.2 Häufiger vorkommende Mikroorganismen

Enterobacteriaceen, *Shewanella putrefaciens*, *Brochothrix thermosphacta*, Arten der Genera *Alcaligenes*, *Flavobacterium*, *Acinetobacter*, *Moraxella*, *Psychrobacter*, *Lactobacillus*, *Lactococcus*, *Pediococcus*, *Leuconostoc*, *Weissella*, *Carnobacterium*, *Streptococcus*, *Micrococcus*, *Kocuria*, *Staphylococcus*, *Bacillus* und *Clostridium* sowie Hefen und Schimmelpilze.

Der Keimgehalt auf schlachtfrischem Fleisch liegt meist zwischen 10^3 und $10^5/cm^2$ (REUTER, 1996).

2.1.3 Verderbsorganismen

* Fleisch, nicht vakuumverpackt

  Enterobacteriaceen, *Shewanella putrefaciens*, *Brochothrix thermosphacta*, Arten der Genera *Aeromonas*, *Pseudomonas*, *Acinetobacter*, *Moraxella*, *Psychrobacter*, *Lactobacillus*, *Carnobacterium*, *Leuconostoc*. **Dominierende Mikroorganismen:** Pseudomonaden (Vermehrung bei pH-Werten von 7,0–5,5) und Enterobacteriaceen.

* Fleisch, vakuumverpackt (Schutzgas)

  In Abhängigkeit vom Vakuum und der Sauerstoffdurchlässigkeit der Folie sowie der Konzentration von CO_2: Enterobacteriaceen, *Shewanella putrefaciens* (keine anaerobe Vermehrung bei pH < 6,0), *Brochothrix thermosphacta* (keine anaerobe Vermehrung bei pH < 5,8), Arten der Genera *Pseudomonas, Lactobacillus, Carnobacterium* und *Leuconostoc*. **Dominierende Mikroorganismen:** Milchsäurebakterien und *Brochothrix thermosphacta*.

2.1.4   Art des Verderbs

Ein Verderb von Frischfleisch (a_w-Wert etwa 0,99) tritt meist bei Keimzahlen oberhalb $10^7/cm^2$ auf. Bei Keimzahlen von $10^8/cm^2$ ist die Oberfläche meist schon klebrig, schleimig (Bildung von Polysacchariden). Das Fleisch wird weiterhin faul, sauer oder es kommt zu einer grauen oder grünlichen Verfärbung.

Zusammensetzung der Verderbsflora

Fäulnis	Enterobacteriaceen, *Pseudomonas* spp., *Brochothrix thermosphacta*
Säuerung	Milchsäurebakterien, *Brochothrix thermosphacta*
Vergrauung/ Vergrünung	*Shewanella putrefaciens* (H_2S-Bildung → Sulfmyoglobin), *Weissella viridescens*, Laktobazillen, *Enterococcus faecalis, Enterococcus faecium*

Schimmelbildung (Fleisch mit abgetrockneter Oberfläche, a_w 0,85 bis 0,93 oder < 0,85)

Genera *Thamnidium, Mucor, Rhizopus, Cladosporium, Sporotrichum, Penicillium* (bei abgetrockneter Oberfläche a_w 0,85–0,93 und < 0,85)

Selten ist ein Verderb durch *Clostridium laramie* (Vermehrung und Sporenbildung bei 2 °C).

2.1.5   Pathogene und toxinogene Mikroorganismen

Salmonellen, *Yersinia enterocolitica, Campylobacter jejuni, Staphylococcus aureus, Listeria monocytogenes, Bacillus cereus, Clostridium perfringens* und enterovirulente *E. coli* (besonders beim Rind- und Schaffleisch Verotoxin-bildende *E. coli*-Stämme, insbes. EHEC). Die enterohämorrhagischen Stämme (EHEC) bilden eine Untergruppe der Verotoxin-bildenden *E. coli*-Stämme (VTEC), die neuerdings auch als Shiga-Toxine (STX oder Stx) bezeichnet werden.

2.2 Hackfleisch

Hackfleisch stellt eine Sammelbezeichnung dar. Zu dieser Produktgruppe zählen u. a. Schabefleisch, Rinder- und Schweinehackfleisch, Tatar, Schweinemett, Schweinegehacktes, gemischtes Hackfleisch, Hamburger, Beefburger (siehe Fleischhygiene-VO und Hackfleisch-VO).

2.2.1 Verderbsorganismen

Innerhalb der Hackfleischmikroflora dominieren psychrotrophe Bakterien aus der Gruppe der Pseudomonaden, Enterobacteriaceen sowie Arten der Gattungen *Moraxella* und *Acinetobacter*. Bei Verwendung frisch geschlachteten Fleisches werden weiterhin die Gattungen *Flavobacterium* und *Alcaligenes* nachgewiesen, beim Rindfleisch häufiger Mikrokokken, Bazillen und *Brochothrix thermosphacta*. Bei Verwendung von nicht schlachtfrischem Fleisch ist der Anteil an Pseudomonaden, Laktobazillen und *Brochothrix thermosphacta* erhöht (BÜLTE, 1996).

2.2.2 Pathogene und toxinogene Bakterien

Da die Erzeugnisse häufig roh verzehrt werden, haben gesundheitlich bedenkliche Bakterien, wie Salmonellen und enterovirulente *E. coli* (insbes. EHEC) eine besondere Bedeutung.

2.3 Zubereitungen aus rohem Fleisch

Zu dieser Gruppe (unveränderte Frischfleischstruktur im Kern = frisches Fleisch) zählen z. B. Döner Kebab, Ćevapčići, marinierte geschnetzelte Erzeugnisse wie Pfannengerichte und gyrosähnliche Erzeugnisse. Die Keimflora entspricht je nach Art der hygienischen Gewinnung rohem Verarbeitungsfleisch bzw. Hackfleisch (JÖCKEL und WEBER, 1996).

2.4 Eßbare Schlachtnebenprodukte

Es handelt sich im wesentlichen um die inneren Organe der Schlachttiere (z. B. Herz, Leber, Nieren), um Blut und Därme. Die vorkommenden Mikroorganismen entsprechen denen des Frischfleisches. Der Tiefenkeimgehalt bei den inneren Organen liegt je nach Frischegrad bei etwa 10^5 bis 10^7/g, beim Blut zwischen 10^5 bis 10^6/ml (REUTER, 1996). Naturdärme, die unter hygienischen Bedingungen bearbeitet worden sind, haben i.d.R. einen Keimgehalt unter 10^6/g.

2.5   Geflügelfleisch und Geflügelerzeugnisse
(BELL, 1996, WEISE, 1996, JACKSON et al., 1997)

2.5.1   Geflügelfleisch

2.5.1.1   Verderbsorganismen

Die Mikrobiologie ist ähnlich der des Fleisches von Säugetieren (pH-Werte der Brustmuskulatur ca. 5,7–5,9, Schenkelmuskulatur ca. 6,4–6,7). Bei kühl gelagertem Geflügelfleisch dominieren die Pseudomonaden, *Brochothrix thermosphacta, Shewanella putrefaciens,* Arten der Genera *Acinetobacter, Moraxella* und *Psychrobacter,* sowie bei reduzierter O_2-Spannung (Verpackung) Laktobazillen und verschiedene Genera der Familie *Enterobacteriaceae.* Verderbserscheinungen liegen meist vor, wenn der Keimgehalt oberhalb von $10^7/cm^2$ Haut liegt.

2.5.1.2   Pathogene und toxinogene Bakterien

Salmonellen (bes. Serovare *S. Enteritidis, S. Typhimurium, S. Hadar, S. Infantis, S. Virchow*), *Campylobacter* (meist *C. jejuni,* seltener *C. coli*), *Listeria monocytogenes, Aeromonas hydrophila, Staphylococcus aureus, Clostridium perfringens* und enterovirulente *E. coli* (insbes. EHEC). *E. coli* O157:H7 wurde vereinzelt im Geflügelfleisch (auch Putenfleisch im Teigmantel) nachgewiesen, so daß frisches Geflügelfleisch als Reservoir in Betracht kommt.

2.5.2   Geflügelerzeugnisse

Es sind vorwiegend rohe oder vorgegarte Teile oder Gemenge, die von einer Panade umgeben sind („coated products"), wie panierte Hähnchenbrustfilets, Hähnchen-Nuggets, Hähnchentaler „Wiener Art" aus zerkleinertem Geflügelfleisch. Die Mikroflora bei diesen Produkten wird bestimmt durch das Rohmaterial, die Panade und die Hygiene bei der Herstellung.

2.6   Fleischerzeugnisse

2.6.1   Brüh- und Kochwursterzeugnisse (FRIES, 1996)

Häufiger vorkommende Mikroorganismen

Stückware   Bazillen und Clostridien

Aufschnittware   Enterobacteriaceen, Arten der Genera *Lactobacillus, Streptococcus, Leuconostoc, Pediococcus, Lactobacillus, Micrococcus, Kocuria, Staphylococcus*

Verderbsorganismen

Stückware   Bazillen und Clostridien (Erweichung, Fäulnis)

Aufschnittware   Enterobacteriaceen (Fäulnis), *Lactobacillus* spp., *Weissella* spp., Enterokokken (Säuerung, Vergrauung, Vergrünung), *Lactobacillus* spp., *Weissella* spp., *Brochothrix thermosphacta* (Schleimbildung), Gasbildung (*Leuconostoc* spp., *Weissella* spp., obligat heterofermentative Lactobazillen)

2.6.2   Kochpökelwaren (BÖHMER und HILDEBRANDT, 1996)

Kochpökelwaren sind umgerötete und gegärte, zum Teil geräucherte, meist stückige Fleischerzeugnisse. Zu dieser Gruppe gehört z. B. Kochschinken. Bei einem erreichten F-Wert von $F_{70\,°C}$ von 30 bis 50 min überleben nur Sporen der Bazillen und Clostridien und mitunter Enterokokken. Letztere führen zur Säuerung, Gelatineverflüssigung und zur Vergrünung. Bei Aufschnittware kommt es bei einer Verunreinigung durch Enterokokken und Laktobazillen zu gleichen Erscheinungen. Oftmals führt *Brochothrix thermosphacta* zu einem käsigen, stechenden Geruch.

2.6.3   Rohpökelwaren (GEHLEN, 1996)

Hierzu zählen u. a. Knochenschinken, verschiedene Arten von Schinken, Schinkenspeck, Lachsschinken, Bündner Fleisch.

Häufiger vorkommende Mikroorganismen

Arten der Gattungen *Micrococcus, Staphylococcus* und *Lactobacillus* sowie Hefen (z. B. Species der Genera *Hansenula, Cryptococcus, Debaryomyces*).

Außerhalb der Kühlung kommt es besonders bei aufgeschnittener Rohpökelware, wie Bauchspeck (hoher pH-Wert, hohe Wasseraktivität), zur Vermehrung von Laktobazillen und Katalase-positiven Kokken, auch von *Staph. aureus*. Damit die Staphylokokkenwerte unterhalb von 10^4/g und die Laktobazillen unter 10^7/g bleiben, sollte dieses Erzeugnis nur gekühlt gehandelt werden.

2.6.4   Rohwurst (KNAUF, 1996, WEBER, 1996)

Rohwürste werden aus zerkleinertem Fleisch und Speck unter Zusatz von Kochsalz, Umrötungsstoffen, Hilfsstoffen, Zucker und Gewürzen hergestellt. Es sind mikrobiell fermentierte (häufig Zusatz von Startern) streichfähige oder schnittfeste, geräucherte oder nur getrocknete Produkte.

Vorkommende Mikroorganismen in Abhängigkeit von der Reifezeit

Arten der Genera *Lactobacillus, Pediococcus, Leuconostoc, Enterococcus, Streptococcus, Micrococcus, Kocuria, Staphylococcus, Pseudomonas,* Vertreter der Familie *Enterobacteriaceae* sowie Hefen. Nach Abschluß einer Reifung setzen sich meist die Starter durch. Verschiedene Starterkulturen werden eingesetzt: *Staphylococcus carnosus, Staph. xylosus, Micrococcus varians* (= *Kocuria varians*), *Lactobacillus (L.) plantarum, L. pentosus, L. curvatus, L. sakè, L. casei, L. alimentarius, Pediococcus (P.) acidilactici, P. pentosaceus, Debaryomyces hansenii, Candida famata, Penicillium (P.) nalgiovense, P. chrysogenum, P. camemberti.* Eine gereifte Rohwurst enthält vorwiegend Milchsäurebakterien, Mikrokokken und Staphylokokken. Die Starter *Staph. xylosus* und *Staph. carnosus* reduzieren Nitrat und haben, im Gegensatz zu anderen Staphylokokken, wie *Staph. saprophyticus* und *Staph. hyicus,* eine geringe proteolytische und lipolytische Aktivität (MONTEL et al., 1996).

Verderbsorganismen

Meist peroxidbildende Milchsäurebakterien, die zur Vergrauung und Vergrünung führen. Durch einen hohen Gehalt an Peroxidbildnern in den Rohstoffen (Fleisch, Speck) kann es zur Dominanz dieser Bakterien kommen, wenn die Katalaseaktiviät der Mikrokokken/Staphylokokken nicht ausreicht. Einen Schmierbelag auf der Oberfläche bilden Hefen und Mikrokokken. Schimmelpilze führen zu Hüllendefekten.

Pathogene und toxinogene Bakterien

Bedeutend sind Salmonellen, *Listeria monocytogenes und Staphylococcus aureus.* Bei Teewürsten und ähnlich gereiften Produkten muß aufgrund ihrer Säuretoleranz auch an enterovirulente *E. coli,* z. B. *E. coli* O157:H7, gedacht werden. Ein besonderes Problem können **frische Mettwürste** darstellen. Mettwürste, die ohne Starter hergestellt werden, sind aufgrund ihrer Zusammensetzung (a_w-Wert zwischen 0,96 und 0,98) besonders im Hinblick auf das Vorkommen und die Entwicklung von Salmonellen und *Staphylococcus aureus* risikoreicher. Aber auch mit Startern hergestellte Produkte sollten durch den Zusatz von Nitritpökelsalz (2,5 %) und Glucono-delta-Lacton (0,3 %) unterhalb von 7 °C gelagert werden.

2.7 Untersuchung

Die vorzunehmenden Untersuchungen dienen der Haltbarkeitskontrolle, dem Nachweis der mikrobiologischen Qualität und der Ermittlung von Krankheitserregern.

Tab. VII.2-1: Untersuchungen, die in der Regel für eine mikrobiologische Beurteilung von Fleisch und Fleischprodukten ausreichen

Mikroorganismen	Frischfleisch, aerob	Frischfleisch, vakuumverpackt	Geflügel und Geflügelprodukte	Hackfleisch und Fleischzubereitungen	Frische Mettwurst	Brühwurst und Kochpökelerzeugnisse, Stückware	Kochwurst, Stückware	Brühwurst und Kochpökelerzeugnisse, Aufschnitt	Kochwurst, Aufschnitt	Kochschinken	Rohwurst und Rohpökelware	Erhitzte, verzehrsfertige Fleisch- und Geflügelprod.
Aerobe mesophile Koloniezahl	●	○	●	●	○	●	○	●	○	○	○	○
Enterobacteriaceen	●	●	○	●	●			●			●	
Pseudomonaden	○	○	○									
Milchsäurebakterien	○	○	○		○	●		●	○	○	●	
Brochothrix thermosphacta		○										
Enterokokken										○		
Mikrokokken und Staphylokokken					○						○	
Koagulase-positive Staphylokokken			●	●	●					○	○	●
Bazillen und Clostridien						○	○					
Bacillus cereus												●
Hefen und Schimmelpilze											○	
Salmonellen	○	○	●	●	○							●
E. coli			●	●								●
Campylobacter jejuni			○									●
Listeria monocytogenes								●	●	●		●

○ Empfohlene Untersuchung　　　● Nachweis entspr. vorhandener Kriterien

2.7.1   Untersuchungskriterien

Durch die Art der Herstellung und aufgrund der unterschiedlichen Zusammensetzung und der verschiedenen Einflußfaktoren (pH-Wert, a_w-Wert, Lagerungstemperatur, Redoxpotential) sind die durchzuführenden Untersuchungen verschieden. Aufgeführt sind nur die Untersuchungen, die gewöhnlich zur Beurteilung ausreichen (Tab. VII.2-1).

2.7.2   Untersuchungsmethoden

2.7.2.1   Probenahme und Probenvorbereitung

Bei der **Bestimmung der Koloniezahl/cm^2 Oberfläche** wird mit einer Schablone eine definierte Fläche (z.B. 4 x 5 cm^2 = 20 cm^2) in dünner Schicht (etwa 2–5 mm stark) mit Messer oder Schere und Pinzette abgetragen und unter Zugabe von 40 ml Verdünnungsflüssigkeit (0,1 % Pepton, 0,85 % Kochsalz = Verdünnungsverhältnis 1 auf 2, siehe auch DIN 10112) im Stomacherbeutel mit Filterrohr homogenisiert (ca. 2 min). Bewährt hat sich auch das Ausstanzen von 20 cm^2 mit einem Rundmesser. Wird die Probe nicht nach der Entnahme unmittelbar untersucht, so ist sie bei ±0–5 °C bis zur Untersuchung kühl, jedoch nicht länger als 3 bis maximal 24 h, aufzubewahren. Das Abtragen der Oberfläche ergibt höhere Keimzahlen als das Abspülen, Absprühen oder Abwischen mit einem trockenen und nassen Tupfer (DORSA et al., 1996). So lagen die auf frischem Rindfleisch mit der destruktiven Methode nachgewiesenen Keimzahlen um 1,3 log-Einheiten höher als die mit der Tupfermethode ermittelten Werte (DORSA et al., 1996). Bei vergleichenden Untersuchungen zur Feststellung hygienischer Schwachpunkte im Betrieb ist die Tupfermethode (Nass-Trocken-Tupferverfahren) dem destruktiven Verfahren jedoch vorzuziehen.

Bei der **Bestimmung der Koloniezahl/g** sollten bei nicht homogenem Material mindestens 100 g entnommen und zerkleinert werden (sterile Schere und Pinzette). Aus der vorzerkleinerten Probe werden 10 g für die Untersuchung entnommen. Bei homogenem Material werden 10 g mit 90 ml Verdünnungsflüssigkeit homogenisiert.

Die Aufbewahrung der zerkleinerten Probe sollte bei ±0 bis +5 °C nicht länger als 1 h dauern.

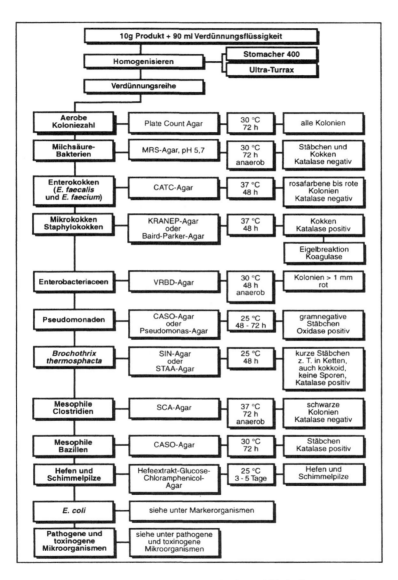

Abb. VII.2-1: Untersuchung von Fleisch und Fleischerzeugnissen

2.7.2.2　Art der Untersuchungen

A. Konventionelle Verfahren

Aerobe mesophile Koloniezahl

– Verfahren: Tropfplatten-, Spatel- oder Spiralplattenverfahren
– Medium/Temperatur/Zeit: Standard-I-Nähragar oder Plate-Count-Agar, 30 °C, 72 h
– Auswertung: Zählung aller Kolonien

Milchsäurebakterien

– Verfahren: Tropfplatten- oder Spatelverfahren (anaerob) oder Gußkultur (aerob)
– Medium/Temperatur/Zeit: MRS-Agar, pH 5,7 (HCl), 30 °C, 72 h
– Auswertung: Mikroskopie; Milchsäurebakterien = grampositive Kokken, kokkoide Zellen und Stäbchen, Katalase-negativ

Enterokokken

– Verfahren: Tropfplatten-oder Spatelverfahren
– Medium/Temperatur/Zeit: CATC-Agar, 37 °C, 48–72 h
– Auswertung: Rote Kolonien, Kokken, Katalase-negativ = verdächtige Enterokokken (Bestätigungsreaktion: Siehe unter Enterokokken)

Brochothrix thermosphacta

– Verfahren: Tropfplatten- oder Spatelverfahren
– Medium/Temperatur/Zeit: STAA-Agar, 25 °C, 48 h, aerob
– Auswertung: Gramfärbung, da sich auch Pseudomonaden und psychrotrophe Enterobacteriaceen vermehren können (schleimige Kolonien) sowie Oxidasetest (Pseudomonaden positiv, *Brochothrix thermosphacta* negativ).

Staphylokokken und Mikrokokken

– Verfahren: Tropfplatten- oder Spatelverfahren
– Medium/Temperatur/Zeit: KRANEP-Agar oder Baird-Parker-Agar, 37 °C, 48 h
– Auswertung: Grampositive Kokken, Katalase-positiv. Die Katalase-Reaktion kann bei älteren Kulturen (Wasserverlust, Konzentrierung der Hemmstoffe) negativ ausfallen.

Mesophile Bazillen-Sporen

– Verfahren: Probe bzw. Verdünnungen auf 70 °C 10 min erhitzen, Spatelverfahren
– Medium/Temperatur/Zeit: Standard-I-Nähragar oder CASO-Agar, 30 °C, 72 h
– Auswertung: Mikroskopie, Katalase-Test (Bazillen = Katalase-positiv, grampositiv bis gramvariabel)

Mesophile Clostridien-Sporen

- Verfahren: Probe bzw. Verdünnungen auf 70 °C 10 min erhitzen, Gußkultur
- Medium/Temperatur/Zeit: Sulfit-Cycloserin-Azid-Agar (SCA-Agar) oder DRCM-Agar (WEENK et al., 1995), 37 °C, 24–48 h, anaerob
- Auswertung: Schwarze Kolonien, Katalase-negativ, grampositive bis gramvariable Stäbchen

Enterobacteriaceen

- Verfahren: Spatel- oder Tropfplattenverfahren (anaerob) oder Gußkultur mit Overlay (aerob)
- Medium/Temperatur/Zeit: VRBD-Agar, 30 °C, 48 h
- Auswertung: Bei anaerober Bebrütung können auch Pseudomonaden auftreten. Die Kolonien sind allerdings wesentlich kleiner (Durchmesser unter 1 mm).

Pseudomonaden

- Verfahren: Tropfplatten- oder Spatelverfahren
- Medium/Temperatur/Zeit: Caseinpepton-Sojamehlpepton-Agar, 25 °C, 72 h oder selektiv auf Cetrimid-Fucidin-Cephaloridin Agar (CFC-Agar), 25 °C, 48 h
- Auswertung: Überfluten mit Oxidase-Reagenz oder Auflegen eines mit Oxidase-Reagenz getränkten Filterpapiers oder Prüfung einzelner Kolonien auf einem Oxidase-Teststreifen (Pseudomonaden = Oxidase-positiv).

Hefen und Schimmelpilze

- Medium/Temperatur/Zeit: Hefeextrakt-Glucose-Chloramphenicol-Agar, 25 °C, 72 h
- Auswertung: Bei hohem Gehalt an gramnegativen Bakterien werden diese nicht vollständig gehemmt. Vor der Auszählung sollte deshalb eine mikroskopische Kontrolle erfolgen.

E. coli

Siehe unter Markerorganismen

Pathogene oder toxinogene Mikroorganismen

Siehe unter Nachweis dieser Mikroorganismen

B. Schnellnachweis des Oberflächenkeimgehaltes von Frischfleisch

Durch den Nachweis von Adenosintriphosphat (ATP) kann der Keimgehalt von Frischfleisch in 30–60 min bestimmt werden (MEIERJOHANN und BAUMGART, 1994, WERLEIN, 1996, WERLEIN und FRICKE, 1997, BAUTISTA et al., 1997). Die Nachweisgrenze lag für Schweineschlachttierkörper bei 5,0 x 10^2 KBE/cm^2 und bei Rinderschlachttierkörpern bei 1,0 x 10^2 KBE/cm^2 bei einer Probengröße von 25 cm^2 (WERLEIN, 1996). Dabei erfolgte die Probenahme mit einem Tupfer, der in 1 ml Verdünnungsflüssigkeit ausgeschüttelt wurde. Nach Filtration der Verdünnungsflüssigkeit mit einem Biofiltrationssystem der Fa. Lumac wurde die ATP-Konzentration bestimmt. BAUTISTA et al. (1997) bestimmten dagegen den Oberflächenkeimgehalt von Rinderschlachtkörpern nach Entnahme der Probe mit einem destruktivem Verfahren (5 Proben à 5 cm^2 von verschiedenen Stellen) und nach Homogenisation der Probe mit dem Stomacher. Gute Übereinstimmung zum konventionellen Verfahren wurde hierbei erreicht, wenn der Keimgehalt oberhalb von $1,0 \times 10^4$/cm^2 lag. Diese Ergebnisse entsprechen denen von MEIERJOHANN und BAUMGART (1994).

C. Schnellnachweis von Salmonellen

Ein Nachweis von Salmonellen in Frischfleisch ist innerhalb von ca. 30 Std. mit der Impedanz-Methode möglich. Jede verdächtige oder positive Kurve bedarf allerdings einer Bestätigung. Als Schnellbestätigungs-Systeme eignen sich die Agglutination aus der Meßzelle, der Einsatz einer Gensonde oder immunologische Verfahren (siehe auch Kap. III.4 und III.5).

Weitere schnellere Nachweisverfahren: MSRV-Medium mit immunologischer Bestätigung, Oxoid Salmonella Rapid Test (OSRT), Salmonella 1-2 Test, ELISA, PCR bzw. andere geeignete Verfahren (siehe unter Nachweis von Salmonellen).

2.8   Mikrobiologische Kriterien

2.8.1   Kriterien für Schlachttierkörper und Teilstücke

Tab. VII.2-2:   Mikrobiologische Kriterien für Schweinefleisch
(Centrale Marketinggesellschaft der Deutschen
Agrarwirtschaft, CMA, Mai 1997)

Produkt	Aerobe Koloniezahl/cm^2	Entero-bacteriaceen/cm^2
Schwein/Tierkörper im Schlachtbetrieb	M $1,0 \times 10^5$	–
Schwein/Tierkörper im Zerlegebetrieb	M $5,0 \times 10^5$	–
Schwein, Teilstücke n = 3, c = 1	m $5,0 \times 10^3$ M $2,5 \times 10^4$	m $5,0 \times 10^2$ M $2,5 \times 10^3$

Anmerkungen: Probenlokalisation, Probenahmetechnik, Probenvorbereitung und Prüfverfahren werden angegeben.

2.8.2 Kriterien für zerkleinertes Fleisch

Tab. VII.2-3: Mikrobiologische Kriterien für Hackfleisch
(Fleischhygiene-Verordnung vom 19.12.1996)

Keimart/ Keimgruppe	n	c	m	M
Aerober Keimgehalt (+30 °C)	5	2	$5,0 \times 10^5$/g	$5,0 \times 10^6$/g
Kolibakterien	5	2	50/g	$5,0 \times 10^2$/g
Koagulase-positive Staphylokokken	5	2	10^2/g	10^3/g
Salmonellen	5	0	n.n. in 10 g	n.n. in 10 g

Legende: **n.n.** = nicht nachweisbar; **n** = Zahl der Proben einer Partie; **c** = Zahl der Proben einer Partie, die Werte zwischen m und M aufweisen dürfen; **m** = Richtwert, bis zu dem alle Ergebnisse als zufriedenstellend anzusehen sind. Für die Bewertung der Ergebnisse wird eine methodische Toleranz eingeräumt. Eine Richtwertüberschreitung liegt vor, wenn der Tabellenwert für m bei einer Keimzählung in festen Medien um das Dreifache, bei einer Keimzählung in flüssigen Medien um das Zehnfache überschritten wird. **M** = Grenzwert, der von keiner Probe überschritten werden darf. Darüber liegende Werte gelten als nicht zufriedenstellend. Für die Bewertung der Ergebnisse aus einer Keimzählung in flüssigen Medien wird eine methodische Toleranz eingeräumt. M = 10m bei einer Keimzählung in festen Medien (entspricht dem Tabellenwert), M = 30m bei einer Keimzahlung in flüssigen Medien (entspricht dem Dreifachen des Tabellenwertes).

2.8.3 Kriterien für Fleischzubereitungen

Tab. VII.2-4: Kriterien für Fleischzubereitungen
(Fleischhygiene-Verordnung vom 19.12.1996)

Mikroorganismen	M	m
Kolibakterien n = 5, c = 2	$5,0 \times 10^3$/g	$5,0 \times 10^2$/g
Koagulase-positive Staphylokokken n = 5, c = 1	$5,0 \times 10^3$/g	$5,0 \times 10^2$/g
Salmonellen n = 5, c = 0	n.n. in 1 g	n.n. in 1 g

2.8.4   Kriterien für erhitzte verzehrsfertige Fleischprodukte

Tab. VII.2-5:   Mikrobiologische Kriterien für erhitzte verzehrsfertige Rindfleisch-, Schweinefleisch- und Geflügelprodukte (LFRA Microbiology Handbook, Meat products, Leatherhead Food RA, 1996)

Mikroorganismen	Einwandfrei	Grenze der Akzeptanz	Nicht mehr akzeptabel
E. coli	<20/g	20–<100/g	>100/g
Listeria spp.	n.n. in 25 g	pos. in 25 g–<200 g	>200/g
L. monocytogenes	n.n. in 25 g	pos. in 25 g–<200 g	>200/g
C. perfringens	<10/g	10–<100/g	>100/g
Staph. aureus	<20/g	20–<100/g	>100/g
B. cereus und B. subtilis	$<10^3$/g	10^3–$<10^4$/g	$>10^4$/g
E. coli O157 und andere Verotoxinbildner	n.n. in 25 g	–	–
Salmonellen, Campylobacter	n.n. in 25 g	–	–

2.8.5   Kriterien für Fleischerzeugnisse

Tab. VII.2-6:   Mikrobiologische Toleranzwerte für Fleischerzeugnisse (Schweizerische Hygieneverordnung vom 26.6.1995)

Produkte	Aerobe Koloniezahl/g	Milchsäure-bakterien/g	Enterobacte-riaceen/g	Cl. perfrin-gens/g	Staph. aureus/g
Rohwurst und Rohpökelwaren, ausgereift	–	–	100	100	1 000
Streichfähige Rohwurst	–	–	10 000	100	1 000
Kochpökelwaren, Koch- und Brüh-wurst im Stück	100 000	100 000	100	–	–
Kochpökelwaren, Koch- und Brüh-wurstaufschnitt	1 000 000	1 000 000	1 000	–	–
In der Packung pasteurisierte Produkte	10 000	10 000	10	–	–

In der Schweiz sind für genußfertige Lebensmittel folgende Grenzwerte festgelegt:

Bacillus cereus	10^4/g
Campylobacter jejuni	n.n. in 25 g
Listeria monocytogenes	n.n. in 25 g
Yersinia enterocolitica	n.n. in 10 g

2.8.6 Kriterien für Geflügelprodukte

Tab. VII.2-7: Mikrobiologische Spezifikation für Geflügelprodukte
(Food and Agriculture Organization of the United Nations,
Rom, 1992)

Produkt	Test	n	c	m	M
Gefrorene Produkte, die vor dem Verzehr erhitzt werden	*Staph. aureus* Salmonellen	5 5	1 0	10^3/g 0	10^4/g –
Gekochte und gefrorene Produkte zum Verzehr	*Staph. aureus* Salmonellen	5 10	1 0	10^3/g 0	10^4/g –
Gepökelte oder geräucherte Produkte	*Staph. aureus* Salmonellen	10 10	1 0	10^3/g 0	10^4/g –
Geflügel frisch oder gefroren	Aerobe Koloniezahl	5	3	5×10^5/g	10^7/g

Literatur

1. BAUTISTA, D.A.; KOZUB, G.; JERICHO, K.W.F.; GRIFFITHS, M.W.: Evaluation of adenosine triphosphate (ATP) bioluminescence for estimating bacteria on surfaces of beef carcasses, J. of Rapid Methods and Automation in Microbiology 5, 37-45, 1997

2. BELL, R.G.: Chilled and frozen raw meat, poultry and their products, in: Leatherhead Food RA, Meat products, Ringbuch, Leatherhead Food RA, Randalls Road, Leatherhead, Surrey KT 227RY

3. BORCH, E.; KANT-MUERMANS, M.-L; BLIXT, Y.: Bacterial spoilage of meat and cured meat products, Int. J. Food Microbiol. 33, 103-120, 1996

4. BÖHMER, L.; HILDEBRANDT, G.: Mikrobiologie der Kochpökelwaren, in: Mikrobiologie der Lebensmittel – Fleisch und Fleischerzeugnisse, Hrsg. H. Weber, Behr's Verlag, Hamburg, 1996, 249-281

5. BÜLTE, M.: Mikrobiologie des Hackfleisches, in: Mikrobiologie der Lebensmittel – Fleisch und Fleischerzeugnisse, Hrsg. H. Weber, Behr's Verlag, Hamburg, 1996, 119-171

6. BÜLTE, M.: Pathogene und toxinogene Mikroorganismen – Zoonose-Erreger, in: Mikrobiologie der Lebensmittel – Fleisch und Fleischerzeugnisse, Hrsg. H. Weber, Behr's Verlag, Hamburg, 1996, 221-245

7. Centrale Marketinggesellschaft der Deutschen Agrarwirtschaft (CMA) – Lastenheft für Deutsches Qualitätsfleisch aus kontrollierter Aufzucht, November 1996 und Mai 1997

8. DORSA, W.J.; CUTTER, C.N.; SIRAGUSA, G.R.: Evaluation of six sampling methods for recovery of bacteria from beef carcass surfaces, Letters in Appl. Microbiol. 22, 39-41, 1996

9. Fleischhygiene-Verordnung (FlHV) vom 19.12.1996, Bundesgesetzblatt Jahrgang 1996, Teil I, Nr. 69, S. 2120

10. Food and Agriculture Organization of the United Nations, Manual of food control 4. Rev. 1., microbiological analysis, Rome 1992

11. FRIES, R.: Mikrobiologie erhitzter Erzeugnisse, in: Mikrobiologie der Lebensmittel – Fleisch und Fleischerzeugnisse, Hrsg. H. Weber, Behr's Verlag, Hamburg, 1996, 371-392

12. GEHLEN; K.H.: Mikrobiologie der Rohpökelstückwaren, in: Mikrobiologie der Lebensmittel – Fleisch und Fleischerzeugnisse, Hrsg. H. Weber, Behr's Verlag, Hamburg, 1996, 283-312

13. HOLZAPFEL, W.: Mikrobiologie verpackter Fleischerzeugnisse und verpackten Fleisches, in: Mikrobiologie der Lebensmittel – Fleisch und Fleischerzeugnisse, Hrsg. H. Weber, Behr's Verlag, Hamburg, 1996, 393-425

14. JACKSON, T.C.; ACUFF, G.R.; DICKSON, J.S.: Meat, poultry, and seafood, in: Food Microbiology Fundamentals and Frontiers, ed. by M.P. Doyle, L.R. Beuchat, Th.J. Montville, ASM Press, Washington D.C., 1997, 83-100

15. JÖCKEL, J.; WEBER, H.: Mikrobiologie ausgewählter Erzeugnisse und Zubereitungen aus rohem Fleisch, in: Mikrobiologie der Lebensmittel – Fleisch und Fleischerzeugnisse, Hrsg. H. Weber, Behr's Verlag, 1996, 135-171

16. KNAUF, H.: Starterkulturen für fermentierte Fleischerzeugnisse, in: Mikrobiologie der Lebensmittel – Fleisch und Fleischerzeugnisse, Hrsg. H. Weber, Behr's Verlag, Hamburg, 1996, 339-369

17. LFRA Microbiology Handbook, Meat products, Leatherhead Food RA, Randalis Road, Leatherhead, Surrey KT 227RY, 1996

18. MEIERJOHANN, K.; BAUMGART, J.: Oberflächenkeimgehalt von Frischfleisch: Schnellnachweis durch ATP-Bestimmung mit einem neuen Test-Kit, Fleischw. 74, 1324, 1994

19. MONTEL, M.-C.; REITZ, J.; TALON, R.; BERDAGUE, J.-L.; ROUSSET-AKRIM, S.: Biochemical activities of Micrococcaceae and their effects on the aromatic profiles and odours of a dry sausage model, Food Microbiol. 13, 489-499, 1996

20. REUTER, G.: Mikrobiologie des Fleisches, in: Mikrobiologie der Lebensmittel – Fleisch und Fleischerzeugnisse, Hrsg. H. Weber, Behr's Verlag, Hamburg, 1996, 3-115

21. VARNAM, A.H.; SUTHERLAND, J.P.: Meat and meat products – technology, chemistry and microbiology, Chapman & Hall, London, 1995

22. Verordnung über die hygienisch-mikrobiologischen Anforderungen an Lebensmittel, Gebrauchsgegenstände, Räume, Einrichtungen und Personal, Schweiz, 26.6.1995

23. WEBER, H.: Mikrobiologie der Rohwurst, in: Mikrobiologie der Lebensmittel – Fleisch und Fleischerzeugnisse, Hrsg. H. Weber, Behr's Verlag, Hamburg, 1996, 313-338

24. WEENK, G.H.; VAN DEN BRINK, J.A.; STRUIJK, C.B.; MOSSEL, D.A.A.: Modified methods for the enumeration of spores of mesophilic Clostridium species in dried food, Int. J. Food Microbiol. 27, 185-200, 1995

25. WEISE, E.: Mikrobiologie des Geflügels, in: Mikrobiologie der Lebensmittel – Fleisch und Fleischerzeugnisse, Hrsg. H. Weber, Behr's Verlag, Hamburg, 1996, 557-631

26. WERLEIN, H.D.: Bestimmung des Oberflächenkeimgehaltes von Rinder- und Schweineschlachttierkörpern mit der Biolumineszenzmethode, Fleischw. 76, 179-181, 1996

27. WERLEIN, H.-D.; FRICKE, R.: Applicability of the swab sampling technique in order to determine the microbial quality of poultry by means of ATP bioluminescence, Arch. Lebensmittelhyg. 48, 14-16, 1997

3 Fisch und Fischerzeugnisse, Weich- und Krebstiere

J. Baumgart

(DALGARD, 1995, GRAM und HUSS, 1996, PRIEBE, 1996, SAUPE, 1996, HUSS, 1997)

3.1 Frischfisch, gefrorener Fisch

Häufiger vorkommende Mikroorganismen

Enterobacteriaceen, *Shewanella putrefaciens,* Arten der Genera *Pseudomonas, Acinetobacter, Moraxella, Psychrobacter, Vibrio, Aeromonas, Alcaligenes, Achromobacter, Photobacterium, Flavobacterium, Cytophaga, Corynebacterium, Micrococcus, Staphylococcus, Lactobacillus* und *Bacillus*

Mikroorganismen, die überwiegend Ursache des Verderbs sind

* Fisch, nicht vakuumverpackt

  Shewanella putrefaciens (Bildung von Trimethylamin = TMA aus Trimethylaminoxid = TMAO, H_2S aus Cystein und Methylmercaptan aus Methionin), *Pseudomonas* spp. (Bildung von Methylmercaptan, Dimethylsulfid; Ketone, Ester, Aldehyde und Ammoniak aus Aminosäuren)

* Fisch, vakuumverpackt (CO_2 und N_2)

  Shewanella putrefaciens, Photobacterium phosphoreum (TMA), Enterobacteriaceen (TMA, teilweise H_2S), Milchsäurebakterien (aus Aminosäuren Ketone, Ester, Aldehyde, NH_3)

Pathogene und toxinogene Mikroorganismen

In Abhängigkeit von der Hygiene bei der Verarbeitung und den Behandlungsverfahren:

Salmonellen, Shigellen, *Yersinia enterocolitica, Aeromonas hydrophila, Plesiomonas shigelloides, Vibrio (V.) cholerae, V. parahaemolyticus, V. vulnificus* u. a., *Staphylococcus aureus, Listeria monocytogenes, Clostridium perfringens, Clostridium botulinum* Typ E und nicht proteolytische Stämme der Typen B und F

Hemmung pathogener und toxinogener Bakterien

Minimale Vermehrungstemperaturen

C. botulinum, nicht-proteolytisch (Typen B, E, F) 3,3 °C, Vibrionen 5 °C, *Aeromonas hydrophila* 0 °C, *Plesiomonas shigelloides* 8 °C, Salmonellen 7 °C, *Listeria monocytogenes* 1 °C, *Clostridium perfringens* 15 °C (HUSS, 1997)

3.2   Weich- und Krebstiere

Häufiger vorkommende Mikroorganismen sowie pathogene und toxinogene Bakterien

Siehe unter Frischfisch (Pkt. 3.1)

3.3   Fischerzeugnisse

Surimi, Kamaboko, Krabbenfleischimitationen

Surimi ist ein Fischprotein, das aus der Muskulatur von Seefischen (bes. Alaska Pollak) durch Waschen, Zerkleinern sowie durch Zusatz von Zucker und Phosphaten hergestellt und meist gefroren gelagert wird. Die Mikroflora entspricht der von Gefrierfisch. **Kamaboko** wird aus Surimi unter Zugabe von Gewürzen, Salz, Stärke und Eiklar hergestellt. **Krabbenfleischimitationen** aus Surimi unterliegen am Ende des Herstellungsprozesses einer thermischen Behandlung (ca. 15 min bei 88 °C), so daß der Keimgehalt unter 100/g liegt und nur aus Sporenbildnern besteht. Zur Abtötung nicht-proteolytischer Stämme von *C. botulinum* reicht eine Erhitzung von 90 °C für 10 min aus, wenn die Ware bei Temperaturen <5–8 °C für max. 3–6 Wochen gelagert wird (LUND und NOTERMANS, 1993).

Konserven

Fischerzeugnisse werden sterilisiert und pasteurisiert. Ein Verderb bei sterilisierten Erzeugnissen kann durch Bazillen und Clostridien auftreten. Bei pasteurisierten Erzeugnissen wird die Rohware gedämpft, gekocht oder gebraten, mit Aufgüssen versehen und dann unter 100 °C erhitzt. Eine Abtötung und Hemmung der Mikroorganismen erfolgt durch Säurezusatz (ca. 0,9 % Essigsäure) und Hitze. Verderb je nach Zusammensetzung der Produkte durch Bazillen, Clostridien, Laktobazillen, Hefen, Mikrokokken, Staphylokokken.

Marinaden

Marinaden sind Fischwaren, die durch ein Essig-Salz-Garbad (Essigsäure ca. 0,7–2,0 % im Fischfleisch, pH <4,8) oder durch Salzen kurzfristig haltbar gemacht werden und mit Tunken, Cremes, Aufgüssen usw. versehen werden. Ein Verderb kann durch Milchsäurebakterien, Hefen und Schimmelpilze auftreten. Teilweise werden Konservierungsstoffe (Sorbin-, Benzoesäure, PHB-Ester) zur Verlängerung der Haltbarkeit eingesetzt.

Salzfische

Bei der Hartsalzung (z.B. Salzhering) liegt der Salzgehalt über 20 g in 100 g Fischgewebswasser. Solche Produkte sind bei einer Lagerung <15 °C ca. 6 Monate haltbar und verderben nur durch halophile Mikroorganismen (z.B. *Halobacterium* spp., Hefen des Genus *Sporendonema*). Mild gesalzene Fische, die nur 6–20 g Kochsalz/100 g Fischgewebswasser enthalten (z. B. Matjes), können durch zahlreiche Bakterien verderben (Enterobacteriaceen, Arten der Genera *Moraxella, Acinetobacter, Micrococcus, Staphylococcus, Vibrio* sowie durch Hefen und Schimmelpilze). Im Fleisch von Matjes wurden Keimzahlen zwischen 10^3 und 10^7/g ermittelt.

Salzfischerzeugnisse

Zu dieser Gruppe zählen z. B. Seelachsschnitzel bzw. -scheiben. Diese Erzeugnisse sollten einen Kochsalzgehalt von >8 % in der wässerigen Phase haben. Zum Verderb führen besonders Mikrokokken.

Anchosen

Anchosen sind Erzeugnisse, die durch eine Salz-Zucker-Gewürz-Kräuter-Mischung haltbar gemacht werden. Das Fischfleisch sollte 8–14 % Kochsalz und 2–10 % Zucker enthalten. Teilweise werden proteolytische Enzyme eingesetzt. Bei Anchosen nach nordischer Art werden teilweise als Starter *Vibrio costicola* verwendet. Bei ausreichendem Salzgehalt kann es dennoch zur Schleimbildung durch Milchsäurebakterien, z. B. der Genera *Leuconostoc* oder *Weissella* kommen.

Räucherfischwaren

Fisch wird **kaltgeräuchert** mit Rauch unter 30 °C (z. B. Lachs) oder heißgeräuchert (z. B. Forelle, Aal, Makrele) bei Temperaturen zwischen 70 ° und 90 °C. Vielfach wird die Ware vakuumverpackt, teilweise mit Schutzgas.

Verderb

- Heißgeräucherte Ware (Verunreinigung nach dem Räuchern): Milchsäurebakterien (*Lb. curvatus, Lb. plantarum, Lb. sakè, Lb. bavaricus, Carnobacterium* spp., *Leuconostoc* spp.), Enterobacteriaceen, *Brochothrix thermosphacta,* Pseudomonaden, *Photobacterium phosphoreum,* Hefen (GRAM und HUSS, 1996).
- Kaltgeräucherte Ware: Gleiche Mikroorganismen wie bei heißgeräucherten Produkten und zusätzlich die Mikroorganismen des Frischfisches oder Gefrierproduktes.

Pathogene und toxinogene Bakterien

Bei der Heißräucherung überleben nur Sporen von *C. botulinum* und ggf. (Räuchertemperatur um 70 °C) auch Listerien. Die zur Abtötung von *L. monocytogenes* sonst ausreichende Temperatur von 70 °C für 0,3–2,0 min reicht für gesalzene Fischerzeugnisse nicht aus (HUSS, 1997), da die Hitzeresistenz bei erniedrigter Wasseraktivität steigt. Da auch die Räuchertemperatur Sporen von

C. botulinum nicht abzutöten vermag, sollte der Kochsalzgehalt in der Wasserphase der Räucherfische mindestens 3 % betragen. Unter diesen Voraussetzungen kann die Ware bei einer Temperatur <10 °C mindestens 30 Tage gelagert werden (HUSS, 1997). Diese Bedingungen treffen natürlich auch auf die kaltgeräucherten Fischwaren zu. Wenn auch *Listeria monocytogenes* sich unter diesen Bedingungen noch vermehren kann, so tritt unter praktischen Verhältnissen bei vakuumverpackter Ware dennoch keine Vermehrung ein, da die Konkurrenzflora, besonders Milchsäurebakterien, eine Vermehrung verhindern. Das Vorkommen von *L. monocytogenes* in kaltgeräucherten Fischprodukten (z. B. Lachs) ist nicht zu verhindern, so daß Forderungen „negativ in 25 g" unrealistisch sind.

3.4   Untersuchung

3.4.1   Untersuchungskriterien

Die produktspezifischen Untersuchungskriterien, die in der Regel für eine Beurteilung ausreichen, sind in der Tabelle VII.3-1 aufgeführt. In Erkrankungsfällen, bei besonderer Fragestellung oder beim Vorliegen mikrobiologischer Kriterien sind weitere Untersuchungen erforderlich.

3.4.2   Untersuchungsmethoden

Probenahme

Sterilnahme der Probe mit Skalpell, Schere, Korkbohrer oder Bohrmaschine (Hohlbohrer).

Art der Untersuchung

Der Nachweis der aeroben Koloniezahl, von Enterobacteriaceen, Milchsäurebakterien, Pseudomonaden, Hefen und Schimmelpilzen, Bazillen und Clostridien sowie der Indikatororganismen und pathogenen Bakterien entspricht dem bei Fleischuntersuchungen (siehe Kapitel VII.2, S. 9ff.).

Nachweis von Photobakterien bei Frischfisch

– Verfahren: Spatelverfahren

– Medium/Temperatur/Zeit: *Photobacterium* Broth (Difco) + 1,5 % Agar, 20 °C, 72 h

Tab. VII.3-1: Untersuchungen, die in der Regel für eine mikrobiologische Beurteilung von Fisch und Fischerzeugnissen, Weich- und Krebstieren ausreichen

Mikroorganismen	Produkte		
	Frischfisch, gefrorener Fisch, Weich- und Krebstiere, Surimi, Kamaboko, Krabbenfleisch-imitationen	Räucherfisch*	Marinaden, Bratfischwaren, Fischerzeugnisse in Gelee, Anchosen
Aerobe mesophile Keimzahl	O	O	O
Enterobacteriaceen	O	O	
Milchsäurebakterien		O	O
Pseudomonaden		O	
Staphylococcus aureus	O	O	
E. coli	O		
Photobacterium spp.	O **		
Hefen und Schimmelpilze		O	O
Mesophile Bazillen			O
Mesophile Clostridien		O	O
Clostridium perfringens		O	
Salmonellen	O	O	O
Listeria monocytogenes	O	O	

*) Besonders vakuumverpackt, mit und ohne Schutzgas
**) Nur bei Frischfisch und gefrorenem Fisch
O Empfohlene Untersuchungen

3.5 Mikrobiologische Kriterien

3.5.1 **Lebende Muscheln** (Mikrobiologische Kriterien für lebende Muscheln, Fischhygiene-VO, Anlage 2, Kap. 5 vom 31.3.1994)

In einem 5-tube-3-Dilution-MPN-Test oder einem anderen bakteriologischen Verfahren mit entsprechender Genauigkeit, müssen weniger als 300 Fäkalcoliforme pro 100 g Muschelfleisch und Schalenflüssigkeit oder weniger als 230 *E. coli* pro 100 g Muschelfleisch und Schalenflüssigkeit nachgewiesen werden. In 25 g Muschelfleisch dürfen keine Salmonellen enthalten sein.

3.5.2 Gekochte Krebs- und Weichtiere (Entscheidung der Kommission Nr. 93/5 EWG, BAnz. Nr. 125 vom 7.7.1994, S. 6994)

a) Pathogene Bakterien

Salmonellen negativ in 25 g ($n = 5$, $c = 0$). Sonstige pathogene Keime und ihre Toxine dürfen nicht in gesundheitsschädlicher Menge vorhanden sein.

b) Indikatororganismen für Hygienemängel (Produkte ohne Schale)

Mikroorganismen	M	m
Staph. aureus $n = 5$, $c = 2$	1000/g	100/g
E. coli (auf festem Nährsubstrat) $n = 5$, $c = 0$	100/g	10/g

c) Indikatororganismen, Leitlinien

Aerobe, mesophile Bakterien (30 °C), $n = 5$, $c = 2$

Produkte	M	m
Ganze Erzeugnisse	10^5/g	10^4/g
Erzeugnisse ohne Panzer bzw. Schale, außer Krabbenfleisch	$5{,}0 \times 10^5$/g	$5{,}0 \times 10^4$/g
Krabbenfleisch	10^6/g	10^5/g

3.5.3 Empfehlungen für verzehrsfertige Shrimps (BUCHANAN, 1991)

Mikroorganismen	M	m
Coliforme Bakterien $n = 5$, $c = 2$	1000/g	100/g
Staph. aureus $n = 5$, $c = 2$	500/g	50/g
Listeria monocytogenes $n = 5$, $c = 0$	n.n. in 25 g	n.n. in 25 g
Salmonellen $n = 30$, $c = 0$	n.n. in 25 g	n.n. in 25 g

3.5.4 Empfehlungen für vakuumverpackten geräucherten Lachs

Mikrobiologische Kriterien liegen hier nur für *L. monocytogenes* vor, wenn diese auch sehr unterschiedlich sind:

- Dänemark: n = 5, c = 2, m = 10/g, M = 100/g (QUIST, 1996)

- Deutschland: m = 100/g, M = 1000/g (TEUFEL, 1994)

- ICMSF (1994), VAN SCHOTHORST (1996): 2-Klassen-Plan, 10–20 Proben à 10 g, c = 0 und m = 100/g. Überschreitet eine Probe m, wird die Charge beanstandet.

- GILBERT (1992): Einwandfrei <100/g; unbefriedigend 10^2–10^3/g, potentiell gesundheitsschädigend >10^3/g.

Anmerkungen: Eine Null-Toleranz von *L. monocytogenes* in 25 g, wie sie teilweise gefordert wird, entspricht nicht den Gegebenheiten der Praxis. Entscheidender ist ein effektives HACCP-Konzept im Erzeuger-, Schlacht- und Verarbeitungsbetrieb, wobei darauf zu achten ist, daß der Kochsalzgehalt in der wässerigen Phase mindestens 3 % betragen sollte. Aufgrund einer Untersuchung von Handelsproben geben HILDEBRANDT und EROL (1988) folgende Empfehlungen: Aerobe Koloniezahl max. 10^7/g, Pseudomonaden und Enterobacteriaceen max. 10^5/g, Hefen und Enterokokken max. 10^4/g. Bei der innerbetrieblichen Kontrolle sollten die Zahlen 1–2 Zehnerpotenzen niedriger liegen.

Literatur

1. GILBERT, R.J.: Provisional microbiological guidelines for some ready-to-eat food samples at point of sale: Notes for PHLS food examiners, PHLS Microbiology Digest 9, 98-99, 1992

2. GRAM, L.; HUSS, H.H.: Microbiological spoilage of fish and fish products, Int. J. Food Microbiol. 33, 12-137, 1996

3. HILDEBRANDT, G.; EROL, I.: Sensorische und mikrobiologische Untersuchung an vakuumverpacktem Räucherlachs in Scheiben, Arch. Lebensmittelhyg. 39, 120-123, 1988

4. HUSS, H.H.: Control of indigenous pathogenic bacteria in seafood, Food Control 8, 91-98, 1997

5. HUSS, H.H.; BEN EMBAREK, P.K.; JEPPESEN, V.F.: Control of biological hazards in cold smoked salmon production, Food Control 6, 335-340, 1995

6. ICMSF (International Commission on Microbiological Specifications for Foods): Choice of sampling plan and criteria for Listeria monocytogenes, Int J. Food Microbiol. 22, 89-96, 1994

7. LUND, B.M.; NOTERMANS, S.H.W.: Potential hazards associated with REPFEDS, in: Clostridium botulinum, Ecology and Control in Foods, eds. A.H.W. Hauschild and K.L. Dodds, 279-304, Marcel Dekker Inc., New York, 1993

8.   PRIEBE, K.: Mikrobiologie der Krebstiere Crustacea; Mikrobiologie der Weichtiere Mollusca, in: Mikrobiologie der Lebensmittel – Fleisch und Fleischerzeugnisse, Hrsg. H. Weber, Behr's Verlag, Hamburg, 1996, 761-800

9.   QUIST, S.: The Danish government position on the control of Listeria monocytogenes in foods, Food Control 7, 249-252, 1996

10. SAUPE, Chr.: Mikrobiologie der Fische, Weich- und Krebstiere, in: Mikrobiologie der Lebensmittel – Fleisch und Fleischerzeugnisse, Hrsg. H. Weber, Behr's Verlag, Hamburg, 1996, 667-760

11. TEUFEL, P.: European perspectives on Listeria monocytogenes, Dairy, Food and Environm. San. 1, 212-214, 1994

12. VAN SCHOTHORST, M.: Sampling plans for Listeria monocytogenes, Food Control 7, 203-208, 1996

4   Eiprodukte

J. Baumgart

(SPARKS, 1996, STROH, 1996)

Eiprodukte können flüssig, konzentriert, getrocknet, kristallisiert, gefroren, tiefgefroren oder fermentiert sein (Eiprodukte-VO, 1993).

4.1   Mikroorganismen in Eiprodukten

Häufiger vorkommende Mikroorganismen in frischen Eiprodukten

Bakterien der Genera *Micrococcus, Kocuria, Staphylococcus, Pseudomonas,
Flavobacterium, Moraxella, Acinetobacter, Aeromonas, Streptococcus, Enterococcus, Bacillus* sowie zahlreiche Genera der Familie *Enterobacteriaceae*

Mikroorganismen, die vorwiegend Ursache des Verderbs sind

Bakterien der Familie *Enterobacteriaceae*, Pseudomonaden, Streptokokken,
Enterokokken, Laktobazillen, Mikrokokken und Staphylokokken

Pathogene und toxinogene Mikroorganismen

Salmonellen, *Staphylococcus aureus, Campylobacter jejuni, Listeria monocytogenes, Yersinia enterocolitica*

4.2   Untersuchung

Folgende Untersuchungen werden empfohlen:

4.2.1   Aerobe Koloniezahl

- Verfahren: Spatel- oder Tropfplattenverfahren
- Verdünnungsflüssigkeit (Methode nach § 35 LMBG, 05.00-4, 1996)
  Zusammensetzung/l: Caseinpepton, trypt. 10,0 g; Natriumchlorid 5,0 g;
  di-Natrium-hydrogenphosphat x 12 H_2O 9,0 g; Kalium-dihydrogenphosphat
  1,5 g; pH 7,0 bei 20 °C
- Medium/Temperatur/Zeit: Standard-I-Nähragar oder Plate-Count-Agar, 30 °C,
  72 h

4.2.2   Enterobacteriaceen

- Verdünnungsflüssigkeit wie bei Bestimmung der aeroben Koloniezahl
- Verfahren: Gußkultur mit Overlay
- Medium/Temperatur/Zeit: VRBD-Agar, 37 °C, 24 h

4.2.3 Koagulase-positive Staphylokokken
(Methode nach § 35 LMBG, 05.00-8, 1996)

- Verfahren: Selektive Anreicherung: Je drei Kulturröhrchen (bei Einzelproben) werden mit 1 g oder 1 ml der Probe beimpft, bei chargenbezogenem Prüfplan Beimpfung von jeweils 5 Röhrchen oder Untersuchung einer Sammelprobe (5 g in 45 ml).

- Medium/Temperatur/Zeit: Baird-Parker-Bouillon (Oxoid), 37 °C (anaerob), 48 h, Subkultur auf Baird-Parker-Agar, aerobe Bebrütung, 37 °C, 48 h

4.2.4 Salmonellen

- Voranreicherung in gepuffertem Peptonwasser (Methode nach § 35 LMBG 05.00-4, 1996) – siehe Bestimmung der aeroben Koloniezahl

- Weiteres Verfahren siehe unter Nachweis von Salmonellen

4.3 Mikrobiologische Kriterien

Tab. VII.4-1: Anforderungen an die mikrobiologische Beschaffenheit von Eiprodukten (Eiprodukte-Verordnung, 1993)

Keimgruppen	n	c	m	M	Bezugsgröße
Aerobe mesophile Koloniezahl	5	2	10^4	10^5	1 g oder 1 ml
Enterobacteriaceen	5	2	10	10^2	1 g oder 1 ml
Salmonellen	10	0	0		25 g oder 25 ml
Staph. aureus	5	0	0		1 g oder 1 ml

Literatur

1. Methode nach § 35 LMBG: Allgemeine Hinweise für die mikrobiologische Untersuchung von Eiern und Eiprodukten, 05.00-4, Januar 1997, Bundesinstitut für gesundheitlichen Verbraucherschutz und Veterinärmedizin, Jan. 1997

2. SPARKS, N.H. CH.: Eggs, in: Microbiology Handbook – Meat, Leatherhead Food RA, Randalls Road, Leatherhead, Surrey KT 22 7RY, 1996

3. STROH, R.: Mikrobiologie von Eiern und Eiprodukten, in: Mikrobiologie der Lebensmittel – Fleisch und Fleischerzeugnisse, Hrsg. H. Weber, Behr's Verlag, Hamburg, 1996, 635-663

4. Verordnung über die hygienischen Anforderungen an Eiprodukte (Eiprodukte-Verordnung) vom 17.12.1993, Bundesgesetzblatt I, 2288-2302

5 Milch und Milcherzeugnisse

J. Baumgart

(HELLER, 1996, OTTE-SÜDI, 1996, RIEMELT et al., 1996, WEGNER, 1996, ZICKRICK, 1996, FRANK, 1997)

5.1 Rohmilch

Vorkommende Mikroorganismen

Gramnegative Bakterien

Arten der Gattungen *Acinetobacter, Aeromonas, Alcaligenes, Alteromonas, Corynebacterium, Flavobacterium, Pseudomonas, Moraxella, Psychrobacter* und der Familie *Enterobacteriaceae*. Vorwiegend werden in der gekühlten Milch Pseudomonaden nachgewiesen.

Grampositive Bakterien

Arten der Gattungen *Arthrobacter, Bacillus, Brevibacterium, Corynebacterium, Lactobacillus, Lactococcus, Microbacterium, Micrococcus, Propionibacterium, Staphylococcus, Streptococcus, Enterococcus, Bacillus, Clostridium* u. a.

Hefen

Arten der Gattungen *Geotrichum, Candida, Kluyveromyces, Saccharomyces, Torulopsis, Trichosporon* u. a.

Schimmelpilze

Arten der Gattungen *Aureobasidium, Aspergillus, Cladosporium, Fusarium, Mucor, Penicillium, Rhizopus, Scopulariopsis* u. a.

Möglicherweise vorkommende pathogene Mikroorganismen

Bacillus cereus, Campylobacter jejuni, Campylobacter coli, Salmonellen, *Coxiella burnetii, Clostridium perfringens,* Enterovirulente *E. coli* (z. B. *E. coli* O157:H7), *Listeria monocytogenes, Staphylococcus aureus, Streptococcus agalactiae, Yersinia enterocolitica*

5.2 Pasteurisierte Milch

Nach der Milch-Verordnung sind als Pasteurisierungsverfahren zugelassen:

- Dauererhitzung bei 62–65 °C mit einer Heißhaltezeit von 30–32 min
- Kurzzeiterhitzung bei 72–75 °C mit einer Heißhaltezeit von 15–30 sec
- Hocherhitzung auf mindestens 85 °C

Wenige Mikroorganismen überleben die Kurzzeiterhitzung. Nur hitzeresistente Mikroorganismen sind ggf. in der Trinkmilch nachweisbar, wie einige Species der Genera *Bacillus, Clostridium, Microbacterium, Enterococcus, Streptococcus, Lactococcus* sowie Ascosporen von Hefen und Konidien einiger Schimmelpilze. Die mikrobiologische Qualität der Trinkmilch ist von der Reinfektion nach der Erhitzung abhängig (Rohrleitungen, Tanks, Maschinenteile usw.). In der gekühlten Trinkmilch vermehren sich besonders psychrotrophe Mikroorganismen, wie z.B. Arten der Gattungen *Acinetobacter, Aeromonas, Alcaligenes, Pseudomonas, Psychrobacter* sowie zahlreiche Species der Familie *Enterobacteriaceae*.

Verderbserscheinungen bei pasteurisierter Trinkmilch

– Säuerung durch Milchsäurebakterien (Arten der Gattungen *Streptococcus, Lactobacillus, Lactococcus*)

– Lipolyse und Proteolyse bes. durch Pseudomonaden (bitterer Geschmack durch Peptidbildung), *Flavobacterium, Alcaligenes, Acinetobacter, Moraxella, Klebsiella oxytoca*. Je nach Keimzahl und abhängig von den Mikroorganismen, können die Geruchs- und Geschmacksabweichungen auch fruchtig, säuerlich, ranzig, faul oder „unsauber" sein (COUSIN, 1982).

– Süßgerinnung durch Proteasen der Pseudomonaden und Bazillen

5.3 Dauermilcherzeugnisse

5.3.1 Flüssige Dauermilcherzeugnisse

5.3.1.1 Sterilerzeugnisse

Zu dieser Gruppe gehören Milch, Sahne, Milchgetränke und Kondensmilch, die in luftdicht verschlossenen Behältnissen verpackt und anschließend in dieser Verpackung bei mindestens 110 °C sterilisiert wurden. Bei dieser Temperatur können nur einige Sporen der Bakterien überleben. Dagegen werden hitzestabile Enzyme (Proteinasen, Lipasen) der in der Rohmilch vorkommenden gramnegativen Bakterien nicht vollständig inaktiviert. Folgende D-Werte wurden für eine von *Pseudomonas fluorescens* gebildete Proteinase nachgewiesen (KROLL und KLOSTERMEYER, 1984): $D_{140\,°C} = 124$ s; $D_{150\,°C} = 54$ s.

5.3.1.2 UHT-Erzeugnisse

Bei der UHT-Erhitzung (H-Milch, Sahne, Kaffeesahne, Milchmischgetränke) erfolgt eine Erhitzung auf mind. 135 °C (Sterilisationswert von $F_o = 3{,}0$). Vegetative

Mikroorganismen werden abgetötet und Sporen stark reduziert. Hoch-hitzeresistente Sporen, wie *Bacillus sporothermodurans,* wurden aus der H-Milch isoliert (PETTERSSON et al., 1996).

5.3.1.3 Gezuckerte Kondensmilch

Die Haltbarmachung erfolgt durch Zusatz von Zucker (ca. 62,5–64,5 Gew.%) nach Vorerhitzung der Milch (einige Sekunden bei 110–120 °C).

5.3.2 Milcherzeugnisse in Pulverform

Produkte: Milch-, Sahne-, Buttermilch-, Molkenpulver sowie Caseine und Caseinate mit einem Wassergehalt von ca. 2,5 bis 5 %. Bei sprühgetrocknetem Pulver (Temperatur der Milchpartikel durch Verdunstungskälte bei der Wasserverdampfung ca. 65–75 °C) sind vorwiegend die aus der Rohmilch stammenden Sporen und hitzeresistenteren Mikroorganismen vorhanden, wie *Streptococcus salivarius* ssp. *thermophilus, Enterococcus faecium* und *Microbacterium lacticum* (TEUBER, 1983). Walzengetrocknetes Pulver (Temperatur ca. 150 °C) enthält i.d.R. weniger Mikroorganismen als sprühgetrocknete Produkte.

5.4 Sauermilcherzeugnisse

Sauermilcherzeugnisse sind Produkte, die durch Milchsäuregärung und weitere Stoffwechselvorgänge (u.a. leichte Proteolyse, Bildung von Aromastoffen, wie Acetaldehyd und Diacetyl) verschiedener Milchsäurebakterien, anderer Bakterien und Hefen entstehen. Zahlreiche Starterkulturen werden eingesetzt (Tab. VII.5-1), einige von ihnen werden als **probiotische Kulturen** besonders geschätzt (z.B. *Bifidobacterium* spp., *Lactobacillus acidophilus, Lactobacillus casei*). Von den Milchsäurebakterien werden diejenigen, die L(+)-Milchsäure bilden, bevorzugt (= normaler Bestandteil im Muskelstoffwechsel), während die D(–)-Milchsäurebildner, wie *Lactobacillus delbrueckii* subsp. *bulgaricus,* ganz oder teilweise durch *Lactobacillus acidophilus* ersetzt werden.

Verderb von Sauermilcherzeugnissen

Hefen und Schimmelpilze vermehren sich bei Kühltemperaturen und pH-Werten <4,5 und führen zum Verderb. Durch einen verzögerten Säuerungsverlauf können sich auch pathogene Bakterien vermehren.

Verderbsorganismen und Art des Verderbs

Hefen, Schimmelpilze: Gärung, Deckenbildung, muffiger Geruch, Ranzigkeit. Wildstämme von Milchsäurebakterien: Unerwünschte Nachsäuerung.

Tab. VII.5-1:   Starterkulturen für Sauermilcherzeugnisse

Produkte	Verwendete Mikroorganismen
Buttermilch	Mesophile Milchsäurebakterien: *Lactococcus (Lc.) lactis* subsp. *lactis; Lc. lactis* subsp. *cremoris; Lc. lactis* subsp. *lactis* var. *diacetylactis* (Bildung von L(+)-Milchsäure durch Species des Genus *Lactococcus*); Arten des Genus *Leuconostoc* (Bildung von D(–)-Milchsäure)
Joghurt	Thermophile Milchsäurebakterien: *Lactobacillus (L.) delbrueckii* subsp. *bulgaricus* (Bildung von D(–)-Milchsäure); *Streptococcus salivarius* subsp. *thermophilus* (Bildung von L(+)-Milchsäure)
Acidophiluserzeugnisse wie Acidophilusmilch oder Bioghurt	*Lactobacillus acidophilus* (Bildung von D,L-Milchsäure), fakultativ andere mesophile und thermophile Milchsäurebakterien und Hefen
Bifidus-Milcherzeugnisse wie Biogarde-Produkte	*Bifidobacterium bifidum* (Bildung von L(+)-Milchsäure), andere Bifidobakterien, zusätzlich thermophile und mesophile Milchsäurebakterien
Kefir	Kefirkörner, darin: *Candida kefir, Lactobacillus kefir, Lactobacillus acidophilus, Lactococcus lactis*
Kumys (Asien), Ymer (Dänemark), Viili (Finnland), Langfil (Schweden), Taette (Norwegen)	Mesophile Milchsäurebakterien, Hefen
Yakult	*Lactobacillus casei* subsp. *casei*

5.5   Butter

Butter wird aus Rahm gewonnen. Sie enthält Butterfett, Wasser und fettfreie Trockensubstanz in Form einer homogenen Emulsion. Das Wasser (max. 16 %) ist in kleinen Tröpfchen von oft nur 10 μm Durchmesser verteilt. Durch den hohen

Fettgehalt von mindestens 82 % ist Butter kein Nährboden für Mikroorganismen. Sauerrahmbutter enthält die Mikroorganismen aus der Kulturzugabe (*Lactococcus lactis* subsp. *cremoris, Lactococcus lactis* subsp. *lactis, Lactococcus lactis* subsp. *lactis* var. *diacetylactis, Leuconostoc mesenteroides* subsp. *cremoris*). Als Fremdorganismen können sich Hefen und Schimmelpilze vermehren und zum Verderb führen. In Süßrahmbutter zählen alle nachgewiesenen Mikroorganismen zu den Fremdorganismen.

5.6 Käse

Käse sind frische oder gereifte Erzeugnisse aus dickgelegter Milch. Zur Herstellung von Käse dürfen auch Pilz- und Bakterienkulturen verwendet werden.

5.6.1 Hartkäse

Zu den Hartkäsen zählen Emmentaler, Bergkäse und Cheddar. Der klassische Emmentaler wird aus Rohmilch hergestellt. Als Säuerungskulturen werden *Streptococcus salivarius* subsp. *thermophilus, Lactobacillus delbrueckii* subsp. *lactis* und subsp. *helveticus* sowie Propionsäurebakterien (bevorzugt *Propionibacterium freudenreichii* subsp. *shermanii*) eingesetzt. Bergkäse enthält als Starter meist *Lactococcus lactis, Streptococcus salivarius* subsp. *thermophilus* und *Lactobacillus delbrueckii* subsp. *lactis,* während Cheddar, ein Käse ohne Lochung, vorwiegend *Lactococcus* spp. enthält.

Verderb: Frühblähung (meist *Enterobacter aerogenes*), Spätblähung (*Clostridium butyricum* und *Cl. tyrobutyricum*), Schimmelbildung.

5.6.2 Schnittkäse und halbfeste Schnittkäse

5.6.2.1 Gouda und Edamer

Diese Käse enthalten als Reifungskultur Laktokokken und Laktobazillen. Die Lochbildung wird durch *Lactococcus lactis* subsp. *lactis* var. *diacetylactis* und *Leuconostoc* spp. bewirkt. Die Oberflächenflora (Hefen, salztolerante Mikrokokken, *Brevibacterium linens,* Corynebakterien) ist auf trocken behandelten oder gewachsten Käsen ohne Bedeutung.

Ein Verderb (Flavourfehler) durch Enterokokken ist möglich.

5.6.2.2   Tilsiter

Tilsiter gehört zu den Schnittkäsen mit Schmierebildung. Als Reifungsflora spielen mesophile Laktobazillen und *Leuconostoc*-Arten eine Rolle. Der Geschmack wird vorwiegend durch die Oberflächenflora (*Brevibacterium linens,* Hefen, coryneformen Bakterien und Mikrokokken) bedingt.

Verderb: Frühblähung, Spätblähung, Schimmelbefall

5.6.3   Weichkäse mit Rotschmierebildung

Dazu gehören u.a. Limburger, Münster, Romadur, Vacherin und Esrom. Die dominierende Innenflora besteht aus Laktokokken, Enterokokken, Mikrokokken und mesophilen Laktobazillen. Auf der Käseoberfläche dominieren *Brevibacterium linens,* Mikrokokken, Hefen (z.B. Arten der Genera *Torulopsis* und *Kluyveromyces* sowie *Debaryomyces hansenii*) und *Geotrichum candidum*.

5.6.4   Weichkäse mit Edelschimmel auf der Oberfläche (Weißschimmelkäse)

Zu dieser Gruppe gehören Brie und Camembert. Während die Säuerung der Milch durch Laktokokken hervorgerufen wird, führen Hefen und *Geotrichum candidum* in einer zweiten Reifungsphase zur Säurezehrung bevor in der 3. Phase sich *Penicillium camemberti* auf der Oberfläche entwickelt.

Die Mikroflora eines Camembert setzt sich zusammen aus Laktokokken, Laktobazillen, Mikrokokken und Enterokokken, Hefen und Schimmelpilzen. Mit der gegenwärtigen Technologie ist es sehr schwierig, Weichkäse frei von coliformen Bakterien herzustellen.

5.6.5   Käse mit Innenschimmelpilzflora

Zu diesen Käsen gehören u.a. Roquefort, Blauschimmelkäse, Danablu, Gorgonzola und Stilton. Durch ein Pikieren (Anbringen von Luftkanälen) kann sich *Penicillium roqueforti* im Innern der Käsemasse entwickeln.

5.6.6   Sauermilchkäse

5.6.6.1   Speisequark (Frischkäse)

Frischkäse (Quark) wird mit Säuerungskulturen oder zusätzlich noch mit Labzusatz hergestellt. Ein Verderb tritt meist durch Hefen (z.B.: *Kluyveromyces marxianus* var. *marxianus, Candida kefir, Candida lipolytica, Candida valida, Pichia membranaefaciens, Geotrichum candidum*) und Schimmelpilze auf.

5.6.6.2 Sauermilchkäse mit Schmierebildung („Gelbkäse")

Hierzu gehören Harzer, Mainzer und Olmützer Quargel. Die Herstellung erfolgt aus Sauermilchquark, wobei während der Reifung auf der Oberfläche (Entsäuerung) sich Hefen (*Candida*-Arten und *Geotrichum candidum*) vermehren. Anschließend entwickelt sich besonders eine bakterielle Reifungsflora aus Brevibakterien und Mikrokokken.

5.6.6.3 Sauermilchkäse mit Edelschimmel

Zu dieser Gruppe gehört z.B. Handkäse, der mit *Penicillium camemberti* beimpft wird.

5.7 Untersuchung

5.7.1 Untersuchungskriterien

Zu untersuchen sind mindestens die in festgelegten Kriterien aufgeführten Mikroorganismen.

5.7.2 Untersuchungsmethoden

Probenahme und Probenvorbereitung

Die amtliche Sammlung von Untersuchungsverfahren nach § 35 LMBG enthält Bestimmungen zur Probenvorbereitung und Untersuchungsmethoden, die zu beachten sind.

Probenahme

Bei Milch 10 ml, bei Milchprodukten 100 g entnehmen. Verdünnungsflüssigkeit: 1/4 Ringerlösung (1 Volumenteil Ringerlösung + 3 Volumenteile Wasser) oder physiologische Kochsalz-Lösung.

Ringerlösung (Stammlösung)

9,0 g Natriumchlorid, 0,42 g Kaliumchlorid, 0,24 g Calciumchlorid, wasserfrei, 0,20 g Natriumhydrogencarbonat. Die einzelnen Bestandteile werden in Wasser gelöst. Die Lösung wird mit Wasser auf 1000 ml aufgefüllt und darf nicht sterilisiert werden. Die Ringerlösung kann auch aus handelsüblichen Tabletten hergestellt werden.

Tab. VII.5-2: Mikrobiologische Untersuchung von Milch und Milchprodukten (Milchverordnung vom 24.4.1995)

Erzeugnis	Aerobe mesophile Koloniezahl	Coliforme Keime	*E. coli*	*Staphylococcus aureus*	*Listeria monocytogenes*	Salmonellen	Krankheitserreger
Rohmilch	●			●		●	●
Pasteurisierte Milch	●	●					●
UHT-Milch und sterilisierte Milch	●*						
Erzeugnisse auf Milchbasis, allgemein					●	●	●
Käse aus Rohmilch und thermisierter Milch			●	●			
Weichkäse aus wärmebehandelter Milch		●	●	●			
Frischkäse				●			
Milchpulver		●		●			
Flüssige Erzeugnisse auf Milchbasis		●					
Butter		●					
Wärmebehandelte, nicht fermentierte Erzeugnisse	●						

● Durchzuführende Untersuchungen

*) Nach Bebrütung bei 30 °C für 15 Tage, erforderlichenfalls auch Inkubationszeit von 7 Tagen bei 55 °C

Verdünnte Ringerlösung (= Verdünnungsflüssigkeit)

Ein Volumenteil Ringerlösung (Stammlösung) wird mit 3 Volumenteilen Wasser verdünnt und bei 121 °C 15 min sterilisiert (= 1/4 Ringerlösung).

Homogenisierung

Milch wird geschüttelt, bei Milchprodukten werden nach gründlicher Durchmischung 10 g in einen Stomacherbeutel eingewogen (oder Verwendung eines Diluter/Dispenser), der warme (40 °C) sterile 1/4 Ringerlösung enthält.

Probenaufbereitung bei der Butteruntersuchung

Von der im Wasserbad (ca. 45 °C) in einem sterilen Kolben geschmolzenen Probe werden mit einer sterilen, angewärmten Pipette 1 ml entnommen und weitere Verdünnungen hergestellt. Die Verdünnungsflüssigkeit muß auf 40 °C erwärmt werden.

Art der Untersuchung

Es werden nur Nachweisverfahren aufgeführt, die spezifisch für die Produktgruppen sind, anderenfalls wird auf bereits beschriebene Verfahren verwiesen.

Aerobe mesophile Koloniezahl

– Verfahren: Gußkultur
– Medium/Temperatur/Zeit: Plate-Count-Agar + 1 % Magermilchpulver, hemmstofffrei, 30 °C, 72 h bzw. Elliker-Agar, 37 °C, 48 h, anaerob (GOAK und WOLKERSTORFER, 1998)

Thermophile Milchsäurebakterien

– Verfahren: Gußkultur
– Medium/Temperatur/Zeit: a) MRS-Agar (pH 5,7), 37 °C, 72 h, aerob
b) YL-Agar (Yoghurt-Lactic-Agar nach MAJALON und SANDINE, 1986), 37 °C, 48 h, aerob
– Auswertung: a) MRS-Agar: Stäbchen und Kokken, Katalase-negativ
b) YL-Agar: *Lactobacillus delbrueckii* ssp. *bulgaricus* bildet große weiße Kolonien mit einem Hof, *Streptococcus salivanus* ssp. *thermophilus* kleine weiße Kolonien ohne Hof. Bestätigung: Stäbchen und Kokken, Katalase-negativ.

Mesophile Milchsäurebakterien

– Verfahren: Gußkultur
– Medium/Temperatur/Zeit: MRS-Agar (pH 5,7), 30 °C, 72 h, aerob

Bifidobakterien

– Verfahren: Spatelverfahren
– Medium/Temperatur/Zeit: Raffinose-Bifidobacterium (RB)-Agar (HARTEMINK et al., 1996) und BEERENS-Agar (SILVI et al., 1996), 37 °C, anaerob (6–10 % CO_2). Auf dem RB-Agar wachsen einige Stämme von *Bifidobacterium bifidum* schlecht oder gar nicht.

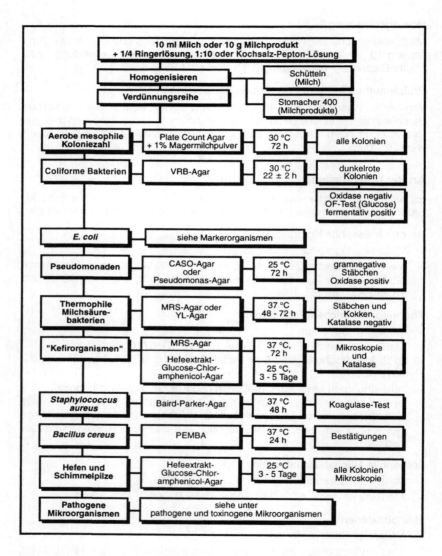

Abb. VII.5-1:   Untersuchung von Milch und Milcherzeugnissen

Hoch hitzeresistente Sporenbildner – Bacillus sporothermodurans
- Verfahren: Spatelverfahren
- Medium/Temperatur/Zeit: Brain-Heart-Infusion-Agar (BHI), 37 °C, 72 h

Clostridien (*Clostridium butyricum* und *C. tyrobutyricum*)
- Verfahren: MPN- oder Titer-Verfahren
- Medium/Temperatur/Zeit: BB-Lactat-Medium (SENYK et al., 1989), jeweils 9 ml im Röhrchen, anaerob (Überschichtung mit 1,5 ml 3%igem Wasseragar), 32 °C, bis 10 Tage

Hefen und Schimmelpilze
Siehe unter Nachweis von Hefen und Schimmelpilzen (Kap. III.1)

Enterobacteriaceen, coliforme Bakterien, Escherichia coli
Siehe unter Nachweis dieser Mikroorganismen (Kap. III.2)
Ein Nachweis coliformer Bakterien ist auch mit dem Petrifilm-Verfahren möglich (Petrifilm™ coliform count).

Staphylococcus aureus, Bacillus cereus, E. coli O157:H7, Listeria monocytogenes, Salmonellen
Siehe unter Nachweis von pathogenen und toxinogenen Mikroorganismen (Kap. III.3)

5.8 Mikrobiologische Kriterien

Tab. VII.5-3: Anforderungen an Milch und Milcherzeugnisse (Milchverordnung vom 24.4.1995)

Rohe Kuhmilch

Rohe Kuhmilch muß

1. zur Herstellung von wärmebehandelter Konsummilch, von Sauermilch-, Joghurt-, Kefir-, Sahne- und Milchmischerzeugnissen folgende Anforderungen erfüllen:

Keimzahl bei +30 °C (pro ml) ≤ 100 000

2. zur Herstellung von anderen als unter Nummer 1 aufgeführten Erzeugnissen auf Milchbasis folgende Anforderungen erfüllen:

	bis 31.12.1997	ab 1.1.1998
Keimzahl bei +30 °C (pro ml)	≤ 400 000	≤ 100 000

Tab. VII.5-3:   Anforderungen an Milch und Milcherzeugnisse
                     (Milchverordnung vom 24.4.1995) (Fortsetzung)

3. zur Herstellung von Rohmilcherzeugnissen
   – den Anforderungen in Nummer 1 genügen;
   – außerdem folgende Anforderungen erfüllen:

Staphylococcus aureus (pro ml)	n = 5 m = 500 M = 2000 c = 2
Salmonellen in 25 ml	n = 5 m = 0 M = 0 c = 0
sonstige Krankheitserreger und deren Toxine	dürfen nicht in Mengen vorhanden sein, die die Gesundheit der Ver- braucher gefährden können

Tab. VII.5-4:   Anforderungen an Milch und Milcherzeugnisse
                     (Milchverordnung vom 24.4.1995)

Vorzugsmilch

	m	M	n	c
1. Keimzahl/ml bei +30 °C	30 000	50 000	5	2
2. Coliforme Keime/ml bei +30 °C	20	100	5	1
3. *Staphylococcus aureus*/ml	100	500	5	2
4. *Streptococcus agalactiae*/0,1 ml	0	10	5	2
5. Salmonellen in 25 ml	0	0	5	0

Sonstige Krankheitserreger und deren Toxine dürfen nicht in Mengen vorhanden
sein, die die Gesundheit des Verbrauchers beeinträchtigen können.

Tab. VII.5-5: Anforderungen an frische pasteurisierte Milch der Molkerei
(Milchverordnung vom 24.4.1995)

Krankheitserreger in 25 ml	n = 5 m = 0 M = 0 c = 0
Coliforme Bakterien (pro ml)	n = 5 m = 0 M = 5 c = 1
Keimgehalt bei +30 °C (pro ml)	≤ 30 000
Nach Inkubationszeit von 5 Tagen bei +6 °C: Keimgehalt bei 21 °C (pro ml)	n = 5 $m = 5 \times 10^4$ $M = 5 \times 10^5$ c = 1

Tab. VII.5-6: Anforderungen an UHT-Milch und sterilisierte Milch
(Milchverordnung vom 24.4.1995)

Ultrahocherhitzte sowie sterilisierte Konsummilch müssen bei Stichprobenkontrollen im Be- und Verarbeitungsbetrieb die folgenden Anforderungen erfüllen:

nach der Inkubationszeit während 15 Tagen bei +30 °C:

1. Keimgehalt bei +30 °C (pro 0,1 ml) ≤ 10,

2. sensorische Kontrolle: keine nennenswerten Abweichungen;

erforderlichenfalls nach einer Inkubationszeit von 7 Tagen bei +55 °C:

1. Keimgehalt bei +30 °C (pro 0,1 ml) ≤ 10,

2. sensorische Kontrolle: keine nennenswerten Abweichungen.

Tab. VII.5-7: Anforderungen an Erzeugnisse auf Milchbasis
(Milchverordnung vom 24.4.1995)

Obligatorische Kriterien: Pathogene Keime

Art der Keime	Erzeugnisse	Anforderungen
1. *Listeria monocytogenes*	– Käse, außer Hartkäse	neg. in 25 g, n = 5, c = 0
	– Sonstige Erzeugnisse	neg. in 1 g

Tab. VII.5-7:   Anforderungen an Erzeugnisse auf Milchbasis (Milchverordnung vom 24.4.1995) (Fortsetzung)

Art der Keime	Erzeugnisse	Anforderungen
2. *Salmonella* spp.	– Sämtliche, außer Milchpulver – Milchpulver	neg. in 25 g, $n = 5$, $c = 0$ neg. in 25 g, $n = 10$, $c = 0$

Sonstige Krankheitserreger und deren Toxine dürfen nicht in Mengen vorhanden sein, die die Gesundheit der Verbraucher beeinträchtigen können.

Analytische Kriterien: Nachweiskeime für mangelnde Hygiene

Art der Keime	Erzeugnisse	Anforderungen (pro ml bzw. g)
4. *Staphylococcus aureus*	Käse aus Rohmilch und thermisierter Milch	$m = 1\,000$ $M = 10\,000$ $n = 5$ $c = 2$
	Weichkäse (aus wärme-behandelter Milch)	$m = 100$ $M = 1\,000$ $n = 5$ $c = 2$
	Frischkäse Milchpulver Gefriererzeugnisse auf Milchbasis einschließlich Speiseeis im Sinne des § 2 Nr. 7 Buchstabe d der Milch-VO	$m = 10$ $M = 100$ $n = 5$ $c = 2$
5. *Escherichia coli*	Käse aus Rohmilch und thermisierter Milch	$m = 10\,000$ $M = 100\,000$ $n = 5$ $c = 2$
	Weichkäse (aus wärme-behandelter Milch)	$m = 100$ $M = 1\,000$ $n = 5$ $c = 2$

Tab. VII.5-7: Anforderungen an Erzeugnisse auf Milchbasis
(Milchverordnung vom 24.4.1995) (Fortsetzung)

Indikatorkeime: Richtwerte

Art der Keime	Erzeugnisse	Anforderungen (pro ml bzw. g)
6. Coliforme Keime bei +30 °C	Flüssigerzeugnisse auf Milchbasis	$m = 0$ $M = 5$ $n = 5$ $c = 2$
	Butter	$m = 0$ $M = 10$ $n = 5$ $c = 2$
	Weichkäse (aus wärme-behandelter Milch)	$m = 10\,000$ $M = 100\,000$ $n = 5$ $c = 2$
	Pulverförmige Erzeugnisse auf Milchbasis	$m = 0$ $M = 10$ $n = 5$ $c = 2$
	Gefriererzeugnisse auf Milchbasis einschließlich Speiseeis im Sinne des § 2 Nr. 7 Buchstabe d der Milch-VO	$m = 10$ $M = 100$ $n = 5$ $c = 2$
7. Keimgehalt	wärmebehandelte, nicht fermentierte Flüssig-erzeugnisse auf Milchbasis	$m = 50\,000$ $M = 100\,000$ $n = 5$ $c = 2$

Tab. VII.5-8:   Mikrobiologische Kriterien für Milch und Milcherzeugnisse (Schweiz, VO vom 1.7.1987 i.d.F. vom 26.6.1995)

Erzeugnisse	Art der Keime	Norm (pro ml bzw. g)
Pasteurisierte Milch	Aerobe mesophile Keime	100 000
	Enterobacteriaceen	10
Sauermilch, Joghurt,	Fremdkeime	100 000
Kefir mit und ohne	Enterobacteriaceen	10
Zutaten	Hefen und Schimmelpilze (außer Kefir)	1 000
Rahm (pasteurisiert),	Aerobe mesophile Keime	100 000
flüssig	Enterobacteriaceen	10
	Staph. aureus	10
	Aerobe mesophile Keime	1 000 000
Rahm (pasteurisiert),	*E. coli*	10
geschlagen	*Staph. aureus*	100
Milchpulver	Aerobe mesophile Keime	50 000
	Enterobacteriaceen	10
	Staph. aureus	10
Hartkäse	*E. coli*	10
	Staph. aureus	100
	Schimmelpilze	1 000
Weichkäse	Enterobacteriaceen	1 000 000
inkl. eßbarem	*Staph. aureus*	1 000
Rindenanteil		
Frischkäse	Fremdkeime	1 000 000
	Enterobacteriaceen	1 000
	Staph. aureus	100
	Schimmelpilze	1 000
Butter aus	Aerobe mesophile Keime*	100 000
pasteurisiertem	*E. coli*	n.n.
Rahm	Hefen	50 000
	Schimmelpilze	100

Erklärungen: Bei den angegebenen Werten handelt es sich um Toleranzwerte.
* Bei Sauerrahmbutter sind die Fremdkeime zu bestimmen.

Tab. VII.5-9: Empfehlungen für Joghurt (ROBERTS et al., 1995)

Listeria monocytogenes	neg. in 1 g (n = 5, c = 0)
Salmonellen	neg. in 25 g (n = 5, c = 0)

Tab. VII.5-10: Richt- und Warnwerte für aufgeschlagene Sahne (N.N., 1998)

Untersuchungskriterien	Richtwert KBE/g	Warnwert KBE/g
Aerobe Keimzahl einschließlich Milchsäurebakterien	10^6	–
Enterobacteriaceae	10^3	10^5
Escherichia coli	10^1	10^2
Salmonella	–	n. n. in 25 g
Koagulase-positive Staphylokokken	10^2	–
Pseudomonas spp.	10^3	–

Bei Richtwertüberschreitungen sind Nachproben sowohl aus dem Flüssigsahne-behälter als auch aus der geschlagenen Sahne zu ziehen.

Literatur

1. COUSIN, M.A.: Presence and activity of psychrotrophic microorganisms in milk and dairy products: A review, J. Food Protection 45, 172-207, 1982

2. FRANK, J.F.: Milk and dairy products, in: Food Microbiology Fundamentals and Frontiers, ed. by M.P. Doyle, L.R. Beuchat, Th. J. Montville, ASM Press, Washington D.C., 1997, 101-116

3. GOAK, M.; WOLKERSTORFER, W.: Produktspezifische lebende Keime in fermentierten Milchprodukten, Dtsch. Lebensmittel-Rdsch. 94, 179-181, 1998

4. HARTEMINK, R.; KOK, B.J.; WEENK, G.H.; ROMBOUTS, F.M.: Raffinose-Bifidobacterium (RB) agar, a new selective medium for bifidobacteria, J. Microbiological Methods 27, 33-43, 1996

5. HELLER, K. J.: Mikrobiologie der Dauermilcherzeugnisse, in: Mikrobiologie der Lebensmittel – Milch und Milchprodukte, Hrsg. H. Weber, Behr's Verlag, Hamburg, 1996, 355-374

6. KROLL, S.; KLOSTERMEYER, H.: Heat inactivation of exogenuous proteinases from Pseudomonas fluorescens, Z. Lebensm. Unters. Forsch. 179, 288-295, 1984

7. MARSHALL, R.T.: Standard methods for the examination of dairy products, 16th ed., American Public Health Association, Washington D.C., 1992

8. Milchverordnung: „Verordnung über Hygiene- und Qualitätsanforderungen an Milch und Erzeugnisse auf Milchbasis" vom 24.4.1995, Bundesgesetzblatt I (1995), 544-576

9. N.N.: Mitteilungen der Fachgruppe Lebensmittelmikrobiologie und -hygiene, Hygiene und Mikrobiologie 2, 31, 1998

10. OTTE-SÜDI, I.: Mikrobiologie der Rohmilch und Mikrobiologie der pasteurisierten Milch, in: Mikrobiologie der Lebensmittel – Milch und Milchprodukte, Hrsg. H. Weber, Behr's Verlag, Hamburg, 1996, 3-35 und 39-65

11. PETTERSSON, B.; LEMKE, F.; HAMMER, P.; STACKEBRANDT, E.; PRIEST, F.G.: Bacillus sporothermodurans, a new species producing highly heat-resistant endospores, Int. J. System. Bacteriol. 46, 759-764, 1996

12. RIEMELT, I.; BARTEL, B.; MALCZAN, M.: Milchwirtschaftliche Mikrobiologie, Behr's Verlag, Hamburg, 1996

13. ROBERTS, D.; HOOPER, W.; GREENWOOD, M.: Practical Food Microbiology, sec. ed., Public Health Laboratory Service, London, 1995

14. SILVI, S.; RUMNEY, C.J.; ROWLAND, I.R.: An assessment of three selective media for bifidobacteria in faeces, J. appl. Bacteriol. 81, 561-564, 1996

15. TEUBER; M.: Grundriß der praktischen Mikrobiologie für das Molkereifach, Verlag Th. Mann, Gelsenkirchen-Buer, 1983

16. WEGNER, K.: Mikrobiologie der Sauermilcherzeugnisse, in: Mikrobiologie der Lebensmittel – Milch und Milchprodukte, Hrsg. H. Weber, Behr's Verlag, Hamburg, 1996, 155-229

17. ZICKRICK, K.: Mikrobiologie der Käse, in: Mikrobiologie der Lebensmittel – Milch und Milchprodukte, Hrsg. H. Weber, Behr's Verlag, Hamburg, 1996, 257-351

6 Feinkosterzeugnisse

J. Baumgart

6.1 Mayonnaisen und Feinkostsalate, konserviert und unkonserviert

(BAUMGART, 1996, BIRZELE et al., 1997, ICMSF, 1998)

6.1.1 Verderbsorganismen

6.1.1.1 Hefen und Schimmelpilze

– Hefen, besonders Arten der Genera *Saccharomyces, Debaryomyces, Candida, Yarrowia, Pichia, Trichosporon* und *Torulaspora*
– Schimmelpilze, besonders Arten des Genus *Geotrichum* sowie *Moniliella acetoabutans, Monascus ruber, Penicillium glaucum* und *Penicillium roqueforti*

6.1.1.2 Bakterien

Bakterien, besonders Milchsäurebakterien der Genera *Lactobacillus* (z. B. *L. buchneri, L. brevis, L. fructivorans*), *Leuconostoc* (z. B. *Lc. mesenteroides, Lc. dextranicum*), *Weissella* (*W. confusus*) und *Pediococcus* (*P. damnosus*)

6.1.2 Pathogene und toxinogene Bakterien

Unter den pathogenen und toxinogenen Bakterien haben eine besondere Bedeutung:

Salmonellen, *Staphylococcus aureus*, *E. coli* O157:H7, *Listeria monocytogenes*, *Bacillus cereus, Clostridium perfringens* und *Clostridium botulinum*. Eine Vermehrung pathogener und toxinogener Bakterien unter Kühlbedingungen wird verhindert, wenn ein pH-Wert < 4,6 mit mindestens 0,2 % Essigsäure in der wäßrigen Phase des Produktes eingestellt wird. Eine pH-Wert-Einstellung ist auch mit Weinsäure, Milch- oder Äpfelsäure möglich. Wichtig ist jedoch, daß mindestens 0,2 % Essigsäure in der wäßrigen Phase des Produktes erreicht werden. Bei Produkten mit pH-Werten bis 5,0 muß der Essigsäureanteil mindestens 0,3 % betragen (Bundesverband der Deutschen Feinkostindustrie, 1997) Die Essigsäurekonzentration führt allerdings niemals zum sofortigen Absterben der Bakterien. Vielfach überleben die Mikroorganismen in den sauren Erzeugnissen Tage und Wochen.

6.2   Ketchup und Tomatenmark

(BJORKROTH und KORKEALA, 1997, KOTZEKIDOU, 1997)

Verderbsorganismen: *Bacillus coagulans, Bacillus stearothermophilus, Paenibacillus macerans, Paenibacillus polymyxa, Clostridium pasteurianum, Lactobacillus fructivorans, Byssochlamys (B.) nivea, B. fulva, Neosartorya fischeri*

6.3   Feinkostsaucen, Dressings, Würzsaucen

Verderb nur bei technologischen Fehlern und Verunreinigungen während der Abfüllung durch säuretolerante Mikroorganismen (Milchsäurebakterien, Hefen, Schimmelpilze).

6.4   Pasteurisierte Feinkostsalate mit pH-Werten über 4,5

Verderb durch Clostridien *(Cl. felsineum, Cl. sporogenes, Cl. scatologenes, Cl. tyrobutyricum* u. a.) und Bazillen sowie Arten des Genus *Paenibacillus*.

6.5   Mischsalate (LACK et al., 1996, GARCIA-GIMENO, 1997)

Frische, verpackte Salate aus geschnittenen und gewaschenen Einzelkomponenten je nach Saison, wie z. B. Endivien, Frisée, Eisbergsalat, Radicchio, Weißkraut, Chinakohl, Karotten, Radieschen, Mais, Keimlinge

– Verderbsorganismen: Pseudomonaden, Enterobacteriaceen, Milchsäurebakterien und Hefen
– Pathogene Bakterien: Salmonellen, *Yersinia enterocolitica, Listeria monocytogenes*

6.6   Keimlinge

Besonders Soja- und Mungbohnensprossen erfreuen sich zunehmender Popularität. Fertigverpackte Sprossen sind als Vitamin und Ballaststoffspender beliebt.

Mikroorganismen: Arten der Familie Enterobacteriaceae und der Genera *Achromobacter, Aeromonas, Flavimonas, Chromobacterium* und Lactobazillen sowie Hefen und Schimmelpilze. Nachgewiesen wurden jedoch auch pathogene und toxinogene Bakterien, wie *Bacillus cereus, Listeria monocytogenes* und Salmonellen (BECKER und HOLZAPFEL, 1997, SCHILLINGER und BECKER, 1997).

6.7 Untersuchung

Die vorzunehmenden Untersuchungen dienen der Haltbarkeitskontrolle und in besonderen Fällen dem Nachweis von Indikatororganismen bzw. Krankheitserregern.

Tab. VII.6-1: Untersuchungskriterien für Feinkosterzeugnisse

Mikroorganismen	Mayonnaisen	Salate	Mischsalate	Ketchup und Tomatenmark	Saucen, Dressings	Pasteurisierte Salate	Keimlinge
Aerobe Koloniezahl		●	●	○		○	○
Milchsäurebakterien	○	●	○	○	●	○	○
Staph. aureus		●					
Hefen und Schimmelpilze	○	○	○	○	●	○	○
Enterobacteriaceen			○				○
E. coli		●	●			○	
Pseudomonaden			○				○
Enterokokken			○				
Essigsäurebakterien				○*			
Bacillus cereus		●				○	○
Sulfitreduzierende Clostridien			○			●	
Salmonellen			●				○
Listeria monocytogenes							

○ Empfohlene Untersuchung ● Nachweis entspr. vorhandener Kriterien

*) Nur bei kalt hergestelltem Ketchup

6.7.1 Untersuchungskriterien

Die produktspezifischen Untersuchungskriterien, die üblicherweise für eine Beurteilung ausreichen, sind in der Tab. VII-6.1 aufgeführt. In Erkrankungsfällen, bei besonderen Fragestellungen oder beim Vorliegen mikrobiologischer Kriterien, sind weitere Untersuchungen erforderlich.

6.7.2 Untersuchungsmethoden

Probenahme und Probenvorbereitung

Bei Großgebinden Entnahme mit sterilen Löffeln, bei Flaschen Abflammen des Halses (Flambieren mit Spiritus). Plastikschalen sind mit 2%iger Peressigsäure (Inhalation und Kontakt mit Haut und Schleimhäuten vermeiden) zu sterilisieren und mittels steriler Schere zu öffnen.

Probenvorbereitung

Entnommen werden mindestens 10 g, besser 50 g. Die Probe wird mit 90 ml bzw. mit 450 ml Verdünnungsflüssigkeit (0,1 % Caseinpepton, trypt., 0,85 % NaCl, pH 7,0) 1 min geschüttelt oder im Stomacher zerkleinert. Die Standzeit sollte 20 min nicht überschreiten. Das Anlegen der Verdünnungsreihe erfolgt in Reagenzröhrchen, bei Dressings auch Ansatz mit gepufferter Verdünnungsflüssigkeit (pH-Wert 7,0).

Art der Untersuchung.

Aerobe Koloniezahl

– Verfahren: Tropfplattenverfahren

– Medium/Temperatur/Zeit: Standard-I-Nähragar oder CASO-Agar, 30 °C, 72 h

– Auswertung: Zählung aller Kolonien

Milchsäurebakterien (Keimzahl über 10^2/g)

– Verfahren: Tropfplattenverfahren

– Medium/Temperatur/Zeit: MRS-Agar, pH 5,7, 30 °C, 72 h, anaerob

– Auswertung: Mikroskopie, Katalase-Test, Milchsäurebakterien = Grampositive Kokken oder Stäbchen, Katalase-negativ

Milchsäurebakterien, Hefen und Schimmelpilze (Keimzahl unter 100/g)

– Verfahren: Anreicherung von 20 g Probe in 60 ml MRS-Bouillon z.B. in 150-ml-Twist-off-Gläsern

– Medium/Temperatur/Zeit: MRS-Bouillon, pH 5,7, 30 °C, bis 5 Tage

– Auswertung: Kontrolle des pH-Wertes und mikroskopische Untersuchung

Heterofermentative (gasbildende) Milchsäurebakterien

– Verfahren: MPN-Verfahren oder Titerverfahren

– Medium/Temperatur/Zeit: MRS-Bouillon (ohne Fleischextrakt und mit Zusatz von 2 % Glucose), pH 5,7, mit Durhamröhrchen, 30 °C, 72 h

– Auswertung: Mikroskopische Kontrolle der positiven Röhrchen

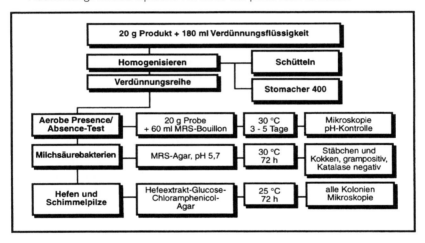

Abb. VII.6-1: Routineuntersuchung von Feinkosterzeugnissen im Erzeugerbetrieb

Hefen und Schimmelpilze

– Verfahren: Spatelverfahren

– Medium/Temperatur/Zeit: Hefeextrakt-Glucose-Chloramphenicol-Agar und Malzextrakt-Bouillon, 25 °C, 3–5 Tage

– Auswertung: Mikroskopie

Sollte trotz sichtbarer Gasbildung und positiven mikroskopischen Befundes (Methylenblaufärbung) ein Nachweis von Hefen auch durch Anreicherung in

Malzextrakt-Bouillon negativ sein, so ist zum Nachweis CASO-Agar einzusetzen (Bebrütung bei 20 °C, 25 °C und 30 °C bis zu 5 Tagen).

Essigsäurebakterien (Keimzahl unter 100/g)

- Verfahren: Anreicherung von 20 g Probe in 60 ml Malzextrakt-Bouillon + 3 ml Ethanol (96%ig), Subkultur auf ACM- oder DSM-Agar, nach 10tägiger Bebrütung bei 25 °C

- Medium/Temperatur/Zeit: Malzextrakt-Bouillon + Ethanol, ACM- oder DSM-Agar, 25 °C, 10 Tage

- Auswertung: Gramnegative Stäbchen, Katalase-positiv (siehe auch Nachweis von Essigsäurebakterien)

Essigsäurebakterien (Keimzahl über 10²/g)

- Verfahren: Spatelverfahren

- Medium/Temperatur/Zeit: ACM- oder DSM-Agar, 25 °C, bis 10 Tage

- Auswertung: Gramnegative Stäbchen, Katalase-positiv, Oxidase schwach positiv (siehe Nachweis von Essigsäurebakterien)

Enterobacteriaceen

- Verfahren: Tropfplattenverfahren

- Medium/Temperatur/Zeit: VRBD-Agar, 30 °C, 48 h, anaerob

- Auswertung: Zählung aller Kolonien mit Durchmesser über 1 mm

Bei anaerober Bebrütung können sich auch Pseudomonaden vermehren (Durchmesser der Kolonie unter 1 mm).

Pseudomonaden

- Verfahren: Tropfplattenverfahren

- Medium/Temperatur/Zeit: CFC-Agar, 25 °C, 48 h

- Auswertung: Oxidasereaktion, Pseudomonaden sind Oxidase-positiv

Thermophile Bazillen

- Verfahren: Anreicherung von 20 g in 60 ml CASO-Bouillon, Subkultur auf CASO-Agar

- Medium/Temperatur/Zeit: CASO-Bouillon, 54 °C, 72 h, Subkultur (Ösenausstrich) auf CASO-Agar, 54 °C, 72 h

- Auswertung: Grampositive bis gramvariable Stäbchen, Katalase-positiv, Sporen

Sulfitreduzierende Clostridien

– Verfahren: Gußkultur

– Medium/Temperatur/Zeit: SCA-Agar, 37 °C, 3–5 Tage, anaerob

– Auswertung: Auszählen der schwarzen Kolonien, Stäbchen, Katalase-negativ

Pathogene Mikroorganismen und Markerorganismen

Siehe unter Nachweis pathogener Mikroorganismen und Markerorganismen.

6.8 Mikrobiologische Kriterien

Mischsalate

Richtwerte bei Abgabe an Verbraucher

Aerobe Koloniezahl (Bebrütungstemp. 25 °C)	5×10^7/g
Escherichia coli	10^3/g
Salmonellen und Shigellen	negativ in 25 g

Bei Mischsalaten soll das Mindesthaltbarkeitsdatum nicht mehr als 6 Tage betragen. Wenn die Ware den Herstellungsbetrieb verlassen hat, soll das Produkt unter Kühlung bis max. 6 °C gehalten werden (Hinweis auf der Verpackung).

(Deutsche Gesellschaft für Hygiene und Mikrobiologie, DGHM, 1990)

Feinkostsalate	Richtwert	Warnwert
Aerobe mesophile Koloniezahl	10^6/g*	–
Milchsäurebakterien	10^6/g*	–
Staphylococcus aureus	10^2/g**	10^3/g**
Bacillus cereus	10^3/g	10^4/g
Escherichia coli	10^2/g	10^3/g
Sulfitreduzierende Clostridien***	10^3/g	10^4/g
Salmonellen		n. n. in 25 g

* = Mikroorganismen, die als Starterkultur zugesetzt werden, bleiben unberücksichtigt

** = Bei Salaten aus Krebstieren Richtwert 10^3/g, Warnwert 10^4/g

*** = Gültigkeit nur für pasteurisierte Salate

(DGHM, 1992)

Literatur

1. BAUMGART, J.: Mikrobiologie von Feinkosterzeugnissen, in: Mikrobiologie der Lebensmittel- Fleisch und Fleischerzeugnisse, herausgegeben von H. Weber, Behr's Verlag, Hamburg, 495-524, 1996

2. BIRZELE, B., ORTH, R., KRÄMER, J., BECKER, B.: Einfluß psychrotropher Hefen auf den Verderb von Feinkostsalaten, Fleischw. 77, 331-333, 1997

3. BJORKROTH, K., KORKEALA, H.J.: Lactobacillus fructivorans spoilage of tomato ketchup, J. Food Protection 60, 505-509, 1997

4. Bundesverband der Deutschen Feinkostindustrie, Hinweise zur Beherrschung des Auftretens von Krankheitserregern in der Feinkostindustrie, Bonn, 1997

5. Deutsche Gesellschaft für Hygiene und Mikrobiologie (DGHM): Mikrobiologische Richt- und Warnwerte für Mischsalate, Bundesgesundheitsblatt 33, 6-10, 1990

6. Deutsche Gesellschaft für Hygiene und Mikrobiologie (DGHM): Mikrobiologische Richt- und Warnwerte zur Beurteilung von Feinkost- Salaten, Lebensmitteltechnik 24, 12, 1992

7. GARCIA-GIMENO, R.M., ZURERA-COSANO, G.: Determination of ready-to-eat vegetable salad shelf-life, Int. J. Food Microbiol. 36, 31-38, 1997

8. ICMSF (International Commission on Microbiological Specifications for Foods of the International Union of Biological Societies): Microorganisms in foods – 6 – Microbial ecology of food commodities, CHAPMAN & HALL, London, 1998

9. KOTZEKIDOU, P.: Heat resistance of Byssochlamys nivea, Byssochlamys fulva and Neosartorya fischeri isolated from canned tomato paste, J. Food Sci. 62, 410-412, 1997

10. LACK, W.K., BECKER, B., HOLZAPFEL, W.H.: Hygienischer Status frischer vorverpackter Mischsalate im Jahr 1995, Arch. Lebensmittelhyg. 47, 129-152, 1996

11. BECKER B., HOLZAPFEL, W.H: Mikrobiologisches Risiko von fertigverpackten Keimlingen und Maßnahmen zur Reduzierung ihrer mikrobiellen Belastung, Arch. Lebensmittelhyg. 48, 81-84, 1997

12. SCHILLINGER, U., BECKER, B.: Frischsalate und Keimlinge, in: Mikrobiologie der Lebensmittel – Lebensmittel pflanzlicher Herkunft, Hrsg. G. Müller, W.H. Holzapfel, H. Weber, Behr's Verlag, Hamburg, 59-70, 1997

7 Getrocknete Lebensmittel

J. Baumgart

(ADAMS und MOSS, 1995, BOURGEOIS und LEVEAU, 1995,
ICMSF, 1998, ROBERTS, HOOPER und GREENWOOD, 1995)

Bei der industriellen Trocknung (z. B. Umlufttrockenschrank, Kanaltrockner, Wirbelschicht- und Walzentrockner, Sprüh- und Gefriertrocknung) kommt es durch Wärmezufuhr zu einer Umwandlung der Gutsfeuchtigkeit in Dampfform. Der entstehende Dampf wird in geeigneter Weise abgeführt, die Wasseraktivität (a_w-Wert) des Gutes sinkt. So haben getrocknete Nudeln, Trockenfrüchte, Milch- und Kakaopulver, Trockensuppen und Gewürze a_w-Werte unterhalb von 0,65, (Trockenfrüchte 0,60–0,65; getrocknete Nudeln, Gewürze, Trockenkräuter, Tee, Milch- und Kakaopulver 0,20–0,60). Die Mikroorganismen der wasserreicheren Rohstoffe werden durch die Trocknung sowohl durch die Änderung der Wasseraktivität, als auch durch die Trocknungstemperatur beeinflußt. Ein Teil der Mikroorganismen stirbt ab, viele überleben, ohne sich im trockenen Produkt jedoch vermehren zu können. Nur dann, wenn die Umgebungsfeuchte steigt und dadurch die Wasseraktivität erhöht wird, setzt eine Vermehrung der Mikroorganismen ein, wobei die minimale Wasseraktivität der Mikroorganismen sehr unterschiedlich ist. Zahlreiche Mikroorganismen werden durch den Trocknungsprozeß geschädigt. Diese subletal geschädigten Mikroorganismen werden bei den üblichen Nachweisverfahren nicht erfaßt. Dies gilt besonders für *Escherichia coli* und Salmonellen sowie andere gramnegative Bakterien, aber auch für *Staphylococcus aureus*, Enterokokken u.a. aus dem grampositiven Bereich. Eine Regeneration (Resuscitation) der subletal geschädigten Zellen ist deshalb notwendig. Dies gilt besonders für den Nachweis pathogener und toxinogener Mikroorganismen (JAY, 1996).

Minimale Wasseraktivität von Mikroorganismen bei 25 °C (nach MOSSEL et al., 1995, JAY, 1996, DOYLE et al., 1997, PITT und HOCKING, 1997)

Mikroorganismen	Minimale a_w-Werte
Die meisten Bakterien	≥ 0,98
Die meisten Hefen	0,88
Die meisten Schimmelpilze	0,80
Halophile Bakterien (halophile Archaea)	0,75
Osmotolerante Hefen (z. B. *Zygosaccharomyces* spp.)	0,62
Xerophile Schimmelpilze*	< 0,85–0,60

* Nach PITT und HOCKING (1997) vermehren sich xerophile Schimmelpilze bei einem a_w-Wert < 0,85, wobei aus praktischen Erwägungen alle Schimmelpilze als xerophil definiert werden, die innerhalb von 7 Tagen bei 25 °C auf einem 25 % Glycerol-Nitrat-Agar (G25-N-Agar) größere Kolonien bilden, als auf Czapek-Hefeextrakt-Agar (CYA) oder auf Malzextrakt-Agar (MEA).

Tab. VII.7-1: Untersuchungen, die in der Regel für eine Beurteilung getrockneter Lebensmittel ausreichen

Mikroorganismen	Produkte							
	Gewürze für Lebensmittel, die keinem keimreduzierenden Verfahren unterzogen werden	Gewürze für Lebensmittel, die pasteurisiert oder sterilisiert werden	Suppen und Soßen	Instantprodukte	Diätetische Lebensmittel	Erzeugnisse auf Milchbasis	Eiprodukte	Obst und Gemüse
Aerobe mesophile Koloniezahl	○	○	●	●	●	○	●	
Milchsäurebakterien	○							
Enterobacteriaceen	○						●	○
Coliforme Bakterien					●	●		
E. coli	●		●	●	●	○		
Salmonellen	●		●	●		●	●	○
Staph. aureus	●		●	●		●	●	○
Listeria monocytogenes						●		○
Aerobe Sporenbildner		○			●			
Bacillus cereus	●		●	●				○
Sulfitreduzierende Clostridien	●	○	●	●				
Clostridium perfringens			●					
Hefen	○							○
Schimmelpilze	●	○			●			○

○ Empfohlene Untersuchung   ● Nachweis entspr. vorhandener Kriterien

7.1 Untersuchung

7.1.1 Untersuchungskriterien

Nachgewiesen werden sollen besonders diejenigen Mikroorganismen, die in den zubereiteten Erzeugnissen zum Verderb oder zur Erkrankung führen, und die Hygienemängel oder technologische Fehler bei der Herstellung anzeigen (Tab. VII.7-1).

7.1.2 Untersuchungsmethoden

Probenahme und Probenvorbereitung

10 g Probe zu 90 ml Verdünnungsflüssigkeit (0,1 % Caseinpepton, trypt., 0,85 % Kochsalz), Homogenisieren der Probe und Herstellung einer Verdünnungsreihe.

Art der Untersuchung

Aerobe mesophile Koloniezahl

- Verfahren: Tropfplatten- oder Spatelverfahren oder Gußkultur
- Medium/Temperatur/Zeit: Plate-Count-Agar, 30 °C, 72 h

Milchsäurebakterien

- Verfahren: Tropfplattenverfahren oder Gußkultur
- Medium/Temperatur/Zeit: MRS-Agar (pH 5,7), 30 °C, 72 h. Bebrütung: Tropfplattenverfahren anaerob, Gußkultur aerob

Enterobacteriaceen

- Verfahren: Tropfplattenverfahren
- Medium/Temperatur/Zeit: VRBD-Agar, 30 °C, 48 h, anaerob
- Auswertung: Alle Kolonien mit einem Durchmesser über 1 mm. Bei anaerober Bebrütung können sich auch Pseudomonaden vermehren (Durchmesser der Kolonien unter 1 mm).

Hefen und Schimmelpilze, allgemein

- Verfahren: Spatelverfahren
- Medium/Temperatur/Zeit: Malzextrakt-Hefeextrakt-Glucose-Agar (MY50G), 25 °C, 5 Tage
- Osmotolerante Hefen: Malzextrakt-Agar mit 50 % Glucose (MY50G), 25 °C, 14 Tage
- Xerophile Schimmelpilze: Glycerol-Nitrat-Agar (G25N-Agar), 25 °C, 7 Tage

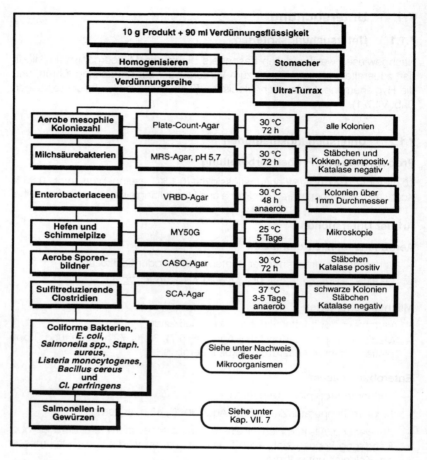

Abb. VII.7-1:　　Untersuchung getrockneter Lebensmittel

Aerobe Sporenbildner

– Verfahren: Spatelverfahren

– Medium/Temperatur/Zeit: CASO-Agar, 30 °C, 72 h

– Auswertung: Grampositive bis gramvariable Stäbchen, Katalase-positiv

Soll die Sporenzahl erfaßt werden, ist die Verdünnungsreihe auf 70 °C für 10 min zu erhitzen.

Sulfitreduzierende Clostridien

– Medium/Temperatur/Zeit: SCA-Agar, 37 °C, 3–5 Tage, anaerob

– Auswertung: Schwarze Kolonien, Stäbchen, Katalase-negativ

Soll die Sporenzahl erfaßt werden, ist die Verdünnungsreihe auf 70 °C 10 min zu erhitzen.

Nachweis von Salmonellen in Gewürzen

Voranreicherung

Da es durch den Trocknungsprozeß und auch durch die Gewürzinhaltsstoffe zu einer subletalen Schädigung der Salmonellen kommen kann, wird folgende Veränderung der Voranreicherung empfohlen: Gepuffertes Peptonwasser + 50 ng/ml Ferrioxamin.

Nachweisverfahren: (siehe Nachweis von Salmonellen)

Schnellnachweis von Salmonellen: Impedanz-Methode (VOGT, BAUMGART, REISSBRODT, 1997)

7.2   Mikrobiologische Kriterien

Tab. VII.7-2: Mikrobiologische Kriterien für getrocknete Lebensmittel

Land/Quelle	Produkt	Mikroorganismen	Kriterien
Schweiz (Hygiene-VO, 1995)	Suppen, nicht genußfertig (vor dem Genuß zu kochen)	*E. coli* *Staph. aureus*	100 (T) 1 000 (T)
	Suppen genußfertig	Aerobe mesophile Keime *E. coli* *Staph. aureus*	100 000 (T) 10 (T) 100 (T)
Deutschland (Diät-VO, 1988)	Diätetische Lebensmittel, hergestellt unter Verwendung von Milch, Milcherzeugnissen oder Milchbestandteilen	Aerobe Keime *E. coli* und Coliforme Aerobe Sporenbildner (Werte für genußfertige Produkte)	< 10 000 (T) neg. in 0,1 ml < 150 in 1 ml

Tab. VII.7-2: Mikrobiologische Kriterien für getrocknete Lebensmittel (Forts.)

Land/Quelle	Produkt	Mikroorganismen	Kriterien	
			Richtwert	Warnwert
Deutschland, DGHM (1988)	Gewürze, Abgabe an Verbraucher oder Lebensmittel zugesetzt und keinem keimreduzierenden Verfahren unterworfen	*Staph. aureus*	$1,0 \times 10^2$	$1,0 \times 10^3$
		Bac. cereus	$1,0 \times 10^4$	$1,0 \times 10^5$
		E. coli	$1,0 \times 10^4$	–
		Sulfitreduzierende Clostridien	$1,0 \times 10^4$	$1,0 \times 10^5$
		Schimmelpilze	$1,0 \times 10^5$	$1,0 \times 10^6$
		Salmonellen	–	neg. in 25 g
	Kochprodukte, Trockensuppen, Trockeneintöpfe, Trockensoßen	Aerobe Keimzahl	$1,0 \times 10^7$	–
		Staph. aureus	$1,0 \times 10^2$	$1,0 \times 10^3$
		Bac. cereus	$1,0 \times 10^4$	$1,0 \times 10^5$
		E. coli	$1,0 \times 10^3$	$1,0 \times 10^4$
		Sulfitreduzierende Clostridien	$1,0 \times 10^4$	$1,0 \times 10^5$
		Schimmelpilze	$1,0 \times 10^4$	$1,0 \times 10^5$
		Salmonellen	–	neg. in 25 g
FAO (1992)	Trockengemüse	*E. coli*	$n = 5, c = 2$ $m = 10^2, M = 10^3$	
Deutschland, DGHM (1988)	Instantprodukte	Aerobe Keimzahl	$1,0 \times 10^6$	–
		Staph. aureus	$1,0 \times 10^2$	$1,0 \times 10^3$
		Bac. cereus	$1,0 \times 10^4$	$1,0 \times 10^5$
		E. coli	$1,0 \times 10^2$	$1,0 \times 10^3$
		Sulfitreduzierende Clostridien	$1,0 \times 10^4$	$1,0 \times 10^5$
		Schimmelpilze	$1,0 \times 10^4$	$1,0 \times 10^5$
		Salmonellen	–	neg. in 25 g

Tab. VII.7-2: Mikrobiologische Kriterien für getrocknete Lebensmittel (Forts.)

Land/Quelle	Produkt	Mikroorganismen	Kriterien
Internationaler Suppenverband AIIBP (1992)	Trockensuppen und Bouillons, die gekocht oder durch Zusatz von kochendem Wasser zubereitet werden	*Cl. perfringens*	$n = 5$, $c = 3$ $m = 10^2$, $M = 10^4$
		Bac. cereus	$n = 5$, $c = 3$ $m = 10^3$, $M = 10^5$
		Staph. aureus	$n = 5$, $c = 2$ $m = 10^2$, $M = 10^3$
		Salmonellen	$n = 5$, $c = 0$ neg. in 25 g
Deutschland Eiprodukte-VO (1993)	Eiprodukte	Aerobe mesophile Keimzahl	$n = 5$, $c = 2$ $m = 10^4$, $M = 10^5$
		Enterobacteriaceen	$n = 5$, $c = 2$ $m = 10$, $M = 10^2$
		Staph. aureus	$n = 5$, $c = 0$ $m = 0$
		Salmonellen in 25 g	$n = 5$, $c = 0$ $m = 0$
FAO (1992)	Trocken- und Instantprodukte, verzehrfertig nach Flüssigkeitszugabe	Aerobe mesophile Keime	$n = 5$, $c = 1$ $m = 10^4$, $M = 10^5$
		Coliforme Bakterien	$n = 5$, $c = 1$ $m = 10$, $M = 10^2$
		Salmonellen in 25 g	$n = 60$, $c = 0$ $m = 0$
FAO (1992)	Trockenprodukte, die vor dem Verzehr erhitzt werden (kochen)	Aerobe mesophile Keime	$n = 5$, $c = 3$ $m = 10^5$, $M = 10^6$
		Coliforme Bakterien	$n = 5$, $c = 3$ $m = 10$, $M = 10^2$
		Salmonellen	$n = 15$, $c = 0$ $m = 0$ neg. in 25 g
Milchverordnung	Erzeugnisse auf Milchbasis außer Milchpulver	*Listeria monocytogenes*	neg. in 1 g
		Salmonellen	neg. in 25 g $n = 5$, $c = 0$
		Coliforme Bakterien	$n = 5$, $c = 0$ $m = 0$, $M = 10$

Tab. VII.7-2: Mikrobiologische Kriterien für getrocknete Lebensmittel (Forts.)

Land/Quelle	Produkt	Mikroorganismen	Kriterien
	Milchpulver	*Listeria mono-cytogenes*	neg. in 1 g
		Salmonellen	neg. in 25 g $n = 10, c = 0$
		Staph. aureus	$n = 5, c = 2$ $m = 10, M = 100$
		Coliforme Bakterien	$n = 5, c = 2$ $m = 0, M = 10$
Schweiz (VO 1995)	Säuglingsanfangs-nahrung und Folge-nahrung		
	– genußfertig	Aerobe mesophile Keimzahl	10 000 (T)
		Entero-bacteriaceen	10 (T)
		Staph. aureus	10 (T)
	– nicht genußfertig	Aerobe mesophile Keimzahl	50 000 (T)
		Entero-bacteriaceen	100 (T)
		Staph. aureus	100 (T)

Erklärung: T = Toleranzwert. Alle Werte beziehen sich auf 1 g oder 1 ml, bei Salmonellen auf 25 g, sofern keine anderen Bezugsgrößen angegeben sind.

Literatur

1. ADAMS, M.R., MOOS, M.O.: Food Microbiology, The Royal Soc. of Chemistry, Cambridge, 1995

2. AIIBP, Association Internationale de l'Industrie des Bouillons et Potages: New microbiological specifications for dry soups and bouillons, Alimenta 31, 62-65, 1992

3. BOURGEOIS, C.M., LEVEAU, J.Y.: Microbiological control for goods and agricultural products, VCH Verlagsges., Weinheim, 1995

4. Diätverordnung vom 25.08.1998 i.d.F. vom 24.6.1994, BGBl I, S. 1416, 1420, 1994

5. DGHM: Mikrobiologische Richt- und Warnwerte zur Beurteilung von Lebensmitteln: Eine Empfehlung der Arbeitsgruppe der Kommission Lebensmittel-Mikrobiologie und -Hygiene der Deutschen Gesellschaft für Hygiene und Mikrobiologie (DGHM), Bundesgesundheitsblatt 31 (Nr. 3), 93-94, 1988

6. DOYLE, M.P., BEUCHAT, L.R., MONTVILLE, T.J.: Food Microbiology Fundamentals and Frontiers, ASM Press, Washington D.C., 1997

7. FAO (Food and Agriculture Organisation of the United Nations): Manual of food quality control, 4 Rev. 1. Microbiological analysis, ed. by W. Andrews, Rom, 1992

8. ICMSF (International Commission on Microbiological Specifications for foods of the International Union of Biological Societies): Microorganisms in foods – 6 – Microbial ecology of food commodities, Chapman & Hall, London, 1998

9. JAY, M.J.: Modern Food Microbiology, 5th. ed., Chapman & Hall, London, 1996

10. MOSSEL, D.A.A., CORRY, J.E.L., STRUIJK, C.B., BAIRD, R. M.: Essentials of the Microbiology of Foods, a Textbook for Advanced Studies, John Wiley & Sons., Chichester, England, 1995

11. PITT, J.I., HOCKING, A.D.: Fungi and Food Spoilage, Chapman & Hall, London, 1997

12. ROBERTS, D., HOOPER, W., GREENWOOD, M.: Practical Food Microbiology, Public Health Laboratory Service, London, 1995

13. Verordnung über die hygienisch-mikrobiologischen Anforderungen an Lebensmittel, Bedarfsgegenstände, Räume, Einrichtungen und Personal, Schweiz, 26.6.1995

14. Verordnung über Hygiene- und Qualitätsanforderungen an Milch und Milcherzeugnisse auf Milchbasis (Milchverordnung) vom 24.4.1995, BGBI I S. 544, 1995

15. Verordnung über die hygienischen Anforderungen an Eiprodukte (Eiprodukte-Verordnung) vom 17.12.1993, BGBI I S. 2288, 1993

16. VOGT, N., BAUMGART, J., REISSBRODT, R.: Verbesserter Nachweis von Salmonellen in Gewürzen durch Supplementierung der Voranreicherung mit Ferrioxamin E, Vortrag auf dem Symposium „Schnellmethoden und Automatisierung in der Lebensmittel-Mikrobiologie" vom 2.–4.7.1997 in Lemgo

8 Convenienceprodukte

J. Baumgart

8.1 Definition

Vielfältig ist der Bereich der Convenienceprodukte; er reicht von küchenfertigen Erzeugnissen (z.B. passierter Spinat) über garfertige Lebensmittel (z.B. Pommes frites), regenerierfertigen Produkten (fertig vorbereitete oder gegarte Produkte, die durch Erwärmen oder Erhitzen verzehrfertig werden, wie z.B. Fertiggerichte) bis zu den verzehrfertigen Speisen, die ohne weitere Behandlung gegessen werden (Baguettes, Sandwiches, Snackartikel, Desserts).

Als Convenienceprodukte werden in diesem Kapitel industriell oder gewerblich hergestellte be- oder verarbeitete Lebensmittel verstanden, die eine küchenmäßige Zubereitung verkürzen oder erleichtern sollen. Nach dem Grad der Herstellung zählen dazu Fertiggerichte, sterilisierte Produkte in starren und halbstarren Behältern oder Weichpackungen (z.B. Eintöpfe oder Menüs in Mehrkammerschalen), Tiefgefriergerichte (z.B. Pizza), fertige sterilisierte Teilgerichte (z.B. Gulasch) und fertige pasteurisierte Teil- oder Fertiggerichte (z.B. Produkte, die nach dem Nacka- oder Sous-Vide-Verfahren erhitzt worden sind). Bei den Fertiggerichten kann es sich auch um rohe oder teilgegarte Gerichte oder Teile davon handeln, die vor dem Verzehr gegart werden müssen oder es sind gegarte TK-Fertiggerichte bzw. Teile davon, die nur auf Verzehrtemperatur erhitzt werden. Zu den Convenienceprodukten zählen jedoch auch Baguettes und Sandwiches, Snackartikel und Desserts. Da zu den Convenienceprodukten Lebensmittel ganz unterschiedlicher Herkunft und Vorbehandlung gehören und so die mikrobiologischer Beschaffenheit sehr variiert, ist es nicht möglich, in diesem Kapitel auf jedes dieser Produkte einzugehen. Verwiesen sei auf die Ausführungen zu den verschiedenartigen Lebensmitteln im Kapitel VII sowie auf Anführungen in der Reihe „Mikrobiologie der Lebensmittel – Fleisch und Fleischerzeugnisse und Lebensmittel pflanzlicher Herkunft" (RIETHMÜLLER, 1997, KRÄMER, 1997).

8.2 Untersuchung

Die durchzuführenden Untersuchungen dienen der Haltbarkeitskontrolle, einer Beurteilung der mikrobiologischen Qualität sowie dem Nachweis pathogener und toxinogener Mikroorganismen.

8.2.1 Untersuchungskriterien

Aufgeführt sind nur die Untersuchungen, die in der Regel zur Beurteilung ausreichen (Tab. VII.8-1).

Tab. VII.8-1: Untersuchungen, die in der Regel für eine Beurteilung von Convenience-Produkten ausreichen

Mikroorganismen	Rohe oder teilgegarte TK-Fertiggerichte oder Teile davon, die vor dem Verzehr gegart werden müssen	Gegarte TK-Fertiggerichte oder Teile davon, die nur auf Verzehrtemperatur erhitzt werden müssen	Pizza, frisch oder tiefgefroren	Pasteurisierte Fertiggerichte oder Teile davon, gekühlt, auf Verzehrtemperatur zu erhitzen	Frische, gekühlte Fertiggerichte oder Teile davon, die vor dem Verzehr gegart werden müssen	Sterilisierte Fertiggerichte	Baguettes, Sandwiches
Aerobe Koloniezahl	○	●	○	○	○	○	○
Enterobacteriaceen	○	○	○	○	○		○
E. coli	●	●	○	○	○		○
Enterokokken	○	○	○				
Sulfitreduzierende Clostridien						○	
Bazillen						○	○
Hefen und Schimmelpilze			○				
Salmonellen	●	●	○	○	○		○
Campylobacter jejuni		○[1]					○[1]
Listeria monocytogenes	○	○	○	○	○		○
Staph. aureus	●	●	○	○	○		○
Bacillus cereus	●	●	○	○	○		
Vibrio parahaemolyticus			○[2]				○[2]
Clostridium perfringens	○	○	○	○	○		○

1) Nur bei Geflügel
2) Nur bei Meerestieren

○ Empfohlene Untersuchung   ● Nachweis entspr. vorhandener Kriterien

8.2.2 Untersuchungsmethoden

Probenahme und Probenvorbereitung

Untersucht werden soweit möglich alle Einzelkomponenten oder ein Gemisch der Einzelkomponenten (Pizzabelag, Belag der Baguettes oder Sandwiches). Jeweils 10 g oder 50 g werden mit 90 bzw. 450 ml Verdünnungsflüssigkeit homogenisiert.

Art der Untersuchung

Die Art der Untersuchung ist produktabhängig (Erhitzung, TK, gekühltes Produkt, Snacks), so daß nicht in jedem Fall die aufgeführten Mikroorganismen vollständig zu bestimmen sind. In Behältnissen pasteurisierte oder sterilisierte Fertiggerichte werden wie Konserven behandelt.

Empfohlene Untersuchungen

Aerobe, mesophile Koloniezahl und Bazillen

- Verfahren: Spatelverfahren oder Gußkultur
- Medium/Temperatur/Zeit: Plate-Count-Agar, 30 °C, 72 h
- Auswertung: Alle Kolonien

Enterobacteriaceen

- Verfahren: Tropfplattenverfahren
- Medium/Temperatur/Zeit: VRBD-Agar, 30 °C, 48 h, anaerob
- Auswertung: Alle Kolonien mit einem Durchmesser über 1 mm. Bei anaerober Bebrütung können auch Pseudomonaden wachsen (Durchmesser der Kolonie unter 1 mm). Es wird empfohlen, eine *Pseudomonas*-Kultur als Kontrolle mitzuführen.

Escherichia coli

- Verfahren: Membranfilter-Verfahren (siehe unter II.2.1.2.2C = Methode nach § 35 LMBG), Spatelverfahren oder Petrifilm-Methode (Routine-Methoden)
- Medium/Temperatur Zeit:
  a) Membranfilter-Verfahren: Mineral-Modifizierter-Glutaminat-Agar, 37 °C, 4 h (Wiederbelebungsschritt = Ausspateln der Probe auf einer Cellulose-Acetat-Membran), danach Übertragen der Membran auf ECD-Agar = Escherichia-Coli-Direkt-Agar, 44 °C, 18–24 h

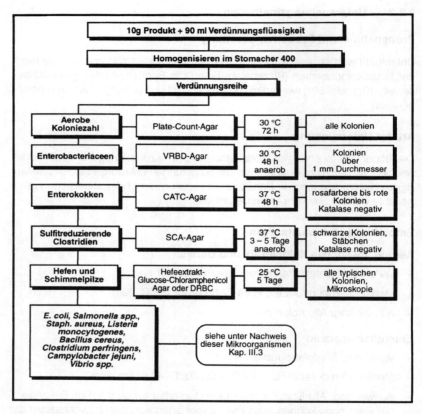

Abb. VII.8-1: Untersuchung von Convenience-Produkten

b) Spatelverfahren: Chromogene Medien, wie z.B. C-EC-Agar (Biolife): 44 °C, 18–24 h (Nachweis von *E. coli*) oder Coli ID-Medium (bioMérieux): 37 °C, 24–48 h (Nachweis coliformer Bakterien und Nachweis von *E. coli*) oder TBX-Medium (Oxoid): 30 °C, 4 h und 44 °C 18 h (Nachweis von *E. coli*) oder CHROMagar (Fa. Merck), 44 °C, 24–48 h

c) Petrifilm-Methode: E.-coli-Count-Plates, 44 °C, 24–48 h

– Auswertung:

a) Membranfilter-Verfahren: ß-D-Glucuronidase-positive Kolonien fluoreszieren bei 360–366 nm blau. Diese Kolonien werden gezählt und 5

Kolonien werden im Indol-Test bestätigt. Berechnung der Keimzahl siehe Methode nach § 35 LMBG.

b) Spatelverfahren: Siehe Angaben der Firmen

Enterokokken

– Verfahren: Tropfplattenverfahren

– Medium/Temperatur/Zeit: CATC-Agar, 37 °C, 48–72 h

– Auswertung: Rote bis rosafarbene Kolonien, Kokken, Katalase-negativ

– Bestätigung (siehe Nachweis von Enterokokken, Kap. III-2.3)

Sulfitreduzierende Clostridien

– Verfahren: Gußkultur

– Medium/Temperatur/Zeit: SCA-Agar, 37 °C, 72 h, anaerob

– Auswertung: Auszählung der schwarzen Kolonien

– Bestätigung: Prüfung von Reinkulturen (Stäbchen, Katalase-negativ, Sporen)

Hefen und Schimmelpilze

– Verfahren: Spatelverfahren

– Medium/Temperatur/Zeit: Hefeextrakt-Glucose-Chloramphenicol-Agar oder MY50G (bei Produkten mit geringer Wasseraktivität), 25 °C, 3–5 Tage

– Auswertung: Auszählung aller Kolonien, mikroskopische Kontrolle

Bacillus cereus, Campylobacter jejuni, Clostridium perfringens, Listeria monocytogenes, Staphylococcus aureus und *Vibrio parahaemolyticus* siehe unter Nachweis von pathogenen und toxinogenen Mikroorganismen Kap. III.3.

8.3 Mikrobiologische Kriterien

Tab. VII.8-2: Mikrobiologische Kriterien für Fertiggerichte

Land/Quelle	Produkt	Mikroorganismen	Kriterien	
			Richtwert	Warnwert
Bundes-	Rohe oder teilgegarte	*E. coli*	10^3/g	10^4/g
republik	Tiefkühl-Fertiggerichte	*Staph. aureus*	10^2/g	10^3/g
Deutschland	oder Teile davon, die	*Bac. cereus*	10^3/g	10^4/g
(DGHM	vor dem Verzehr ge-	Salmonellen	nicht nachweisbar	
1992)	gart werden müssen		in 25 g	

Tab. VII.8-2: Mikrobiologische Kriterien für Fertiggerichte (Forts.)

Land/Quelle	Produkt	Mikroorganismen	Kriterien	
			Richtwert	Warnwert
	Gegarte TK-Fertig-gerichte bzw. Teile davon, die nur noch auf Verzehrstempe-ratur erhitzt werden müssen	Aerobe mesophile Keimzahl	10^6/g*	
		E. coli	10^2/g	10^3/g
		Staph. aureus	10^2/g	10^3/g
		Bac. cereus	10^3/g	10^4/g
		Salmonellen	nicht nachweisbar in 25 g	
			Grenzwert	
Frankreich (BOURGEOIS und LEVEAU, 1995)	Gekühlte oder tiefge-frorene Fertiggerichte	Aerobe mesophile Keimzahl	$3,0 \times 10^5$/g	
		Coliforme Bakterien	10^3/g	
		Faekal-Coliforme	10/g	
		Staph. aureus	10^3/g	
		Sulfitreduzierende Clostridien	30/g	
		Salmonellen	nicht nachweisbar in 25 g	

* Anmerkung: Die Keimzahl kann überschritten werden, wenn rohe Produkte wie Käse, Petersilie etc. mitverarbeitet werden.

Tab. VII.8-3: Mikrobiologische Grenzwerte für genußfertige und nicht genußfertige Lebensmittel (KBE/g)

Mikroorganismen	Produkte	
	genußfertig	nicht genußfertig
Bacillus cereus	10^4	10^5
Campylobacter jejuni	n. n. in 25 g	10^5
Campylobacter coli	n. n. in 25 g	–
Clostridium perfringens	10^4	–
E. coli	10^4	–
Listeria monocytogenes	n. n. in 25 g	–
Pseudomonas aeruginosa	10^4	–

Tab. VII.8-3: Mikrobiologische Grenzwerte für genußfertige und nicht
genußfertige Lebensmittel (KBE/g) (Forts.)

Mikroorganismen	Produkte	
	genußfertig	nicht genußfertig
Salmonellen	n. n. in 25 g	–
Shigella spp.	n. n. in 25 g	–
Staph. aureus	10^4	10^5
Vibrio cholerae	n. n. in 10 g	–
Yersinia enterocolitica (pathogene Serotypen)	n. n. in 25 g	–

Quelle: Verordnung über die hygienisch-mikrobiologischen Anforderungen an Lebensmittel, Gebrauchsgegenstände, Räume, Einrichtungen und Personal (Schweiz,
26.06.1995).
Erklärung: n. n. = nicht nachweisbar

Tab. VII.8-4: Mikrobiologische Kriterien für Sandwiches*

Mikroorganismen	Schweiz. HyV (1995) Toleranzwerte (T) Grenzwerte (G)	Guidelines (ROBERTS et al., 1995) nicht zu akzeptieren
Aerobe mesophile Koloniezahl	10^6/g (T)	–
E. coli	10/g (T)	$>10^4$/g
Staph. aureus	100/g (T)	$>10^4$/g
Salmonellen	n. n. in 25 g* (G)	pos. in 25 g
Clostridium perfringens	10^4/g* (G)	$>10^4$/g
Bacillus cereus u. a. Bazillen	10^4/g* (G)	$>10^5$/g
Listeria monocytogenes	n. n. in 25 g* (G)	$>10^3$/g
Campylobacter jejuni / Campylobacter coli	n. n. in 25 g+ (G)	–

Erklärungen:
* in schweizerischer HyV als belegte Brote bezeichnet
+ Werte für genußfertige Lebensmittel
n. n. nicht nachweisbar

Tab. VII.8-5: Mikrobiologische Kriterien für Desserts (Puddings), gewöhnlich kalt verzehrt

Land	Mikroorganismen	Richtwerte
Niederlande	Aerobe Koloniezahl	$1,0 \times 10^6$/g
Neuseeland	Aerobe Koloniezahl	$1,0 \times 10^5$/g
Niederlande	Enterobacteriaceen	$1,0 \times 10^3$/g
Neuseeland	Enterobacteriaceen	20/g
Niederlande	*Staph. aureus*	$5,0 \times 10^2$/g
Neuseeland	*Staph. aureus*	$1,0 \times 10^2$/g
Neuseeland	*Clostridium perfringens*	$1,0 \times 10^2$/g
Neuseeland	*Bacillus cereus*	$1,0 \times 10^2$/g
Niederlande	Hefen und Schimmelpilze	$1,0 \times 10^3$/g

Die Werte in Neuseeland gelten für Instantprodukte.
Quelle: SHAPTON, D.A., SHAPTON, N.F., 1991

Tab. VII.8-6: Kriterien zur Beurteilung von Fertiggerichten und Rohstoffen im Hinblick auf das Vorkommen von Listeria monocytogenes

Land	Beurteilung	*Listeria monocytogenes*	Quelle
Kanada	Fertiggerichte, in denen sich *L. m.* vermehren kann und die bei Kühlung eine Haltbarkeit von >10 Tagen haben.	0 in 25 g	FARBER und HARWIG, 1996
	Fertiggerichte, in denen sich *L. m.* vermehren kann und die bei Kühlung eine Haltbarkeit von <10 Tagen haben und alle Produkte, in denen eine Vermehrung von *L. m.* nicht stattfindet ($a_w \leq 0,92$).	≤ 100/g	

Tab. VII.8-6: Kriterien zur Beurteilung von Fertiggerichten und Rohstoffen im Hinblick auf das Vorkommen von Listeria monocytogenes (Forts.)

Land	Beurteilung	*Listeria monocytogenes*	Quelle
England/ Wales	zufriedenstellend	0 in 25 g	MCLAUCHLIN, 1996
	noch einwandfrei	$<10^2/g$	
	unbefriedigend	10^2–$10^3/g$	
	mögliche Gesundheits-gefährdung, nicht zu akzeptieren	$>10^3/g$	
Frankreich	tolerierbar	$<100/g$	LAHELEC, 1996
Dänemark	Lebensmittel in der Packung erhitzt	$n = 5, c = 0$ $m = 0/g$	QUIST, 1996
	Räucherlachs und rohes Gemüse	$n = 5, c = 2$ $m = 10/g, M = 100/g$	
	Frischfleisch und Frischfisch	$n = 5, c = 2$ $m = 10/g, M = 100/g$	

Literatur

1. BOURGEOIS, C.M., LEVEAU, J.Y.: Microbiological control for foods and agricultural products, VCH Verlagsgesellschaft mbH, Weinheim, Bundesrepublik Deutschland, 1995

2. FARBER, J.M., HARWIG, J.: The Canadian position on ready-to-eat foods, Food Control 7, 253-258, 1996

3. KRÄMER, J.: Mikrobiologie von gekühlten fleischhaltigen Gerichten, in: Mikrobiologie der Lebensmittel, Fleisch und Fleischerzeugnisse, herausgegeben von H. Weber, Behr's Verlag, Hamburg, 443-482, 1996

4. LAHELEC, C.: Listeria monocytogenes in foods: The French position International Food Safety Conference. Listeria: The state of the science, 29–30 June 1995 – Rome, Italy, Food Control 7, 241-243, 1996

5. MCLAUCHLIN, J.: The role of the Public Health Laboratory Service in England and Wales in the investigation of human listerioses during the 1980s and 1999s, Food Control 7, 235-239, 1996

6. N.N.: Mikrobiologische Richt- und Warnwerte zur Beurteilung von rohen, teilgegarten und gegarten Tiefkühlfertiggerichten oder Teilen davon, Lebensmitteltechnik 24, 89, 1992

7. ROBERTS, D., HOOPER, W., GREENWOOD, M.: Practical food microbiology methods for the examination of food for microorganisms of public health significance, Public Health Laboratory for Service, London, sec. ed., 1995

8. RIETHMÜLLER, V.: Kartoffeln und Kartoffelerzeugnisse, in: Mikrobiologie der Lebensmittel, Lebensmittel pflanzlicher Herkunft, herausgegeben von G. Müller, W.H. Holzapfel, H. Weber, Behr's Verlag, Hamburg, 71-85, 1997

9. RIETHMÜLLER, V.: Tiefgefrorene Fertiggerichte und tiefgefrorene Convenienceprodukte, in: Mikrobiologie der Lebensmittel, Lebensmittel pflanzlicher Herkunft, herausgegeben von G. Müller, W.H. Holzapfel, H. Weber, Behr's Verlag, Hamburg, 167-178, 1997

10. QUIST, S.: The Danish government position of the control of Listeria monocytogenes in foods, Food Control 7, 249-252, 1996

11. SHAPTON, D.A., SHAPTON, N.F.: Principles and practices for the safe processing of foods, Butterworth – Heinemann Ltd., Oxford, 1991

12. Verordnung über die hygienischen Anforderungen an Lebensmittel, Gebrauchsgegenstände, Räume, Einrichtungen und Personal, Hygieneverordnung, Schweiz, (HyV) vom 26.06.1995

9 Kristall- und Flüssigzucker

J. Baumgart

9.1 Vorkommende Mikroorganismen (ICMSF, 1998)

Zucker ist in der Regel aufgrund der Herstellungstechnologie keimarm bis keimfrei. Zur Verunreinigung kommt es beim Kristallzucker gewöhnlich aus der Luft beim Prozeß des Zentrifugierens, der Kühlung und Trocknung. Flüssigzucker, der durch Auflösen von kristallinem Zucker, Feinstfiltration und Erhitzung oder durch Behandlung mit Ionenaustauschern und anschließender Sterilisation hergestellt wird, kann beim Abfüllen in Transporttanks verunreinigt werden.

Häufiger vorkommende Mikroorganismen: Bazillen, Clostridien, Hefen, Schimmelpilze, Milchsäurebakterien, gramnegative Bakterien. Besonders bedeutend sind die schleimbildenden Mikroorganismen: *Leuconostoc (Lc.) mensenteroides* subsp. *mensenteroides, Lc. mensenteroides* subsp. *dextranicum, Weissella confusa* (ehemals *Lactobacillus confusus*), *Bacillus licheniformis,* schleimbildende Hefen und Essigsäurebakterien.

9.2 Untersuchung

Die Methoden sind besonders auf die weiterverarbeitende Industrie abgestellt. Die Zuckerindustrie selbst untersucht nach den Empfehlungen der ICUMSA (International Commission for Uniform Methods of Sugar Analysis).

9.2.1 Untersuchungskriterien

Da Zucker durch Mikroorganismen nicht verdirbt, bezweckt die Untersuchung nur den Nachweis derjenigen Mikroorganismen, die im Endprodukt zum Verderb führen können.

Zucker für Getränke
– Milchsäurebakterien, besonders die Genera *Leuconostoc* und *Lactobacillus*
– Hefen und Schimmelpilze
– Essigsäurebakterien

Zucker für Feinkosterzeugnisse
– Milchsäurebakterien
– Hefen und Schimmelpilze

Zucker für Süßwaren und Fruchtkonserven
– Hefen und Schimmelpilze

Zucker für schwachsaure Konserven (pH-Wert über 4,5)

- Mesophile Bazillen-Sporen
- Thermophile Bazillen-Sporen
- Mesophile Clostridien-Sporen
- Thermophile Clostridien-Sporen

9.2.2   Untersuchungsmethoden

Probenahme und Probenvorbereitung

10 g Kristallzucker oder 15 g Flüssigzucker (dies sind etwa 10 g Trockensubstanzgehalt) werden in einem sterilen 200 ml Erlenmeyerkolben eingewogen und mit sterilem A. dest. auf 100 ml aufgefüllt. Der Zucker wird durch Schütteln kalt gelöst. Nach guter Durchmischung erfolgt eine Membranfiltration.

Art der Untersuchung

Aerobe Koloniezahl

- Verfahren: Membranfiltration
- Medium/Temperatur/Zeit: Plate-Count-Agar oder TTC-Standard-NKS (Nährkartonscheibe), 30 °C, 48–72 h
- Auswertung: Alle Kolonien

Milchsäure- und Essigsäurebakterien

- Verfahren: Membranfiltration
- Medium/Temperatur/Zeit: Orangenserum-Agar oder OFS-NKS (Befeuchtungsflüssigkeit mit Delvocid-Lösung zur Hemmung von Hefen und Schimmelpilzen (1 g/l Delvocid, 121 °C, 15 min, Fa. Gist-Brocades, Postfach 16 10, 59406 Unna, Art.-Nr. 94025/41), 30 °C, 48–72 h
- Auswertung: Eine mikroskopische Kontrolle ist notwendig

„Mesophile Schleimbildner"

- Verfahren: Membranfiltration
- Medium/Temperatur/Zeit: Weman-Agar oder Weman-NKS, 30 °C, 48–72 h

Hefen und Schimmelpilze

- Verfahren: Membranfiltration
- Medium/Temperatur/Zeit: Hefeextrakt-Glucose-Chloramphenicol-Agar oder Würze-NKS + Chloramphenicol, 25 °C, 3–5 Tage
- Auswertung: Alle Kolonien, mikroskopische Kontrolle. Zum Nachweis der Gärfähigkeit von Hefen ist das Auflegen einer Kunststoffolie auf die Würze-NKS am Ende der Bebrütung zu empfehlen, da schon nach einer weiteren Bebrütungszeit von 3–4 h eine Auswertung erfolgen kann.

Mesophile Bazillen-Sporen

- Verfahren: Probe bei 70 °C für 10 min erhitzen, Membranfiltration
- Medium/Temperatur/Zeit: Plate-Count-Agar, 30 °C, 72 h
- Auswertung: Grampositive bis gramvariable Stäbchen, Sporen, Katalase-positiv

Thermophile Bazillen-Sporen

- Verfahren: Probe bei 70 °C für 10 min erhitzen, abkühlen, Membranfiltration
- Medium/Temperatur/Zeit: Hefeextrakt-Dextrose-Trypton-Stärke-Agar (HDTS-Agar) nach BROWN und GAZE (1988), 55 °C, 72 h
- Auswertung: Grampositive bis gramvariable Stäbchen, Katalase-positiv (*Bacillus stearothermophilus* kann auch Katalase-negativ sein)

Thermophile Clostridien-Sporen

- Verfahren: Probe auf 70 °C 10 min erhitzen, abkühlen, Membranfiltration
- Medium/Temperatur/Zeit: SCA-Agar, Filter auflegen und mit gleichem Medium überschichten, anaerobe Bebrütung, 55 °C, 72 h

9.3 Mikrobiologische Kriterien

National Canners Association „Canners Test" (PIVNICK, 1980)

Gesamtzahl thermophiler Sporenbildner

Bei 5 untersuchten Proben dürfen nicht mehr als 150 Sporenbildner enthalten sein und im Durchschnitt nicht mehr als 125 Sporenbildner in 10 g Zucker.

Sporen thermophiler Bazillen mit Säurebildung

Bei 5 untersuchten Proben soll der maximale Wert unter 75/10 g liegen und im Durchschnitt sollen nicht mehr als 50 pro 10 g Zucker enthalten sein.

Thermophile sulfitreduzierende Clostridien-Sporen

Von 5 Proben dürfen maximal 2 positiv sein. Der Gehalt soll unter 5/10 g liegen.

National Soft Drink Association „Bottlers-Test" (MÜLLER, 1997)

Kristallzucker

Aerobe mesophile Keimzahl unter 200/10 g und Hefen und Schimmelpilze unter 10/10 g

Flüssigzucker

Von 20 Proben im Durchschnitt unter 100/10 g (mesophile aerobe Keimzahl) und weniger als 10 Hefen und 10 Schimmelpilze/10 g Trockensubstanz-gehalt.

Südzucker AG, Standard für Zucker (Südzucker, 1993)

	Grenzwert/10 g Trockensubstanz
Mesophile Gesamtkeime	150
Mesophile Schleimbildner	150
Thermophile Sporenbildner	100
Hefen	10
Schimmelpilze	10
Coliforme Bakterien und *E. coli*	negativ

Literatur

1. ICMSF (International Commission on Microbiological Specifications for foods of the International Union of Biological Societies): Microorganisms in foods – 6 – Microbial ecology of food commodities, Chapman & Hall, London, 1998

2. MÜLLER, G.: Zucker, Zuckerwaren, Honig, in: Mikrobiologie der Lebensmittel, Lebensmittel pflanzlicher Herkunft, herausgegeben von G. Müller, W.H. Holzapfel, H. Weber, Behr's Verlag, Hamburg, 181-211, 1997

3. PIVNICK, H.: Sugar, cocoa, chocolate and confectioneries, in: Microbial ecology of foods, Food commodities, Vol. 2, Academic Press, New York, 1980

4. SMITTLE, R.B., KRYSINSKI, E.P., RICHTER, E.R.: Sweeteners and starches, in: Compendium of methods for the microbiological examination of foods, 3rd ed., ed by C. Vanderzant, D. F. Splittstoesser, American Public Health Association, 985-993, 1992

5. Südzucker: Handbuch Erfrischungsgetränke, Teil 1, 4. überarb. Auflage, 1993, Südzucker AG, Mannheim/Ochsenfurt

6. TILBURY, R.H.: Occurrence and effects of lactic acid bacteria in the sugar industry, in: Lactic acid bacteria in beverages and food, ed. by J.G. Carr, C.V. Cutting, G.C. Whiting, Academic Press, London, 177-191, 1975

10 Kakao, Schokolade, Zuckerwaren und Rohmassen

J. Baumgart, R. Zschaler

10.1 Vorkommende Mikroorganismen

Kakao

Hauptsächlich Bakterien des Genus *Bacillus (B. licheniformis, B. cereus, B. subtilis, B. megaterium, B. coagulans, B. stearothermophilus)* sowie Hefen und Schimmelpilze, Enterobacteriaceen, Milchsäurebakterien

Schokolade

Ein Großteil der Mikroorganismen, die in den Rohstoffen Kakao, Milchpulver, Zucker u.a. Zusätzen enthalten sein können, werden beim Conchieren (70 °– 80 °C) abgetötet. Aufgrund der niedrigen Wasseraktivität der Schokoladenmasse ist die Hitzeresistenz der Mikroorganismen jedoch erhöht, so daß bei hoher Anfangskeimzahl auch Salmonellen überleben können (CRAVEN et al., 1975). Dabei ist zu berücksichtigen, daß die minimale infektiöse Dosis sehr gering sein kann. Sie lag bei Erkrankungen nach dem Genuß von Schokolade unter 10/g (D'AOUST und PIVNICK, 1976, HOCKIN et al., 1989, ICMSF, 1998).

Zuckerwaren

Zuckerwaren bestehen aus den verschiedenen Zuckerarten und zahlreichen Zusätzen wie z. B. Milch, Sahne, Eiern, Honig, Fett, Kakao, Früchten, Gelatine, Agar-Agar, Mandeln, Nüssen, Essenzen usw.

Je nach Rohstoffbelastung, Herstellungsart und Verunreinigung nach der Herstellung können auch die Endprodukte Mikroorganismen enthalten. Nur bei geringer Wasseraktivität ist bei einzelnen Erzeugnissen ein Verderb durch osmotolerante Hefen und Schimmelpilze möglich (Tab. VII.10–1).

Tab. VII.10-1: Wasseraktivität von Zuckerwaren (ICMSF, 1998)

Art des Produkts	a_w-Wert
Fondant	0,76
Rosinen	0,50–0,55
Marzipan	0,65–0,70
Nougat	0,40–0,70
Schokolade	0,40–0,50
Waffel-Biscuits	0,15–0,25

Rohmassen

Marzipanrohmassen können durch osmotolerante Hefen (*Zygosaccharomyces rouxii, Z. bailii*) und Schimmelpilze verderben.

10.2 Untersuchung

10.2.1 Untersuchungskriterien

Schokolade, Schokoladenpulver und Kakaopulver
- Aerobe mesophile Koloniezahl
- Enterobacteriaceen
- Schimmelpilze
- *Staphylococcus aureus*
- Salmonellen

Zuckerwaren
- Hefen und Schimmelpilze

Rohmassen
- Osmotolerante Hefen
- Schimmelpilze

10.2.2 Untersuchungsmethoden

Probenahme und Probenvorbereitung

10 g Probe + 90 ml Verdünnungsflüssigkeit (45 °C)

Schokolade und Kuvertüre: Zur Vereinfachung der Einwaage 10 g auf 90 ml Verdünnungsflüssigkeit, die Schokolade oder Kuvertüre bei 45 °C für ca. 1 h im Wärmeschrank verflüssigen. Die Einwaage dann 10 min stehen lassen.

Kakaopulver: Verdünnung 1:10 schütteln, bei 45 °C 5 min stehen lassen und danach homogenisieren.

Art der Untersuchung

Aerobe mesophile Keimzahl
- Verfahren: Gußkultur
- Medium/Temperatur/Zeit: Plate-Count-Agar, 30 °C, 3 Tage
- Auswertung: Alle Kolonien

Enterobacteriaceen
- Verfahren: Gußkultur mit Overlay oder Tropfplattenverfahren mit anaerober Bebrütung

- Medium/Temperatur/Zeit: VRBD-Agar, 30 °C, 20 ± 2 h
- Auswertung: Enterobacteriaceen bilden rote Kolonien. Zur Abgrenzung gegenüber Organismen wie *Pseudomonas*- und *Aeromonas*-Arten, ist eine repräsentative Anzahl von mindestens 10 Kolonien zu isolieren (Ausstrich auf CASO-Agar, 30 °C, 24 h). Überprüfung der Isolate auf Oxidase und fermentative Spaltung von Glucose (OF-Test). Oxidase-negative, Glucose fermentativ abbauende Kulturen gelten als Enterobacteriaceen. Eine weitere Differenzierung ist mit Hilfe des API-Systems möglich.

Thermophile Bazillen-Sporen

- Verfahren: Gußkultur, Probe vorher für 10 min auf 80 °C erhitzen
- Medium/Temperatur/Zeit: Hefeextrakt-Dextrose-Trypton-Stärke-Agar (HDTS-Agar), 55 °C, 72 h
- Auswertung: Grampositive bis gramvariable Stäbchen, Katalase-positiv

Hefen und Schimmelpilze

- Verfahren: Spatelverfahren
- Medium/Temperatur/Zeit: YGC-Agar, 25 °C, 5 Tage
- Auswertung: Alle Kolonien, mikroskopische Kontrolle

Osmotolerante Hefen

- Verfahren: Siehe unter Nachweis osmotoleranter Hefen (Kap. III.1)

Staphylococcus aureus

- Verfahren: Siehe unter Nachweis der pathogenen und toxinogenen Mikroorganismen (Kap. III.3)

Salmonellen (Schokolade, Kakao) – Routinekontrollen –

Probenahme

- Handelsproben: 25 g
- Verarbeitungsbetrieb: Entsprechend der Risikogruppe II der „Food and Drug Administration" (FDA, USA) werden 30 Einzelproben à 25 g = 750 g als Poolprobe untersucht (MAZIGH, 1994, ANDREWS und JUNE, 1995), auf Empfehlung der DGHM bei Kakao 250 g (DGHM, 1998).

Voranreicherung

Im Verhältnis 1:10 in steriler Magermilch (100 g Magermilchpulver, 1 l A. dest., 15 min 121 °C) oder H-Magermilch. Die Probe wird in der vorgewärmten Magermilch (40 °C) homogenisiert bzw. bei großer Einwaage gleichmäßig verrührt.

Nach einer Standzeit von 60 min erfolgt der Zusatz einer Brillantgrünlösung (0,45 ml einer 1%igen wässerigen Lösung auf 225 ml Voranreicherung). Nach sorgfältiger Verteilung durch Schütteln wird die Voranreicherung 8 ± 0,5 Std. bei 37 °C bebrütet (DE SMEDT et al., 1994). Eine längere Bebrütung ist jedoch möglich – z. B. über Nacht (16 h).

Anreicherung

– Bei Voranreicherung von 25 g (DE SMEDT et al., 1994): Nachweis mit dem modifizierten halbfesten Rappaport-Vassiliadis-Medium (MSRV-Medium) – siehe Nachweis von Salmonellen (Kap. III.3).

– Bei Voranreicherung von 750 g: 0,1 ml der Voranreicherung zu 10 ml RV-Bouillon und 10 ml der Voranreicherung zu 100 ml Selenit-Cystin-Bouillon. Bebrütung und selektiver Nachweis siehe Kap. III.3.

Der Nachweis mit der MSRV-Methode war dem mit den Kulturmethoden der AOAC überlegen. Die Sensitivität lag bei 98,1 % (AOAC-Methode 94,9 %). Die Spezifität betrug bei beiden Methoden 100 % (DE SMEDT et al., 1994).

Weitere mögliche Nachweismethoden

– Immunologischer Nachweis, z. B. VIDAS (Fa. bioMérieux), „Salmonella Bio-Enzabead-Test" (Fa. Organon-Teknika), „Tecra Salmonella Visual Immunoassay" (Fa. Bioenterprises), „EIAFOSS", Salmonella 1–2 Test (Biocontrol System)

– Impedanz-Verfahren

– PCR

10.3   Mikrobiologische Kriterien

Schokolade ohne Füllungen, Schokoladenpulver, Kakaopulver
(VO Schweiz, 26.06.1995)

Toleranzwerte:

Aerobe mesophile Keime	100 000/g
Enterobacteriaceen	100/g
Staphylococcus aureus	100/g
Schimmelpilze	100/g
Hefen	1 000/g
Salmonellen	neg. in 25 g

Kakao und Schokolade (ICMSF, 1986)

Salmonellen	neg. in 25 g
	n = 10, c = 0, m = 0

Kakao, Schokolade, Süßwaren (ANDREWS, 1992)

Salmonellen	neg. in 1 g
	n = 10, c = 0, m = 0

Schokolade (MAZIGH, 1994)

Aerobe Koloniezahl	< 1000/g
Hefen, Schimmelpilze	< 10/g
Enterobacteriaceen	0/g
	m = 0, n = 5, c = 0
Staphylokokken	0 in 0,01 g
Listeria monocytogenes	0 in 25 g
Salmonellen	0/g

Kakao (DGHM, 1998)

	Richtwert KBE/g	Warnwert KBE/g
Aerobe mesophile Koloniezahl	5×10^4	–
Enterobacteriaceen	10^2	10^3
E. coli	$< 10^1$	–
Salmonellen	–	n. n. in 250 g

Literatur

1. ANDREWS, W.H.: Manual of food quality control 4. Rev. 1 microbiological analysis, Food and Agriculture Organization of the United Nations, Rome, 1992

2. ANDREWS, W.H., JUNE, G.A.: Food sampling and preparation of sample homogenate, in: Bacteriological Analytical Manual, 8th ed., publ. by AOAC International, Gaithersburg, USA, 1995

3. ANDREWS, W.H., JUNE, G.A., SHERROD, P.S., HAMMACK, T.S., AMAGUANA, R.M.: Salmonella, in: Bacteriological Analytical Manual, 8th ed., publ. by AOAC International, Gaithersburg, USA, 1995

4. CRAVEN, P.C., MACKEL, D.C., BAINE, W.B., BARKER, W.H., GANGAROSA, W.H., GOLDFIELD, M., ROSENFELD, H., ALTMANN, R., LACHAPELLE, G., DAVIES, J.W., SWANSON, R.C.: International outbreak of Salmonella eastbourne infection traced to contaminated chocolade, Lancet i, 788-793, 1975

5. D'AOUST, J.-Y., PIVNICK, H.: Small infectious doses of Salmonella, Lancet i, 1196-1200, 1976

6. DE SMEDT, J.M., CHARTRON, S., CORDIER, J.L., GRAFF, E., HOEKSTRA, H., LECOUPEAU, J.P., LINDBLOM, M., MILAS, J., MORGAN, R.M., NOWACKI, R., O'DONOGHUE, D., VAN GESTEL, G., VARMEDAL, M.: Collaborative study of the international office of cocoa, chocolate and sugar confectionery on Salmonella detection from cocoa and chocolate processing environmental samples, Int. J. Food Microbiol. 13, 301-308, 1991

7. DE SMEDT, J.M., BOLDERDIJK, R., MILAS, J.: Salmonella detection in cocoa and chocolate by motility enrichment on modified semi-solid Rappaport-Vassiliadis-medium: Collaborative study, J. AOAC International 77, 365-373, 1994

8. DGHM (Deutsche Gesellschaft für Hygiene und Mikrobiologie): Mitteilungen der Fachgruppen, Hygiene und Mikrobiologie 2, 31, 1998

9. HOCKIN, J.C.J., D'AOUST, J.-Y., BOWERING, D., JESSOP, J.H., KHANNA, B., LIOR, H., MILLING, M.E.: An international outbreak of Salmonella nima from imported chocolate, J. Food Prot. 52, 51-54, 1989

10. ICMSF (International Commission on Microbiological Specifications for Foods of the International Union of Biological Societies): Microorganisms in foods – 6 – Microbial ecology of food commodities, Chapman & Hall, London, 1998

11. MAZIGH, D.: Microbiology of chocolate, International Food Ingredients 1/2, 34-37, 1994

12. PIVNIVK, H.: Sugar, cocoa, chocolate and confectioneries, in: Microbiological ecology of foods, Vol. II, Academic Press, 778-821, 1980

13. Verordnung über die hygienisch-mikrobiologischen Anforderungen an Lebensmittel, Gebrauchs- und Verbrauchsgegenstände, Schweiz, 26.06.1995

11 Hitzekonservierte Lebensmittel in starren und halbstarren Behältnissen sowie in Weichpackungen

J. Baumgart

DENNY und CORLETT, 1992, DRYER und DEIBEL, 1992, KAUTTER et al., 1992)

11.1 Vorkommende Mikroorganismen

Die vorhandene Mikroflora wird einerseits bestimmt durch die Hitzeresistenz der Mikroorganismen (D- und z-Werte) und durch die erzielten F-Werte im Produkt, andererseits durch die pH-Werte der Erzeugnisse (Tab. VII.11–1, VII.11–2).

Tab. VII.11-1: Mikrobiologische Einteilung von Fleischprodukten (nach LEISTNER, WIRTH und TAKACS, 1970, LEISTNER, 1979, STIEBING, 1985)

Bezeichnung und Lagerfähigkeit	Kerntemperatur Hitzeeffekt (F_c)	Durch die Erhitzung werden ausgeschaltet:
1. Frischware 6 Wochen bei <5 °C	65 °C bis 75 °C	vegetative Mikroorganismen
2. Kesselkonserven 1 Jahr bei <10 °C	1 Stunde >98 °C (F_c >0,4)	wie 1. und psychrotrophe Sporenbildner
3. Dreiviertelkonserven 1 Jahr bei <10 °C	F_c = 0,6 bis 0,8	wie 2. und Sporen mesophiler *Bacillus*-Arten
4. Vollkonserven 4 Jahre bei 25 °C	F_c = 4,0 bis 5,5	wie 3. und Sporen mesophiler *Clostridium*-Arten
5. Tropenkonserven 1 Jahr bei 40 °C	F_c = 12,0 bis 15,0	wie 4. und Sporen thermophiler *Bacillus*- und *Clostridium*-Arten

Tab. VII.11-2: D-Werte einiger für hitzekonservierte Lebensmittel wichtiger Mikroorganismen

Lebensmittelgruppen mit wichtigen Mikroorganismen	Temp °C	D-Wert in min	z-Wert °C	Medium	Literaturquelle
1. Schwach-saure Lebensmittel (pH über 4,5), z.B. Fleisch, Fisch, Geflügel, Gemüse					
a) Thermophile Sporenbildner					
Nicht-gasbildende,	121	4,5	10,7	Bouillon	11
säuernde („flat-sour")	121	1,9–3,1	n.a.	Brühwurst (pH 5,2)	24
Bakterien (*Bac.*	121	3,5	n.a	Milch	42
stearothermophilus)					
Gasbildende, säuernde („flat-sour") Bakterien (*Bac. stearothermophilus*)	121	0,65	n.a.	Brechbohnen (pH 5,2)	3
Cl. thermosaccharolyticum (Gasbildung)	121	3–4	8,8–12,2	n.a.	40
Desulfotomaculum nigrificans (Bildung von H_2S)	121	3,3	9,1	Puffer, pH 7,2	9
b) Mesophile Sporenbildner					
Cl. sporogenes	115,6	2,96	9,5–12,0	Magermilch	14
Cl. sporogenes	121	1,0	9,2	Erbsbrei	7
Cl. botulinum A	110	3,21	n.a.	Puffer, pH 7,2	1
Cl. botulinum A	120	14,4	n.a.	Mineralöl	1
Cl. botulinum B, proteolytisch	112,8	1,18	10,7	Puffer, pH 7,0	36
Cl. botulinum B, nicht proteolytisch	82,2	1,5–32,3	6,5–9,7	Puffer, pH 7,0	36
Cl. botulinum E	82,2	0,33	8,7	Puffer, pH 7,0	36
Bac. cereus	100	5,28	n.a.	Puffer, pH 7,2	1
Bac. cereus	120	15,2	n.a.	Mineralöl	1
Bac. cereus	121	2,4	7,9	Puffer, pH 7,0	32
Bac. cereus (psychrotroph)	95	1,8	9,4	Milch	26
Bac. subtilis	105	0,58	n.a.	Puffer, pH 7,2	33

Tab. VII.11-2: D-Werte einiger für hitzekonservierte Lebensmittel wichtiger Mikroorganismen (Forts.)

Lebensmittelgruppen mit wichtigen Mikroorganismen	Temp °C	D-Wert in min	z-Wert °C	Medium	Literaturquelle
Bac. subtilis	120	80,2	n.a.	Sojaöl (a_w 0,25)	33
Bac. subtilis	121	0,5	14	Puffer, pH 7,2	32
Bac. licheniformis	100	2,0–4,5	14,9	Tomatenpüree (pH 4,4)	28
Bac. megaterium	100	2,35	8,4	Milch	27
Bac. pumilus	100	0,87	7,5	Milch	27
c) Nicht-sporenbildende Bakterien					
Enterococcus faecium	74	2,57	9,6	Kochschinken	25
Staph. aureus	55	4,0	n.a.	Eigelb	41
Staph. aureus	60	0,34	8,2	Vollei	18
Laktobazillen	65	0,5–1,0	4,4–5,5	n.a.	40
Carnobacterium divergens	60	0,76	4,7	Bückling	5
Pseudomonas aeruginosa	60	0,25	7,1	Vollei	18
Salmonella Typhimurium	60	0,24	6,2	Vollei	18
Salmonella Senftenberg	60	8,13	4,7	Vollei	18
Acinetobacter, Moraxella	70	6,6	7,3–8,1	Zerkleinertes Frischfleisch	13

2. Saure Lebensmittel (pH 4,0–4,5), z.B. Tomatenerzeugnisse, Gemüseerzeugnisse, Fruchterzeugnisse

a) Thermophile Sporenbildner

Bac. coagulans	110	0,8–1,0	n.a.	Brühwurstemulsion (pH 4,2)	24

b) Mesophile Sporenbildner

Bac. macerans, Bac. polymyxa	100	0,1–0,5	n.a.	n.a.	40
Cl. pasteurianum	100	0,1–0,5	n.a.	n.a.	40

Erklärung: n.a. = nicht angegeben

Tab. VII.11-2: D-Werte einiger für hitzekonservierte Lebensmittel
wichtiger Mikroorganismen (Forts.)

Lebensmittelgruppen mit wichtigen Mikroorganismen	Temp °C	D-Wert in min	z-Wert °C	Medium	Literaturquelle
3. Stark saure Lebensmittel (pH unter 4,0), z.B. einige Gemüse- und Fruchtprodukte, Fruchtsäfte, Konfitüren					
a) Schimmelpilze und Hefen					
Ascosporen von *Byssochlamys fulva*	90	1,0–12,0	6,0–7,0	n.a.	29
Ascosporen von *Neosartorya fischeri*	87,8	1,4	5,6	Apfelsaft (pH 3,6) 11,6° Brix	36
Ascosporen von *Talaromyces flavus*	90,6	2,2	5,2	Apfelsaft (pH 3,6) 11,6° Brix	36
Ascosporen von *Saccharomyces cerevisiae*	60	6,1	3,8	Apfelsaft (pH 3,6) 8,6° Brix	38
Zygosaccharomyces bailii (vegetative Zellen)	61	2,0	5,29	Bouillon (a_w 0,858)	36
b) Nicht-sporenbildende Bakterien, wie					
Genera *Lactobacillus, Leuconostoc, Pediococcus*, vegetative Hefen und Schimmelpilze	65	0,5–1,0	4,4–5,5	n.a.	36

11.2 Untersuchung

Bei der Untersuchung hitzekonservierter Lebensmittel sind folgende Nachweise zu führen (SINELL, 1974):

– Feststellung der gesundheitlichen Bedenklichkeit durch Nachweis von pathogenen oder toxinogenen Mikroorganismen oder deren Stoffwechselprodukten,

– Feststellung des Grades und der Art der mikrobiellen Verderbnis und deren Ursache,

– Feststellung des Frischezustandes, der Haltbarkeit und der weiteren Lagerfähigkeit. Der wesentliche Unterschied im methodischen Vorgehen bei der Feststellung der gesundheitlichen Bedenklichkeit, der Verderbnis und der Haltbarkeit besteht darin, daß bei Haltbarkeitsprüfungen eine Vorbebrütung als Belastungsprobe notwendig ist.

11.2.1 Vorbebrütung der Erzeugnisse zur Feststellung der Haltbarkeit

Erzeugnisse, die auf höhere Kerntemperaturen als 80 °C erhitzt werden, sollten 10 Tage bei 30 °C vorbebrütet werden. Tropenkonserven sind zusätzlich 5 Tage bei 55 °C zu bebrüten (BEAN, 1976). Die bebrüteten Behältnisse werden häufiger kontrolliert. Bei auftretenden Veränderungen (Trübung, Gasbildung) werden die Proben ohne weitere Bebrütung untersucht.

11.2.2 Öffnen der Behältnisse

Starre und halbstarre Behältnisse

Das Erzeugnis wird vor dem Öffnen auf Raum- bzw. Kühlschranktemperatur gebracht. Dadurch kann mikrobiell unverändertes Material wieder die normale Beschaffenheit annehmen. Äußerliche Verunreinigungen werden mit Wasser und Seife abgewaschen. Anschließend wird der Öffnungsbereich des Behältnisses desinfiziert. Das Desinfizieren geschieht durch Abflammen mit Spiritus (nicht bei Bombagen) und durch Desinfektion mit 2%iger Peressigsäure (Einwirkungszeit 2 min). Bei einer Desinfektion mit Peressigsäure sind Inhalation und Kontakt mit Haut und Schleimhäuten zu vermeiden. Die Essigsäure wird nach der Desinfektion mit sterilem Wasser abgespült und die Oberfläche mit einem sterilen Papiertuch getrocknet.

Geöffnet werden halbstarre Behälter mit steriler Schere und Pinzette (glatte Flächen, keine Riffelung), starre Behälter bei nachfolgender Dichtigkeitsprüfung mit einem speziellen Dosenöffner (Abb. VII.11–1). Das Öffnen nicht bombierter Behältnisse und die Untersuchung sollten in einer sterilen Werkbank oder zumindest im dichten Bereich des Bunsenbrenners erfolgen. Bombierte Behältnisse dürfen nicht in der sterilen Werkbank geöffnet werden. Bei Bombagen sollte durch Aufsetzen eines Trichters und Einschlagen eines sterilen Dorns zunächst vorsichtig ein Druckausgleich herbeigeführt werden. Auch empfiehlt es sich, Bombagen beim Öffnen in einen Topf oder in ein Metalltablett zu stellen, um ein Überschwemmen des Arbeitsplatzes mit Inhalt zu vermeiden und eine anschließende Sterilisation im Autoklaven zu ermöglichen.

Weichpackungen

Äußerlich unveränderte Weichpackungen werden in der sterilen Werkbank geöffnet (nicht jedoch Bombagen). Die Werkbank ist vorher mit einem Desinfektionsmittel zu desinfizieren. Die zum Öffnen der Packung und zur Probeentnahme erforderlichen Gerätschaften (Schere, Pinzette, Löffel, Spatel, Skalpell) müssen bei 121 °C für 20 min im Autoklaven sterilisiert werden. Benutzte Geräte sind in der Werkbank sofort in einen Becher mit Alkohol (60 Vol. %) zu stellen.

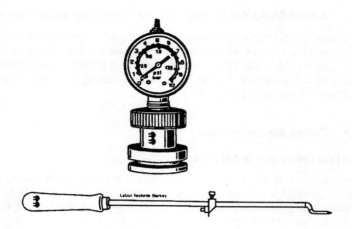

Abb. VII.11-1: Dosenöffner und Dichtigkeitsprüfgerät

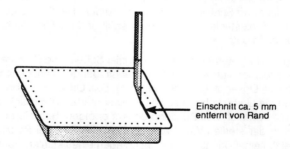

Einschnitt ca. 5 mm
entfernt von Rand

Abb. VII.11-2: Öffnen einer Weichpackung

Für die Untersuchung sind immer sterile Gerätschaften zu verwenden (121 °C, 20 min). Die Weichpackungen sind vor dem Öffnen in eine Na-hypochlorid-lösung (500 ppm aktives Chlor) für mindestens 20 min zu tauchen. Die der Hypochloridlösung entnommene Packung (abtropfen lassen) wird mit Alkohol abgerieben (Verwendung einer sterilen Pinzette und steriler Baumwolle). Mit einem sterilen Skalpell wird die trockene Packung aufgeschnitten (Abb. VII.11–2).

Repräsentative Proben werden entfernt von der Schnittstelle entnommen und untersucht. Die untersuchende Person darf keinen Handschmuck tragen, der Schutzkittel muß am Handgelenk geschlossen sein und die Hände müssen vor der Untersuchung gewaschen und desinfiziert werden.

11.2.3   Untersuchung des Inhalts

Aus dem geöffneten Behälter werden zunächst für notwendige Nachuntersuchungen oder Keimzahlbestimmungen ca. 50 g Material steril entnommen und unter Kühlung aufbewahrt. Falls thermophile Mikroorganismen zu erwarten sind, wird die Rückhalteprobe nicht gekühlt. Die Entnahme erfolgt bei Flüssigkeiten mit der Pipette, bei pastösem und festem Material mit dem sterilen Korkbohrer oder mit der Schere und Pinzette, die vorher in Spiritus getaucht und abgeflammt werden. Ein weiterer Teil wird für die Messung des pH-Wertes und für eine sensorische Beurteilung (Geruch, Aussehen, Konsistenz) steril entnommen. Beide Untersuchungen geben einen Hinweis auf Art und Ursache des Verderbs und für die Auswahl einzusetzender Medien. Weiterhin werden mikroskopische und kulturelle Untersuchungen durchgeführt, wobei die Entnahme steril aus der randnahen Partie (Deckelfalz, Seitennaht: Verdacht auf Undichtigkeit) vorgenommen wird.

Mikroskopische Untersuchung

Ausstrich bei Flüssigkeiten, Abdruck bei festem Material, Färbung mit Methylenblau.

Kulturelle Untersuchung

Beimpft werden flüssige und feste Medien im Doppelansatz. Bei pipettierbaren Produkten geschieht die Beimpfung flüssiger Medien mit der Pipette, wobei jeweils 1–2 ml Impfmaterial pro Röhrchen einzusetzen sind. Die festen Medien werden mit der Öse (0,02 ml) beimpft. Bei festen Produkten werden flüssige Medien mit mindestens 1 g beimpft, Agarplatten dagegen mit der Öse nach Vermischung des festen Materials mit steriler Kochsalzlösung. Art der Medien und die Bebrütung sind abhängig vom Produkt (siehe auch Tab. VII.11–3, VII.11–4).

Schwachsaure Lebensmittel (pH-Wert über 4,5)

A. Nachweis mesophiler Mikroorganismen

Aerobe Mikroorganismen
- CASO-Agar oder Plate Count Agar oder Standard-I-Nähragar oder Tryptic Soy Agar
- Standard-I-Nährbouillon oder CASO-Bouillon
- Bebrütungstemperatur: 30 °C
- Bebrütungszeit: Flüssige Medien 3 bis 10 Tage
- Feste Medien 3 bis 5 Tage

Anaerobe Mikroorganismen
- SCA-Agar oder Reinforced Clostridial Agar (RCA)
- Cooked Meat Medium
- Die Bouillon ist vor der Beimpfung 5 min aufzukochen und schnell ohne zu schütteln abzukühlen. Nach der Beimpfung wird die Bouillon mit Paraffin/ Vaseline oder mit 3%igem Wasseragar (A. dest. + 3 % Agar) überschichtet.

- Bebrütung: anaerob
- Bebrütungstemperatur: 30 °C
- Bebrütungszeit: Flüssige Medien 3 bis 10 Tage
- Feste Medien 3 bis 5 Tage
- Röhrchen und Platten werden alle 2 Tage kontrolliert. Wenn eine Vermehrung aufgetreten ist, wird die Bebrütung beendet. Röhrchen mit Trübung und/ oder Bodensatz bzw. Gasbildung werden nach aerober bzw. anaerober Bebrütung auf den jeweils angegebenen festen Medien ausgestrichen. Nach der Bebrütung werden die Kolonien ggf. nach Reinzüchtung identifiziert.

B. Nachweis thermophiler Mikroorganismen

Nur wenn die normale Lagerungstemperatur 40 °C übersteigt, bei Verdacht technologischer Fehler (fehlende oder zu langsame Auskühlung nach der Erhitzung), bei gesunkenem pH-Wert, bei sensorischen Veränderungen und negativem kulturellem Befund im mesophilen Bereich erfolgt eine Untersuchung auf thermophile Mikroorganismen.

Aerobe Mikroorganismen:

- Hefeextrakt-Dextrose-Trypton-Stärke-Agar (HDTS-Agar nach BROWN und GAZE, 1988) oder Tryptic Soy Agar
- Hefeextrakt-Dextrose-Trypton-Stärke-Bouillon (HDTS-Bouillon), Bebrütungstemperatur/-zeit: 55 °C, 3 bis 10 Tage

Anaerobe Mikroorganismen:

- Fleischbouillon (Cooked Meat Medium)
- Standard-I-Nähragar oder CASO-Agar
- Bebrütung: anaerob
- Bebrütungstemperatur/-zeit: 55 °C, 3 bis 10 Tage
- Röhrchen mit Trübung und/oder Bodensatz bzw. Gasbildung werden nach aerober bzw. anaerober Bebrütung auf den angegebenen festen Medien mit der Öse ausgestrichen. Nach der Bebrütung werden die Kolonien ggf. nach Reinzüchtung identifiziert.

Saure Lebensmittel (pH-Wert unter 4,5)

- Orangenserum-Agar oder MRS-Agar (pH 5,7)
- Orangenserum-Bouillon oder MRS-Bouillon (pH 5,7)
- Bebrütungstemperatur/-zeit: 30 °C, 3 bis 10 Tage
- Röhrchen mit Trübung oder Bodensatz werden auf dem festen Medium ausgestrichen. Nach der Bebrütung werden die Kolonien ggf. nach Reinzüchtung identifiziert.

Tab. VII.11-3: Mikrobiologische Untersuchung hitzekonservierter
Lebensmittel: Nachweis mesophiler Mikroorganismen

	Schwach-saure Lebensmittel (pH über 4,5)			Saure Lebensmittel (pH unter 4,5)		
Bebrütung	aerob		anaerob	aerob		anaerob
Medium	CASO-B 10 ml	CASO-A	Fleisch-B 10 ml	SCA-A	OS-B 10 ml	OS-A
Anzahl	2	2	2	2	2	2
Temp.	30 °C	30 °C	30 °C	30 °C	30 °C	30 °C
Zeit (Tage)	bis 10	bis 5	bis 10	bis 5	bis 10	bis 5

Erklärungen: B = Bouillon; A = Agar; OS = Orangenserum

Tab. VII.11-4: Mikrobiologische Untersuchung hitzekonservierter
Lebensmittel: Nachweis thermophiler Mikroorganismen

Bebrütung	aerob		anaerob	
Medium	HDTS-B 10 ml	HDTS-A	Fleisch-B 10 ml	Standard-I-Nähragar
Anzahl	2	2	2	2
Temp.	55 °C	55 °C	55 °C	55 °C
Zeit (Tage)	bis 10	bis 10	bis 10	bis 10

Erklärungen: B = Bouillon; A = Agar

Tab. VII.11-5:   Auswertung der bebrüteten Medien

Art der Medien	Bebrütung	Ergebnis	Weitere Untersuchungen
1. Schwach-saure Lebensmittel			
a) Mesophile Mikroorganismen			
CASO-Bouillon	aerob 30 °C	Trübung	Ösenausstrich auf Standard-I-Nähragar, 30 °C, 72 h, → Identifizierung
CASO-Agar	aerob 30 °C	Kolonien	Gramverhalten, Katalase, Sporennachweis → Identifizierung
Cooked Meat Medium	anaerob 30 °C	Trübung u./o. Gas	Ösenausstrich auf Standard-I-Nähragar, aerobe und anaerobe Bebrütung, 30 °C, 72 h → Identifizierung
SCA-Agar	anaerob 30 °C	Kolonien	Gramverhalten, Katalase, Sporennachweis → Identifizierung
b) Thermophile Mikroorganismen			
HDTS-Bouillon	aerob 55 °C	Trübung	Ösenausstrich auf HDTS-Agar, 35 °C und 55 °C, 72 h, Gramverhalten, Katalase, Sporennachweis → Identifizierung
HDTS-Agar	aerob 55 °C	Kolonien	Gramverhalten, Katalase, Sporennachweis, Vermehrung bei 35 °C
Cooked Meat Medium	anaerob 55 °C	Trübung u./o. Gas	Ösenausstrich auf HDTS-Agar, aerobe und anaerobe Bebrütung 35 °C und 55 °C, 72 h → Identifizierung

Tab. VII.11-5: Auswertung der bebrüteten Medien (Forts.)

Art der Medien	Bebrütung	Ergebnis	Weitere Untersuchungen
2. Saure Lebensmittel			
Orangenserum-Bouillon	aerob	Trübung	Ösenausstrich auf Orangen-serum-Agar, 30 °C, 72 h → Identifizierung
Orangenserum-Agar	aerob 30 °C	Kolonien	Gramverhalten, Katalase → Identifizierung

11.2.4 Auswertung der Ergebnisse

Mikroskopischer Befund

Eine kulturelle Untersuchung und ein positiver mikroskopischer Befund (zahlreiche Mikroorganismen/Gesichtsfeld) weisen auf stark keimhaltiges Rohmaterial oder auf die Verarbeitung bereits verdorbenen Rohmaterials hin. Dies ist besonders dann der Fall, wenn sensorische Abweichungen nachgewiesen werden.

Kultureller Befund bei schwachsauren Lebensmitteln

Die alleinige Anwesenheit von Sporenbildnern ist ein Zeichen der Untererhitzung. Bei einer Mischkultur, besonders aus gramnegativen Bakterien und grampositiven Kokken und anderen Nichtsporenbildnern, ist eine Undichtigkeit wahrscheinlich.

Kultureller Befund bei sauren Lebensmitteln

Saure Lebensmittel verderben meist durch Bakterien der Genera *Lactobacillus, Leuconostoc* und *Pediococcus*, Hefen und Schimmelpilze (z. B. *Byssochlamys fulva, Neosartorya fischeri, Talaromyces flavus*). Zum Verderb durch *Bacillus coagulans* und *Bacillus stearothermophilus* kommt es besonders in Tomatenprodukten und Fruchterzeugnissen. Auch *Clostridium pasteurianum* und *Clostridium thermosaccharolyticum* können zum Verderb führen.

11.2.5 Nachweis der Dichtigkeit

Voraussetzung für eine Dichtigkeitsprüfung ist eine gute Reinigung des Behältnisses: Einlegen für 4 h in 60 °C heißes Wasser unter Zusatz eines Detergens, 1 h Ultraschallbad + Detergens, 12 h trocknen bei 50 °C.

Zahlreiche Verfahren zur Überprüfung der Dichtigkeit sind möglich (LIN et al., 1978, RHEA et al., 1984):

– Verwendung von Kriechflüssigkeiten (alkoholische Farblösungen mit niedriger Oberflächenspannung)

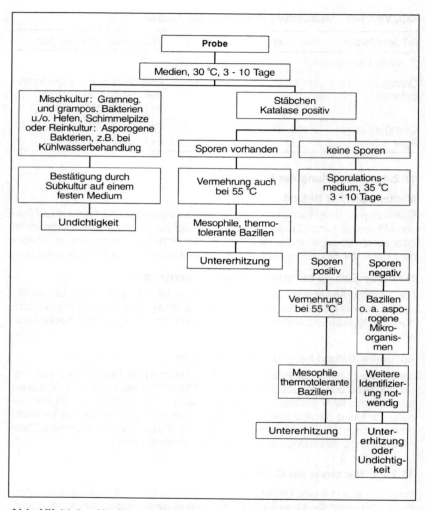

Abb. VII.11-3: Nachweis aerober mesophiler Mikroorganismen in schwachsauren Lebensmitteln

- Leitfähigkeitsmessungen

- Heliumtest

- Drucktest

- Vakuumtest

- Biotest bei Weichpackungen (ANEMA und MICHELS, 1976)

- Agarkochtest bei halbstarren Behältern (SCHMIDT-LORENZ, 1973)

Weiterhin sind durchzuführen: Schnittkontrollen zur Ermittlung der Falzhöhe und Falzbreite und besonders zur Überprüfung der Überlappung (REICHERT, 1985).

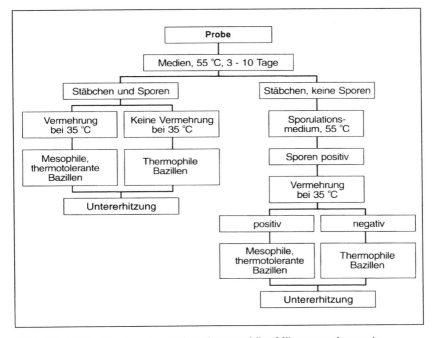

Abb. VII.11-4: Nachweis aerober thermophiler Mikroorganismen in schwachsauren Lebensmitteln

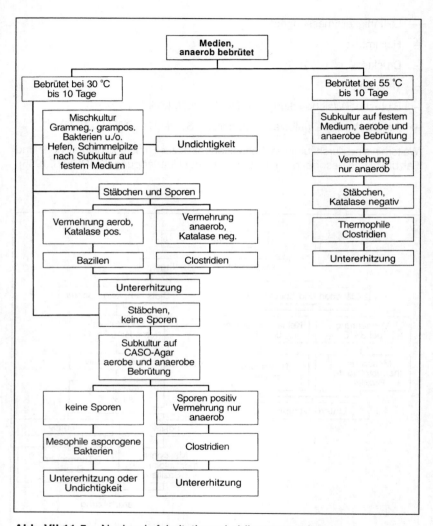

Abb. VII.11-5: Nachweis fakultativ und obligat anaerober
Mikroorganismen in schwach-sauren Konserven

11.3 Mikrobiologische Kriterien

Tab. VII.11-6: Mikrobiologische Kriterien für hitzekonservierte Lebensmittel

Produkt	Mikroorganismen	Norm	Quelle
In verschlossenen Packungen pasteurisierte Produkte (Fleischwaren)	Aerobe mesophile Keime Enterobacteriaceen Milchsäurebakterien	10 000/g 10/g 10 000/g	VO Schweiz 26.06.1995
Sterilisierte Produkte und Konserven	handelsüblich steril[1]		VO Schweiz 26.06.1995

1) Die Zunahme der Keim- bzw. Sporenzahl darf nach einer 14–21tägigen Bebrütung der verschlossenen Verpackung bei 25° bzw. 37°C zwei Zehnerpotenzen nicht überschreiten. Pathogene und toxinogene Keime dürfen pro Gramm nicht nachweisbar sein.

Anmerkungen

Der Begriff der „handelsüblichen oder kommerziellen Sterilität" wird unterschiedlich interpretiert. Nach Meinung der English Dairy Federation liegt eine kommerzielle Sterilität dann vor, wenn die Unsterilitätsrate 0,1 % nicht überschreitet (LEMKE, 1988).

Die Food and Drug Administration (FDA) definiert den Begriff der kommerziellen Sterilität folgendermaßen (Food and Drug Administration, Code of Federal Regulations 21, § 113.3, 1977):

1. Abwesenheit lebender Keime, die sich unter Bedingungen der Lagerung und Distribution vermehren können

2. Abwesenheit pathogener Keime

Literatur

1. ABABOUCH, L., DIRKA, A., BUSTA, F.F.: Tailing of survivor curves of clostridial spores heated in edible oils, J. appl. Bacteriol. 62, 503-511, 1987

2. ANEMA, P.J., MICHELS, J.M.: Mikrobiologisch-hygienische Probleme bei neuen Behältertypen, Schriftenreihe der Schweiz. Ges. für Lebensmittelhyg. (SGLH), Heft 3, 35-40, 1976

3. BAUMGART, J., HINRICHS, M., WEBER, B., KÜPER, A.: Bombagen von Bohnenkonserven durch Bacillus stearothermophilus, Chem. Mikrobiol. Technol. Lebensm. 8, 7-10, 1983

4. BEAN, P.G.: Microbiological techniques in the examination of canned foods, Laboratory Practice 25, 303-305, 1976

5. BETTMER, H.: Vorkommen und Bedeutung von Lactobacillus divergens bei vakuumverpacktem Bückling, Diplomarbeit Fachbereich Lebensmitteltechnologie, Lemgo, 1987

6. BROWN, G.D., GAZE, J.E.: The evaluation of the recovery capacity of media for heat-treated Bacillus stearothermophilus spore strips, Int. J. Food Microbiol. 7, 109-114, 1988

7. CAMERON, M.S., LEONARD, S.J., BARRETT, E.L.: Effect of moderately acid pH on heat resistance of Clostridium sporogenes in phosphate buffer and in buffered pea puree, Appl. Environ. Microbiol. 39, 943-949, 1980

8. DENNY, C.B., CORLETT, D.A., Jr.: Canned foods-tests for cause of spoilage, in: Compendium of methods für the microbiological examination of foods, 3rd ed., ed. by Carl Vanderzant and D. F. Splittstoesser, American Public Health Ass., Washington D.C., 1051-1092, 1992

9. DONELLY, L.S., BUSTA, F.F.: Heat resistance of Desulfotomaculum nigrificans spores in soy protein instant formula preparations, Appl. Environ. Microbiol. 40, 721-725, 1980

10. DRYER, J.M., DEIBEL, K.E.: Canned foods-tests for commercial sterility, in: Compendium of Methods for the Microbiological Examination of Foods, ed. by Carl Vanderzant and Don F. Splittstoesser, American Public Health Ass., Washington D.C., 1037-1049, 1992

11. ETOA, F.-X., MICHELS, L.: Heat-induced resistance of Bacillus stearothermophilus spores, Letters in appl. Microbiol. 6, 43-45, 1988

12. FEIG, S., STERSKY, A.K.: Characterization of heat-resistant strains of Bacillus coagulans isolated from cream style canned corn, J. Food Sci. 46, 135-137, 1981

13. FIRSTENBERG-EDEN, R., ROWLEY, D.B., SHATTUCK, E.: Thermal inactivation and injury of Moraxella-Acinetobacter cells in ground beef, Appl. Environ. Microbiol. 39, 159-164, 1980

14. GOLDONI, J.S., KOJIMA, S., LEONARD, S., HEIL, J.R.: Growing spores of P.A. 3679 in formulations of beef heart infusion broth, J. Food Sci. 45, 67-475, 1980

15. HERSOM, A.C., HULLAND, E.D.: Canned Foods-Thermal Processing and Microbiology, 7th ed., Churchill Livingstone, Edinburgh, London, New York, 1980

16. HEISS, R., EICHNER, K.: Haltbarmachen von Lebensmitteln, Springer Verlag, Berlin, Heidelberg, 1990

17. JERMINI, M.F.G., SCHMIDT-LORENZ, W.: Heat resistance of vegetative cells and asci of two Zygosaccharomyces yeasts in broth at different water activity values, J. Food Protection 50, 835-841, 1987

18. JÄCKLE, M., GEIGES, O., SCHMIDT-LORENZ, W.: Hitzeaktivierung von Alpha-Amylase, Salmonella Typhimurium, Salmonella Senftenberg 775 W, Pseudomonas aeruginosa und Staphylococcus aureus in Vollei, Mitt. Gebiete Lebensm. Hyg. 78, 83-105, 1987

19. KAUTTER, D.A., LANDRY, W.L., SCHWAB, A.H., LANCETTE, G.: Examination of canned foods, in: Bacteriological Analytic Manual, 7th ed., Food and Drug Administration, publ. by AOAC International, Arlington, 259-271, 1992

20. LEISTNER, L.: Mikrobiologische Einteilung von Fleischkonserven, Fleischw. 59, 1452-1455, 1979

21. LEISTNER, L., WIRTH, F., TAKACS, J.: Einteilung der Fleischkonserven nach der Hitzebehandlung, Fleischw. 50, 216-217, 1970

22. LEMKE, F.W.: Die mikrobiologische Kontrolle aseptisch verpackter flüssiger Lebensmittel, Journal für Pharmatechnologie, Concept 9 (3), 46-52, 1988, Vortrag anläßlich des Concept-Symposiums 1. und 2.12.1987, Frankfurt/M.

23. LIN, R.C., KING, P.H., JOHNSTON, M.R.: Examination of containers for integrity, in: Bacteriological Analytical Manual, 7th ed. Food and Drug Administration, Washington D.C. 1992

24. LYNCH, D.J., POTTER, N.N.: Effects of organic acids on thermal inactivation of Bacillus stearothermophilus and Bacillus coagulans spores in frankfurter emulsion slurry, J. Food Protection 51, 475-480, 1980

25. MAGNUS, C.A., MCCURDY, A.R., INGLEDEW, W.M.: Further studies on the thermal resistance of Streptococcus faecium and Streptococcus faecalis in pasteurized ham, Can. Inst. Food Sci. Technol. 21, 209-212, 1988

26. MEER, R.R., BAKER, J., BODYFELT, F.W., GRIFFITHS, M.W.: Psychrotrophic Bacillus sp. in fluid milk products: A review, J. Food Protection 54, 969-979

27. MIKOLAJCIK, E.M.: Thermodestruction of Bacillus spores in milk, J. Food Technol. 33, 61-63, 1970

28. MONTVILLE, Th., SAPERS, J.: Thermal resistance of spores from pH elevation strains of Bacillus licheniformis, J. Food Sci. 46, 1710-1712, 1715, 1981

29. PITT, J.I., HOCKING, A.D.: Fungi and food spoilage, Academic Press, London, 1985

30. REICHERT, J.E.: Die Wärmebehandlung von Fleischwaren, Hans-Holzmann Verlag, Bad Wörrishofen, 1985

31. RHEA, U.S., GILCHRIST, J.E., PEELER, J.T. SHAH, D.B.: Comparison of helium leak test and vacuum leak test using canned foods: Collaborative study, J. Assoc. Off. Anal. Chem. 67, 942-945, 1984

32. RUSSEL, A.D., HUGO, W.B., AYLIFFE, G.A.J.: Desinfection, preservation and sterilization, sec. ed., Blackwell Scientific Publ., London, 1992

33. SENHAJI, A.F., LONCIN, M.: The protective effect of fat on the heat resistance of bacteria (I), J. Food Technol. 12, 202-26, 1977

34. SCHMIDT-LORENZ, W.: Untersuchungen zur Prüfung der Bakterien-Dichtigkeit von Heißsiegelnähten halbstarrer Leichtbehälter aus Aluminium-Kunststoff-Verbunden, Verpackungs-Rdsch. 24, 59-66, 1973

35. SCOTT, V.N., BERNARD, D.T.: Heat resistance of spores of non-proteolytic type B Clostridium botulinum, J. Food Protection 45, 909-912, 1982

36. SCOTT, V.N., BERNARD, D.T.: Heat resistance of Talaromyces flavus und Neosartorya fischeri isolated from commercial fruit juices, J. Food Protection 50, 18-20, 1987

37. SINELL, H.-J.: Zur Methodik der mikrobiologischen Untersuchung von Voll- und Halbkonserven, Fleischw. 54, 1642-1646, 1974

38. SPLITTSTOESSER, D.F., LEASOR, S.B., SWANSON, K.M.J.: Effect of food composition on the heat resistance of yeast ascospores, J. Food Sci. 51, 1265-1267, 1986

39. STIEBING, A.: Erhitzen und Haltbarkeit von Brühwurst, Fleischw. 65, 31-40, 1985

40. STUMBO, C.R.: Thermobacteriology in food processing, Academic Press, London, 1973

41. VERRIPS, T., RHEE, R.: Effects of egg yolk and salt on Micrococcaceae heat resistance, Appl. Environ. Microbiol. 42, 1-5, 1983

42. YILDIZ, F., WESTHOFF, D.C.: Sporulation and thermal resistance of Bacillus stearothermophilus spores in milk, Food Microbiology 6, 245-250, 1989

43. Verordnung über die hygienisch-mikrobiologischen Anforderungen an Lebensmittel, Gebrauchsgegenstände, Räume, Einrichtungen und Personal (HyV Schweiz), 26.06.1995

12   Speiseeis

F. Timm, R. Zschaler

(TAMMINGA et al., 1980, TIMM, 1981 u. 1985)

Bei der Herstellung von Speiseeis wird der Speiseeisansatz, der sog. Mix, pasteurisiert (für Eiskrem-Mix ist dies nach den Leitsätzen von Speiseeis und Speiseeishalberzeugnissen vom 27.4.1995 vorgeschrieben), darüber hinaus müssen die zur Herstellung verwendeten Rohstoffe wie Milch, Sahne oder Magermilch pasteurisiert sein. Die Keimzahlen sind bei industriell hergestelltem Speiseeis in der Regel sehr niedrig; das gleiche gilt für Softeis aus pasteurisierfähigen Automaten. Lediglich Ingredienzien, die nach dem Pasteurisieren des Mixes zugegeben werden, sowie hygienisch nicht einwandfreie Verhältnisse bei der Herstellung oder Verteilung von losem Speiseeis können zu erhöhten Keimzahlen führen.

12.1   Untersuchung

Untersuchungskriterien

Die mikrobiologische Untersuchung von Speiseeis soll anzeigen, ob der Mix und damit das Speiseeis hygienisch einwandfrei hergestellt, behandelt und gelagert worden ist, und ob Krankheitserreger zu einer möglichen Gesundheitsgefährdung nach dem Verzehr führen können.

Folgende Untersuchungen werden nach der gültigen Milchverordnung vom 24.4.1995 empfohlen:

Obligatorische Kriterien = pathogene Keime

– Salmonellen
– *Listeria monocytogenes*

Analytische Kriterien = Nachweiskeime für mangelnde Hygiene

– *Staphylococcus aureus*

Indikatorkeime = Richtwerte

– aerobe mesophile Keimzahl
– coliforme Keime
– Hefen und Schimmelpilze (nur bei Speiseeis ohne Anteil an Milch oder Milcherzeugnissen nach Empfehlung des BGVV vom Juni 1997)

Probenahme und Probenvorbereitung

Probenahme

Bei abgepackten Einzelportionen unter 100 g wird die gesamte Probe entnommen, bei unverpackter Ware werden mindestens 100 g steril entnommen. Die

Proben müssen im ungeschmolzenen Zustand (–15 °C oder kälter) im Labor eintreffen, eine Temperatur von 0 °C sollte keinesfalls überschritten werden.

Probenvorbereitung

Mindestens 50 g Speiseeis werden in einem Wasserbad, dessen Temperatur ca. 30 °C (nicht über 35 °C) beträgt, aufgetaut. Die Auftauzeit darf 30 min nicht überschreiten.

10 g der geschmolzenen Probe werden mit 90 ml steriler Verdünnungsflüssigkeit (0,1 % Pepton, 0,85 % Kochsalz) durch kräftiges Schütteln in einem geeigneten Gefäß gemischt (Ausschütteln per Hand bzw. Homogenisieren im Ultra-Turrax oder Stomacher 400).

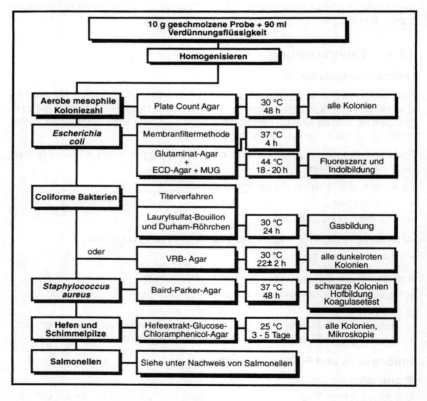

Abb. VII.12-1:   Untersuchung von Speiseeis

Art der Untersuchung

Aerobe mesophile Keimzahl

- Verfahren: Gußkultur, Spatel- oder Tropfplattenverfahren
- Medium/Temperatur/Zeit: Plate-Count-Agar, 30 °C, 48 h
- Auswertung: Alle Kolonien

Escherichia coli

- Verfahren: Membranfiltermethode (siehe unter Nachweis von *E. coli*)
- Medium/Temperatur/Zeit: Glutaminat-Agar, 37 °C, 4 h und ECD-Agar mit MUG[*], 44 °C, 18–20 h
- Auswertung: Fluoreszierende und Indol-positive Kolonien

Coliforme Bakterien

- Verfahren: Titerverfahren, Laurylsulfat-Bouillon mit 1,0 ml, 0,1 ml und 0,01 ml (= 1 ml der Verdünnung 10^{-3}) beimpfen
- Medium/Temperatur/Zeit: Laurylsulfat-Bouillon mit Durham-Röhrchen, 30 °C, 24 h
- Auswertung: Gasbildung

oder

- Verfahren: Gußkultur mit Overlayer
- Medium/Temperatur/Zeit: VRB-Agar, 30 °C, 22 ± 2 h
- Auswertung: Coliforme Keime bilden typische dunkelrote Kolonien

Staphylococcus aureus

- Verfahren: Spatel-, Tropfplatten- oder Titerverfahren
- Medium/Temperatur/Zeit: Baird-Parker-Agar, 37 °C oder Anreicherungsbouillon nach Baird, 37 °C, 48 h (siehe Nachweis von *Staphylococcus aureus*)
- Auswertung: Schwarze Kolonien mit Hofbildung (Eigelbspaltung) oder schwarze Röhrchen. Bestätigung siehe unter Nachweis von Staphylokokken

Hefen und Schimmelpilze

- Verfahren: Spatelverfahren oder Gußverfahren
- Medium/Temperatur/Zeit: Hefeextrakt-Glucose-Chloramphenicol-Agar, 25 °C, 3–5 Tage
- Auswertung: Alle Kolonien (Mikroskopie)

---

[*] MUG = 4-Methylumbelliferyl-ß-D-Glucuronid

Salmonellen

– Verfahren: Siehe unter Nachweis von Salmonellen

Listeria monocytogenes

– Verfahren: Siehe unter Nachweis von *Listeria monocytogenes*

12.2 Mikrobiologische Kriterien

A. Toleranzwerte in der Schweiz (Schweiz. VO, 1987)

Aerobe mesophile Keime	100 000/g
Enterobacteriaceen	100/g
Staphylococcus aureus	100/g

B. Grenzwerte für Eis und Eiskrem auf Milchbasis (Milch-VO vom 24.4.1995, Anlage 6)

Obligatorische Kriterien

Listeria monocytogenes	neg. in 1 g, n = 5, c = 0
Salmonellen	neg. in 25 g, n = 5, c = 0

Analytische Kriterien: Nachweis für mangelnde Hygiene

Staph. aureus	n = 5, c = 2, m = 10, M = 100

Indikatorkeime: Richtwerte

Coliforme Bakterien (30 °C)	n = 5, c = 2, m = 10, M = 100
Keimgehalt (30 °C)	n = 5, c = 2, m = 100 000, M = 500 000

C. BGVV-Empfehlungen für Speiseeis ohne Anteil an Milch oder Milcherzeugnissen (Juni 1997)

Hefen, Schimmelpilze (pro g Speiseeis)	n = 5, c = 2, m = 1 000, M = 10 000

Literatur

1. TAMMINGA, S.K.; BEUMER, R.R.; KAMPELMACHER, E.H.: Bacteriological examination of ice-cream in the Netherlands: Comparative studies on methods, J. appl. Bact. 49, 239-253, 1980

2. TIMM, F.: Speiseeis und Halbfertigfabrikate, in: Sammlung von Vorschriften zur mikrobiologischen Untersuchung von Lebensmitteln, herausgegeben von W. Schmidt-Lorenz, 3. Lieferung, Verlag Chemie, Weinheim, 1981

3. TIMM, F.: Speiseeis, Verlag Paul Parey, Berlin und Hamburg, 1985
4. Verordnung über die hygienisch-mikrobiologischen Anforderungen an Lebensmittel, Gebrauchs- und Verbrauchsgegenstände, Schweiz, 1.7.1987
5. Richtlinie 92/46/EWG des Rates vom 16.6.1992 mit Hygienevorschriften für die Herstellung und Vermarktung von Rohmilch, wärmebehandelter Milch und Erzeugnissen auf Milchbasis, Amtsblatt der Europ. Gem. Nr. L 268/1-34, 1992, umgesetzt in nationales Recht als Milch-VO vom 24.4.1995, Bundesgesetzblatt Jahrgang 1995, Teil I

13 Gefrorene und tiefgefrorene Lebensmittel

F. Timm, R. Zschaler

(HALL, 1982, HARTMANN, 1979, KRAFT und REY, 1979, MACKEY et al., 1980, ROBINSON, 1985, SINELL und MEYER, 1996)

Eine Vermehrung von Mikroorganismen ist in gefrorenen Lebensmitteln (–10 °C oder tiefere Temperatur) und erst recht in tiefgefrorenen Lebensmitteln nicht möglich.

Die mikrobiologische Qualität gefrorener und tiefgefrorener Lebensmittel wird somit in erster Linie durch den Gehalt an Mikroorganismen vor dem Einfrieren bestimmt (SCHMIDT-LORENZ, 1976).

Beim Gefrieren und während der Gefrierlagerung wird ein Teil der Mikroorganismen abgetötet, ein anderer Teil wird lediglich geschädigt, so daß z. B. diese Keime gegen einige Hemmstoffe von Selektivnährböden empfindlich geworden sind (GOUNOT, 1991). Daher ist eine Wiederbelebungsstufe (Resuszitation) zur Erfassung subletal geschädigter Mikroorganismen vorgeschlagen worden (MOSSEL und CORRY, 1977, RAY, 1979).

Für Routineuntersuchungen von gefrorenen und tiefgefrorenen Lebensmitteln ist jedoch eine Wiederbelebungsstufe nicht erforderlich. Handelt es sich dagegen im Verdachtsfalle um die gezielte Suche nach pathogenen Keimen, wird folgendes Verfahren vorgeschlagen: Die mit der 9fachen Menge an Kochsalz-Pepton-Lösung versetzte Ausgangsverdünnung bleibt 1 h bei Zimmertemperatur stehen; danach wird entsprechend der jeweiligen Methode vorgegangen. Die Voranreicherung beim Salmonellen- oder Listerien-Nachweis stellt bereits eine Wiederbelebungsstufe dar, so daß die vorgenannte Prozedur nicht nötig ist.

13.1 Untersuchung

13.1.1 Untersuchungskriterien

Erzeugnisse aller Art
- Aerobe mesophile Koloniezahl
- Enterobacteriaceen (außer bei rohem Gemüse)
- *Escherichia coli*
- Koagulase-positive Staphylokokken
- *Listeria monocytogenes*

Vorgekochte Produkte mit Fleisch
- *Clostridium perfringens*

Rohes Fleisch, Wild, Geflügel, Eiprodukte
- Salmonellen

Roh zu verzehrendes Gemüse

- Salmonellen

Schalen- und Weichtiere, roh und gekocht

- Salmonellen
- *Vibrio parahaemolyticus*

Saure Produkte, Früchte, Joghurt, Desserts

- Hefen und Schimmelpilze

13.1.2 Untersuchungsmethoden

Probenahme und Probenvorbereitung

Entnahme der Probe

Auftauen von gefrorenen und tiefgefrorenen Lebensmittelproben bei Zimmertemperatur (maximal 2 h) oder im Kühlschrank bei etwa 4 °C bis maximal 18 h.

Die Probe kann auch aus dem noch gefrorenen Lebensmittel mittels sterilem Skalpell, Korkbohrer oder Bohrmaschine (Hohlbohrer) entnommen werden.

Homogenisierung und Verdünnungsreihe

20 g Material werden mit 180 ml Verdünnungsflüssigkeit (0,1 % Caseinpepton, trypt., 0,85 % Kochsalz) zerkleinert (Stomacher 400). Die Verdünnungsreihe wird in Reagenzröhrchen angelegt.

Art der Untersuchung

Aerobe mesophile Koloniezahl

- Verfahren: Spatelverfahren, Gußkultur oder Tropfplattenverfahren
- Medium/Temperatur/Zeit: Plate-Count-Agar, 30 °C, 48 h
- Auswertung: Alle Kolonien

Enterobacteriaceen

- Verfahren: Gußplattenmethode mit Overlayer
- Medium/Temperatur/Zeit: VRBD-Agar, 30 °C, 22 ± 2 h, aerob
- Auswertung: Alle dunkelroten Kolonien

Anmerkung: Neben dem Nachweis der aeroben Koloniezahl kann die Enterobacteriaceenzahl nützliche Informationen über die Hygiene der Prozeßlinie ergeben.

Escherichia coli

- Verfahren: Membranfiltermethode (siehe unter Nachweis von *E. coli*)
- Medium/Temperatur/Zeit: Glutaminat-Agar, 37 °C, mindestens 2 h, bei aufpipettierter zuckerreicher Ausgangsverdünnung 4 h; danach ECD-Agar + MUG, 44 °C 18–20 h
- Auswertung: Alle fluoreszierenden Kolonien, die außerdem Indol-positiv sind

Koagulase-positive Staphylokokken

- Verfahren: Spatel- oder Tropfplattenverfahren bzw. Titerverfahren
- Medium/Temperatur/Zeit: Baird-Parker-Agar, 37 °C, 48 h bzw. Anreicherungsbouillon nach Baird, 37 °C, 48 h, die anschließend auf Baird-Parker-Agar ausgestrichen wird
- Auswertung: Schwarze Kolonien mit Hofbildung durch Lecithinasewirkung (Eigelbspaltung); Bestätigung der Koagulasebildung (siehe unter Nachweis Koagulase-positiver Staphylokokken) oder Clumping-Test

Clostridium perfringens

- Verfahren: Gußkultur
- Medium/Temperatur/Zeit: TSC-Agar, 37 °C, 24 h, anaerob
- Auswertung: Siehe unter Nachweis von *Clostridium perfringens*

Hefen und Schimmelpilze

- Verfahren: Spatelverfahren
- Medium/Temperatur/Zeit: Hefeextrakt-Glucose-Chloramphenicol-Agar oder Bengalrot-Chloramphenicol-Agar, 25 °C, 3–5 Tage
- Auswertung: Mikroskopie

Bacillus cereus

- Ein Nachweis erfolgt nur dann, wenn bei der Bestimmung der mesophilen Koloniezahl ein hoher Anteil aerober Sporenbildner vorhanden ist oder der Verdacht darauf besteht.
- Verfahren: Spatelverfahren (Polymyxin-Eigelb-Mannit-Bromthymolblau-Agar)
- Medium/Temperatur/Zeit: PEMBA, 30 °C, 24–48 h
- Auswertung: Siehe unter Nachweis von *Bacillus cereus*

Salmonellen

- Siehe unter Nachweis von Salmonellen

Listeria monocytogenes

- Siehe unter Nachweis von Listerien

Vibrio parahaemolyticus

– Der Nachweis erfolgt bei Fischen, Fischerzeugnissen, Crustaceen, jedoch nur bei speziellen Fragestellungen.

– Verfahren (RAY, 1979)
50 g in 450 ml Tryptic Soy Broth homogenisieren und 2 h bei 35 °C bebrüten. Zugabe von Kochsalzlösung (20%ig) bis zur Endkonzentration von 3 %, Bebrütung über Nacht bei 35 °C
10 ml der Voranreicherung zu 100 ml Glucose-Salt-Teepol Broth (GSTB) und Bebrütung bei 35 °C für 6 h, Ausstrich auf TCBS-Agar und Bebrütung bei 35 °C über Nacht. Identifizierung verdächtiger Kolonien (siehe auch Nachweis *Vibrio parahaemolyticus*)

13.2 Mikrobiologische Kriterien

(DGHM, 1992)

A. Richt- und Warnwerte für rohe oder teilgegarte TK-Fertiggerichte bzw. Teile davon, die vor dem Verzehr gegart werden

	Richtwert	Warnwert
E. coli	10^3/g	10^4/g
Staph. aureus	10^2/g	10^3/g
Bac. cereus	10^3/g	10^4/g
Salmonellen	sollen in 25 g nicht nachweisbar sein	

(Bei Verwendung von rohem Fleisch, insbesondere Geflügel, können Salmonellen auch bei guter Betriebshygiene vorkommen. Bei positivem Befund ist der Verunreinigungsquelle nachzugehen und die Empfehlung auszusprechen, gegartes Fleisch einzusetzen).

B. Richt- und Warnwerte für gegarte TK-Fertiggerichte bzw. Teile davon, die nur noch auf Verzehrstemperatur erhitzt werden müssen

	Richtwert	Warnwert
Aerobe mesophile Keimzahl	10^6/g*	–
E. coli	10^2/g	10^3/g
Staph. aureus	10^2/g	10^3/g
Bac. cereus	10^3/g	10^4/g
Salmonellen	–	n.n. in 25 g

* Die Keimzahl kann überschritten werden, wenn rohe Produkte, wie Käse, Petersilie usw. verwendet werden.

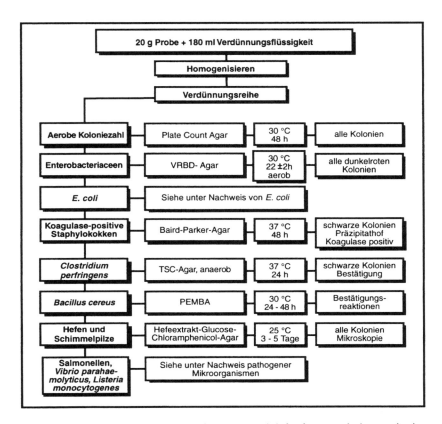

Abb. VII.13-1: Untersuchung gefrorener und tiefgefrorener Lebensmittel

Literatur

1. GOUNOT, A.-M.: Bacterial life at low temperature: physiological aspects and biotechnological implications, J. appl. Bact. 71, 386-397, 1991

2. HALL, L.P.: A manual of methods for the bacteriological examination of frozen foods, Chipping Campden, Gloucestershire, 1982

3. HARTMANN, P.A.: Modification of conventional methods for recovery of injured coliforms and salmonellae, J. Food Protection 42, 356-361, 1979

4. KRAFT, A.A.; REY, C.R.: Psychrotrophic bacteria in foods: an update, Food Technology 33, 66-71, 1979

5. MACKEY, B.M.; DERRICK, Ch.M.; THOMAS, J.A.: The recovery of sublethally injured Escherichia coli from frozen meat, J. appl. Bact. 48, 315-324, 1980

6. MOSSEL, D.A.A.; CORRY, J.E.L.: Detection and enumeration of sublethally injured pathogenic and index bacteria in foods and water processed for safety, Alimenta-Sonderausgabe, 19-34, 1977

7. RAY, B.: Methods to detect stressed microorganisms, J. Food Protection 42, 346-355, 1979

8. ROBINSON, R.K.: Microbiology of frozen foods, Elsevier Applied Science Publ. Ltd., 1985

9. SCHMIDT-LORENZ, W.: Über die Bedeutung der Anwesenheit von Mikroorganismen in gefrorenen und tiefgefrorenen Lebensmitteln, Lebensm.-Wiss. und Technol. 9, 263-273, 1976

10. DGHM: Mikrobiologische Richt- und Warnwerte zur Beurteilung von rohen, teilgegarten und gegarten Tiefkühl-Fertiggerichten oder Teilen davon, Lebensmittel-Technik 24, 89, 1992

11. SINELL, H.J.; MEYER, H.: HACCP in der Praxis, 1. Auflage 1996, Behr's Verlag Hamburg

14 Alkoholfreie Erfrischungsgetränke

Fruchtsäfte und Fruchtsaftkonzentrate, Gemüsesäfte, natürliches Mineralwasser, Quellwasser, Tafelwasser und Trinkwasser

J. Firnhaber

Mikroorganismen, die zum Verderb führen
(DITTRICH, 1993, VARNAM und SUTHERLAND, 1994)

Alkoholfreie Erfrischungsgetränke, Süßmoste, Fruchtsäfte

Lactobacillus, Pediococcus, Leuconostoc, Essigsäurebakterien, Hefen, Schimmelpilze, vereinzelt *Alicyclobacillus (A.) acidocaldarius* und *A. acidoterrestris*

A. acidocaldarius bildet resistente Sporen, die bei pH 2–6 auskeimen. Dieser Mikroorganismus vermehrt sich bei Temperaturen zwischen 45 ° und 70 °C. *A. acidoterrestris* vermehrt sich bei Temperaturen zwischen 27 ° und 55 °C bei pH-Werten zwischen 2,2 und 5,8 (WISOTZKEY et al., 1992). In pasteurisierten Apfel- und Orangensäften kann es zu starken Geruchs- und Geschmacksabweichungen kommen (BAUMGART et al., 1997).

Fruchtsaftkonzentrate	Hefen und Schimmelpilze, vereinzelt *Alicyclobacillus acidoterrestris*
Kohlensäurehaltige Getränke	Laktobazillen, Hefen
Gemüsesäfte	Thermophile Bazillen, Clostridien

Mikroorganismen in natürlichem Mineral-, Quell- und Tafelwasser sowie Trinkwasser

Substrateigene oder autochthone Mikroflora sowie Verunreinigungsflora: *Pseudomonas, Flavobacterium, Cytophaga, Moraxella, Acinetobacter, Flexibacter*, Enterobacteriaceen, Enterokokken, Clostridien u.a. (BISCHOFBERGER et al. 1990)

14.1 Untersuchung

Bei blanken, membranfiltrierbaren Produkten werden Membranfiltration bzw. Guß- oder Tropfkultur angewandt. Bei trüben, schlecht filtrierbaren Produkten wird zuerst eine Vorfiltration durchgeführt. Danach werden 10 bis 20 ml oder 100 ml membranfiltriert. Auch die Guß- oder Tropfkultur kann eingesetzt werden.

Eine wachstumshemmende Wirkung ätherischer Öle bei Citrusprodukten wird durch Zugabe von 1 % Rinderleberinfusion zum Nährboden aufgehoben. Bei Anwendung der Membranfiltration werden die ätherischen Öle vom Filter durch nachträgliches Filtrieren von ca. 50 ml 0,1%iger Triton-X-100 Lösung und anschließendes Filtrieren von 20 ml Verdünnnungsflüssigkeit (0,85 % Kochsalz, 0,1 % Pepton) ausgewaschen.

14.1.1 Alkoholfreie Erfrischungsgetränke und Fruchtsäfte

Tab. VII.14-1: Nachweis von Mikroorganismen in alkoholfreien Erfrischungsgetränken und Fruchtsäften

Nachzuweisende Mikroorganismen	Medien	Verfahren
Aerobe mesophile Koloniezahl	Plate-Count-Agar	Gußkultur, Tropfplattenverfahren oder Membranfiltration, 30 °C, bis 5 Tage
Aerobe mesophile Verderbsorganismen	OFS-Medium oder Orangenserumagar, modifiziert	Gußkultur, Tropfplattenverfahren oder Membranfiltration, 30 °C, bis 5 Tage
Essigsäurebakterien	Hefeextrakt-Ethanol-Bromkresolgrün-Agar oder ACM-Agar	Spatelverfahren, Tropfplattenverfahren oder Membranfiltration, 30 °C, aerob bis 8 Tage
Milchsäurebakterien	MRS-Agar, pH 5,7	Gußkultur, Tropfplattenverfahren oder Membranfiltration, 30 °C, anaerob bis 5 Tage
Leuconostoc spp.	Saccharose-Agar	Gußkultur, Tropfplattenverfahren oder Membranfiltration, 30 °C, aerob oder anaerob bis 5 Tage[*]
Hefen und Schimmelpilze	Hefeextrakt-Glucose-Chloramphenicol-Agar oder OGY-Agar	Gußkultur, Spatelverfahren oder Membranfiltration, 25 °C, bis 4 Tage
Osmotolerante Hefen	siehe unter Nachweis osmotoleranter Hefen	

[*] Auf dem Saccharose-Agar vermehren sich auch schleimbildende Bazillen (z. B. *Bacillus licheniformis*). Eine mikroskopische Prüfung und der Nachweis der Katalase sind deshalb erforderlich.

14.1.2 Fruchtsaftkonzentrate

Tab. VII.14-2: Nachweis von Mikroorganismen in Fruchtsaftkonzentraten

Nachzuweisende Mikroorganismen	Medien	Verfahren
Hefen und Schimmelpilze	Hefeextrakt-Glucose-Chloramphenicol-Agar oder OGY-Agar	Gußkultur, Spatelverfahren oder Membranfiltration, 25 °C, bis 4 Tage
Osmotolerante Hefen	siehe unter Nachweis osmotoleranter Hefen	
Alicyclobacillus acidoterrestris	1) Methode nach BAUMGART, HUSEMANN und SCHMIDT (1997) – Anreicherung der Probe in BAM-Bouillon (pH 4,0, HCl 1 mol/l), Bebrütung bei 46 °C 4–5 Tage – Ösenausstrich auf BAM-Agar (pH 4,0, HCl 1 mol/l) und auf Nähragar oder Plate-Count-Agar (pH 7,0), Bebrütung bei 46 °C für 4 Tage Ergebnis: Vermehrung Katalase-positiver Sporenbildner auf BAM-Agar positiv und auf Nähragar negativ = *Alicyclobacillus* spp. Eine weitere Identifizierung der Species kann auf BAM-Agar + Erythritol erfolgen. 2) Methode nach OGAWA – 10 g Konzentrat auf 10° Brix verdünnen, 10 min bei 80 °C erhitzen – nach Abkühlung Membranfiltration (Nucleopore-Filter, 0,45 µm und – Bebrütung bei 45 °C für 4 Tage auf Ogawa-Agar (*Alicyclobacillus-terrestris*-Medium) (persönliche Mitteilung Fa. Eckes Granini, 1998)

14.1.3 Gemüsesäfte

Tab. VII.14-3: Nachweis von Mikroorganismen in Gemüsesäften

Nachzuweisende Mikroorganismen	Medien	Verfahren
Aerobe mesophile Koloniezahl	Plate-Count-Agar	Gußkultur, Tropfplattenverfahren oder Membranfiltration, 30 °C, bis 5 Tage
Thermophile Bazillen	Dextrose-Casein-Pepton-Agar	Gußkultur, Tropfkultur, Spatelverfahren, 55 °C, bis 3 Tage, feuchte Kammer
Mesophile Clostridien	DRCM-Agar	Gußkultur, 37 °C, bis zu 3 Tage

14.1.4 Natürliches Mineralwasser, Quellwasser, Tafelwasser und Trinkwasser

Natürliches Mineralwasser, Quellwasser und Tafelwasser

Nachzuweisen sind: *Escherichia coli* und coliforme Bakterien, Faekalstrepto-kokken, sulfitreduzierende, sporenbildende Anaerobier, die aerobe Koloniezahl sowie *Pseudomonas aeruginosa* (Abb. VII.14-1, VII.14-2, VII.14-3, VII.14-4).

Tab. VII.14-4:   Identifizierungsschema für E. coli und coliforme Keime

Reaktionen	*Escherichia coli*	coliforme Keime
Oxidase	–	–
Lactose-Vergärung (Säure- und Gasbildung)	+	+
Glucose-Vergärung bei 44 °C	+	–
Citratverwertung	–	$+ (-)^1$
Indolbildung	+	$- (+)^2$

[1] negative Reaktion möglich   [2] positive Reaktion möglich

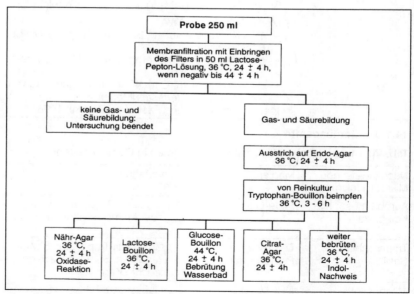

Abb. VII.14-1:   Nachweis von Escherichia coli und coliformen Bakterien

Tab. VII.14-5: Nachweis der aeroben Koloniezahl

Probevolumen	Nährboden	Bebrütung	Auswertung
1 ml Gußkultur	Fleischextrakt Pepton Agar	20 °C 44 ±4 h 36 °C 24 ±4 h	Koloniezahl mit 6–8facher Lupen- vergrößerung

Trinkwasser

Nachweis von *Escherichia coli* und coliformen Bakterien sowie Koloniezahl nach der Trinkwasserverordnung vom 22. Mai 1986.

Die Untersuchung zum Nachweis von *Escherichia coli*, coliformen Bakterien und der Koloniezahl in natürlichem Mineralwasser, Quell- und Tafelwasser können in Anlehnung an die Methoden der „Amtlichen Sammlung von Untersuchungsverfahren nach § 35 LMBG, L 59.00 1–5, Mai 1988" durchgeführt werden. In diesen Methoden wird im Gegensatz zur Trinkwasserverordnung anstatt einer Bebrütungstemperatur von 22 °±2 °C, 37 °±1 °C und 44 °±0,5 °C eine Temperatur von 20 °C, 36 °C und 44 °C angegeben.

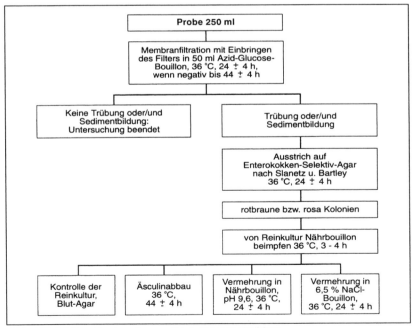

Abb. VII.14-2: Nachweis von Faekalstreptokokken

Faekalstreptokokken sind bei positiven Äsculinabbau, Vermehrung in Nährbouillon pH 9,6 und Vermehrung in 6,5 % NaCl-Bouillon nachgewiesen. Der
Äsculinabbau wird durch die Zugabe von frisch hergestellter, 7%iger wäßriger
Lösung von Eisen(II)-chlorid zur Äsculinbouillon geprüft. Im positiven Fall entsteht eine braun-schwarze Farbe.

Trinkwasser in verschlossenen Behältnissen

Nachweis wie bei natürlichem Mineralwasser, Quellwasser und Tafelwasser.

14.2   Mikrobiologische Kriterien

Natürliches Mineralwasser[1]

„Natürliches Mineralwasser muß frei sein von Krankheitserregern. Dieses Erfordernis gilt als nicht erfüllt, wenn es in 250 ml *Escherichia coli*, coliforme Keime,
Faekalstreptokokken oder *Pseudomonas aeruginosa* sowie in 50 ml sulfitreduzierende, sporenbildende Anaerobier enthält. Die Koloniezahl darf bei einer
Probe, die innerhalb von 12 Stunden nach der Abfüllung entnommen und untersucht wird, den Grenzwert von 100 je ml bei einer Bebrütungstemperatur von
20 °±2 °C und den Grenzwert von 20 je ml bei einer Bebrütungstemperatur von
37 °±1 °C nicht überschreiten."

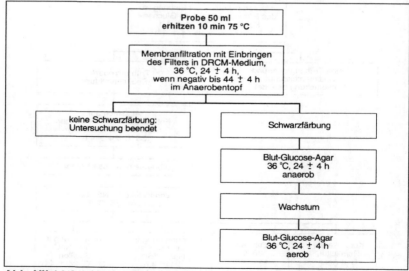

Abb. VII.14-3:   Nachweis von sulfitreduzierenden, sporenbildenden
Anaerobiern

Sulfitreduzierende, sporenbildende Anaerobier sind nachgewiesen, wenn nach Schwarzfärbung des DRCM-Mediums Kolonien ausschließlich auf der anaerob bebrüteten Subkultur mit Blut-Glucose-Agar vorhanden sind.

„Bei natürlichem Mineralwasser soll außerdem die Koloniezahl am Quellaustritt den Richtwert von 20 je ml bei einer Bebrütungstemperatur von 20 °±2 °C sowie den Richtwert von 5 je ml bei einer Bebrütungstemperatur von 37 °±1 °C nicht überschreiten. Natürliches Mineralwasser darf nur solche vermehrungsfähigen Arten von Mikroorganismen enthalten, die keinen Hinweis auf eine Verunreinigung beim Gewinnen oder Abfüllen geben."

Quell- und Tafelwasser[1]

Es gelten die Grenz- und Richtwerte wie für natürliches Mineralwasser.

[1] In der Amtlichen Sammlung von Untersuchungsverfahren nach § 35 LMBG ist zum Nachweis der Koloniezahl im Gegensatz zur Verordnung über natürliches Mineralwasser, Quellwasser und Tafelwasser anstatt einer Bebrütungstemperatur von 20 °±2 °C und 37 °±1 °C eine Temperatur von 20 °C und 36 °C aufgeführt.

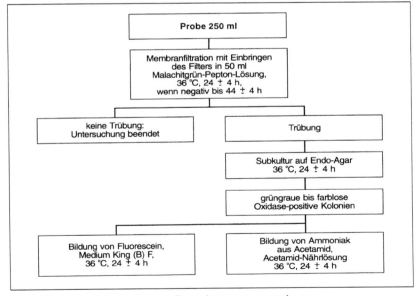

Abb. VII.14-4: Nachweis von Pseudomonas aeruginosa

Pseudomonas aeruginosa ist nachgewiesen:
Oxidase, Fluoresceinbildung und Ammoniakbildung positiv

Trinkwasser (Trinkwasserverordnung i.d.F. vom 1.1.1991)

(1) „Trinkwasser muß frei sein von Krankheitserregern. Dieses Erfordernis gilt als nicht erfüllt, wenn Trinkwasser in 100 ml *Escherichia coli* enthält (Grenzwert). Coliforme Keime dürfen in 100 ml nicht enthalten sein (Grenzwert); dieser Grenzwert gilt als eingehalten, wenn bei mindestens 40 Untersuchungen in mindestens 95 vom Hundert der Untersuchungen coliforme Keime nicht nachgewiesen werden. Faekalstreptokokken dürfen in 100 ml Trinkwasser nicht enthalten sein (Grenzwert).

(2) In Trinkwasser soll die Koloniezahl den Richtwert von 100 je ml bei einer Bebrütungstemperatur von 20 $°\pm2$ °C und bei einer Bebrütungstemperatur von 36 $°\pm1$ °C nicht überschreiten. In desinfiziertem Trinkwasser soll außerdem die Koloniezahl nach Abschluß der Aufbereitung den Richtwert von 20 je ml bei einer Bebrütungstemperatur von 20 $°\pm2$ °C nicht überschreiten.

(3) Bei Trinkwasser aus Eigen- und Einzelversorgungsanlagen, aus denen nicht mehr als 1000 m^3 im Jahr entnommen werden sowie Trinkwasser aus Sammel- und Vorratsbehältern und aus Wasserversorgungsanlagen an Bord von Wasserfahrzeugen, in Luftfahrzeugen oder in Landfahrzeugen soll die Koloniezahl den Richtwert von 1000 je ml bei einer Bebrütungstemperatur von 20 $°\pm2$ °C und den Richtwert von 100 je ml bei einer Bebrütungstemperatur von 36 $°\pm1$ °C nicht überschreiten. Für Trinkwasser aus Wasserversorgungsanlagen auf Spezialfahrzeugen, die Trinkwasser transportieren und abgeben, gilt Absatz 2."

Trinkwasser in verschlossenen Behältnissen

Es gelten die Grenz- und Richtwerte wie für natürliches Mineralwasser.

Pülpen und Konzentrate

Hitzeresistente acidophile Bazillen (z. B. *Alicyclobacillus acidoterrestris*) in Fruchtsäften und Konzentraten nicht nachweisbar in 1 g (Plattenmethode, Orangensaft-Agar). Diese Norm gilt weltweit für die Produkte der Firma Kraft (persönl. Mitt. Fritz Kley, Fa. Kraft-Jacob-Suchard, München, 1998).

Spezifikationen für alkoholfreie Getränke (nach BACK, 1991)

A.	Mikroorganismen			
Proben	Aerobe mesophile Koloniezahl	Anaerobe mesophile Koloniezahl	Aerobe thermophile Koloniezahl	Anaerobe thermophile Koloniezahl
Konservierte Halbware (pH-Wert <5,0)	max 10 in 1 g/1 ml	max. 10 in 1 g/1 ml	x	x
Unkonservierte Halbware (pH-Wert <5,0)	max. 20 in 1 g/1 ml	x	x	x
Spezielle Zuschlagstoffe insbes. Zucker	max. 10 in 1 g/1 ml	x	max. 5 in 1 g/1 ml	negativ in 1 g/1 ml
Fruchttrübe Getränke (pH-Wert <5,0) ohne CO_2	x	x	x	x
mit CO_2	x	x	x	x
Klare Getränke (pH-Wert <5,0) ohne CO_2	x	x	x	x
mit CO_2	x	x	x	x
Empfindliche Getränke (pH-Wert >5,0)	negativ in 3 ml	negativ in 3 ml	negativ in 3 ml	negativ in 3 ml
Wasser	max. 20 in 1 ml	x	x	x

B.	Mikroorganismen			
Proben	Bacillus cereus	Alicyclo-bacillus (A.) acido-caldarius, A. acido-terrestris, Bacillus coagulans	Clostridium acetobutyli-cum, Clostridium butyricum	E. coli Coliforme Keime
Konservierte Halbware (pH-Wert <5,0)	x	x	x	x
Unkonservierte Halbware (pH-Wert <5,0)	negativ in 1 g/1 ml	negativ in 10 g/10 ml	negativ in 10 g/10 ml	x
Spezielle Zuschlagstoffe insbes. Zucker	negativ in 1 g/1 ml	negativ in 10 g/10 ml	negativ in 10 g/10 ml	negativ in 10 g/10 ml
Fruchttrübe Getränke (pH-Wert <5,0) ohne CO_2	x	negativ in 10 ml	x	x
mit CO_2	x	x	x	x

B.	Mikroorganismen			
Proben	*Bacillus cereus*	*Alicyclo-bacillus (A.) acido-caldarius, A. acido-terrestris, Bacillus coagulans*	*Clostridium acetobutyli-cum, Clostridium butyricum*	*E. coli* Coliforme Keime
Klare Getränke (pH-Wert <5,0) ohne CO_2	x	negativ in 10 ml	x	x
mit CO_2	x	x	x	x
Empfindliche Getränke (pH-Wert >5,0)	negativ in 1 ml	negativ in 10 ml	x	negativ in 10 ml
Wasser	x	x	x	negativ in 250 ml

C.	Mikroorganismen		
Proben	Essigsäure-bakterien	Milchsäure-bakterien (*Leuconostoc, Pediococcus, Lactobacillus*)	Hefen (gesamt)
Konservierte Halbware (pH-Wert <5,0)	x	negativ in 10 g/10 ml	max. 10 in 10 g/10 ml[1]
Unkonservierte Halbware (pH-Wert <5,0)	max. 50 in 10 g/10 ml	max. 50 in 10 g/10 ml	max. 50 in 10 g/10 ml
Spezielle Zuschlagstoffe insbes. Zucker	max. 10 in 10 g/ 10 ml	negativ in 50 g/50 ml	max. 10 in 10 g/10 ml[1]
Fruchttrübe Getränke (pH-Wert <5,0) ohne CO_2	negativ in 10 ml	negativ in 10 ml	negativ in 10 ml
mit CO_2	x	negativ in 10 ml	negativ in 10 ml[1]
Klare Getränke (pH-Wert <5,0) ohne CO_2	negativ in 10 ml	negativ in 10 ml	negativ in 10 ml
mit CO_2	x	negativ in 10 ml	negativ in 10 ml[1]
Empfindliche Getränke (pH-Wert >5,0)	negativ in 10 ml	negativ in 10 ml	negativ in 10 ml
Wasser	negativ in 3 ml	negativ in 3 ml	negativ in 3 ml

[1] Hierbei darf es sich ausschließlich um Atmungshefen (Kahmhefen) handeln.

D.	Mikroorganismen			
Proben	Gärfähige Hefen	Osmotolerante Hefen	Schimmel-pilze	*Byssochlamys/ Neosartorya/ Talaromyces*
Konservierte Halbware (pH-Wert <5,0)	negativ in 10 g/10 ml	negativ in 10 g/10 ml	max. 10 in 10 g/10 ml	x
Unkonservierte Halbware (pH-Wert <5,0)	max. 10 in 10 g/10 ml	max. 10 in 10 g/10 ml	max. 20 in 10 g/10 ml	negativ in 10 g/10 ml
Spezielle Zuschlagstoffe insbes. Zucker	negativ in 50 g/50 ml	negativ in 50 g/50 ml	max. 10 in 10 g/10 ml	x
Fruchttrübe Getränke (pH-Wert <5,0) ohne CO_2	negativ in 50 ml	negativ in 10 ml	negativ in 10 ml	negativ in 10 ml
mit CO_2	negativ in 50 ml	negativ in 10 ml	max. 10 in 10 ml	x
Klare Getränke (pH-Wert <5,0) ohne CO_2	negativ in 50 ml	negativ in 10 ml	negativ in 10 ml	negativ in 10 ml
mit CO_2	negativ in 50 ml	negativ in 10 ml	max. 10 in 10 ml	x
Empfindliche Getränke (pH-Wert >5,0)	negativ in 50 ml	negativ in 10 ml	negativ in 10 ml	negativ in 10 ml
Wasser	negativ in 3 ml	x	max. 10 in 3 ml	x

Erklärung: x = keine Untersuchung erforderlich
Alicyclobacillus sp. wurde in die Tabelle von BACK (1991) eingefügt.

Literatur

1. BACK, W.: Nachweis und Kultivierung von Getränkeschädlingen im AFG-Bereich, Mschr. Brauerei 33, 236, 1980

2. BACK, W.: Schädliche Mikroorganismen in Fruchtsäften, Fruchtnektaren und süßen alkoholfreien Erfrischungsgetränken, Brauwelt 121, 43-48, 1981

3. BACK, W.: Schädliche Mikroorganismen im AFG-Bereich, Nachweis- und Kultivierungsmethoden, Brauwelt 121, 314-318, 1981

4. BACK, W.: Mikrobiologische Spezifikationen für alkoholfreie Getränke (AFG), Der Mineralbrunnen 41, 244-255, 1991

5. BAUMGART, J., HUSEMANN, M., SCHMIDT, C.: Alicyclobacillus acidoterrestris: Vorkommen, Bedeutung und Nachweis in Getränken und Getränkegrundstoffen, Flüssiges Obst 64, 178-180, 1997

6. BISCHOFBERGER, Th., CHA, S.-K., SCHMITT, R., KÖNIG, B., SCHMIDT-LORENZ, W.: The bacterial flora of non-carbonated, natural mineral water from the springs to reservoir and glass and plastic bottles, Int. J. Food Microbiol. 11, 51-72, 1990

7. CERNY, G., HENNLICH, W., PORALLA, K.: Mikroorganismen, Fruchtsaftverderb durch Bacillen: Isolierung und Charakterisierung des Verderbserregers, Z Lebens Unters Forsch 179, 244-227, 1984

8. COWMAN, S., KELSEY, R.: Bottled water, in: Compendium of methods für the microbiological examination of foods, 3rd ed., ed. by Carl Vanderzant and D. F. Splittstoesser, American Public Health Ass., Washington D.C., 1031-1036, 1992

9. DEINHARD, G., BLANZ, P., PORALLA, K., ALTAN, E.: Bacillus acidoterrestris sp. nov., a new thermotolerant acidophile isolated from different soils, System Appl. Microbiol. 10, 47-53, 1987

10. DITTRICH, H.H.: Mikrobiologie der Lebensmittel: Getränke, Behr's Verlag, Hamburg, 1993

11. SCHMIDT-LORENZ, W., BISCHOFBERGER, T., CHA, S.-K.: A simple nutrient-tolerance (NT) test for the characterization of the different types of oligocarbotolerant and oligocarbophile water bacteria from non-carbonated mineral water, Int. J. Food Microbiol. 10, 157-176, 1980

12. SPLITTSTOESSER, D.F., RANSOM, D.P.: Soft drinks, in: Compendium of methods for the microbiological examination of foods, 3rd ed., ed. by Carl Vanderzant and D. F. Splittstoesser, American Public Health Ass., Washington D.C., 1025-1030, 1992

13. VARNAM, A.H., SUTHERLAND, J.P.: Beverages – Technology, Chemistry and Microbiology, Chapman & Hall, London, 1994

14. WISOTZKEY, J.D., JURTSHUK, P., FOX, G.E., DEINHARD, G., PORALLA, K.: Comparative sequence analyses on the 16S rRNA (rDNA) of Bacillus acidocaldarius, Bacillus acidoterrestris, and Bacillus cycloheptanicus and proposal for creation of a new genus, Alicyclobacillus gen. nov., Int. J. System Bacteriol. 42, 263–269, 1992

15. Verordnung über natürliches Mineralwasser, Quellwasser und Tafelwasser vom 1.8.1984, i.d.F. vom 5.12.1990

16. Verordnung über Trinkwasser und über Wasser für Lebensmittelbetriebe (Trinkwasserverordnung – TrinkwV) i.d.F. vom 1.1.1991

17. Nachweis von Escherichia coli und coliformen Keimen in natürlichem Mineralwasser, Quell- und Tafelwasser, Referenzverfahren, Amtliche Sammlung von Untersuchungsverfahren nach § 35 LBGM, 59.00 1. Mai 1988, Beuth Verlag Berlin, Köln

18. Nachweis von Fäkalstreptokokken in natürlichem Mineralwasser, Quell- und Tafelwasser, Referenzverfahren, Amtliche Sammlung von Untersuchungsverfahren nach § 35 LMBG, 50.00 2. Mai 1988

19. Nachweis von Pseudomonas aeruginosa in natürlichem Mineralwasser, Quell- und Tafelwasser, Referenzverfahren, Amtliche Sammlung von Untersuchungsverfahren nach § 35 LMBG, 59.00 3. Mai 1988

20. Nachweis in sulfitreduzierenden, sporenbildenden Anaerobiern in natürlichem Mineralwasser, Quell- und Tafelwasser, Referenzverfahren, Amtliche Sammlung von Untersuchungsverfahren nach § 35 LMBG, 59.00 4. Mai 1988

21. Bestimmung der Koloniezahl in natürlichem Mineralwasser, Quell- und Tafelwasser, Referenzverfahren, Amtliche Sammlung von Untersuchungsverfahren nach § 35 LMBG, 59.00 5. Mai 1988

15 Bier

J. Firnhaber

Bier ist aufgrund des relativ geringen Nährstoffgehaltes, des niedrigen pH-Wertes und des niedrigen Redoxpotentials, wegen des Alkohol- und CO_2-Gehaltes und des Anteils an Hopfenbitterstoffen (Hemmwirkung gegenüber grampositiven Bakterien) in mikrobiologischer Hinsicht ein relativ stabiles Produkt.

15.1 Vorkommende Mikroorganismen

15.1.1 Bakterien

Obligate „Bierschädlinge"

Milchsäurebakterien der Genera *Lactobacillus, Pediococcus* und *Pectinatus cerevisiiphilus, Pectinatus frisingensis, Selenomonas lacticifex, Megasphaera* spp. (JESPERSEN und JAKOBSEN, 1996)

Im abgefüllten Bier kommt es zu Trübungen, Bodensatzbildung und aufgrund gebildeter Stoffwechselprodukte zu Geruchs- und Geschmacksabweichungen.

Potentielle „Bierschädlinge"

Milchsäurebakterien der Genera *Leuconostoc* und *Streptococcus, Acetobacter, Gluconobacter, Zymomonas* sowie *Obesumbacterium proteus* und *Micrococcus kristinae, Zymophilus raffinosivorans*

Zum Verderb kommt es nur unter bestimmten Voraussetzungen, wie z. B. zu geringem Anteil an Bitterstoffen, zu hohem Sauerstoffgehalt, Vorhandensein leicht vergärbarer Zucker, zu hoher Lagertemperatur, zu niedrigem Alkoholgehalt. Vertreter der Gattung *Zymomonas* spielen in Bieren, die nach dem deutschen Reinheitsgebot gebraut sind, keine Rolle, da sie keine Maltose, sondern nur Glucose und Fructose nutzen können.

Latent im Bier vorkommende Bakterien, die keine „Bierschädlinge" sind

Bakterien der Genera *Bacillus, Clostridium* sowie Species der Genera *Escherichia* und *Rhanella (*ehemals *Enterobacter agglomerans*) („Würzebakterien")

Alle Stämme von *Enterobacter agglomerans,* die aus Brauereien isoliert wurden, gehören zum Genus *Rhanella* (PRIEST und CAMPBELL, 1996).

Diese Bakterien können sich im Bier nicht vermehren, sie sterben während der Gärung zum Teil ab. Doch können Stoffwechselprodukte, die aus noch nicht gärender Würze von ihnen gebildet worden sind, das Endprodukt Bier nachteilig verändern.

Tab. VII.15-1:   Bakterien, die zum Verderb von Bier führen

Gattung	Bildung von Stoffwechsel-produkten	Veränderung im Bier	Häufigster Vertreter
Lactobacillus, obligat hetero-fermentativ	Milchsäure, Ethanol, CO_2 Essigsäure	glänzende Trübung, unsauberer Geschmack	*L. brevis*
Lactobacillus homofermentativ	Milchsäure	starke Säuerung	*L. casei*
Pediococcus	Diacetyl	unsauberer Geschmack	*P. damnosus*
Leuconostoc	Diacetyl	unsauberer Geschmack	*L. mesenteroides*
Lactococcus	Diacetyl	leichte Trübung, nur bei schwach gehopftem Bier <20 EBC-Bitter-einheiten* unsauberer Geschmack	*L. lactis*
Micrococcus	Diacetyl, fruchtiges Aroma	Hemmung bei pH <4,5 Hemmung bei Temp. <15 °C Hemmung bei > 25 EBC-Bitter-einheiten	*M. kristinae*
Acetobacter	Essigsäure Weiteroxidation zu CO_2 + H_2O	Trübung	*A. pasteurianus*
Gluconobacter	Essigsäure	Trübung	*G. oxydans*
Pectinatus	Essigsäure Propionsäure H_2S		

* EBC = European Brewery Convention

Fortsetzung der Tabelle nächste Seite

Tab. VII.15-1: Bakterien, die zum Verderb von Bier führen (Forts.)

Gattung	Bildung von Stoffwechsel-produkten	Veränderung im Bier	Häufigster Vertreter
Zymomonas	Ethanol, CO_2 H_2S, Acetaldehyd	unsauberer Geschmack	*Z. mobilis*
Megasphaera	Buttersäure Valeriansäure	fauliger Geschmack, stinkendes Aroma	*Megasphaera* spp.
Obesumbacterium	H_2, CO_2 Ethanol, 2,3-Butandiol	Hemmung bei pH <4,4 Geschmacksstoffe aus Würze im Bier	*Ob. proteus*
Enterobacter, *Escherichia*	H_2, CO_2 Säuren	Geschmacksstoffe aus Würze im Bier	

15.1.2 Hefen

Bei den Hefen kann es sich um Saccharomyces-Kulturhefen, Saccharomyces-Fremdhefen („Wildhefen") mit brauereitechnologisch unerwünschten Eigenschaften sowie um Fremdhefen anderer Genera, wie z.B. Arten der Genera *Hansenula, Pichia, Brettanomyces, Candida* handeln.

15.2 Untersuchung von Würze, Anstellhefe, Bier, Brau- und Betriebswasser

Bei der mikrobiologischen Kontrolle der Herstellung von Bier werden untersucht: Würze, Anstellhefe, unfiltriertes und filtriertes Bier, Brau- und Betriebswasser.

15.2.1 Nachweis von Bakterien

Die aufgeführten Identifizierungsmerkmale erlauben nur eine Verdachtsdiagnose, die zu bestätigen ist.

Untersuchung von Würze auf Enterobacteriaceen

- Verfahren: Membranfiltration
- Probevolumen: 200–500 ml
- Medium/Temperatur/Zeit: MacConkey-Agar, 30 °C, 24–72 h

– Identifizierung auf MacConkey-Agar: Lactose-negative Kolonien, wie z.B. *Obesumbacterium* sp., sind farblos, Lactose-positive Kolonien, wie beispielsweise *E. coli*, sind rot und haben häufig einen Hof durch ausgefallene Gallensäuren, Kolonien von *Enterobacter* sind rosa und schleimig.

Untersuchung von Anstellhefe auf Enterobacteriaceen

– Verfahren: Tropfkultur
– Medium/Temperatur/Zeit: MacConkey-Agar + 2 ml Actidionlösung pro 100 ml Nährboden, 30 °C, 24–72 h, Actidionlösung: 200 mg auf 100 ml Aqua dest.

Untersuchung von Brau- und Betriebswasser

– Die Untersuchung erfolgt entsprechend den Bestimmungen der Trinkwasser-VO.

Nachweis bierschädlicher Bakterien, insbesondere der Genera Lactobacillus und Pediococcus, in der Hefe und im Bier

– Verfahren: Spatelkultur oder Membranfiltration
– Probevolumen:
Reinzuchthefe, 0,1 bis 0,2 ml Hefesuspension
Anstellhefe, 0,1 bis 0,2 ml Hefesuspension
Bottichbier, Zentrifugation von 15 ml Bottichbier, Bodensatz auf Platte geben
Tankbier, 25–100 ml membranfiltrieren
– Medium/Temperatur/Bebrütungsatmosphäre: VLB-S 7-S-Agar, NBB-Agar, 30 °C, anaerob, CO_2-Atmosphäre
– Identifizierung: Form (Stäbchen, Kokken, Tetradenbildung), Gramfärbung, Katalase-Test. Auf NBB gewachsene Kolonien: Vertreter aus den Gattungen *Lactobacillus, Pediococcus* und *Pectinatus* bilden weißliche bis gelbliche Kolonien. *Leuconostoc mesenteroides* und *Lactococcus lactis* bilden gelbe Kolonien. *Micrococcus kristinae, Hafnia, Megasphaera* und *Zymomonas mobilis* bilden weißliche bis rosa gefärbte Kolonien.

Nachweis von Essigsäurebakterien im Bier

Essigsäurebakterien können durch Verunreinigung in filtriertem Bier auftreten. Bierverderbende Bakterien, die auf Standard-I-Nährboden wachsen (gramnegativ, beweglich und Katalase-positiv), können auf Säurebildung und Weiteroxidation der Säuren zu CO_2 und H_2O untersucht werden.

– Verfahren: Überimpfung von verdächtigen Kolonien auf Schrägagar
– Medium/Temperatur/Bebrütungsatmosphäre/Zeit: Hefeextrakt-Ethanol-Bromkresolgrün-Agar, 30 °C, aerob, bis zu 8 Tagen
– Auswertung: Umschlag des Indikators von blaugrün nach gelb zeigt Säurebildung an. Die Säure ist auch geruchlich feststellbar.
– Identifizierung:
Gluconobacter: Gelbfärbung bleibt bestehen
Acetobacter: Gelbfärbung geht zurück zu blau-grün. (Essigsäure wird weiter zu CO_2 und H_2O oxidiert, dadurch Anstieg des pH-Wertes).

Tab. VII.15-2: Identifizierung von Kultur- und Fremdhefen

	Würze-Agar	Lysin-Agar	Kristallviolett-Agar
Brauerei-Kulturhefen	+	–	–
Fremdhefen der Gattung *Saccharomyces*	+	–	+
Hefen, die nicht der Gattung *Saccharomyces* angehören	+	+	–

15.2.2 Nachweis von Hefen

Würze, filtriertes Bier, Brauwasser

– Verfahren: Membranfiltration
– Probevolumen: 100–500 ml
– Medium/Temperatur/Zeit: Würze-Agar 25 °C, 48–72 h

Anstellhefe und unfiltriertes Bier

Bei unfiltriertem Bier und Anstellhefe muß zwischen Brauerei-Kulturhefen, Fremdhefen der Gattung *Saccharomyces* und Hefen, die nicht zur Gattung *Saccharomyces* gehören, unterschieden werden (Tab. VII.15-2).

Hefen, die nicht zur Gattung *Saccharomyces* gehören, werden mit Lysin-Agar nachgewiesen, einem Medium, das als einzige Stickstoffquelle Lysin enthält. Auf diesem Medium wachsen weder die Brauerei-Kulturhefen noch die Fremdhefen aus der Gattung *Saccharomyces*. Zur Differenzierung zwischen Fremdhefen aus der Gattung *Saccharomyces* und Nicht-Saccharomyces-Hefen wird Kristallviolett-Agar benutzt. Auf diesem Nährboden wachsen Fremdhefen der Gattung *Saccharomyces*.

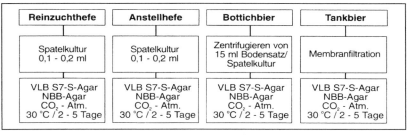

Abb. VII.15-1: Nachweis bierschädlicher Bakterien, insbesondere der Genera Lactobacillus und Pediococcus

Nachweis der Gesamtzahl an Hefen

– Verfahren: Tropfkultur. Unfiltriertes Bier muß vor der Verdünnung von Kohlensäure befreit werden.

– Medium/Temperatur/Zeit: Würze-Agar, 25 °C, 48–72 h.

Fremdhefen der Gattung Saccharomyces

– Verfahren: Spatelverfahren

– Probevolumen: 0,2 ml (unfiltriertes Bier muß vor der Verdünnung von Kohlensäure befreit werden). Suspension auf ca. 10^7 Zellen pro ml einstellen.

– Medium/Temperatur/Zeit: Würze-Agar + 20 ppm Kristallviolett, 25 °C, 48–72 h. Kristallviolett in wenig ca. 95%igem Ethanol lösen. Gegossene Platten nicht kalt aufbewahren, da Kristallviolett auskristallisiert und nicht mehr in Lösung geht.

– Auswertung: Gehalt an Fremdhefen pro 10^6 Zellen der Originalprobe (siehe unter Nachweis der Gesamtzahl an Hefen)

Nicht-Saccharomyces-Hefen

– Verfahren: Spatelkultur

– Probevolumen: 0,2 ml (Hefesuspension 2–3 mal mit 0,85 % NaCl + 0,1 % Pepton waschen und die Suspension auf ca. 10^7 Zellen/ml einstellen).

– Medium/Temperatur/Zeit: Lysin-Agar, 25 °C, 48–72 h

– Auswertung: Nachweis des Gehalts an Fremdhefen pro 10^6 Zellen der Originalprobe (siehe unter Nachweis der Gesamtzahl an Hefen).

Hinweis: Nachweismethoden und -medien siehe auch bei JESPERSEN und JACOBSEN (1996).

Literatur

1. BACK, W., DÜRR, P., ANTHES, S.: Nährboden VLB-S7 und NBB, Mschr. Brauwiss. 37, 126-131, 1984

2. EMEIS, C.C.: VLB-S7-Agar zum Nachweis bierschädlicher Pediokokken, Mschr. Brauerei 22, 8-11, 1969

3. JESPERSEN, L., JAKOBSEN, M.: Specific spoilage organisms in breweries and laboratory media for their detection, Int. J. Food Microbiol. 33, 139-155, 1996

4. MÄKININ, V., TANNER, R., HAIKARA, A.: Bakterielle Kontamination im Brauprozeß, Brauwiss. 34, 173-177, 1981

5. NIEMSCH, K.: Über die Häufigkeit von Kontaminationen durch Fremdorganismen bei der Bierherstellung, Forum der Brauerei 38, 108-110, 1985

6. PRIEST, F.G.: The classification and nomenclature of brewing bacteria: A review, J. Inst. Brew. 87, 279-281, 1981

7. PRIEST, F.G., CAMPBELL, J.: Brewing Microbiology, Chapman & Hall, London, 1996

8. SEIDEL, H.: Differenzierung zwischen Brauerei-Kulturhefen und „wilden Hefen" Teil I: Erfahrungen beim Nachweis von „wilden Hefen" auf Kristallviolett-Agar und Lysinagar, Brauwiss. 25, 384-389, 1972

9. SEIDEL, H., LÖFFELMANN, W.: Nachweis von bierschädlichen Bakterien, Mschr. Brauwiss. 37, 196-200, 1984

10. SCHLEIFER, K.H., LEUTERITZ, M., WEISS, N., LUDWIG, W., KIRCHHOF, G., SEIDEL-RÜFER, H.: Taxonomic study of anaerobic gram-negative, rod-shaped bacteria from breweries: Emended description of Pectinatus cerevisiiphilus and description of Pectinatus frisingensis sp. nov., Selenomonas lacticifex sp. nov., Zymophilus raffinosivorans gen. nov., sp. nov., and Zymophilus paucivorans sp. nov., Int. J. Syst. Bact. 40, 19-27, 1990

11. WACKERBAUER, K., RINCK, M.: Über den Nachweis von bierschädlichen Milchsäurebakterien, Mschr. Brauwiss. 36, 392-395, 1983

12. Analytica Microbiologica EBC, Brauwiss. 30, 65-77, 1977

13. Analytica Microbiologica EBC-Teil II, Brauwiss. 34, 239-251, 1981

14. Analytica Microbiologica EBC-Teil III, Dtsch. Lebensmittel-Rdsch. 80, 323-333, 1984

15. Verordnung über Trinkwasser und über Wasser für Lebensmittelbetriebe (Trinkwasserverordnung – TrinkwVO i.d.F. vom 1.1.1991)

16 Getreide, Getreideerzeugnisse, Backwaren

G. Spicher, W. Röcken

16.1 Vorkommende Mikroorganismen

Getreide

Innere Mikroflora

Die „innere Mikroflora" besiedelt den Raum zwischen der Epidermis (Exocarp) und den Querzellen (Pericarp): *Alternaria* u.a.

Äußere Mikroflora

Bakterien: Auf erntefrischem Getreide insbesondere „Gelbkeime" (*Flavobacterium* sp., *Erwinia* sp.); auf Lagergetreide vornehmlich Vertreter der Gattungen *Pseudomonas, Xanthomonas, Acinetobacter, Alcaligenes, Escherichia, Citrobacter, Klebsiella, Enterobacter, Serratia, Hafnia, Proteus, Aeromonas, Micrococcus, Staphylococcus, Streptococcus, Leuconostoc, Sarcina, Bacillus, Clostridium, Lactobacillus, Corynebacterium, Brevibacterium, Propionibacterium, Streptomyces*

Hefen: Arten der Gattungen *Candida, Cryptococcus, Hansenula, Pichia, Saccharomyces, Trichosporon, Torulopsis, Rhodotorula, Sporobolomyces* u.a.

Schimmelpilze: „Feldpilze" (Species der Genera *Alternaria, Cladosporium, Fusarium, Helminthosporium* u.a.); „Intermediärflora" (Arten der Gattungen *Cladosporium, Aureobasidium, Hyalodendron* u.a.); „Lagerpilze" (Species der Genera *Aspergillus, Penicillium, Eurotium, Wallemia*)

Mahlerzeugnisse

Die mikrobiologische Verunreinigung von Mehlen und Grießen ist im wesentlichen durch die Mikroflora des Getreides geprägt. Zudem wird sie sowohl durch die Reinigungs- und Vermahlungsvorgänge, als auch die hygienischen Verhältnisse in der Mühle beeinflußt. Hauptsächlich vorkommende Mikroorganismen: Siehe „Getreide".

Speisekleie

Bakterien

Vertreter der Gattungen *Pseudomonas, Acinetobacter, Flavobacterium, Escherichia, Citrobacter, Klebsiella, Enterobacter, Erwinia, Serratia, Hafnia, Micrococcus, Streptococcus, Bacillus, Clostridium, Streptomyces*

Schimmelpilze

Arten der Gattungen *Aspergillus, Penicillium, Eurotium, Wallemia*

Teigwaren

Bakterien

Arten der Gattungen *Alcaligenes, Escherichia, Salmonella, Citrobacter, Klebsiella, Hafnia, Aeromonas, Micrococcus, Staphylococcus, Streptococcus, Bacillus, Clostridium*

Schimmelpilze

Species der Gattungen *Aspergillus, Penicillium, Eurotium, Wallemia*

Getreidevollkornerzeugnisse

Bakterien

Enterobacteriaceen, *Staphylococcus* spp., *Enterococcus* spp., *Bacillus* spp.

Schimmelpilze

Species der Genera *Aspergillus, Penicillium, Eurotium, Wallemia*

Hefen

(Siehe „Getreide")

Backwaren

Schimmelpilze und Hefen

Die den Verderb von Backwaren verursachenden Schimmelpilze und Hefen ordnen sich teils den Phycomycetes bzw. Niederen Pilzen zu (*Mucor* spp., *Rhizopus* ssp.), teils den Eumycetes bzw. Höheren Pilzen (u. a. *Aspergillus* ssp., *Penicillium* ssp., *Neurospora sitophila* bzw. „Roter Brot- oder Bäckerschimmel", *Geotrichum candidum* bzw. „Milchschimmel", *Endomycopsis burtonii, Thamnidium elegans, Monascus ruber*). Bei dem Erreger des. sog. „Grün- oder Grauschimmels" handelt es sich vornehmlich um Vertreter der Gattungen *Penicillium* und *Aspergillus*.

Unter den als „Kreideschimmel" angesprochenen Schimmelerregern kommen bis zu neun verschiedene Arten von Hefen vor. Diese treten in unterschiedlicher Häufigkeit auf. Mehr als die Hälfte der Erreger sind *Zygosaccharomyces bailii, Saccharomyces cerevisiae* und *Saccharomycopsis fibuligera,* seltener treten *Pichia burtonii* und *Moniliella suaveolens* auf.

Sporenbildende Bakterien

Bei Hefegebäcken (Weizenbrot, ungesäuertes Weizenmischbrot, zucker- und fetthaltiges Brot, Stollen, Früchtebrot, Hefe- und Backpulverkuchen), in seltenen Fällen auch bei schwach gesäuerten Roggen- und Roggenmischbroten, tritt unter gewissen Bedingungen das sog. Fadenziehen (auch „Brotkankheit" genannt) auf. Erreger: *Bacillus subtilis.*

Sauerteigstarter

Milchsäurebakterien

Lactobacillus (L.) brevis ssp. *lindneri* syn. *L. sanfrancisco, L. plantarum, L. farciminis, L. acidophilus, L. fermentum, L. fructivorans, L. pontis, L. buchneri, L. reuteri* u. a.

16.2 Untersuchung

Soweit es den mikrobiellen Keimgehalt von Getreide, Getreideprodukten, Brot und Backwaren sowie von Teigwaren betrifft, wird seitens der Internationalen Gesellschaft für Getreidechemie (ICC) für den Nachweis einiger Keimgruppen die Anwendung der ICC-Standard-Methoden empfohlen. Dies betrifft

– die Keimzahl aerober mesophiler Bakterien (Gesamtkoloniezahl): ICC-Standard Nr. 125 (Gußplattenverfahren) bzw. ICC-Standard Nr. 147 (Spatelverfahren),
– die Zahl der Sporen mesophiler Bakterien: ICC-Standard Nr. 144,
– die Pilzkoloniezahl: ICC-Standard Nr. 139 (Gußplattenverfahren) bzw. Nr. 146 (Spatelverfahren).

Bakterien

Mesophile Bakterien

– Verfahren: Guß- oder Spatelkultur
– Medium/Temperatur/Zeit: Plate-Count-Agar, 30 °C, 48–96 h
– Auswertung: alle Kolonien

Psychrotrophe Bakterien

– Verfahren: Guß- oder Spatelkultur
– Medium/Temperatur/Zeit: Plate-Count-Agar, 7 °C, 10 Tage
– Auswertung: alle Kolonien

Thermophile Bakterien

– Verfahren: Gußkultur
– Medium/Temperatur/Zeit: Plate-Count-Agar, 55 °C, 48 h
– Auswertung: alle Kolonien

Laktobazillen

– Verfahren: Gußkultur
– Medium/Temperatur/Zeit: MRS-Agar bzw. Kleie-Agar, 37 °C, 48–120 h
– Auswertung: Stäbchen, Katalase negativ

Anaerobier

– Verfahren: Gußkultur
– Medium/Temperatur/Zeit: Thioglycolat-Nährboden, 30 °C, 48–120 h, anaerob
– Auswertung: Stäbchen, Katalase negativ

Sporen

Mesophile aerobe Sporen

– Hitzebehandlung: 80 °C/10 min bei Getreideerzeugnissen, die vor dem Verzehr nicht weiter hitzebehandelt werden.
– 100 °C/5 min bei Getreideerzeugnissen, die vor dem Verzehr einer längeren Hitzebehandlung (Kochen, Backen, Sterilisieren) ausgesetzt werden.
– Medium/Temperatur/Zeit: Plate-Count-Agar, 30 °C, 48–72 h
– Auswertung: Stäbchen, Katalase positiv

Thermophile aerobe Sporen

– Hitzebehandlung: 100 °C, 15 min

Gesamtzahl aerober thermophiler Sporen

– Medium/Temperatur/Zeit: Dextrose-Trypton-Agar, 55 °C, 48–72 h
– Auswertung: Stäbchen, Katalase positiv

„flat-sour"-Keime

– Medium/Temperatur/Zeit: Dextrose-Trypton-Agar, 55 °C, 48–72 h
– Auswertung: Stäbchen, Katalase positiv

Thermophile anaerobe Sporen

– Hitzebehandlung: 100 °C, 15 min

H_2S-Bildner

– Medium/Temperatur/Zeit: Sulfit-Eisen-Agar, 50–55 °C, 24–48 h

Gasbildner

– Medium/Temperatur/Zeit: Leberbouillon (mit 2 % Wasseragar überschichten), 55 °C, 48–72 h

Hygiene-Keime

Coliforme Bakterien

- Orientierende Untersuchung
  Titerbestimmung in Brillantgrün-Galle-Lactose-Bouillon mit Durham-Röhrchen, 37 °C, 24–48 h

- Anreicherung aus positiven Röhrchen (Gasbildung) in Lactose-Pepton-Bouillon, 37 °C, 24–48 h

- Ausstrich der Anreicherung auf Fuchsin-Lactose-Agar (Endo-Agar, Typ C), 37 °C, 24–48 h

- Nach Reinzüchtung biochemische Identifizierung

Escherichia coli und coliforme Bakterien

- Voranreicherung
  5 Röhrchen (Lactose-Pepton-Bouillon mit Gärröhrchen der Stufen 10^0, 10^{-1}, 10^{-2}), 37 °C, 24–48 h),
  positive Röhrchen (Gasbildung) = coliforme Bakterien

- Anreicherung aus positiven Röhrchen (Gasbildung) in Laurylsulfat-Bouillon + MUG, 44 °C, 24 h

- Auswertung
  positive Röhrchen (Gasbildung, Fluoreszenz, Indolbildung) = E. coli
  ggf. Bestätigungstest aus Ansätzen mit Fluoreszenz und Indolbildung

Enterokokken

- Medium/Temperatur/Zeit: KF-Streptokokken-Bouillon, 37 °C, 48 h

Staphylococcus aureus

- Anreicherung
  Medium/Temperatur/Zeit: Staphylokokken-Anreicherungsbouillon n. GIOLITTI u. CANTONI (Basis), 37 °C, 24–48 h

- Fraktionierter Ausstrich

- Medium/Temperatur/Zeit: Baird-Parker-Agar, 37 °C, 24–48 h

- Bestätigung: Koagulase-Nachweis

Streptomyceten

- Medium/Temperatur/Zeit: Caseinpepton-Sojamehlpepton-Agar, 30 °C, 7 Tage

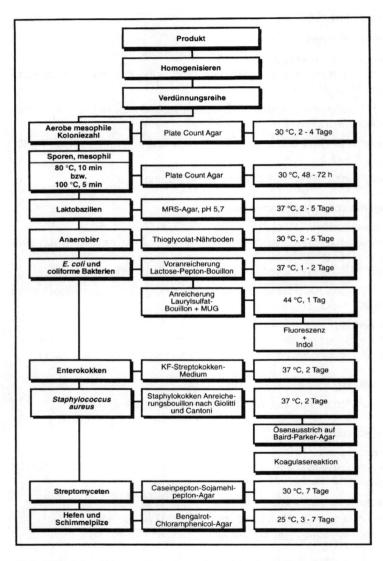

Abb. VII.16-1: Untersuchung von Getreide, Getreideerzeugnissen und Backwaren

Schimmelpilze und Hefen

- Medium/Temperatur/Zeit: Bengalrot-Chloramphenicol-Agar, 25 °C, 3–7 Tage
- zum Nachweis xerophiler Pilze: DG 18-Agar (= Dichloran-Glycerin-Agar)

16.3 Mikrobiologische Kriterien

Tab. VII.16-1: Mikrobiologische Kriterien für Getreide, Getreideerzeugnisse und Backwaren

Vorläufige Spezifikationen für Weizen und Roggen (KBE/g)

Sporen (mesophil)	10^2
Coliforme Bakterien	10^1
Escherichia coli	10^1
Schimmelpilze	10^5

Vorläufige Spezifikationen für Mehle der Typen 405 und 550 (KBE/g)

Sporen (mesophil)	10^2
Coliforme Bakterien	10^2
Escherichia coli	10^1
Schimmelpilze	$5,0 \times 10^3$

Vorläufige Spezifikationen für Speisegetreide und -erzeugnisse (KBE/g)

	Getreide	Schrote
Gesamtkoloniezahl	10^6	10^6
Sporen (mesophil)	10^2	10^2
Coliforme Bakterien	10^1	10^2
Escherichia coli	<1	<1
Enterokokken	10^1	10^1
Schimmelpilze	10^5	10^4

Tab. VII.16-1: Mikrobiologische Kriterien für Getreide, Getreideerzeugnisse und Backwaren (Forts.)

Vorläufige Spezifikationen für Grieße und Dunste (KBE/g)

	Grieß	Dunst
Gesamtkoloniezahl	$4,0 \times 10^4$	10^5
Sporen (mesophil)	$5,0 \times 10^1$	10^1
Coliforme Bakterien	$7,5 \times 10^1$	10^1
Escherichia coli	<1	<1
Enterokokken	10^1	$5,0 \times 10^4$
Schimmelpilze	$3,0 \times 10^2$	$7,0 \times 10^2$

Vorläufige Spezifikationen für Kleie (KBE/g)

	Speisekleie	Futterkleie
Gesamtkoloniezahl	10^4	10^7
Sporen (mesophil)	10^2	10^3
Coliforme Bakterien	1	10^3
Escherichia coli	<1	<1
Enterokokken	10^2	10^3
Schimmelpilze	10^3	10^5

Richt- und Warnwerte für rohe, getrocknete Teigwaren (STEUER, 1989) (KBE/g)

	Richtwert	Warnwert
Salmonellen	–	n.n. in 25 g
Staphylococcus aureus	10^4	10^5
Bacillus cereus	10^4	10^5
Clostridium perfringens	10^4	10^5
Escherichia coli	10^3	–
Enterokokken	10^4	–
Schimmelpilze	10^4	10^5

Tab. VII.16-1:   Mikrobiologische Kriterien für Getreide,
Getreideerzeugnisse und Backwaren (Forts.)

Richt- und Warnwerte für feuchte, verpackte Teigwaren[1] (DGHM, 1996) (KBE/g)

	Richtwert	Warnwert
Aerobe mesophile Koloniezahl (einschl. Milchsäurebakterien)	10^6	–
Salmonellen	–	n.n. in 25 g
*Staphylococcus aureus***	10^2	10^3
Bacillus cereus	10^2	10^3
*Escherichia coli****	10^1	10^2
Enterobacteriaceen	10^2	10^4

[1] Die angegebenen Werte sind bis zum Mindesthaltbarkeitsdatum einzuhalten.
Die Produktgruppe enthält verpackte, gefüllte und ungefüllte Teigwaren, wie Tortelloni/ Tortellini, Ravioli, Conchiglie, Agnolotti, Grantortelli, Maultaschen, Spätzle, Schupfnudeln etc.

Richt- und Warnwerte für offen angebotene feuchte Teigwaren (DGHM, 1996) (KBE/g)

	Richtwert	Warnwert
Aerobe mesophile Koloniezahl (einschl. Milchsäurebakterien)	10^6	–
Salmonellen	–	n.n. in 25 g
*Staphylococcus aureus***	10^2	10^3
Bacillus cereus	10^3	10^4
*Escherichia coli****	10^1	10^2
Enterobacteriaceen	10^4	10^5

Die Produktgruppe umfaßt offen angebotene frische, feuchte Teigwaren (mit und ohne Füllung) bzw. vorgekochte Teigwaren (z. B. in Gaststätten).

Tab. VII.16-1:   Mikrobiologische Kriterien für Getreide, Getreideerzeugnisse und Backwaren (Forts.)

Richt- und Warnwerte für durchgebackene Tiefkühl-Backwaren mit und ohne Füllung (bestimmungsgemäß verzehrsfertig **ohne** Erhitzung) (DGHM, 1995) (KBE/g)

	Richtwert	Warnwert
Aerobe mesophile Koloniezahl	10^5	–
Salmonellen	–	n.n. in 25 g
Staphylococcus aureus	10^1	10^2
Bacillus cereus	10^3	10^4
Escherichia coli	10^1	10^2
Schimmelpilze	10^2	10^3

Die Produktgruppe umfaßt Tiefkühl-Backwaren, bei denen alle Zutaten – auch Füllungen und/oder Überzüge – bei der Herstellung mitgebacken wurden, wie Brötchen, Croissants, ungefüllte Crepes und fertig gebackener Apfelstrudel.

Richt- und Warnwerte für rohe/teilgegarte Tiefkühl-Backwaren, die vor dem Verzehr einer Erhitzung unterzogen werden (DGHM, 1995) (KBE/g)

	Richtwert	Warnwert
Salmonellen	–	n.n. in 25 g
Staphylococcus aureus	10^2	10^3
Bacillus cereus	10^3	10^4
Escherichia coli	10^3	–
Schimmelpilze	10^4	10^5

Die Produktgruppe umfaßt Tiefkühl-Backwaren wie Teige, Teiglinge, Obst- und Quarkbackwaren.

Tab. VII.16-1: Mikrobiologische Kriterien für Getreide,
Getreideerzeugnisse und Backwaren (Forts.)

Richt- und Warnwerte für Tiefkühl-Patisseriewaren mit nicht durchgebackener Füllung (bestimmungsgemäß verzehrsfertig ohne Erhitzung) (DGHM, 1995) (KBE/g)

	Richtwert	Warnwert
Aerobe mesophile Koloniezahl*	10^6	–
Salmonellen	–	n.n. in 25 g
Staphylococcus aureus	10^2	10^3
Bacillus cereus	10^3	10^4
Escherichia coli	10^2	10^3
Schimmelpilze	10^3	10^4

Die Produktgruppe umfaßt Tiefkühl-Backwaren, die nach dem Backen und vor dem Tiefgefrieren gefüllt und/oder belegt und/oder überzogen werden einschließlich Obstkuchen, gefüllte Crepes und Sahne/Creme-Produkte.

Richt- und Warnwerte für Backwaren mit nicht durchgebackener Füllung (DGHM, 1996) (KBE/g)

	Richtwert	Warnwert
Aerobe mesophile Koloniezahl*	10^6	–
Salmonellen	–	n.n. in 25 g
*Staphylococcus aureus***	10^2	10^3
Bacillus cereus	10^3	10^4
*Escherichia coli****	10^1	10^2
Enterobacteriaceen	10^3	10^5
Schimmelpilze	10^4	–

KBE = Koloniebildende Einheiten
n.n. = nicht nachweisbar
* Bei Verwendung von fermentierten Zutaten ist die Anzahl an aeroben, mesophilen Fremdkeimen zu bestimmen.
** Koagulase bildende Stämme
*** Beim Nachweis von *Escherichia coli* sollte der Kontaminationsquelle nachgegangen werden.
Als Probe für die Untersuchung ist die kleinste Verkaufseinheit, mindestens aber 50 g einzusetzen.

Literatur

1. MAYOU, J.; MOBERG, L.: Cereal and cereal products, in: Compendium of methods for the microbiological examination of foods, 3rd ed., ed. by Carl Vanderzant and D.F. Splittstoesser, American Public Health Ass., Washington D.C., 1992, 995-1006

2. SPICHER, G.: Neue Gesichtspunkte bei der Klassifizierung der Bakterienflora des Getreides und der Getreideprodukte, Getreide u. Mehl 13, 109-116, 1963

3. SPICHER, G.: Studien zur Frage der Hygiene des Getreides, Zbl. f. Bakt. II. Abt. 127, 61-81, 1972

4. SPICHER, G.: Die Mikrobiologie des Getreides und der Getreideprodukte, Bodenkultur 24, 371-389, 1973

5. SPICHER, G.: Schimmelpilze und Hefen als Ursache des Verderbs von Backwaren, Schriftenreihe d. Schweizerischen Gesellschaft für Lebensmittelhygiene, Heft 6, 69-79, 1977

6. SPICHER, G.: Zur Frage der mikrobiologischen Qualität von Getreidevollkornerzeugnissen, 1. Mitt.: Der mikrobielle Keimgehalt der als Ganzkorn, Schrot und Flocken gehandelten Erzeugnisse, Dtsch. Lebensm.-Rdsch. 75, 265-273, 1979

7. SPICHER, G.: Aktuelle mikrobiologische Probleme der Getreideverarbeitung, Getreide, Mehl, Brot 36, 230-237, 1982

8. SPICHER, G.: Die Erreger der Schimmelbildung bei Backwaren 1. Mitt.: Die auf verpackten Schnittbroten auftretenden Schimmelpilze, Getreide, Mehl, Brot 38, 77-80, 1984

9. SPICHER, G.: Die Mikroflora des Sauerteiges, XVII. Mitt.: Weitere Untersuchungen über die Zusammensetzung und die Variabilität der Mikroflora handelsüblicher Sauerteig-Starter, Ztschr. Lebensm. Unters. Forschg. 178, 106-109, 1984

10. SPICHER, G.: Zur Frage der Hygiene von Teigwaren, 3. Mitt.: Die mikrobiologisch-hygienische Qualität der derzeit im Handel erhältlichen Teigwaren, Getreide, Mehl, Brot 39, 212-215, 1985

11. SPICHER, G.; ALONSO, M.: Zur Frage der mikrobiologischen Qualität von Futterkleien und Speisekleien, Getreide, Mehl, Brot 32, 178-181, 1978

12. SPICHER, G.; MELLENTHIN, B.: Zur Frage der mikrobiologischen Qualität von Getreidevollkornerzeugnissen, 3. Mitt.: Die bei Speisegetreide und Mehlen auftretenden Hefen, Dtsch. Lebensm.-Rdsch. 79, 35-38, 1983

13. SPICHER, G.; STEPHAN, H.: Handbuch Sauerteig – Biologie, Biochemie, Technologie, 4. Aufl., Behr's Verlag, Hamburg, 1993

14. STEUER, W.: Erfahrungen bei der Kontrolle von Lebensmittelbetrieben, Richtwerte und Warnwerte, Zbl. Bakt. Hyg. B 187, 557-563, 1989

15. Mikrobiologische Richt- und Warnwerte zur Beurteilung von Tiefkühl-Backwaren und Tiefkühl-Patisseriewaren. Eine Empfehlung der Kommission Lebensmittel-Mikrobiologie und -Hygiene der Deutschen Gesellschaft für Hygiene und Mikrobiologie, Lebensmitteltechnik 23, 162, 1991

16. Mikrobiologische Richt- und Warnwerte für Feine Backwaren mit nicht durchgebackenen Füllungen. Eine Empfehlung der Kommission Lebensmittel-Mikrobiologie und -Hygiene der Deutschen Gesellschaft für Hygiene und Mikrobiologie, Lebensmitteltechnik 6, 52, 1996

17. Mikrobiologische Richt- und Warnwerte für Teigwaren. Eine Empfehlung der Kommission Lebensmittel-Mikrobiologie und -Hygiene der Deutschen Gesellschaft für Hygiene und Mikrobiologie, Lebensmitteltechnik 7-8, 45-46, 1996

VIII   Kosmetika und Bedarfsgegenstände

1   Kosmetika

U. Eigener

Aufgrund ihrer Inhaltsstoffe sind Kosmetika durch eine mikrobielle Kontamination gefährdet. Bei nicht ausreichend geschützten Produkten kann es daher zu einer gesundheitlichen Gefährdung des Benutzers oder/und zum Verderb des Produktes kommen (18, 21, 22). Während die Kausalität zwischen gesundheitlicher Gefährdung und Verkeimung von Kosmetika meist schwer belegbar ist, wird ein Verderb durch Einfluß von Mikroorganismen (z. B. Geruchsbeeinträchtigung, Phasentrennung) vielfach beschrieben.

1.1   In kosmetischen Mitteln häufig anzutreffende Mikroorganismen

Eine große Vielfalt von Mikroorganismen führt zu Verunreinigungen in Kosmetika. In der Mehrzahl handelt es sich hierbei um Bakterien, geringer ist der Anteil an Hefen und Schimmelpilzen (14).

Jedes Produkt stellt aufgrund der vorhandenen Inhaltsstoffe, die als Nährstoffe dienen können, des Konservierungssystems und anderer chemisch-physikalischer Eigenschaften ein selektives System dar.

Die häufigsten in Kosmetika anzutreffenden Keimgruppen sind:

– *Pseudomonas*-Arten wie *Ps. aeruginosa, Ps. putida, Ps. fluorescens*
– *Burkholderia cepacia*
– Enterobacteriaceen wie *Enterobacter* spec., *Klebsiella pneumoniae, Citrobacter* spec., *Serratia* spec.
– *Bacillus* spec.
– *Candida guilliermondii, Candida parapsilosis*
– *Aspergillus* spec.
– *Penicillium* spec.

Weitere Keimarten, die in Kosmetika gefunden wurden: *Acinetobacter* spec., *Alcaligenes* spec., *Pseudomonas stutzeri, Staphylococcus* spec., *Micrococcus* spec., *Enterococcus* spec., *Lactobacillus* spec., *Cephalosporium* spec., *Hormodendrum* sp.

1.2   Herkunft der Mikroorganismen

Eine Kontamination von Kosmetika ist zum einen während der gesamten Herstellung, zum anderen während der Benutzung möglich.

Im Herstellungsprozeß muß der Vorverkeimung von Rohstoffen und Wasser, aber auch der Reinigung und Desinfektion von Herstellanlagen, Pumpen und Leitungen sowie von Lagerbehältern für Rohwaren und Bulkware besondere Beachtung geschenkt werden. Sowohl Luft und Personal als auch indirekt die weitere Umgebung der Herstellung können als Keimreservoir dienen.

Während der Benutzung werden Mikroorganismen in das Produkt eingebracht, sei es direkt (beispielsweise durch Hautkontakt), als auch indirekt durch Hilfsmittel wie Zahnbürste, Applikatoren, Pinsel. Auch bei der Anwendung ist eine Kontamination aus der Umgebung etwa durch Wasser oder Luft möglich.

1.3 Produktschutz und Sicherstellung der mikrobiologischen Qualität

Verschiedene Maßnahmen können das Risiko der Produktverkeimung verringern bzw. die mikrobiologische Qualität absichern:

– Rohstoffe (incl. Wasser) entsprechen bestimmten mikrobiologischen Anforderungen.

– Betriebshygienische Maßnahmen verhindern Keimanreicherungen, unterbrechen Übertragungswege.

– Mikrobiologische Stabilität der Formel wird durch einen Belastungstest (1.6) und ergänzende Untersuchungen abgesichert (Schutz bei Herstellung, vor allem aber bei der Verwendung).

– Absichernde mikrobiologische Untersuchungen werden regelmäßig durchgeführt.

Alle absichernden Maßnahmen müssen in einem sinnvollen System zusammengefaßt werden (Mikrobiologisches Qualitätsmanagement) (16).

1.4 Produktuntersuchungen

Mikrobiologische Reinheitsuntersuchungen von Kosmetika werden bei der Endproduktkontrolle, aber auch mit anderen Zielsetzungen wie Bulkwarenkontrolle, Überprüfung der Lagerstabilität, Stufenkontrollen an Herstell- und Abfüllanlagen und Durchführung von Konservierungsbelastungstests verwendet.

Mit wenigen Ausnahmen beschränkt sich die mikrobiologische Untersuchung von Kosmetika auf mesophile aerobe Mikroorganismen. Sind in Ausnahmefällen weitergehende Untersuchungen sinnvoll, müssen spezielle Methoden herangezogen werden. Hier wird von den speziellen Untersuchungen lediglich die von Pudern/Pudergrundlagen auf Clostridien angesprochen.

Bei einer Reihe von täglichen Routineuntersuchungen wird bei guter Kenntnis des Betriebs und der Produkte eine Einschränkung des Untersuchungsumfangs möglich sein (z.B. bei Nachuntersuchungen bekannter Vorverkeimung). Ein Großteil der im folgenden beschriebenen methodischen Abläufe kann direkt oder ggf. in leichter Abwandlung auch bei der Untersuchung von Rohstoffen verwendet werden.

Die Vielzahl der Zielsetzungen von Untersuchungen macht es unmöglich, generelle Anhaltspunkte für Musterzahlen zu geben. Hier muß vom Fachmann vor Ort eine Entscheidung getroffen werden. Wichtig ist zu berücksichtigen, daß jede Probenahme begrenzt ist und statistisch der Untersuchung nur der Charakter einer punktuellen Kontrolle zukommt. Entsprechend müssen alle absichernden Systeme (im Sinne von GMP) eine hohe Priorität erhalten (s. auch 16).

Kosmetika enthalten in vielen Fällen Inhaltsstoffe mit einer antimikrobiellen Wirkung. Damit wird es notwendig, bei allen mikrobiologischen Reinheitsuntersuchungen stets auf eine ausreichende Neutralisierung zu achten, um falschnegative Ergebnisse zu vermeiden. Teilweise ist dies durch die übliche Verdünnung allein zu erreichen oder durch Spülung (Filtrationsverfahren s.u.). In anderen Fällen jedoch muß auf chemische Zusätze im Verdünnungsmedium oder dem Kulturmedium zurückgegriffen werden (23). Die Notwendigkeit solcher Maßnahmen ist durch Methodenvalidierung zu überprüfen. Hierzu werden beispielsweise Testkeime auf der Oberfläche nicht bewachsener Platten ausgestrichen (2), oder die Testkeime werden in Produkt oder Verdünnungslösung eingegeben und sind nach Abfolge der Untersuchungsmethode nachzuweisen (8).

Die mikrobiologische Untersuchung von Kosmetika wird in der Regel durch Plattenkultur mit Standardnähragar bzw. zusätzliche Anreicherung in Standardnährbouillon durchgeführt. Bei vorhandenem Keimwachstum wird ggf. eine Identifizierung angeschlossen (16). Es werden nicht – wie bei Arzneimitteln üblich – grundsätzlich selektive Anreicherungen mitgeführt. Soweit dies in Einzelfällen bei der Untersuchung von Kosmetika sinnvoll erscheint, können die Methoden des DAB (8) übertragen werden.

Bei Endproduktuntersuchungen wird zunächst mit einem Mischmuster aus mehreren Packungen (z.B. Anfang – Mitte – Ende einer Batchabfüllung oder eines Abfülltages) gearbeitet. Soweit jedoch Nachuntersuchungen notwendig werden (z.B. bei positiven oder unklaren Befunden), empfiehlt sich die Prüfung von Einzelmustern.

Da es keine einheitlich vorgeschriebenen Untersuchungsmethoden für Kosmetika gibt, wird im folgenden z.T. auf mögliche Alternativen verwiesen.

Probenvorbereitung und Produktentnahme

- Die Untersuchung erfolgt aus einem geeigneten Probengefäß (vorsterilisiert, Einfüllen des Produkts mit sterilen Geräten) oder aus der Endverpackung.
- Gefäß außen reinigen und im Bereich der Öffnung mit 70%igem Ethanol desinfizieren.
- Bei flüssigen Produkten vor Probenahme schütteln (zu starke Schaumbildung vermeiden!)
- Behältnis öffnen (sterile Schere für Tuben und Beutel; in solchem Fall: erhöhte Probenzahl vorsehen, da geöffnete Tuben und Beutel nicht nachuntersucht werden können)
- Probenmaterial mit sterilem Instrument wie Spatel, Pipette, Glasstab usw. entnehmen. Stifte und andere stückige Artikel werden bei der Entnahme zerkleinert. Direktes Ausgießen oder Ausschütten nur in Ausnahmefällen (Flaschen mit sehr kleiner Öffnung, Spraydosen u. ä.).
- Probenmaterial in Behältnis übertragen, in dem der nächste Arbeitsschritt erfolgt (z. B. Erlenmeyer-Kolben mit Einsatz von Glasperlen bei schwer verteilbaren Produkten; Stomacher-Beutel).
- Auswiegen von 10 g Probenmaterial (für Mischmuster aus mehreren Behältnissen etwa gleiche Mengen je Behältnis verwenden).

Herstellung der Ausgangsverdünnung

Die direkte Überprüfung kosmetischer Proben (direkte Übertragung des Materials auf Platten oder in Bouillon, Eintauchnährböden usw.) erbringt häufig keine verläßliche Aussage (z. B. durch Keimeinschluß im Produkt, Hemmwirkung). Daher sollte immer über eine 1:10-Verdünnung gearbeitet werden.

Verdünnungsmedien

- Lösungen, die Nährsubstanzen und Neutralisierungszusätze enthalten, z. B. Caseinpepton-Lecithin-Polysorbat-Bouillon (Merck); NaCl-Pepton-Pufferlösung (7); Verdünnungsbouillon nach EG-Richtl. ENV/509/77-DE,
- physiolog. Kochsalzlösung (i.d.R. nur bei Filtrationsverfahren),
- zusätzliche Neutralisierungszusätze: erhöhte Mengen oder zusätzliche Arten von Neutralisierungszusätzen können erforderlich sein (Methodenvalidierung). Solche Zusätze können selbst wachstumshemmend bei einzelnen Keimarten wirken. Dies muß überprüft werden.
- nichtionogene Tenside (z. B. Tween) fördern neben dem Neutralisierungseffekt bei fetthaltigen Produkten die Verteilung (Hemmwirkung überprüfen).

Herstellung der Verdünnung

- zu 10 g Probenmaterial werden 90 g der Verdünnungslösung hinzugewogen. Die Verdünnungslösung sollte auf 40 °C vorgewärmt sein,
- Produkt in der Verdünnungslösung niemals längere Zeit stehen lassen (max. 30 min),
- geschlossenes Behältnis in Schüttelwasserbad für 10–15 min schütteln (entfällt bei leicht mischbaren Produkten),
- bei Verwendung des Stomachers: Taktzeit 30 s.

Alternative für schwer verteilbare Emulsionen (W/O-Typ), Fettstifte u. ä.:

- zu 10 g Produkt direkt 10 g IPM (Isopropylmyristat; steril, auf Hemmstofffreiheit geprüft) hinzugegeben. Kurz schütteln. Kontaktzeit max. 30 s, da IPM eine antimikrobielle Wirkung besitzt,
- 80 g der Verdünnungslösung hinzuwiegen,
- weiter verfahren, wie oben beschrieben.
- Bei derartigen Produkten wird teilweise keine gleichmäßige Produktverteilung in der Verdünnung erreicht!

Anlegen der Kulturen

Aus der Ausgangsverdünnung (1:10) erfolgt nach gutem Verteilen durch Schütteln die Entnahme des Materials, mit dem das vorbereitete Nährmedium beimpft wird. Es gibt verschiedene Methoden-Alternativen:

Methode A: Oberflächenkultur (und Anreicherung)

- Portionen von jeweils 0,1 ml Ausgangsverdünnung (entspr. 0,01 g Produkt) auf die Oberfläche von 2 CASO-Agar-Petrischalen und 2 Sabouraud-Glucose-Agar-Petrischalen geben, mit jeweils einem sterilen Drigalski-Spatel verteilen.
- Zur Erhöhung der Methodenempfindlichkeit (Erhöhung der Untersuchungsmenge) jeweils 1 ml Ausgangsverdünnung (entspr. 0,1 g Produkt) in 9 ml CASO-Bouillon und 9 ml Sabouraud-Glucose-Bouillon übertragen. Teströhrchen verschließen und schütteln.

Methode B: Gußplattenmethode

- Jeweils 1 ml Ausgangsverdünnung (entspr. 0,1 g Produkt) in 4 leere Petrischalen geben.
- In 2 dieser Petrischalen 15–20 ml CASO-Agar (48 °C), in die anderen 2 Petrischalen Sabouraud-Glucose-Agar (48 °C) geben. Probenvolumina mit dem Nährboden vermischen.

Methode C: Filtrationsmethode

– Steriles Filtrationsgerät mit sterilem Membranfilter beschicken (z. B. grüner Cellulose-Nitrat-Filter mit Gitternetz, randhydrophob, Nennporenweite 0,45 µm). 50 ml phys. Kochsalz-Lösung in Filtertrichter vorlegen.

– 1–10 ml Ausgangsverdünnung (entspr. 0,1–1 g Produkt; Volumen je nach Keimgehalt und Filtrierbarkeit definieren) in den Filtertrichter überführen.

– Flüssigkeit absaugen und 2 mal mit 50–100 ml physiol. Kochsalzlösung bzw. Spüllösung nachspülen.

– Filter auf CASO-Agar auflegen.

– Vorgang wie oben beschrieben wiederholen, aber Filter auf Sabouraud-Glucose-Agar auflegen.

Die hier beschriebenen Methoden (A–C) sind geeignet für Keimzahlgehalte im Bereich der für Kosmetika zulässigen Grenzkeimzahlen. Bei deutlich höheren Keimzahlen sind beispielsweise weitere Verdünnungen zu untersuchen bzw. es kann die Spiral-Plater-Methode verwendet werden.

Prüfung auf Anwesenheit von Clostridien

Im Falle der Untersuchung von Pudergrundlagen/Pudern, die als Babypuder Verwendung finden, wird empfohlen, eine Prüfung auf Anwesenheit von Clostridien durchzuführen:

– 10 ml der Ausgangsverdünnung (entspr. 1 g Produkt) in 90 ml DRCM-Medium geben,

– pasteurisieren: 30 min bei 75 °C im Wasserbad,

– Kulturgefäß zur Bebrütung in Anaerobentopf stellen oder Nährlösung mit Paraffin überschichten,

– zur Feststellung der Keimzahl MPN-Methode einsetzen.

Bebrütung und Auswertung

– CASO-Platten 72–96 h bei 36 °C bebrüten (Bebrütung bei 30–32 °C kann vorteilhaft sein, dann jedoch 96–120 h Bebrütung. Bei Gußplatten wird grundsätzlich Bebrütung von 120 h empfohlen),

– Sabouraud-Platten 96–120 h bei 27 °C bebrüten,

– Anreicherungen (Methode A) werden 48 h bebrütet (CASO-Bouillon bei 36 °C, Sabouraud-Glucose-Bouillon bei 27 °C). Dann auf CASO-Agar resp. Sabouraud-Glucose-Agar ausstreichen und erneut 48 h bei 36 °C resp. 27 °C bebrüten,

- nach angegebenen Bebrütungszeiten erfolgt die Ablesung der Platten. Eine Zwischenablesung ist empfehlenswert,
- Auswertung der Zählplatten durch Auszählen der Koloniezahlen (Werte von Parallelplatten mitteln),
- Anreicherungen auf Wachstum auswerten,
- festgestellte Keimmengen auf Produktmenge beziehen (i.d.R. auf 1 g Produkt),
- Clostridienprüfung: 7 Tage bei 30 °C bebrüten. Anschließend auf Schwarzfärbung prüfen.

Identifizierung von Mikroorganismen

Bei der Untersuchung von Kosmetika erfolgt eine Identifizierung meistens von den Kolonien, die auf den Keimzahlplatten gewachsen sind (Vorteil bei der Oberflächenkultur). Es können auch parallel mit den oben angegebenen Verfahren Kulturen auf Selektivmedien angelegt werden.

Der im folgenden dargestellte Weg der Identifikation gibt lediglich einen grundsätzlichen Anhalt und bezieht sich auf taxonomische Gruppen, die für Kosmetika von besonderer Bedeutung sind. Weitere und genauere Identifizierungswege sollen der Literatur entnommen werden (z.B. IV: Identifizierung von Bakterien; 1).

Direkte Untersuchung von Kolonien

Schimmelpilze   typische, „wattige" Kolonien, verschieden pigmentiert

Hefen   Kolonien verschieden pigmentiert, Mikroskopie: typische Zellform, weitere Bestimmung über biochem. Reaktionen (z.B. API 20 C Aux), *C. albicans* auch über Selektivmedium, Blastosporenbildung (Reis-Agar), serologisch (z.B. *C. albicans* Antiserum, Difco)
                 Pilzmedien (nicht selektiv): Würze-Agar, Sabouraud-Glucose-Agar
                 Pilzmedien (selektiv): YGC-Agar

Bakterien

Gattung *Pseudomonas*
                 Kolonien: ohne Pigment oder gelb/grün bis rötlichbraun, Mikroskop: gramnegative Stäbchen, Oxidase-positiv (*Ps. mallei* und *Ps. cepacia* z.T. auch negativ), O/F-Test: oxidativ, Arten durch biochem. Tests (z.B. API 20 NE) bestimmen
                 Selektiv-Medien: z.B. Cetrimid-Agar, GSP-Agar

Gruppe „non-Fermenter"

> Weitere Gattungen neben der Gattung *Pseudomonas* mit vergleichbaren Grundreaktionen (Gram-Färbung, Oxidase, O/F-Test), Gattungen und Arten durch biochem. Tests bestimmen (z.B. API 20 NE)

Familie der Enterobacteriaceen

> Kolonien: meist unpigmentiert, Mikroskop: gramnegative Stäbchen, Oxidase-negativ, O/F-Test: fermentativ, Gattungen und Arten durch biochem. Tests bestimmen (z.B. API 20 E)
> Selektiv-Medien: z.B. VRBD-Agar, Endo C-Agar, MacConkey-Agar

Staphylococcus aureus

> Kolonien: häufig goldgelb, Mikroskop: grampositive Kokken, in unregelmäßigen Aggregaten, Oxidase-negativ, Katalase-positiv, mindestens eine der folgenden Reaktionen positiv: Plasmakoagulase, thermostabile DNase, Protein A (z.B. Staphyslide, Oxoid),
> Selektiv-Medien: z.B. Baird-Parker-Agar, Mannit-Kochsalz-Phenolrot-Agar, Vogel-Johnson-Agar

Gattung *Bacillus*

> Kolonien: trocken und rauh oder schleimig, häufig unregelmäßig, teilweise Ausbreitung über die ganze Platte. Mikroskop: grampositive Stäbchen (wichtig: während bestimmter Wachstumsphasen gramnegativ); Endosporen sind besonders in älteren Kulturen und nach Anzucht auf Mangan-Sulfat-Agar erkennbar (CASO-Agar mit Zusatz jeweils 0,01 % $MnCl_2$ und $MnSO_4$)

Bei der Verwendung von Selektivnährmedien sollte eine Bestätigung durch spezielle biochemische Reaktionen erfolgen (s.o.); hierfür ist in vielen Fällen eine Zwischenkultur auf einem nicht selektiven Medium (z.B. CASO-Agar) anzulegen.

Verwendung von „Schnellmethoden"

Bei der Reinheitsuntersuchung von Kosmetika werden bisher lediglich zwei der auf dem Markt angebotenen „Schnellmethoden" in nennenswertem Umfang eingesetzt: die ATP-Biolumineszenz-Methode (z.B. Fa. Celsis) und die konduktometrische Methode/Impedanzmessung (z.B. Fa. Malthus, Fa. SY-LAB).

Bei beiden Methoden wird mit der Anreicherungsmethode gearbeitet. Eine wirksame Neutralisierung ist unbedingt erforderlich, um eine sichere Aussage zu erhalten. Während die ATP-Biolumineszenz-Methode eine Endpunktmethode mit den entsprechenden Bewertungsnachteilen darstellt, wird bei der konduktometrischen Methode/Impedanzmessung der Wachstumsverlauf in Form einer

Kurve dargestellt. Bei der letztgenannten Methode beeinflußt das verwendete Medium die Sensitivität erheblich, so daß eine sorgfältige Nährmedienauswahl erforderlich ist. Schwierigkeiten zeigen sich besonders bei Schimmelpilzen. Eine sorgsame Methodenvalidierung ist vor Einsatz angeraten.

Beide Methoden haben sich nur bedingt durchsetzen können, da bei der vorhandenen Fragestellung (Untersuchung auf nicht bekannte Zahl und Art von Mikroorganismen) weder eine quantitative Aussage zum Keimgehalt möglich ist, noch zur Erfassung des gesamten Keimspektrums eine Untersuchungszeit unter 2–3 Tagen empfehlenswert erscheint (11, 17, 19).

1.5 Reinheitsanforderungen für Kosmetika

In der deutschen und europäischen Gesetzgebung sind z.Z. keine detaillierten Anforderungen bezüglich der mikrobiologischen Reinheitsanforderungen für Kosmetika vorhanden (15). Im LMBG ist lediglich gefordert, daß Kosmetika nicht die Gesundheit des Anwenders gefährden dürfen. Auch die 1993 in Kraft getretene 6. Änderung der EU-Kosmetik-Richtlinie erwähnt zwar ausdrücklich die mikrobiologischen Anforderungen im Zusammenhang mit der Produktsicherheit, gibt darüber hinaus aber keine Kriterien für die Bewertung an (13). Empfehlungen wurden aber beispielsweise vom SCC veröffentlicht (20).

Angesichts dieser Situation kommen in der Praxis verschiedene Reinheitskriterien zur Anwendung, die entweder aus dem Arzneimittelbereich übernommen wurden (9: Kateg. 2) oder von der herstellenden Industrie empfohlen werden (3, 7, 16).

Mikrobiologische Anforderungen an Kosmetika

Gesamtkeimzahl

Kosmetika zum allgemeinen Gebrauch	< 1000/g oder ml (CTFA, CTPA, IKW)
Kosmetika zum Gebrauch um das Auge und für Babys	< 500/g oder ml (CTFA)
	< 100/g oder ml (CTPA, IKW)

Spezifische Keime

Enterobacteriaceen, *Pseudomonas aeruginosa, Staphylococcus aureus* (*E. coli*), *Ps. aeruginosa* (*Ps.* spec.), *Staph. aureus, C. albicans*	negativ in 1 g oder ml (DAB) negativ in 0,1 g oder ml (nach Platten-Methode) (CTFA, CTPA, IKW)

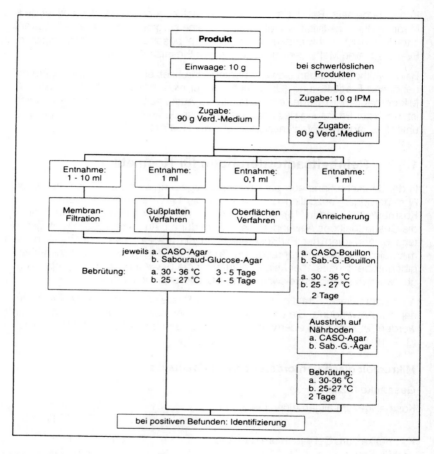

Abb. VIII.1-1:   Untersuchungsschema: Kosmetika

Die Festlegung, welche Keimarten als „spezifische" auszuschließen sind, wird in der Literatur nicht eindeutig beantwortet. Zusätzlich zu den Grenzkeimzahlen ist zu fordern, daß vorhandene Mikroorganismen sich nicht im Produkt vermehren können (Absicherung durch Konservierungsbelastungstest bzw. Zusatzuntersuchungen).

1.6 Konservierungsbelastungstest

Die Prüfung der mikrobiologischen Stabilität von Kosmetika wird im Konservierungsbelastungstest durchgeführt. Methodisch kann dieser Test jedoch sehr verschieden durchgeführt werden (10, 12). Es ist daher nicht möglich, eine allgemein gültige Untersuchungsmethode zu nennen. Als „Standardmethode" wird hier eine Methode für wasserlösliche und wassermischbare Produkte aufgeführt, die auf den Tests nach DAB (8), USP (24) und CTFA (4) basiert. Methodisch problematisch – wohl aber auch nur bedingt sinnvoll – ist ein Konservierungsbelastungstest bei wasserfreien Formelsystemen (Methodenansätze sind bei CTFA (5) aufgeführt). Bezüglich möglicher Variationen einzelner Versuchsparameter beim Konservierungsbelastungstest sowie gänzlich anderer Versuchsmodelle wird auf die Literatur verwiesen.

Testkeime

Staph. aureus, E. coli, Pseudomonas aeruginosa, Candida albicans, Aspergillus niger. Weitere relevante Keimarten (Literatur, eigene Erfahrungen) sollten ergänzt werden.

Anzucht und Beimpfungssuspension

– Keime unter definierten Bedingungen voranzüchten (Bakterien: CASO-Agar, 24 h/36 °C; *C. albicans*: Sabouraud-Glucose-Agar, 48 h/27 °C; *Asp. niger*: Sabouraud-Glucose-Agar, 7–21 Tage/27 °C (bis zu guter Versporung),
– Abschwemmung mit physiolog. Kochsalzlösung,
– Einstellung (z.B. mit Photometer) auf geeigneten Keimgehalt, so daß gewünschte Ausgangskonzentration im Produkt (s. u.) erreicht wird.

Beimpfung

– Produkt in Versuchsgefäß (Erlenmeyer-Kolben oder Schraubglas; falls möglich in Endverpackung) einwiegen (30–50 g),
– Impfsuspension (Volumen: 1 % der Produktmenge; bei schwer wasserlöslichen Produkten auch 0,1 %) zum Produkt geben und gleichmäßig einmischen (Verfahren definieren),
– Ausgangskeimgehalte sollten für Bakterien bei 10^5–10^6 KBE/g oder ml, für Pilze bei 10^4–10^5 KBE/g oder ml liegen.

Bestimmung der Keimzahl

– Die beimpften Proben möglichst bei definierter Temperatur lagern (20–25 °C),
– Probenahme (1 g-Muster) und Keimzahlbestimmung: direkt nach Eingabe, nach 1, 2, 7, 14, 21 und 28 Tagen,
– Untersuchung analog den oben beschriebenen Methoden (Pkt. 1.4) (Neutralisierung beachten).

Auswertung

Über die Testzeit soll eine deutliche Abnahme der Ausgangskeimgehalte erfolgen (zu keiner Zeit ein Anstieg). Die geforderte Abtötungskinetik kann unterschiedlich sein (Beispiel s. Tabelle) und sollte fachgerecht vom Hersteller im Rahmen der üblichen Anforderungen festgelegt werden.

	DAB 10, 1992	CTFA, 1993
Bakterien	Reduktion	
nach 7 Tagen		≥99,9 %
nach 14 Tagen	≥99,9 %	
nach 28 Tagen	kein Anstieg	weitere Abnahme
Pilze	Reduktion	
nach 7 Tagen		≥90 %
nach 14 Tagen	≥90 %	
nach 28 Tagen	kein Anstieg	weitere Abnahme

Literatur

1. BÜRGER, H; HUSSAIN, Z.: Tabellen und Methoden zur medizinisch-bakteriologischen Laborpraxis. Verlag Kirchheim, Mainz, 1984

2. CTFA: Determination of the microbial content of cosmetic products methods. In: CTFA Technical guidelines (1985)

3. CTFA: Microbiological limit guideline for cosmetics and toiletries. In: CTFA Technical guidelines (1985)

4. CTFA: Determination of preservation adequacy of cosmetic formulations. In: CTFA Technical guidelines (1993)

5. CTFA: Testing anhydrous products for preservative adequacy. In: Microtopics (CTFA ed.), Allured Publishing, Wheaton (Ill.), USA, 1986

6. CTPA: Microbial quality management – CTPA limits and guidelines (1990)

7. DAB: V.2.1.8 Prüfung auf mikrobielle Verunreinigung bei nicht sterilen Produkten (1996)

8. DAB: VIII.14 Prüfung auf ausreichende antimikrobielle Konservierung (1996)

9. DAB: VIII.15 Mikrobielle Qualität pharmazeutischer Zubereitungen (1996)

10. EIGENER, U.: Müssen Konservierungsmittel mikrobizid wirken? J. Pharmatechn. 10, 17-22 (1989)

11. EIGENER, U.: Erfahrungen mit der ATP-Lumineszenz-Methode bei der mikrobiologischen Reinheitsprüfung von Kosmetika. Seifen-Öle-Fette-Wachse 119, 501-506 (1991)

12. EIGENER, U.: Methoden zur Bewertung der Konservierung kosmetischer Mittel. In: Mikrobiologische Qualität kosmetischer Mittel (M. Heinzel ed.), Behr's Verlag, Hamburg, 1993

13. EIGENER, U.: Mikrobiologische Anforderungen an Kosmetika, Euro Cosmetics 2, 41-48 (1994)

14. EIGENER, U.: Mikrobielle Kontamination von Kosmetika. In: Mikrobielle Materialzerstörung und Materialschutz (H. Brill ed.), Gustav Fischer, Jena, 1995

15. HEINZEL, M.: Grundlagen zur Bewertung der mikrobiologischen Qualität kosmetischer Mittel. In: Mikrobiologische Qualität kosmetischer Mittel (M. Heinzel ed.), Behr's Verlag, Hamburg, 1993

16. IKW: Leitfaden für mikrobiologisches Qualitätsmanagement (MQM) kosmetischer Mittel, (Industrieverband Körperpflege und Waschmittel e.V., Frankfurt/Main), Januar 1998

17. MEYER, B.: Mikrobiologische Qualitätskontrolle von Kosmetika und Reinigungsmitteln mit Hilfe der Impedanzmessung. Seifen-Öle-Fette-Wachse 116, 762-764, 1990

18. MEYER, B.: Mikrobiell bedingter Verderb und mikrobiell bedingte Gesundheitsrisiken kosmetischer Mittel. In: Mikrobiologische Qualität kosmetischer Mittel (M. Heinzel ed.), Behr's Verlag, Hamburg, 1993

19. MUSCATIELLO, M.J.; PENICNAK, A.J.: Evaluation of impedance microbiology. Cosm. Toil. 102, 41-46 (1987)

20. SCC: Microbiological quality of the finished cosmetic product (Annex 7). In: Notes of guidance for testing of cosmetic ingredients for their safety evaluation, (Scientific Committee on Cosmetology of the European Commission), September 1998

21. SMART, R.; SPOONER, D.F.: Microbiological spoilage in pharmaceuticals and cosmetics. J. Soc. Cosmet. Chem. 23, 721-737 (1972)

22. SPOONER, D.F.: Hazards associated with the microbiological contamination of nonsterile pharmaceuticals, cosmetics and toiletries. In: Microbial quality assurance in pharmaceuticals, cosmetics and toiletries (S.F. Bloomfield, R. Baird, R.E. Leak und R. Leech ed.), Ellis Horwood Ltd., Chichester, 1988

23. SINGER, S.: The use of preservative neutralizers in diluents and plating media. Cosm. Toil. 102, 58-60, 1987

24. USP: USP XXII. 51 Antimicrobial preservatives effectiveness (1990)

2 Packmittel

Regina Zschaler

Aufgeführt werden die üblichen Methoden der Untersuchung von Packmitteln, vorrangig festgelegt in Merkblättern, herausgegeben vom Fraunhofer-Institut für Lebensmitteltechnologie und Verpackung.

2.1 Flaschen und Becher

Flaschen (Merkblatt 19)

Methode zur Bestimmung der Gesamtkoloniezahl von Hefen und Schimmelpilzen sowie coliformer Bakterien in Flaschen und enghalsigen Behältern (Abb. VIII.2-1).

Auf 40 °C erwärmte Spülflüssigkeit (0,1 % Pepton, 0,85 % NaCl) wird steril in die Behälter gegeben (pro Entnahmeeinheit und Keimart 10 Stück). Diese werden mit Originalverschluß verschlossen und in einer Schüttelapparatur 10 min geschüttelt. Bei Verpackungen von 150–1000 ml sollte die Spülflüssigkeitsmenge 150 ml betragen.

Nach dem Schütteln werden jeweils 50 ml Spülflüssigkeit den Flaschen entnommen und über ein Filtrationsgerät durch einen sterilen Membranfilter (0,45 μm) gesaugt. Nachgespült wird mit 5–10 ml steriler Spülflüssigkeit. Der Membranfilter wird mit Hilfe einer sterilen Pinzette mit der Unterseite in eine mit Nährboden beschichtete Petrischale gelegt. Dabei soll die Bildung von Luftblasen zwischen Filter und Nährboden vermieden werden.

Bebrütung und Auswertung sind abhängig vom jeweiligen Nährboden.

Angabe der KBE pro 100 ml Verpackungsinhalt, Mittelwert aus 10 Untersuchungen.

Gesamtkoloniezahl: Nähragar, 3 Tage, 25 °C

Hefen und Schimmelpilze: Sabouraud-Agar (mod.), 3–5 Tage, 25 °C

Coliforme Keime: VRB-Agar, 20 ±2 h, 30 °C

Bei besonderer Fragestellung, z.B. bei Nachweis von säuretoleranten Mikroorganismen, wird der Membranfilter auf einen Orangenserum-Agar gelegt. (Bebrütung 30 °C, 3–5 Tage).

Becher (Merkblatt 15)

In die zu prüfenden Becher werden etwa 5 ml sterile Verdünnungsflüssigkeit pipettiert. Die Becher werden mit steriler Aluminiumfolie verschlossen. Entweder werden die Mikroorganismen durch Schwenken des Bechers abgeschwemmt, oder es wird ein steriles Abstrichröhrchen zum Abwischen verwendet.

Untersuchung der Spülflüssigkeit

– Verfahren: Gußkultur in großen Platten (Ø 14 cm) mit 5 ml Suspension

– Kulturbedingungen: je nach Füllmaterial und Fragestellung
Einsatz unterschiedlicher Medien, wie z. B. für
aerobe Koloniezahl: Plate-Count-Agar, 30 °C, 3 Tage
Hefen und Schimmelpilze: Hefeextrakt-Glucose-Chloramphenicol-Agar,
25 °C, 3–5 Tage
Coliforme Bakterien: VRB-Agar, 30 °C, 20 ±2 h
Säuretolerante Bakterien: Orangenserum-Agar, 30 °C, 3 Tage

– Auswertung: Bei Ansatz der gesamten 5 ml auf einem Nährboden Angabe
Keimzahl/Becher

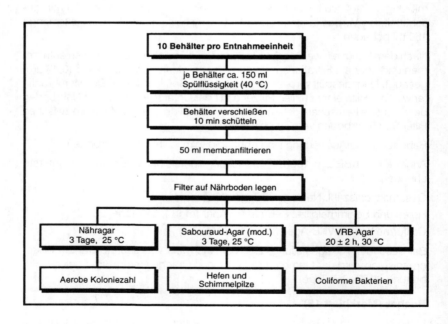

Abb. VIII.2-1:   Bestimmung der Gesamtkoloniezahl sowie Nachweis
von Hefen, Schimmelpilzen und coliformen Keimen in
Flaschen und enghalsigen Behältern

2.2   Kronenkorken, Bügel- und Hebelverschlüsse

Mit einem sterilen Einwegwattetupfer mit 1 ml Befeuchtungsflüssigkeit wird die Innenfläche abgestrichen. Der Tupfer wird in 9 ml steriler Verdünnungsflüssigkeit ausgeschüttelt und direkt auf einem Medium ausgestrichen bzw. mit je 1 ml auf verschiedenen Nährböden angesetzt.

Medium: Orangenserum-Agar, Bebrütung: 30 °C, 3 Tage
             MRS-Agar mit 2 % Kreide, Bebrütung: 30 °C, 3 Tage

2.3   Weinkorken

(Merkblatt 34)

Prüfung auf Sterilität (Abb. VIII.2-2)

Pro Entnahmeeinheit sind 20 Korken zu prüfen.

Die einzelnen Korken werden in eigens dafür vorgesehene Glasbehälter gegeben und mit einer Drahtklammer fixiert. Jeder Korken wird unter sterilen Bedingungen mit 25 ml Orangenserum-Bouillon übergossen, der Behälter wird steril abgedeckt und in einen Exsikkator gegeben. Dieser wird verschlossen und über einen Dreiwegehahn mit Hilfe einer Wasserstrahlpumpe 2 x 30 min evakuiert. Zwischendurch ist auf Normaldruck zu belüften. (Wattebausch oder Membranfilter!) Nach 14-tägiger Bebrütung bei 25 °C werden 0,1 ml der Orangenserum-Bouillon im Doppelansatz auf Orangenserum-Agar ausgespatelt.

Röhrchen, die innerhalb von 14 Tagen bereits Trübung bzw. Keimwachstum aufweisen, werden als „nicht steril" beurteilt und verworfen.

Bebrütung der Platten: 25 °C, 3 Tage

Auswertung: Angabe Bakterien-, Hefen- bzw. Schimmelpilze-Wachstum/Verschluß

2.4   Hilfsmittel für die Lebensmittelindustrie

Holzlöffelstiele, Eiscremelöffel, Schaschlikspieße (Merkblatt 37)

Bestimmung der Gesamtkoloniezahl, Nachweis von Hefen und Schimmelpilzen sowie coliformer Bakterien auf Oberflächen von Hilfsmitteln für die Lebensmittelindustrie.

Probestücke, welche größer sind als der Durchmesser einer Petrischale (9 cm), werden einzeln mit einer sterilen Pinzette in je einen Polybeutel gegeben und nach Verschließen des Beutels auf das gewünschte Maß gebrochen.

Pro Nährboden sind 10 Proben zu prüfen.

In mit Nährböden vorgegossene Petrischalen (ca. 10 ml Nährboden/Platte) werden die Versuchsstücke steril auf den festen, aber noch feuchten Nährboden gelegt und mit einer sterilen Pinzette angedrückt.

Pro Petrischale nur Einzelstücke einer Probe einlegen.

Anschließend werden die Probestücke mit 45 °C warmem Nährboden ca. 2 mm hoch überschichtet.

Bebrütung und Auswertung dem jeweiligen Nährboden entsprechend. Angabe der KBE pro Einzelprobestück, Mittelwert aus 10 Untersuchungen, Bewuchs an Bruchflächen gesondert zählen.

Gesamtkoloniezahl: Nähragar, 3 Tage, 25 °C

Hefen und Schimmelpilze: Sabouraud-Agar (mod.), 3–5 Tage, 25 °C

Enterobacteriaceen: VRBD-Agar, 20 ±2 h, 30 °C

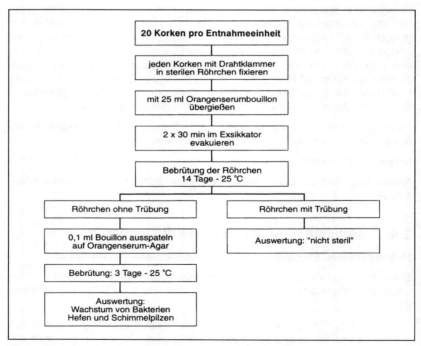

Abb. VIII.2-2:   Prüfung von Weinkorken auf Sterilität

2.5 Papier-, Kunststoff- und Aluminiumfolie bzw. Karton und Pappe (nach DIN 54378)

Oberflächenkoloniezahl (Abb. VIII.2-3)

Hierzu werden von jeder Probenahmeeinheit 10 steril ausgeschnittene Abschnitte (Schere oder Kreisschneider) von 100 cm^2 in sterile Petrischalen (Ø 140 mm) gelegt oder 7 x 7 cm Stücke in Petrischalen mit 9 mm Ø, welche zuvor mit einer dünnen Schicht Nährboden ausgegossen wurden. Der Abschnitt wird mit einer ca. 2 mm hohen Schicht verflüssigtem Medium (45 °C) übergossen.

Aerobe mesophile Koloniezahl: Plate-Count-Agar, 3 Tage, 30 °C

Hefen und Schimmelpilze: Sabouraud-Glucose-Maltose-Agar, 3–5 Tage, 25 °C oder Oxytetracyclin-Glucose-Hefeextrakt-Agar (OGY-Agar), 3–5 Tage, 25 °C

Coliforme Bakterien: VRB-Agar, 20 ±2 h, 30 °C

Säuretolerante Bakterien: Orangenserum-Agar, 3 Tage, 30 °C

Angabe der Keimzahl pro 100 cm^2 (DIN-Methode 54378)

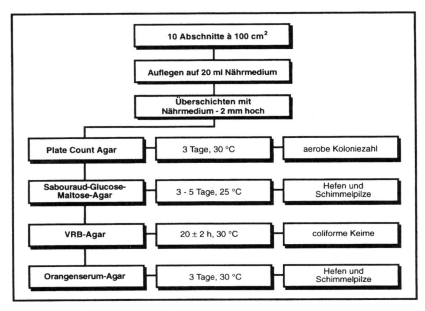

Abb. VIII.2-3: Oberflächenkeimzahlbestimmung bei Papier, Karton und Pappe

Gesamtkoloniezahl, Clostridiensporen und Schleimbildner in Kartonmaterial (Abb. VIII.2-4)

Gesamtkoloniezahl

– Pro Entnahmeeinheit 10 Abschnitte testen und diese mit Schere oder Korkbohrer steril in Abschnitte von ca. 1,5 g ausschneiden. Je 1 g in 99 ml Ringerlösung überführen und mit dem Ultra-Turrax zerfasern (1 min). Die so erhaltenen 10 Basissuspensionen in getrennten Verdünnungsreihen in Petrischalen pipettieren und mit Nähragar beschicken.
– Bebrütung: 3 Tage, 25 °C

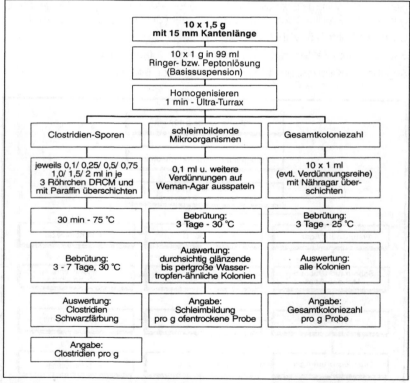

Abb. VIII.2-4:   Bestimmung der Gesamtkoloniezahl sowie Nachweis von Clostridiensporen und Schleimbildnern auf Papier, Karton und Vollpapier

– Angabe des Mittelwertes aus 10 Verdünnungsreihen, umgerechnet auf 1 g ofentrockene Probe (DIN-Methode 54379)

Clostridiensporen

– Aufbereitung der Proben analog der Gesamtkoloniezahl bis zum Erhalt von jeweils 100 ml Basissuspension (Peptonlösung). Davon Verdünnungen von 0,1/0,25/0,5/0,75/1,0/1,5/2,0 ml in je 3 Röhrchen DRCM-Bouillon geben (MPN-Methode), mit Paraffin (steril) verschließen, 30 min bei 75 °C erhitzen und dann 3–7 Tage bei 30 °C bebrüten
– Auswertung: Schwarzfärbung, Berechnung auf 1 g absolut trockene Pappe (DIN-Methode 54383)

Schleimbildende Bakterien (Merkblatt 47)

– Aufbereitung der Proben analog der Gesamtkoloniezahl bis zum Erhalt von jeweils 100 ml Basissuspension. Petrischalen mit Weman-Agar ausgießen, nach dem Erstarren möglichst vortrocknen, um ein Ausschwärmen von Kolonien zu vermeiden. Je 0,1 ml Basissuspension bzw. weitere Verdünnungsreihen auf den Nährboden aufbringen und mit einem Drigalski-Spatel gleichmäßig verteilen.
– Bebrütung: 3 Tage, 30 °C
– Auswertung: Nur Schleimbildner (stecknadelkopf- bis perlgroß, halbkugelige, durchsichtige, farblose Kolonien; geleeweich, Aussehen wie Wassertropfen). Angabe des Mittelwerts aus 10 Verdünnungsreihen, umgerechnet auf 1 g ofentrockene Probe.

Prüfung auf antimikrobielle Bestandteile in Packstoffen (Abb. VIII.2-5)
(Merkblatt 18 und DIN-Methode 54380)

Testkeime   *Aspergillus niger* ATCC 16404

              Bacillus subtilis ATCC 6633 bzw. *Bacillus subtilis*-Sporensuspension (Merck 10649)

Herstellung der Impfsuspensionen

Bacillus subtilis

              Vorzugsweise Verwendung der fertigen Sporensuspension *Bac. subtilis* (Merck), Ampullen à 2 ml

Aspergillus niger

              Eine Reinkultur auf Schrägröhrchen wird mit Impföse auf eine Petrischale mit Sabouraud-Agar überimpft. Nach guter Versporung (3 Wochen, 25 °C) werden die Konidien mit einer befeuchteten Impföse in 10 ml Kochsalzlösung + Tween 80 überführt. Lösung vor Gebrauch gut durchschütteln.

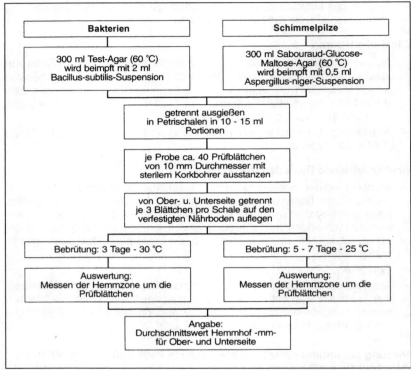

Abb. VIII.2-5:   Prüfung der Verpackung auf antimikrobielle Bestandteile

Methode   Ausstanzen von 10 mm Prüfblättchen mit Hilfe eines sterilen
                 Korkbohrers. Pro Testkeim mindestens 20 Versuchsblättchen.
                 Für den Test mit Bakterien werden 300 ml verflüssigter, 60 °C
                 warmer Test-Agar mit 2 ml *Bacillus subtilis*-Sporensuspension
                 versetzt und nach gutem Durchmischen in Petrischalen ausge-
                 gossen (ca. 10–15 ml Nährboden/Platte). Kurz vor dem Erstar-
                 ren mit steriler Pinzette je 3 Prüfblättchen auf eine Platte legen
                 und leicht andrücken, dabei Luftpolster unter den Blättchen
                 vermeiden. Es wird Ober- und Unterseite der Probe getestet,
                 und zwar jeweils in 3 Petrischalen.
                 Bebrütung: 3 Tage, 30 °C, ggf. länger

Die Prüfung auf Fungizidie mit *Aspergillus niger* erfolgt wie bei den Bakterien, nur daß hier 300 ml Sabouraud-Glucose-Maltose-Agar mit 0,5 ml der *Aspergillus niger*-Suspension beimpft werden.
Bebrütung: 3 Tage, 30 °C, ggf. länger

Es sind Kontroll-Petrischalen mit beimpftem Medium ohne Auflegen von Prüfblättchen anzufertigen, um das Wachstum der Teststämme zu kontrollieren.

Auswertung: Angabe Durchschnittswert des Hemmhofes in mm, getrennt für Ober- und Unterseite (DIN-Methode 54380)

2.6   Mikrobiologische Kriterien

Interne Spezifikation der Abnehmer-Industrie entsprechend den vorgestellten Methoden.

Tab. VIII.2-1:   Mikrobiologische Kriterien für Packstoffe

Packstofftyp	Grenzwerte	
	Bakterien + Hefen	Schimmelpilze
1) Margarineeinwickler* Deckblätter, Kunststoff- und Alufolien	≤6/100 cm²	≤2/100 cm²
2) Vorgefertigtes Verpackungsmaterial bis 1-l-Becher, Schalen, z.B. für Joghurt, Quark, Margarine etc.	≤10/100 g Inhalt	≤2/100 g Inhalt
Für jedes zusätzliche kg Inhalt	≤20/kg	≤5/kg
Deckel	≤6/100 cm²	≤2/100 cm²
3) Umverpackungsmaterial Voll- und Wellpappe, Faltschachteln aus Karton		≤20/100 cm²

* Papierhaltige Wickler (Pergamentpapier, Ersatzpergament) müssen frei von Stockflecken sein. Bei der Verwendung von antimikrobiellen Bestandteilen ist die Empfehlung 36 (BGA) zu berücksichtigen.

Literatur

1.   PETERMANN, E.: Bedarfsgegenstände: Packstoffe und Behälter, in: Sammlung von Vorschriften zur mikrobiologischen Untersuchung von Lebensmitteln, herausgegeben von W. SCHMIDT-LORENZ, Verlag, Weinheim, 1981

2. Merkblatt VIII/3/68: Bestimmung der Anzahl von Schimmelpilzen auf der Oberfläche von Karton, Vollpappe u. Wellpappenrohpapieren (Oberflächenkeimzahl, OKZ$_s$), Verein der Zellstoff- und Papier-Chemiker und -Ingenieure, März 1988

3. Merkblatt VIII/4/68: Bestimmung der Gesamtkeimzahl (GKZ) in Papier, Karton und Vollpappe, DIN 54379, August 1978

4. Merkblatt 9: Prüfung von Wellpappe – Bestimmung der Anzahl von Schimmelpilzen auf der Oberfläche von Wellpappe und auf Wellpapieren aus fertiger Wellpappe, Verp.-Rdsch. 22 (1971) Nr. 8, Techn.-wiss. Beilage, 70-72

5. Merkblatt 15: Bestimmung der Gesamtkeimzahl, der Anzahl an Schimmelpilzen und Hefen und der Anzahl an coliformen Keimen vorgefertigter Verpackungen. Verp.-Rdsch. 23 (1972) Nr. 11, Techn.-wiss. Beilage, 89-92

6. Merkblatt 18: Prüfung auf antimikrobielle Bestandteile in Packstoffen, Verp.-Rdsch. 25 (1974) Nr. 1 Techn.-wiss. Beilage, 5-8

7. Merkblatt 19: Bestimmung der Gesamtkeimzahl, der Anzahl an Schimmelpilzen und Hefen und der Anzahl an coliformen Keimen in Flaschen und vergleichbaren enghalsigen Behältern, Verp.-Rdsch. 25 (1974) Nr. 6, 569-575

8. Merkblatt 28: Bestimmung von Clostridiensporen in Papier, Vollpappe und Wellpappe, Verp.-Rdsch. 27, (1976) Nr. 10, Techn.-wiss. Beilage, 82-84

9. Merkblatt 34: Prüfung von Weinkorken auf Sterilität, Verp.-Rdsch. 29 (1978) Nr. 7, Techn.-wiss. Beilage, 55-56

10. Merkblatt 37: Bestimmung der Gesamtkoloniezahl, der Anzahl an Schimmelpilzen und Hefen und der Anzahl an Gesamt-Enterobakterien auf der Oberfläche vorgefertigter Hilfsmittel für die Lebensmittelindustrie, wie Holzlöffelstiele und Löffel für Eiscreme, Schaschlikspieße und dergl., Verp.-Rdsch. 30 (1979) Nr. 8, Techn.-wiss. Beilage, 58-59

11. Merkblatt 39: Bestimmung von Bakteriensporen in Papier, Karton, Vollpappe und Wellpappe, Verp.-Rdsch. 30, (1979) Nr. 12, Techn.-wiss. Beilage, 91-93

12. Merkblatt 43: Bereitstellung von Stamm- und Gebrauchskulturen von Pilzen für mikrobiologische Prüfverfahren, Verp.-Rdsch. 32 (1981) Nr. 11, Techn.-wiss. Beilage, 89-90

13. Merkblatt 44: Bereitstellung von Stamm- und Gebrauchskulturen von Bakterien für mikrobiologische Prüfverfahren, Verp.-Rdsch. 32 (1981), Nr. 11, Techn.-wiss. Beilage, 89-90

14. Merkblatt 46: Prüfung von Packstoffoberflächen auf fungistatisch wirkende Verbindungen, Verp.-Rdsch. 34 (1983) Nr. 11, Techn.-wiss. Beilage, 84-86

15. Merkblatt 47: Prüfung von Papier, Karton und Pappe auf schleimbildenden Mikroorganismen, Verp.-Rdsch. 35, (1984) Nr. 11, Techn.-wiss. Beilage, 78-79

16. Merkblatt 50: Prüfung von Lebensmittelpackungen auf Dichtigkeit gegenüber Schimmelsporen in Luft, Verp.-Rdsch. 37 (1986) Nr. 4, Techn.-wiss. Beilage, 31-32

Allgemeine Anmerkung:

Alle DIN-Vorschriften bzw. Merkblätter sind in einem Ringbuch „Mikrobiologische Prüfmethoden von Packstoffen", Keppler Verlag, Heusenstamm, 1. Ausgabe 1988, erschienen.

3 Spielzeug

Regina Zschaler

Im Amtsblatt der Europäischen Gemeinschaften Nr. L 187 aus dem Jahr 1988 wird gefordert, daß in den Verkehr gebrachtes Spielzeug die Sicherheit und/oder Gesundheit von Kindern und anderen Personen nicht gefährden darf. Im Anhang zu diesem Vorschlag ist festgelegt, daß Spielzeug so zu gestalten und herzustellen ist, daß die Hygiene und Reinheitsvorschriften erfüllt werden, damit Infektions-, Krankheits- und Ansteckungsgefahren ausgeschlossen werden.

Für die Untersuchung von Spielzeug gibt es in Deutschland bisher keine vorgeschriebenen Methoden. Die FDA hat jedoch für die USA eine Methode und Anforderungen mikrobiologischer Art festgestellt, die in Einzelfällen auch in Deutschland angewendet werden.

Das zu untersuchende Spielzeug (Kleinteile) wird in steriler Phosphat-Pufferlösung (100 ml) ausgeschüttelt. Die gleiche Pufferlösung wird verwendet, um insgesamt 10 Prüfstücke abzuspülen (möglichst unter aseptischen Bedingungen). Anschließend wird diese Lösung für folgende Bestimmungen verwendet:

- Gesamtkoloniezahl: Plate-Count-Agar, 3 Tage, 25 °C
- *Staphylococcus aureus*: Baird-Parker-Agar, 48 h, 37 °C
- *E. coli*: Trypton-Bile-Agar, 20 h, 44 °C
- *Pseudomonas aeruginosa*: Cetrimid-Agar, 48 h, 42 °C
- Salmonellen: Hier wird der Rest der gepufferten Peptonlösung bei 37 °C für 18 h bebrütet und weiter nach dem üblichen Selektiv-Anreicherungsverfahren behandelt.

Die Anforderungen, die an die Spielzeuge gestellt werden, beziehen sich auf alle o. a. Parameter. Das Limit für den Gesamtkoloniegehalt beträgt 1000–10000 Keime/Spielzeug. Für alle anderen Mikroorganismen muß der Befund negativ sein.

Sind die zu testenden Spielzeuge noch von einer Kunststoffhülle oder -kapsel umgeben und werden so in ein Lebensmittel verarbeitet, so empfiehlt es sich, 10 Prüfteile in einen sterilen Kunststoffbeutel einzubringen, mit 100 ml Spülflüssigkeit zu benetzen und die Kapseln erst in diesem Beutel zu öffnen (hiermit wird die Gefahr der sekundären Kontamination deutlich vermindert).

In einzelnen Laboratorien wird zusätzlich zum *E. coli*-Nachweis auch der Nachweis auf Enterobacteriaceen (VRBD-Agar, 20 ±2 h, 30 °C) durchgeführt. Die Keimzahlgrenze wird dann auf 100/Spielzeug festgelegt. Außerdem kann auf Hefen und Schimmelpilze (YGC-Agar 3–5 Tage, 25 °C) geprüft werden. Die tolerierbare Keimzahl für Hefen und Schimmelpilze wird ebenfalls mit 100/Spielzeug festgelegt.

Literatur

1. FDA: Bacteriological Analytic Manual for Foods, 4th Edition, 1976
2. EN 71 Teil 1-3, DK 688.72:614.8:620.1, Ausgabe 3
3. Amtsblatt der Europäischen Gemeinschaften Nr. L 187, 1-13, vom 16.7.1988, Richt-linie des Rates vom 3. Mai 1988 zur Angleichung der Rechtsvorschriften der Mitglied-staaten über die Sicherheit von Spielzeug (88/378/EWG)

IX Methoden zur Kontrolle der Betriebshygiene

Regina Zschaler

Vorbemerkung

Die Betriebshygiene sollte die Kontrolle der Luft, der Desinfektionsmittel, des Nachspülwassers, der Produktionslinien, inklusive Maschinen sowie die des Personals umfassen.

1 Luft

1.1 Allgemeines

Für zahlreiche Betriebe ist die Luftuntersuchung ein wichtiger Teil der Betriebshygiene. Diese Aussage gilt besonders dann, wenn die angewandte Technologie sich eines offenen Verfahrens bedient. Die Mikroorganismen der Luft haften an Staubpartikeln oder an feinen Wassertröpfchen. Ihre Überlebensdauer hängt u. a. von der Luftfeuchtigkeit und der Beschaffenheit der Trägerpartikel ab.

1.2 Untersuchung

Die sicherste Erfassung der Mikroorganismen in der Luft wird durch Filtration erreicht. Dieses Verfahren ist jedoch sehr aufwendig, so daß für die Praxis eigentlich nur zwei Verfahren in Frage kommen.

Sedimentationsmethode

Es werden Petrischalen, z.B. mit Plate-Count-Agar oder Hefeextrakt-Glucose-Chloramphenicol-Agar, für beispielsweise 30 min in der Fabrik aufgestellt und danach bebrütet. Ein Nachteil der Methode besteht darin, daß je nach Luftbewegung nur eine sehr kleine Luftmenge erfaßt wird.

Impactionsverfahren

Ein bestimmtes, am Gerät einstellbares Luftvolumen (für Industriebetriebe häufig 50 l/1 min) wird angesaugt, beschleunigt und auf einen festen Nährbodenstreifen geschleudert (Impaction). Der Nährboden wird in einer mitgelieferten Brutkammer direkt bebrütet. Beim Einsatz der Medien ist darauf zu achten, daß diese genügend feucht sind, da sonst die Partikel und Mikroorganismen abprallen. Es empfiehlt sich, je nach Fragestellung, das Gerät entweder mit einem

CASO-Nährboden für die Gesamtkeimzahl (Luftkeimindikator TC) oder für Hefen und Schimmelpilzbelastung (Luftkeimindikator YM-Rosa-Bengal-Streptomycin-Agar) zu beschicken. Das Gerät ist unter der Bezeichnung RCS Plus von der Firma Biotest, Frankfurt, zu beziehen, ebenso die Biotest Hycon Luftkeimindikatoren.[*]

Vorteile des Gerätes: Es ist leicht und handlich, arbeitet netzunabhängig, hat einen schnell auswechselbaren Akku und ist justierbar. Die Ablesung der gefundenen Keime ist sehr einfach, sie erfolgt direkt entsprechend dem gewählten Sammelvolumen. Soll das Ergebnis auf 1 m³ bezogen werden, ist die gefundene Keimzahl mit 20 zu multiplizieren.

Abb. IX.1-1:   RCS Plus

---

[*] Inzwischen hat die Fa. Biotest, um die Wiederfindungsraten bei der „Gesamtkeimzahlbestimmung" zu erhöhen, ein neues Nährmedium entwickelt, auf dem auch subletal geschädigte und andere anspruchsvolle Mikroorganismen gut wachsen.

Eine Variation des Verfahrens der Impaction ist die Verwendung einer RODAC-Platte oder einer Petrischale (90 mm Ø) anstelle des Nährbodenstreifens. Die RODAC-Platte oder Petrischale (MAS-100, Fa. Merck) liegt unter einer Siebplatte in einer Halterung. Erfahrungsgemäß kann jedoch mit der Verwendung einer Siebplatte (Lochplatte) der Nachteil einher gehen, daß Keime übereinander liegen können.

2 Desinfektionsmittel und Nachspülwasser

2.1 Allgemeines

Für die meisten Lebensmittelbetriebe ist der Einsatz von Desinfektionsmitteln notwendig, um die an Gegenständen und Händen haftenden Keime abzutöten. Für die Prüfung der Effizienz von Desinfektionsmitteln gibt es zahlreiche Testmethoden, die insbesondere die Abtötung pathogener Keime umfassen. Ob die empfohlene Konzentration, die vorgegebene Zeit und Temperatur ausreichen, um die im Betrieb vorherrschende Keimflora (= Verderbsflora) abzutöten, sollte jedoch in einfachen Labortesten (= Suspensionstesten) geprüft werden, ebenso die Qualität des für das Nachspülen verwendeten Wassers.

2.2 Prüfung von Desinfektionsmitteln

Sowohl die DGHM (Deutsche Gesellschaft für Hygiene und Medizin) als auch die DVG (Deutsche Veterinärmed. Gesellschaft) haben Prüfvorschriften für Desinfektionsmittel entwickelt. Für die Prüfung von Händedesinfektionsmitteln für den Einsatz im Lebensmittelbetrieb wurde eine spezielle Prüfung von der DGHM entwickelt. Die so gelisteten Präparate werden als Händedekontaminationsmittel bezeichnet.

Auf dem Markt befindliche Präparate werden auch mit reinigender Wirkung neben der desinfizierenden angeboten. Um eine Harmonisierung in der EG und einheitliche Normen zu erzielen, wurden beim „Technischen Komitee CEN/TC 216" drei Working Groups errichtet. In der Working Group 3 wird der Einsatzbereich Lebensmittel erarbeitet. Der Stand der Arbeiten ist zur Zeit wie folgt:

Phase 1 = Basistest (= Bakterizide Basiswirkung DIN EN 1040 [1993])

Dieser quantitative Suspensionstest mit 2 Prüfstämmen, *Staphylococcus aureus* und *Pseudomonas aeruginosa*, wird bei 20 °C durchgeführt. Die zu erfüllende Forderung für eine Aussage, ob ein Produkt ein Desinfektionsmittel ist, lautet: Innerhalb 60 min bei 20 °C muß eine log Reduktion >5 für die Teststämme erzielt werden.

Zusätzlich zu diesem Test gibt es eine weitere Variation des Basistests: die Prüfung auf Fungizide Basiswirkung. Die 2 Prüfstämme sind hier *Candida albicans* und *Aspergillus niger*. Dieser Test ist als DIN-Norm 1275 im Jahre 1994 veröffentlicht worden. Darüber hinaus ist eine Sporozidieprüfung unter Eingabe von *Bacillus subtilis* in Bearbeitung.

Phase 2 beinhaltet 2 Stufen

1. Stufe   Test unter praktischen Bedingungen. Es handelt sich um einen quantitativen Suspensionstest zur Bewertung der bakteriziden Aktivität von Desinfektionsmitteln (DIN EN 1276 = Bakterien [August 97], DIN EN 1650 = Pilze [Februar 98]). Geprüft wird mit *Staph. aureus* ATCC 6538, *Pseudomonas aeruginosa* ATCC 15442, *E. coli* ATCC 10536, *Enterococcus hirae* ATCC 10541 bzw. *Candida albicans* ATCC 10231 und *Aspergillus niger* ATCC 16404, für Brauereien zusätzlich *Saccharomyces cerevisiae* ATCC 9763 (DSM 1333) oder *S. cerevisiae* var. *diastaticum* DSM 70487, unter Belastung mit Hartwasser, 0,03 % und 0,3 % Rinderalbumin.

Die Anforderung lautet:

Innerhalb von 5–60 min bei 20 °C (oder bei Ergänzungstest auch bei 4, 10 und 40 °C) muß eine Verminderung um mindestens 10^5 der Anzahl der lebenden vegetativen Mikroorganismen für die Referenzstämme festgestellt werden.

Vorgesehen sind evtl. auch ergänzende Tests durch Einbringen weiterer Testmikroorganismen und evtl. anderer Belastungen für spezielle Einsatzgebiete (Kosmetik, Brauereien, Zuckerfabriken). Diese Tests befinden sich derzeit in praktischer Überprüfung.

2. Stufe   Keimträgerteste: Hier ist noch keine Einigung über die zu verwendenden Keimträger und die Methode erzielt worden. Zur Diskussion stehen Glas-KT, V2A-KT, Kunststoff-KT (KT = Keimträger).

Phase 3 = Feld-Versuche

Die Arbeit ist noch nicht begonnen worden.

Für die Überprüfung von Händedesinfektionsmitteln wurde ebenfalls eine DIN-Norm entwickelt: DIN EN 1499 (desinfizierende Händewaschung, Juni 1997), die auf Basisteste zurückgreift und die hygienische Händedesinfektion nach Standardeinreibeverfahren beschreibt. Als Teststamm für diese Teste wird *Escherichia coli* ATCC 10538 vorgeschrieben. Die Anforderungen sind genau festgelegt und beziehen auch eine statistische Bewertung ein, wobei mit einem Referenzverfahren verglichen wird.

2.3 Untersuchung von Nachspülwasser

Nachspülwasser wird wie Trinkwasser untersucht, jedoch sollte die Untersuchungstechnik darauf abgestellt sein, die „Betriebs-Problem-Keime" zu erfassen. Es können z.B. 100 ml filtriert und der Filter auf GSP-Agar zum Erfassen der Pseudomonaden angezüchtet werden (wichtig für die Kosmetikindustrie). Es können, wenn kein Filtrationsgerät zur Verfügung steht, jedoch auch jeweils 10 ml in 10 großen Petrischalen (Ø 14 cm) mit dem entsprechenden Nährboden beschickt werden. Entsprechend wird bei anderen Problemkeimen verfahren. Die mikrobiologischen Anforderungen an das ablaufende Spülwasser entsprechen den Werten für Trinkwasser, d.h. Keimzahl < 100/ml und in 100 ml keine coliformen Keime oder *E. coli*.

3   Produktionslinie und Personal

3.1   Allgemeines

Die Sicherung der mikrobiologischen Qualität eines Produktes, die eine Verhinderung von Verderb und Auftreten von Krankheitserregern bezweckt, ist nicht allein durch eine Endproduktkontrolle erreichbar, sondern nur durch konsequente betriebshygienische Maßnahmen und eine gezielte Prozeßkontrolle unter Berücksichtigung des HACCP-Konzeptes (Temperatur, Zeit, Wasseraktivität, eventuell Einsatz von Konservierungsmitteln usw.). Die Betriebshygiene muß u. a. das Personal, die Roh- und Zusatzstoffe, die Maschinenteile und Gerätschaften, das Verpackungsmaterial, die Raumluft und das Wasser erfassen. Eine Endproduktkontrolle kann abschließend nur den Erfolg der Betriebshygiene bestätigen.

3.2   Untersuchung

Die Methodenauswahl wird durch das zu prüfende Material, den zu vertretenden Zeitaufwand, die Kosten sowie die erforderliche Genauigkeit für die Problemlösung bestimmt. Von den zahlreich beschriebenen Verfahren sind für die Untersuchung im Betrieb zu empfehlen:

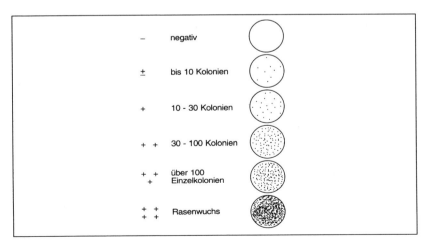

Abb. IX.3-1:   Bewertungsschema für Agar-Kontaktverfahren

Abklatsch- oder Kontaktverfahren

Diese Verfahren z. B. mit RODAC-Platten sind bei der Überprüfung glatter Flächen mit geringen Rauhtiefen und zur Kontrolle des Personals geeignet. Bei sehr nassen Flächen ist das Verfahren nicht empfehlenswert (Verschmieren der Kolonien). Die Auswertung der Agar-Kontaktverfahren erfolgt bei Verwendung von Plate-Count-Agar halbquantitativ (Abb. IX.3–1).

Die DIN 10113-3 „Bestimmung des Oberflächenkeimgehaltes auf Einrichtungs- und Bedarfsgegenständen" gibt für die mit Nährboden beschichteten Entnahmevorrichtungen (neben RODAC-Platten auch sog. Nährbodenträger mit doppelseitiger Verwendung, Typ = Hygicult®, u. a. von Fa. Schülke & Mayr zu beziehen) ein etwas anderes Auswert- bzw. Bewertungsschema an.

Tab. IX.3-1:   Auswertschema für mesophile aerobe Keimzahlen

Anzahl der gezählten Kolonien	Schlüssel	Kategorie
kein Wachstum	–	0
1 bis 3 Kolonien	(+)	1
4 bis 10 Kolonien	+	2
11 bis 30 Kolonien	+ +	3
31 bis 60 Kolonien	+ + +	4
> 60 Kolonien, aber nicht konfluierend	+ + + +	5
Rasenwachstum, konfluierend	R	6

Wichtig ist, daß bei Prüfung einer frisch desinfizierten Anlage den Nährböden für die Abklatsch- oder Kontaktverfahren eine Inaktivierungssubstanz eingegeben wird (z. B. 3 % Saponin oder 3 % Tween 80 oder 0,5 % Thiosulfat), um die Nachwirkung des Desinfektionsmittels auf der Platte zu verhindern.

Beurteilung

Wird eine Prüfung auf Enterobacteriaceen oder Staphylokokken mit Hilfe von RODAC-Platten nach Reinigung und Desinfektion vorgenommen, so sollten die Kontrollen negative Werte erbringen.

Neben den RODAC-Platten und „Hygicult" sind auch flexible Keimindikatoren als Contact Slides im Markt erhältlich. Sie bestehen aus einem mit Nährmedium beschichteten flexiblen Folientableau. Der Nährbodenträger ist in einer Klarsichtfolie eingeschweißt, die nach dem Abklatschen als wiederverschließbares Transportbehältnis und Inkubationskammer dient. Die Contact Slides sind in vier

Varianten erhältlich: zur Erfassung der Gesamtkeimzahl, zum Nachweis anspruchsvoller Keime sowie zum selektiven Nachweis von Hefen und Schimmelpilzen oder coliformer Bakterien (Lieferfirma: Biotest).

Vorteile der Contact Slides:

– Die Flexibilität des Nährbodenträgers ermöglicht das Abklatschen auch an problematischen Stellen.
– Größere Nährbodenfläche als die herkömmliche RODAC-Platte oder Hygicult (25 cm^2).

Abstrich- und Tupfermethode

Diese Methode ist, z. B. bei der Kontrolle der Effizienz von Reinigungs- und Desinfektionsmaßnahmen von Maschinenteilen, Blindstutzen, Bögen, T-Stücken, Senkschrauben, Rohrwandungen, Dichtungen, Pumpenteilen, Kolben usw. zu bevorzugen.

Mit einem sterilen Tupfer (Abb. IX.3–2) aus Baumwollwatte wird die Prüffläche unter Drehen des Tupfers abgestrichen. Es sollten hierbei möglichst in der Fläche gleiche Abmessungen abgestrichen werden.

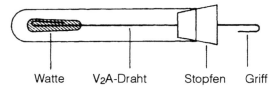

Watte   V$_2$A-Draht   Stopfen   Griff

Abb. IX.3-2:   Trockenes Wischerröhrchen (Eigenanfertigung)

Bei feuchtem Prüfmaterial wird ein trockener Tupfer, bei trockenem Prüfmaterial ein feuchter Tupfer (anfeuchten mit phys. Kochsalzlösung) verwendet. Der Tupfer kann in steriler Verdünnungsflüssigkeit ausgeschüttelt oder auf einem festen Medium unter Drehen ausgestrichen werden. Die hier beschriebene Methode entspricht weitgehend der DIN-Methode 10113-2 „Semiquantitatives Tupferverfahren", wohingegen das in der DIN 10113-1 angegebene „Quantitative Tupferverfahren" (Referenzverfahren) als sehr aufwendig bezeichnet werden muß (Abb. IX.3–3).

Der Vorteil der Wischermethode besteht darin, daß die Verdünnungsflüssigkeit mit je 1 ml bzw. 10 ml angesetzt werden kann, so daß bei einer Kontrolle eine Aussage über verschiedene Keimarten bei Verwendung verschiedener Nährböden gemacht werden kann.

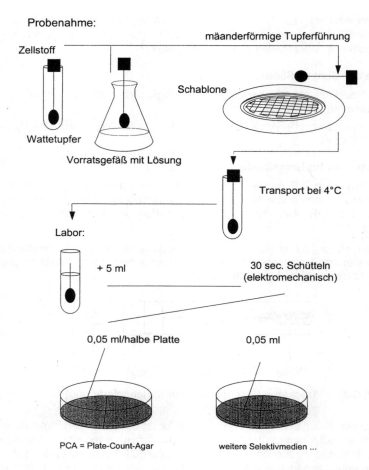

Probenahme:

mäanderförmige Tupferführung

Zellstoff

Schablone

Wattetupfer

Vorratsgefäß mit Lösung

Transport bei 4°C

Labor:

+ 5 ml

30 sec. Schütteln
(elektromechanisch)

0,05 ml/halbe Platte   0,05 ml

PCA = Plate-Count-Agar   weitere Selektivmedien ...

(nach Louwers und Klein, 1994)

Abb. IX.3-3:   Einfaches Tupferverfahren (ET)

Der Nachteil der einfachen Wischermethode ist die semi-quantitative Aussage, da sich der erhaltene Wert nur auf die abgestrichene Fläche beziehen kann.

Die Auswahl der Medien hängt von den nachzuweisenden Mikroorganismen ab. Baumwolltupfer können im Labor selbst hergestellt oder im Handel als sterile Einwegtupfer bezogen werden (z.B. Fa. Greiner).

Die mit den bisher vorgestellten Prüfverfahren erhaltenen Ergebnisse sind jedoch retrospektiver Natur, denn sie beruhen auf der Vermehrung von Mikroorganismen, die hierfür einige Zeit benötigen. Das Ergebnis kommt als Entscheidungskriterium für das weitere Vorgehen bei Reinigungs- und Desinfektionsmaßnahmen oft zu spät. Daher ist die Forderung nach Schnellverfahren verständlich, um den Hygienestatus von Anlagen ermitteln zu können.

Mit Hilfe der Biolumineszenztechnologie wurde ein solches Schnellverfahren entwickelt, welches sich in einigen Betrieben inzwischen bewährt hat (BAUMGART, 1996, ORTH und STEIGERT, 1996, POGGEMANN und BAUMGART, 1996).

Der Test basiert auf der Bestimmung von ATP (Adenosin-5-triphosphat), einem Nukleotid, das in allen lebenden Zellen, jedoch auch in anderem organischen Material (wie z.B. Produktresten), vorkommt. Geringe Mengen von ATP können z.B. mit Hilfe des Lumac Hygiene Monitoring QM Kit gemessen werden. Es wird mit speziellen sterilen Wattetupfern im Abstrichverfahren gearbeitet und der Wattetupfer mit mitgelieferten Präparaten und Geräten aufgearbeitet. Weist die abgestrichene Stelle der Oberfläche mehr als das Dreifache des „Relativ-Light-Units" (RLU)-Wertes auf, wird die getestete Oberfläche als „unsauber" angegeben, wobei zwischen bakterieller oder Schmutz-ATP nicht unterschieden werden kann. Das Ergebnis liegt in Minuten vor und sollte stets mit einem Kontrollwert (negative Kontrolle eines nicht benutzten Tupfers) verglichen werden.

Für den eigenen Betrieb müßten jeweils eigene Standards bzw. Limits festgelegt werden. Ein gewisser Nachteil des Verfahrens liegt darin, daß aufgrund des Meßprinzips nicht auf die Anwesenheit einer bestimmten Keimgruppe geschlossen werden kann. Diese Möglichkeit bietet nur das klassische Verfahren.

Geräte, die für die Biolumineszensmessung eingesetzt werden können, liefern u.a. die Firmen Lumac, Rabbit, Celsis, Merck, Henkel, IDEXX, ConCell.

4 Mikrobiologische Kriterien

Einige Kriterien für die Beurteilung sind in der nachfolgenden Tabelle enthalten.

Tab. IX.4-1: Mikrobiologisches Beurteilungsschema für Kontrollen in einem Lebensmittelbetrieb

A. Abstrichkontrolle: Beurteilung nach erfolgter Reinigung und Desinfektion

Angabe der Anzahl bestimmter Mikroorganismen auf Nährböden

Probenbezeichnung	Plate-Count-Agar 3 Tage, 25 °C	Hefeextrakt-Glucose-Chloramphenicol-Agar 3 Tage, 25 °C		VRBD-Agar 20 h, 30 °C	Befund
	Keimgehalt*	Hefen*	Schimmel*	Enterobacteriaceen*	
Reinigungskontrolle der apparativen Einrichtungen (Wischermethode)	1–50	0	1–10	0	gut
	51–200	1–30	11–30	0	ausreichend
Letztes Spülwasser von apparativen Einrichtungen nach Reinigung und Desinfektion	1–50	1–2	1–2	0	gut
	51–100	3–5	3–5	0	ausreichend
Desinfektionsmittellösung zum Aufbewahren best. Utensilien	0	0	0	0	gut
	0	0	1–10	0	ausreichend

* pro ml Abstrich

B. Luftplatten

Angabe der Anzahl Kolonien auf den mit Nährboden beschickten Sedimentations-Platten

Probenbezeichnung	Plate-Count-Agar- 3 Tage, 25 °C	Hefeextrakt-Glucose-Chloramphenicol-Agar 3 Tage, 25 °C		Befund
	Keimgehalt	Hefen	Schimmel	
Luftgehalt der Fabrikationsräume	1–50	1–2	1–4	gut
	51–100	3–6	5–10	ausreichend

Anmerkungen zu Tab. IX.4–1 (vorherige Seite):

Für die bakteriologische Beurteilung sämtlicher Proben gelten allgemein die Bezeichnungen sehr gut; gut; ausreichend; zu beanstanden; schlecht.

Im Beurteilungsschema sind die Bezeichnungen wie „sehr gut" (für Proben mit 0 Keimen auf den einzelnen Nährböden), „zu beanstanden" (für Proben, die die festgelegten Keimzahlgrenzen der einzelnen Nährböden für die Beurteilung „ausreichend" überschreiten) und „schlecht" (für Proben, bei denen über 500 Hefen und Schimmel nachgewiesen wurden) nicht aufgeführt.

Literatur

1. ABDOU, M.: Luftkeimsammler RCS, Pharm. Ind. 42, 3, 291-296, 1980

2. AUMANN, K.: Diplomarbeit Kiel 1992, Beurteilung des Reinigungserfolges von Zirkulations- und Kochenwasserreinigung

3. BAUMGART, J.: Empfehlenswerte mikrobiologische Methoden zur Überwachung der Betriebshygiene, Schriftenreihe Schweizerische Gesellschaft für Lebensmittelhygiene (SGLH) Heft 5, S. 13-20, 1976

4. BAUMGART, J.: Möglichkeiten und Grenzen moderner Schnellverfahren zur Prozeßkontrolle von Reinigungs- und Desinfektionsverfahren, Zbl. Hyg. 199, 366-375, 1996

5. COLE, E.C., RUTALA, W.A.: Desinfectant testing using a modified use – dilution method: Collaborative Study, J. Assoc. Off. Anal. chem. 71, 1187-1194, 1988

6. DIN 10113-1-3: Bestimmung des Oberflächenkeimgehaltes auf Einrichtungs- und Bedarfsgegenständen, 1996

7. DÜRR, P.: Luftkeimindikation bierschädlicher Bakterien, Brauwelt 123, 39, 1652-1659, 1983

8. EXNER, M., KRIZEK, L.: Die Erfassung von luftgetragenen Mikroorganismen in Räumen mit hohen Anforderungen an die Keimarmut, Ärztl. Lab. 27, 79-86, 1981

9. GIQUEL, G.: Hygiene monitoring, Bios vol. 20 n°, 12, 1989

10. HECKER et al.: Bestimmung der Luftkeimzahl im Produktionsbereich mit neueren Geräten, Pharm. Ind. 53, 5, 496-503

11. HÖRGER, G.: Schnelle Hygienekontrolle, Deutsche Milchwirtschaft 18, 569-571, 1992

12. Hygiene Monitoring Workshop, 1. Nov. 1991, Lumac BV

13. LINDHOLM, I.M.: Comparison of methods for quantitative determination of airborne bacteria and evaluation of total viable counts, Appl. Environ. Microbiol. 44, 179-183, 1982

14. LOUWERS, J., KLEIN, G.: Eignung von Probeentnahmemethoden zur Umgebungsuntersuchung in fleischgewinnenden und -verarbeitenden Betrieben mit EU-Zulassung, Berl. Münch. Tierärztl. Wschr. 107, 367-373, 1994

15. ORTH, R., STEIGERT, M.: Hygienekontrolle – Praxiserfahrung mit der ATP-Bioluminezenzmethode zur Kontrolle des Hygiene-Zustandes nach Reinigung in einem Fleischzerlegebetrieb, Fleischw. 76, 40-41, 1996

16. PITTEN, F.A., WACHEROW, R., KRAMER, A.: Vergleich des Abscheidevermögens von zwei Impaktions-Luftkeimsammelgeräten und Schlußfolgerungen für die Anwendungsbreite, Hyg Med 22. Jahrg. 1997, Heft 10

17. PITZURRA, M., SAVINO, A., PASQUARELLA, C., POLETTI, L.: A new method to study the microbial contamination on surfaces, Hyg Med 22, 77-92, 1997

18. POGGEMANN, H.-M., BAUMGART, J.: Hygienemonitoring durch ATP-Bestimmung mit dem System HY-LITE™, Fleischw. 76, 132-133, 1996

19. REISS, J.: Der Einsatz des Luftkeimsammlers RCS bei lebensmittelhygienischen Untersuchungen, Archiv für Lebensmittelhygiene 32, 2, 50-51, 1981

20. SCOTT, E., BLOOMFELD, S.F., BARLOW, C.G.: A comparison of contact plate calcium alginate swab techniques for quantitative assessment of bacteriological contamination of environmental surfaces, J. appl. Bact. 56, 317-320, 1984

21. SNIJDERS, J.M.A., JANSSEN, M.H.W., GERATS, G.E., CORSTIAENSEN, G.P.: A comparative study of sampling techniques for monitoring carcass contamination. Int. J. Food Microbiol. 1, 229-236, 1984

22. ZSCHALER, R.: Die Praxis der Hygiene fester Oberfläche in Industrie und Haushalt, Tenside Detergens 4, 190-192, 1979

X   Medien und Reagenzien

1   Medien

1.1   Lieferfirmen

Die Medien sind in alphabetischer Reihenfolge aufgeführt. Soweit keine Veränderungen in der Zusammensetzung gegenüber Handelsprodukten erfolgten, werden nur die Handelsnamen aufgeführt. Auf die Angabe der Lieferfirmen wird weitgehend verzichtet. Die angegebenen Handelsprodukte sind z. B. bei folgenden Firmen erhältlich, wobei nicht jede Firma alle Medien anbietet:

Fa. Merck	Fa. bioMérieux
Fa. Oxoid	Fa. Becton Dickinson (BBL)
Fa. Difco	Fa. Gibco
Fa. Mast Diagnostica	Fa. Sartorius
Fa. Dr. Möller & Schmelz	Fa. Biotest
Fa. Biolife	

Medien, die als Fertigprodukte unter der angegebenen Bezeichnung im Handel erhältlich sind, werden nicht nochmals aufgeführt. Vermerkt sind nur solche Medien, die bei verschiedenen Herstellern unter unterschiedlichen Bezeichnungen angeboten werden. Verwiesen sei auf Handbücher und Produktangaben der Medienlieferanten sowie besonders auf ausführliche Zusammenstellungen bewährter und beschriebener Medien (ATLAS, 1995, CORRY et al. 1995).

1.2   Medienkontrolle: Aufbewahrung von Trockenmedien, Verarbeitung, Lagerung, Wachstumskontrolle

Im Rahmen einer Qualitätssicherung ist eine interne Qualitätskontrolle notwendig (CORRY, 1998). Die Kontrolle der Nährstoffe, Substrate und Trockenmedien übernehmen die Hersteller. Hierfür gelten Pharmakopoen (1987, 1989, 1993). Aus Einzelsubstanzen hergestellte Medien sind häufiger mit Fehlermöglichkeiten belastet als solche aus Trockenmedien. Es sollte die Regel gelten, daß keine Trockennährmedien und kein aus Einzelsubstanzen hergestelltes Medium verwendet wird, das nicht kontrolliert ist. Die Kontrolle der Medien mit geeigneten Kontrollstämmen ist zu protokollieren (POTUZNIK et al., 1987, WEENK et al., 1992, CORRY et al., 1992).

Routine-Qualitätskontrolle von Medien

Zu überprüfen ist jede Charge (= eine Einheit, deren Herkunft zurückverfolgt werden kann) und jeder Ansatz aus einem Trockenmedium, bei dem Zusätze erfolgen (z. B. Eigelbemulsion, Antibiotica, Kohlenhydrate). Eine Wiederholung der Chargenprüfung empfiehlt sich am Ende der Haltbarkeitsdauer.

Prüfkriterien

- Schichtdicke
- Farbe, Klarheit, Homogenität
- Gelstabilität
- Aussehen
- pH-Wert
- Wachstumskontrolle

Aufbewahrung von Trockenmedien

Beim Erhalt von Trockenmedien sollten der Verschluß und das Aussehen des Inhalts kontrolliert und die Haltbarkeitsdauer in den Unterlagen notiert werden. Alle Trockenmedien sind in trockenen Räumen (nicht im Kühlschrank) aufzubewahren und vor starken Temperaturschwankungen, Lichteinwirkung und Eindringen von Feuchtigkeit zu schützen.

Wenn ein Behälter erstmals geöffnet wird, ist das Datum zu notieren. Medien, bei denen während der Lagerung Verfärbungen oder Verklumpungen auftreten, sind zu verwerfen.

Verarbeitung von Trockenmedien

Der genau abgewogenen Menge des Mediums (das Abwiegen des Trockenmediums sollte mit Mund-Nasenschutz erfolgen, besonders wenn toxische Substanzen enthalten sind) wird zur Hälfte die erforderliche Wassermenge zugesetzt (Verwendung von A. dest. oder Wasser gleicher Güte). Erfolgt die Wassergewinnung über Ionenaustauscher, so sollte der Mikroorganismengehalt kontrolliert werden. Die Aufbewahrung des Wassers erfolgt in Behältern aus inertem Material (Glas oder Polyethylen). Die benutzten Erlenmeyerkolben müssen so groß sein, daß das Medium gut umgeschüttelt werden kann. Das Volumen sollte etwa 2,5 mal so groß sein wie der Ansatz selbst. Erst nachdem die Mediensuspension durch Schütteln gut gemischt ist und die Innenwände des Kolbens abgespült sind, wird die restliche Wassermenge zugegeben. Agarhaltige Medien sollten erst 15–20 min quellen, bevor man sie bis zum vollständigen Auflösen erhitzt. Die vollständige Auflösung der Partikel ist daran zu erkennen, daß beim Umschütteln keine Partikel an der Innenseite des Kolbens haften. Die Kontrolle des pH-Wertes und eine eventuelle Korrektur sollten vor dem Sterilisieren erfolgen, so daß der erforderliche Wert ($\pm\,0{,}2$) nach dem Ausgießen des sterilisierten Mediums in Platten bei 25 °C erreicht wird (Kontrollmessung des Mediums in der Petrischale bei 25 °C). Die Einstellung des pH-Wertes erfolgt mit NaOH (ca. 40 g/$\cong$ 1 mol/l) oder HCl (ca. 36,5 g $\cong$ 1 mol/l). Die Sterilisation erfolgt

normalerweise im Autoklaven bei 121 °C. Eine Temperaturkontrolle im Autoklaven wird mit Indikatorpapier vorgenommen. Das sterilisierte Medium wird im
Wasserbad auf 47 °C ± 2 °C abgekühlt und in Platten ausgegossen (bei Guß-
kulturen muß das Medium auf 45 °C ± 1 °C abgekühlt werden). Die Agarschicht
sollte in der Schale mindestens 2 mm betragen (für Schalen mit einem Durchmesser von 90 mm sind etwa 15 ml Medium erforderlich). Wird das Medium in
Flaschen aufbewahrt und soll es verflüssigt werden, so erfolgt dies im kochen-
den Wasserbad. Nährmedien für mikroaerophile und anaerobe Züchtungen
sollten immer frisch zubereitet werden. Ist eine Aufbewahrung von Medien für
die anaerobe oder mikroaerophile Züchtung erforderlich, so hat dies in der erforderlichen Gasatmosphäre zu erfolgen.

Lagerung zubereiteter Medien

Die Lagerung soll dunkel und kühl erfolgen. Die mit dem Herstellungsdatum co-
dierten Medien können bis zu 7 Tage aufbewahrt werden, wenn sie in einem
Kunststoffbeutel verpackt werden. Um Kondenswasserbildung zu verhindern,
sollten die Schalen vor dem Verschließen der Kunststoffbeutel gekühlt werden.
Im Kühlraum aufbewahrte Medien sind vor dem Gebrauch mindestens auf
Raumtemperatur zu bringen bzw. bei einer Temperatur zwischen 25 °C und 50 °C
kurz vorzutrocknen (Deckel abnehmen, mit Agarfläche nach unten), bis die
Tropfen auf der Oberfläche verdunstet sind.

Bebrüten der Medien

Möglichst nicht mehr als 6 Petrischalen übereinander stellen. Größere Volumina
flüssiger Medien, wie Voranreicherungen und Anreicherungen, sollten vor der
Beimpfung auf die erforderliche Bebrütungstemperatur erwärmt werden.

Wachstumskontrolle

Von jeder Charge (= eine Einheit, deren Herkunft zurückverfolgt werden kann)
und von jeder Kochung (bei Zusätzen von Eigelb, Antibiotica usw.) ist eine
Routine-Qualitätskontrolle durchzuführen. Diese kann halbquantitativ mit einer
Gebrauchskultur erfolgen oder direkt mit dem Referenzstamm. Praktikabel sind
z.B. Culti-Loop's, an Plastikösen adsorbierte Referenzkulturen (ATCC- oder
DSM-Stämme).

Definitionen
(in Anlehnung an DIN EN 12322 „Kulturmedien für die Mikrobiologie – Leistungskriterien für Kulturmedien", Entwurf Mai 1996)

• Referenzstamm: Mikroorganismen mit beschriebenen und katalogisierten
  Eigenschaften (z.B. ATCC, DSM)

- Referenz-Stammkultur: Eine Charge von Behältern mit Keimen, die durch eine einzige Vermehrung von einem Referenzstamm gewonnen wurden
- Stammkultur: Aufbewahrte Subkultur einer Referenz-Stammkultur (Lagerung auf Glas- oder Keramikperlen, Aufbewahrung bei −70 °C bis −80 °C oder als Lyophilisate)
- Gebrauchskultur: Subkultur einer Stammkultur (Entnahme von 1–2 Glas-/ Keramikperlen der tiefgefrorenen Mikroorganismen mit einem sterilen Instrument)

Gebrauchskulturen und Subkulturen einer Gebrauchskultur dürfen für Wachstumskontrollen nur einmal verwendet werden.

Kontrolle fester Medien

Auf festen Medien wird mit einer Öse die Reinkultur (DSM- oder ATCC-Stamm), die über Nacht angezüchtet wurde, ausgestrichen (halbquantitative Technik in 4 Quadranten einer Petrischale nach MOSSEL et al., 1983 und WEENK, 1992) oder es wird ein quantitativer Vergleich mit der Spiralplatten-Methode durchgeführt.

Eine Validierung kann auch mittels definierter Keimzahlen erfolgen, z. B.: QUANTI-CULT, Fa. Oxoid oder Creatogen Biosciences.

Beim Einsatz von Fertigplatten wird der Aufwand einer Überprüfung wesentlich reduziert.

Kontrolle flüssiger Medien

Ziel der Kontrolle sind die Überprüfung einer optimalen Förderung von Mikroorganismen oder ein Nachweis der Selektivität.

Gut geeignet sind nach Beimpfungen mit einer Reinkultur Trübungsmessungen oder Messungen der elektrischen Leitfähigkeit. In der Praxis kann die „Übernachtkultur" auch in der zu überprüfenden Bouillon verdünnt werden (bis ca. 10^{-12}). Der Titer, d. h. die höchste positive Verdünnung, wird notiert. Vielfach ergibt allein die Trübungsbeurteilung mit dem Auge ausreichende Bewertungsgrundlagen (WEENK, 1992).

Literatur

1. ATLAS, R.M., Handbook of microbiological media for the examination of food, CRC Press, Inc., Boca Raton, Florida, USA, 1995
2. CORRY, J.E.L., CURTIS, G.D.W., BAIRD, R.M., Culture media for food microbiology, Elsevier Verlag, Amsterdam, 1995
3. CORRY, J.E.L., Laboratory quality assurance and validation of methods in food microbiology, Int. J. Food Microbiology 45, 1-84, 1998 (Special issue ed. by Janet E.L. Corry)
4. MOSSEL, D.A.A., BONANTS-VAN LAARHOVEN, T.M.G., LICHTENBERG-MERKUS, A.M.T., WERDLER, M.E.B., Quality assurance of selective culture media for bacteria, moulds and yeasts: an attempt at standardisation at the international level, J. appl. Bact. 54, 313-327, 1983

5. POTUZNIK, V., REISSBRODT, R., SZÍTA, J., Bakteriologische Nährmedien für die Medizinische Mikrobiologie, VEB Gustav Fischer Verlag, Jena, 1987

6. WEENK, G.H., Microbiological assessment of cultur media: comparison and statistical evaluation of methods, Int. J. Food Microbiol. 17, 159-181, 1992

7. WEENK, G.H., V. D. BRINK, J., MEEUWISSEN, J., VAN OUDENALLEN, A., VAN SCHIE, M., VAN RIJN, R., A standard protocol for the quality control of microbiological media, Int. J. Food Microbiol. 17, 183-198, 1992

8. N.N., Pharmacopoeia of Culture Media for Food Microbiology, Int. J. Food Microbiol. 5 (3), 1987

9. N.N., Pharmacopoeia of Culture Media for Food Microbiology – Additional Monographs, Int. J. Food Microbiol. 9 (2), 1989

10. N.N., Pharmacopoeia of Culture Media for Food Microbiology – Additional Monographs (II), Int. J. Food Microbiol. 17 (3), 1993

11. N.N., Microbiology of food and animal feeding stuffs – Guidelines on quality assurance and performance testing of culture media – Part 1: Quality assurance of culture media in the laboratory, CEN/TC 275/WG 6, 1997

12. N.N., Kulturmedien für die Mikrobiologie – Leistungskriterien für Kulturmedien, Entwurf DIN 12322, Mai 1996

A

ABTS-Peroxidase-Agar

Grundmedium: MRS-Agar

Zusätze: 0,5 mM ABTS (Boehringer, Mannheim)
0,3 Einheiten/ml Meerrettich-Peroxidase (Guajacol als Substrat, Boehringer, Mannheim)

Acetamid-Nährlösung (Acetamid-Standard-Minerallösung)

Lösung A: 1 g Di-Kaliumhydrogenphosphat, 0,2 g Magnesiumsulfat, 0,2 g Natriumchlorid und 2 g Acetamid werden in 1000 ml bidestilliertem Wasser gelöst; die Lösung wird mit Salzsäure bzw. Natronlauge auf einen pH-Wert von 6,8 bis 7,0 eingestellt.

Lösung B: 0,5 g Natriummolybdat und 0,05 g Eisensulfat werden in 1000 ml bidestilliertem Wasser gelöst. Zu 999 ml der Lösung A wird 1 ml der Lösung B hinzugefügt. Die Lösung wird zu je 5 ml in kleine Reagenzgläser abgefüllt und bei 0,8 bar Überdruck im Autoklav für 30 min sterilisiert.

Acetat-Agar nach FOWELL

Zusammensetzung (g/l):		
Natriumacetat	5,0
Agar	20,0
A. dest.	1000 ml
pH-Wert 6,5–7,0, 15 min 121 °C	

ACM-Agar

Zusammensetzung (g/l):	Glucose	100,0
	Hefeextrakt	6,0
	CaCO$_3$	20,0
	Agar	20,0
	A. dest.	1000 ml
	pH-Wert 6,0, 15 min 121 °C	

ADYS = Essigsäure-Dichloran-Hefeextrakt-Saccharose-Agar

Aeromonas-Anreicherungsbouillon = TSBA-Bouillon

Zusammensetzung: Tryptic Soy Broth (Difco) oder Trypticase Soy Broth (BBL) oder CASO Bouillon (Merck) + 10 μg/ml Ampicillin (Sigma). Das Ampicillin wird steril filtriert der Bouillon bei 50 °C zugesetzt.

AE-Medium, modifiziert

(ENTANI et al., J. gen. appl. Microbiol. 31, 475-490, 1985)

Zusammensetzung (g/l):	Hefeextrakt	2,0
	Pepton	3,0
	Glucose	5,0
	Acetozym DS (Fa. Frings Co., Bonn)	1,5
	Essigsäure	4 %
	Ethanol	3 %vol.

Essigsäure und Ethanol nach dem Autoklavieren zugeben.

Züchtung: Doppelagarschicht: 0,5 % Agar als Basis und 1 % Agar als Overlay, 30 °C, 7–14 Tage bei 90 % rel. Feuchte.

AFP-Agar = Aspergillus flavus/parasiticus-Agar = AFPA

Zusammensetzung (g/l):	Hefeextrakt	20,0
	Pepton	10,0
	Ammoniumeisencitrat	0,5
	Dichloran (0,2 % in Ethanol, 1,0 ml)	2 mg
	Chloramphenicol	0,1
	Agar	15,0
	A. dest.	1000 ml

Sterilisieren bei 121 °C für 15 min. End-pH im Medium 6,0–6,5.

AM = Arcobacter Medium (Oxoid)

Äsculin-Bouillon

Zusammensetzung (g/l):	Äsculin	1,0
	Kochsalz	5,0
	Pepton	10,0
	A. dest.	1000 ml

Sterilisieren bei 115 °C für 10 min.

Alkalisches Peptonwasser

Zusammensetzung (g/l): Kochsalz   10,0
                        Trypton   10,0
                        A. dest.   1000 ml
                        pH-Wert 9,0

Anreicherungsbouillon nach RAPPAPORT-VASSILIADIS = RVS-Bouillon

Anreicherungsmedium nach BAIRD = Staphylokokken-Anreicherungsbouillon nach Baird

Arcobacter Selective Broth = ASB

Zusammensetzung: Brucella Broth Powder (Difco)   28 g
                        A. dest.   910 ml

Nach Sterilisation und Abkühlung auf 50–60 °C, Zusatz von 50 ml Pferdeblut,
Piperacillin (Sigma) 75 mg gelöst in 10 ml A. dest. und steril filtriert, Cefopera-
zone (Sigma) 32 mg gelöst in 10 ml A. dest. und steril filtriert, Trimethoprim
(Sigma) 20 mg gelöst in 4 ml Ethanol (96 %) und 6 ml A. dest. (steril filtriert) und
Cycloheximide (Serva) 100 mg gelöst in 10 ml A. dest. und steril filtriert. Einstel-
lung des pH-Wertes auf 7,0 ± 0,2. Abfüllen zu 10 ml in Röhrchen.

Arcobacter Medium = AM (Oxoid)

Arcobacter Selective Medium = ASM

Zusammensetzung: Mueller-Hinton Broth (Oxoid)   21,0 g
                        Agar Nr. 3 (Oxoid)   2,5 g
                        A. dest.   960 ml

Nach dem Sterilisieren und Abkühlen auf 50 °C Zugabe der Zusätze, außer Blut,
wie in der Arcobacter Selective Broth.
(DE BOER et al., Letters in Appl. Microbiol. 23, 64-66, 1996)

Argininbouillon = Ornithindecarboxylase-Arginindihydrolase-Testbouillon Basis

ASB = Arcobacter Selective Broth

ASM = Arcobacter Selective Medium

Azid-Glucose-Bouillon

Zusammensetzung (g/l): Pepton   15,0
                        Fleischextrakt   4,8
                        D-Glucose   7,5
                        Natriumazid   0,2
                        A. dest.   1000 ml

B

Bacillus cereus Selektivagar-Basis = PEMBA = Polymyxin-Eigelb-Mannit-
Bromthymolblau-Agar

Bacillus-Cereus-Selektiv-Agar = Mannit-Eigelb-Polymyxin-Agar nach MOSSEL = MYP

Barnes-Agar (Enterokokken-Selektivagar nach BARNES)

Baird-Parker-Agar = ETGPA-Agar

Baird-Parker-Agar + RPF (Rabbit Plasma Fibrinogen)

Baird-Parker-Bouillon = Liquid Baird-Parker Medium = LBP

BAM-Agar

Zusammensetzung (g/l):		
	$CaCl_2$ x $2H_2O$	0,25
	$MgSO_4$ x $7H_2O$	0,5
	$(NH_4)_2$ SO_4	0,2
	KH_2PO_4	3,0
	Hefeextrakt	1,0
	Glucose	5,0

Spurenelementlösung nach FARRAND et al.   1,0 ml
(FARRAND et al., Arch. Microbiol. 135, 272-275, 1983)

Zusammensetzung der Spurenelementlösung (g/l):

	$ZnSO_4$ x $7H_2O$	0,1
	$MnCl_4$ x $4H_2O$	0,03
	H_3BO_3	0,3
	$CoCl_2$ x $6H_2O$	0,2
	$CuCl_2$ x $2H_2O$	0,01
	$NiCl_2$ x $6H_2O$	0,02
	Na_2MoO x $2H_2O$	0,03
	A. dest.	1000 ml

pH-Wert des Mediums auf 4,0 einstellen: c (HCl) = 1 mol/l, 121 °C 15 min.

BAM-Bouillon = BAM ohne Agarzusatz

BB-Lactat-Medium

Zusammensetzung (g/l):		
	Pepton	15,0
	Fleischextrakt	10,0
	Hefeextrakt	10,0
	L-Cysteinhydrochlorid	0,5
	Na-Acetat	5,0
	Na-Lactat (60 %)	8,4 ml
	Agar	2,0
	A. dest.	1000 ml

pH-Wert 6,0, 121 °C 15 min, abfüllen zu 9 ml, vor der Verwendung 15 min kochen und nach dem Abkühlen beimpfen.

Beerens-Agar

Zusammensetzung:	Columbia-Agar (bioMérieux)	42,5 g/l
Zusatz von (g/l):	Glucose	5,0
	Cysteinhydrochlorid	5,0

Nach Lösen der Bestandteile Medium aufkochen (nicht autoklavieren), abkühlen auf 70 °C und Zusatz von 5 ml Propionsäure zu 1000 ml Medium, pH-Wert auf 5,0 einstellen mit c (NaOH) = 1 mol/l.

Beweglichkeits-Agar zum Nachweis von Listeria monocytogenes

Zusammensetzung (g/l):	Caseinpepton	20,0
	Fleischpepton	6,1
	Agar	3,5
	A. dest.	1000 ml

pH-Wert 7,3 ± 0,2, 15 min 121 °C, abfüllen in Röhrchen zu 5 ml.

Bifidus-Agar nach SCARDOVI

(siehe SGORBATI et al., The genus Bifidobacterium, in: The genera of lactic acid bacteria, ed. by B.J.B. Wood and W.H. Holzapfel, Chapman & Hall, 279, 1995)

Zusammensetzung (g/l):	Trypticase (BBL)	5,0
	Phytone (BBL)	5,0
	Glucose	15,0
	Hefeextrakt (Difco)	2,5
	Tween 80	1 ml
	Cysteinhydrochlorid	0,5
	K_2HPO_4	2,0
	$MgCl_2 \times 6H_2O$	0,5
	$ZnSO_4 \times 7H_2O$	0,25
	$CaCl_2$	0,15
	$FeCl_3$	Spuren
	Agar	15,0
	A. dest.	1000 ml
	pH-Wert 6,5	

Bifidobacterium-Agar = Raffinose-Bifidobacterium (RB) Agar

BHI-Agar = Hirn-Herz-Dextrose-Agar = Hirn-Herz-Agar
= Brain Heart Infusion Agar

Blut-Glucose-Agar

Zusammensetzung:	Blutagar + 1 % D-Glucose

BPLS-Agar = Brillantgrün-Phenolrot-Lactose-Saccharose-Agar, modifiziert

Brain Heart Broth = Hirn-Herz-Bouillon

Brain Heart Infusion Agar = BHI-Agar = Hirn-Herz-Dextrose-Agar
= Hirn-Herz-Agar

Brillantgrün-Phenolrot-Lactose-Saccharose-Agar, modifiziert = BPLS-Agar

Brochothrix-Selektivnährboden = STAA-Agar

BYPTA = Fleischextrakt-Hefeextrakt-Pepton-Tributyrin-Agar

C

Campylobacter-Selektiv-Anreicherungsbouillon nach PRESTON
= Preston-Selektiv-Anreicherungsbouillon

Campylobacter-Selektivnährboden = CCDA

Campylobacter-Selektivnährboden = Karmali-Agar

Carnation Leaf Agar = CLA-Agar

Caseinpepton-Hefeextrakt-Dextrose-Agar = Plate Count Agar

Caseinpepton-Agar + Bromkresolpurpur

Zusammensetzung: Caseinpepton-Fleischextrakt-Dextrose-Agar (Oxoid)
+ 2 ml einer 1,6%igen alkoholischen Lösung von
Bromkresolpurpur/l

Caseinpepton-Galle-Agar = Trypton-Galle-Agar

CATC-Agar = Citrat-Azid-Tween-Carbonat-Agar

CCDA = Campylobacter-Selektivnährboden

CEC-Agar (BioLife)

Cefixim-Tellurit-Sorbit-MacConkey-Nährboden = CT-SMAC

Zusammensetzung: Sorbit-MacConkey-Agar und Zusatz nach dem
Autoklavieren (45–50 °C) von 50 μl Cefixim-
Stammlösung und 50 μl Kaliumtellurit-Stamm-
lösung.

Cefixim-Stammlösung: 1 mg Cefixim werden in 1 ml Ethanol (absolut) gelöst. Die Stammlösung ist bei einer Temperatur
zwischen 4 °C und 8 °C etwa 14 Tage haltbar.

Kaliumtellurit-Stammlösung: 50 mg Kaliumtellurit werden in 1 ml A. dest. gelöst
und anschließend steril filtriert. Die Stammlösung
ist bei Raumtemperatur mehrere Monate haltbar.

Anmerkung: Cefixim- und Kaliumtellurit-Stammlösungen in anderen Konzentrationen dürfen verwendet werden, sofern die Endkonzentration im Nährboden
nicht verändert wird (Int. J. Food Microbiol. 45, 72, 1998).

Cefsulidin-Irgesan-Novobiocin-Agar = CIN-Agar = Yersinia-Selektiv-Agar

Cellulose-Agar

Zusammensetzung (g/l):	Natriumnitrat	1,0
	K_2HPO_4	1,0
	KCl	0,5
	$MgSO_4$	0,5
	Hefeextrakt	0,5
	Cellulosepulver	1,0
	Glucose	1,0
	Agar	17,0

Nach Lösen der Bestandteile in A. dest. sterilisieren bei 121 °C 15 min, pH-Wert 7,0.

Cereus-Selektiv-Agar nach MOSSEL = MYP-Agar

Cetrimide-Fucidin-Cephaloridine-Medium = CFC-Medium bzw. Pseudomonas-Selektivagar (C-F-C)

Cetrimid-Agar = Pseudomonas-Cetrimid-Selektivnährboden

CFC-Medium = Cetrimide-Fucidin-Cephaloridine-Medium

CHROMagar ECC (Mast Diagnostica)

Chromocult Coliformen Agar (Merck)

CIN-Agar = Yersinia-Selektiv-Agar = CIN-Nährboden nach SCHIEMANN

Citrat-Azid-Tween-Carbonat-Agar = CATC-Agar

CLA-Agar = Carnation Leaf Agar

Nelkenblätter werden in kleine Stücke geschnitten, vorsichtig getrocknet und durch Bestrahlung (Gamma-Strahlen) oder Begasung mit Propylenoxid sterilisiert. Wenige sterile Stückchen werden auf 1,5–2 % Wasseragar (annähernd fest) gelegt. Anstelle von Nelkenblättern können auch Stückchen von sterilem Filterpapier verwendet werden (Medium geeignet zur Kultivierung von *Fusarium* spp.).

Clostridien-Differential-Bouillon = DRCM-Bouillon

Coli 3D (bioMérieux)

Cooked Meat Medium = Fleisch-Bouillon = Kochfleisch-Bouillon

CREAD = Creatin-Saccharose-Dichloran-Agar

Zusammensetzung (g/l):

Kreatin	3,0
Saccharose	30,0
KCl	0,5
KH_2PO_4	1,0
$FeSO_4 \times 7H_2O$	0,01
$MgSO_4 \times 7H_2O$	0,5
Chloramphenicol	0,05
Dichloran	0,002
Bromkresolpurpur	0,05
$ZnSO_4 \times 7H_2O$	0,01
$CuSO_4 \times 5H_2O$	0,005
Agar	20,0
A. dest.	1000 ml
pH-Wert 4,8	

Nach dem Autoklavieren (121 °C, 15 min) wird bei 50 °C 0,05 g Chlortetracyclin zugegeben.

Cresolrot-Thalliumacetat-Saccharose-Agar (CTAS-Agar)

Zusammensetzung (g/l):

Caseinpepton	10,0
Hefeextrakt	10,0
Saccharose	20,0
Tween 80	1,0
Natriumcitrat	15,0
Mangansulfat x $4H_2O$	4,0
Di-Kaliumhydrogenphosphat	2,0
Thalliumacetat	1,0
Nalidixinsäure	0,04
Cresolrot	0,004
Triphenyltetrazoliumchlorid (TTC)	0,01
Agar	15,0
A. dest.	1000 ml

Herstellung: Mit Ausnahme des Tetrazoliumchlorids Lösung der Bestandteile in 990 ml A. dest. (erhitzen bis zum Kochen), abkühlen auf 55 °C, pH-Wert auf 9,1 einstellen, autoklavieren bei 121 °C für 10 min, abkühlen auf 55 °C und Zusatz von 10 ml einer 10%igen Lösung TTC, ausgießen in Platten.

CTAS = Cresolrot-Thalliumacetat-Saccharose-Agar

CT-SMAC = Cefixim-Tellurit-Sorbit-MacConkey-Agar

CYA = Czapek-Hefe-Autolysat-Agar = Czapek Yeast Extract Agar

Cycloheximid 0,01 % Wachstumstest für Hefen

Zusammensetzung (g/l):	Cycloheximid	0,1
	Aceton	2,5 ml
	Hefe Stickstoff-Basis =	
	Yeast Nitrogen Base (Difco)	6,7
	Glucose	10,0
	A. dest.	100 ml

Herstellung: Cycloheximid in Aceton, andere Zutaten in A. dest. lösen. Lösungen vermischen und sterilfiltrieren. Zum Gebrauch 0,5 ml aseptisch mit 4,5 ml sterilem A. dest. auffüllen.

Cycloheximid 0,1 % Wachstumstest für Hefen

Zusammensetzung (g/l):	Cycloheximid	1,0
	Aceton	2,5 ml
	Hefe Stickstoff-Basis =	
	Yeast Nitrogen Base (Difco)	6,7
	Glucose	10,0
	A. dest.	100 ml

Herstellung: Cycloheximid in Aceton lösen, andere Zutaten in Wasser lösen. Lösungen vermischen und sterilfiltrieren. Zum Gebrauch 0,5 ml aseptisch mit 4,5 ml sterilem Wasser auffüllen.

Czapek-Dox-Iprodione-Dichloran-Agar (CZID)

Zusammensetzung (g/l):	Czapek Dox Broth (Difco)	35,0
	$CuSO_4$ x $5H_2O$	0,005
	$ZnSO_4$ x $7H_2O$	0,01
	Chloramphenicol	0,05
	Dichloran (0,2 % in Alkohol)	1 ml
	Agar	20,0
	A. dest.	1000 ml

Herstellung: Nach dem Autoklavieren abkühlen auf 50 °C und Zusatz einer 0,5%igen wässerigen Lösung von Chlortetracyclin und 0,3 g Iprodione gelöst in 50 ml sterilem Wasser (Rhône-Poulenc, Agro Chemie, Lyon, Frankreich). CZID wurde für den selektiven Nachweis von *Fusarium* spp. entwickelt.

(ABILDGREN et al., Letters appl. Microbiol. 5, 83–86, 1987)

Czapek-Hefe-Autolysat-Agar = Czapek Yeast Extract Agar
= CYA (PITT, 1979)

Zusammensetzung (g/l):	Saccharose	30,0
	Hefeextrakt	5,0
	NaNO$_3$	3,0
	KCl	0,5
	MgSO$_4$ x 7H$_2$O	0,5
	FeSO$_4$ x 7H$_2$O	0,01
	K$_2$HPO$_4$	1,0
	Agar	20,0
	A. dest.	1000 ml

Nach Zugabe von A. dest. 0,01 g ZnSO$_4$ x 7H$_2$O und 0,005 g CuSO$_4$ x 5H$_2$O pro Liter zugeben, pH-Wert 6,0–6,5. Kupferionen sind für die Pigmentbildung der Konidien der Gattung *Penicillium* und einiger Konidien der Gattung *Aspergillus* wichtig.

(PITT, J.I., The genus Penicillium and its teleomorphic states Eupenicillium and Talaromyces, Academic Press, London, 1979)

CZID = Czapek-Dox-Iprodione-Dichloran-Agar

D

Dextrose-Sorbit-Mannit-Agar = DSM-Agar

DG 18-Agar = Dichloran-Glycerol-(DG 18)-Agar

Dichloran Chloramphenicol Pepton Agar (DCPA)

Zusammensetzung (g/l):	Pepton	15,0
	KH$_2$PO$_4$	1,0
	MgSO$_4$ x 7H$_2$O	0,5
	Chloramphenicol	0,1
	Dichloran (0,2 % in Alkohol)	1,0 ml
	Agar	15,0
	A. dest.	1000 ml

(ANDREWS, S., PITT, J.I., Appl. Environ. Microbiol. 51, 1235–1238, 1986)

Dichloran-Glycerol-(DG 18)-Agar = Dichloran-18 %-Glycerol-(DG 18)-Agar

Dichloran Rose Bengal Hefeextrakt Saccharose Agar (DRYES)

Zusammensetzung (g/l):	Hefeextrakt	20,0
	Saccharose	150,0
	Rose Bengal	25 mg
	(5 % G/V in Wasser, 0,5 ml)	
	Chloramphenicol	0,1
	Dichloran (0,2 % in Alkohol, 1,0 ml)	2 mg
	Agar	20,0
	Wasser auffüllen auf	1000 ml

pH-Wert 5,6 (einstellen nach dem Autoklavieren). Mit diesem Medium werden *Penicillium verrucosum* und *P. viridicatum* nachgewiesen. Die Farbe unterhalb der Kolonien ist purpurfarben.

(FRISVAD, J. appl. Bacteriol. 54, 409-416, 1993)

DRBC = Dichloran Rose Bengal Chloramphenicol Agar oder Dichloran-Rose-Bengal-Chloramphenicol-Selektivnährboden

DRCM-Agar = DRCM-Bouillon + 1,5 % Agar

Dreizucker-Eisen-Agar = TSI-Agar

DRYES = Dichloran Rose Bengal Hefeextrakt Saccharose Agar

DSM-Agar = Dextrose-Sorbit-Mannit-Agar

Zusammensetzung (g/l):	Proteose Pepton (Difco)	10,0
	Hefeextrakt	3,0
	Calciumlactat	15,0
	Dextrose	1,0
	D-Sorbit	1,0
	D-Mannit	2,0
	KH_2PO_4	1,0
	$MnSO_4$	0,02
	Bromkresolpurpur	0,03
	Cycloheximid (= Actidione)	0,004
	Natriumdesoxycholat	0,1
	Brillantgrün	29,5 mg
	Agar	15,0

Das Medium wird nur bei 100 °C 15 min erhitzt; pH 4,8 (Einstellung mit HCl).

E

ECD-Agar + MUG = Fluorocult® ECD-Agar (Merck) = Bacto EC Medium mit MUG (Difco)

EE-Broth = E.E.-Bouillon nach MOSSEL = Enterobacteriaceae
Anreicherungsmedium nach MOSSEL

Ehly-Agar = Enterohämolysin-Agar mit Blut (Oxoid)

Elliker-Agar = Ellikerbouillon (Difco) + 1,3 % Agar

Essigsäure-Agar

Zusammensetzung (g/l):	Glucose	100,0
	Trypton	10,0
	Hefeextrakt	10,0
	Agar	20,0
	Wasser	1000 ml

Das geschmolzene Medium auf etwa 45 °C abkühlen, 1 ml Eisessig pro 100 ml
zugeben, schnell vermischen und in Petrischalen ausgießen.

Essigsäure-Dichloran-Hefeextrakt-Saccharose-Agar = ADYS

Zusammensetzung (g/l):	Saccharose	150,0
	Hefeextrakt	20,0 mg
	$MgSO_4 \times 7H_2O$	0,5
	Dichloran	0,002
	Agar	20,0
	A. dest.	1000 ml

Nach dem Autoklavieren (121 °C, 15 min) Zusatz von 0,5 % Eisessig.

F

Fermentationsmedium = Phenolrot-Bouillon

Zusammensetzung (g/l):	Proteose Pepton	10,0
	Fleischextrakt	1,0
	Kochsalz	5,0
	Phenolrot	0,018
	Agar	1,0
	A. dest.	1000 ml

Nach Sterilisation bei 121 °C für 15 min Zusatz steril filtrierter Lösungen (10%ig),
so daß die Zucker in 1,0%iger Konzentration im Röhrchen enthalten sind; pH-
Wert des Mediums 7,4.

Fermentationsmedium für Hefen

Zusammensetzung: Hefeinfusion   1000 ml
                                Testzucker   20 g
                                (Bei Verwendung von Raffinose 40 g)

Einige Labors geben auch noch 7,5 g Pepton zu und verwenden Bromthymol-blau als pH-Indikator. Das Medium wird in Reagenzgläser gefüllt, die ein Durham-Röhrchen enthalten. Nach dem Autoklavieren muß der Durham-Einsatz mit Medium gefüllt sein.

Fleischextrakt-Hefeextrakt-Pepton-Tributyrin-Agar (BYPTA)

Basismedium: Fleischextrakt 5,0 g; Pepton, pankreatisch verd. 10,0 g; Kochsalz 5,0 g; Hefeextrakt 3,0 g. Lösen der Bestandteile in 750 ml Aqua dest. und Zugabe von 10 ml Tributyrin (Glycerintributyrat) + 1 g Polyvinylalkohol. Homogenisierung bei 15000 U/min zu einer milchigen Emulsion.

Dem Basismedium wird zur Verfestigung Wasseragar zugesetzt: 15 g Agar werden in 250 ml Aqua dest. gelöst. Das Medium (pH 7,0) wird bei 121 °C 20 min sterilisiert.

G

GA 50 = Glucose-Agar (GA 50)

GB 50 = Glucose-Bouillon (GB 50)

Gepuffertes Peptonwasser = Pepton-Wasser (gepuffert) = PBS

Glucose-Agar (GA 50)

Zusammensetzung: D(+)-Glucose   50 %   (G/G)
                                Hefeextrakt   0,5 %   (G/G)
                                Agar   1,5 %   (G/G)
                                pH-Wert 4,5, 121 °C 15 min

Das Medium darf nach dem Autoklavieren nicht braun sein. Überhitzte Medien müssen verworfen werden.

Glucose-Agar 60 % für Hefen (GA 60)

Zusammensetzung: Glucose   60 %   (G/G)
                                Hefeextrakt   0,5 %   (G/G)
                                Agar   1,5 %   (G/G)

Das Medium darf nach dem Autoklavieren nicht braun sein. Überhitzte Medien müssen verworfen werden.

Glucose-Agar nach WINDISCH zum Nachweis von Hefestärke

Zusammensetzung (g/l):	Glucose	10,0
	$(NH_4)_2SO_4$	1,0
	$MgSO_4 \times 7H_2O$	0,5
	Agar	20,0

Nach Lösen der Bestandteile sterilisieren bei 121 °C für 15 min

Glucose-Bouillon (GB 50)

Zusammensetzung:	D(+)-Glucose	50 %	(G/G)
	Hefeextrakt	0,5 %	(G/G)
	pH-Wert 4,5, 121 °C 15 min		

Glucose 2 % Hefeextraktinfusion-Agar

Zusammensetzung (g/l):	Glucose	20,0
	Agar	20,0
	Hefeextraktinfusion	1000 ml

Glucose-Hefeextrakt-Pepton-Wasser

Zusammensetzung (g/l):	Glucose	20,0
	Pepton	10,0
	Hefeextrakt	5,0
	A. dest.	1000 ml

Sterilisation 121 °C 15 min

Glucose-Hefeextrakt-Pepton-Agar

Wie Glucose-Hefeextrakt-Pepton-Wasser + 3 % Agar

Glucose-Pepton-Hefeextrakt-Agar = GPY

Zusammensetzung (g/l):	Glucose	20,0
	Pepton	5,0
	Agar	20,0
	Hefeextraktinfusion	500 ml
	A. dest.	500 ml
	pH-Wert wird nicht eingestellt	

Glucose-Pepton-Hefeextraktinfusion-Bouillon

Zusammensetzung (g/l):	Glucose	20,0
	Pepton	5,0
	Hefeextraktinfusion	500 ml
	A. dest.	500 ml

Glucose-Salt-Teepol Broth (GSTB)

Zusammensetzung (g/l):	Fleischextrakt	3,0
	Pepton	10,0
	NaCl	30,0
	Glucose	5,0
	Methylviolett	0,002
	Teepol	4,0 ml
	pH-Wert 8,8, 121 °C 15 min	

25 %-Glycerol-Nitrat-Agar (G25-N-Agar)

Zusammensetzung:	K_2HPO_4	0,75 g
	Czapek-Konzentrat	7,5 ml
	Hefeextrakt	3,7 g
	Glycerol (analyt.)	250 g
	Agar	12 g
	A. dest.	750 ml

Autoklavieren bei 121 °C für 15 min, pH 7,0.

(PITT, J.I., HOCKING, A.D., Fungi and food spoilage, Chapman & Hall, London, 1997)

Gorodkowa-Agar

Zusammensetzung (g/l):	Glucose	1,0
	Pepton	10,0
	Kochsalz	5,0
	Agar	20,0
	Leitungswasser	1000 ml
	121 °C 15 min	

GPY = Glucose-Pepton-Hefeextrakt-Agar

H

HDTS-Agar (Hefeextrakt-Dextrose-Trypton-Stärke-Agar)

Zusammensetzung (g/l):	Pepton	5,0
	Trypton	2,5
	Fleischextrakt	3,0
	Glucose	1,0
	Lösliche Stärke	1,0
	Agar	15,0
	121 °C 15 min	

HDTS-Bouillon

Zusammensetzung wie HDTS-Agar, jedoch ohne Agarzusatz

Hefeextrakt-Ethanol-Bromkresolgrün-Agar

Zusammensetzung: Hefeextrakt   3 %
                  Bromkresolgrün   0,0022 %
                  Ethanol   2 %
                  Agar   0,9 %

Herstellung: 30 g Hefeextrakt, 9 g Agar und 1 ml Bromkresolgrün-Lösung (2,2 %, alkoholisch) werden 15 min in 1 l A. dest. eingeweicht, bis zur vollständigen Lösung gekocht und zu je 6,5 ml in Reagenzgläser abgefüllt. Pro Röhrchen wird zum verflüssigten, auf ca. 50 °C abgekühlten Agar, 1 ml 15%iges Ethanol (sterilfiltriert) zugegeben. Nach guter Durchmischung werden die Röhrchen in Schräglage abgekühlt.

Hefeextrakt-Malzextrakt-Pepton-Bouillon (YPD-Broth)

Zusammensetzung (g/l): Hefeextrakt   3,0
                        Malzextrakt   3,0
                        Pepton   5,0
                        Glucose   10,0
                        A. dest.   1000 ml
                        pH 5–6, Sterilisation 15 min 121 °C

Hefeextrakt-Malzextrakt-Agar (YM-Agar) Difco

Hefeextrakt-Malzextrakt-Bouillon (YM-Broth) Difco

Hefeextrakt-Malzextrakt-Pepton-Agar (YPD-Agar) Difco

Hefeextrakt-Pepton-Dextrose-Stärke-Agar (YPTD-S-Agar)

Zusammensetzung (g/l): Pepton   3,0
                        Pepton (Oxoid L 37)   5,0
                        Trypton   2,5
                        Hefeextrakt   1,0
                        Lab Lemco   3,0
                        Glucose   1,0
                        Stärke   1,0
                        Agar   15,0
                        pH 7,3

Hefeextrakt-Natriumlactat-Medium

Zusammensetzung: Pepton aus Casein trypt.   1,0 %
                  Hefeextrakt   1,0 %
                  Natriumlactat   1,0 %
                  KH_2PO_4 0,25 %
                  $MnSO_4$ 0,0005 %
                  pH-Wert 7,0, 121 °C 15 min, abfüllen zu 4 ml

Hefeextrakt-Trypton-Glucose-Agar

Zusammensetzung (g/l):	Hefeextrakt	2,5
	Trypton	5,0
	Glucose	1,0
	Agar	15,0
	A. dest.	1000 ml

pH-Wert 7,0, 15 min 121 °C

Hefe-Infusion = Yeast Infusion

| Zusammensetzung (g/l): | Hefeextrakt | 5,0 |
| | Wasser | 1000 ml |

Hefe-Morphologie-Agar (Difco)

Zur Klassifizierung der Hefen nach ihren Koloniecharakteristika und ihrer Zellmorphologie.

Hefe-Kohlenstoff (Basis) = Yeast Carbon Base, Difco

Testagar zur Prüfung der Fähigkeit, Stickstoff mittels unterschiedlicher Stickstoffquellen zu assimilieren.

Hefe-Malz-Pepton = YM-Bouillon (Difco)

Hefe-Stickstoff (Basis) = Yeast Nitrogen Base, Difco

Zur Prüfung der Fähigkeit, Kohlenstoff zu assimilieren.

Hirn-Herz-Dextrose-Agar = BHI-Agar, Hirn-Herz-Agar, Brain Heart Infusion Agar

I

Inaktivator = Inaktivierungslösung

Zusammensetzung:	Lecithin (aus Soja, reinst)	3 g
	Polysorbat 80 (Tween 80)	30 ml
	Natriumthiosulfat	5 g
	L-Histidin HCl	1 g
	Phosphat-Puffer 0,25 M	10 ml
	Entsalztes Wasser	1000 ml

Sterilisation 15 min 151 °C

Inositol-Brillantgrün-Gallesalz-Agar = IBG-Agar

Zusammensetzung (g/l):

Proteose-Pepton (Difco)	10,0
Fleischextrakt LabLemco (Oxoid)	5,0
Kochsalz	5,0
m-Inosit (Merck)	10,0
Gallesalz Nr. 3 (Difco)	8,5
Agar	15,0
Brillantgrün (Merck)	
0,1%ige wässerige Lösung	0,33 ml
Neutralrot (Merck)	
2%ige wässerige Lösung	1,25 ml
A. dest.	1000 ml

Nach Lösen der Substanzen 15 min bei 121 °C autoklavieren. End-pH-Wert 7,2.

K

Kaliumtellurit-Agar

Zusammensetzung: CASO-Agar + 0,04 % Kaliumtellurit

Kartoffel-Glucose-Agar (Merck) = Kartoffel-Dextrose-Agar
= Potato Dextrose Agar (Oxoid)

King (B) F = Pseudomonas-Agar F

King (A) P = Pseudomonas-Agar P

Kochfleisch-Bouillon = Cooked Meat Medium = Fleisch-Bouillon

Kochsalz-Bouillon

Zusammensetzung (g/l):

Caseinpepton trypt.	17,0
Pepton aus Sojamehl	3,0
Kochsalz	80,0
K_2HPO_4	2,5
Glucose	2,5

pH-Wert 7,0, 15 min 121 °C

Karmali-Agar = Campylobacter-Selektivnährboden (Karmali)

Kohlenstoff-Auxanogramm = Hefe-Kohlenstoff (Basis)
= Kohlenstoff-Grundstoff-Agar

Zusammensetzung (g/l):

$(NH_4)_2SO_4$	5,0
KH_2PO_4	1,0
$MgSO_4 \times 7H_2O$	0,5
Agar	20,0
A. dest.	1000 ml

121 °C 15 min

L

Lactose-Gelatine-Nährboden

Zusammensetzung (g/l): Caseinpepton trypt.   15,0
Hefeextrakt   10,0
Lactose   10,0
Na_2HPO_4 5,0
Phenolrot: 5 ml einer 1%igen Lösung
Gelatine   120 g

Herstellung: Lösen der Bestandteile mit Ausnahme der Gelatine in 1 l A. dest.,
pH 7,5. Danach Zusatz der Gelatine und Lösen unter Erhitzen, abfüllen in Röhrchen und autoklavieren bei 121 °C für 15 min.

LBP = Liquid Baird Parker Medium

M

Malachitgrün-Pepton-Lösung

a) Konzentrierte Malachitgrün-Pepton-Lösung:
15 g Pepton und 9 g Fleischextrakt werden im Glaskolben in 1 l dest.
Wasser innerhalb 1 h unter Erhitzen im Dampftopf gelöst; nach Zusatz
von 4 ml Malachitgrün-Lösung wird der pH-Wert mit Natronlauge bzw.
Salzsäure auf 7,3 bis 7,4 eingestellt. Die Lösung wird in Anteilen von je
50 ml in Flaschen abgefüllt und in Anteilen zu je 5 ml in sterile Reagenzgläser für 20 min bei 0,8 bar Überdruck sterilisiert.

b) Verdünnte Malachitgrün-Pepton-Lösung:
Ein Raumteil konzentrierte Malachitgrün-Pepton-Lösung wird mit drei
Raumteilen destilliertem Wasser verdünnt und zu je 10 ml in Reagenzgläser abgefüllt. Die Sterilisation erfolgt wiederum für 20 min im Autoklav
bei 0,8 bar Überdruck.

Malz-Agar zur Sporenbildung bei Hefen

Zusammensetzung: Malzextraktpulver (Difco)   50,0 g
Agar   20,0 g
A. dest.   1000 ml

Malz-Agar (MA) (allgemeines Medium für die Identifizierung von Pilzen)

Zusammensetzung (g/l): Malzextrakt   20,0
Agar   20,0
A. dest.   1000 ml

Malzextrakt-Agar (MEA) für die Identifizierung der Genera *Penicillium* und *Aspergillus*

Zusammensetzung (g/l):

	Malzextrakt	20,0
	Pepton	1,0
	Glucose	20,0
	Agar	20,0
	A. dest.	1000 ml

(PITT, J.I., The genus Penicillium and its teleomorphic state Eupenicillium and Talaromyces, Academic Press, London, 1979)

Malzextrakt-Agar (MEA) pH 5,4 (Oxoid)

Zusammensetzung (g/l):

	Malzextrakt	30,0
	Pepton	5,0
	Agar	15,0
	A. dest.	1000 ml

Malzextrakt-Agar, pH 4,5 = Malzextrakt-Agar oder Malt Extract Agar

Dem Medium ist 1 % Hefeextrakt zuzusetzen. Der pH-Wert wird mit 10%iger Milchsäure auf 4,5 eingestellt.

Malzextrakt-Agar, pH 3,5

Herstellung: Nach dem Sterilisieren pH-Wert mit 20%iger Weinsäure auf 3,5 einstellen.

Malzextrakt-Bouillon = Malzextrakt-Lösung

Malzextrakt-Hefeextrakt-Glucose-Agar (MY 50 G)

Zusammensetzung (g/l):

	Malzextrakt	10,0
	Hefeextrakt	2,5
	Glucose	500,0
	Agar	10,0
	A. dest.	1000 ml

Nach Lösen der Bestandteile 30 min bei 100 °C erhitzen.

Malzextrakt-Hefeextrakt-Glucose-Fructose-Agar (MY 70 GF)

Zusammensetzung (g/l):

	Malzextrakt	6,0
	Hefeextrakt	1,5
	Agar	6,0
	Glucose	350
	Fructose	350
	A. dest.	1000 ml

Nach Lösen der Bestandteile erhitzen auf 100 °C für 30 min.

Malz-Hefeextrakt-40 % Saccharose Agar (M 40 Y)

Zusammensetzung (g/l):	Malzextrakt	20,0
	Hefeextrakt	5,0
	Saccharose	400,0
	Agar	15,0
	A. dest.	1000 ml

Empfohlen für xerophile Schimmelpilze, z. B. *Eurotium, Wallemia.*

Manganoxid-Agar = Pyrolusit-Agar

Zum Nachweis von Peroxidbildnern.

(LÜCKE et al., Chem. Microbiol. Technol. Lebensm. 10, 78-81, 1986)

McClary's Acetat Agar

Zusammensetzung (g/l):	Glucose	1,0
	Kaliumchlorid	1,8
	Natriumacetat (Trihydrat)	8,2
	Hefeextrakt	2,5
	Agar	15,0
	A. dest.	1000 ml

Mineralbasis-Agar nach PALLERONI und DOUDOROFF (1972)

Zusammensetzung (g/l):	Na-K-Phosphatpuffer = 0,33 M, pH 6,8	
	NH_4Cl	1,0
	$MgSO_4 \times 7H_2O$	0,5
	Eisenammoniumcitrat	0,05
	$CaCl_2$	0,005

Herstellung: Ammoniumchlorid und Magnesiumsulfat werden dem Puffer zugegeben und mit ihm sterilisiert (121 °C, 15 min). Eisenammoniumcitrat und Calciumchlorid werden der Stammlösung aseptisch nach Sterilfiltration zugesetzt, wie auch Fructose (0,2 %) und Glycerin (0,1 %).

MKTT = Muller Kauffmann Tetrathionat

MMG-Agar = Glutaminat-Nährlösung-Basis (Oxoid) + 1 % Agar
= Glutaminat-Bouillon + 1 % Agar

MRSD-Medium

Zusammensetzung (g/l):	Proteose-Pepton	10,0
	Hefeextrakt	5,0
	Tween 80	1,0
	Ammoniumcitrat	2,0
	Natriumacetat	5,0
	Magnesiumsulfat	0,1

Dinatriumhydrogenphosphat	2,0
Phenolrot	0,025
Glucose	12,0
L-Argininhydrochlorid	21,07
Fast Green FCF (Sigma)	0,25
Agar	15,0
Mangansulfat	3,1
A. dest.	1000 ml
Polymyxin-B-Sulfat (Serva)	100 IE/ml im
	fertigen Medium

Herstellung: Mit Ausnahme des Agars, Mangansulfats und Polymyxins werden die Bestandteile in A. dest. gelöst. Der pH-Wert wird mit 5 M HCl auf 6,0 eingestellt. Nach Zugabe des Agars Sterilisation bei 121 °C für 15 min. Zu 94 ml des sterilen Mediums werden bei 46 °C 5 ml einer 6,2%igen Mangansulfatlösung (sterilisiert bei 121 °C 15 min) und 1 ml einer sterilfiltrierten Lösung von Polymyxin-B-Sulfat gegeben. End-pH-Wert 5,5.

MRS-Mangandioxid-Agar

Grundmedium:	MRS-Agar	
Zusätze (g/l):	Mangandioxid (Pyrolusit)	7,5
	Xanthan Gum (Kelco, Brüssel)	5,0

MRS-S-Medium = MRS-Agar + 0,14 % Sorbinsäure

Herstellung: Dem auf 50 °C temperierten MRS-Agar (1000 ml) werden 14 ml Sorbinsäurelösung zugegeben. Bei 50 °C wird der pH-Wert mit 1 M HCl auf 5,8 eingestellt, so daß bei 30 °C der pH-Wert 5,7 beträgt (Plattenkontrolle).

Herstellung der Sorbinsäurelösung: 10 g Sorbinsäure mit 80 ml sterilem Wasser unter Zusatz von 8 ml 1 M Natronlauge unter Erwärmen auf 60 °C lösen und bis zur vollständigen Lösung auf 100 ml auffüllen.

MRS-Bouillon ohne Fleischextrakt (Nachweis der obligat heterofermentativen Milchsäurebakterien)

Zusammensetzung (g/l):	Universalpepton (Merck)	10,0
	Hefeextrakt	5,0
	D(+)-Glucose	20,0
	K_2HPO_4	2,0
	Polyoxyethylensorbitanmonooleat	1,0 (Merck)
	Diammoniumhydrogencitrat	2,0
	Natriumacetat	5,0
	$MgSO_4 \times 7H_2O$	0,1
	$MnSO_4$	0,05
	pH-Wert 6,2, 121 °C, 15 min	

Muller Kauffmann Tetrathionat = MKTT

MYGP-Agar (pH 4,0)

Zusammensetzung (g/l):
Hefeextrakt	3,0
Malzextrakt	3,0
Pepton	5,0
Glucose	20,0
Agar	20,0
A. dest.	1000 ml

pH 4,0 mit Milchsäure einstellen, 121 °C 15 min.

MY 50 G = Malzextrakt-Hefeextrakt-Glucose-Agar

MY 70 GF = Malzextrakt-Hefeextrakt-Glucose-Fructose-Agar

MYP-Agar = Cereus-Selektiv-Agar nach MOSSEL (Merck) = Bacillus-Cereus-Selektiv-Agar = Mannit-Eigelb-Polymyxin-Agar

MYCK = Malzextrakt-Hefeextrakt-Chloramphenicol-Ketocanazol-Agar
(nach BAERTSCHI et al., Mycological Research 95, 373-374, 1989)

Zusammensetzung (g/l):
Malzextrakt	20,0
Hefeextrakt	2,0
Chloramphenicol	0,5
Agar	15,0
A. dest.	1000 ml

Ketocanazol (1 % G/V 95 % Ethanol) 50 mg/l,
Sterilisation durch Filtration. Zusatz nach dem Autoklavieren. End-pH-Wert 5,6.

Medium zur Isolierung von *Mucor* spp.

N

Natriumlactat-Agar

Zusammensetzung (g/l):
Pepton	20,0
Natriumlactat	10,0
Hefeextrakt	10,0
Agar	15,0
A. dest.	1000 ml
pH 7,0	

Abfüllen zu 10 ml in Röhrchen und autoklavieren bei 121 °C für 15 min.

Nitrat-Beweglichkeitsagar

Zusammensetzung: Nitrat-Bouillon + 0,8 % Agar
Abfüllen in Röhrchen, 121 °C 15 min.

Novobiocin-Polymyxin-Kristallviolett-Bouillon = NPC-Bouillon

NPC-Bouillon = Novobiocin-Polymyxin-Kristallviolett-Bouillon

Zusammensetzung: Tryptic Soy Broth (Difco) + sterilfiltrierte
                      Lösungen von Novobiocin   20 μg/ml
                      Polymyxin-B-sulfat   20 Einh./ml
                      Kristallviolett   2,5 μg/ml

O

OF-Medium = OF-Testnährboden + Zusatz von 1 % Glucose oder OF-Medium
(Grundsubstrat) + 1 % Glucose oder OF-Basal-Medium + 1 % Glucose

OFS-Medium (Fa. Döhler)

Ogawa-Agar = Bacillus acidoterrestris-Medium

Zusammensetzung: A) Ammoniumsulfat   0,2 g
                     Magnesiumsulfat   0,5 g
                     K_2HPO_4 0,25 g
                     Hefeextrakt   2,0 g
                     $CaCl_2$ 3,0 g
                     $FeSO_4$ x $7H_2O$ 0,056 ml
                     einer Lösung von 0,28 g/l
                     $ZnSO_4$ x $7H_2O$ 0,09 ml
                     einer Lösung von 0,4 g/l
                     $MnCl_2$ x $4H_2O$ 0,35 ml
                     einer Lösung von 1,25 g/l

                  B) Glucose   1,0 g
                     Lösliche Stärke   2,0 g
                     Agar   15,0 g

Zubereitung: Die Mischung A wird in 500 ml A. dest. gelöst und der pH-Wert auf
3,7 mit HCl eingestellt. Die Substanzen unter B werden ebenfalls in 500 ml A. dest.
gelöst. A + B werden separat autoklaviert (121 °C, 15 min). Vor der Untersuchung werden A + B gemischt.

Orangenserum-Agar, modifiziert

Zusammensetzung: Orangenserum-Agar
                      + 3 % Glucose
                      + 3 % Saccharose
                      + 0,3 % Hefeextrakt

P

P-A = Pepton-Agar (auch Thermoacidurans-Agar, Difco)

Zusammensetzung: Peptonbouillon + 1,5 % Agar

P-B = Pepton-Bouillon

Zusammensetzung:		
	Pepton	5,0
	Hefeextrakt	5,0
	Glucose	5,0
	K_2HPO_2	4,0

Nach Lösen der Bestandteile abfüllen zu 10 ml, 121 °C 15 min, End-pH-Wert 5,0 (Einstellung mit HCl).

PCA = Potato Carrot Agar

Herstellung: 40 g Möhren und 40 g Kartoffeln werden getrennt gewaschen, geschält, geschnitten und in je 1 l Wasser 5 min gekocht und dann filtriert. Die Extrakte werden 60 min bei 1 bar sterilisiert. Zur Herstellung des Agars verwendet man 250 ml Kartoffelextrakt, 250 ml Möhrenextrakt, 500 ml destilliertes Wasser, 15 g Agar. Sterilisation bei 121 °C für 15 min.

PEM = Perfringens-Enrichment-Medium

Peptonwasser + Malachitgrün (= Voranreicherung Salmonellen in Kakao)

Peptonwasser gepuffert + 1 % (G/V) Casein. Nach der Sterilisation Zugabe von 1 ml Malachitgrünlösung zu 225 ml Peptonwasser.

Herstellung der Malachitgrünlösung: 2,5 g Malachitgrün (Merck) zu 100 ml A. dest., im Wasserbad bei 37 °C 3–4 Std. lösen, in dunkler Flasche bei Raumtemperatur aufbewahren.

Pepton-Glucose-Agar = Peptonwasser mit Phenolrot als Indikator (Oxoid) + Zusatz von 1,2 % Agar, abfüllen in Röhrchen, 121 °C, 15 min.

Perfringens-Enrichment-Medium = PEM

Zusammensetzung (g/l):		
	Pepton aus Casein	15,0
	Hefeextrakt	5,0
	L(+)-Cystin	0,5
	Kochsalz	2,5
	Natriumthioglycolat	0,5
	D-Cycloserin (Sigma)	400 µg/ml
	pH 7,1, 121 °C 15 min	

Medium frisch bereitet verwenden!

Oder:

Fluid Thioglycollate Medium ohne Dextrose (Difco) + 400 µg D-Cycloserin/ml.

D-Cycloserin-Lösung: 4 g D-Cycloserin in 100 ml A. dest. lösen, steril filtrieren (kann 14 Tage im Kühlschrank aufgehoben werden). 1 ml D-Cycloserin-Lösung zu 100 ml Thioglycollate Medium bei 47 °C, abfüllen in Röhrchen zu 20 ml.

Plesiomonas-Agar (PL-Agar)

Zusammensetzung (g/l):

Pepton	1,0
Kochsalz	5,0
Hefeextrakt	2,0
Mannit	7,5
Arabinose	5,0
Inosit	1,0
Lysin	2,0
Gallesalz No. 3	1,0
Phenolrot	0,08
Agar	15,0

pH-Wert 7,4, 121 °C 15 min

PMK-Agar = Plate-Count-Monesin-KCl-Agar

PMK-Agar + MUG = Plate-Count-Monesin-KCl-Agar + 50 ml/l MUG (Fa. Sigma)

Potato Carrot Agar = Kartoffel-Möhren-Agar

Potato-Dextrose-Agar + 60 % Saccharose = Kartoffel-Glucose-Agar + 60 % (G/V) Saccharose, pH 5,2

PTM-Medium

Zusammensetzung (g/l):

Proteose Pepton·Nr. 3 (Difco)	10,0
Universalpepton M66 (Merck)	5,0
Tween 80	1,0

pH-Wert 6,0

Nach dem Autoklavieren Zusatz von (Angaben pro l):

Glucose	0,2 g
$MnSO_4$	30 mg
Tetramethylbenzidine (TMBZ), Fa. Aldrich	250 mg
Meerrettichperoxidase Typ II, Fa. Sigma	3,0 mg

Pyrolusit-Agar (Manganoxid-Agar)

Zusammensetzung (g/l): MRS-Agar (Merck)   62,0
Mangan(IV)-oxid   7,5
(Pyrolusit MnO$_2$, Fa. Merck)
Xanthan Gum (Fa. Sigma)   5,0

Zubereitung: 62,0 g des MRS-Agar-Granulats werden in einem Liter destilliertem Wasser im Wasserbad gelöst und danach über der Bunsenbrennerflamme kurz aufgekocht. In der Zeit des Abkühlens werden die 7,5 g Manganoxid (MnO$_2$) sowie die 5,0 g Xanthan Gum abgewogen und miteinander vermischt. Diese Mischung wird dem MRS-Agar im Waring Blendor zugesetzt und anschließend homogenisiert. Hierbei ist darauf zu achten, daß nicht zu viel auf einmal in den Waring Blendor gegeben wird, da sonst beim Homogenisiervorgang ein Teil des Mediums am Deckel austritt (der Behälter sollte nur bis zur Hälfte gefüllt werden). Das Medium wird über der Bunsenbrennerflamme kurz aufgekocht und nach dem Abkühlen auf ca. 60 °C wird der pH-Wert auf 6,5 eingestellt. Bei der pH-Wert-Einstellung ist es wichtig, daß der Agar nicht zu stark abkühlt, da er dadurch noch zähflüssiger wird und die Einstellung nicht gleichmäßig erfolgen kann. Nach dem sich anschließenden Autoklavieren bei 121 °C für 15 min wird der Agar in sterile Kunststoffpetrischalen gegossen. Die Farbe des Manganoxid-Agars ist aufgrund der Zugabe des Pyrolusits (MnO$_2$) schwarz.

R

RAE (reinforced AE)-Medium

Zusammensetzung (g/l): Glucose   40
Hefeextrakt   10
Pepton   10
Na$_2$HPO$_4$ x 2H$_2$O   3,38
Citronensäure x H$_2$O   1,5

Zubereitung: Nach dem Autoklavieren bei 121 °C für 15 min wird dem abgekühlten Medium 4 % Essigsäure (Eisessig) und 3 % (V/V) Ethanol zugegeben. Zur Herstellung von 100 ml Bouillon 1 ml Eisessig und 2 ml Ethanol (absolut) zufügen (SOKOLLEK, S.J., HAMMES, W.P., System. Appl. Microbiol. 20, 481-491, 1997).

Züchtung: In der Bouillon (200 ml in 1 l Kolben im Schüttler [200 U/min]) bei 30 °C oder in der Petrischale (Doppelschichttechnik) mit 0,5 % Agar und 1 % Agar in Doppelschicht bei hoher Luftfeuchte (90 %) – Gefäß mit A. dest. in Brutraum für 7–14 Tage (ENTANI et al., J. Gen. Appl. Microbiol. 31, 475-490, 1985).

Raffinose-Bifidobacterium-Agar (RB)

Zusammensetzung (g/l):	Agar Nr. 3 (Oxoid)	18,0
	D(+)-Raffinose (Sigma)	7,5
	Na-Caseinat (Sigma)	5,0
	Hefeextrakt (Oxoid)	5,0
	Lithiumchlorid (Merck)	3,0
	Na-Pyruvat	15,0
	L-Cystein HCl (Sigma)	0,5
	Na-Thioglycollat (Sigma)	0,5
	Bromkresolpurpur 1%ige Lösung (Merck)	15 ml
	und 40 ml Salzlösung	
Salzlösung (g/l):	$MgSO_4$	0,2
	$CaCl_2$	0,2
	K_2HPO_4	1,0
	KH_2PO_4	1,0
	$NaHCO_3$	10,0
	NaCl	2,0

pH-Wert des Mediums 6,7 ±0,1 (HCl bzw. NaOH)

(HARTEMINK et al., J. Microbiological Methods 27, 33-43, 1996)

S

Saccharose-Agar (BOATWRIGHT und KIRSOP, 1976)

Zusammensetzung (g/l):	Saccharose	50,0
	Pepton	10,0
	Hefeextrakt	5,0
	Kochsalz	5,0
	$CaCO_3$	3,0
	$MgSO_4$ x $7H_2O$	0,5
	$MnSO_4$	0,5
	Tween 80	0,1 ml
	Bromkresolgrün	0,02
	Agar	20,0
	121 °C, 15 min	

SFP-Agar = Sugar-Free Penicillin-Agar

Zusammensetzung (g/l):	Pepton aus Gelatine pankreatisch	7,5
	Caseinpepton pankreatisch	7,5
	Kochsalz	5,0
	Agar	15,0
	A. dest.	1000 ml

End-pH-Wert 7,6 ±0,2. Lösen der Bestandteile, autoklavieren bei 121 °C 15 min.
Nach dem Abkühlen auf 48 °C Zusatz von 5000 IE/l Penicillin (sterile Lösung von
Penicillin G Natrium)

SIN-Agar (Streptomycinsulfat Inosit Neutralrot Agar)

Zusammensetzung (g/l):	Blut-Agar, Basis (Merck)	40,0
	Hefeextrakt	2,0
	K_2HPO_4	1,0
	$MgSO_4$ x $7H_2O$	0,8
	Na_2CO_3	0,35
	Inosit	10,0
	Neutralrot, 0,3%ige Lösung, pH 7,0	10,0 ml

Nach dem Autoklavieren bei 121 °C 15 min und Abkühlung auf 50 °C Zusatz von
500 mg Streptomycinsulfat pro Liter (sterilfiltriert).

SNA = Synthetischer nährstoffarmer Agar

SPB-Bouillon = Salt Polymyxin B-Bouillon

Zusammensetzung (g/l):	Hefeextrakt	3,0
	Pepton	10,0
	Kochsalz	20,0
	Polymyxin B	0,25

Herstellung: Lösen der Bestandteile mit Ausnahme des Polymyxins in 900 ml
Aqua dest., erhitzen bis zum Kochen, pH 8,6. Nach Abkühlung 250 µg Poly-
myxin B, gelöst und steril filtriert in 100 ml A. dest., zugeben. Abfüllen zu 10 ml,
Verbrauch am Tag der Herstellung.

STAA-Agar = STAA-Medium = Brochothrix-Selektivnährboden (Oxoid)

Stärke-Ampicillin-Agar

Zusammensetzung (g/l):	Phenol Red Agar Base (Difco)	31,0
	Lösliche Stärke	10,0
	A. dest.	1000 ml

Nach dem Sterilisieren bei 121 °C 15 min abkühlen auf 50 °C und Zusatz von
Ampicillin (Sigma) 10 µg/ml (Int. J. Food Microbiol. 45, 77-78, 1998).

Stickstoff-Auxanogramm = Hefe-Stickstoff (Basis)

Zusammensetzung (g/l):

KH_2PO_4	1,0
$MgSO_4$ x $7H_2O$	0,5
Glucose	20,0
Agar	20,0
A. dest.	1000 ml

121 °C, 15 min

Sugar-Free-Penicillin-Agar = SFP-Agar

Sulfit-Cycloserin-Azid-Agar (SCA-Agar) = siehe DIN 10103 (1993)

Zusammensetzung (g/l):

Tryptose	15,0
Pepton aus Sojamehl	5,0
Hefeextrakt	5,0
Fleischextrakt	5,0
Glucose	2,0
Agar	14,0
Ammoniumeisen(III)citrat*	0,5
Natriummetabisulfit* ($Na_2S_2O_5$)	0,5
Glucose	2,0
Natriumazid*	0,05
D-Cycloserin (97 %)*	0,3
A. dest.	900 ml

Die Bestandteile (außer den mit * markierten) in Wasser unter Kochen lösen. Bei 121 °C 10 min sterilisieren, abkühlen auf 50 °C. Zusatz von 100 ml einer steril filtrierten Lösung von 0,5 g Natriummetabisulfit, 0,5 g Ammoniumeisen(III)citrat und 1 ml einer Stammlösung D-Cycloserin/Natriumazid.

Herstellen der Stammlösung: 1,5 g D-Cycloserin und 0,25 g Natriumazid in 50,0 ml A. dest. lösen, steril filtrieren und bei 0 °–5 °C aufbewahren (mehrere Monate möglich).

pH-Wert-Einstellung nach Zugabe der Lösungen zum Grundnährboden bei 50 °C, pH 7,4 ±0,2.

Synthetischer nährstoffarmer Agar (SNA)

Zusammensetzung (g/l):

KH_2PO_4	1,0
KNO_3	1,0
$MgSO_4$ x $7H_2O$	0,5
KCl	0,5
Glucose	0,2
Saccharose	0,2
Agar	20,0
A. dest.	1000 ml

Das Medium wird für die Kultivierung von *Fusarium*-Arten verwendet. Teilchen von sterilem Filterpapier können auf den Agar gelegt werden, um die Bildung von Sporodochien zu verbessern.

(NIERENBERG, H.J., Untersuchungen über die morphologische und biologische Differenzierung in der Fusarium-Sektion Liseola, Mitt. Biol. Bundesanstalt für Land- und Forstwirtschaft, Berlin-Dahlem 169, 1–117, 1976)

T

Tellurit-Galle-Kochsalzbouillon = Monsur's Broth

Zusammensetzung (g/l):		
Pepton	10,0
Kochsalz	10,0
Natriumtaurocholat	5,0
Natriumcarbonat	1,0
A. dest.	1000 ml
pH-Wert 9,0–9,2	

Nach dem Autoklavieren bei 121 °C für 15 min Kaliumtellurit bis zur Endkonzentration 1:100000 zugeben.

Toluidinblau-O-DNA-Agar

Grundmedium (g/l):		
DNA	0,3
Kochsalz	10,0
Agar	10,0
Tris-Puffer	1000 ml

Herstellung siehe unter Tris-Puffer.

TPGY-Bouillon

Zusammensetzung (g/l):		
Trypton	50,0
Pepton	5,0
Hefeextrakt	20,0
Glucose	4,0
Natriumthioglycolat	1,0
A. dest.	1000 ml
pH-Wert 7,0, 121 °C 10 min	

TPGYB-Bouillon = TPGY-Bouillon + 1 % Fleischextrakt

TPY-Agar

Zusammensetzung (g/l):		
	Trypticase (BBL)	10,0
	Phytone (BBL)	5,0
	Glucose	5,0
	Hefeextrakt	2,5
	Tween 80	1 ml
	Cysteinhydrochlorid	0,5
	K_2HPO_4	2,0
	$MgCl_2 \times 6H_2O$	0,5
	$ZnSO_4 \times 7H_2O$	0,25
	$CaCl_2$	0,15
	$FeCl_3$	eine Spur
	Agar	15,0

pH-Wert nach dem Autoklavieren (121 °C, 15 min) 6,5.

Triolein-Rhodamin B Agar

Grundmedium: Nähragar oder MRS-Agar, pH 7,0 bzw. 5,7

Zusätze pro Liter bei 60 °C: 31,25 ml Triolein (Serva)
10,0 ml Rhodamin B (Sigma), 0,001 %, G/V

Homogenisieren der Zusätze mit dem Medium bei 60 °C. Nach einer Standzeit von etwa 10 min bei 60 °C wird der gebildete Schaum abgegossen und das Medium in kalte Petrischalen ausgegossen.

Tris-Puffer

Zusammensetzung:		
	Tris (hydroxymethyl)-aminomethan	0,05 M
	Salzsäure	0,05 M
	$CaCl_2$	0,005 M
	pH 9,0	
	Toluidinblau-O	0,1 M
	(Mol-Gew. 305,85)	

Herstellung: DNA, Kochsalz und Agar werden in Tris-Puffer suspendiert und zum Sieden erhitzt, bis DNA und Agar gelöst sind. Der Agar wird auf 45 °C abgekühlt und mit 3 ml 0,1 M Toluidinblau-O vermischt. Das Gemisch wird in kleinen Einheiten abgefüllt und bei Raumtemperatur aufbewahrt. Zum Gebrauch wird es wieder verflüssigt und in 5 ml-Mengen in Petrischalen (15 mm x 60 mm) bzw. in 3-ml-Mengen auf Objektträger pipettiert.

Trispuffer-Peptonwasser

Zusammensetzung (g/l):		
	Pepton	10,0
	Tris (hydroxymethyl)-aminomethan	12,1
	Kochsalz	5,0
	A. dest.	1000 ml

pH-Wert auf 8,0 einstellen und bei 121 °C 15 min autoklavieren.

Trypton-Glucose-Hefeextrakt-Agar (TGY)

Zusammensetzung (g/l):

Glucose	100,0
Trypton	5,0
Hefeextrakt	5,0
Agar	15,0
A. dest.	1000 ml

Zum Nachweis von Hefen in Abwesenheit von Schimmelpilzen

Trypton-Soja-Yeast-Extract-Agar (TSYEA) = Tryptic Soy Agar oder
Trypticase Soy Agar unter Zusatz von jeweils 0,6 % Hefeextrakt.

Trypton-Sulfit-Cycloserin-Agar = TSC Agar = Tryptose-Sulfit-Cycloserin-
Agar = Perfringens Selective Medium, T.S.C.

TSC-SP-Agar

Dem Handelsprodukt (TSC-Agar) werden 0,1 % Saccharose zugesetzt (= Basisagar). Nach dem Autoklavieren (121 °C 15 min) werden zu 970 ml Basisagar
20 ml einer 0,5%igen wässerigen steril filtrierten Phenolphthaleindiphosphat-
lösung und 10 ml einer 5 %igen steril filtrierten D-Cycloserinlösung zugegeben.
Der pH-Wert sollte bei 50 °C 7,4 ±0,2 betragen.

TSYEA = Tryptic Soy Agar + 0,6 % Hefeextrakt

TSYEB = Tryptic Soy Broth + 0,6 % Hefeextrakt

U

UVMI = Listeria-Anreicherungsbouillon (Basis)
+ Listeria-Primär-Anreicherungs-Selektiv-Supplement

V

V8-Agar

Zusammensetzung:

V8 Gemüsesaft (Campbell Soup Co.)	350 ml
Preßhefe	5,0 g
(in 10 ml Wasser suspendiert)	
Agar	14,0 g
Wasser	350 ml

Hefe und V8-Saft werden vermischt, der pH-Wert auf 6,8 eingestellt, dann erst
wird für 10 min gekocht. Der pH-Wert wird erneut so eingestellt, daß die abgekühlte Mischung einen pH von 6,8 aufweist. Danach wird die Mischung zum
Agar gegeben, der in 350 ml Wasser aufgelöst wurde.

W

Wagatsuma-Agar

Zusammensetzung (g/l):

Hefeextrakt	5,0
Pepton	10,0
Kochsalz	70,0
Mannit	5,0
Kristallviolett	1 ml
(0,1%ige Lösung, (G/V) in Ethylalkohol)	
Agar	15,0

Herstellung: Lösen der Bestandteile in 1 l A. dest., pH 7,5. Erhitzen bis zum Kochen, nicht autoklavieren. Abkühlen auf 50 °C und Zusatz von 100 ml einer gewaschenen 20%igen Suspension menschlicher Erythrozyten.

Wasseragar 2 %

Zusammensetzung (g/l):

Agar	20,0
A. dest.	1000 ml

Wemann-Agar

Zusammensetzung (g/l):

Rohzucker	40,0
Dinatriumphosphat	2,0
Natriumchlorid	0,5
Magnesiumsulfat	0,1
Eisen(II)-sulfat	0,01
Calciumcarbonat	10,0
Agar	20,0

Herstellung: Nach dem Lösen der Bestandteile in A. dest. bei 110 °C 15 min erhitzen. Nach der Sterilisation wird der pH-Wert im noch flüssigen Medium mit HCl auf 5,0 (Nachweis von *Leuconostoc* spp.) bzw. 6,5 (Nachweis schleimbildender Bazillen) eingestellt. Anmerkung: Wemann-Nährkartonscheiben sind im Handel erhältlich (Fa. Sartorius, Fa. Dr. Möller & Schmelz)

WSH-Rezeptur (Wasser standardisierte Härte)

Zubereitung:

Lösung A: 31,74 g $MgCl_2$, wasserfrei
73,99 g $CaCl_2$, wasserfrei
in 1 l entsalztem Wasser lösen und 20 min autoklavieren.

Lösung B: 56,03 g $NaHCO_3$ in 1 l entsalztem Wasser lösen und steril filtrieren (0,45 μm).

3 ml von Lösung A mit ca. 600 ml sterilem, entsalztem Wasser mischen, 4 ml von Lösung B hinzufügen und mit sterilem, entsalztem Wasser auf 1000 ml auffüllen.

Y

Yeast Carbon Base (Difco) = Hefe-Kohlenstoff (Basis)

Yeast Nitrogen Base (Difco) = Hefe-Stickstoff (Basis)

Yersinia-Selektiv-Agar = CIN-Agar

YL-Agar = Yoghurt-Lactic-Agar

YL-Agar nach MATALON und SANDINE (J. Dairy Sci. 69, 2569, 1986)

Zusammensetzung des Basalmediums (g/l):

Trypton	20,0
Hefeextrakt	5,0
Gelatine	2,0
Glucose	5,0
Saccharose	5,0
Lactose	5,0
Kochsalz	4,0
Natriumacetat	1,5
Ascorbinsäure	0,5
Tween 80	1,0

Herstellung: Lösen der Bestandteile durch Erwärmen und Rühren, Einstellen des pH-Wertes auf 6,8 und Zugabe von 15 g Agar, autoklavieren bei 121 °C für 15 min.

Nach Abkühlung auf 47 °C Zugabe von 15 ml steriler, auf 47 °C erwärmter Magermilch. Ausgießen in Platten und Trocknen der Petrischalen bei 30 °C für 24 h.

2 Reagenzien

Actidione = Cycloheximid (Merck)

Argininmonohydrochlorid (Merck)

Alpha-Naphthol (Merck)

Brillantgrün (Merck)

Bromkresolgrün (Merck)

Bromkresolpurpur (Sigma)

Bromthymolblau (Merck)

Chlortetracyclin (Serva und Sigma)

Chloramphenicol (Serva und Sigma)

Coagulase Plasma EDTA (Difco und Becton Dickinson)

Dimethylsulfoxid = DMSO (Merck)

D-Cycloserin (Sigma)

Dimethyl-p-phenylendiamin-dihydrochlorid (Merck)

DNA (Difco)

Furoxon (Preamix)

Furazolidon (Praemix)

Griess-Ilosvay Reagenz auf Nitrit (Merck)

Mangansulfat (Merck)

Monesin (Sigma)

Novobiocin (Serva und Sigma)

Polyvinylalkohol (Merck)

Polymyxin B (Serva)

Ringertabletten zur Herstellung von Ringerlösung (Merck)

Streptomycinsulfat (Serva und Sigma)

Tetramethyl-p-phenylendiamin (Merck)

Thalliumacetat (Merck)

Toluidin-O-Blau (Merck)

Tributyrin (Serva und Sigma)

Triton-X-100 (Serva und Sigma)

Ornithinmonohydrochlorid (Merck)

Zinkstaub (Merck)

Reagenzien für Färbungen

Gramfärbung

– Kristallviolettlösung (Merck)
– Lugols Lösung (Merck)
– ZIEHL-NEELSENS Karbolfuchsinlösung (Merck) wird mit A. dest. im Verhältnis 1:10 gemischt.

Indolreagenz nach VRACKO und SHERRIS

p-Dimethylaminobenzaldehyd (Merck) 5,0 g gelöst in 100 ml 1 M HCl

Sporenfärbung nach BARTHOLOMEW und MITTWER

Malachitgrün, gesättigt: Malachitgrün-Oxalat (Merck) zunächst mit Alkohol anschlämmen, dann mit A. dest. eine gesättigte Lösung herstellen.

Safraninlösung: 0,25 g Safraninpulver (Merck) in ca. 10 ml Alkohol lösen und auf 100 ml A. dest. auffüllen.

ZIEHL-NEELSEN-Färbung

– ZIEHL-NEELSENS Karbolfuchsinlösung (Merck)
– Salzsäurealkohol (Merck) oder 3 ml HCl konz. zu 97 ml Alkohol, 95%ig

LÖFFLERS Methylenblaulösung (Merck)

XI Hersteller/Bezugsquellenverzeichnis

1 Hersteller/Bezugsquellen von Diagnostika und Laborgeräten

(Diese Liste erhebt keinen Anspruch auf Vollständigkeit)

- **Anaerobier-Systeme und Systeme zur Züchtung mikroaerophiler Bakterien**
- AnaeroGen und CO_2 Gen, Campy Gen, Fa. Oxoid
- Anaerocult, Fa. Merck
- Anaerobic System und Campylobacter microaerophilic System, Fa. Difco
- GENbag für Anaerobier und für mikroaerophile Bakterien, Fa. bioMèrieux
- GasPak und Campy Pak, Fa. Becton Dickinson
- Anaerobiersystem Anoxomat, Fa. MART
- Anaerobier-Werkbank, Fa. IUL
- Microaerophilic Workstation, Don Whitley, Vertrieb: Fa. Meintrup

- **Antiseren**

Campylobacter
- Dryspot Campylobacter-Test, Fa. Oxoid
- Campyslide, Fa. Becton Dickinson

Clostridium perfringens

Lieferfirma: LD Labordiagnostika

Cryptococcus und Cryptosporidium
- Murex Cryptococcus-Test – Latextest zum Nachweis von C. neoformans, Fa. Murex
- Cryptococcal Latex Aggl. System, Fa. Hiss
- Cryptosporidium EIA, Fa. MERLIN
- Dynabeads®-anti-Cryptosporidium, Fa. Dynal

E. coli O157, O111, O26 u.a. Serovare

Lieferfirmen: Becton Dickinson, Difco, Dunn Labortechnik, LD Labordiagnostika, Mast Diagnostica, MERLIN, Murex Diagnostica, Oxoid, Sanofi Diagnostics Pasteur, SIFIN

Legionellen

Lieferfirmen: Oxoid, LD Labordiagnostika, Sanofi Diagnostics Pasteur

Listerien und Listeria monocytogenes
Lieferfirmen: Dunn Labortechnik (KPL Bac Trace Kit), Justus (Lister-Test mit immunomagnetischer Separation, Fa. VICAM), SIFIN

Pseudomonas aeruginosa
Lieferfirma: Sanofi Diagnostics Pasteur

Salmonellen
Lieferfirmen: Becton Dickinson, Behring Diagnostics, Difco, Dunn Labortechnik (KPL Bac Trace), LD Labordiagnostika (MicroScreen der Fa. Neogen), Mast Diagnostica, Murex, Sanofi Diagnostics Pasteur, SIFIN, Justus (VICAM)

Staphylococcus aureus
– Latexagglutination, Fa. Creatogen Biosciences

Shigellen
Lieferfirmen: Difco, LD Labordiagnostika, Mast Diagnostica, Sanofi Diagnostics Pasteur, SIFIN

Streptokokken und Enterokokken
Lieferfirmen: Difco, Hiss, MERLIN, Murex, Oxoid, Sanofi Diagnostics Pasteur

Vibrio parahaemolyticus und Vibrio cholerae
Lieferfirmen: Difco, Mast, LD Labordiagnostika, Sanofi Diagnostics Pasteur

Yersinia enterocolitica
Lieferfirmen: Sanofi Diagnostics Pasteur, SIFIN

- **Automatisches genetisches Fingerprinting (Identifizierung von Mikroorganismen)**
– Ribo Printer System, Fa. Qualicon

- **Biosensoren zum Nachweis von Mikroorganismen und Toxinen**
– Mykotoxine, Staphylokokken Enterotoxin B, Fraunhofer Institut München
– Biacore AB

- **Durchflußcytometrie**
– Cellanalyser Microcyte, Fa. Optoflow, Vertrieb: Fa. IUL
– Fa. Chemunex

- **Färbesets für Bakterien**

  – Gramfärbung, Methylenblaufärbung, Färbung nach Ziehl-Neelsen, Sporen-färbung

  Lieferfirmen: bioMèrieux, Creatogen Biosciences, Difco, Heipha, Merck, Sanofi Diagnostics Pasteur

- **Färbesets für Hefen und Schimmelpilze**

  – Lactophenol cotton blue-Färbung, Fa. Difco

- **Filtration**

  Gerätelieferanten: Dr. Möller und Schmelz, Gelman, INTEGRA Biosciences, Milli-pore, Sartorius

- **Gensonden**

  – GenProbe (AccuProbe): Staph. aureus, Enterococcus, Listeria monocyto-genes, Campylobacter u.a., Vertrieb: Fa. bioMèrieux
  – Gen-Trak: Salmonella, Listeria, L. monocytogenes, E. coli, St. aureus, Cam-pylobacter, Yersinia enterocolitica, Vertrieb: Fa. R-Biopharm

- **Hemmstofftest**

  – Bacillus subtilis Sporensuspension, Fa. Merck

- **Hygienekontrolle mit Dip Slides, Eintauch- und Kontaktnährböden**

  Lieferfirmen: Becton Dickinson, bioMèrieux, Biotest/Heipha, Difco, Merck, Milli-pore, Oxoid, Sanofi Diagnostics Pasteur, Schülke & Mayr, Transia

- **Hygienekontrollen durch ATP-Nachweis**

  – Lightning-System, Fa. IDEXX (USA), Vertrieb: Fa. IDEXX und Fa. IUL
  – HY-LiTE, Fa. Merck
  – System SURE und CheckMate, Fa. Celsis-Lumac
  – Surface Monitoring, Fa. MERLIN
  – BioOrbit-Hygiene-Monitoring, Fa. Coring
  – Microluminometer Profile, Fa. Transia
  – CellScan, Fa. Concell

- **Hygienekontrollen durch Nachweis von Eiweißen bzw. reduzierenden Zuckern**

  – HYGI-PRO (Fa. Laboratoires Humeau, Frankreich), Vertrieb: Fa. IUL
  – Swab „N" Check, Bestimmung des Proteingehaltes, Fa. Biotest

649

- **Identifizierung von Mikroorganismen (Kits)**
  - API-Systeme, Fa. bioMèrieux
  - Enterotube/Oxi/Ferm Tube, Fa. Becton Dickinson
  - Hy-Enterotest – bunte Reihe in einem Röhrchen (Indol, ONPG, Schwefel-wasserstoff, Glucose, Urease, Beweglichkeit), Fa. Transia
  - MicroLog, Fa. BIOLOG (USA), Vertrieb: Fa. MERLIN
  - MICRONAUT-PRO, Fa. MERLIN
  - Micro-ID (Microbiological Identification System für Enterobacteriaceen), Fa. Organon-Teknika
  - Microtest-E-Identifizierungssystem, Fa. MERLIN
  - Minitek-System und BBL Crystal ID System, Fa. Becton Dickinson
  - RapID-Systeme zur Identifizierung von Anaerobiern, Enterobacteriaceen, Hefen, Nonfermenter, Fa. Creatogen Biosciences
  - N/F Screen 42P, N/F Screen GNF, r/b-System, Fa. Creatogen Biosciences
  - Campylobacter Identifizierungssystem, Fa. Mast
  - Uni-Yeast-Tek-Platte, Fa. Creatogen Biosciences
  - Schnelltest zur Identifizierung: BactiCard Candida, E. coli, Strep., Staph., Fa. Creatogen Biosciences
  - Fungiscreen 4H für die Identifizierung von Candida, Fa. Sanofi Diagnostics Pasteur
  - Lysostaphin-Testkit zur schnellen Unterscheidung von Staphylokokken und Mikrokokken, Fa. Creatogen Biosciences

- **Immunologische Nachweisverfahren, wie z.B. ELISA, EIA-Foss, ELFA, Dip-Stick ELISA, Kapillarmigrationstest, RPLA**

Salmonellen

Lieferfirmen: Transia, bioMèrieux (VIDAS), Foss Electric (EIA-Foss), Riedel-de Haën, Coring-System, Perstorp Analytical, LD Labordiagnostika

E. coli O157

- Petrifilm Test Kit-HEC, Fa. Transia
- TECRA E. coli O157 Visual Immunoassay, Fa. Riedel-de Haën
- Transia Card E. Coli O157, Fa. Transia
- VIDAS E. coli O157, Fa. bioMèrieux
- Visual Immunoprecipate Assay (VIP) EHEC, Fa. Biotest

Listerien und Listeria monocytogenes

- Pathalert Listeria und Pathalert Listeria monocytogenes, Fa. Merck
- TECRA Listeria Visual Immunoassay, Fa. Riedel-de Haën

- Transia Plate Listeria, Fa. Transia
- VIDAS Listeria (LIS) und VIDAS Listeria monocytogenes (LMO), Fa. bio-Mèrieux

Campylobacter

- EIA-Foss, Fa. Foss
- VIDAS Campylobacter, Fa. bioMèrieux

Cl. tyrobutyricum

Lieferfirma: Transia

Enterobacteriaceae

- Sandwich-ELISA, Fa. Riedel-de Haën

Legionella pneumophila

- Legionella pneumophila EIA, Fa. MERLIN

Chlamydia pneumoniae

- Chlamydia pneumoniae EIA, Fa. MERLIN

Mykotoxine

Lieferfirmen: VICAM, Vertrieb: Fa. Justus
- Firmen Alltech, Transia, R-Biopharm, LD Labordiagnostika, IDEXX, Transia, Riedel-de Haën

● **Immunomagnetische Separation (IMS)**

- Dynabeads® anti-Salmonella, anti-E. coli O157, anti-Listeria, Fa. Dynal
- Lister-test und Salmonella Screen, Fa. VICAM, Vertrieb: Fa. Justus

● **Impedanz-Methode zum Schnellnachweis von Mikroorganismen**

- Malthus-System, Fa. IUL
- RABIT-Impedanzmeßgerät, Vertrieb: Fa. MAST Diagnostica
- Bactometer, Fa. bioMèrieux
- Bactrac, Fa. SY-LAB

● **Kapillardiffusionstests (immunologische Verfahren) zum Nachweis von Bakterien**

Nachweis von Salmonellen

- Reveal, Fa. NEOGEN, Vertrieb: LD Labordiagnostika
- Path-Stik Rapid Salmonella Test, Fa. Celsis-Lumac

- Transia Card Salmonella, Fa. Transia
- Micro-Screen, Fa. NEOGEN

Nachweis von Listerien

- BioControl VIP Listeria, Vertrieb: Fa. Biotest
- Oxoid Listeria Rapid Test Clearview, Fa. Oxoid

Nachweis von E. coli O157

- Visual Immunoprecipate Assay (VIP) EHEC, Fa. BioControl, USA, Vertrieb: Fa. Biotest
- Transia Card E. coli O157, Fa. Transia
- E. coli O157:H7, Singlepath GLISA-Schnelltest, Fa. Merck
- One Step Rapid E. coli O157 Test, Fa. Celsis-Lumac

● Koagulase

Clumping-factor

- Slidex Staph Kit, Fa. bioMèrieux
- Staphaurex, Latex-Objektträgertestkit, Fa. Murex
- Dryspot Staphytect Plus, Fa. Oxoid
- Staphylase-Test, Fa. Oxoid
- Bactident-Staph, Fa. Merck
- Staphyslide, Fa. Becton Dickinson
- Staphylochrom-Reagenz, Fa. Creatogen Biosciences
- PASTOREX Staph Plus, Fa. Sanofi Diagnostics Pasteur

Röhrchenkoagulase

- Kaninchenplasma, Fa. Becton Dickinson, Fa. Creatogen Biosciences, Fa. bioMèrieux, Fa. Difco, Fa. Merck, Fa. Sanofi Diagnostics Pasteur

● Luftkeimsammler

- AirTest OMEGA Aerobiokollektor des Laboratoire de Chimie et Biologie, Vertrieb: Fa. R. Rockmann
- Luftkeimsammler RCS Plus, Fa. Biotest
- MAS-100 (Merck Air Sampler), Fa. Merck
- Modell 101, Fa. IUL
- SAS Super 90, Fa. Zinsser

- **Medien**

Lieferfirmen: Becton Dickinson (BBL), Biolife Italiana, bioMèrieux, Biotest/Heipha, Döhler, Difco Laboratories (Vertrieb: Becton Dickinson und Otto Nordwald), Creatogen Biosciences, IUL Instruments (Medien Fa. LabM, England), Mast Diagnostica, Merck, E., MERLIN, Oxoid, Sanofi Diagnostics Pasteur

- **Petrifilm**

– Schnellmethode für den Nachweis von E. coli und anderen Coliformen, Enterobacteriaceae, Hefen und Schimmelpilzen sowie der aeroben Koloniezahl, Laboratoires 3 M Santé (Vertrieb: Fa. Transia)

- **PCR-Kits zum Nachweis von Bakterien oder Toxinen in Lebensmitteln**

– Automatisches PCR-System zum Nachweis von Salmonellen, Fa. Applied Biosystems
– EnviroAmp™ Legionella PCR-Kit, Fa. Perkin Elmer
– Nachweis von Salmonellen, Fa. Biotecon
– Nachweis von Salmonellen, E. coli O157, Listerien, Listeria monocytogenes, BAX™-Kit, Fa. Qualicon
– EHEC-Toxin Gene® Detection Kit (slt I- und slt II-Gene), Fa. mediagnost
– Nachweis von Salmonellen und Listeria monocytogenes, Probelia™-PCR-Kit, Fa. Sanofi Diagnostics Pasteur

- **Probenahme- und Transporttupfer**

– Cultureswab transport systems, Fa. Difco
– Fa. Heipha Diagnostica
– Fa. Becton Dickinson

- **Reagenzien für die Identifizierung von Mikroorganismen (inkl. Spottests)**

Katalase

– ID Color Katalase, Fa. bioMèrieux

Indol

– DrySlide Indole, Fa. Difco
– Bactident-Indol, Fa. Merck
– Bactidrop Indolreagenz, Fa. Creatogen Biosciences
– BioFix-Indol, Fa. Macherey-Nagel

Oxidase
- Dry Slide Oxidase, Fa. Difco
- Oxidase discs, Fa. bioMèrieux
- Bactident-Oxidase, Fa. Merck
- Bactidrop Oxidase, Fa. Creatogen Biosciences
- Oxidase-Teststreifen, Fa. Transia
- BioFix-Oxidase, Fa. Macherey-Nagel, Fa. Sanofi Diagnostics Pasteur

Amino-Peptidase zur Unterscheidung von Salmonella spp. und Citrobacter spp. = Pyrase (schnelle Identifizierung von Streptokokken und Unterscheidung Salmonellen von Citrobacter spp.)
- PYR-Test, Fa. Oxoid
- Bactidrop-PYR, Fa. Creatogen Biosciences
- Dry Slide PYR Kit, Fa. Difco
- Murex PYR, Fa. Murex

L-Alanin-Aminopeptidase zur Unterscheidung gramnegativer von grampositiven Bakterien, Fa. Merck

Schnellnachweis von C. albicans
- Kolorimetrischer Nachweis der beta-Galactosaminidase und L-Prolin-Aminopeptidase, Fa. Murex

Vibriostatische Testblättchen (0 129 = 2,4-diamino-6,7-di-isoporpylpteridin) zur Differenzierung von Aeromonas und Vibrio, Fa. Sanofi Diagnostics Pasteur

- **Referenzstämme zur Qualitätskontrolle und Stammhaltung**
- Culti-Loops (ATCC-Stämme), Fa. Oxoid
- Quali Disc Gels (ATCC-Stämme), Fa. Becton Dickinson
- BACTiDiscs/MycoDiscs, BACTiBugs, CULTI-Loops, QUANTI-Cult (10–100 KbE/0,3 ml), Fa. Creatogen Biosciences
- DMSZ (DSM- und ATCC-Stämme), Braunschweig
- MICROTROL-Plättchen, Fa. Difco

- **Spiralplater**

Lieferfirmen: IUL Instruments, Don Whitley (Vertrieb: Meintrup-Labortechnik), Bio-Sys GmbH

- **Sterilkontrolle von Lebensmitteln durch Kohlendioxid-Bestimmung**
- BactAlert-System, Fa. Organon-Teknika

- **Thermonuclease**

Lieferfirma: R-Biopharm

- **Tierblut**

Lieferfirmen: Oxoid, Becton Dickinson, bioMèrieux, Froschek

- **Toxinnachweise**

Bacillus cereus

- BCET-RPLA, Fa. Oxoid
- TECRA Bacillus cereus Diarrhoel Enterotoxin Visual Immunoassay, Fa. Riedel-de Haën

Clostridium perfringens Enterotoxin

- PET-RPLA, Fa. Oxoid

Escherichia coli-Toxine

- VTEC-RPLA, VET-RPLA und E. coli ST EIA, Fa. Oxoid
- RIDASCREEN®-Verotoxin (Sandwich-Enzymimmunoassay), Fa. R-Biopharm
- Optimum Verotoxin 1 + 2 Antigen Test, Fa. MERLIN
- Premier EHEC EIA zum Nachweis von SLT I und II und O157 sowie „one step rapid m-EIA" für O157, Fa. Meridian Diagnostic, Vertrieb: Fa. Hiss
- EHEC-Toxin Gene® Detection Kit (slt I- und slt II-Gene), Fa. mediagnost

Staphylococcus aureus Enterotoxine

- Reversed passive latex agglutination (RPLA), Fa. Oxoid
- Sandwich-ELISA in Röhrchen, Fa. Diffchamb, Frankreich, Vertrieb: Fa. Transia
- Sandwich-ELISA in Mikrotiterplatten, Fa. R-Biopharm, Fa. Transia
- Staphylokokken Enterotoxin (SET-EIA), Dr. Bommeli, Schweiz, Vertrieb: Fa. Riedel-de Haën
- VIDAS Staph Enterotoxin (SET), vollautomatischer Enzyme linked fluorescent immunoassay (ELFA), Fa. bioMèrieux
- TECRA Staphylococcal Enterotoxin Visual Immunoassay, Fa. Bioenterprises, Australien, Vertrieb: Fa. Riedel-de Haën

Vibrio cholerae O1 Enterotoxin

- VET-RPLA, Fa. Oxoid

Mykotoxine

Lieferfirmen: Alltech, R-Biopharm, IDEXX, LD Labordiagnostika, Transia, Riedel-de Haën

- **Validierung mikrobiologischer Untersuchungsverfahren – Aerobe Koloniezahl, Nachweis pathogener Mikroorganismen**

Fa. Oxoid, Fa. IUL

Hersteller bzw. Bezugsquellen von Diagnostika bzw. Geräten

3 M Medica,
Zweigniederlassung Deutschland

Gelsenkirchener Str. 11
46325 Borken

ALEXIS Deutschland GmbH

Giessener Str. 12
35505 Grünberg

Alltech

Münchner Str. 14
82008 Unterhaching

Applied Biosystems

Brunnenweg 13
64331 Weiterstadt

Becton Dickinson GmbH (BBL)

Tullastr. 8–12
69126 Heidelberg

Behring Diagnostics mbH

Postfach 1212
65832 Liederberg

Biacore AB,
Niederlassung Deutschland

Munzinger Str. 9
79111 Freiburg

BioControl Systems Inc.

19805 North Creek Parkway
Bothell, WA 98011, USA
Vertrieb: Fa. Biotest

Biolife Italiana

Viale Monza 272
20128 Milano, Italien

bioMèrieux Deutschland GmbH

Postfach 1204
72602 Nürtingen

Biometra GmbH

Rudolf-Wissel-Str. 30
37079 Göttingen

Bio-Sys GmbH

Postfach 1145
61174 Karben

Biotecon,
Gesellschaft für Biotechnologische
Entwicklung und Consulting mbH

Hermannswerder Haus 17
14473 Potsdam

Biotest AG

Landsteinerstr. 5
63276 Dreieich

Boehringer Ingelheim
Bioproducts Partnership

Postfach 105260
69042 Heidelberg

Bommeli AG

Stationsstr. 12
CH-3097 Liebefeld-Bern

Celsis-Lumac	Postfach 1152 52111 Herzogenrath
Chemunex Deutschland	Hindenburgstr. 44 73728 Esslingen
Concell	Wevelinghoven 26 41334 Nettetal
Coring-System	Robert-Bunsen-Str. 4 64579 Gernsheim
Creatogen Biosciences GmbH	Postfach 101442 86136 Augsburg
Deutsche Dynal	Scharrtor 1 20459 Hamburg
Difco Laboratories	Vertrieb durch Fa. Becton Dickinson
Döhler GmbH	Riedstr. 7–9 64295 Darmstadt
Dunn Labortechnik GmbH	Postfach 1104 91522 Ansbach
Fluka Feinchemikalien GmbH	Messerschmittstr. 17 89231 Neu-Ulm
Foss Deutschland GmbH	Waidmannstr. 12b 22769 Hamburg
Fraunhofer Institut, Festkörpertechnologie	Hansestr. 27d 80686 München
Froschek GmbH	Arndtstr. 51–55 45473 Mühlheim/Ruhr
Gelmann Sciences (Deutschland) GmbH	Max-Planck-Str. 19 63303 Dreieich
Hiss Diagnostics	Colombistr. 27 79098 Freiburg
Heipha Diagnostica	Postfach 102642 69115 Heidelberg
IDDEX GmbH	Ober Saulheimer Str. 23 55286 Wörrstadt

INTEGRA Biosciences GmbH

Ruhberg 4
35463 Fernwald

IUL Instruments GmbH

Königswinterer Str. 399
53639 Königswinter

Justus GmbH

Hans-Duncker-Str. 1
21035 Hamburg

Laboratoires 3 M Santé

3 rue Danton
92245 Malakoff Cedex

LD Labordiagnostika GmbH

Industriestr. 12
Postfach 1251
46359 Heiden/Westfalen

Macherey-Nagel

Postfach 101352
52313 Düren

**MART – Mikrobiologische
Laborgeräte Vertriebs-GmbH**

Bismarckstr. 12
46368 Bocholt

Mast Diagnostica GmbH

Feldstr. 20
23854 Reinfeld

mediagnost

Albrechtstr. 9
72072 Tübingen

Meintrup-Labortechnik

Am Schultenhof 4
49774 Lähden

Merck eurolab GmbH

Frankfurter Str. 250
64293 Darmstadt

MERLIN Diagnostica GmbH

Kleinstr. 14
53332 Bornheim-Hersel

Millipore GmbH

Hauptstr. 71–79
65760 Eschborn

Dr. Möller und Schmelz GmbH

Levinstr. 23
37079 Göttingen

Murex Diagnostica GmbH

Postfach 1451
30930 Burgwedel

NEOGEN

620 Lesher Place
Lansing, MI 48912, USA

Nordwald, Otto

Heinrichstr. 5
22769 Hamburg

Nucleopore GmbH	Vor dem Kreuzberg 22 72070 Tübingen
Organon Teknika	Wernher-von-Braun-Str. 18 69214 Eppelheim
Oxoid GmbH	Am Lippeglacis 4–8 46483 Wesel
Perkin Elmer	Brunnenweg 13 64331 Weiterstadt
Perstorp Analytical, Abt. LUMAC	Ludwigstr. 24–26 63110 Rodgau
Qualicon Europe, Ltd, A Dupont subsidiary	Conoco Centre Warwick Technology Park Warwick CV346DA, UK (Vertretung in Deutschland: Dr. Chr. Enz Meisenweg 7 49565 Bramsche
R-Biopharm GmbH	Doliviostr. 10 64293 Darmstadt
Riedel-de Haën	Wunstdorfer Str. 40 30926 Seelze
Rockmann, R.	Postfach 750816 28728 Bremen
Sanofi Diagnostics Pasteur	Sasbacher Str. 5 79111.Freiburg
Sartorius GmbH	Weender Landstr. 94–108 37075 Göttingen
Schülke & Mayr	Heidbergstr. 100 22846 Norderstedt
Serva	Vertrieb durch Fa. Boehringer Ingelheim
SIFIN, Institut für Immunpräparate und Nährmedien GmbH	Berliner Allee 317/321 13088 Berlin

SIGMA-ALDRICH Chemie GmbH   Riedstr. 2
89555 Steinheim/Albuch

Grünwalder Weg 30
82041 Deisenhofen

Struers   Postfach 29
47862 Willich

SY-LAB   Tullnerbachstr. 61–65
A-3002 Purkersdorf, Österreich

TECRA diagnostics, A division   28 Barcoo Street
of Bioenterprises Pty Ltd   Roseville, NSW 2069, Australien

Transia Industriediagnostica   Dieselstr. 20a
61239 Ober-Mörlen

VICAM   313 Pleasant Street
Watertown, MA 02172, USA
Vertrieb durch Biometra

Zinsser, ANALYTIC GmbH   Eschborner Landstr. 135
60489 Frankfurt

2 Sammlungsstätten für Mikroorganismenkulturen

American Type Culture Collection (ATCC), 12301 Parklawn Drive, Rockville/Md. 20852 (USA): Lieferbar, z.T. als verbilligte „Preceptol"-Stämme, sind Kulturen zahlreicher Arten von Bakterien, Bakteriophagen, Viren, Pilzen, Protozoen und Algen.

Centraalbureau voor Schimmelcultures, Baarn, P.O. Box 273, 3740 AG Baarn (Niederlande): Sammlung von Schimmelpilzstämmen und Identifizierung von Schimmelpilzen und Hefen.

Centraalbureau voor Schimmelcultures (Hefeabteilung), Julianalaan 67a, Delft (Niederlande).

Centre International de Distribution de Souches et d'Information sur les Types Microbiens, Rue César Roux 19, CH 1000 Lausanne (Schweiz).

Collection de l'Institut Pasteur Paris, 25 Rue du Docteur Roux, 75724 Paris, Cedex 15: Sammlung von Bakterienstämmen.

Deutsche Sammlung von Mikroorganismen und Zellkulturen GmbH (DSMZ), Mascheroder Weg 1b, 38124 Braunschweig: Sammlung von Bakterien, Pilzen und Hefen.

Forschungsinstitut für Mikrobiologie im Institut für Gärungsgewerbe und Biotechnologie Berlin, Seestr. 13, 13353 Berlin: Sammlung von Hefen und Hyphenpilzen.

Institut für Experimentelle Epidermiologie Wernigerode, Burgstr. 37, 38855 Wernigerode (Harz): Sammlung für

– S. aureus (verschiedene Lysotypen und Standortvarietäten)

– S. sonnei, S. flexneri, S. Typhi, S. Paratyphi B, S. Typhimurium

– Enterobacteriaceae (meist E. coli) mit Referenzplasmiden für die verschiedenen Inkompatibilitätsgruppen, Resistenz- und Virulenzfunktionen sowie für Molekulargrößen.

Institut für Hygiene der Bundesanstalt für Milchforschung Kiel, Hermann-Weigmann-Str. 1, 24103 Kiel: Sammlung von Streptokokkenstämmen.

Institut für Medizinische Mikrobiologie und Immunologie der Universität Bonn, Sigmund-Freud-Str. 25, 53127 Bonn: Sammlung von Lysotypstämmen von

– S. aureus

– S. Typhi, S. Paratyphi B und S. Typhimurium

National Collection of Type Cultures (NCTC) im Central Public Health Laboratory, 61 Colindale Avenue, London NW9 5HT (England): Sammlung von Bakterienstämmen.

Nationale Salmonella-Zentrale am Robert-Koch-Institut Berlin, Nordufer 20, 13353 Berlin: Sammlung von Salmonellen, Shigellen u.a. Enterobacteriaceen.

Statens Seruminstitut Kopenhagen, Amager Boulevard 80, DK-2300 Kopenhagen S (Dänemark): Sammlung von Enterobacteriaceae

WHO Collaborating Center for Virus Reference and Research, Statens Seruminstitut, DK-3200 Kopenhagen S.

Nationales Referenz-Labor für Clostridien, Northäuser Str. 74, 99089 Erfurt.

Stichwortverzeichnis

Salmonellen nw.s.

(u. Fr. Well-F. Jachen)

1.T. 1.) vorانr. Pepton wasr

   25g Prodkt + 225g Pepton w.

   1 Tag 37°C beb.

2.T. 2) Anr.   Rappaport

   1 ml zu 100ml Rappaport

   1 Tag 43°C beb.

3.T. 3) auf BPLS   u. XLD Agar
   +(schwarze kol.)   (S += schwarze kol.)
   ausstreichen

   bei Salm + =>   Api -Rapid Test
                      Schnelltest